中国国家标准汇编

539

GB 28511～28526

（2012 年制定）

中国标准出版社　编

中国标准出版社

北　京

图书在版编目(CIP)数据

中国国家标准汇编:2012年制定.539:
GB 28511～28526/中国标准出版社编.—北京:
中国标准出版社,2013.9
ISBN 978-7-5066-7271-9

Ⅰ.①中… Ⅱ.①中… Ⅲ.①国家标准-
汇编-中国-2012 Ⅳ.①T-652.1

中国版本图书馆CIP数据核字(2013)第186301号

中国标准出版社出版发行
北京市朝阳区和平里西街甲2号(100013)
北京市西城区三里河北街16号(100045)

网址 www.spc.net.cn
总编室:(010)64275323 发行中心:(010)51780235
读者服务部:(010)68523946
中国标准出版社秦皇岛印刷厂印刷
各地新华书店经销

*

开本 880×1230 1/16 印张 35.75 字数 1 076 千字
2013年9月第一版 2013年9月第一次印刷

*

定价 220.00 元

出 版 说 明

1.《中国国家标准汇编》是一部大型综合性国家标准全集。自1983年起，按国家标准顺序号以精装本、平装本两种装帧形式陆续分册汇编出版。它在一定程度上反映了我国建国以来标准化事业发展的基本情况和主要成就，是各级标准化管理机构，工矿企事业单位，农林牧副渔系统，科研、设计、教学等部门必不可少的工具书。

2.《中国国家标准汇编》收入我国每年正式发布的全部国家标准，分为"制定"卷和"修订"卷两种编辑版本。

"制定"卷收入上一年度我国发布的、新制定的国家标准，顺延前年度标准编号分成若干分册，封面和书脊上注明"20××年制定"字样及分册号，分册号一直连续。各分册中的标准是按照标准编号顺序连续排列的，如有标准顺序号缺号的，除特殊情况注明外，暂为空号。

"修订"卷收入上一年度我国发布的、被修订的国家标准，视篇幅分设若干分册，但与"制定"卷分册号无关联，仅在封面和书脊上注明"20××年修订-1,-2,-3,……"字样。"修订"卷各分册中的标准，仍按标准编号顺序排列（但不连续）；如有遗漏的，均在当年最后一分册中补齐。需提请读者注意的是，个别非顺延前年度标准编号的新制定的国家标准没有收入在"制定"卷中，而是收入在"修订"卷中。

读者配套购买《中国国家标准汇编》"制定"卷和"修订"卷则可收齐由我社出版的上一年度我国制定和修订的全部国家标准。

3.由于读者需求的变化，自1996年起，《中国国家标准汇编》仅出版精装本。

4.2012年我国制修订国家标准共2 101项。本分册为"2012年制定"卷第539分册，收入国家标准GB 28511～28526的最新版本。

中国标准出版社

2013年8月

目　　录

ICS 33.180.10
M 33

中华人民共和国国家标准

GB/T 28511.1—2012

平面光波导集成光路器件 第1部分:基于平面光波导(PLC)的光功率分路器

Integrated optical path devices based on planar lightwave circuit—Part 1:Optical power splitter based on PLC technology

2012-06-29 发布 2012-10-01 实施

中华人民共和国国家质量监督检验检疫总局
中国国家标准化管理委员会 发布

前　言

GB/T 28511《平面光波导集成光路器件》分为以下几个部分：

——第1部分：基于平面光波导(PLC)的光功率分路器；

——第2部分：基于阵列波导光栅(AWG)技术的密集波分复用(DWDM)滤波器；

⋮

本部分为 GB/T 28511 的第1部分。

本部分按照 GB/T 1.1—2009 给出的规则起草。

本部分参考 IEC 61753-2-3(2001-07)《纤维光学互连器件和无源器件性能规范　第2-3部分：U级别　不可控环境的无连接头的单模光纤 1×N 和 2×N 的非波长选择分路器件》、ITU-T G.671-2005《光器件和子系统传输特性》、Telcordia GR-1221-CORE(1999)《光无源器件一般可靠性保证要求》和 Telcordia GR-1209-CORE(2001)《光无源器件总规范》，结合国内器件实际情况和国外器件相关技术资料编写制定。

本部分由中华人民共和国工业和信息化部提出。

本部分由中国通信标准化协会归口。

本部分负责起草单位：武汉邮电科学研究院、深圳新飞通光电子技术有限公司、深圳市昊谷光电技术有限公司。

本部分主要起草人：马卫东、梁臣桓、刘文、邓智芳、白炜、徐秋霜、张艳。

平面光波导集成光路器件 第1部分:基于平面光波导(PLC)的光功率分路器

1 范围

GB/T 28511 的本部分规定了基于平面光波导(PLC)技术的光功率分路器(以下简称 PLC 分路器)的术语和定义、技术要求和测试方法、可靠性试验条件和要求、检验规则以及标志、包装、贮存等条件。

本部分适用于 PLC 分路器。

2 规范性引用文件

下列文件对于本文件的应用是必不可少的。凡是注日期的引用文件,仅注日期的版本适用于本文件。凡是不注日期的引用文件,其最新版本(包括所有的修改单)适用于本文件。

GB/T 2828.1—2003 计数抽样试验程序 第1部分:按接收质量限(AQL)检索的逐批检验抽样计划(ISO 2859-1:1999,IDT)

GB/T 18311.2—2001 纤维光学互连器件和无源器件 基本试验和测量程序 第3-2部分:检验和测量 单模纤维光学器件偏振依赖性(IEC 61300-3-2:1995,IDT)

GB/T 20440—2006 密集波分复用器/解复用器技术条件

YD/T 893—1997 光纤耦合器技术条件

YD/T 1117—2001 全光纤型分支器件技术条件

SJ/T 11363—2006 电子信息产品中有毒有害物质的限量要求

SJ/T 11364—2006 电子信息产品中污染控制标识要求

Telcordia GR-1209-CORE(2001) 光无源器件总规范(Generic Requirements for Passive Optical Components

Telcordia GR-1221-CORE(1999) 光无源器件一般可靠性保证要求(Generic Reliability Assurance Requirements for Passive Optical Components)

3 术语和定义

下列术语和定义适用于本文件。

3.1

光功率分路器 optical power splitter

用于实现特定波段光信号的功率耦合及再分配功能的光无源器件。

3.2

平面光波导光功率分路器 optical power splitter based on planar lightwave circuit

采用平面光波导工艺技术制作的光功率分路器。

3.3

工作带宽 operating bandwidth

满足 PLC 分路器光学性能指标要求的光波长范围,单位为 nm。

3.4

分路器芯件　chip of splitter

直接由平面光波导工艺技术形成的1×N或2×N分路器的基本单元。

3.5

插入损耗　insertion loss(IL)

PLC分路器工作波长在规定输出端口的光功率相对全部输入光功率的减少值。由公式(1)表示：

$$IL_i = -10\lg\frac{P_{\mathrm{out}i}}{P_{\mathrm{in}}} \qquad (1)$$

式中：

IL_i ——第 i 个输出端口的插入损耗，单位分贝(dB)；

$P_{\mathrm{out}i}$ ——第 i 个输出端口的输出光功率，单位毫瓦(mW)；

P_{in} ——输入端口的输入光功率，单位毫瓦(mW)。

3.6

方向性　directivity(DL)

PLC分路器正常工作时，同一侧中非注入光一端的输出光功率与注入光功率(被测波长)的比值，由公式(2)表示：

$$DL_{ij} = -10\lg\frac{P_j}{P_i} \qquad (2)$$

式中：

DL_{ij}——第 i 端口输入光功率对同一侧非注入光端口 j 的方向性，单位分贝(dB)；

P_i ——第 i 端口注入光功率，单位毫瓦(mW)；

P_j ——同一侧非注入光端口 j 的输出光功率，单位毫瓦(mW)。

3.7

均匀性　uniformity(FL)

PLC分路器在工作带宽范围内，均匀分光的光分路器各输出端口输出光功率 P_{out} 的最大变化量，由公式(3)表示：

$$FL = -10\lg\frac{(P_{\mathrm{out}})_{\min}}{(P_{\mathrm{out}})_{\max}} \qquad (3)$$

式中：

FL ——PLC分路器的均匀性，单位分贝(dB)；

$(P_{\mathrm{out}})_{\min}$ ——PLC分路器输出端口中最小输出光功率，单位毫瓦(mW)；

$(P_{\mathrm{out}})_{\max}$ ——PLC分路器输出端口中最大输出光功率，单位毫瓦(mW)。

3.8

偏振相关损耗　polarization dependent loss(PDL)

传输光信号的偏振态在全偏振态变化时，PLC分路器各输出端口输出光功率的最大变化量，由公式(4)表示：

$$PDL_j = -10\lg\frac{(P_{\mathrm{out}j})_{\min}}{(P_{\mathrm{out}j})_{\max}} \qquad (4)$$

式中：

PDL_j ——第 j 个输出端口的偏振相关损耗，单位分贝(dB)；

$P_{\mathrm{out}j}$ ——第 j 个输出端口的输出光功率，单位毫瓦(mW)，$j=1$、2……n。

3.9

回波损耗　return loss(RL)

对PLC分路器的输入光功率中沿输入路径返回的量度，由公式(5)表示：

$$RL_i = -10\lg\frac{P_r}{P_i} \qquad \cdots\cdots(5)$$

式中：

RL_i——输入端口 i 的回波损耗，单位分贝(dB)；

P_i——入射到输入端口 i 的光功率，单位毫瓦(mW)；

P_r——从同一输入端接收到返回的光功率，单位毫瓦(mW)。

4 分类

4.1 按工作带宽分类

按工作带宽可分为：

——全带宽型 PLC 分路器：工作波长范围 1 260 nm～1 610 nm。

——双窗口型 PLC 分路器：中心波长为 1 310 nm±40 nm、1 550 nm±40 nm。

——三窗口 PLC 分路器：中心波长为 1 310 nm±40 nm、1 490 nm±10 nm、1 550 nm±40 nm。

4.2 按输入/输出芯件型式分类

按输入/输出芯件型式可分为：

——1×N PLC 分路器；

——2×N PLC 分路器。

5 技术要求

5.1 光学特性

5.1.1 1×N PLC 分路器

1×N PLC 分路器光学特性如表 1 所示。

表 1 1×N PLC 分路器光学特性

参数	单位	指标						
		1×4	1×8	1×16	1×24	1×32	1×64	1×64
工作带宽	nm	1 260～1 610						1 310±40 1 490±10 1 550±40
插入损耗	dB	≤7.4	≤10.7	≤13.9	≤15.8	≤17.2	≤21.5	≤20.1
偏振相关损耗	dB	≤0.3	≤0.3	≤0.3	≤0.3	≤0.3	≤0.5	≤0.3
均匀性	dB	≤0.8	≤1.0	≤1.4	≤1.4	≤1.6	≤2.0	≤1.6
回波损耗	dB	≥55						
方向性	dB	≥55						
工作/贮存温度范围	℃	−40～+85						

注 1：针对均分器件。

注 2：光纤为单模光纤。

注 3：所有参数测试不带连接器。

注 4：带连接器 PLC 分路器的插入损耗均应加上相关连接器的附加损耗。

5.1.2 2×N PLC 分路器

2×N PLC 分路器光学特性如表 2 所示。

表 2 2×N PLC 分路器光学特性

参数	单位	指标					
		2×4	2×8	2×16	2×32	2×64	2×64
工作带宽	nm	1 260～1 610					1 310±40 1 490±10 1 550±40
插入损耗	dB	≤7.6	≤11.0	≤14.8	≤17.9	≤21.5	≤20.1
偏振相关损耗	dB	≤0.3	≤0.3	≤0.3	≤0.3	≤0.5	≤0.3
均匀性	dB	≤1.0	≤1.2	≤1.5	≤1.8	≤2.0	≤1.8
回波损耗	dB	≥55					
方向性	dB	≥55					
工作/贮存温度范围	℃	−40～+85					

注 1：针对均分器件。
注 2：光纤为单模光纤。
注 3：所有参数测试不带连接器。
注 4：带连接器 PLC 分路器的插入损耗均应加上相关连接器的附加损耗。

6 测试方法

6.1 外观检查

进行光学性能测试前，首先对器件进行外观检查。其外观必须平滑、洁净、无油渍、无伤痕及裂纹，整个器件牢固，尾纤无松动或与连接器插拔平顺。

6.2 环境

PLC 分路器的性能参数测试应在下面规定的正常大气条件下进行，即：

——温度：15 ℃～35 ℃；

——湿度：45％～75％；

——气压：86 kPa～106 kPa。

6.3 测试条件

6.3.1 光源

测试中所用的光源应是稳定激光器光源，性能指标满足：

——输出功率：≥−3 dBm；

——中心波长：1 310 nm±20 nm、1 490 nm±20 nm、1 550 nm±20 nm；

——−30 dB 谱宽：≤ 5 nm(λ=1 310 nm)、≤10 nm(λ=1 550 nm)；

——输出功率稳定度：优于±0.05 dB/1 h。

6.3.2 宽带光源

a) 卤灯加单色仪。

b) 波长可调光源：

——波长范围：1 240 nm～1 630 nm(可调)；

——输出功率稳定度：±0.1 dB/10 min。

6.3.3 扰模单元

采用的扰模单元是一段 1 km 长度的单模光纤，或 5 m 单模光纤中间打两个 ϕ30 mm 的圈，光纤参数应与 PLC 分路器引出光纤一致，或采用其他专用扰模器。

6.3.4 光功率计

光功率计要求如下：

——工作波长范围：800 nm～1 700 nm；

——光功率最大动态范围：－80 dBm～＋13 dBm(直流)；

——分辨率：0.01 dBm；

——准确度：±3.5％。

6.3.5 偏振控制器

偏振控制器要求如下：

——工作波长范围：根据工作波长选择合适的波长范围；

——偏振消光比：＞40 dB；

——邦加球覆盖率：＞99％；

——偏振相关损耗：＜0.005 dB；

——最大允许输入光功率：＋20 dBm。

6.3.6 光谱分析仪

光谱分析仪的带宽、动态范围均应优于测量光源。

6.3.7 临时接点

将两光纤端对接，接点损耗应低于 0.05 dB，稳定牢固。

6.3.8 器件引出端光纤(光缆)长度

器件引出端光纤(光缆)长度 L_1、L_2 不小于 1 m。

6.4 插入损耗的测试

6.4.1 基准法

PLC 分路器插入损耗采用剪断法测试，其程序如下：

a) 按照图 1 装置测试并记录第 i 输出端口的输出光功率 $P_{\mathrm{out}i}$。

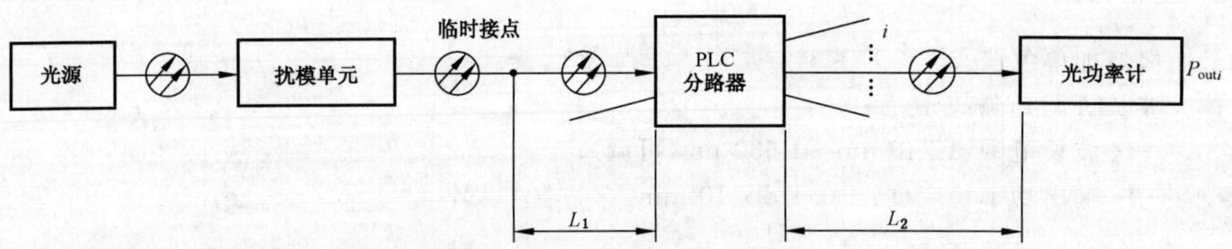

图 1　PLC 分路器插入损耗测量原理图

b)　在距离临时接点右边不少于 30 cm 的 A 处切断器件尾纤 L_1'，如图 2 所示。

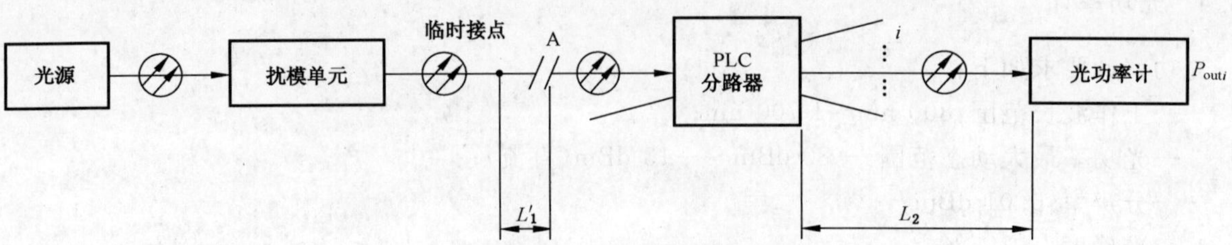

图 2　PLC 分路器插入损耗测量原理图

c)　从测量装置中取出 PLC 分路器，制备好切断点中的光纤端面，使光纤端面与检测单元相耦合，测量并记录输入光功率 P_{in}，如图 3 所示。

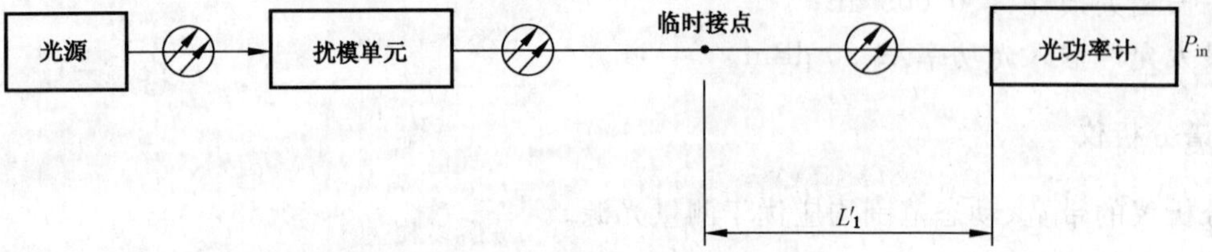

图 3　PLC 分路器插入损耗测量原理图

d)　由公式(1)计算相关端口的插入损耗，所有端口的指标均应满足表 1 或表 2 的要求。

6.4.2　替代法

PLC 分路器插入损耗也可以采用熔接法测试，其程序如下：

a)　测试系统清零，制备好扰模单元输出光纤端面，使光纤端面与检测单元相耦合，测量并记录输入光功率 P_{in}，如图 4 所示。

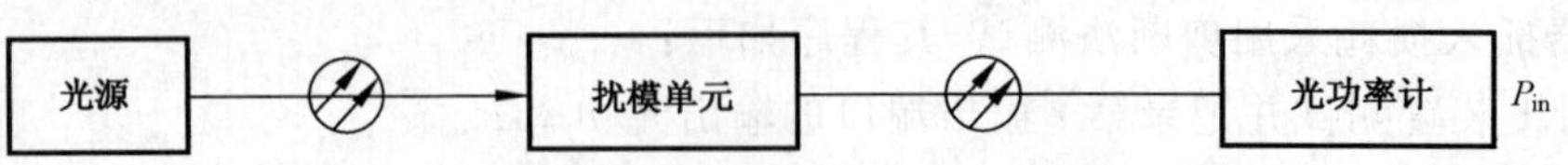

图 4　PLC 分路器插入损耗测量原理图

b) 在扰模单元后面的尾纤熔接入被测 PLC 分路器，如图 5 所示。

c) 测试并记录第 i 输出端口的输出光功率 P_{outi}

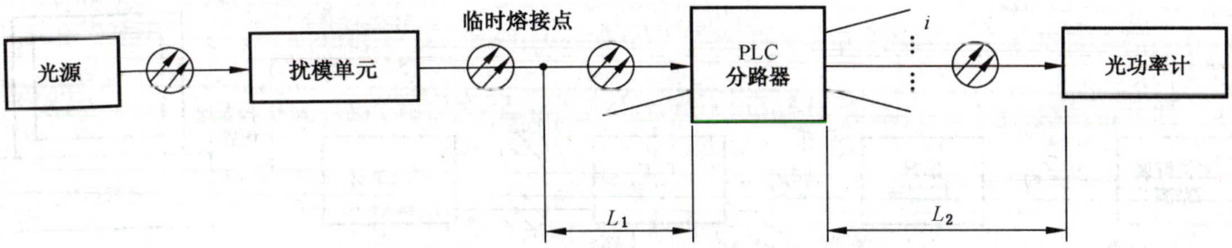

图 5 PLC 分路器插入损耗测量原理图

d) 输出功率(dBm)与输入功率(dBm)之差则为相关端口的插入损耗，所有端口的指标均应满足表 1 或表 2 的要求。

6.5 方向性的测试

按 YD/T 893—1997 中 6.5 进行。

6.6 均匀性的测试

按 YD/T 1117—2001 中 6.7 进行。

6.7 工作带宽的测试

a) 测量系统如图 6 所示。

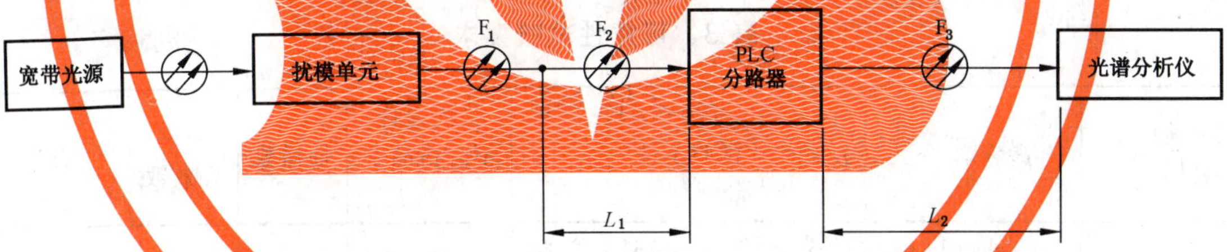

图 6 工作带宽测量原理图

b) 测量步骤如下：

1) 按图 6 连接测试系统，注意 F_1、F_2、F_3 三段应采用同种光纤类型，打开各有源部件(宽带光源、光谱分析仪)预热；

2) 待有源部件稳定后，首先直接连接宽带光源和光谱分析仪，在各试样测量涉及的光谱区存储光谱曲线 P_1，测试条件可以采用：1 nm 分辨率或 10 nm/格、开始和终止波长刚好覆盖所规定的通带宽度；

3) 在 2)选定的光谱区，光谱分析仪进行测量扫描，获得光谱曲线 P_2；

4) 在光谱分析仪中执行 P_2-P_1 功能，得到试样本身的损耗随波长变化的光谱特性；

5) 从光谱区记录试样插入损耗的变化量，在表 1～表 2 规定的器件指标范围内，读取最大和最小的波长值，两者之差就是器件的工作带宽。

6.8 偏振相关损耗的测量

6.8.1 基准法

按 GB/T 18311.2—2001 中方法 A 进行。

6.8.2 替代法

a) 测试原理如图 7 所示。

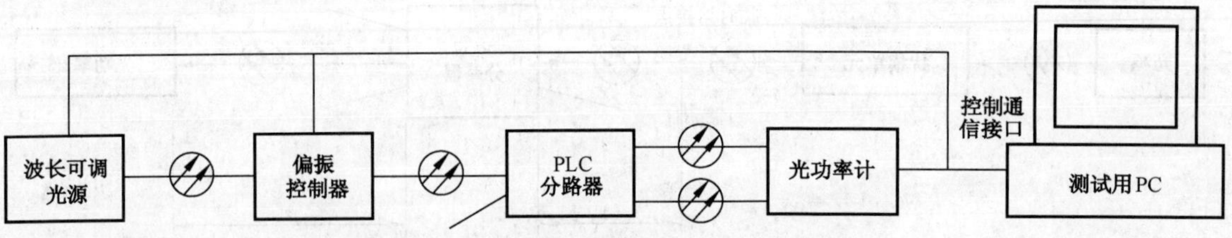

图 7 偏振相关损耗的测试框图

b) 测试步骤如下：
1) 清洁连接器端面并按图 7 连接测试系统，并打开系统预热；
2) 设定可调谐激光器的波长扫描范围、偏振控制器的偏振态变化；
3) 对系统各通道进行初始化；
4) 接入待测 PLC 分路器，稳定后，进行扫描并导出数据。

6.9 回波损耗的测量

按 GB/T 20440—2006 中 5.4.6 规定进行。

7 可靠性试验

产品可靠性试验包括机械完整性试验和环境温度耐久性试验，如表 3 所示。

表 3 可靠性试验要求

试验项目名称		参考章、条	试验条件	批内允许不合格品率%	抽样数	允许失效数	合格判据
机械完整性试验	机械冲击	Telcordia GR-1221-CORE 6.2.1	5 次/每方向，6 个方向(3 个轴向)，500 g，持续时间 1 ms	20	11	0	1)插入损耗变化量≤0.5 dB；2)其他性能参数满足表 1、表 2 要求
	变频振动	Telcordia GR-1221-CORE 6.2.2	20 g，20 Hz～2 000 Hz，4 min/每循环，4 循环/每轴向	20	11	0	
	光纤扭曲	Telcordia GR-1209-CORE 5.4.3.2	涂敷光纤、紧套缓冲光纤：0.45 kg，±180°，10 个循环	20	11	0	
	光纤侧拉	Telcordia GR-1209-CORE 5.4.3.3	涂敷光纤、紧套缓冲光纤：0.23 kg，90°，5 s，3 个轴向	20	11	0	
	光纤光缆保持力	Telcordia GR-1209-CORE 5.4.3.4	涂敷光纤，紧套缓冲光纤：0.45 kg，5 s，3 个轴向	20	11	0	

表 3（续）

<table>
<tr><th colspan="2">试验项目名称</th><th>参考章、条</th><th>试验条件</th><th>批内允许不合格品率%</th><th>抽样数</th><th>允许失效数</th><th>合格判据</th></tr>
<tr><td rowspan="4">环境温度耐久性试验</td><td>高温贮存（干燥）</td><td>Telcordia GR-1221-CORE 6.2.4</td><td>85 ℃（±2 ℃）或最高存储温度，湿度＜40%RH，持续时间 2 000 h</td><td>20</td><td>11</td><td>0</td><td rowspan="4">1)插入损耗变化量≤0.5 dB；
2)其他性能参数满足表 1、表 2 要求</td></tr>
<tr><td>高温贮存（湿热）</td><td>Telcordia GR-1221-CORE 6.2.5</td><td>75 ℃（±2 ℃）、90%（±5%）RH 或 85 ℃（±2 ℃）、85%（±5%）RH，持续时间 500 h(CO[a])、2 000 h(UNC[b])</td><td>20</td><td>11</td><td>0</td></tr>
<tr><td>低温贮存</td><td>Telcordia GR-1221-CORE 6.2.6</td><td>−40 ℃（±5 ℃）或最低存储温度，持续时间 2 000 h</td><td>20</td><td>11</td><td>0</td></tr>
<tr><td>温度循环</td><td>Telcordia GR-1221-CORE 6.2.7</td><td>−40 ℃～+70 ℃(CO[a])，极限持续时间 15 min，100 次循环；或 −40 ℃～+85 ℃(UNC[b])，极限点持续时间 15 min，500 次循环</td><td>20</td><td>11</td><td>0</td></tr>
<tr><td colspan="8">注：从正常生产的生产批中随机抽取 22 个样品，分成两组，每组 11 个，分别进行机械完整性试验和环境温度耐久性试验。每项试验不需进行在线监控，只需进行试验前后插入损耗的测试，计算出变化量，依据变化量来判断合格与否。</td></tr>
<tr><td colspan="8">[a] CO ——中心机房（室温）环境。
[b] UNC ——非可控环境。</td></tr>
</table>

8 环境保护

应符合 SJ/T 11363—2006 中的相关要求。

9 检验规则

9.1 出厂检验

出厂检验分日常检验和抽样检验两种。

9.1.1 日常检验

该检验是生产厂家对全部产品进行的检验，其检验数据应随同产品提交给用户，PLC 分路器需要进行日常检验的项目是：外观、插入损耗、偏振相关损耗、均匀性（均匀分光器件）、回波损耗。

9.1.2 抽样检验

由质量部门从一个生产批或几个生产批（这些生产批是在基本相同的材料、工艺、设备等条件制造）的产品抽取样品进行检验。抽样检验项目同 9.1.1，并增加方向性，抽样方案要求按 GB/T 2828.1—2003 规定，检验水平 IL＝Ⅱ、允许质量水平 AQL＝1.0。

9.2 型式检验

PLC 分路器在下列情况之一时，一般进行型式检验，型式检验按第 6 章和第 7 章中要求进行。

a) 新产品转产或老产品转厂生产的试制定型鉴定；

b) 结构、材料、工艺有较大改变，可能影响产品性能时；

c) 正常生产时，24 个月后，应周期性进行型式检验；

d) 产品长期停产 12 个月后，恢复生产时；

e) 出厂检验结果与上次型式检验差别较大时；

f) 国家质量监督机构提出进行型式检验要求时。

10 包装、标志、运输和贮存

10.1 标志

产品上应标有产品编号、型号，位置允许时还应标有产品名称、生产厂家、生产日期。

10.2 包装

产品应用盒子包装好，包装内应有产品性能指标测试数据，包装盒上应标有产品名称、规格型号、生产厂家，执行标准号。按 SJ/T 11364—2006 要求打印环保标志。

10.3 运输

当产品需要长途运输时，需用木箱或硬纸箱作外包装，在箱上写明不能大力抛甩、碰、压，应有防雨防潮标志，以免损坏产品。

10.4 贮存

产品应放置在 −40 ℃～+85 ℃温度、相对湿度小于 40％范围以内的非暴露环境中。

ICS 33.180.10
M 33

中华人民共和国国家标准

GB/T 28511.2—2012

平面光波导集成光路器件 第2部分:基于阵列波导光栅(AWG)技术的密集波分复用(DWDM)滤波器

Integrated optical path devices based on planar lightwave circuit—Part 2:DWDM filter based on AWG technology

2012-06-29 发布　　2012-10-01 实施

中华人民共和国国家质量监督检验检疫总局
中国国家标准化管理委员会 发布

前　言

GB/T 28511《平面光波导集成光路器件》分为以下几个部分：

——第1部分：基于PLC的光功率分路器；

——第2部分：基于AWG技术的DWDM滤波器；

⋮

本部分为GB/T 28511的第2部分。

本部分按照GB/T 1.1—2009给出的规则起草。

本部分根据DWDM系统对DWDM器件的技术要求，参考了Telcordia GR-1221-CORE(1999)《光无源器件一般可靠性保证要求》、Telcordia GR-1209-CORE(2001)《光无源器件总规范》和GB/T 20440—2006《密集波分复用器/解复用器技术条件》，并结合国内器件实际情况编写制定。

本部分由中华人民共和国工业和信息化部提出。

本部分由中国通信标准化协会归口。

本部分负责起草单位：武汉邮电科学研究院、深圳新飞通光电子技术有限公司、深圳市昊谷光电技术有限公司。

本部分主要起草人：马卫东、梁臣桓、宋琼辉、刘文、白炜、李春芳、徐秋霜。

平面光波导集成光路器件 第2部分：基于阵列波导光栅(AWG)技术的密集波分复用(DWDM)滤波器

1 范围

GB/T 28511的本部分规定了基于阵列波导光栅(AWG)技术的密集波分复用(DWDM)滤波器(以下简称AWG滤波器)的相关术语和定义、技术要求和测试方法；规定了可靠性试验的条件和要求、检验规则及标志、包装、运输和贮存要求。

本部分适用于平面光波导集成光路器件中的AWG滤波器。

2 规范性引用文件

下列文件对于本文件的应用是必不可少的。凡是注日期的引用文件，仅注日期的版本适用于本文件。凡是不注日期的引用文件，其最新版本(包括所有的修改单)适用于本文件。

GB/T 2828.1—2003 计数抽样试验程序 第1部分：按接收质量限(AQL)检索的逐批检验抽样计划(ISO 2859-1:1999,IDT)

GB/T 20440—2006 密集波分复用器/解复用器技术条件

SJ/T 11363—2006 电子信息产品中有毒有害物质的限量要求

SJ/T 11364—2006 电子信息产品污染控制标识要求

ITU-T G.694.1(2002) WDM应用的谱栅格 DWDM频率栅格(Spectral grids for WDM applications:DWDM frequency grid)

Telcordia GR-1209-CORE(2001) 光无源器件总规范(Generic Requirements for Passive Optical Components)

Telcordia GR-1221-CORE(1999) 光无源器件一般可靠性保证要求(Generic Reliability Assurance Requirements for Passive Optical Components)

3 术语和定义

GB/T 20440—2006中界定的以及下列术语和定义适用于本文件。

3.1

阵列波导光栅密集波分复用滤波器 arrayed waveguide grating DWDM filter

阵列波导光栅密集波分复用器是基于干涉原理形成的平面光波导集成密集波分复用器件，其基本结构由3部分组成：输入/输出光波导阵列、自由传播区平板波导和弯曲波导阵列。如图1所示。

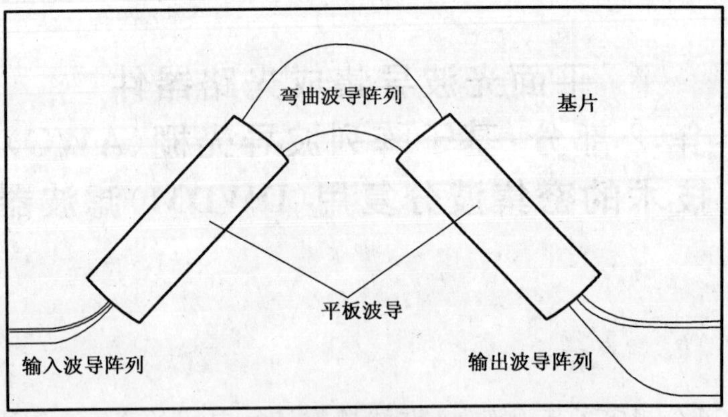

图 1　AWG 滤波器示意图

3.2

ITU-T 通道带宽　ITU-T passband

AWG 滤波器的 ITU-T 通道带宽(又称通带)定义为根据 ITU-T G.694.1(2002)规定的波长通道间隔的四分之一。AWG 滤波器的各项指标定义都要以通道带宽作为参考,一般取通道带宽内的最差情况。

3.3

峰值波长　peak wavelength

AWG 滤波器工作波段内的每个波长从输入端口到输出端口均有光功率损耗,其中平均光功率损耗曲线上最小值对应的波长为峰值波长。

考虑偏振态后,对于工作波段内任何一个波长均对应着两个损耗值,一个是各个偏振态下损耗最大值,另外一个是损耗最小值,二者的平均即为损耗平均值。对于任一工作波段而言,则对应着最大光功率损耗、最小光功率损耗和平均光功率损耗曲线。参考图 2,最外一条虚曲线为最小光功率损耗曲线,最内一条虚曲线为最大光功率损耗曲线,中间的实线为平均光功率损耗曲线。

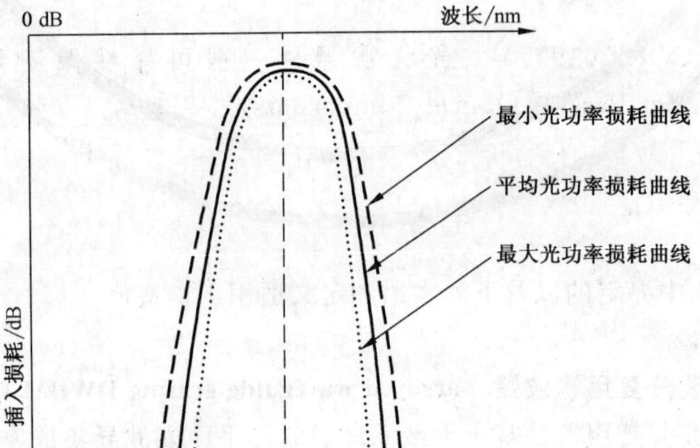

图 2　AWG 滤波器光功率损耗曲线示意图

3.4

波长精度　wavelength accuracy

AWG滤波器中心波长与ITU-T标称中心波长之差。

3.5

插入损耗(IL)　insertion loss

AWG滤波器的某一通道的插入损耗定义为:在规定的工作温度范围内,考虑了偏振特性后的光功率损耗曲线(包括光功率损耗最大,最小两条曲线)上所对应ITU-T通道带宽内的最大损耗值,以dB表示。

AWG滤波器插入损耗:AWG各个通道中插入损耗的最大值,以dB表示。

3.6

带宽　bandwidth

带宽有−0.5 dB、−1 dB、−3 dB、−20 dB带宽等,某个通道的带宽是从该通道最小光功率损耗曲线的顶点向下0.5 dB、1 dB、3 dB、20 dB与光功率损耗波形的交点之间的宽度,如图3所示,带宽计算时需要考虑偏振特性,取各种偏振态下的最差值。通常把"−XdB"带宽称为"XdB"带宽。

AWG滤波器的带宽:AWG各个通道带宽之最差情况。

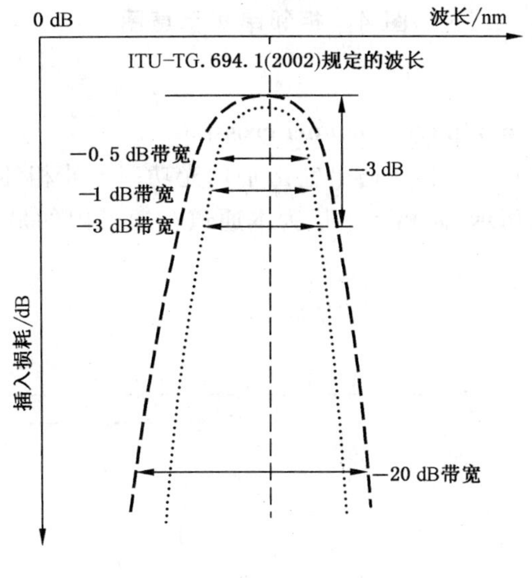

图3　AWG滤波器带宽示意图

3.7

相邻通道串扰(*AX*)　adjacent channel crosstalk

串扰是AWG滤波器的一个关键性指标。相邻串扰是指某一特定通道在对应通带上输出光功率对相邻通带输出光功率的抑制比,用dB来表示。

如图4所示,右相邻串扰为本通道在通带内的最大插入损耗与右边相邻子通带内的最小插入损耗之差(即图中*AX*+);左相邻串扰为本通道在通带内的最大插入损耗与左边相邻通带内的最小插入损耗之差(即图中*AX*−)。相邻串扰为右相邻串扰和左相邻串扰中的最小值。

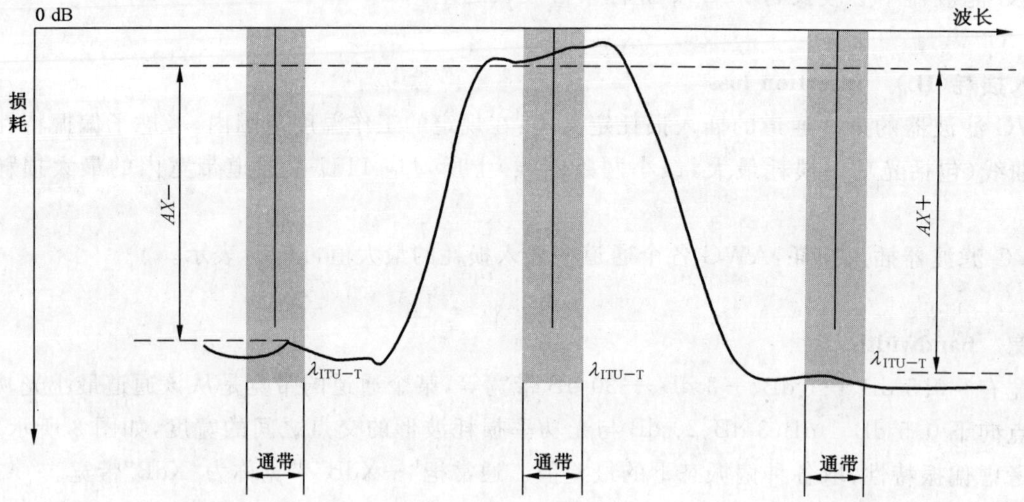

图 4　相邻串扰示意图

3.8

非相邻通道串扰(*NX*)　non-adjacent channel crosstalk

非相邻串扰是指某一特定通道的相应通带输出平均光功率对非相邻的其他通带输出平均光功率的抑制比,用 dB 来表示。如图 5 所示,非相邻串扰为本通道在通带内的最大插入损耗与所有非相邻通带内的最小插入损耗之差。

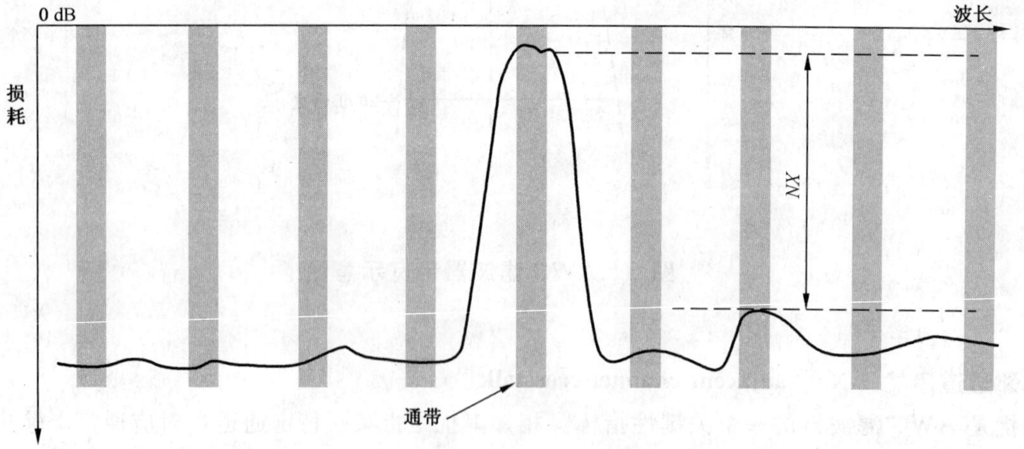

图 5　非相邻串扰示意图

3.9

总串扰(*TX*)　total channel crosstalk

总串扰是指某一特定通道对应通带输出平均光功率对所有其他通带输出平均光功率总和的抑制比,用 dB 表示。表达式为:

$$TX = -10\ \lg(\sum P_i / P) \qquad (1)$$

式中：

TX ——总串扰，单位为分贝(dB)；

P_i ——除对应的通带外，其他第 i 通带内的最大平均光功率，单位为毫瓦(mW)；

P ——对应通带的平均光功率，单位为毫瓦(mW)。

3.10

设定温度　set temperature

设定温度是指将 AWG 滤波器的中心波长调整到 ITU-T 波长时需要的温度，单位为℃。

3.11

设定温度稳定性　set-temperature stability

AWG 滤波器的温度稳定性是指 AWG 滤波器温控电路控制的 AWG 滤波器芯片温度的稳定程度，单位为℃。

4 技术要求

4.1 分类

a) AWG 滤波器按其工作波长范围可分为：

——C 波段 AWG 滤波器：工作波长 1 528.968 nm～1 567.133 nm；

——L 波段 AWG 滤波器：工作波长 1 570.416 nm～1 610.489 nm。

b) AWG 滤波器按其光谱形状可分为：

——高斯型 AWG 滤波器：光谱形状为高斯型；

——平顶型 AWG 滤波器：光谱顶部形状较为平坦。

c) AWG 滤波器按其工作条件可分为：

——热敏感型 AWG 滤波器：工作时器件需保持稳定的温度；

——热不敏感型 AWG 滤波器：工作时器件无需保持稳定的温度。

4.2 技术要求

a) 100 GHz 通道间隔高斯型热敏感 AWG 滤波器光学性能参数如表 1 所示。

表 1　100 GHz 通道间隔高斯型热敏感 AWG 滤波器光学性能参数

参数名称	单　　位	指　　标
通道数		32,40
工作波长范围	nm	见附录 A
IUT-T 通道带宽	GHz	±12.5
波长精度	nm	±0.04
1 dB 带宽	nm	≥0.2
3 dB 带宽	nm	≥0.4
20 dB 带宽	nm	≤1.2
插入损耗	dB	≤4.5
通带平坦度	dB	≤1

表 1 （续）

参数名称	单 位	指 标
插入耗损均匀性	dB	≤1.5
相邻通道串扰	dB	≥25
非相邻通道串扰	dB	≥30
总串扰	dB	≥22
偏振相关损耗	dB	≤0.5
回波损耗	dB	≥40
方向性	dB	≥50
偏振模色散	ps	≤0.5
色散	ps/nm	−20～+20
工作温度	℃	−5～+65
贮存温度	℃	−40～+85

b） 100 GHz 通道间隔平顶热敏感型 AWG 滤波器光学性能参数如表 2 所示。

表 2 100 GHz 通道间隔平顶热敏感型 AWG 滤波器光学性能参数

参数名称	单 位	指 标	
通道数		32,40	44,48
工作波长范围	nm	见附录 A	
IUT-T 通道带宽	GHz	±12.5	
波长精度	nm	±0.04	±0.05
0.5 dB 带宽	nm	≥0.2	≥0.2
1 dB 带宽	nm	≥0.4	≥0.4
3 dB 带宽	nm	≥0.6	≥0.6
20 dB 带宽	nm	≤1.2	≤1.2
插入损耗	dB	≤5.5	≤6
通带平坦度	dB	≤0.5	≤0.5
插入损耗均匀性	dB	≤1	≤1
相邻通道串扰	dB	≥25	≥25
非相邻通道串扰	dB	≥30	≥30
总串扰	dB	≥22	≥22
偏振相关损耗	dB	≤0.5	≤0.5
回波损耗	dB	≥40	≥40
方向性	dB	≥50	≥50
偏振模色散	ps	≤0.5	≤0.5
色散	ps/nm	−20～+20	−20～+20
工作温度	℃	−5～+65	−5～+65
贮存温度	℃	−40～+85	−40～+85

c) 100 GHz 通道间隔平顶热不敏感型 AWG 滤波器光学性能参数如表 3 所示。

表 3 100 GHz 通道间隔平顶热不敏感型 AWG 滤波器光学性能参数

参数名称	单 位	指 标
通道数		32,40,48
工作波长范围	nm	见附录 A
IUT-T 通道带宽	GHz	±12.5
波长精度	nm	±0.04
0.5 dB 带宽	nm	≥0.2
1 dB 带宽	nm	≥0.38
3 dB 带宽	nm	≥0.56
20 dB 带宽	nm	≤1.2
插入损耗	dB	≤6
插入耗损均匀性	dB	≤1.2
通带平坦度	dB	≤0.5
相邻通道串扰	dB	≥25
非相邻通道串扰	dB	≥33
总串扰	dB	≥23
偏振相关损耗	dB	≤0.5
偏振模色散	ps	≤0.5
回波损耗	dB	≥40
方向性	dB	≥50
色散	ps/nm	−20～+20
工作温度	℃	−5～+65
贮存温度	℃	−40～+85

d) 热敏感型 AWG 滤波器温度控制性能参数如表 4 所示。

表 4 热敏感型 AWG 滤波器温度控制性能参数

参数名称	单 位	指 标
设定温度	℃	+65～+87
设定温度稳定性	℃	±0.2
电源电压	V	+4.75～+5.25
加热驱动电流	A	≤2.5
最大功耗	W	≤12.5
最长稳定时间(从−5 ℃升温到稳定的时间)	min	≤10

e) 50 GHz 通道间隔平顶热不敏感型 AWG 滤波器目前尚未成熟，正在研制之中，其光学性能参数参见附录 C。

f) AWG 滤波器电接口定义和 AWG 滤波器外形图建议，分别见附录 B 和附录 D。

g) 中心波长按照 ITU-T G.694.1(2002)中的 DWDM 栅格标称中心频率确定。

5 试验方法

5.1 外观检查

AWG 滤波器试验前，首先对 AWG 滤波器进行外观检查。其外形尺寸与设计尺寸应相符；外观必须平滑、无油渍、无伤痕及无裂纹，整个器件牢固，引线无松动或端口的连接器的插拔须平顺。

5.2 试验环境条件

器件的性能试验应在下面规定的大气条件下进行：

——温度：15 ℃～35 ℃；

——相对湿度：45%～75%；

——气压：86 kPa～106 kPa。

5.3 试验仪表设备

5.3.1 光源

5.3.1.1 宽光源

光源要求如下：

——波长范围：根据工作波长选择适当的波长；

——输出光功率稳定性：±0.1 dB/10 min。

5.3.1.2 可调谐激光器光源

可调谐激光器光源要求如下：

——波长范围：根据工作波长选择适当的波长范围；

——波长精度：±15 pm；

——波长重复性：±0.5 pm；

——波长稳定性：±1 pm；

——边模抑制比：≥40 dB；

——输出光功率：≥−13 dBm。

5.3.2 光谱分析仪

光谱分析仪要求如下：

——工作波长范围：根据工作波长选择适当的波长范围；

——波长精度：±10 pm；

——动态范围：＜−50 dB；

——分辨率带宽：＜100 pm；

——偏振相关性：＜0.08 dB；

——波长重复性：±2 pm。

5.3.3 光功率计

光功率计要求如下：

——工作波长范围:根据工作波长选择适当的波长范围;
——光功率最大动态范围:−70 dBm～+10 dBm(直流);
——偏振相关性:<0.05 dB;
——相对精度:±5%。

5.3.4 偏振控制器

偏振控制器要求如下:
——工作波长范围:根据工作波长选择适当的波长范围;
——偏振消光比:>40 dB;
——邦加球覆盖率:>99%;
——偏振相关损耗:<0.005 dB;
——最大允许输入光功率:+20 dBm。

5.3.5 网络分析仪

网络分析仪要求如下(2.5 Gb/s):
——系统动态范围:>60 dB;
——幅度精度:<0.05 dB;
——相位精度:<0.01°。

5.3.6 幅度调制器

幅度调制器要求如下:
——调制频率:>2 GHz。

5.3.7 回波损耗测试仪

回波损耗测试仪要求如下:
——工作波长:1 310 nm、1 550 nm;
——测试范围:0 dB～75 dB;
——测试精度:±1.0 dB(绝对精度)、±0.4 dB(相对精度)。

5.4 测试方法

5.4.1 设定温度

a) 测试原理及系统框图如图6所示。

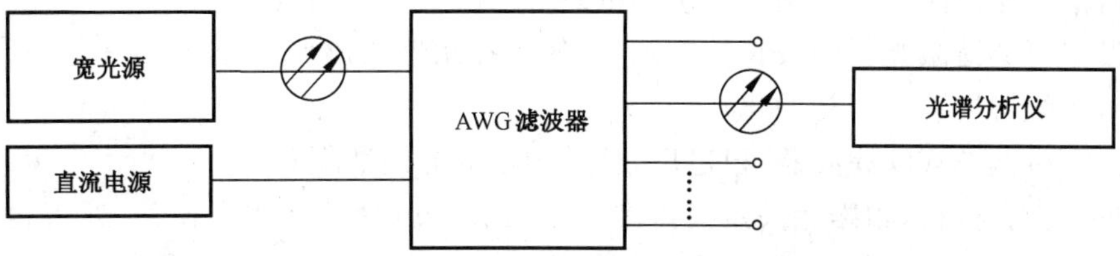

图6 设定温度测试方框图

b) 测试步骤如下：

1) 如图 6 将 AWG 滤波器的公共输入端与宽光源输出端连接；

2) 将 AWG 滤波器的中间输出端分别接入光谱分析仪的输入端，测得中间输出端通道中心波长。中间通道选择第[(N/2)+1]整数通道，其中 N 为输出端的个数；

3) 通过计算中心波长和相应 ITU-T 波长的差值得到 AWG 滤波器的设定温度 T(℃)。计算方法如下：

$$T=(\lambda_1-\lambda_2)/TP+t_{环境} \qquad \cdots\cdots(2)$$

式中：

T ——器件的设定温度单位为摄氏度(℃)；

TP ——芯片波长的温度变化系数，其典型值为 0.011 nm/℃；

λ_1 ——ITU-T 波长，单位为纳米(nm)；

λ_2 ——AWG 滤波器中心波长，单位为纳米(nm)；

$t_{环境}$ ——测试的环境温度单位为摄氏度(℃)。

4) 打开直流电源供电，待波长完全稳定后，测试中心波长。按照 TP 对设定温度进行微调，微调精度为 0.1 ℃。当中间通道的中心波长与 ITU-T 波长几乎完全重合，误差小于 2 pm 时的温度为 AWG 滤波器的设定温度。

5.4.2 中心波长、波长精度、插入损耗、通带平坦度、插入损耗均匀性、偏振相关损耗、带宽、串扰的测试

a) 测试原理如图 7 所示。

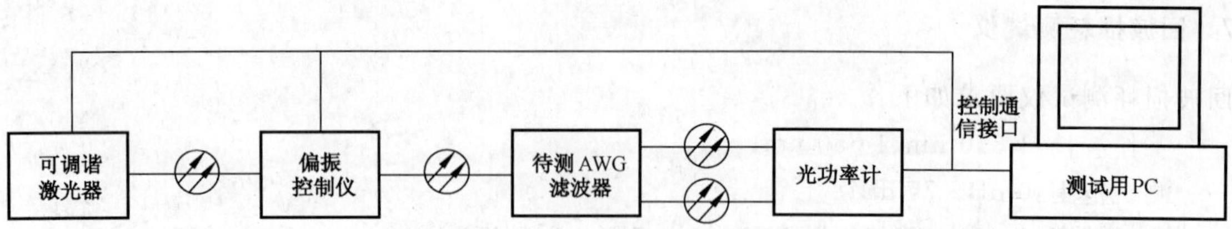

图 7 中心波长、波长精度、插入损耗、通带内平坦度、插入损耗均匀性、偏振相关损耗、带宽、串扰的测试框图

b) 测试步骤如下：

1) 清洁连接器端面并按图 7 连接测试系统，并打开系统预热；

2) 设定可调谐激光器的波长扫描范围、偏振控制器的偏振态变化；

3) 对系统各通道进行初始化；

4) 接入待测 AWG 滤波器，稳定后，进行扫描并导出数据；

5) 进行数据分析，根据相关定义得到中心波长、波长精度、插入损耗、通带内平坦度、插损均匀性、偏振相关损耗、带宽、串扰等指标。

注：AWG 滤波器测试分为几阶段进行，当芯片和光纤阵列耦合对准时，此时的测试可以不需要进行温控；当 AWG 滤波器做成模块，进行最终测试时，需要加温控。

5.4.3 回波损耗测试

回波损耗测试按 GB/T 20440—2006 中 5.4.6 进行。

5.4.4 方向性测试

方向性测试按 GB/T 20440—2006 中 5.4.7 进行。

5.4.5 偏振模色散测试

偏振模色散测试按 GB/T 20440—2006 中 5.4.5 进行。

5.4.6 色散测试

a) 测试原理框图如图 8 所示。

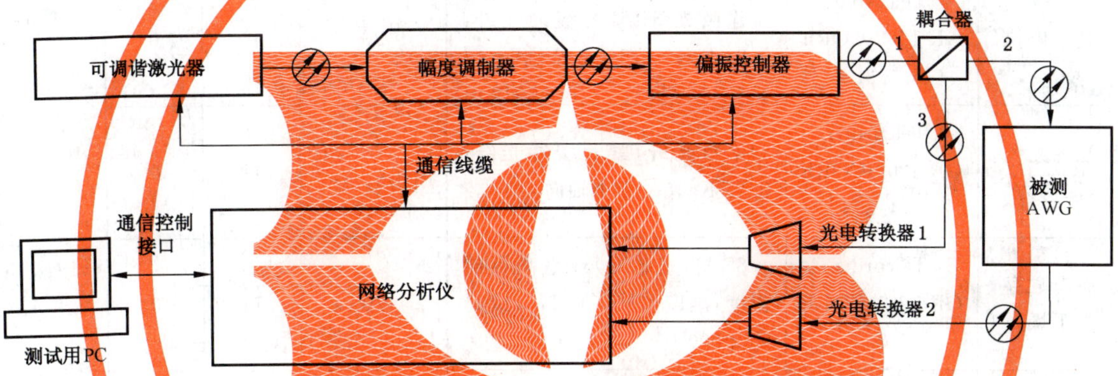

图 8 色散测试原理图

b) 测试方法：采用调制相移法，为业界通用测量色散的方法。如图 8 所示，可调谐激光器输出光经过由射频信号驱动的铌酸锂调制器进行幅度调制，调制后的信号经过偏振控制器获得不同的偏振态，信号被分为两路，一路经过被测 AWG 滤波器传输后幅度和相位均发生变化，另一路幅度和相位未发生任何改变，分别经过光电转换器还原调制包络，经网络分析仪比较可得到包络的幅度和相位变化值，通过相位变化值、调制频率和波长变化值可计算出色散值。

c) 测试步骤如下：

1) 清洁连接跳线并按图 8 进行测试系统连接，依次开启测试系统并预热；
2) 设定测试波长范围、测试步长、调制频率等参数；
3) 进行测试，导出数据，根据 GB/T 20440—2006 中 3.2.11 的定义分析得到色散；
4) 重复步骤 2)～3)，测试 AWG 器件其他输出通道的色散。

5.5 可靠性试验

产品可靠性试验包括机械完整性试验和环境温度耐久性试验，如表 5 所示。

表 5 可靠性试验要求

试验项目名称		参考章、条	试验条件	批内允许不合格品率 %	抽样数[a]	允许失效数	合格判据（插入损耗变化量）
机械完整性试验	机械冲击	Telcordia GR-1221-CORE 6.2.1	5 次/每方向，6 个方向（3 个轴向），500 g，持续时间 1 ms	20	11	0	≤0.5 dB
	变频振动	Telcordia GR-1221-CORE 6.2.2	20 g，20 Hz～2 000 Hz，4 min/每循环，4 循环/每轴向	20	11	0	
	光纤扭曲	Telcordia GR-1209-CORE 5.4.3.2	涂敷光纤、紧套缓冲光纤：0.45 Kg，±180°，10 个循环	20	11	0	
	光纤侧拉	Telcordia GR-1209-CORE 5.4.3.3	涂敷光纤、紧套缓冲光纤：0.23 Kg，90°，5 s，3 个轴向	20	11	0	
	光纤光缆保持力	Telcordia GR-1209-CORE 5.4.3.4	涂敷光纤，紧套缓冲光纤：0.45 Kg，5 s，3 个轴向	20	11	0	
环境温度耐久性试验	高温贮存（干燥）	Telcordia GR-1221-CORE 6.2.4	85 ℃（±2 ℃）或最高存储温度，湿度＜40%RH，持续时间 2 000 h	20	11	0	
	高温贮存（湿热）	Telcordia GR-1221-CORE 6.2.5	75 ℃（±2 ℃）、90%（±5%）RH 或 85 ℃（±2 ℃）、85%（±5%）RH，持续时间 500 h（CO[b]）、2 000 h（UNC[c]）	20	11	0	
	低温贮存	Telcordia GR-1221-CORE 6.2.6	－40 ℃（±5 ℃）或最低存储温度，持续时间 2 000 h	20	11	0	
	温度循环	Telcordia GR-1221-CORE 6.2.7	－40 ℃～＋70 ℃（CO[b]），极限持续时间 15 min，100 次循环；或－40 ℃～＋85 ℃（UNC[c]），极限点持续时间 15 min，500 次循环	20	11	0	

[a] 从正常生产的生产批中随机抽取 22 个样品，分成两组，每组 11 个，分别进行机械完整性试验和环境温度耐久性试验。每项试验不需进行在线监控，只需进行试验前后插入损耗的测试，计算出变化量，依据变化量来判断合格与否。

[b] CO——中央办公室（室温）环境。

[c] UNC——非可控环境。

5.6 环境保护

AWG 滤波器应符合 SJ/T 11363—2006 中的相关要求。

6 检验规则

6.1 检验分类

检验分出厂检验和型式检验。

6.2 出厂检验

分为日常检验和抽样检验两种。

6.2.1 日常检验

该检验对生产的 AWG 滤波器的全部产品进行检验，其检验数据应随同产品提交给用户，日常检验的项目是：插入损耗、相邻串扰、非相邻串扰、总串扰、插入损耗均匀性、中心波长、波长精度、带宽、通带内平坦度、回波损耗、偏振相关损耗、色散，偏振模色散和设定温度，其指标应符合相应的表 1、表 2 或表 3 要求。检验方法见 5.4 中相关测试方法。

6.2.2 抽样检验

由质量部门从一个生产批或几个生产批（这些生产批是在基本相同的材料、工艺、设备等条件制造）的产品中抽取样品进行检验。抽样检验项目和试验方法同 6.2.1。抽样要求按 GB/T 2828.1—2003 规定，检验水平 IL＝Ⅱ、允许质量水平 AQL＝1.0。

6.3 型式检验

AWG 滤波器有下列情况之一时，进行型式检验，型式检验按 5.4 测试方法和 5.5 可靠性试验进行。

a） 新产品转产或老产品转厂生产的试制定型鉴定；

b） 结构、材料、工艺有较大改变，可能影响产品性能时；

c） 正常生产时，24 个月后，应周期性进行型式检验；

d） 产品长期停产 12 个月后，恢复生产时；

e） 出厂检验结果与上次型式检验有差别时；

f） 国家质量监督机构提出进行型式检验要求时。

7 标识、包装、运输和贮存

7.1 标识

产品上应有产品名称、型号规格、编号、批次等标识。

7.2 包装

产品应用内包装，用盒子包装好，包装内应有产品性能测试单和品质保证单，包装盒上应标有产品名称、型号规格、生产厂家，执行标准号。按 SJ/T 11364—2006 要求，并打印环保标志。

7.3 运输

当产品需要长途运输时,需用木箱或硬纸箱做外包装,在箱上写明不能抛甩、碰、压,应有防雨防潮标志,以免损坏产品。

7.4 贮存

产品应放置在贮存温度范围以内的非暴露环境中。

附　录　A
（规范性附录）
48 通道 AWG 滤波器频率/波长分配计划表

48 通道 AWG 滤波器频率/波长分配计划表，如图 A.1 所示。

表 A.1　48 通道 AWG 滤波器频率/波长分配计划表

通道数	C Even[a]		C Even+[b]		C Odd[c]		C Odd+[d]		L Even[e]		L Odd[f]	
	f/THz	λ/nm	f/THz	λ/nm	f/THz	λ/nm	f/THz	λ/nm	f/THz	λ/nm	f/THz	λ/nm
1	196.000	1 529.553	196.025	1 529.358	196.050	1 529.163	196.075	1 528.968	190.900	1 570.416	190.850	1 570.828
2	195.900	1 530.334	195.925	1 530.139	195.950	1 529.944	195.975	1 529.748	190.800	1 571.239	190.750	1 571.651
3	195.800	1 531.116	195.825	1 530.920	195.850	1 530.725	195.875	1 530.529	190.700	1 572.063	190.650	1 572.476
4	195.700	1 531.898	195.725	1 531.702	195.750	1 531.507	195.775	1 531.311	190.600	1 572.888	190.550	1 573.301
5	195.600	1 532.681	195.625	1 532.485	195.650	1 532.290	195.675	1 532.094	190.500	1 573.714	190.450	1 574.127
6	195.500	1 533.465	195.525	1 533.269	195.550	1 533.073	195.575	1 532.877	190.400	1 574.540	190.350	1 574.954
7	195.400	1 534.250	195.425	1 534.054	195.450	1 533.858	195.475	1 533.661	190.300	1 575.368	190.250	1 575.782
8	195.300	1 535.036	195.325	1 534.839	195.350	1 534.643	195.375	1 534.446	190.200	1 576.196	190.150	1 576.610
9	195.200	1 535.822	195.225	1 535.625	195.250	1 535.429	195.275	1 535.232	190.100	1 577.025	190.050	1 577.440
10	195.100	1 536.609	195.125	1 536.412	195.150	1 536.216	195.175	1 536.019	190.000	1 577.855	189.950	1 578.270
11	195.000	1 537.397	195.025	1 537.200	195.050	1 537.003	195.075	1 536.806	189.900	1 578.686	189.850	1 579.102
12	194.900	1 538.186	194.925	1 537.989	194.950	1 537.792	194.975	1 537.594	189.800	1 579.518	189.750	1 579.934
13	194.800	1 538.976	194.825	1 538.778	194.850	1 538.581	194.875	1 538.383	189.700	1 580.350	189.650	1 580.767
14	194.700	1 539.766	194.725	1 539.568	194.750	1 539.371	194.775	1 539.173	189.600	1 581.184	189.550	1 581.601
15	194.600	1 540.557	194.625	1 540.359	194.650	1 540.162	194.675	1 539.964	189.500	1 582.018	189.450	1 582.436
16	194.500	1 541.349	194.525	1 541.151	194.550	1 540.953	194.575	1 540.755	189.400	1 582.854	189.350	1 583.271
17	194.400	1 542.142	194.425	1 541.944	194.450	1 541.746	194.475	1 541.548	189.300	1 583.690	189.250	1 584.108
18	194.300	1 542.936	194.325	1 542.737	194.350	1 542.539	194.375	1 542.341	189.200	1 584.527	189.150	1 584.946
19	194.200	1 543.730	194.225	1 543.532	194.250	1 543.333	194.275	1 543.135	189.100	1 585.365	189.050	1 585.784
20	194.100	1 544.526	194.125	1 544.327	194.150	1 544.128	194.175	1 543.929	189.000	1 586.203	188.950	1 586.623
21	194.000	1 545.322	194.025	1 545.123	194.050	1 544.924	194.075	1 544.725	188.900	1 587.043	188.850	1 587.463
22	193.900	1 546.119	193.925	1 545.920	193.950	1 545.720	193.975	1 545.521	188.800	1 587.884	188.750	1 588.304
23	193.800	1 546.917	193.825	1 546.717	193.850	1 546.518	193.875	1 546.318	188.700	1 588.725	188.650	1 589.146
24	193.700	1 547.715	193.725	1 547.516	193.750	1 547.316	193.775	1 547.116	188.600	1 589.568	188.550	1 589.989
25	193.600	1 548.515	193.625	1 548.315	193.650	1 548.115	193.675	1 547.915	188.500	1 590.411	188.450	1 590.833
26	193.500	1 549.315	193.525	1 549.115	193.550	1 548.915	193.575	1 548.715	188.400	1 591.255	188.350	1 591.678
27	193.400	1 550.116	193.425	1 549.916	193.450	1 549.715	193.475	1 549.515	188.300	1 592.100	188.250	1 592.523

表 A.1（续）

通道数	C Even[a]		C Even+[b]		C Odd[c]		C Odd+[d]		L Even[e]		L Odd[f]	
	f/THz	λ/nm	f/THz	λ/nm	f/THz	λ/nm	f/THz	λ/nm	f/THz	λ/nm	f/THz	λ/nm
28	193.300	1 550.918	193.325	1 550.717	193.350	1 550.517	193.375	1 550.317	188.200	1 592.946	188.150	1 593.369
29	193.200	1 551.721	193.225	1 551.520	193.250	1 551.319	193.275	1 551.119	188.100	1 593.793	188.050	1 594.217
30	193.100	1 552.524	193.125	1 552.323	193.150	1 552.122	193.175	1 551.922	188.000	1 594.641	187.950	1 595.065
31	193.000	1 553.329	193.025	1 553.128	193.050	1 552.926	193.075	1 552.725	187.900	1 595.489	187.850	1 595.914
32	192.900	1 554.134	192.925	1 553.933	192.950	1 553.731	192.975	1 553.530	187.800	1 596.339	187.750	1 596.764
33	192.800	1 554.940	192.825	1 554.739	192.850	1 554.537	192.875	1 554.335	187.700	1 597.189	187.650	1 597.615
34	192.700	1 555.747	192.725	1 555.545	192.750	1 555.343	192.775	1 555.142	187.600	1 598.041	187.550	1 598.467
35	192.600	1 556.555	192.625	1 556.353	192.650	1 556.151	192.675	1 555.949	187.500	1 598.893	187.450	1 599.320
36	192.500	1 557.363	192.525	1 557.161	192.550	1 556.959	192.575	1 556.757	187.400	1 599.746	187.350	1 600.173
37	192.400	1 558.173	192.425	1 557.970	192.450	1 557.768	192.475	1 557.566	187.300	1 600.600	187.250	1 601.028
38	192.300	1 558.983	192.325	1 558.780	192.350	1 558.578	192.375	1 558.375	187.200	1 601.455	187.150	1 601.883
39	192.200	1 559.794	192.225	1 559.591	192.250	1 559.389	192.275	1 559.186	187.100	1 602.311	187.050	1 602.740
40	192.100	1 560.606	192.125	1 560.403	192.150	1 560.200	192.175	1 559.997	187.000	1 603.168	186.950	1 603.597
41	192.000	1 561.419	192.025	1 561.216	192.050	1 561.013	192.075	1 560.809	186.900	1 604.026	186.850	1 604.455
42	191.900	1 562.233	191.925	1 562.029	191.950	1 561.826	191.975	1 561.622	186.800	1 604.885	186.750	1 605.314
43	191.800	1 563.047	191.825	1 562.844	191.850	1 562.640	191.875	1 562.436	186.700	1 605.744	186.650	1 606.174
44	191.700	1 563.863	191.725	1 563.659	191.750	1 563.455	191.775	1 563.251	186.600	1 606.605	186.550	1 607.035
45	191.600	1 564.679	191.625	1 564.475	191.650	1 564.271	191.675	1 564.067	186.500	1 607.466	186.450	1 607.897
46	191.500	1 565.496	191.525	1 565.292	191.550	1 565.087	191.575	1 564.883	186.400	1 608.329	186.350	1 608.760
47	191.400	1 566.314	191.425	1 566.109	191.450	1 565.905	191.475	1 565.700	186.300	1 609.192	186.250	1 609.624
48	191.300	1 567.133	191.325	1 566.928	191.350	1 566.723	191.375	1 566.518	186.200	1 610.056	186.150	1 610.489

[a] C Even —— C 波段偶数通道。

[b] C Even + —— C 波段偶数加通道。

[c] C Odd —— C 波段奇数通道。

[d] C Odd + —— C 波段奇数加通道。

[e] L Even —— L 波段偶数通道。

[f] L Odd —— L 波段奇数通道。

附　录　B
（资料性附录）
AWG 滤波器电接口

AWG 滤波器电接口定义，如表 B.1 所示。

表 B.1　AWG 滤波器电接口定义

针　脚	信　号	类　型	方　向	说　明
1	+5 V	能量	—	加热电路供电
2	+5 V	能量	—	加热电路供电
3	+5 V	能量	—	控制电路供电
4	完毕	TTL	输出	当芯片温度为设定温度时，设置高；当芯片温度不在设定温度时（高于温度上限或低于温度下限），设置为低；信号为 3.3 V TTL
5	报警	TTL	输出	当芯片温度高于设定温度，设置为高；当芯片温度不高于设定温度时，设置为低；针 4 和 5 用于检查温度状态；信号为3.3 V TTL
6	激活	TTL	输入	当设置为高，加热器电路将激活；当设置为低，加热器电路将不激活；信号为 3.3 V TTL
7	发送	TTL	输出	RS232 发送信号，为 3.3 V TTL
8	接地	能量	—	接地
9	接受	TTL	输入	RS232 接受信号，为 3.3 V TTL
10	接地	主体	—	接地

附 录 C
（资料性附录）
50 GHz 通道间隔平顶热不敏感型 AWG 滤波器光学性能参数

50 GHz 通道间隔平顶热不敏感型 AWG 滤波器光学性能参数，如表 C.1 所示。

表 C.1　50 GHz 通道间隔平顶热不敏感型 AWG 滤波器光学性能参数

参数名称	单　位	指　标
通道数		40,48
IUT-T 通道带宽	GHz	±6.25(相对于 ITUT-T Grid)
波长精度	nm	±0.035
1 dB 带宽	nm	≥0.2
3 dB 带宽	nm	≥0.25
插入损耗	dB	≤6.5
插入耗损均匀性	dB	≤1.2
通带平坦度	dB	≤0.8
相邻通道串扰	dB	≥25(23±9 GHz 条件下)
非相邻通道串扰	dB	≥33
总串扰	dB	≥22(20±9 GHz 条件下)
偏振相关损耗	dB	≤0.8
偏振模色散	ps	≤0.5
回波损耗	dB	≥40
方向性	dB	≥50
色散	ps/nm	－20～＋20
工作温度	℃	－5～＋65
贮存温度	℃	－40～＋85

附 录 D
（资料性附录）
AWG 滤波器外形图

AWG 滤波器外形图，如图 D.1 所示。

单位为毫米

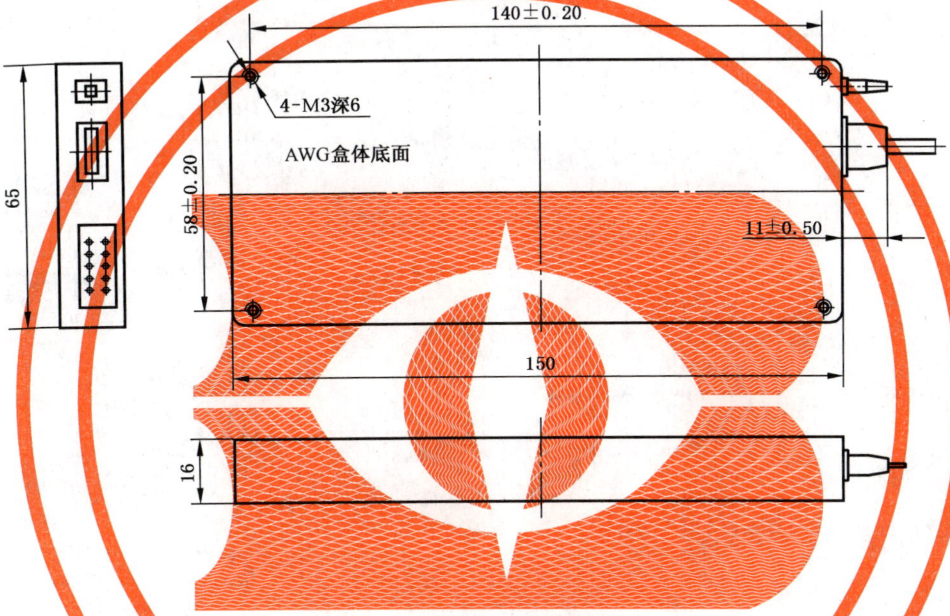

图 D.1 AWG 滤波器外形图

ICS 33.040.40
M 32

中华人民共和国国家标准

GB/T 28512—2012

用于IP网络的Diameter基础协议

Diameter base protocol for IP network

(IETF RFC 3588:2003,Diameter Base Protocol,MOD)

2012-06-29 发布　　　　2012-10-01 实施

中华人民共和国国家质量监督检验检疫总局
中国国家标准化管理委员会　发布

前言

本标准按照 GB/T 1.1—2009 给出的规则起草。

本标准修改采用 IETF RFC 3588:2003《Diameter 基础协议》。本标准的主要差异如下:

——按照汉语习惯对一些编排格式进行了修改;将一些适用于国际标准的表述改为适用于我国标准的表述;

——根据 GB/T 1 系列的要求,增加了第 1 章、第 2 章和第 3 章,其中 3.1 的术语和定义均来自 IETF RFC 3588 的 1.3;

——本标准的 4.3.1、4.3.2、4.3.3、4.3.4、4.3.5、4.5 和 4.6 分别等同于 IETF RFC 3588 的 2.4、2.5、2.8、2.6、2.7、2.2 和 2.3;

——本标准的 4.4 从技术内容上与 IETF RFC 3588 的 2.1 保持一致;

——本标准的 5.1 和 5.2 分别等同于 IETF RFC 3588 的第 3 章和第 4 章;

——本标准的第 6 章等同于 IETF RFC 3588 的第 5 章;

——本标准的 7.1、7.2 和 7.3 分别等同于 IETF RFC 3588 的第 6 章、第 7 章、第 8 章;

——本标准的第 8 章和第 9 章分别等同于 IETF RFC 3588 的第 9 章和第 13 章;

——本标准的附录 B 和附录 C 分别等同于 IETF RFC 3588 的第 10 章和第 12 章;

——本标准的附录 D、附录 E 和附录 F 分别等同于 IETF RFC 3588 的 Appendix A、Appendix B、Appendix C;

——本标准的 4.1、4.2、4.7、附录 A 根据我国实际情况自己编写。

本标准由中华人民共和国工业和信息化部提出。

本标准由中国通信标准化协会归口。

本标准起草单位:工业和信息化部电信研究院。

本标准主要起草人:谢玮、刘清、武静、刘述、姜吕良。

用于 IP 网络的 Diameter 基础协议

1 范围

本标准规定了 Diameter 协议的体系结构、Diameter 基本功能、Diameter 基础协议通信模式、Diameter 基础协议信令流程以及安全机制等方面要求。

本标准适用于 IP 网络中 AAA(认证,授权和计费)系统和 AAA 相关设备。

2 规范性引用文件

下列文件对于本文件的应用是必不可少的。凡是注日期的引用文件,仅注日期的版本适用于本文件。凡是不注日期的引用文件,其最新版本(包括所有的修改单)适用于本文件。

IETF RFC 2030 简单网络时间协议(SNTP)版本 4(Simple Network Time Protocol (SNTP) Version 4)

IETF RFC 2234 扩展 BNF 语法规范:ABNF(Augmented BNF for Syntax Specifications: ABNF)

IETF RFC 2246 传输层安全(TLS)协议 版本 1(The TLS Protocol Version 1.0)

IETF RFC 2279 UTF-8,ISO 10646 的转换格式(UTF-8, a transformation format of ISO 10646)

IETF RFC 2284bis PPP 扩展认证协议(EAP)(PPP Extensible Authentication Protocol (EAP))

IETF RFC 2407 用于 ISAKMP 的 IPSec 域的翻译(IPSecDOI)(The Internet IP Security Domain of Interpretation for ISAKMP)

IETF RFC 2409 因特网密钥交换(IKE)(The Internet Key Exchange (IKE))

IETF RFC 2474 IPv4 和 IPv6 头部差分业务字段(DS 字段)的定义(Definition of the Differentiated Services Field (DS Field) in the IPv4 and IPv6 Headers)

IETF RFC 2486 网络接入标识符(The Network Access Identifier)

IETF RFC 2865 拨号用户业务远程认证(RADIUS)(Remote Authentication Dial In User Service (RADIUS))

IETF RFC 2915 命名权威点 DNS 资源记录(The Naming Authority Pointer (NAPTR) DNS Resource Record)

IETF RFC 2960 流控制传输协议(Stream Control Transmission Protocol)

IETF RFC 3539 认证、授权和计费(AAA)传输轮廓(Authentication, Authorization and Accounting (AAA) Transport Profile)

IEEE 754-1985 二进制浮点运算(Binary Floating-Point Arithmetic)

ISO/IEC IS 10646-1 信息技术 通用多八位组(Multiple-Octet)编码字符集(Information Technology-Universal Multiple-Octet Coded Character Set)

3 术语和定义、缩略语

3.1 术语和定义

下列术语和定义适用于本文件。

3.1.1

计费 accounting

收集资源使用信息的动作，以用于能力规划、审核、营业额或成本分配。

3.1.2

计费记录 accounting record

一条计费记录表述了一个用户在整个会话过程中，资源消费的总结。

3.1.3

认证 authentication

核实某个实体(客体)身份的动作。

3.1.4

授权 authorization

决定一个提出请求的实体(客体)是否被允许访问资源(主体)的动作。

3.1.5

属性值对 attribute-value-pairs; AVP

Diameter 协议由一个头以及跟随的一个或多个属性值对(AVP)组成。一个 AVP 包含一个头和用来封装特定协议的数据(例如，路由信息)，以及认证、授权或计费信息。

3.1.6

Diameter 代理 Diameter agent

Diameter 代理是一个 Diameter 节点，它提供中继、Proxy、重定向或翻译服务。

3.1.7

Diameter 客户 Diameter client

Diameter 客户是位于网络边缘的一个设备，执行接入控制。Diameter 客户的典型范例就是网络接入服务器(NAS)或外地代理(FA)。

3.1.8

Diameter 节点 Diameter node

Diameter 节点是实现 Diameter 协议的主机程序，它既可以作为客户也可以作为代理或服务器。

3.1.9

Diameter 对等端 Diameter peer

Diameter 对等端是一个 Diameter 节点，该节点和另一个特定的 Diameter 节点有一个直接的传输连接。

3.1.10

Diameter 安全交换 Diameter security exchange

Diameter 安全交换是两个 Diameter 节点建立端到端安全的过程。

3.1.11

Diameter 服务器 Diameter server

Diameter 服务器负责处理某个特殊域的认证、授权和计费请求。除基本协议以外，Diameter 服务器还必须支持 Diameter 应用扩展。

3.1.12

下行 downstream

用于标识由归属服务器发往接入设备的特定 Diameter 消息的方向。

3.1.13

端到端安全 end-to-end security

TLS 和 IPsec 提供逐跳安全，或者跨一个传输连接的安全。当中继或 Proxy 参与进来时，逐跳安全无法保证整个 Diameter 用户会话的安全。端到端安全是指可能通过 Diameter 代理进行通信的两个 Diameter 节点之间的安全。端到端安全可以保证从发起 Diameter 节点到终点 Diameter 节点之间整个 Diameter 通信路线的安全。

3.1.14

归属域　home realm

可管理域,通过它可以与用户保持一个帐户关系。

3.1.15

归属服务器　home server

位于归属地的 Diameter 服务器。

3.1.16

中间计费　interim accounting

中间计费消息提供一个用户会话过程中资源使用的快照。在设备重启动或者其他网络故障,而无法得到会话总结消息或会话记录时,它通常用于用户会话的分段计帐。

3.1.17

本地域　local realm

为某用户提供服务的可管理域(domain)。一个可管理域可以作为某些用户的本地域(realm),也可以同时是其他用户的归属域(realm)。

3.1.18

多会话　multi-session

一个多会话表现为若干会话的一个逻辑链接。多会话通过使用 Acct-Multi-Session-Id 来辨识。多会话的一个举例可以是一个多链路 PPP 束。该 PPP 束的每一个分支都是一个会话,而整个 PPP 束则是一个多会话。

3.1.19

网络接入标识符　network access identifier

简称为 NAI,在 Diameter 协议中用来摘录某个用户的身份和域(realm)的信息。身份用来在认证和/或授权过程中标识该用户,而域则用于消息的路由。

3.1.20

Proxy 代理/Proxy　proxy agent or proxy

Proxy 代理除了转发请求和响应,还根据与资源使用和配置相关的策略作出决定。该工作通常通过跟踪 NAS 设备的状态来完成。Proxy 代理在收到服务器响应之前一般不会响应客户请求。当需要转发的请求和响应违反策略时,它可以生成拒绝(Reject)消息。因此,Proxy 代理必须理解通过它们的消息的语义;不一定支持所有的 Diameter 应用。

3.1.21

域　realm

NAI 中紧跟在“@”字符后面的字符串。NAI 域名必须是唯一的,并且遵从 DNS 命名空间的管理。Diameter 使用 realm(也可以泛指 domain)来决定消息是否本地处理,还是必须将其路由或重定向。

3.1.22

实时计费　real-time accounting

包括在一个定义好的时间窗口内处理资源使用的信息。时间约束的使用通常是由于财政风险的限制。

3.1.23

中继代理/中继　relay agent or relay

中继根据与路由相关的 AVP 和域路由表列表转发请求和响应。由于中继不作策略决定,它们不检查或改变非路由AVP。因此，中继从不生成消息，也不须理解消息或非路由AVP的语义，并且能够处理任何Diameter应用或消息类型。由于中继根据路由AVP和域转发表中的信息作决定，它们不会保留NAS资源使用或会话的状态。

3.1.24

重定向代理　redirect agent

重定向代理将客户引导到服务器，使得它们可以直接通信。由于重定向代理不在转发路径上，它们不会改变在客户和服务器之间传送的任何AVP。重定向代理不生成消息，能够处理任何消息类型。重定向代理不保留与会话或NAS资源有关的状态。

3.1.25

漫游关系　roaming relationships

漫游关系包括公司和ISP之间的关系、在一个漫游联盟(roaming consortium)中对等端ISP之间的关系，以及一个ISP与一个漫游联盟之间的关系。

3.1.26

安全联盟　security association

一个Diameter会话中的两个端点之间的关联，该会话保证端点间通信的保密性和完整性，即使通信在有中继和/或Proxy的情况下进行的。

3.1.27

会话　session

一个与某个特定动作参与事件的相关过程。每个应用应提供指南例如会话的开始和结束时间。所有拥有相同会话ID的Diameter数据包，都被认为属于同一个会话。

3.1.28

会话状态　session state

状态代理通过跟踪所有经过授权的活动会话，保留会话状态信息。每个经过授权的会话都与某特殊的业务绑定，其状态为活动，一直到被通知改变为其他状态，或到期为止。

3.1.29

子会话　sub-session

表示一个提供给已有会话的独特的业务(例如Qos或数据特性)。这些业务可以同时(例如在同一会话过程中同时传送语音和数据)或连续发生。会话中的这些改变通过Accounting-Sub-Session-Id来表征。

3.1.30

事务状态　transaction state

Diameter协议要求代理维护事务状态，以用于失败处理。

3.1.31

翻译代理　translation agent

一个有状态的Diameter节点，执行Diameter和其他AAA协议(如RADIUS)之间的协议翻译。

3.1.32

传输连接　transport connection

两个Diameter对等端之间已有的直接TCP或SCTP连接，也称为端到端连接。

3.1.33

上行　upstream

用于标识从接入设备到归属服务器的特定Diameter消息的传送方向。

3.1.34

用户　user

要求或使用某些资源以支持Diameter客户生成一个请求的实体。

3.2 缩略语

下列缩略语适用于本标准。

AAA	Authentication, Authorization and Accounting	认证、授权和计费
ABNF	Augmented BNF for Syntax Specifications	扩展 BNF 语法规范
AVP	Attribute Value Pairs	属性值对
CMS	Cryptographic Message Syntax	密码消息语法
EAP	Extensible Authentication Protocol	可扩展认证协议
IP	Internet Protocol	Internet 协议
NASREQ	Network Access Server Requirements	网络接入服务器请求
NAPTR	The naming authority pointer	命名权威指针
PPP	Point to Point Protocol	点对点协议
RADIUS	Remote Authentication Dial-In User Service	远端拨入用户验证服务
RAS	Registration, Admission and Status	注册、允许和状态协议
SCTP	Stream Control Transmission Protocol	流控制传输协议
SLIP	Serial Line IP	串行 IP
SLP	Service Location Protocol	业务位置协议
TACACS	Terminal Access Controller Access Control System	终端接入控制者接入控制系统协议
TCP	Transmission Control Protocol	传输控制协议
TLS	Transport Layer Security	传输层安全

4 Diameter 的体系结构

4.1 Diameter 总体框架及协议概述

4.1.1 Diameter 协议的设计目的

Diameter 协议的设计目的是创建一个能够充分满足网络访问控制要求的 AAA 协议。Diameter 设计要求的具体内容如下：

——具有良好的网络适应性和可扩展性；
——统一且良好的失败控制和检测机制；
——完整的传送层安全保证(包括域内和域间)；
——数据传输可靠性保证机制；
——支持各种类型的代理，包括 Proxy 代理、重定向代理以及中继代理等；
——支持服务器发起的消息，即允许服务器主动发送消息给其客户端；
——与现有网络协议的良好可互操作性；
——支持节点间的能力协商机制；
——支持动态对等端发现和配置机制；
——支持安全和可扩展的漫游。

4.1.2 Diameter 协议的框架结构

Diameter 包含基础协议、传送协议、不同的应用扩展，如 NASREQ 和移动 IP，见图 1。所有应用和服务共用的基本功能都在基础协议中实现，而应用特定的功能则会在不同的应用中实施。

Diameter 基础协议注重能力协商，消息发送以及对等端如何最终被拒绝。基础协议还规定了特定规则以用于 Diameter 节点之间所有的消息交换。Diameter 基础协议旨在提供一个 AAA 框架，以用于各种应用。基础协议还定义了所有 Diameter 应用使用的，并且所有 Diameter 设备都必须支持的消息格式、传输、差错报告和安全服务。

为了给不同业务提供符合该业务特征的功能，Diameter 协议必须支持适用于各种不同业务的不同的实施方案。

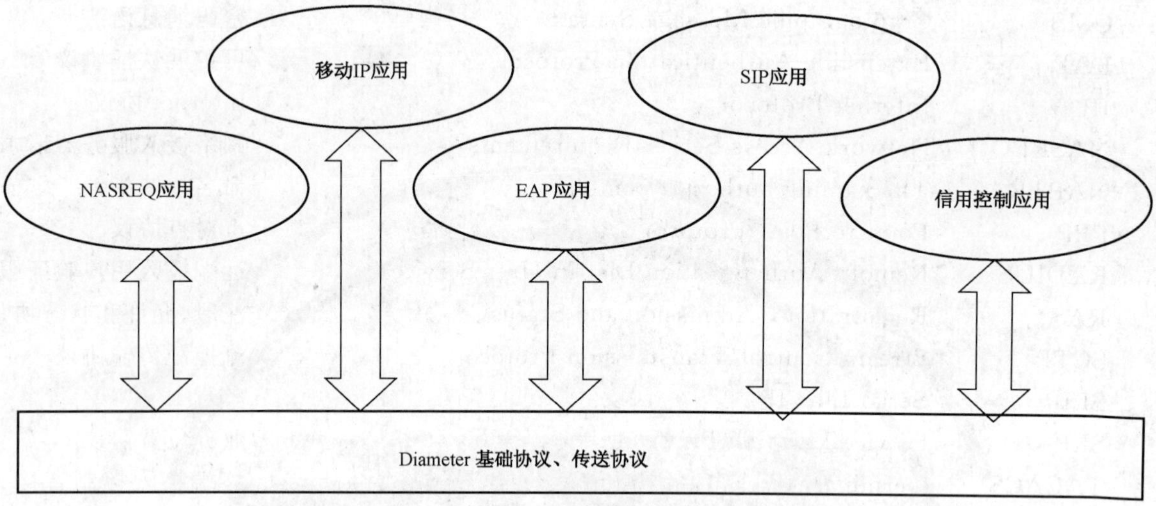

图 1　Diameter 协议结构

图 1 给出了 Diameter 协议结构的示意图，Diameter 基础协议是 AAA 系统实施的基本协议要求；传输机制主要定义 Diameter 协议传输层的问题及解决方法，还包括失败检测算法和状态机；其他拥有各种不同功能的应用都必须支持基础协议。

Diameter 基础协议可以直接用于计费应用，但如果用于认证和授权，则必须进行特定的应用扩展，如 NASREQ 应用、移动 IP 应用等。

NASREQ 应用定义了一个 Diameter 应用，其允许 Diameter 服务器用于 NAS 作为主要接入手段的网络环境中。其中给出了需要在 Diameter 和 RADIUS 之间进行协议转换的服务器需要注意的问题。移动 IP 应用定义了一个 Diameter 应用，其允许 Diameter 服务器对一个移动结点执行用于移动 IP 业务的 AAA 功能。SIP 应用是 Diameter 协议应用与 SIP 环境中时的要求。EAP 应用是 Diameter 为支持 EAP 所应具有的扩展要求。信用控制 (Credit Control)是一种可以与一个账户进行实时交互，控制并监视，对特定服务进行收费的机制，其相应的 Diameter 扩展规定了 Diameter 协议为支持该功能所定义的扩展要求。Diameter 应用扩展要求见附录 A。

4.1.3　Diameter 实体对协议的支持

Diameter 客户必须支持基础协议。另外它们还必须根据客户业务实施的需要，支持任何 Diameter 应用扩展。如果 Diameter 客户不同时支持所有应用扩展，则必须明确表示为“Diameter X 客户”，其中 X 表示它所支持的应用。

Diameter 服务器必须支持基础协议。另外它们还必须根据其所提供的业务需要，支持任何 Diameter 应用扩展。如果 Diameter 服务器不同时支持所有应用扩展，则必须明确表示为“Diameter X 服务器”，其中 X 表示它所支持的应用。

Diameter 中继代理和重定向代理是透明传输协议的，必须透明支持 Diameter 基础协议，以及所有 Diameter 应用。

Diameter Proxy 代理必须支持基础协议。另外，它还必须完全支持实现使用 Proxy 的业务所需要的任何 Diameter 应用。如果 Diameter Proxy 不同时支持所有应用扩展，则必须明确表示为“Diameter

X Proxy”,其中 X 表示它所支持的应用。

4.2 Diameter 基础协议的功能概述

Diameter 基础协议提供以下功能:

——AVP(属性值对)的发送;

——能力协商;

——差错通知;

——可扩展性,通过增加新命令和 AVP 来实现;

——扩展应用的基本业务需求,例如用户会话或计费的处理。

4.3 Diameter 相关概念释义

4.3.1 应用标识符

每一个 Diameter 应用都必须拥有一个应用标识符。由于对基础协议的支持是强制性的,因此基础协议不需要应用标识符。在能力交换过程中,Diameter 节点告知对等端本地所支持的应用,并且,所有 Diameter 消息都包含一个应用标识符,在消息向前转发的过程中使用。

规定范围 0x00000001 到 0x00ffffff 为标准应用预留,而 0x10000001 到 0xfffffffe 为运营商自行定义的应用预留。目前定义的应用标识符如表 1 所示。

表 1 Diameter 应用标识符

应用标识符	值
Diameter 通用消息	0
NASREQ	1
移动 IP	2
Diameter 基础计费	3
中继	0xffffffff

中继和重定向代理必须广播中继应用标识符,同时所有其他 Diameter 节点必须广播本地支持的应用。广播中继服务的能力交换消息的接收者必须假设发送者支持所有现有的和将要有的应用。

Diameter 中继和 Proxy 代理负责寻找一个上行服务器,以支持某个特殊消息的应用。如果没有发现,将返回差错消息,其中的结果代码 AVP 设置为 DIAMETER_UNABLE_TO_DELIVER。

4.3.2 连接和会话

连接是两个对等端之间的一个传输层连接,用于发送和接收 Diameter 消息。会话是一个应用层的逻辑概念,在一个接入设备和一个服务器之间共享,并且通过会话 ID AVP 来标识。图 2 给出了 Diameter 连接和会话的区别示意图。

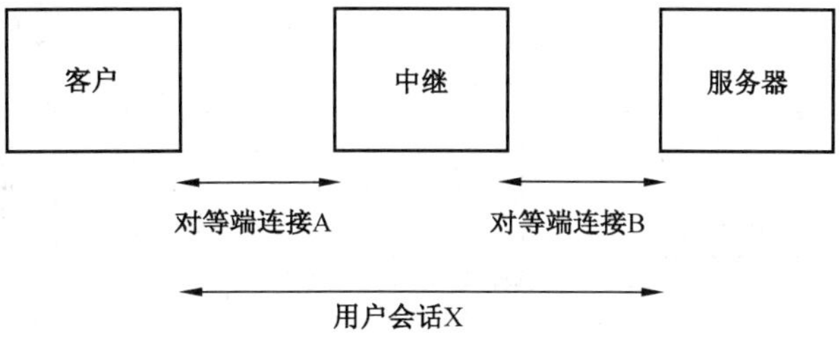

图 2 Diameter 连接和会话示例

需要明确的是，连接和会话之间并没有关系，一个会话可以跨越多个连接，而用于多会话的 Diameter 消息也可以在一个单独的连接中传送。

4.3.3 Diameter 代理

除了客户和服务器，Diameter 协议还引入了中继代理、Proxy 代理、重定向代理和翻译代理。这些 Diameter 代理主要作用如下：

——它们可以将系统管理分配为可调配的组，包括安全联盟的维护；

——它们可以用于集中大量相关或分布式的 NAS 设备，以作为一个用户组；

——它们能够对请求或响应进行增值处理；

——它们能够用于负载平衡；

——一个复杂的网络将拥有多个认证源，它们可以过滤请求并将请求前转给正确的目标。

Diameter 协议要求代理保持事物状态，以用于失败替代(failover)。事物状态意味着，前转某个请求，要保存其逐跳标识符；该字段被一个本地唯一的标识符替代，当收到相应的应答时，再将该字段恢复为其原始的值。该请求的状态在收到应答时被释放。无状态的代理就是仅保持事物状态。

Proxy-Info AVP 允许无状态代理给一个 Diameter 请求添加本地状态，当然必须保证在对应的应答中也必须出现相同的状态。该协议的失败替代过程要求代理保持未决得请求的副本。

通过持续跟踪所有的已授权的激活会话，有状态代理可以保持会话状态信息。每个已授权会话都是绑定在特定的业务上的，它的状态一直都是激活的，除非它得到通知，或者生命期到期。每个已授权会话都有一个生命期，通过 Session-Timeout AVP 告知 Diameter 服务器。

保持会话状态在某些特定应用中会非常有用，例如：

——协议翻译(如，RADIUS＜－＞Diameter)；

——给某个特定用户有限的资源授权；

——每用户或事物审计。

一个 Diameter 代理可以对于某些请求是有状态的，而其他请求则是无状态的。一个 Diameter 实施也可以对于某些请求是一种类型的代理，而对于其他请求是另一种类型的代理。

4.3.3.1 中继代理

中继代理是一个 Diameter 代理，用来接收请求并根据在消息中发现的信息(例如，目的地域 Destination-Realm)路由去往其他 Diameter 节点的消息。该路由决定是利用所支持的域和已知对等端的列表完成的。该表被称作域路由表，详见 4.3.5。

中继可以用于聚合来自在一个地理区域(POP)内的多个网络接入服务器(NAS)的请求。使用中继可以避免 NAS 与在其他域的 Diameter 服务器的通信，同时还可以减少 Diameter 服务器在 NAS 增加、变化或删除时的配置负担。

中继会通过插入以及删除路由信息等动作修改 Diameter 消息，但是不会修改消息的其他任何部分。中继不维护会话状态，但必须维护事务状态。

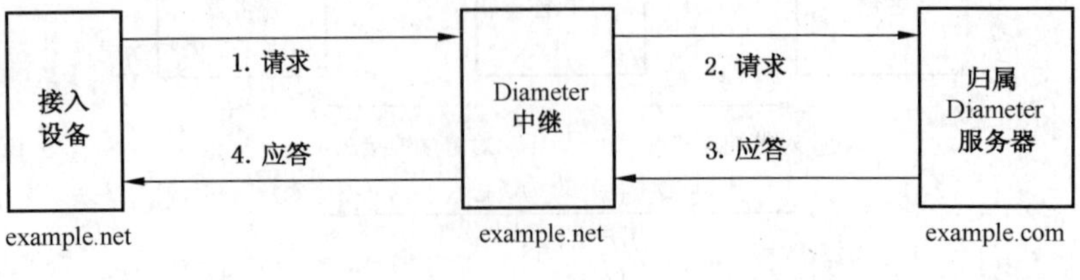

图 3 Diameter 消息的中继过程

图 3 给出了一个 Diameter 消息的中继过程。接入设备为用户 bob@example. com 产生一个请求。在发出请求前，接入设备先利用“example. com”作为关键字，执行 Diameter 路由查询，然后决定该消息应被送到 Diameter 中继。Diameter 中继执行同样的路由查询，并将该消息中继给“example. com”的归属 Diameter 服务器。归属服务器判断该请求可以在本地处理，则进行对该请求的认证和/或授权，并返回应答。该应答通过保存的事务状态，被路由回接入设备。

由于中继不执行任何应用级别的程序，它们提供的中继服务可以用于所有 Diameter 应用，因此它们必须广播中继应用标识符。

4.3.3.2 Proxy 代理

与中继类似，Proxy 代理利用 Diameter 路由表来路由 Diameter 消息。它们不同之处在于，Proxy 代理修改消息以达到策略的强制实施。这要求 Proxy 保持它们下行对等端(例如，接入设备)的状态以执行资源的使用，提供准入控制和预配置。

必须重点指出的是，尽管 Proxy 可以为 NAS 提供增值功能，但它们的存在使得接入设备无法使用端到端安全，因为对消息的修改将使端到端加密工作无法完成。

Proxy 可以用在呼叫中心或接入 ISP 中，它们能够监视正在使用的端口号码和类型，并根据它们的配置作出资源分配和允许进入的决定。

执行资源限制的 Proxy 必须保持会话状态。所有 Proxy 必须保持事务状态。

由于执行策略需要了解提供的业务，Proxy 仅需广播它们支持的 Diameter 应用。

4.3.3.3 重定向代理

重定向代理在 Diameter 路由需要集中配置的情况下非常有用。重定向代理为某个集团的所有成员提供服务，但不希望负担域间消息中继的任务。这种方案优势在于，当某个成员的结构发生变化时，无需集团向它的成员提供路由更新。

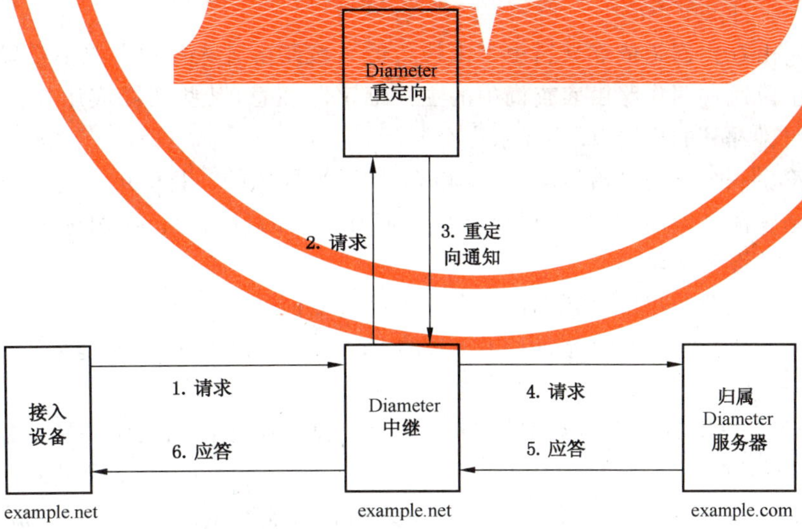

图 4 重定向一个 Diameter 消息

图 4 中，接入设备为用户 bob@example. com 产生一个请求。该消息由接入设备发送到其中继，但该中继的 Diameter 路由表中没有 example. com 的路由入口。Diameter 中继的缺省路由配置为重定向代理，重定向代理返回一个重定向通知给中继，同时还有相关归属服务器的联系信息。收到重定向通知后，中继建立与归属服务器的传输连接，并将请求转发给它。

由于重定向代理不中继消息,仅返回一个应答,其中包括 Diameter 代理间直接通信所需要的信息,它们不修改消息。重定向代理不接收应答消息,所以它们不用保持会话状态。而且,重定向代理从来不会中继请求,它们也不需要保持事务状态。

由于重定向代理不执行任何应用级别的程序,它们为所有 Diameter 应用提供服务,因此必须广播中继应用标识符。

4.3.3.4 翻译代理

翻译代理是提供两种协议(例如 RADIUS 与 Diameter,TACACS 与 Diameter)之间翻译的设备。翻译代理通常用来聚合服务器以和一个 Diameter 基础设施进行通信。

Diameter 协议引入了永久(long-lived)授权会话的概念,翻译代理必须保持会话状态和事务状态。

翻译代理必须仅广播它们本地支持的应用。

4.3.4 对等端表(Peer Table)

Diameter 对等端表被用在消息前转过程中,同时还要参考域路由表(Realm Routing Table)。对等端表包含以下字段:

——主机标识。格式遵循在 5.2.3 中定义的 DiameterIdentity 扩展 AVP 数据格式。该字段包含在 CER 或 CEA 消息中发现的源主机 AVP 的内容。

——状态。对等端入口的状态,必须与 6.6 中列举的值中的某个匹配。

——静态或动态。指定某个对等端入口是静态配置的还是动态发现的。

——生命期。指定动态发现的对等端表入口被刷新或到期的时间。

——TLS 有效。指定对等端通信时是否使用 TLS。

——附加安全信息(可选)。例如关键字、证书等。

4.3.5 基于域的路由表(Realm-Based Routing Table)

所有基于域的路由查找都是依靠域路由表来执行的。域路由表入口包含以下字段:

——域名。该字段通常用作路由表查询中的主关键字。注意,某些实际应用在执行查询时是基于“从右端最长匹配”的原则,而不要求完全匹配。

——应用标识符。一个应用是由运营商 ID 和应用 ID 来标识的。目前运营商 ID 均定为“0”。一个路由入口基于消息中的应用标识 AVP 可能拥有不同的目的地。应用标识符必须用作路由表查询的第二关键字字段。

——本地动作。本地动作字段用来标识一个消息将被如何处理。支持以下动作:

- LOCAL——本地动作设置为 LOCAL 的 Diameter 消息可以在本地处理,无需被路由到其他服务器。
- RELAY——所有属于本类型的 Diameter 消息必须被路由到下一跳的服务器,无需修改任何非路由 AVP。
- PROXY——所有属于本类型的 Diameter 消息必须被路由到下一跳的服务器。本地服务器可以在路由之前通过将新的 AVP 插入到该消息中,来实行本地策略。
- REDIRECT——所有属于本类型的 Diameter 消息必须附加归属 Diameter 服务器的标识,并且返回给消息的发送者。

——服务器标识符。消息会被路由到一个或多个服务器。这些服务器也必须出现在对等端表中。当本地动作设置为 RELAY 或 PROXY 时,该字段包含消息必须被路由到的服务器的标识符。当本地动作设置为 REDIRECT 时,该字段包含消息将被重定向到的一个或多个服务器的标识符。

——静态或动态。指定某个路由入口是静态配置的还是动态发现的。

——生命期。指定某个动态发现的路由表入口的到期时间。

必须重点指出，Diameter 代理必须至少支持 LOCAL、RELAY、PROXY 或 REDIRECT 操作模式之中的一种。为了与协议规定一致，代理不需要支持所有的操作模式。中继代理和 Proxy 不允许重排 AVP。

路由表可以包括一个默认入口，为任何与其他入口都不匹配的请求使用。路由表可以仅包含这样一个入口。

当请求被路由时，目标服务器必须已经为特定的消息广播应用标识符，或者标明自己是一个中继或 Proxy 代理。否则，将返回一个差错，其结果码 AVP 设置为 DIAMETER_UNABLE_TO_DELIVER。

4.4 Diameter 传输协议

Diameter 基本协议运行在 TCP 和 SCTP 传输协议的端口 3868 上。Diameter 客户必须支持 TCP 或 SCTP(IETF RFC 2960)，而代理和服务器必须两者都支持。本标准以后版本将强制客户支持 SCTP。

4.4.1 SCTP 的特征

SCTP 与 TCP 相同点是：

——SCTP 提供面向连接的传输服务；

——SCTP 提供可靠的传输，保证数据按顺序到达，并且没有丢失或重复；

——SCTP 是全双工的；

——SCTP 应用窗口机制以提供流控。

SCTP 还提供一些 TCP 不具备的能力：

——SCTP 提供两端点之间的多数据流传送。每个数据流内，消息都会按序到达，并且没有丢失和重复。

——SCTP 是面向消息的；即 SCTP 负责维护消息分界并分发完整消息(PDU)，而 TCP 则是面向比特的。

——SCTP 使用多宿主主机的概念。一个多宿主主机是拥有多个 IP 接口的主机。在初始化时，SCTP 两端交换它们的 IP 接口地址列表。一个要求重传的 SCTP 消息可以被发送到备选的 IP 地址，这样可以在发生网络失败时，提高 SCTP 会话复原的能力。而 TCP 会话在每个端点只能处理单个 IP 地址。

4.4.2 Diameter 传输协议要求

Diameter 协议必须能够在可以提供重传策略的传输层上运行，以使其能够在对等端不可达时，有效地转换另一个主机。与 RADIUS 相反，Diameter 协议要求代理链上的每一个节点都应在“传输层”对请求或响应进行确认。由于 Diameter 运行在提供可靠传输的 SCTP 上，代理链上的每个节点都有责任对没有确认的消息进行重传。

Diameter 节点可以从一个源端口上初始化连接，该端口可以不是其声明接受连接请求的端口，同时 Diameter 节点必须时刻准备在端口 3868 上接收连接。一个特定的 Diameter 对等端状态机的实例不允许使用多个传输连接与一个已知的对等端通信，除非该对等端出现多个实例，这种情况下，允许每个进程一个连接。

当一个对等端不存在与之相关的传输连接时，应当定期进行连接尝试。该行为通过 T_c 定时器控制，建议该值为 30 s。该规则还有特定的例外，比如一个对等端已经结束了传输连接，表明其不希望通信等等。

当连接一个对等端，且定义了零个或多个传输时，应首先尝试使用 SCTP，然后是 TCP。见 6.2 中的信息。

Diameter 实施(implementation)应能够将 ICMP 协议“端口不可达消息”解释为明确的指示“服务器不可达”。Diameter 实施也应当能够将传输和超时连接尝试，解释为重置。

如果 Diameter 接收到来自上行 TCP 的数据，该数据不能解析或鉴别为一个对等端造成的 Diameter 差错，则表明该数据流受到安全威胁且不能恢复。必须使用一个 RESET 呼叫(发送一个 TCP RST 比特)或一个 SCTP ABORT 消息关闭该传输连接。

以下是对支持 SCTP 的 Diameter 实施的要求：

a) 关于协同工作能力：所有 Diameter 节点必须准备接收在联盟(association)中的任何 SCTP 流上的 Diameter 消息。

b) 对于预防拥塞：所有 Diameter 节点应当运用所有对于联盟有效的 SCTP 流来防止 head-of-the-line 拥塞。

4.5 Diameter 消息的加密

Diameter 客户，例如网络接入服务器(NAS)和各种代理必须支持 IPSec，并且可以支持 TLS。Diameter 服务器必须支持 TLS 和 IPsec。不允许在没有任何安全机制(TLS 或 IPsec)的情况下使用 Diameter 协议。

推荐在边缘和域内业务流量中可以将 IPsec 作为首选，例如在 NAS 和本地 AAA Proxy 之间使用预共享(pre-shared)密钥。这也放松了对 NAS 支持证书的要求。同时还建议域间流量应首先使用 TLS。IPsec 和 TLS 使用见 9.1 和 9.2。

4.6 Diameter 应用顺从

应用标识符在能力交换阶段被广播，见 6.3。广播支持某个应用表示发送者支持规范中描述的所有命令码，以及相关联的 ABNF 中规定的 AVP。

一个实施可以给在某个应用中定义的任何命令增加任意的非强制 AVP，包括运营商定义的 AVP。

4.7 Diameter 路由授权

Diameter 要求在每一个连接上应用传输层安全(TLS 或 IPsec)。因此，每个连接都需要认证、重放和完整性保护以及基于分组的加密。

除了认证每个连接，每个连接以至于整个会话也都必须经过授权。在一个连接开始之前，Diameter 对等端必须检查它的对等端是否被授权承担其角色。例如，一个 Diameter 对等端可能是可信任的，但是这并不意味着它被授权作为一个可以广播一组 Diameter 应用的 Diameter 服务器。

在建立一个连接之前，应对沿途每个连接进行授权检查。Diameter 能力协商(CER/CEA)也必须执行，以决定每个对等端支持什么 Diameter 应用。Diameter 会话必须仅由授权过的节点进行路由，该节点被广播支持该会话所要求的 Diameter 应用。

一个中继或 Proxy 代理必须在其前转的所有请求后面增加一个路由记录(Route-Record)AVP。该 AVP 包含该请求来自的对等端的标识。

在授权一个会话之前，归属 Diameter 服务器必须检查路由记录 AVP，以确保该请求穿过的路由是可接受的。例如，归属域内的管理员也许不希望请求被路由通过一个不可信任的域。通过授权一个请求，该归属 Diameter 服务器含蓄的指出其希望参与该事务，正如服务器和上一跳(Hop)之间的约定中规定的那样。如果该请求穿过的路由不可接受，则发送一个 DIAMETER_AUTHORIZATION_REJECTED 差错消息。

归属域也可能希望检查每个与 Diameter 响应授权会话相应的计费请求消息。没有相应授权响应的计费请求应当接受更多的安全检查，同时计费请求应当表明要求和提供的服务之间的区别。

类似，本地 Diameter 代理，在接收一个授权某会话的 Diameter 响应时，必须检查路由记录(Route-Record)AVP，以确保该响应经过的路由是可接受的。在每一步，前转授权响应被认为是进行与该会话相关的财政冒险的表现。本地域可能希望限制这种暴露，例如，通过建立对中间域的信用限制，以及拒绝接受违反那些限制的响应等手段。通过发布一个对应于该授权响应的计费请求，本地域含蓄的表示其同意提供授权响应中指出的服务。如果本地域不能提供该服务，则必须在计费请求中发送一个 DIAMETER_UNABLE_TO_COMPLY 的差错消息；Diameter 客户接收到其不能实现的服务的授权响应时，不可以另一个服务替换，并且随后发送计费请求申请另一个替换的服务。

5 Diameter 协议格式

5.1 Diameter Header

图 5 给出 Diameter 头的格式。这些字段是以网络字节顺序传送的。

```
0               1                   2                   3
0 1 2 3 4 5 6 7 8 9 0 1 2 3 4 5 6 7 8 9 0 1 2 3 4 5 6 7 8 9 0 1
```

版本 0 0 0 0 0 0 0 1	消息长度
命令标记 R P E x x x x x	命令码
应用ID	
Hop-by-Hop 标识符	
端到端标识符	
AVP...	

图 5 Diameter 头格式

版本：该版本字段必须被置为 1，表明 Diameter 版本 1。

消息长度：该消息长度字段为 3 个八位组，指明该 Diameter 消息的字节长度，包括头字段。

命令标记：该命令标记字段为 8 个比特。已经分配的比特位如下：

```
 0 1 2 3 4 5 6 7
+-+-+-+-+-+-+-+-+
|R P E T r r r r|
+-+-+-+-+-+-+-+-+
```

R(equest)——如果设置，表明该消息是一个请求。如果清零，该消息是一个应答。

P(roxiable)——如果设置，表明该消息可以被 Proxy、中继或者重定向。如果清零，该消息必须在本地处理。

E(rror)——如果设置，表明该消息包含一个协议差错，且该消息与 ABNF 中描述的该命令不一致。“E”比特设置的消息一般当作差错消息。在请求消息中不能设置该比特。见 7.2.2。

T(Potentially re-transmitted message)——该标记在链路失败过程后被设置，以帮助去除重复的请求。当重发请求还没有被确认时，需要设置该比特，以作为链路失败而造成的可能的重复包的指示。当第一次发送一个请求时，该比特必须被清零，否则发送者必须设置该比特。Diameter 代理仅需要关心它们发送的同一请求消息的遍数;其他实体进行的重传不须考虑。Diameter 代理接收到一个 T 比特设置为 1 的请求,必须在前转该请求时保持 T 标记的设置。如果接收到一个以前消息的差错消息(例如协议差错),则不可以设置该标记。该标记只有在没有接收到任何来自服务器的该请求的应答、且该请求再次被发送的情况下,才能被设置。该标记不能在应答消息中设置。

r(eserved)——这些标记比特为将来使用预留,必须设置为 0,接收者应当忽略。

命令码:该命令码字段为 3 个八位组,用于表明与该消息相关联的命令。该 24 位地址空间由 IETF 的 IANA 负责分配管理。命令码值 16,777,214 和 16,777,215(16 进制的 FFFFFE－FFFFFF)被预留为实验使用。

应用 ID:应用 ID 为 4 个八位组,用于标识该消息可适用于哪个应用。该应用可以是一个认证应用。头中的应用 ID 必须与该消息中包含的其他相关 AVP 相同。

Hop-by-Hop 标识符:Hop-by-Hop 标识符为一个无符号 32 比特整数字段(按网络字节顺序),用来帮助匹配请求和响应。发送者必须保证请求中的 Hop-by-Hop 标识符在特定的连接上在任何特定的时间是唯一的,并且保证该数字在经过重启动后仍然唯一。应答消息的发送者必须确保 Hop-by-Hop 标识符字段维持与相应的请求相同的值。Hop-by-Hop 标识符通常是单调升序的数字,其开始值是随机生成的。一个带有未知 Hop-by-Hop 标识符的应答消息必须被丢弃。

端到端标识符:端到端标识符是一个无符号 32 比特整数字段(按网络字节顺序),用来检测重复消息。重启动实施可以设置高位 12 比特为包含当前时间的低位 12 比特,低位 20 比特为随机值。请求消息的发送者必须为每一个消息插入一个唯一的标识符。该标识符必须维持本地唯一至少 4 min,即使经过重启动。应答消息的生成者必须确保该端到端标识符字段包含与相应的请求相同的值。端到端标识符不可以被 Diameter 代理以任何原因修改。源主机 AVP(Origin-Host,见 7.1.3)和该字段的结合可以用于检测重复。重复请求会造成相同应答的传输,并且不可以影响任何状态的设置,当处理原始请求时。应当在本地被消除的重复的应答消息将会被忽略(见 7.1.2)。

AVP:AVP 是封装与 Diameter 消息相关信息的一种方法,见 5.2。

5.1.1 命令码

每个请求/应答命令对分配给一个命令码,子类型(sub-type)例如:请求或应答,通过 Diameter 头的命令标记字段中的“R”比特来标识。

每个 Diameter 消息必须在其头中的命令码(Command-Code)字段里包含一个命令码,用来决定对特定消息采取的动作。Diameter 基础协议规定的命令码如表 2 所示:

表 2 Diameter 基础协议规定的命令码

命令名	缩写	编码	参考章节
Abort-Session-Request	ASR	274	7.3.5.1
Abort-Session-Answer	ASA	274	7.3.5.2
Accounting-Request	ACR	271	8.7.1
Accounting-Answer	ACA	271	8.7.2
Capabilities-Exchange-Request	CER	280	6.3.1

表 2（续）

命令名	缩写	编码	参考章节
Capabilities-Exchange-Answer	CEA	280	6.3.2
Device-Watchdog-Request	DWR	280	6.5.1
Device-Watchdog-Answer	DWA	280	6.5.2
Disconnect-Peer-Request	DPR	282	6.4.1
Disconnect-Peer-Answer	DPA	282	6.4.2
Re-Auth-Request	RAR	258	7.3.3.1
Re-Auth-Answer	RAA	258	7.3.3.2
Session-Termination-Request	STR	275	7.3.4.1
Session-Termination-Answer	STA	275	7.3.4.2

5.1.2 ABNF 定义的命令码

每个定义的命令码必须包含一个相应的 ABNF 规范，以用于规定必须或可能出现的 AVP。在定义中使用下列格式：

```
command-def        = command-name "::=" Diameter-message
command-name       = Diameter-name
Diameter-name      = ALPHA *(ALPHA / DIGIT / "-")
Diameter-message   = header  [ *fixed] [ *required] [ *optional]
                     [ *fixed]
header             = "<" Diameter-Header:" command-id
                     [r-bit] [p-bit] [e-bit] ">"
command-id         = 1*DIGIT
                     ;给该命令分配的命令码
r-bit              = ", REQ"
                     ; 如果出现，命令标记中的"R"比特被设置，表明该消息是一个请求，
                     ; 相反则是一个应答。
p-bit              = ", PXY"
                     ; 如果出现，命令标记中的"P"比特被设置，表明该消息可以被 Proxy。
e-bit              = ", ERR"
                     ; 如果出现，命令标记中的"E"比特被设置，表明该应答消息包含一个
                     ; "协议差错"级别的结果码 Result-Code AVP
fixed              = [qual] "<" avp-spec ">"
                     ; 规定 AVP 的固定位置
required           = [qual] "{" avp-spec "}"
                     ; 该 AVP 必须出现，且能够在该消息的任何地方出现。
optional           = [qual] "[" avp-name "]"
                     ; 在"optional"规则下的 avp-name 不能赋予
                     ; 包括在 fixed 或 required 规则下的任何 AVP 名的值。
```

```
                    ；该 AVP 可以在消息中的任何地方出现。
qual                = [min] " * " [max]
                    ；见 ABNF 的规定(扩展巴克斯范式),IETF RFC 2234。
                    ；任何限定范围的缺失,取决于它是否领先于 fixed,required,或 optional
                    ；规则。如果一个 fixed 或 required 规则没有限定范围,
                    ；则必须出现准确的那个 AVP。如果 optional 规则没有
                    ；限定词,则可能出现 0 或 1 这样的 AVP。
                    ；
                    ；注:"["和"]"拥有与在 ABNF 中不同的含义。
                    ；这些括号不能用于表示 optional fixed 规则(例如在结尾的 optional
                    ；ICV)。惯例是"0 * 1fixed"。
min                 = 1 * DIGIT
                    ；可能出现的最小数。缺省值是 0。
max                 = 1 * DIGIT
                    ；可能出现的最大数。缺省值是无限大。
                    ；0 表示该 AVP 不可以出现。
avp-spec            = Diameter-name
                    ；avp-spec 必须是一个在 Diameter 基础或扩展规范中定义的 AVP 名。
avp-name            = avp-spec / "AVP"
                    ；字符串"AVP"代表 * any * 任意 AVP 名,其不能与
                    ；在命令码定义中规定了 required 或 fixed 位置的 AVP 不冲突。
```

以下是一个假设的命令码的定义:

```
Example-Request ::= < "Diameter-Header: 9999999, REQ, PXY >
                    { User-Name }
                  * { Origin-Host }
                  * [ AVP ]
```

5.1.3 Diameter 命令命名惯例

Diameter 命令名通常包括一个或多个英文单词,其后跟随动词请求(Request)或应答(Answer)。每个英文单词以连字符分界。同时也通常会使用 3 个字母缩写来表示请求和应答。

以下示例是一个用来结束一个会话的消息。命令名是 Session-Terminate-Request 和 Session-Terminate-Answer,其缩写分别是 STR 和 STA。

用于一个已知命令的请求和应答共享相同的命令码。该请求通过将 Diameter 头中的 R(equest)比特设置为 1 来标识,以要求完成某个特定的动作,比如授权一个用户或终结一个会话。一旦该接收者完成了该请求,它将发出相应的应答,其中包括一个结果码,内容可以是以下几种:

——请求成功;

——请求失败;

——必须发送附加的请求以提供对等端先前要求的信息,这样才能返回成功会失败应答;

——接收者不能处理该请求,但可以提供一个能够处理该请求的 Diameter 对等端的信息,称为重定向。

在 AVP 中编码的附加信息,也可以包含在应答消息中。

5.2 Diameter AVP

Diameter AVP 携带特定的认证、计费、授权、路由和安全信息以及请求和应答的配置细节。

某些 AVP 可能被列举了不止一次。这种 AVP 的作用是特定的，由 AVP 描述在每种情况中具体指定。

每个 OctetString 类型的 AVP 必须将 32 比特位填充满，而其他的 AVP 类型则可以自然排列。AVP 数据字段结尾添加若干值为 0 的字节，直到到达一个字(word)的边界。填充字节的长度不计入 AVP 长度字段内。

5.2.1 AVP 头

AVP 头中的字段必须按网络字节顺序发送。头的格式如图 6 所示。

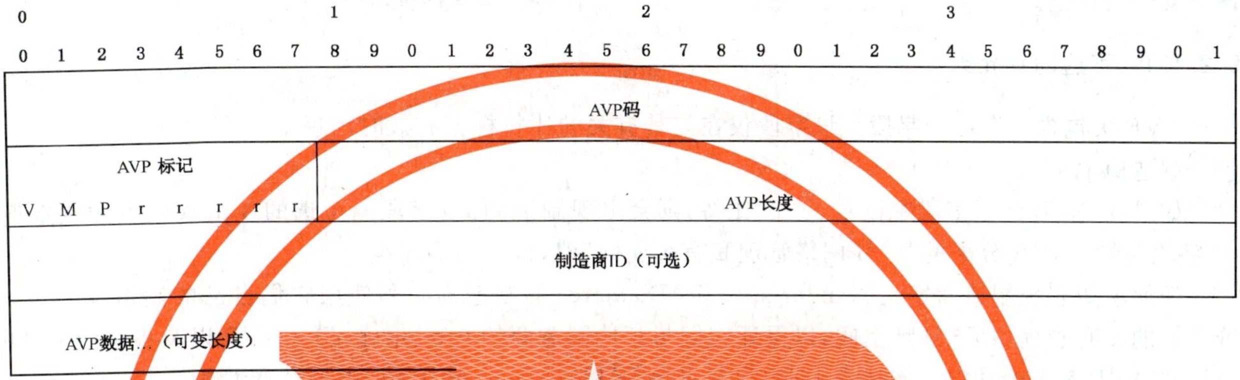

图 6 AVP 头格式

——AVP 码

AVP 码与制造商 ID 结合，可以唯一标识属性。AVP 1～255 为前向兼容 RADIUS 预留，无需设置制造商 ID 字段。256 以及大于 256 的 AVP 用于 Diameter，由 IANA 负责分配。

——AVP 标记

AVP 标记字段告知接收者如何处理每个属性。

“r”(预留)比特不使用，应设置为 0。表示以后的 Diameter 应用可以在 AVP 头中定义附加的比特，一个未被承认的比特应被看作差错。

“P”比特指明为保证端到端安全需要加密。

“M”比特，称为强制比特，指明对该 AVP 的支持是否是必需的。如果 Diameter 客户、服务器、Proxy、或者翻译代理接收到一个 AVP，其“M”比特设置为 1，且该 AVP 或其值为未知，该消息必须被拒绝。Diameter 中继和重定向代理不可以拒绝带有未知 AVP 的消息。“M”比特必须按照包含它的 AVP 规定的规则进行设置。为了保证互用性，Diameter 实施必须能够从一个 Diameter 消息中剔除掉任何强制 AVP，这些 AVP 既不是在本标准中定义的，也不是在任何管理该消息的 Diameter 扩展应用规范中定义的。

它可以通过以下方式之一做到这一点：

a) 如果一个消息被拒绝，由于该消息包含一个强制 AVP，其既没有在 Diameter 基础标准中定义，也没有在任何管理该消息的 Diameter 应用规范中定义，该实施可以重新发送不带该 AVP 的消息，也可以同时插入附加的标准 AVP 来替代。

b) 可以在系统范围内提供一个配置选项，每个对等端，或每个域将允许/拒绝特定的强制 AVP。这样管理者能够改变配置以避免互用性的问题。

要求 Diameter 实施支持遵循消息正式语法的、或者本标准中定义、或者在管理该消息的 Diameter 应用规范中定义的所有强制 AVP。

“M”比特清零的 AVP 仅是信息提示性的，接收者接收到其不支持的(包括不支持其值)“M”比特为零的 AVP,可以简单忽略该 AVP。

"V"比特称作制造商定义(Vendor-Specific)比特,指明在 AVP 头中是否出现可选的制造商 ID 字段。当设置时,该 AVP 码属于某特定制造商编码地址空间。

除非另外注明,AVP 将拥有以下缺省 AVP 标记字段设置:

"M"比特必须设置。"V"比特不可以设置。

——AVP 长度

AVP 长度字段为 3 个八位组,指明在这个 AVP 中的八位组的数量,能包括 AVP 码、AVP 长度、AVP 标记、Vendor-ID 字段(如果出现)以及 AVP 数据。如果接收到一个消息,其带有无效属性长度,该消息应被拒绝。

5.2.1.1 可选的头元素

AVP 头包含一个可选字段。该字段仅在与其有关的比特标记有效时出现。

制造商 ID(Vendor-ID)

如果在 AVP 标记字段中设置了"V"比特,则会出现制造商 ID 字段。可选的 4 个八位组的制造商 ID 字段包含 IANA 分配的"SMI 网络管理私有企业码"值,按网络顺序编码。

任何希望实现制造商定义(vendor-specific)Diameter 的制造商必须使用它们自己的制造商 ID,顺着它们的私有管理 AVP 地址空间,以保证它们与其他制造商的 vendor-specific AVP 以及将来的 IETF 应用的 AVP 都不会冲突。制造商 ID 值为 0 符合 IETF 采用的 AVP 值,由 IANA 管理。

由于制造商 ID 字段缺失暗示该 AVP 不是制造商定义的,实施不可以使用值为 0 的制造商 ID。

5.2.2 基本 AVP 数据格式

数据字段为 0 到多个八位组,包含属性定义的信息。数据字段的格式和长度由 AVP 码和 AVP 长度字段决定。数据字段的格式必须是以下基本数据类型中的一种,或者是基本数据类型导出的一个数据类型。

注:当需要一个新的基本 AVP 数据格式时,必须重新修订本标准。

OctetString

该数据包含任意可变长的数据。除非另外注明,AVP 长度字段必须至少设置为 8(如果"V"比特有效,则为 12)。这种类型的 AVP 值的长度如果不是 4 个八位组的倍数,应按照需要填充,这样下一个 AVP(如果有)才能够在一个 32 比特边界开始。

Integer32

32 比特有符号值,按照网络字节顺序。AVP 长度字段必须设置为 12(如果"V"比特有效,则为 16)。

Integer64

64 比特有符号值,按照网络字节顺序。AVP 长度字段必须设置为 16(如果"V"比特有效,则为 20)。

Unsigned32

32 比特无符号值,按照网络字节顺序。AVP 长度字段必须设置为 12(如果"V"比特有效,则为 16)。

Unsigned64

64 比特无符号值,按照网络字节顺序。AVP 长度字段必须设置为 16(如果"V"比特有效,则为 20)。

Float32

该类型表示单精度浮点值,遵循 IEEE 754-1985 中关于浮点的描述。该 32 比特值按网络字节顺序传送。AVP 长度字段必须设置为 12(如果"V"比特有效,则为 16)。

Float64

该类型表示双精度浮点值,遵循 IEEE 754-1985 中关于浮点的描述。该 64 比特值按网络字节顺序传送。AVP 长度字段必须设置为 16(如果"V"比特有效,则为 20)。

Grouped

该数据字段定义为一个 AVP 序列。这些 AVP 按其定义的顺序排列,每一个都包括它们的头和填充位。AVP 长度字段值设置为 8(如果"V"比特有效,则为 12),加上所有序列内的 AVP 的长度总和。因此 Grouped 类型的 AVP 的 AVP 长度字段总是 4 的倍数。

5.2.3 导出 AVP 数据格式

除了使用基本 AVP 数据格式以外,应用可以定义从基本 AVP 数据格式导出的数据格式。定义新的 AVP 导出数据格式的应用必须包括一个名称为"导出 AVP 数据格式"的部分,使用和下面相同的定义格式。每一个新定义必须或者定义其格式,或者列出定义其格式的参考标准。

以下是常用的导出 AVP 数据格式。

Address

地址格式是从 OctetString AVP 基本格式导出的。它与其他数据格式不同,例如需要区分 32 比特(IPV4)或 128 比特(IPV6)地址。地址 AVP 的头两个八位组为 AddressType,其包含一个在[IANA 的"地址家族号码"]中定义的地址家族。AddressType 用来区别剩下八位组的内容和格式。

Time

时间格式是从 OctetString AVP 基本格式导出的。该字符串必须包含 4 个八位组,与 NTP 时间戳格式的前 4 个字节格式相同。NTP 时间戳 IETF RFC 2030 第 3 章中定义。

本格式描述的时间,从通用协调时间(UTC)1900 年 1 月 1 日 0 点开始。

在 UTC 时间 2036 年 2 月 7 日 6 h 28 min 16 s,时间值将溢出。SNTP 规范中描述了将时间扩展到 2104 年的程序,所有 DIAMETER 节点都必须支持该程序。

UTF8String

UTF8String 格式是从 OctetString AVP 基本格式导出的。该格式是使用 ISO/IEC IS 10646—1 字符集表示的人类可读的字符串,使用 IETF RFC 2279 中规定的 UTF-8 转换格式,编码为一个 OctetString。

由于标准 ISO/IEC IS 10646 不断在更新版本中增加附加编码点,实施必须能够处理 0x00000001 到 0x7fffffff 之间的任何编码点。字节顺序不符合 UTF-8 字符集中编码点的有效编码、或者超出该范围都是被禁止的。

控制符编码的使用应当是不允许的。但当需要另起一个新行时,可以使用控制符编码 CR LF。

应避免使用先导或尾随空白字符。

由于用户接口硬件或软件并不直接支持编码点,可以提供其他替换的登录和显示方法,例如十六进制。

对于 7 比特 US-ASCII 编码的信息,UTF-8 字符集与 US-ASCII 字符集相同。

UTF-8 可以要求多个字节表示一个字符/编码点;因此一个 UTF8String 的长度(以八位组计)可能与编码字符的个数不同。

注意 UTF8String 的 AVP 长度字段是以八位组衡量的,不是字符。

DiameterIdentity

DiameterIdentity 格式是从 OctetString AVP 基本格式导出的。

DiameterIdentity = FQDN

DiameterIdentity 值唯一标识一个 Diameter 节点,以用于重复连接和路由环路检测。

字符串的内容必须是 Diameter 节点的 FQDN。如果多个 Diameter 节点在同一台主机上运行,每个 Diameter 节点必须分配一个唯一的 DiameterIdentity。如果一个 Diameter 节点可以由若干个 FQDN 标识,其中一个 FQDN 应在启动时被挑选出来,并作为该节点唯一的 DiameterIdentity。

DiameterURI

DiameterURI 必须遵循以下规定的统一资源标识符(URI)语法规则:

"aaa://" FQDN [port] [transport] [protocol]
　　　　　　　　　;没有传输安全
"aaas://" FQDN [port] [transport] [protocol]
　　　　　　　　　;使用传输安全
FQDN　　　　　　　= Fully Qualified Domain Name
port　　　　　　　= ":" 1 * DIGIT
　　　　　　　　　;端口中的一个用来监听进来的连接。如果没有,假定为缺省 Diameter 端口(3868)
transport　　　　　= ";transport=" transport-protocol
　　　　　　　　　;传输层协议中用来监听外来的连接请求。如果没有,则缺省为 SCTP 协议。如果 aaa-protocol 字段设置为 Diameter,则不能使用 UDP。
transport-protocol = ("tcp" / "sctp" / "udp")
protocol　　　　　= ";protocol=" aaa-protocol
　　　　　　　　　;如果没有,缺省的 AAA 协议是 Diameter
aaa-protocol　　　= ("Diameter" / "radius" / "tacacs+")

以下是有效的 Diameter 主机标识示例:

aaa://host.example.com;transport=tcp
aaa://host.example.com:6666;transport=tcp
aaa://host.example.com;protocol=Diameter
aaa://host.example.com:6666;protocol=Diameter
aaa://host.example.com:6666;transport=tcp;protocol=Diameter
aaa://host.example.com:1813;transport=udp;protocol=radius

Enumerated

Enumerated 是从 Integer32 AVP 基本格式导出的。该定义包含一个有效值的列表和他们的解释,并在引入该 AVP 的 Diameter 应用中有所描述。

IPFilterRule

IPFilterRule 格式是从 OctetString AVP 基本格式导出的。其使用 ASCII 字符集。分组数据报可能基于以下与其相关的信息被过滤:

方向　　　　　　　　　　(in 或者 out)
源和目的 IP 地址　　　　(可能有掩码)
协议
源和目的端口　　　　　　(列表或范围)
TCP 标记
IP 片段标记
IP 选项
ICMP 类型

适当方向的规则是按顺序评估的,通过首字匹配原则终结评估。每个分组评估一次。如果没有规则匹配成功,当最后一条规则是允许某类分组通过时,该分组被丢弃;当最后一条规则是拒绝某类分组通过时,该分组被转发。

IPFilterRule 过滤器必须遵循以下格式:

Action dir proto 从 src 到 dst [options]

action　　　permit-允许匹配该规则的分组通过。
　　　　　　deny　-丢弃匹配该规则的分组。
dir　　　　　"in"是来自终端的，"out"是到终端的。
proto　　　　通过数字定义的 IP 协议。关键字"ip"表示任何协议都可匹配。
src and dst　<address/mask> [ports]
　　　　　　<address/mask>可以按照如下方式定义：
　　　　　　ipno　　以点或规范的 IPv6 格式分隔的 IPv4 或 IPv6 地址。
　　　　　　　　　　只有这个严格要求 IP 地址应匹配规则。
　　　　　　ipno/bits　和上面一样的 IP 地址，带一个掩码长度，格式为
　　　　　　　　　　1.2.3.4/24。在这种情况下，所有从 1.2.3.0 到
　　　　　　　　　　1.2.3.255 的 IP 数字将匹配。比特宽度必须对于 IP 版本有效，
　　　　　　　　　　IP 数字不可以设置超出掩码范围。
　　　　　　　　　　为了匹配，必须在用来描述该 IP 地址的分组中出
　　　　　　　　　　示相同的 IP 版本。
　　　　　　　　　　为了测试一个特定的 IP 版本，该比特部分可以被设置为 0。
　　　　　　　　　　关键字"any"是 0.0.0.0/0 或者等价的 IPv6 地址。
　　　　　　　　　　关键字"assigned"是分配给终端的地址或地址组。
　　　　　　　　　　对于 IPv4，一个典型的首要规则通常是"deny
　　　　　　　　　　in ip! assigned"。
　　　　　　匹配的含义可以通过在某个地址前面增加修饰语(!)倒转，
　　　　　　以使得所有其他地址匹配。这并不影响端口号的选择。
　　　　　　除此地址以外所有其他地址都是匹配的。这并不影响端口号的选择。
　　　　　　对于 TCP，UDP 和 SCTP 协议，可选端口可以定义如下：
　　　　　　　{port/port-port}[,ports[,...]]
　　　　　　"-"符号规定了端口的范围(包括边界)。
　　　　　　拥有非 0 位移的分段分组(即不是第一个分段)将永远不匹配
　　　　　　有一个或多个端口规定的规则。匹配分段分组的详细信息，
　　　　　　参见可选项 frag。

可选项：
　frag　　如果该分组是一个分组片段，且不是数据包的第一个分段，则匹配。
　　　　　如果与 tcpflags 或 TCP/UDP 端口规范冲突，Frag 可不使用。

ipoptions spec
　　　　　如果 IP 头包含逗号分割的本标准中规定的可选项列表，则匹配
　　　　　支持的 IP 可选项有：
　　　　　ssrr (严格源路由)，lsrr (松散源路由)，rr (记录分组路由)
　　　　　以及 ts (时间戳)。特定可选项缺失，可以利用"!"表示。

tcpoptions spec
　　　　　如果 TCP 头包含逗号分割的本标准中规定的可选项列表，则匹配
　　　　　支持的 TCP 可选项有：
　　　　　mss (最大分段尺寸)，window (tcp 窗口广告)，sack(选择确认 selective ack)
　　　　　ts (rfc 1323 时间戳)和 cc (rfc 1644 t/tcp 连接数量)
　　　　　特定可选项缺失，可以利用"!"表示。

established
　　　　　仅用于 TCP 分组。匹配 RST 或 ACK 比特设置为 1 的分组。
setup　　　仅用于 TCP 分组。匹配 SYN 比特设置为 1 但未设置 ACK 比特的分组。
tcpflags spec

仅用于 TCP 分组。如果 TCP 头包含逗号分割的本标准中规定的标记列表,则匹配。支持的 TCP 标记有:

fin, syn, rst, psh, ack 和 urg。特定标记缺失,可以利用"!"表示。

包含 tcpflags 规定的规则可以永远不匹配非 0 位移的分段分组。

匹配分段分组的详细信息,参见可选项 frag。

icmptypes types

仅用于 ICMP 分组。如果列表类型中有 ICMP 类型,则匹配。

该列表可以是用逗号分隔的范围或个别类型的任何组合

下面列出的数字值和符号值都可以使用。支持的 ICMP 类型如下:

echo reply (0), destination unreachable (3), source quench (4), redirect (5), echo request (8), router advertisement (9), router solicitation (10), time-to-live exceeded (11), IP header bad (12), timestamp request (13), timestamp reply (14), information request (15), information reply (16), address mask request (17) 和 address mask reply (18)。

有一种分组,接入设备必须总丢弃,就是分段位移是 1 的 IP 分段。这是一个有效分组,但其只有一种用处,试图包围防火墙。

不能理解或应用某个拒绝规则的接入设备必须终结该会话。不能理解或应用某个允许规则的接入设备可以使用一个更为严格的规则。接入设备可以在使用提供的规则之前使用自己的拒绝规则,例如为保护接入设备拥有者的基础设施。

规则语法是来自 FreeBSD 的改良的 ipfw(8)子集,ipfw. c 编码可以为实施提供一个有用的基础。

QoSFilterRule

QoSFilterRule 格式是从 OctetString AVP 基本格式导出的。其使用 ASCII 字符集。分组可能基于以下与其相关的信息被过滤:

方向	(in 或者 out)
源和目的 IP 地址	(可能有掩码)
协议	
源和目的端口	(列表或范围)
DSCP 值	(没有掩码或范围)

适当方向的规则是按顺序评估的,通过首字匹配原则终结评估。每个分组评估一次。如果没有规则匹配,该分组被视为尽力而为。不能理解或适用某 QOS 规则的接入设备,不应当终结该会话。

QoSFilterRule 过滤器必须按照以下格式:

Action dir proto 从 src 到 dst [options]

tag - 使用一个特定的 DSCP(见 IETF RFC 2474)标记分组。必须包括 DSCP 选项。

meter - Meter 流量。必须包括 metering 选项。

dir 该格式遵照 IPFilterRule 中的描述。

proto 该格式遵照 IPFilterRule 中的描述。

Src 和 dst 该格式遵照 IPFilterRule 中的描述。

5.2.4 组合 AVP 值

Diameter 协议允许"Grouped"类型的 AVP 值。其表示该数据字段实际上是一个 AVP 序列。其可能包括带有一个 Grouped 类型的 AVP,也就是说,嵌套。一个组合类型 AVP 中的 AVP 与非组合类型 AVP 的添加(Padding)要求是一样的。见 5.2。

一个组合 AVP 中的所有 AVP 的 AVP 编码数字空间与非组合 AVP 也是一样的。此外，如果封装在一个组合 AVP 中的任何一个 AVP 的"M"比特设置为 1，则组合 AVP 自己必须也将其"M"比特设置为 1。

每个定义的组合 AVP 必须包括一个相应的语法，使用 ABNF，如下所示。

```
grouped-avp def     = name "::=" avp
name-fmt            = ALPHA *(ALPHA / DIGIT / "-")
name                = name-fmt
                      ；该名称必须是一个在 Diameter 基础或扩展规范中定义的 AVP 名称。
avp                 = header  [ *fixed] [ *required] [ *optional]
                      [ *fixed]
header              = "<" "AVP-Header:" avpcode [vendor] ">"
avpcode             = 1*DIGIT
                      ；该 AVP 编码分配给组合 AVP
vendor              = 1*DIGIT
                      ；分配给组合 AVP 的运营商 ID。如果缺失，缺省使用 0。
```

5.2.4.1 带一个组合数据类型的 AVP 举例

示例 AVP(AVP 编码为 999999)是组合类型，用于表明组合 AVP 值是如何工作的。组合数据字段遵循如下 ABNF 语法：

```
Example-AVP  ::= < AVP Header: 999999 >
                 { Origin-Host }
               1*{ Session-Id }
                *[ AVP ]
```

后面跟随一个带组合数据的示例 AVP。

其中 Origin-Host AVP 是必需的。本例中：Origin-Host="example. com"。

后面必须跟随一个或多个 Session-Id。本例中有两个：

Session-Id="grump. example. com:33041;23432;893;0AF3B81"

Session-Id="grump. example. com:33054;23561;2358;0AF3B82"

可选 AVP 为：

```
Recovery-Policy = <binary>
    2163bc1d0ad82371f6bc09484133c3f09ad74a0dd5346d54195a7cf0b35
    2cabc881839a4fdcfbc1769e2677a4c1fb499284c5f70b48f58503a45c5
    c2d6943f82d5930f2b7c1da640f476f0e9c9572a50db8ea6e51e1c2c7bd
    f8bb43dc995144b8dbe297ac739493946803e1cee3e15d9b765008a1b2a
    cf4ac777c80041d72c01e691cf751dbf86e85f509f3988e5875dc905119
    26841f00f0e29a6d1ddc1a842289d440268681e052b30fb638045f7779c
    1d873c784f054f688f5001559ecff64865ef975f3e60d2fd7966b8c7f92
Futuristic-Acct-Record = <binary>
    fe19da5802acd98b07a5b86cb4d5d03f0314ab9ef1ad0b67111ff3b90a0
    57fe29620bf3585fd2dd9fcc38ce62f6cc208c6163c008f4258d1bc88b8
    17694a74ccad3ec69269461b14b2e7a4c111fb239e33714da207983f58c
    41d018d56fe938f3cbf089aac12a912a2f0d1923a9390e5f789cb2e5067
    d3427475e49968f841
```

可选AVP被表示为十六进制，是由于Diameter实施在该示例AVP组定义的时候并不知道这些AVP的格式，而且很可能在该AVP实例被解释的时候也不是已知的，除非Diameter实施支持相同的AVP集合。该编码举例说明了如何使用填充，以及长度字段如何计算。同时也说明了AVP可以表示为接收者不能翻译的组合AVP值（本例中是Recover-Policy和Futuristic-Acct-Record AVP）。

本例AVP编码如表3所示。

表3　示例AVP的编码

```
       0       1       2       3       4       5       6       7
    +-------+-------+-------+-------+-------+-------+-------+-------+
  0 |   示例AVP头（AVP码 = 999999），长度 = 468                     |
    +-------+-------+-------+-------+-------+-------+-------+-------+
  8 |   Origin-Host AVP头（AVP码 = 264），长度 = 19                 |
    +-------+-------+-------+-------+-------+-------+-------+-------+
 16 |  'e'  |  'x'  |  'a'  |  'm'  |  'p'  |  'l'  |  'e'  |  '.'  |
    +-------+-------+-------+-------+-------+-------+-------+-------+
 24 |  'c'  |  'o'  |  'm'  | 填充  |   Session-Id AVP Header        |
    +-------+-------+-------+-------+-------+-------+-------+-------+
 32 | (AVP码 = 263)，长度 = 50      |  'g'  |  'r'  |  'u'  |  'm'  |
    +-------+-------+-------+-------+-------+-------+-------+-------+
                               ...
    +-------+-------+-------+-------+-------+-------+-------+-------+
 64 |  'A'  |  'F'  |  '3'  |  'B'  |  '8'  |  '1'  | 填充  | 填充  |
    +-------+-------+-------+-------+-------+-------+-------+-------+
 72 |   Session-Id AVP头（AVP码 = 263），长度= 51                   |
    +-------+-------+-------+-------+-------+-------+-------+-------+
 80 |  'g'  |  'r'  |  'u'  |  'm'  |  'p'  |  '.'  |  'e'  |  'x'  |
    +-------+-------+-------+-------+-------+-------+-------+-------+
                               ...
    +-------+-------+-------+-------+-------+-------+-------+-------+
104 |  '0'  |  'A'  |  'F'  |  '3'  |  'B'  |  '8'  |  '2'  | 填充  |
    +-------+-------+-------+-------+-------+-------+-------+-------+
112 |  Recovery-Policy头（AVP码 = 8341），长度 = 223                |
    +-------+-------+-------+-------+-------+-------+-------+-------+
120 | 0x21  | 0x63  | 0xbc  | 0x1d  | 0x0a  | 0xd8  | 0x23  | 0x71  |
    +-------+-------+-------+-------+-------+-------+-------+-------+
                               ...
    +-------+-------+-------+-------+-------+-------+-------+-------+
320 | 0x2f  | 0xd7  | 0x96  | 0x6b  | 0x8c  | 0x7f  | 0x92  | 填充  |
    +-------+-------+-------+-------+-------+-------+-------+-------+
328 | Futuristic-Acct-Record头（AVP码 = 15930），长度 = 137         |
    +-------+-------+-------+-------+-------+-------+-------+-------+
336 | 0xfe  | 0x19  | 0xda  | 0x58  | 0x02  | 0xac  | 0xd9  | 0x8b  |
    +-------+-------+-------+-------+-------+-------+-------+-------+
                               ...
    +-------+-------+-------+-------+-------+-------+-------+-------+
464 | 0x41  | 填充  | 填充  | 填充  |
    +-------+-------+-------+-------+
```

5.2.5 Diameter 基础协议 AVP

表 4 描述了在基础协议中定义的 Diameter AVP,包括它们的 AVP 编码值、类型、可能的标记值,以及该 AVP 是否可以被加密等。对于 Diameter 消息的发起者,“Encr”(加密)表示如果发送一个包含该 AVP 的消息经由一个 Diameter 代理(Proxy、重定向或中继),则该消息不应被发送,除非在发起者和接受者之间提供端到端安全,并且对该 AVP 提供完整性/保密性保护,或者该发起者有本地信任配置指明不需要端到端安全。同样,对于 Diameter 消息的发起者,在“MAY”一栏中的“P”表示如果发送包含该 AVP 的消息经由一个 Diameter 代理(Proxy、重定向或中继),则该消息不应被发送,除非在发起者和接受者之间提供端到端安全,并且对该 AVP 提供完整性/保密性保护,或者该发起者有本地信任配置指明不需要端到端安全。

表 4 中 DiamIdent 表示 DiameterIdentity。

表 4 Diameter 基础协议 AVP

属性名	AVP 编码	定义的章节	数据类型	AVP 标记规则				MAY Encr
				MUST	MAY	SHLD NOT	MUST NOT	
Accounting-Interim-Interval	85	8.8.2	Unsigned32	M	P		V	Y
Accounting-Realtime-Required	483	8.8.7	Unsigned32	M	P		V	Y
Acct-Multi-Session-Id	50	8.8.5	UTF8String	M	P		V	Y
Accounting-Record-Number	485	8.8.3	Unsigned32	M	P		V	Y
Accounting-Record-Type	480	8.8.1	Enumerated	M	P		V	Y
Accounting-RADIUS-Session-Id	44	8.8.4	OctetString	M	P		V	Y
Accounting-Sub-Session-Id	287	8.8.6	Unsigned64	M	P		V	Y
Acct-Application-Id	259	7.1.9	Integer32	M	P		V	N
Auth-Application-Id	258	7.1.8	Integer32	M	P		V	N
Auth-Request- Type	274	7.3.7	Enumerated	M	P		V	N
Authorization- Lifetime	291	7.3.9	Unsigned32	M	P		V	N
Auth-Grace- Period	276	7.3.10	Unsigned32	M	P		V	N
Auth-Session- State	277	7.3.11	Enumerated	M	P		V	N
Re-Auth-Request- Type	285	7.3.12	Enumerated	M	P		V	N
Class	25	7.3.20	OctetString	M	P		V	Y
Destination-Host	293	7.1.5	DiamIdent	M	P		V	N
Destination- Realm	283	7.1.6	UTF8String	M	P		V	N
Disconnect-Cause	273	6.4.3	Enumerated	M	P		V	N
E2E-Sequence AVP	300	7.1.15	Grouped	M	P		V	Y
Error-Message	281	7.2.3	UTF8String		P		V,M	N
Error-Reporting- Host	294	7.2.4	DiamIdent		P		V,M	N

表 4（续）

属性名	AVP 编码	定义的章节	数据类型	AVP 标记规则				
				MUST	MAY	SHLD NOT	MUST NOT	MAY Encr
Event-Timestamp	55	7.3.21	Time	M	P		V	N
Experimental-Result	297	7.2.6	Grouped	M	P		V	N
Experimental-Result-Code	298	7.2.7	Unsigned32	M	P		V	N
Failed-AVP	279	7.2.5	Grouped	M	P		V	N
Firmware- Revision	267	6.3.4	Unsigned32				P,V,M	N
Host-IP-Address	257	6.3.5	Address	M	P		V	N
Inband-Security-Id	299	7.1.10	Unsigned32					
Multi-Round-Time-Out	272	7.3.19	Unsigned32	M	P		V	N
Origin-Host	264	7.1.3	DiamIdent	M	P		V	N
Origin-Realm	296	7.1.4	UTF8String	M	P		V	N
Origin-State-Id	278	7.3.16	Unsigned32	M	P		V	N
Product-Name	269	6.3.7	UTF8String				P,V,M	N
Proxy-Host	280	7.1.7.3	DiamIdent	M			P,V	N
Proxy-Info	284	7.1.7.2	Grouped	M			P,V	N
Proxy-State	33	7.1.7.4	OctetString	M			P,V	N
Redirect-Host	292	7.1.12	DiamURI	M	P		V	N
Redirect-Host-Usage	261	7.1.13	Enumerated	M	P		V	N
Redirect-Max-Cache-Time	262	7.1.14	Unsigned32	M	P		V	N
Result-Code	268	7.2.1	Unsigned32	M	P		V	N
Route-Record	282	7.1.7.1	DiamIdent	M			P,V	N
Session-Id	263	7.3.8	UTF8String	M	P		V	Y
Session-Timeout	27	7.3.13	Unsigned32	M	P		V	N
Session-Binding	270	7.3.17	Unsigned32	M	P		V	Y
Session-Server-Failover	271	7.3.18	Enumerated	M	P		V	Y
Supported-Vendor-Id	265	6.3.6	Unsigned32	M	P		V	N
Termination-Cause	295	7.3.15	Enumerated	M	P		V	N
User-Name	1	7.3.14	UTF8String	M	P		V	Y
Vendor-Id	266	6.3.3	Unsigned32	M	P		V	N
Vendor-Specific-Application-Id	260	7.1.11	Grouped	M	P		V	N

6 Diameter 对等端通信模式

6.1 连接建立

一个 Diameter 节点具有和多个对等端通信的能力，但与所有对等端均建立连接则不是有效的方法。基于每个域，一个 Diameter 节点应该与两个对等端建立连接，即首要对等端和次要对等端。如果认为有必要，Diameter 节点还可以建立其他的连接。一般发送至域的所有消息均会发送到首要对等端，但是当失败替代(failover)程序被调用时，所有未处理的请求均会被发送至次要对等端。然而，实施对两个对等端之间的负载平衡请求是自由的。一个假定对等端即可以作为一个假定域的首要对等端，又可以作为其他域的次要对等端。

当一个对等端不可信时，可能有多种原因，其中包括在指定的时间内未接收到 DWA，此时不能向该对等端转发新的请求，而是启动 failover 过程。当对等端的模式由活动(active)模式变为不可信模式时，则需要建立额外的连接用以保证活动连接存在的必要数目。

有两种方法可以将对等端从不可信对等端列表中删除：

a) 对等端为不可到达，导致传输连接被关闭。对等端的状态转变为关闭状态；

b) 三条监控消息与可接受的往返次数交换，与该对等端建立的连接被视为稳定的。

不管被删除的对等端是首要对等端还是次要对等端，都使用备选对等端替代被删除的对等端。若被删除的对等端为首要对等端，则备选对等端则成为首要对等端，若被删除的对等端为次要对等端，则备选对等端则成为次要对等端。

6.2 对等端发现机制

动态的 Diameter 代理发现机制使得 Diameter 业务实施更为简化，更为可靠。下述机制描述用于提高 Diameter 对等端发现机制的互操作性，这些机制是基于已有的 IETF 标准的。Diameter 的所有节点都必须支持首选项(手工配置)，后两个选项(SLP 和 DNS)为可选支持。

Diameter 对等端发现机制可以在如下两种情况下使用：首先是当 Diameter 客户端需要发现一个第一跳 Diameter 代理；其次是 Diameter 代理需要发现用于进一步处理 Diameter 操作的代理。在这两种情况下，推荐以下“查询顺序”：

a) 若存在静态配置的 Diameter 代理位置列表，Diameter 实施则会查询该列表。

b) Diameter 实施使用 SLPv2 发现 Diameter 业务。Diameter 业务模板如附录 D。建议应用 SLPv2 安全机制，SLPv2 安全机制要求给 SLPv2 代理分配密钥。附录 D 会进行详细论述。SLPv2 安全机制用于保证被发现的对等端是经过安全原则授权的。SLPv2 会在附录 D 中进一步介绍。

c) Diameter 实施会使用 NAPTR 查询在指定域中的服务器。该实施必须预先知道在哪个域中寻找它的 Diameter 代理。该域可以由一些参数推导出，例如，从 NAI 的“realm”字段中，Diameter 实施可以推断出需要完成的 Diameter 操作。

   1) 与传输协议选择业务相关的 NAPTR 业务字段的值为“AAA+D2x”，这里 x 表示主域支持的传输协议类型。本标准定义 D2T 表示传输协议为 TCP 协议，D2S 表示传输协议为 SCTP 协议。为 NAPTR 业务名称与传输协议之间的映射已在 IANA 登记。

      NAPTR 记录提供由域到 SRV 记录的映射，SRV 记录用于联络 NAPTR 业务字段中具有指定传输协议的服务器。资源记录会包含一个空规则表达和一个可变值(replacement)，可变值就是对应传输协议的 SRV 记录。服务器支持多种传输协议，则会有多个 NAPTR 记录，每一个记录会有不同的业务值。按照 IETF RFC 2915，客户端丢弃任何业务字段不可用的记录。

   2) 客户端必须丢弃所有不是“D2X”的标识解析业务的业务字段，X 值表示客户端支持的传输协议类型。NAPTR 处理过程除了解析出服务器的 SRV 记录外，还会得到服务器首选同时也是客户端都支持的传输协议。NAPTR 可变值中包含的域名后缀应该与查询请求的域名匹配。

d) 如果未发现 NAPTR 记录，请求者查询目的地址的地址记录，"diameter. _ sctp" . realm 或者 "diameter. _tcp" . realm。地址记录中包括的 A RR's和 AAAA RR's或者其他类似记录是根据请求者的网络协议能力选择的。如果 DNS 服务器没有返回地址记录，请求者则放弃。

如果服务器使用站点证书，在查询中的主域名称和在可变字段中的主域名称均必须基于站点证书是有效的，站点证书在 TLS 或者 IKE 交换过程中由服务器分发。同样，在 SRV 查询中的主域名称和在 SRV 记录中的目标中的主域名称必须基于相同站点证书是有效的。否则，攻击者能够修改 DNS 记录，给可变值赋上其他的域名，客户端则无法分别是正常行为还是攻击行为。

Diameter 对等端必须检验被发现的对等端的角色是否经过授权。不能仅通过 IKE 方式、TLS 方式的鉴权，或者通过 DNSSEC 的方式确认 DNS RRs。例如，一个 web 服务器可以包含一个有效的 TLS 证书，DNS 可以包含可靠的 RRs，但这不意味着它被授权成为 Diameter 服务器。授权能够通过配置一个 Diameter 服务器 CA 完成。另一个方法就是由在 TLS 或者 IKE 证书内部定义 OID，以此来表示 Diameter 服务器授权。

动态发现对等端会在对等端列表中建立一个新的表项。注意，由 DNS 建立的列表必须在 DNS TTL 过期前失效或者更新。如果在本地域范围外发现对等端，则会为对等端的域建立路由表。路由表的过期必须与对等端的过期值相匹配。

6.3 能力交换

两个 Diameter 对等端建立传输连接时，必须按照对等端状态机中的规定交换能力交换信息。能力交换消息允许了解对等端的标识和能力(协议版本号、支持的 Diameter 应用、安全机制等)。接收端仅给它的对等端发布应用程序对应的命令，该命令是对等端已经通告的自己所支持的 Diameter 应用。一个 Diameter 节点必须缓存对等端所支持的应用，以确保未被识别的命令和 AVP 不会发送给它的对等端。

如果能力交换请求(Capabilities-Exchange-Req (CER))消息的接收端与它的发送端没有任何共同支持的应用程序，则必须返回 result-code AVP 为 DIAMETER_NO_COMMON_APPLICATION 的能力交换回答(Capabilities-Exchange-Answer (CEA))，而且要终止与相互间的传输层连接。注意从某对等端(宣告自己为中继，见 4.3.1)接收 CER 和 CEA，必须被认为与该对等端拥有公共应用。

类似的，收到(Capabilities-Exchange-Req (CER))消息的接收端如果与发送端没有任何安全机制的话，必须返回 Result-Code AVP 设为 DIAMETER_NO_COMMON_SECURITY 的能力交换回答(Capabilities-Exchange-Answer (CEA))，并且应该终止传输层连接。

由未知对等端处发送的 CER 消息可以被悄悄丢弃。或者可以通过将 Result-Code AVP 设为 DIAMETER_UNKNOWN_PEER 发布 CEA 消息。这两种情况传输层连接均要被关闭。如果本地策略允许接收未知主机发送的 CER 消息，则返回成功 CEA 消息。如果用成功的 CEA 消息回复未知对等端的 CER 消息，对等端实体的生命期等于传输连接的生命期。如果传输失败，所有目的地为未知对等端的等待处理的交互事务(pending transactions)能够被丢弃。

CER 和 CEA 消息不许被 Proxy、重定向或中继。

由于 CER/CEA 消息不能够被 Proxy，上游代理有可能接收到没有有效的对等端去处理与消息中命令代码对应的应用程序的消息。这种情况，在回答消息中的 E 比特设为本，同时 result-code AVP 被置位为 DIAMETER_UNABLE_TO_DELIVER，以提示下游采取相应措施(例如，向备选的对等端重新进行路由请求)。

除了能力交换请求消息，还有一种类型包括 Auth-Application-Id 或者 Acct-Application-Id AVP 的

请求消息，或者含有指定应用程序命令代码的请求消息，只能被转发到明确通告支持该应用程序的主机处（或者该主机已通告中继应用标识符）。

6.3.1 能力交换请求消息（Capabilities-Exchange-Request）

发送命令代码为257、命令标记"R"比特置位的能力交换请求消息交换本地能力。一旦检测到传输失败，则这条消息不可以被发送到备选对等端处。

当Diameter运行在SCTP协议上（注：SCTP协议允许连接建立在多个接口和多个IP地址之上），能力交换请求消息必须为每一个潜在的IP地址包含一个Host-IP-Address AVP。潜在IP地址可以用于传输Diameter消息。

消息格式：

<CER> ::= < Diameter Header: 257, REQ >
{ Origin-Host }
{ Origin-Realm }
1{*Host-IP-Address }
{ Vendor-Id }
{ Product-Name }
[Origin-State-Id]
* [Supported-Vendor-Id]
* [Auth-Application-Id]
* [Inband-Security-Id]
* [Acct-Application-Id]
* [Vendor-Specific-Application-Id]
[Firmware-Revision]
* [AVP]

6.3.2 能力交换应答消息（Capabilities-Exchange-Answer）

命令代码为257、清除"R"比特命令标记的能力交换应答消息（CEA）用于应答CER消息。

当Diameter运行在SCTP协议上，能力交换应答消息必须为每个潜在IP地址包含一个主机IP地址（Host-IP-Address）AVP，这些IP地址可以在本地传输Diameter消息时使用。

消息格式：

<CEA> ::= < Diameter Header: 257 >
{ Result-Code }
{ Origin-Host }
{ Origin-Realm }
1 * { Host-IP-Address }
{ Vendor-Id }
{ Product-Name }
[Origin-State-Id]
[Error-Message]
* [Failed-AVP]
* [Supported-Vendor-Id]
* [Auth-Application-Id]
* [Inband-Security-Id]
* [Acct-Application-Id]

*[Vendor-Specific-Application-Id]
[Firmware-Revision]
*[AVP]

6.3.3 设备制造商 Id AVP(Vendor-Id AVP)

Vendor-Id AVP(AVP 代码为 266)是 Unsigned32 类型,包含分配给 Diameter 应用程序的设备制造商的 IANA"SMI 网络管理私有企业代码(SMI Network Management Private Enterprise Codes)"值。与 Supported-Vendor-Id AVP 相结合,可以用于知道哪些设备制造商的特定属性可以被发送至对等端,还可以预先将设备制造商 Id、产品名称、软硬件修复 AVP 相结合可以提供非常有用的跟踪信息。

在 CER 和 CEA 消息中的 vendor-Id 数值 0 是被预留的,并且这个字段是被忽略的。

6.3.4 固件修订(Firmware-Revision)AVP

固件修订 AVP(AVP 代码 267)是无符号 32 类型,用于提示 Diameter 对等端的发布设备的固件修订。

没有固件修订的设备(例如,运行 Diameter 软件模块的通用计算机),可以报告 Diameter 软件模块的修订。

6.3.5 主机 IP 地址(Host-IP-Address)AVP

主机 IP 地址(Host-IP-Address)AVP(AVP 代码 257)用于提示 Diameter 对等端的发送端 IP 地址。Diameter 节点若希望使用 SCTP 协议,则所有源地址必须在 CER 和 CEA 消息中被通告,通过为每一个地址包含一个主机 IP 地址 AVP 来实现。这个 AVP 仅用在 CER 和 CEA 消息中使用。

6.3.6 支持的设备制造商 Id(Supported-Vendor-Id) AVP

Supported-Vendor-Id AVP (AVP 代码 265)是无符号 32 类型,包含分配给除设备制造商以外的制造商的 IANA"SMI 网络管理私有企业代码"值。这个 AVP 用在 CER 和 CEA 消息中,提示对等端本发送端支持由本 AVP 对应的制造商定义的 AVP。

6.3.7 产品名称(Product-Name)AVP

产品名称 AVP (AVP 代码 269)是 UTF8 字符串类型,包含制造商分配给产品的名称。相同产品名称 AVP 应该保持不变,即便经过多次固件修订。

6.4 对等端连接拆除

当 Diameter 节点拆除其传输连接中的某一个时,它的对等端无法知道拆除连接的原因,则通常会假设出现了连通性的问题,或者认为该节点在重新启动。在这种情况下,该对等端可以周期性地尝试重新连接,见 4.4.2。如果是因为缺乏内部资源中断连接,或者仅因为该 Diameter 节点预计在短期内将不会向其对等端转发任何 Diameter 消息,那么周期性的连接请求会被该节点拒绝。Disconnection-Reason AVP 包含 Diameter 节点先前发布 Disconnect-Peer-Request 消息的原因。

Diameter 节点使用 Disconnect-Peer-Request 消息提示对等端自己将拆除传输层连接,并且要求对等端不要再与自己重新连接,除非该对等端有合法理由(例如,有需要前转的消息)。对等端收到拆除对等端连接请求消息,即返回给发送端 Disconnect-Peer-Answer 消息,如果该消息近期已经被转发过,则会在消息中包含错误信息,否则会出现紊乱。Disconnect-Peer-Answer 消息的接收端会拆除传输连接。

6.4.1 拆除对等端连接请求(Disconnect-Peer-Request)

拆除对等端连接请求(Disconnect-Peer-Request (DPR)),命令代码为 282,命令标记'R'比特置位。

将此消息发送至对等端,提示对方自己将关闭传输连接。如果检测到传输失败,该消息不可以被发送到备选对等端。

消息格式:

<DPR> ::= < Diameter Header: 282, REQ >
{ Origin-Host }
{ Origin-Realm }
{ Disconnect-Cause }

6.4.2 拆除对等端连接应答(Disconnect-Peer-Answer)

拆除对等端连接的应答消息(Disconnect-Peer-Answer (DPA)),命令码为 282,命令标记'R'比特清除,应答 Disconnect-Peer-Request 消息。接收到这条消息,传输连接关闭。

消息格式:

<DPA> ::= < Diameter Header: 282 >
{ Result-Code }
{ Origin-Host }
{ Origin-Realm }
[Error-Message]
* [Failed-AVP]

6.4.3 拆除连接原因(Disconnect-Cause)AVP

拆除原因 AVP(AVP 代码 273)是列举类型(enumerated)。Diameter 节点必须在 Disconnect-Peer-Request 消息中包括这个 AVP,提示对等端关闭传输连接的原因。应该支持下列原因值:

REBOOTING 0

即将进行预定中的重启。

BUSY 1

对等端的内部资源受到限制,因此该对等端决定需要关闭该传输连接。

DO_NOT_WANT_TO_TALK_TO_YOU 2

对等端在近期内不希望与此对等端交换任何消息,因此决定不需要该传输连接。

6.5 传输差错检测

由于 Diameter 协议本身的特点,建议能够尽快检测出传输差错。检测出差错可以降低将消息发送至无效代理的机会,减少不必要的时延,并且提供更好的 failover 性能。本章定义的 Device-Watchdog-Request 和 Device-Watchdog-Answer 消息就可以用于提前检测出传输差错。

6.5.1 设备监控请求消息(Device-Watchdog-Request)

Device-Watchdog-Request (DWR),命令码为 280,命令标记'R'比特置位,当两个对等端之间没有流量交互时,发送至对等端(见 6.5.3)。一旦检测到传输差错,则该消息不允许发送至备选对等端。

消息格式:

<DWR> ::= < Diameter Header: 280, REQ >
{ Origin-Host }
{ Origin-Realm }
[Origin-State-Id]

6.5.2 设备监控应答消息(Device-Watchdog-Answer)

设备监控应答消息 Device-Watchdog-Answer (DWA),命令码为 280,命令标记'R'比特位清除,回复 Device-Watchdog-Request 消息时发送。

消息格式：

<DWA> ::= < Diameter Header：280 >
{ Result-Code }
{ Origin-Host }
{ Origin-Realm }
[Error-Message]
* [Failed-AVP]
[Original-State-Id]

6.5.3 传输失败算法

传输失败算法在 IETF RFC 3539 中定义。所有 Diameter 实施必须支持 IETF RFC 3539 中定义的算法。

6.5.4 失败替代(failover)和失败回溯(failback)过程

如果检测出与对等端间的传输失败，所有等待转发的请求消息需要被转发到另一备选代理。这就是通常所说的失败替代。

Diameter 节点为完成失败替代规程，需要为一个给定的对等端维护一个等待消息队列。当接收到应答消息，队列中的通信请求则会被删除。逐跳(Hop-by-Hop)标识符字段被用于将应答与排队的请求进行匹配。

当检测到传输失败时，如果可能的话，队列中的所有消息将被发送至备选代理，并将消息中的 T 标记置位。Diameter 客户端或代理启动过程中，任何还在非易失性存储器中传送着的记录上的 T 标记也将被置位。在另外一种情况下，如果消息有固定的目的地，且失效的对等端是消息的最终目的地(参见 Destination-Host AVP)，客户端或代理不能将消息转发至备选服务器。这种错误要求代理返回将 E 比特置位的应答消息，Result-Code AVP 设置为 DIAMETER_UNABLE_TO_DELIVER。

需要重点指出的是，接收到多个相同的请求或应答可以被视为失败替代的结果。Diameter 头中端到端 ID 字段和 Origin-Host AVP 必须用于鉴别重复的消息。

应该周期性地尝试向失败对等端发送连接请求，以便重新建立传输连接。一旦成功建立连接，就可以再次将消息转发至该对等端。这通常被称作失败回溯(failback)。

6.6 对等端状态机

所有的 Diameter 实施必须遵守本节所描述的有限状态机，如表 5 所示。任何 Diameter 节点与任何对等端通信时，都必须遵循下面描述的状态机。多个动作(action)由逗号分隔开，并且可以占用连续的多行。同样的，状态和下一个状态可以扩展占用多行。

这个状态机与 IETF RFC 3539 中规定的状态机是紧密结合的，IETF RFC 3539 中的状态机用于打开 open、关闭 close、失败替代 failover、探测 probe 和重新打开传输连接。特别注意的是，IETF RFC 3539 要求使用监控 watchdog 消息探测连接。对于 Diameter，则使用 DWR 和 DWA 消息。

I 为前缀：表示发起侧(连接)连接；R 为前缀：表示应答侧(监听)连接。没有前缀意味着事件或者动作是相同的，不管事件发生在哪个连接上。

状态机中的稳定状态可以是关闭(closed)、I-Open 和 R-Open，其余的状态是中间状态。无论初始化侧还是应答侧传输连接被用于通信，I-Open 和 R-Open 都是一样的。

连接请求成功完成后，会立即在初始化连接上发送 CER 消息。在有两条连接的情况下，两条连接中的一条通过选举将会被关闭。如果应答方 Diameter 实体的 Origin-Host 高于其对等端，则应答侧连接会被保留。如果对等端的 Origin-Host 高于发起方 Diameter 实体，则发起方的连接会被保留。所有后继的消息都会在保留下来的连接上被发送。注意,在一个对等端上的选举结果,一定会是另一个对等端上选举结果的反转。

对于 TLS 的使用,当两个端点均为打开 open 状态时,TLS 握手开始。如果 TLS 握手成功,所有后续的消息均会通过 TLS 被发送。如果握手失败,两个端点同时转移到关闭 closed 状态。

状态机仅约束 Diameter 实施的行为。

通常认为产生出相同结果的任何实施是相兼容的。

表 5 对等端状态机

状态	事件	动作	下一状态
Closed	Start	I-Snd-Conn-Req	Wait-Conn-Ack
	R-Conn-CER	R-Accept	R-Open
		Process-CER	
		R-Snd-CEA	
Wait-Conn-Ack	I-Rcv-Conn-Ack	I-Snd-CER	Wait-I-CEA
	I-Rcv-Conn-Nack	Cleanup	Closed
	R-Conn-CER	R-Accept	Wait-Conn-Ack/
		Process-CER	Elect
	Timeout	Error	Closed
Wait-I-CEA	I-Rcv-CEA	Process-CEA	I-Open
	R-Conn-CER	R-Accept	Wait-Returns
		Process-CER	
		Elect	
	I-Peer-Disc	I-Disc	Closed
	I-Rcv-Non-CEA	Error	Closed
	Timeout	Error	Closed
Wait-Conn-Ack/	I-Rcv-Conn-Ack	I-Snd-CER,Elect	Wait-Returns
Elect	I-Rcv-Conn-Nack	R-Snd-CEA	R-Open
	R-Peer-Disc	R-Disc	Wait-Conn-Ack
	R-Conn-CER	R-Reject	Wait-Conn-Ack/
			Elect
	Timeout	Error	Closed
Wait-Returns	Win-Election	I-Disc,R-Snd-CEA	R-Open
	I-Peer-Disc	I-Disc	R-Open
		R-Snd-CEA	
	I-Rcv-CEA	R-Disc	I-Open
	R-Peer-Disc	R-Disc	Wait-I-CEA

表 5（续）

状态	事件	动作	下一状态
	R-Conn-CER	R-Reject	Wait-Returns
	Timeout	Error	Closed
R-Open	Send-Message	R-Snd-Message	R-Open
	R-Rcv-Message	Process	R-Open
	R-Rcv-DWR	Process-DWR	R-Open
		R-Snd-DWA	
	R-Rcv-DWA	Process-DWA	R-Open
	R-Conn-CER	R-Reject	R-Open
	Stop	R-Snd-DPR	Closing
	R-Rcv-DPR	R-Snd-DPA	Closed
		R-Disc	
	R-Peer-Disc	R-Disc	Closed
	R-Rcv-CER	R-Snd-CEA	R-Open
	R-Rcv-CEA	Process-CEA	R-Open
I-Open	Send-Message	I-Snd-Message	I-Open
	I-Rcv-Message	Process	I-Open
	I-Rcv-DWR	Process-DWR	I-Open
		I-Snd-DWA	
	I-Rcv-DWA	Process-DWA	I-Open
	R-Conn-CER	R-Reject	I-Open
	Stop	I-Snd-DPR	Closing
	I-Rcv-DPR	I-Snd-DPA	Closed
		I-Disc	
	I-Peer-Disc	I-Disc	Closed
	I-Rcv-CER	I-Snd-CEA	I-Open
	I-Rcv-CEA	Process-CEA	I-Open
Closing	I-Rcv-DPA	I-Disc	Close
	R-Rcv-DPA	R-Disc	Closed
	Timeout	Error	Closed
	I-Peer-Disc	I-Disc	Closed
	R-Peer-Disc	R-Disc	Closed

6.6.1 输入连接

当接收到 Diameter 对等端发送来的连接请求时，一般情况下并不知道该对等端的身份，直到接收到对等端发送来的CER消息才可能知道对等端的身份。这是因为主机和端口决定Diameter对等端的身份,一个输入连接的源端口是任意的。根据收到的CER消息,对等端的身份能够通过Origin-Host完全确定。

基于该原因,Diameter对等端利用某种逻辑方法接收连接请求、接受请求、等待CER消息,这些过程必须与状态机无关。一旦在新连接上接收到CER消息,则使用标识对等端的Origin-Host定位与该对等端相关联的状态机,新连接和CER消息被传递给状态机,这就是一个R-Conn-CER事件。

如果任何消息在CER之前到达,或者在收到CER消息之前,实施定义的定时器超时,则处理输入连接的逻辑方法应该关闭并且丢弃该连接。

6.6.2 事件

自动机中的转移和动作由事件引起。本节中,我们忽略－I和－R前缀,因为实际事件将会是相同的,只是仅会在两个可能的连接中的一个上发生。

Start	Diameter应用发出信号,应该发起与对等端的连接。
R-Conn-CER	接收到的确认消息声明传输连接已经建立,相关的CER消息也已经到达。
Rcv-Conn-Ack	接收到一个肯定的确认消息,证实传输连接已经建立。
Rcv-Conn-Nack	接收到否定的确认消息声明传输连接未被建立。
Timeout	一个定义的应用定时器在等待某些事件时超时。
Rcv-CER	接收到对等端发来的CER消息。
Rcv-CEA	接收到对等端发来的CEA消息。
Rcv-Non-CEA	接收到对等端发来的非CEA的消息。
Peer-Disc	接收到对等端发来的拆除连接指令。
Rcv-DPR	接收到对等端发来的DPR消息。
Rcv-DPA	接收到对等端发来的DPA消息。
Win-Election	举行选举时,本地节点为获胜者。
Send-Message	消息要被发送。
Rcv-Message	接收到除了CER,CEA,DPR,DPA,DWR,DWA消息外的消息。
Stop	Diameter应用程序发出信号,通知应该中断一个连接(例如,系统关闭)。

6.6.3 动作(action)

在自动机中的动作由事件引发,并且指示分组传输和将要在连接上采取的动作。本节中,我们忽略I－和R－前缀,因为实际动作将会是相同的,只是将会在两个可能的连接中的一个上发生。

Snd-Conn-Req	开始发起与对等端的一个传输连接。
Accept	接受作为应答侧连接的与R-Conn-CER相关联的输入连接。
Reject	拆除与R-Conn-CER相关联的输入连接。
Process-CER	处理与R-Conn-CER相关联的CER消息。
Snd-CER	将CER消息发送至对等端。
Snd-CEA	将CEA消息发送至对等端。
Cleanup	如果需要,连接被关闭,任何本地资源均被释放。
Error	传输层连接可以被politely或者abortively拆除,以响应一个错误条件condition。本地资源被释放。
Process-CEA	处理接收到的CEA消息。
Snd-DPR	将一条DPR消息发送至对等端。
Snd-DPA	将一条DPA消息发送至对等端。
Disc	拆除传输层连接,本地资源被释放。

Elect　一次选举发生。
Snd-Message　一条消息被发送。
Snd-DWR　一条 DWR 消息被发送。
Snd-DWA　一条 DWA 消息被发送。
Process-DWR　DWR 消息被处理。
Process-DWA　DWA 消息被处理。
Process　消息被处理。

6.6.4 选举过程

选举在应答侧完成。应答侧将自己的 Origin-Host 与对等端发送的 CER 消息中的 Origin-Host 进行比较。如果本地 Diameter 列表的 Origin-Host 高于对等端的 Origin-Host,则本地发布 win-election 事件。

比较过程中,应将较短的字节串用 0 填充,以使它的长度与较长的字节串相同,然后从高位字节完成逐字节无符号的比较。任何保留的字节均被认为值是 0x80。

7 Diameter 协议流程

7.1 Diameter 消息处理

这一节描述了 Diameter 请求与应答消息如何产生与处理。

7.1.1 Diameter 请求消息寻路概述

向目的地发送的请求消息中的 Destination-Realm AVP 与 Destination-Host AVP 组合有如下三种使用方式:

——不能被 Proxy 的请求(比如 CER)不应包含 Destination-Realm 或 Destination-Host AVP。

——一个请求需要发送给为某特定域服务的归属服务器,但并不针对某个特定服务器(比如一系列往复消息中的第一个请求),则该请求中必须包括 Destination-Realm AVP,且不应包含 Destination-Host AVP。

——否则,一个请求发送给为某特定域服务的一个特定的归属服务器,该请求必须同时包含 Destination-Realm 与 Destination-Host AVP 两个参数。

Destination-Host AVP 用于描述上述组合中请求的目的地为固定时的情况。包括:

——认证请求要进行多次往复。

——Diameter 消息在源与目的间使用了预先共享的会话密钥来建立安全机制。

——服务器产生的消息必须由一个特定的 Diameter 客户端接收(例如接入设备),比如 Abort-Session-Request 消息,用来申请中止某个用户的会话。

当且仅当对主机在对等端表(见 4.3.4)中时,一个代理才可以把一个请求前转到 Destination-Host AVP 里描述的主机处。否则,该请求消息将只根据 Destination-Realm 进行寻址(见 7.1.1.6)。

如果一个消息可以被 Proxy,就必须有 Destination-Realm AVP。将由 Diameter 代理(Proxy,重定向,中继)转发的请求消息必须有一个 Acct-Application-Id AVP、一个 Auth-Application-Id AVP 或 Vendor-Specific-Application-Id AVP。不可由 Diameter 代理(Proxy,重定向与中继)的消息在他的 ABNF 中必须不能包括 Destination-Realm AVP。这个 Destination-Realm AVP 值可能从 User-Name AVP 中提取,或采用其他与应用相关的方法。

当收到消息,消息会按下述方式进行处理:

a) 如果消息是到本地主机的,处理过程如 7.1.1.4 所述。

b) 如果消息是发向一个 Diameter 对等端,并且本地主机能直接与之通信,处理过程如 7.1.1.5

所述。这个处理过程称为请求前转。

c) 在7.1.1.6中的处理过程称为请求寻路。

d) 如果上述的处理过程均不成功，会返回一个应答消息，应答消息中的Result-Code设为DIAMETER_UNABLE_TO_DELIVER，同时设置E比特。

对于在一个管理域内Diameter消息的寻路，所有域内的Diameter节点必须建立对等关系。

注：这一节里包括的处理规则是作为Diameter开发者的一般性指导。具体实施可能采用与这里描述完全不同的方法，但仍符合协议规范。差错处理的更多细节详见7.2。

7.1.1.1 产生一个请求

当创建一个请求时，除了遵循在应用定义中描述的、对于特定请求的所有处理过程以外，，还必须遵循下述的处理过程：

——Command-Code设成适当的值。

——R比特置位。

——端到端标识符设成本地唯一的值。

——Origin-Host与Origin-Realm AVP必须设成适当的值，用来标识消息的源。

——Destination-Host与Destination-Realm AVP必须设置适当的值，见7.1.1。

——如请求消息需要经过代理，则必须包括Acct-Application-Id AVP、Auth-Application-Id或Vendor-Specific-Application-Id AVP。

7.1.1.2 发送请求

当发送一个请求时，不论该请求是本地产生的，还是前转或寻路的一个结果，都必须遵循下述的处理过程：

——逐跳标识符应设为本地唯一的值；

——消息应保存在未决请求列表中。

作用于该消息的其他行为（基于代理正在担任的特殊任务）将在下面的章节中描述。

7.1.1.3 接收请求

一个中继或Proxy收到请求时必须检查前转环路，当服务器发现自己的标识在Router-Record AVP里时，就检测到环路。当这种情况发生时，代理必须发送一个带有Result-Code AVP设为DIAMETER_LOOP_DETECTED的应答消息。

7.1.1.4 处理本地请求

当下述情况之一发生时，这个请求认为是本地的。

——Destination-Host AVP为本地主机的标识；

——如果没有Destination-Host AVP，Destination-Realm AVP参数里的域(Realm)被配置成本地处理，同时本地也支持该Diameter应用；或

——Destination-Host与Destination-Realm都没有。

当一个请求在本地处理时，应根据7.1.2中的规则来产生相应的应答。

7.1.1.5 请求消息前转

请求前转的完成需要依靠Diameter对等端列表。Diameter对等端列表包括所有本地节点可以直接进行通信的对等端。

当收到一个请求，请求中的Destination-Host AVP中的主机在对等端列表中，这个消息应前转到对等端。

7.1.1.6　请求消息寻路

Diameter 请求消息寻路是通过域与相关应用来完成的。一个可能由 Diameter 代理(Proxy,重定向或中继)前转的 Diameter 消息,它必须在 Destination-Realm AVP 及某个应用标识符(Auth-Application-Id、Acct-Application-Id 或 Vendor-Specific-Application-Id)AVP 中包含目标域。域可以从 User-Name AVP 中提取,这个 AVP 的格式为网络接入标识符(NAI)。NAI 中的域相关部分插入到 Destination-Realm AVP 中。

Diameter 代理可能有一个本地支持的域与应用的列表,也可能有一个外部支持的域与应用列表。当收到一个请求,它所包含的域与/或应用本地不支持,这个消息会经过寻路到域路由列表中列出的对等端(见 4.3.4)。

7.1.1.7　请求消息重定向

如图 7 所示,当重定向代理收到一个请求,其寻路列表设为 REDIRECT。重定向代理必须回应一个设置了 E 比特的应答消息,同时维护信息头中的逐跳标识,并把 Result-Code AVP 设为 DIAMETER_REDIRECT_INDICATION。每一个与寻路列表相关的服务器都加入到一个 Redirect-Host AVP 中。

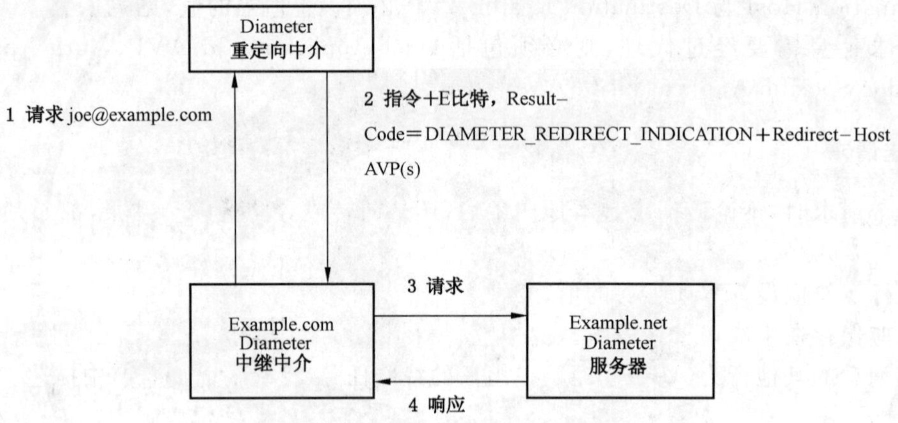

图 7　Diameter 重定向代理

E 比特置位且 Result-Code 设为 DIAMETER_REDIRECT_INDICATION 的应答消息的接收者用 Diameter 头中逐跳标识符的值来标识在未决消息队列中要进行重定向的消息(见 6.3)。如果与新的代理间没有传输连接,就建立一个,然后直接把请求发送给对方。

多重 Redirect-Host AVP 是允许的。E 比特置位的应答消息的接收者从这些主机里选取一个作为重定向消息的目的地。

7.1.1.8　中继与 Proxy 请求消息

一个中继或 Proxy 代理必须把 Route-Record AVP 加到所有前转的请求中。这个 AVP 参数里有接收这个请求的对等端标识符。

请求消息中的逐跳标识符被保存,并用本地唯一的值代替。请求消息的源亦被保存,它包含有 IP 地址、端口与协议。

如果一个中继或 Proxy 代理收到相应的响应时需要对本地状态信息进行存取,可能在请求消息中包括 Proxy-Info AVP。Proxy-Info AVP 涉及一些安全问题,应包含一个带有本地节点密钥的嵌入式 HMAC。另一种方案是,设备可能用本地存储来保存状态信息。

该消息根据域路由表,发送到下一跳。

图 8 是用本节中消息寻路处理过程的实例。

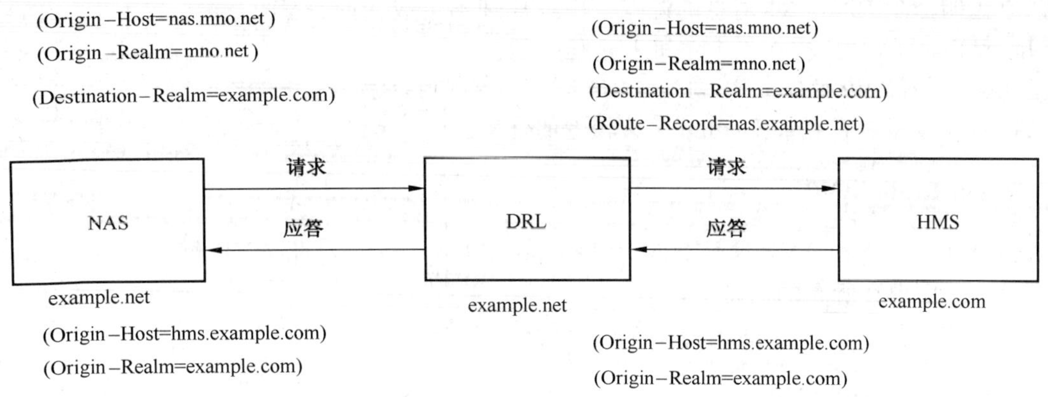

图 8 Diameter 消息的寻路

7.1.2 Diameter 应答消息处理

当一个请求在本地处理时，要产生一个相关的应答消息，除了应遵循 Diameter 应用所定义的命令处理过程外，还必须符合下述处理过程：

——在应答消息中的逐跳标识符与请求消息中的相同。

——本地主机的标识写在 Origin-Host AVP 中。

——Destination-Host 与 Destination-Realm AVP 必须不能出现在应答消息中。

——加上 Result-Code AVP 以表明成功与否。

——如果请求消息里有 Session-Id，应答消息里也必须有。

——如果请求消息里有的任何 Proxy-Info AVP 必须加到应答消息里，顺序同请求消息中的一致。

——P 比特与请求消息中的相应比特一致。

——应答消息中端到端标识符与请求消息中的一致。

差错消息(见 7.2.3)也遵从上述处理过程。

7.1.2.1 处理收到的应答消息

Diameter 客户端或 Proxy 服务器必须把应答消息的逐跳标识符与一组待处理请求消息进行比较，相应的消息应从待处理消息队列中移除。与已知的逐跳标识均不匹配的应答消息应被忽略。

7.1.2.2 中继与 Proxy 应答消息

如果一个应答是被 Proxy 或中继过的请求的应答，代理必须恢复原来 Diameter 头中逐跳标识符的值。

如果消息中最后一个 Proxy-Info AVP 指向本地的 Diameter 服务器，该 AVP 必须在被前转前删除。

如果一个中继或 Proxy 代理收到应答消息的 Result-Code AVP 表明请求失败，它必须不能修改 AVP 中的内容。任何检测到的其他本地错误必须进行记录，但不能在 Result-Code AVP 中反映出来。如果代理收到的应答消息中 Result-Code AVP 显示成功，它想把这个 AVP 进行修改以显示一个差错，它必须把发往接入设备的消息中的 Result-Code AVP 改成相应的差错，同时加入一个 Error-Reporting-Host AVP，并代表接入设备发送一个 STR。

代理必须向发出请求消息的主机发送应答消息。

7.1.3 Origin-Host AVP

Origin-Host AVP(AVP 编号 264)为 DiameterIdentity 类型，必须出现在每一个 Diameter 消息中。

这个 AVP 表明产生 Diameter 消息的源点。中继代理不可改变此 AVP。

Origin-Host AVP 的值在一个单机上是唯一的。

注：Origin-Host AVP 在 Diameter 对等端支持多于一个地址时，可能会解析成多个地址。

此 AVP 应尽量放置在离 Diameter 头较近的位置。

7.1.4 Origin-Realm AVP

Origin-Realm AVP(AVP 编号 296)为 DiameterIdentity 类型，此 AVP 包含任一 Diameter 消息产生者所在域，应出现在所有的消息中。

此 AVP 应尽量放置在离 Diameter 头较近的位置。

7.1.5 Destination-Host AVP

Destination-Host AVP(AVP 编号 293)为 DiameterIdentity 类型，此 AVP 必须出现在所有主动提供服务的代理发起的消息中，可能出现在请求消息中，但不可出现在应答消息中。

如果没有 Destination-Host AVP 会导致消息发送到任意一个在 Destination-Realm AVP 中定义的域中支持相应应用的服务器上。

此 AVP 应尽量放置在离 Diameter 头较近的位置。

7.1.6 Destination-Realm AVP

Destination-Realm AVP(AVP 编号 283)为 DiameterIdentity 类型，包含有消息寻址的域。Destination-Realm AVP 不可在应答消息中出现。Diameter 客户把 User-Name AVP 的域相关部分插入到此 AVP 中。发起一个请求消息的 Diameter 服务器用从目标主机收到的 Origin-Realm AVP 填写此 AVP(除非它知道此前的值)。当这个 AVP 出现时，Destination-Realm AVP 用于消息寻路的判决。

一个请求消息，其 ABNF 没有把 Destination-Realm AVP 当作必选 AVP 列出，应被认为是不可寻路的消息。

此 AVP 应尽量放置在离 Diameter 头较近的位置。

7.1.7 Routing AVPs

本节定义的 AVP 用于消息的寻路。这些 AVP 在 Diameter 消息经代理处理时发生变化，因此无法受到端到端的安全保护。

7.1.7.1 Route-Record AVP

Route-Record AVP(AVP 编号 282)为 DiameterIdentity 类型。此 AVP 中的标识必须与收到的能力交换消息中的 Origin-Host 一致。

7.1.7.2 Proxy-Info AVP

Proxy-Info AVP(AVP 编号 284)为 Grouped 类型。Grouped 类型数据域符合 ABNF 语法：

```
Proxy-Info ::=< AVP 头：284 >
              { Proxy-Host }
              { Proxy-State }
             *[ AVP ]
```

7.1.7.3 Proxy-Host AVP

Proxy-Host AVP(AVP 编号 280)为 DiameterIdentity 类型。此 AVP 包含填加 Proxy-Info AVP 的主机标识符。

7.1.7.4 Proxy-State AVP

Proxy-State AVP(AVP 编号 33)为 OctetString 类型,包含有本地的状态信息,必须当做不透明的数据进行处理。

7.1.8 Auth-Application-Id AVP

Auth-Application-Id AVP(AVP 编号 258)为 Unsigned32 类型,用于通告应用对认证、授权部分的支持。Auth-Application-Id 必须在所有的认证或/与授权消息中出现,这些消息在其他的 Diameter 规范中定义,并分配相应的应用 ID。

7.1.9 Acct-Application-Id AVP

Acct-Application-Id AVP(AVP 编号 259)为 Unsigned32 类型,用于通告应用对计费部分的支持。Acct-Application-Id AVP 必须出现在所有计费消息中。唯一的 Auth-Application-Id 与多个 Acct-Application-Id 可能同时存在。

7.1.10 Inband-Security-Id AVP

Inband-Security-Id AVP(AVP 编号 299)为 Unsigned32 类型。用于通告应用对安全部分的支持。当前支持下述的值,但有足够的空间添加新的安全标识。

NO_INBAND_SECURITY 0

对等端不支持 TLS,如果此 AVP 不存在,这是默认的值

TLS 1

此节点支持 TLS 安全,遵循 TLS 标准 RFC 2246 中的定义

7.1.11 Vendor-Specific-Application-Id AVP

Vendor-Specific-Application-Id AVP(AVP 编号 260)为 Grouped 类型,用于通告厂商定义的 Diameter 应用。唯一的 Auth-Application-Id 与多个 Vendor-Specific-Application-Id 可能同时出现。

此 AVP 必须为厂商自定义的应用中所有试验性指令的第一个 AVP。

此 AVP 应尽量放置于与 Diameter 头较近处。

AVP 格式:

```
<Vendor-Specific-Application-Id> ::= < AVP 头: 260 >
                                   1* [ Vendor-Id ]
                                   0*1{ Auth-Application-Id }
                                   0*1{ Acct-Application-Id }
```

7.1.12 Redirect-Host AVP

如果一个应答消息的 E 比特被设置,Result-Code 设为 DIAMETER_REDIRECT_INDICATION 必须有一个或多个此 AVP。

根据上述收到的消息,接收 Diameter 节点应把请求消息直接前转到此 AVP 中列出的一个主机处。从 Redirect-Host AVP 中选出的服务器应在整个会话过程使用。

7.1.13 Redirect-Host-Usage AVP

Redirect-Host-Usage AVP(AVP 编号 261)为 Enumerated 类型。此 AVP 可能出现在一个 E 比特置位、Result-Code AVP 为 DIAMETER_REDIRECT_INDICATION 的应答消息中。

当此 AVP 出现时,它指明受重定向主机影响的寻路列表如何使用。支持下述取值:

DONT_CACHE　　　　　　　　　　　　　　0

Redirect-Host AVP 中定义的主机不应进行缓存，这是默认值。

ALL_SESSION　　　　　　　　　　　　　　1

所有会话中的消息，由于有相同的 Session-ID AVP，可能会发向 Redirect-Host AVP 中定义的主机

ALL_REALM　　　　　　　　　　　　　　　2

所有请求同一目的域的消息可能会发往 Redirect-Host AVP 中定义的主机。

REALM_AND_APPLICATION　　　　　　　　3

所有的到同一域里中同一应用的消息可能发送到 Redirect-Host AVP 中定义的主机。

ALL_APPLICATION　　　　　　　　　　　4

所有针对一应用的消息可能发往 Redirect-Host AVP 中定义的主机。

ALL_HOST　　　　　　　　　　　　　　　5

所有产生重定向主机的消息可能会发往 Redirect-Host AVP 中定义的主机。

ALL_USER　　　　　　　　　　　　　　　6

对于请求用户的所有消息可能会被发送到 Redirect-Host AVP 中定义的主机。

7.1.14　Redirect-Max-Cache-Time AVP

Redirect-Max-Cache-Time AVP(AVP 编号 262)为 Unsigned32 类型。此 AVP 必须出现在一个 E 比特被设置，Result-Code AVP 设为 DIAMETER_REDIRECT_INDICATION，且 Redirect-Host-Usage AVP 非 0 的应答消息中。

此 AVP 包含对等端列表与路由列表(这两个列表的出现是重定向主机 Redirect-Host 的结果)入口被缓存的最大秒数。注：当用于重定向的主机不能到达时，所有相关的对等端列表与路由表列表均必须删除。

7.1.15　E2E-Sequence AVP

E2E-Sequence AVP(AVP 编号 300)提供了端到端消息反重演(replay)的保护，为 Grouped 类型。它包含一个随机值(一个临时的 OctetString)与一个计数器(整型)。对于每一个端到端的对等端，必须用不同的随机值，计数器初始为 0 并随 AVP 向对等端发送时加 1，此 AVP 必须包括在所有使用端到端保护的消息中(比如 CMS 签名与加密)。

7.2　Diameter 差错处理

在 Diameter 中有两类差错：协议差错与应用差错。协议差错发生在基本协议层，可能需要每一跳都引起注意(例如消息的选路错误)。应用差错总的来说是由于 Diameter 应用中指定的一个功能的错误(例如，用户鉴权，丢失 AVP)。

Result-Code AVP 的值用来报告协议差错，此参数必须在设置了“E”比特的应答消息出现。当收到一个引起协议差错的请求消息时，返回一个“E”比特置位的应答消息，且在 Result-Code AVP 里设置适当的协议差错值。消息后向发送给请求的发起者时，每一个 Proxy 代理或中继代理都可能对这个消息进行处理。

图 9 提供了一个消息由 Diameter 中继上行前转的例子，当中继 2 接收到消息，它检测到自己不能把请求消息前转给归属服务器，它返回一个消息，这个消息中“E”比特被置位，且 Result-Code AVP 设置成 DIAMETER_UNABLE_TO_DELIVER。图中给出的这个差错属于协议差错范畴，中继 1 会采取特别的行动，它会尝试把消息通过替代的中继 3 前转。

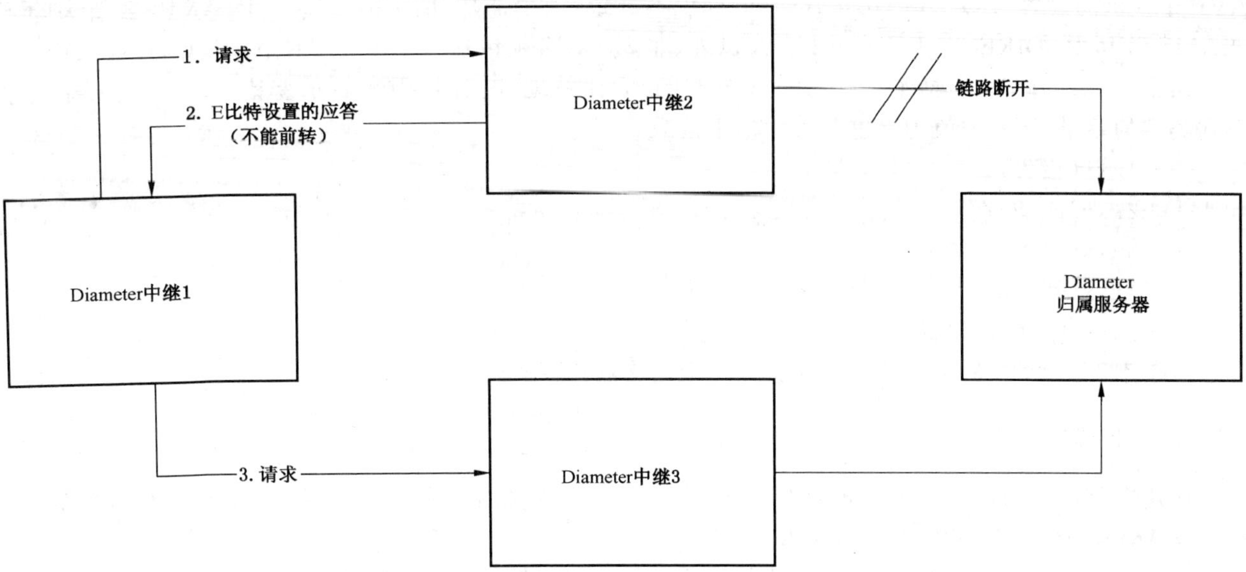

图 9 Diameter 中继前向前转消息举例

图 10 提供了一个 Diameter 消息导致应用差错的实例。当产生应用差错时,报告差错的 Diameter 实体讲命令标记中的“R”比特置 0,并添加带有正确值的 Result-Code AVP。应用差错与任何 Proxy 代理或中继代理无关,因此这个消息会后向转发给请求消息的产生者。

有一些 Result-Code AVP 应用差错需要其它的 AVP 也出现在应答中。在这些情况下,Diameter 节点设置 Result-Code AVP 来指示差错必须加上相应的 AVP。例如:

——收到一个“M”比特置位(必选比特)但不可识别的 AVP,会导致应答消息中把 Result-Code AVP 设置成 DIAMETER_AVP_UNSUPPORTED,并把该不可识别的 AVP 放到 Failed-AVP AVP 中。

——收到含有含有不可识别值的 AVP,会导致返回的应答消息中 Result-Code AVP 设置成 DIAMETER_INVALID_AVP_VALUE,并把包含错误 AVP 放到 Failed-AVP 参数中。

——收到一个命令,其中的一个 AVP 缺失,可是根据命令的 ABNF,这个参数是必选的。接收者发送的应答消息中的结果代码中设置 DIAMETER_MISSING_AVP,并创建一个 AVP,该 AVP 中的代码与其它值字段设成希望原消息中缺少 AVP 所应设置的值,再把创建的这个 AVP 放到 Failed-AVP AVP 中。

Result-Code AVP 用于描述 Diameter 节点在其处理消息过程中遇到的各种差错。在有多个错误的情况下,Diameter 节点必须只报告第一个遇到的差错(可能在与具体执行相关的执行顺序中检测到)。

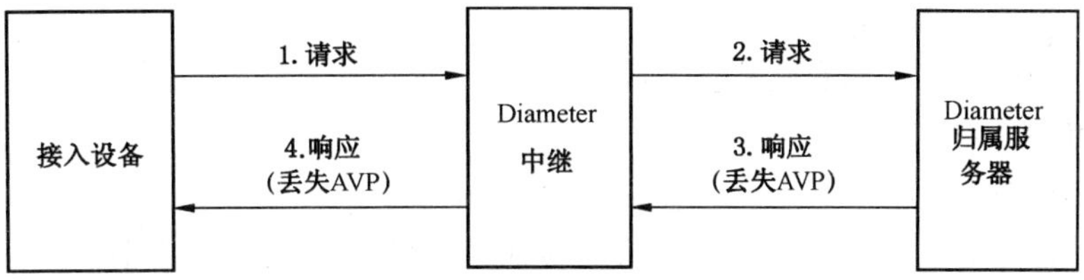

图 10 Diameter 消息导致应用差错的实例

7.2.1 Result-Code AVP

Result-Code AVP(AVP 代码 268)是一个 unsigned32 数值,指示某特定的请求是否成功完成或是否发生了错误。所有标准应用中定义的 Diameter 应答必须包括 Result-Code AVP。如果 Result-Code

AVP 中主机的设置与 Origin-Host AVP 的标识不一致，一个非成功的 Result-Code AVP(数值为除了 DIAMETER_REDIRECT_INDICATION 以外、非 2xxx)必须包括一个 Error-Reporting-Host AVP。

结果代码数值字段包括了一个 IANA 分配的 32 比特地址空间，用来表示差错。Diameter 提供了下列类型的差错，所有的值为十进制表示的千位数。

——1xxx(报告)；

——2xxx(成功)；

——3xxx(协议错误)；

——4xxx(暂时故障)；

——5xxx(永久故障)。

一个不识别的类(最高位数字未在这一节中定义的)必须被视为永久故障。

7.2.1.1 信息

在这个范畴内的错误用来通知请求者，请求不能被满足，在接受接入请求前，还需要其他的行动。

DIAMETER_MULTI_ROUND_AUTH 1001

这个信息性的错误由 Diameter 服务器返回，用于通知接入设备使用的认证机制还要进行多次交互，为了接入请求被接受，后续的请求消息还需要发送。

7.2.1.2 成功

在这个范畴中的错误用来通知对方请求被成功完成。

DIAMETER_SUCCESS 2001

请求消息被成功完成

DIAMETER_LIMITED_SUCCESS 2002

当返回这个消息，请求消息已成功完成，但应用还要进一步处理，来为用户提供服务。

7.2.1.3 协议差错

在这个范畴内的差错应在每一跳都被处理，如果可能的话，DiameterProxy 可能会尝试修正这个差错。注意有且仅有这些差错必须在应答消息中设置"E"比特。

DIAMETER_COMMAND_UNSUPPORTED 3001

该请求包括一个命令码，这个指令码不被识别或支持。当 Diameter 节点收到一个试验性的命令，但它并不能识别，这个差错消息必须被采用。

DIAMETER_UNABLE_TO_DELIVER 3002

这个差错在 Diameter 不能把消息发送的目的地时使用。不能送达的原因是在支持请求应用的域内没有主机空闲来外理请求，或给出了 Destination-Host AVP 却没给出相关的 Destination-Realm AVP。

DIAMETER_REALM_NOT_SERVED 3003

请求消息中的字段不能被识别。

DIAMETER_TOO_BUSY 3004

当返回这个差错，Diameter 节点应尝试向其他可选的对等端发送消息。该差错必须仅在请求了特定的服务器，但它却不能提供请求的服务时使用。

DIAMETER_LOOP_DETECTED 3005

一个代理在试图得到发往接收者的消息时，检测到有环路。如果可能，该消息可发向可选的对等端，不过报告错误的对等端被认为有配置的问题。

DIAMETER_REDIRECT_INDICATION 3006

一个重定向代理判断该请求不能在本地得到满足，请求的发起者应把请求直接定向到服务器，关于服务器的相关信息加到响应中。当设置了这个差错，Redirect-Host AVP 必须同时具备。

DIAMETER_APPLICATION_UNSUPPORTED　　3007

为某个应用而发送的请求不被支持。

DIAMETER_INVALID_HDR_BITS　　3008

收到一个请求，该请求消息的 Diameter 头设置成非法的组合，或值与指令代码定义不一致。

DIAMETER_INVALID_AVP_BITS　　3009

收到一个请求，这个请求中包括了一个标记比特设置成不可识别的值，或与 AVP 定义不一致的 AVP。

DIAMETER_UNKNOWN_PEER　　3010

从一个不知道的对等端收到 CER 消息。

7.2.1.4 暂时故障

这些差错属于暂时故障范畴中，用于通知对等端，收到的请求在收到时不能得到满足，但有可能在将来予以满足。

DIAMETER_AUTHENTICATION_REJECTED　　4001

用户认证过程失败，很有可能因为用户使用了错误的密码。仅当向用户提示输入密码时才进一步进行尝试。

DIAMETER_OUT_OF_SPACE　　4002

Diameter 节点收到计费请求但因为临时缺少空间不能把数据写入稳定的存储设备中。

ELECTION_LOST　　4003

对等端判断它在选举中失败，因此切断传输连接。

7.2.1.5 永久故障

这些差错属于永久故障范畴，用来通知对等端请求失败，不要再进行尝试。

DIAMETER_AVP_UNSUPPORTED　　5001

对等端接收到一个消息，此消息中有不能识别或不支持的 AVP，且这个 AVP 被标记了 M 比特。有这个差错的 Diameter 消息必须有一个或多个 Failed-AVP AVP 来报告出错的 AVP。

DIAMETER_UNKNOWN_SESSION_ID　　5002

请求里含有不识别的 Session-Id。

DIAMETER_AUTHORIZATION_REJECTED　　5003

收到一个请求，此请求的用户不能被授权。这个差错在如果请求的服务不允许该用户接入时发生。

DIAMETER_INVALID_AVP_VALUE　　5004

请求中有一个 AVP 在数值部分中带有非法的值。用于指示这个差错的 Diameter 消息必须包括带有出错 AVP 的 Failed-AVP AVP。

DIAMETER_MISSING_AVP　　5005

请求消息里没有命令代码定义所需要的 AVP。如果这个值是在 Result-Code AVP 里发送的，这个消息里面还要包括一个 Failed-AVP AVP。如果可能，这个 AVP 必须包括带有缺失的 AVP 并带有 Vendor-Id。缺失的 AVP 中的值字段应为允许的最短长度，包含若干零。

DIAMETER_RESOURCES_EXCEEDED　　5006

收到一个请求，该请求不能被授权，因为用户已消耗了允许的资源。这个差错的例子是一个用户被限制只能用一个拨号 PPP 端口，但该用户试图建立第二个 PPP 连接。

DIAMETER_CONTRADICTING_AVPS　　5007

归属 Diameter 服务器检测到请求中 AVP 相互矛盾，不能为用户提供服务。这种情况下一个或多个 Failed-AVP AVP 必须被返回，这些 AVP 中包含有相互矛盾的 AVP。

DIAMETER_AVP_NOT_ALLOWED　5008

收到的一个消息中带有必须不能包含的 AVP,Failed-AVP AVP 必须在返回消息中,并包含引起差错的 AVP。

DIAMETER_AVP_OCCURS_TOO_MANY_TIMES 5009

收到的消息中有一个 AVP,其出现的次数多于消息定义中允许的次数。Failed-AVP AVP 必须在返回消息中,并包含那个首次超出允许次数的错误 AVP。

DIAMETER_NO_COMMON_APPLICATION　5010

这个差错在收到一个 CER 消息后,且在对等端间没有共同的应用被支持时返回。

DIAMETER_UNSUPPORTED_VERSION　5011

收到一个请求,这个请求中的版本号不被支持,这时返回这个差错。

DIAMETER_UNABLE_TO_COMPLY　5012

这个差错在因为未定义的原因拒绝一个请求时返回。

DIAMETER_INVALID_BIT_IN_HEADER　5013

这个差错在 Diameter 消息头中不可识别的比特设为 1 时返回。

DIAMETER_INVALID_AVP_LENGTH　5014

请求包含一个长度无效的 AVP。指出这个差错的 Diameter 消息必须在 Failed-AVP AVP 包含这个出错的 AVP。

DIAMETER_INVALID_MESSAGE_LENGTH　5015

该差错在收到一个无效的消息长度时返回。

DIAMETER_INVALID_AVP_BIT_COMBO　5016

请求中包含一个,其 AVP 标记字段中有不允许的值。指出这个差错的 Diameter 消息必须在 Failed-AVP AVP 包含这个出错的 AVP。

DIAMETER_NO_COMMON_SECURITY　5017

当收到 CER 消息时返回这个差错,并且在对等端间没有共同的安全机制。必须返回一个 Capabilities-Exchange-Answer(CEA)消息,且其中的 Result-Code AVP 必须设置为 DIAMETER_NO_COMMON_SECURITY。

7.2.2 差错比特

当一个请求导致了与协议相关的差错时,应设置 Diameter 头中的 E 比特(见 7.2.1.3)。一个设置了 E 比特的消息不可以作为一个应答消息的响应发送。注意,设置了 E 比特的消息仍遵循 7.1.2 中定义的处理过程。当设置了这个比特,对一个命令的应答消息不会遵循 ABNF 规范,而与下面的 ABNF 格式相符。

消息格式:

＜应答消息＞ ::= ＜ Diameter 头:编码,差错[PXY]＞
　　0 * 1＜ Session-Id ＞
　　{ Origin-Host }
　　{ Origin-Realm }
　　{ Result-Code }
　　[Origin-State-Id]
　　[Error-Reporting-Host]
　　[Proxy-Info]
　　* [AVP]

注意在头里用的编码与请求消息中的相同,但 R 比特被清除而 E 比特被设置。头中的 P 比特设成与请求消息相同。

7.2.3 Error-Message AVP

Error-Message AVP (AVP Code 281)为 UTF8String 类型。它可以和一个 Result-Code AVP 结合作为一个可读的差错消息。Error-Message AVP 不能在实时情况下使用,且不应期望能够为网络实体解析。

7.2.4 Error-Reporting-Host AVP

Error-Reporting-Host AVP (AVP Code 294)为 DiameterIdentity 类型。仅当设置 Result-Code 的主机与 Origin-Host AVP 中的不同时,该 AVP 包含发送 Result-Code AVP(值不是成功 2001)的 Diameter 主机的标识符。该 AVP 用于发现并处理故障,当 Result-Code AVP 指出一个失败时,必须将其置位。

7.2.5 Failed-AVP AVP

Failed-AVP AVP (AVP Code 279)是 Grouped 类型,提供 debug 信息,以防由于特定 AVP 中的错误信息而造成请求被拒绝或者没有完全执行。Result-Code AVP 的值将为 Failed-AVP AVP 提供原因信息。

该 AVP 可能的原因是出现构造不正确的 AVP、不支持或不认识的 AVP、无效的 AVP 值、必需的 AVP 冗长、出现明确被拒绝接受的 AVP(见附录 B 中的表)、或者被限制只许出现 0 次、1 次、或 0 到 1 次的 AVP 出现了两次或多次。

Diameter 消息可以包含一个 Failed-AVP AVP,包含不能被正确处理的完整的 AVP。如果失败原因是必需的 AVP 冗长,则必须增加带有缺失 AVP 码的 AVP、缺失的制造商 ID、以及为达到 AVP 缺省最小要求的长度而填充的 0。

AVP Format

```
<Failed-AVP> ::=< AVP Header: 279 >
               1 * {AVP}
```

7.2.6 Experimental-Result AVP

Experimental-Result AVP (AVP Code 297)是 Grouped 类型,指明某个特殊的制造商定义的(vendor-specific)请求是否被正确完成或者是否出现差错 。其数据字段拥有以下 ABNF 语法:

AVP 格式

```
Experimental-Result ::= < AVP Header: 297 >
                        { Vendor-Id }
                        { Experimental-Result-Code }
```

本组合 AVP 中的 Vendor-Id AVP(见 6.3.3)标识了负责结果编码分配的制造商。所有在 vendor-specific 应用中定义的 Diameter 应答消息必须或者包括一个 Result-Code AVP 或者包括一个 Experimental-Result AVP。

7.2.7 Experimental-Result-Code AVP

Experimental-Result-Code AVP (AVP Code 298)是 Unsigned32 类型,包含一个制造商分配的(vendor-assigned)值以表示处理该请求的结果。

建议该制造商分配的结果编码遵循 Result-Code AVP 的惯例,参照结果编码和差错控制的不同类型(非 2xxx 的值)。

7.3 Diameter 用户会话

Diameter 能够为应用提供两种类型的服务。第一种涉及认证和授权,并可选择的使用计费。第二种只使用计费。

当一个服务使用应用的认证和授权部分时,并且一个用户请求接入网络,Diameter 客户端向本地服务器发送一个认证请求。该认证请求由特定的 Diameter 应用来定义(如,NASREQ)。该请求包含 Session-Id AVP,这个 AVP 在用户会话相关消息中使用。Session-Id AVP 提供了让客户端和服务器把 Diameter 消息和用户会话联系起来的方法。

当 Diameter 服务器授权用户在一定时间内使用网络资源,以及将通过以后的请求来扩展授权,它必须在应答消息中包含 Authorization-Lifetime AVP。Authorization-Lifetime AVP 定义了在服务器需要的另一个授权请求之前,用户可以使用资源的最大时间。Auth-Grace-Period AVP 中包含了授权时间到期后的一段时间(秒),在这段时间之后,服务器将释放用户会话相关的所有状态信息。注意,如果服务费用由用户归属域的服务域来支付,Authorization-Lifetime AVP 加上 Auth-Grace-Period AVP 意味着归属域愿意为会话支付的最大时间长度。超过 Authorization-Lifetime 和 Auth-Grace-Period 时间的服务由接入设备支付。当然,实际的服务费用的计算超出了本标准的范围。

如果接入设备不愿向服务器发送重新授权或者会话终止请求,那么可以把 Auth-Session-State AVP 的值设置为 NO_STATE_MAINTAINED,作为给服务器的暗示。如果服务器接受了这个暗示,它同意由于一旦提供给用户的服务中止,它将不会接收到会话终止消息,因此服务器不会保存该会话的状态。如果服务器的应答消息在 Auth-Session-State AVP 包含了另外的值,接入设备必须服从服务器的指令。注意,NO_STATE_MAINTAINED 不能在后续的重新认证请求和应答中设置。

Diameter 基础协议中并不包含任何的授权请求消息,因为这些是应用相关的,并在 Diameter 应用文档中定义。然而,Diameter 基础协议确实定义了终止用户会话的消息。这些消息用来让维护状态信息的服务器来释放资源。

当一个服务只使用 Diameter 协议的计费部分时,即使是在应用中结合使用,Session-Id 仍然被用来标识用户会话。然而,由于终止会话是通过发送停止计费消息来实现的,因此并没有使用会话终止消息。

7.3.1 授权会话状态机

本节包含了一系列的有限状态机,表示了 Diameter 会话的生命周期,使用了认证/授权部分的 Diameter 应用必须遵守这些状态机。术语“服务指定”表示 Diameter 应用中定义的消息(如,Mobile IPv4,NASREQ)

在 Diameter 基础协议中支持 4 种不同的授权会话状态机。前两个定义了服务器维持会话状态的会话,用 Auth-Session-State AVP 的值(或者缺省)来表示。一个从客户端角度定义了会话,另一个从服务器角度。后两个状态机在服务器不维护状态信息时使用。也是一个从客户端角度定义会话,另一个从服务器角度。

当会话转移到空闲状态,任何会话相关的资源分配都必须被释放。任何在状态机中没有列出的事件必须被视为错误条件,如果可行的话,应答消息必须返回给消息产生者。

在状态表中,事件“发送 X 失败”表示 Diameter 代理无法向期望的目的地发送命令 X。这可能因为对等端死机,或者由于对等端在相应的应答命令的 Result-Code AVP 中发送回一个表示瞬时失败或临时协议错误的通知 DIAMETER_TOO_BUSY 或 DIAMETER_LOOP_DETECTED。事件“X 成功被发送”是“发送 X 失败”的补充。

当服务器为会话维护状态时,客户端遵守如表 6 所示的状态机。

表 6　客户机，STATEFUL

状态	事件	行为	新状态
空闲	客户机或者设备请求接入	发送服务特定的认证请求	等待
空闲	接收到未知会话的 ASR	发送 ASA，其中 Result-Code 为 UNKNOWN_SESSION_ID	空闲
等待	接收到成功的服务指定授权应答，其中包含缺省 Auth-Session-State 值	授权接入	打开
等待	接收到成功的服务指定授权应答，但服务无法提供	发送 STR	断开
等待	成功的服务指定授权应答处理出错	发送 STR	断开
等待	接收到失败的服务指定授权应答	清除	空闲
打开	客户机或者设备请求接入服务	发送服务指定的认证请求	打开
打开	接收到成功的服务指定授权应答	提供服务	打开
打开	接收到失败的服务指定授权应答	断开用户/设备连接	空闲
打开	接入设备会话时间到	发送 STR	断开
打开	接收到 ASR，客户机将遵循请求而中断会话	发送 ASA，Result-Code = SUCCESS，发送 STR	断开
打开	接收到 ASR，客户机将不按照请求的要求中断会话	发送 ASA，Result-Code! = 不等于 SUCCESS	打开
打开	Authorization-Lifetime + Auth-Grace-Period 在接入设备上超时	发送 STR	断开
断开	接收到 ASR	发送 ASA	断开
断开	接收到 STA	断开用户/设备	空闲

当服务器为会话维护状态时，服务器需要遵守如表 7 所示的状态机。

表 7　服务器，STATEFUL

状态	事件	行为	新状态
空闲	接收到服务指定的授权请求，并且用户认证授权通过	发送成功的服务指定授权应答	打开
空闲	接收到服务指定的授权请求，但用户认证授权没有通过	发送失败的服务指定授权应答	空闲
打开	接收到服务指定的授权请求，并且用户认证授权通过	发送成功的服务指定授权应答	打开
打开	接收到服务指定的授权请求，但用户认证授权没有通过	发送失败的服务指定授权应答，并清除资源	空闲
打开	归属服务器需要终止服务	发送 ASR	断开
打开	在归属服务器上的授权时间（包括 Auth-Grace-Period）到期	清除	空闲
打开	在归属服务器上的会话超时	清除	空闲

表 7（续）

状态	事件	行为	新状态
断开	发送 ASR 失败	等待，重发 ASR	断开
断开	发送 ASR 成功，并且接收到带有 Result-Code 的 ASA	清除	空闲
非断开	接收到 ASA	空	不改变
任何	接收到 STR	发送 STA，并清除	空闲

当服务器不维护状态时，客户端要遵守如表 8 所示的状态机。

表 8　客户机，STATELESS

状态	事件	行为	新状态
空闲	客户机或者设备接入请求	发送服务指定授权应答	未决
等待	接收到成功的服务指定授权应答，Auth-Session-State 设置为 NO_STATE_MAINTAINED	授权接入	打开
等待	接收到失败的服务指定授权应答	清除	空闲
打开	接入设备会话时间到	用户/设备断开	空闲
打开	用户服务中止	断开	空闲

当服务器不维护状态时，服务器要遵守如表 9 所示的状态机。

表 9　服务器，STATELESS

状态	事件	行为	新状态
空闲	接收到服务指定的授权请求，并且处理过程成功	发送服务指定授权应答	空闲

7.3.2　计费会话状态机

有计费部分的应用或者只需要计费服务的应用都必须支持下面的状态机。第一个状态机（表 8）是客户机必须遵守的。

计费命令码见 8.7，计费 AVP 见 8.8。

计费状态机的服务器端会与特定应用相关。Diameter 基础协议定义了一个缺省的状态机，没有指定其他状态机的所有应用都必须遵守。这是本节上文中的第二个状态机（表 9）。

缺省的服务器端状态机需要接受任何顺序和任何时间的计费纪录，并没有规定处理这些纪录时的任何标准要求。Diameter 实施可能执行检查、排序、关联、查错和其他基于这些纪录的任务。作为这些任务的一部分，Diameter 基础协议的 AVP 和应用指定的 AVP 都可能被检查。这些任务能够在接受纪录之后马上进行，也可以在后期处理阶段进行。但是，这些任务是与典型的应用或策略相关的，它们没有被 Diameter 规范所标准化。应用可以基于 Accounting-Realtime-Required AVP 的值、信用界限检查等来定义何时接受计费纪录的需求。

然而，Diameter 基础协议定义了一个可选的服务器端状态机。需要在计费服务器上跟踪会话状态的应用可以遵循该状态机。注意，这样的跟踪与维持长时连接性的能力相矛盾。因此，这样的状态机建议只在 Accounting-Realtime-Required AVP 的值是 DELIVER_AND_GRANT 的应用中使用，而且必须为正在使用服务的用户中断解决计费连接行问题。否则，连接重建后，客户机产生的纪录会被不再接受这些记录的服务器所丢失。这个状态机是本节中的第三种状态机(表 10)。这个状态机被监督会话定时器 Ts 监视，它的值会合理的高于 Interim_Record_Interval。Ts 可能被设置成 2 倍于 Interim_Record_Interval，来避免 Diameter 服务器的计费会话在短暂的网络失败后变成空闲状态。

任何在状态机中没有列出的事件必须被视为错误条件，如果可能，应答消息必须返回给消息的产生者。

在状态表中，事件“发送失败”表示 Diameter 客户机无法与期望的目的地通讯。这可能因为对等端死机，或者由于对等端在计费应答命令的 Result-Code AVP 中发送回一个表示瞬时失败或临时协议错误的通知 DIAMETER_TOO_BUSY 或 DIAMETER_LOOP_DETECTED。

事件“失败的应答”表示 Diameter 客户端在计费应答命令中接收到了非瞬时的错误通知。注意，如果给定的应用既有认证/授权部分，又有计费部分，那么“Disconnect user/dev”的行为必须对授权会话状态表产生影响，例如，导致发送 STR 消息。

状态 PendingS，PendingI，PendingL，PendingE 及 PendingB 分别表示等待计费请求的应答状态开始(Start)、过渡时期(Interim)、停止(Stop)、事件(Event)和缓冲纪录。

表 10　客户机，计费

状态	事　　件	行为	新状态
空闲	客户机或设备请求接入	发送开始计费请求	PendingS
空闲	客户机或设备申请一次性服务	发送计费事件请求	PendingE
空闲	在存储器中记录	发送记录	PendingB
PendingS	接收到成功的计费开始应答		打开
PendingS	发送失败、有可用的缓冲区空间且实时不等于 DELIVER_AND_GRANT	存储开始记录	打开
PendingS	发送失败、没有可用的缓冲区空间且实时等于 GRANT_AND_LOSE		打开
PendingS	发送失败、没有可用的缓冲区空间且实时不等于 GRANT_AND_LOSE	用户/设备断开	空闲
PendingS	接收到失败的计费开始应答，并且实时等于 GRANT_AND_LOSE		打开
PendingS	接收到失败的计费开始应答，并且实时不等于 GRANT_AND_LOSE	用户/设备断开	空闲
PendingS	用户服务中止	保存停止记录	PendingS
打开	过渡时间结束	发送计费过渡记录	PendingI
打开	用户服务中止	发送停止计费请求	PendingL
PendingI	接收到成功的计费过渡应答		打开
PendingI	发送失败、(可用的缓冲区空间或者旧的记录可以被覆盖)且实时不等于 DELIVER_AND_GRANT	存储过渡记录	打开
PendingI	发送失败、没有可用的缓冲区空间，且实时等于 GRANT_AND_LOSE		打开
PendingI	发送失败、没有可用的缓冲区空间，且实时不等于 GRANT_AND_LOSE	用户/设备断开	空闲

表 10（续）

状态	事　件	行为	新状态
PendingI	接收到失败的计费过渡应答，并且实时等于 GRANT_AND_LOSE		打开
PendingI	接收到失败的计费过渡应答，并且实时不等于 GRANT_AND_LOSE	用户/设备断开	空闲
PendingI	用户服务终止	储存停止记录	PendingI
PendingE	接收到成功的计费事件应答		空闲
PendingE	发送失败并且缓冲区可用	存储事件记录	空闲
PendingE	发送失败并且没有缓冲区可用		空闲
PendingE	接收到失败计费事件应答		空闲
PendingB	接收到成功的计费应答	删除记录	空闲
PendingB	发送失败		空闲
PendingB	接收到失败的计费应答	删除记录	空闲
PendingL	接收到成功的计费停止应答		空闲
PendingL	发送失败并且缓冲区可用	保存停止记录	空闲
PendingL	发送失败并且没有缓冲区可用		空闲
PendingL	接收到失败的计费停止应答		空闲

表 11　服务器，STATELESS ACCOUNTING

状态	事　件	行为	新状态
空闲	接收到开始计费请求并且处理成功	发送开始计费应答	空闲
空闲	接收到计费事件请求并且处理成功	发送计费事件应答	空闲
空闲	接收到过渡记录并且处理成功	发送计费过渡应答	空闲
空闲	接收到计费停止请求，并且处理成功	发送计费停止应答	空闲
空闲	接收到计费请求，没有储存记录的空间	发送计费应答，Result-Code＝OUT_OF_SPACE	空闲

表 12　服务器，STATEFUL ACCOUNTING

状态	事　件	行为	新状态
空闲	接收到开始计费请求并且处理成功	发送开始计费应答，开始 Ts	打开
空闲	接收到计费事件请求并且处理成功	发送计费事件应答	空闲
空闲	接收到计费请求，没有储存记录的空间	发送计费应答，Result-Code＝OUT_OF_ SPACE	空闲
打开	接收到过渡记录，并且处理成功	发送计费过渡应答，重启动 Ts	打开
打开	接收到计费停止请求，并且处理成功	发送计费停止应答，停止 Ts	空闲

表 12（续）

状态	事　件	行为	新状态
打开	接收到计费请求，没有储存记录的空间	发送计费应答，Result-Code =OUT_OF_SPACE，停止 Ts	空闲
打开	会话监督定时器 Ts 到期	停止 Ts	空闲

7.3.3 服务器发起的重认证/授权

Diameter 服务器可以通过发出一个 Re-Auth-Request（RAR）来发起重新认证/授权服务。

举例，对于预付费服务，初始授权的 Diameter 服务器可能需要确认用户是否还在使用这个服务。

如果服务支持重认证/授权，接收到 RAR 消息、且其中的 Session-Id 与当前的活动会话相同的接入设备必须向用户发起重认证/授权。

7.3.3.1 重新认证/授权请求(Re-Auth-Request)

Re-Auth-Request（RAR）用命令码设置为 258，消息标志‘R’设置来表示。该命令可以由任何服务器发送给提供会话服务的接入设备，来请求对用户进行重新认证/授权。

消息格式：

<RAR> ::=< Diameter Header：258，REQ，PXY >
< Session-Id >
{ Origin-Host }
{ Origin-Realm }
{ Destination-Realm }
{ Destination-Host }
{ Auth-Application-Id }
{ Re-Auth-Request-Type }
[User-Name]
[Origin-State-Id]
*[Proxy-Info]
*[Route-Record]
*[AVP]

7.3.3.2 重新认证/授权应答(Re-Auth-Answer)

Re-Auth-Answer（RAA）用命令码设置为 258，消息标志“R”清除来表示。该命令用来应答 RAR 消息。Result-Code AVP 必须出现，表示请求消息的处理结果。

一个成功的 RAA 消息必须有跟随着的应用指定的认证/授权消息。

消息格式 Message Format

<RAA> ::=< Diameter Header：258，PXY >
< Session-Id >
{ Result-Code }
{ Origin-Host }
{ Origin-Realm }
[User-Name]

[Origin-State-Id]
[Error-Message]
[Error-Reporting-Host]
*[Failed-AVP]
*[Redirected-Host]
[Redirected-Host-Usage]
[Redirected-Host-Cache-Time]
*[Proxy-Info]
*[AVP]

7.3.4 会话终止

对于授权某个会话并维护其状态的 Diameter 服务器而言，当会话不再活跃时，该服务器必须得到通知，以用于跟踪并使得代理服务器(能够保存会话状态的服务器)释放它们为用户会话所提供的资源。对于不维护状态的会话，则不需要。

当一个需要 Diameter 授权的用户会话结束时，提供服务的接入设备必须向授权该服务的 Diameter 服务器提交一个 Session-Termination-Request (STR)消息，通知它这个会话不再活跃。当用户会话终止时，必须发送 STR 消息，不论会话终止的原因是用户登出、会话超时、管理行为、接收到 Abort-Session-Request(见 7.3.5)还是接入设备顺序关闭。

接入设备还必须为某个已经授权，但从未真正开始的会话提交 STR。这种情况可能发生，例如，由于接入设备资源意外缺乏，或者因为接入设备不愿提供授权中申请的服务类型，或者接入设备不支持授权返回中的某个强制 AVP 等。

也可能某个会话已经被授权，但由于 Proxy 的行为而从未真正启动。例如，Proxy 可能修改一个授权应答，在把消息转发给接入设备之前把结果由成功改为失败。如果应答不包含设置为 NO_STATE_MAINTAINED 的 Auth-Session-State AVP，由于接入设备无法得知该会话已经被授权，所以导致授权的会话没有启动的 Proxy 必须向授权这个会话的 Diameter 服务器发送一个 STR，已终止该会话。接收到 STR 消息的 Diameter 服务器必须清除 STR 中的 Session-Id 相关的资源，并且返回 Session-Termination-Answer。

Diameter 服务器必须在会话超时，或者当授权时间和 Auth-Grace-Period AVP 过期而没有收到重新认证/授权请求时清除资源，而不管是否收到这个会话的 STR 消息。接入设备不能在这些定时器超时后继续提供服务。因此，这些定时器中的某个超时意味着接入设备无法预测的关闭。

7.3.4.1 会话终止请求(Session-Termination-Request)

Session-Termination-Request (STR)由命令码 275 和设置消息标志“R”来表示。它由接入设备发送，以通知 Diameter 服务器认证/授权的会话需要终止。

消息格式：

<STR> ::= < Diameter Header: 275, REQ, PXY >
< Session-Id >
{ Origin-Host }
{ Origin-Realm }
{ Destination-Realm }
{ Auth-Application-Id }
{ Termination-Cause }
[User-Name]

[Destination-Host]
*[Class]
[Origin-State-Id]
*[Proxy-Info]
*[Route-Record]
*[AVP]

7.3.4.2 会话终止应答(Session-Termination-Answer)

Session-Termination-Answer (STA)由命令码 275 和清除消息标志“R”来表示。它由 Diameter 服务器发送,以响应会话终止的通知。Result-Code AVP 必须出现,可能包含处理 STR 过程中出现错误的提示。

当发送或接收到 STA,Diameter 服务器必须释放由 Session-Id AVP 指定的 Session 相关的资源。如果需要的话,任何 Proxy 链上的中间服务器也要释放资源。

消息格式:

<STA> ::=< Diameter Header: 275, PXY >
< Session-Id >
{ Result-Code }
{ Origin-Host }
{ Origin-Realm }
[User-Name]
*[Class]
[Error-Message]
[Error-Reporting-Host]
*[Failed-AVP]
[Origin-State-Id]
*[Redirect-Host]
[Redirect-Host-Usase]
[Redirect-Max-Cache-Time]
*[Proxy-Info]
*[AVP]

7.3.5 中断会话

Diameter 服务器可能通过发送 Abort-Session-Request(ASR)来请求接入设备停止为某个会话提供服务。

例如,由于当会话开始授权时无法预知信用额度等原因,为某个会话初始授权的 Diameter 服务器可能会被要求中断该会话。运营商可以维护一个管理服务器,用来发送 ASR,以把用户从网络中去除。

一个接入设备接收到与当前活动的会话具有相同的 Session-ID 的 ASR 消息时,可以停止这个会话。不论接入设备是否停止该会话都依赖于实施和/或配置,例如,接入设备可能只接受特定的代理发送的 ASR。在任何情况下,接入设备必须返回 Abort-Session-Answer,其中包括一个表示其采取行为的 Result-Code AVP。

如果接入设备确实因为接受了 ASR 消息而停止会话,它必须向授权的服务器(可能是,也可能不是发送 ASR 的代理)发送 STR 消息。

7.3.5.1 中断会话请求(Abort-Session-Request)

Abort-Session-Request (ASR)由命令码 274 和设置消息标志“R”来表示。它由任何服务器向提供接入服务的接入设备发送,来请求中断 Session-Id 表示的会话。

消息格式:

<ASR> ::=< Diameter Hcadcr: 274, REQ, PXY >
< Session-Id >
{ Origin-Host }
{ Origin-Realm }
{ Destination-Realm }
{ Destination-Host }
{ Auth-Application-Id }
[User-Name]
[Origin-State-Id]
* [Proxy-Info]
* [Route-Record]
* [AVP]

7.3.5.2 中断会话应答(Abort-Session-Answer)

Abort-Session-Answer (ASA)由命令码 274 和清除消息标志“R”来表示。是应答 ASR 的消息。Result-Code AVP 必须出现,表示请求的处理结果。

如果以 ASR 中 Session－Id 表示的会话成功终止,返回值设置为 DIAMETER_SUCCESS。如果会话当前不活跃,那么返回值为 DIAMETER_UNKNOWN_SESSION_ID。如果接入设备因为某种原因并没有停止会话,则返回值是 DIAMETER_UNABLE_TO_COMPLY。

消息格式:

<ASA> ::=< Diameter Header: 274, PXY >
< Session-Id >
{ Result-Code }
{ Origin-Host }
{ Origin-Realm }
[User-Name]
[Origin-State-Id]
[Error-Message]
[Error-Reporting-Host]
* [Failed-AVP]
* [Redirected-Host]
[Redirected-Host-Usage]
[Redirected-Max-Cache-Time]
* [Proxy-Info]
* [AVP]

7.3.6 从 Origin-State-Id 推断会话终止

Origin-State-Id 用来允许快速检测因为不曾预料的接入设备关闭而导致终止,却没有发送 STR 的会话。

通过在 CEA/CER 消息中加入 Origin-State-Id,接入设备允许下一跳的服务器立即确定是否该设备从上次连接后已经丢失了它的会话。

通过在请求消息中加入 Origin-State-Id,接入设备也允许通过 Proxy 连接的服务器做出类似决定。但是,没有直接连接该接入设备的服务器无法发现该接入设备已经重启,直到它从该设备接收到新的请求。因此,使用这种机制跨越 Proxy 并不完全可靠,但是有用。

当 Diameter 服务器接收到同一个发送者发来的、比上次 Origin-State-Id 更大的 Origin-State-Id,它可以假定发送者从上次消息后已经丢失了状态,并且在先前的低的 Origin-State-Id 下所有的会话已经终止。Diameter 服务器可以清除与这些丢失的会话相关的会话状态,并可以向授权这些丢失会话的上游服务器发送 STR,允许全局范围的会话状态清除。

7.3.7 Auth-Request-Type AVP

Auth-Request-Type AVP(AVP Code 274)类型为 Enumerated,包含在应用指定的认证/授权请求中,来通知对等端用户是否只需要认证,或只需要授权,还是两者都要。注意,除了两者都要以外,其他的值可能导致 RADIUS 兼容性问题。

AUTHENTICATE_ONLY 1

只认证时发送本请求,并且必须包含 Diameter 服务器为认证用户所需的相关应用指定认证 AVP。

AUTHORIZE_ONLY 2

只授权时发送本请求,并且必须包含为标识请求/提供的服务所需的相关的应用指定授权 AVP。

AUTHORIZE_AUTHENTICATE 3

本请求同时包含认证和授权请求。本请求必须包含相关的应用指定认证信息,以及为标识请求/提供的服务所需的授权信息。

7.3.8 Session-Id AVP

Session-Id AVP (AVP Code 263)类型是 UTF8String,用来标识一个特定的会话。所有的属于一个会话的信息必须包含唯一的一个 Session－Id,并且在会话生命期中保持一致。当出现时,Session-Id 应该紧接着出现在 Diameter 头部之后(见 5.2)。

Session-Id 必须保持全局和永远唯一,它不用参考其他信息就能唯一的标识一个用户会话,可以用来联系历史认证信息和计费信息。Session-Id 包含一个必须的部分和一个实施定义的部分。推荐的实施定义部分在下面介绍。

Session-Id 必须由以 DiameterIdentity 类型编码的发送者标识开始。剩下部分用“;”分隔,可以是客户机保证永远唯一的任何序列。但是,推荐下面的格式([]表示可选部分)

<DiameterIdentity>;<high 32 bits>;<low 32 bits>[;<optional value>]

<high 32 bits>和<low 32 bits>是一个单调增加的 64 位值的高 32 位和低 32 位十进制表示。这个 64 位值分成两部分是为了简化 32 位处理器的处理格式。开始时,高 32 位值可以初始化为时间,低 32 位值初始化为 0。假定重启动时间大于 1s,这种方法可以消除 S 重启动后 ession-Id 重叠的可能性。替代方法是,实施可以持续跟踪存储在非易失存储器中的递增值。

<optional value>是实施指定的,但可能包含如 modem 设备 Id,第二层地址,时间戳等。

举例,没有可选项的值:

accesspoint7. acme. com;1876543210;523

举例,有可选项的值:

accesspoint7. acme. com;1876543210;523;mobile@200. 1. 1. 88

Session-Id 由 Diameter 初始化这个会话的 Diameter 应用创建,在多数情况下是客户机创建。注意，Session-Id 在给定应用中可能同时用于认证和授权。

7.3.9 Authorization-Lifetime AVP

Authorization-Lifetime AVP（AVP Code 291）是 Unsigned32 类型，包含了用户需要重新认证/授权前，服务能够提供的最大时间。确定授权时间值的大小时必须特别注意，因为一个很小的值会导致大量的 Diameter 流量，可能导致网络和代理的拥塞。

把值设为 0 意味着接入设备需要立即的重新认证。典型的应用是使用多种认证方式的场合，并且一个该 AVP 设置为 0 的成功认证/授权应答表示下一个认证方法需要立即启动。没有这个 AVP 或者值设置为全 1，表示不需要重新认证/授权。

如果这个 AVP 和 Session-Timeout AVP 同时出现在一个消息中，后者的值不能小于前者。

Authorization-Lifetime AVP 可能在重新授权消息中出现，包含着从接入设备接收到重新授权应答消息起，用户被授权使用服务的时间。

这个 AVP 可以由客户机提供，以暗示它愿意接受的最大生命期。但是，服务器可以返回大于、等于、小于客户机提供的时间。

7.3.10 Auth-Grace-Period AVP

Auth-Grace-Period AVP（AVP Code 276）是 Unsigned32 类型，包含着在授权时间到期后，Diameter 服务器在清除会话资源之前将等待的时间。

7.3.11 Auth-Session-State AVP

Auth-Session-State AVP（AVP Code 277）类型为 Enumerated，表明对一个会话而言是否要保存状态。客户机可能在请求消息中包含这个 AVP，作为对服务器的暗示。但是在服务器的应答消息中的值才有约束力。支持下面的值：

STATE_MAINTAINED 0

这个值表示会话状态需要保持，接入设备必须在用户终止时发送会话终止消息。是缺省值。

NO_STATE_MAINTAINED 1

这个值用来表示当授权时间超过时，接入设备不用发送会话终止消息。

7.3.12 Re-Auth-Request-Type AVP

Re-Auth-Request-Type AVP（AVP Code 285）的类型是 Enumerated，包含在应用指定的应答消息中，用来通知客户机在授权时间到期时应该采取什么行动。如果应答消息中包括了值为正数的授权时间 AVP，Re-Auth-Request-Type AVP 必须在应答消息中出现。定义了下面的值：

AUTHORIZE_ONLY 0

在授权时间到期后，只需要授权。如果应答消息中包括授权时间但没有这个 AVP 的话，这是缺省值。

AUTHORIZE_AUTHENTICATE 1

授权时间到期后，需要认证和授权。

7.3.13 Session-Timeout AVP

Session-Timeout AVP（AVP Code 27）[RFC 2865，RADIUS]类型是 Unsigned32，包括了在会话终止之前，提供服务给用户的时间（秒）。当 Session-Timeout 和 Authorization-Lifetime 在应答消息中同时存在时，前者必须大于等于后者。

因为 Session-Timeout 到期而在接入设备上终止的会话必须发送 STR，除非接入设备和归属服务器事先协商不发送会话终止消息(见 7.3.9)。

Session-Timeout AVP 可能在重新授权应答消息中出现，包含从重新认证起的剩余时间(秒)。

该 AVP 的值为 0，或者没有这个 AVP，表示在终止前，会话具有无限时间。

这个 AVP 可能有客户机提供来表示它愿意接受的最大超时。但是，服务器可以返回大于、等于、小于客户机提供的时间。

7.3.14 User-Name AVP

User-Name AVP (AVP Code 1) [RFC 2865,RADIUS]类型是 UTF8String，包含了用户名称，与 IETF RFC 2486 规定的格式一致。

7.3.15 Termination-Cause AVP

Termination-Cause AVP (AVP Code 295) 类型为 Enumerated，用来指示在接入设备上会话终止的原因。定义了如下的值：

DIAMETER_LOGOUT 1

用户发起的中断。

DIAMETER_SERVICE_NOT_PROVIDED 2

当用户在接收到授权应答消息之前断开时使用本值。

DIAMETER_BAD_ANSWER 3

表示接入设备收到的授权应答处理不成功。

DIAMETER_ADMINISTRATIVE 4

因为管理原因，如接收到 Abort-Session-Request 消息等，用户没有获得接入授权或断开。

DIAMETER_LINK_BROKEN 5

与用户的通信突然断开。

DIAMETER_AUTH_EXPIRED 6

因为授权的会话时间到期，用户的接入终止。

DIAMETER_USER_MOVED 7

用户从另外的接入设备接受服务。

DIAMETER_SESSION_TIMEOUT 8

用户的会话超时，服务已经终止。

7.3.16 Origin-State-Id AVP

Origin-State-Id AVP (AVP Code 278)类型是 Unsigned32，是一个单调递增的值，每次 Diameter 实体丢失以前的状态重新开始时都要增加，例如重启动。Origin-State-Id 可以包含在任何 Diameter 消息中，包括 CER。

一个发出这个 AVP 的 Diameter 实体每次状态重置时必须生成一个更高的值。一个 Diameter 实体可以把 Origin-State-Id 设为启动时间，也可以使用在非易失内存中保存的递增计数器来跨越重启动。

如果 Origin-State-Id 出现，则必须反映 Origin-Host 所代表的实体的状态。如果一个 Proxy 修改 Origin-Host，它必须同时去除 Origin-State-Id，或者将其改为适当的值。

典型的情况是，Origin-State-Id 由开始没有活动会话的接入设备使用。也就是说，任何重启动之前的活动会话都已经丢失。通过把 Origin-State-Id 包含在消息中，允许任何 Diameter 实体推测出与较低序号的 Origin-State-Id 相关的会话已经不再活动。如果接入设备不愿让其他实体得到这样的推测，它必须在消息中不包括 Origin-State-Id，或者把值设置为 0。

7.3.17 Session-Binding AVP

Session-Binding AVP (AVP Code 270)类型是 Unsigned32,可以在应用指定的授权应答消息中出现。如果出现,这个 AVP 通知 Diameter 客户机以后该会话的应用相关的重认证消息必须发送给同一个授权服务器。这个 AVP 也可以指定该会话的会话终止请求消息必须发送给同一个服务器。

该字段是位掩码(bit mask),定义了如下的位:

RE_AUTH 1

当该位设置时,以后的该会话的重新认证/授权消息不能包含 Destination-Host AVP。当本位清除,即缺省值,Destination-Host AVP 必须在该会话所有的重新认证/授权消息中出现。

STR 2

当该位设置时,以后的该会话的 STR 消息不能包含 Destination-Host AVP。当本位清除,即缺省值,Destination-Host AVP 必须在该会话的所有 STR 消息中出现。

ACCOUNTING 4

当该位设置时,以后的该会话的计费消息不能包含 Destination-Host AVP。当本位清除,即缺省值,Destination-Host AVP 必须在该会话的所有计费消息中出现。

7.3.18 Session-Server-Failover AVP

Session-Server-Failover AVP (AVP Code 271) 类型为 Enumerated,可以出现在不包括 Session-Binding AVP 或者包括任何位都设置为 0 的 Session-Binding AVP 的应用指定授权应答消息中。如果该 AVP 出现,它可以通知 Diameter 客户机如果因为传送原因,导致重认证或者 STR 消息失败,这个 Diameter 客户机应该发送没有 Destination-Host 的后续消息。当缺少这个 AVP 时,缺省的值是 REFUSE_SERVICE。

支持以下的值:

REFUSE_SERVICE 0

如果重新认证/授权消息或者 STR 消息传送失败,终止用户的服务,并且不做后续尝试。

TRY_AGAIN 1

如果重新认证/授权消息或者 STR 消息传送失败,重新发送不包含 Destination-Host AVP 的失败的消息。

ALLOW_SERVICE 2

如果重新认证/授权消息传送失败,假设重新授权成功。如果 STR 消息发送失败,终止会话。

TRY_AGAIN_ALLOW_SERVICE 3

如果重新认证/授权消息或者 STR 消息传送失败,重新发送不包含 Destination-Host AVP 的失败的消息。如果第二次传送重新认证/授权消息传送失败,假设重新授权成功。如果第二次 STR 消息发送失败,终止会话。

7.3.19 Multi-Round-Time-Out AVP

Multi-Round-Time-Out AVP (AVP Code 272)类型为 Unsigned32,应该在 Result-Code AVP 设置为 DIAMETER_MULTI_ROUND_AUTH 的应用指定授权应答消息中出现。这个 AVP 包含接入设备必须提供给用户认证请求响应的最大秒数。

7.3.20 Class AVP

Class AVP (AVP Code 25) 类型为 OctetString,被 Diameter 服务器用来给接入设备返回状态信息。当一个或更多的 Class AVP 在应用指定的授权应答消息中出现时,它们必须在后续的重新授权、会话终止和计费消息中出现。在重新授权应答消息中出现的 Class AVP 覆盖了在以前的授权应答消息中出现的同类 AVP。Diameter 服务器的实施不应该返回需要在 Diameter 客户机占用超过 4 096 字节存储的 Class AVP。一个接收到超过本地可用存储的 Class AVP 的 Diameter 客户机必须终止该会话。

7.3.21 Event-Timestamp AVP

Event-Timestamp (AVP Code 55) 类型为 Time,可以在计费请求和计费应答消息中出现,以 January 1, 1970 00:00 UTC 起的秒数的形式来记录汇报事件发生的时间。

8 Diameter 计费

本计费协议基于具有实时传送计费信息能力的服务器指向模型。在协议中采用了一些弹性容错方法,用来在各种错误情况下和假设设备具有不同的能力下减少计费数据的丢失。

8.1 服务器指向模型

服务器指向模型表示生成计费数据的设备要根据计费数据转发的方向,从授权服务器或计费服务器处获得信息。这个信息包括对计费记录时间性的要求。

计费数据的实时传递是必需的,比如施行信用限度检查和欺骗检测。注意,批处理计费消息则不是必需的,因此 Diameter 并不支持。如果将来需要批处理计费,就要创建一个新的 Diameter 应用,或者由其他协议来处理。但是,即使在 Diameter 层的计费请求是一个个按顺序处理的,Diameter 下层的传输协议在网络负担沉重时,通常在一个数据包中批处理多个请求。这对于许多应用来讲足够了。

授权服务器(链)基于对用户的了解和漫游关系的合作来指导选择合适的传输策略。服务器(或代理)使用 Acct-Interim-Interval 和 Accounting-Realtime-Required AVPs 来控制作为客户机的 Diameter 对等端的操作。当 Acct-Interim-Interval AVP 出现时,指示作为客户机的 Diameter 节点产生持续的计费信息,即使是同一个会话中。Accounting-Realtime-Required AVP 用来在从 Diameter 客户机传送的计费记录传输延时或者失败时,控制客户机的行为。

Diameter 计费服务器可以通过在计费应答消息中包含 Acct-interim-Interval 或者 Accounting-Realtime-Required AVP 覆盖过渡时期的间隔或实时需求。当其中的一个 AVP 出现时,在同一个会话以后的计费活动中将使用最近收到的值。

8.2 协议消息

Diameter 节点如果接收到从归属 AAA 服务器发送的成功的认证和/或授权消息,就必须收集该会话的计费消息。计费请求消息用来向归属 AAA 服务器发送计费消息,归属 AAA 服务器必须回复计费应答消息来确认接受。计费应答消息包含 Result-Code AVP 来表示计费消息中出现的错误。一个被拒绝的计费请求消息可能导致用户的会话中断,这取决于先前接收到的、用于本会话的 Accounting-Realtime-Required AVP 的值。

为了减少网络带宽的使用,可以压缩 Diameter 计费协议的消息。如果使用了 IPsec 和 IKE 来保证 Diameter 会话,可以使用 IP 压缩,并且 IKE 可以用来协商压缩参数。如果 TLS 用来保护 Diameter 会话,也可以使用 TLS 压缩机制。

8.3 对扩展应用标准文档的要求

每个 Diameter 应用(例如,NASREQ, MobileIP),在 8.8 中定义的计费请求消息中必须出现的服务指定的 AVP。这个应用必须假设本标准中定义的 AVP 将在所有的计费消息中出现,所以只需要在这一节中定义它们各自的服务指定的 AVP。

8.4 差错恢复

Diameter 基础协议机制可以用来克服一些小的消息丢失和网络临时失败。

作为客户机的 Diameter 对等端必须实现使用 Failover 来保护服务器失败和某些网络失败。作为代理或者相关的离线处理系统的 Diameter 对等端必须检测重复的计费消息,这可能由向多个服务器发送同一个记录或者在传输中的消息复制造成。这个检测必须基于检查 Session-Id 和 Accounting-Record-Number AVP 对。附录 F 讨论了重复检测的需求和实现问题。

Diameter 客户机可以有非易失内存,用来在系统重启、网络失败、网络划分、服务器失败等情况下保存计费记录。如果这样的内存可用,客户机应该在产生新的计费记录和接收到 Diameter 服务器明确的响应消息之间把新的计费记录存贮在该内存中。在重启时,客户机必须开始向计费服务器发送在非易失内存中的记录,对终止原因,会话长度,和记录中的其他相关信息进行合适的修改。

关于这个协议的更深入的应用可以包括利用 AVP 来控制在 Diameter 客户端最多存储的计费记录个数,而不用把它们提交给非易失内存或者传给 Diameter 服务器。

客户机不应该在接收到正确的计费应答之前从任何内存区域删除计费数据。客户机可以在资源耗尽的情况下删除旧的、没发送的或者没有被响应的计费数据。客户机在这种情况下如何接收新的会话是一个与实施相关的问题。

8.5 计费记录

在所有的计费记录中,Session-Id AVP 必须出现;如果对 Diameter 客户机可行,User-Name AVP 也必须出现。如果需要经过代理的强(strong)认证过程,则认证需要使用端到端的安全机制。

应当根据实际的计费服务类型以及用于过渡计费的授权服务器的指示,来发送不同类型的计费记录。如果计费服务是一次性事件,这意味着事件的开始和停止是同时进行的,所以 Accounting-Record-Type AVP 必须出现,并且值为 EVENT_RECORD。如果计费服务有可测量的长度,该 AVP 必须使用 START_RECORD, STOP_RECORD 值,可能的话,使用 INTERIM_RECORD。如果授权服务器没有指示对这个会话使用过渡计费,则必须产生两个计费记录以用于每个类型会话的服务。当发送了给定会话的初始计费请求,计费记录类型 AVP 必须设置为 START_RECORD。当最后的计费请求发送后,该值为 STOP_RECORD。

如果授权服务器允许过渡计费,Diameter 客户机必须在 START_RECORD 和 STOP_RECORD 之间产生附加的记录,标记为 INTERIM_RECORD。这些记录的生成受 Acct-interim-Interval 和会话中其他重新认证/授权的指示。如果在同一个会话中生成了新的记录,Diameter 客户机必须覆盖本地存储准备发送的以前的过渡计费记录。这样保证在接入设备上给定的会话只有一个等待的过渡记录。

Accounting-Sub-Session-Id 的一个特定值除了重传以外,必须只能在从 Diameter 客户端来的计费记录序列中出现。发送的一个序列必须是设置成 EVENT_RECORD 的 Accounting-Record-Type AVP,或者是以 START_RECORD 开始,随后的若干个 INTERIM_RECORD 和一个 STOP_RECORD。一个特定的 Diameter 应用规范必须定义其必须使用的序列类型。

8.6 计费记录的相互关系

Diameter 协议的全局唯一 Session-Id AVP 用来在授权阶段标识一个特定的会话。无需授权的服务也要使用 Session-Id AVP 来标识会话。计费消息可以使用与授权消息中不同的会话标识。特定的应用可以为计费消息请求不同的 Session-ID。

然而,存在需要多个计费子会话的特定应用。这样的应用将发送固定 Session-Id 的消息,但是有不同的 Accounting-Sub-Session-Id。在这些情况下,用 Session-Id 来建立联系。需要特别注意的是当在

START_RECORD 消息中最初使用子会话时，接收到没有 Accounting-Sub-Session-Id AVP 的 STOP_RECORD 意味着所有的子会话要被终止。

而且，存在一个用户从不同的接入设备接收服务的应用(例如，Mobile IPv4)，每个都有一个独立的唯一 Session-Id。在这些情况下，Acct-Multi-Session-Id AVP 用来做关联。在授权过程中，判断为现有会话的请求的服务器应该包括 Acct-Multi-Session-Id AVP，每个接入设备必须在所有的后续计费消息中包括这个 AVP。

Acct-Multi-Session-Id 可以包括初始的 Session-Id。其内容是实施特定的，但必须在其他 Acct-Multi-Session-Id 间保持全局唯一，并且不可以在会话的生存期间改变。

Diameter 扩展应用标准文档中必须定义正在计费的会话的精确概念，同时可以定义多个会话的概念。举例来讲，NASREQ DIAMETER 应用把一个与网络接入服务器间的 PPP 连接视为一个会话，把多个多链路 PPP 会话视为一个多会话。

8.7 计费命令码

本节定义了所有支持计费服务的 Diamter 实施必须支持的命令码。

8.7.1 Accounting-Request

Accounting-Request (ACR)命令，由命令码为 271 并且设置命令标志“R”表示，由作为客户端的 Diameter 节点发送，为了和对等端交换计费信息。

Acct-Application-Id 和 Vendor-Specific-Application-Id AVP 必须有一个出现。如果 Vendor-Specific-Application-Id 组(grouped)AVP 出现，其中必须包含 Acct-Application-Id。

下面列出的 AVP 应该包括服务指定的计费 AVP，见 8.3 节。

消息格式：

<ACR> ::= < Diameter Header: 271, REQ, PXY >
< Session-Id >
{ Origin-Host }
{ Origin-Realm }
{ Destination-Realm }
{ Accounting-Record-Type }
{ Accounting-Record-Number }
[Acct-Application-Id]
[Vendor-Specific-Application-Id]
[User-Name]
[Accounting-Sub-Session-Id]
[Accounting-Session-Id]
[Acct-Multi-Session-Id]
[Acct-interim-Interval]
[Accounting-Realtime-Required]
[Origin-State-Id]
[Event-Timestamp]
*[Proxy-Info]
*[Route-Record]
*[AVP]

8.7.2 Accounting-Answer

Accounting-Answer (ACA)命令,由命令码为 271 并且清除命令标志"R"表示,用来应答计费请求命令。计费应答命令包含同样的 Session-Id。如果用端到端的安全机制保护计费请求,对应的 ACA 消息必须也用端到端的安全机制来保护。

只有作为归属 Diameter 服务器的目标 Diameter 服务器才应以 Accounting-Answer 命令应答。Acct-Application-Id 和 Vendor-Specific-Application-Id AVPs 之一必须出现。如果 Vendor-Specific-Application-Id grouped AVP 出现,其中必须包含 Acct-Application-Id。

以下列出的 AVP 应该包括服务指定的计费 AVPs,见 8.3:

消息格式:

```
<ACA> ::= < Diameter Header: 271, PXY >
          < Session-Id >
          { Result-Code }
          { Origin-Host }
          { Origin-Realm }
          { Accounting-Record-Type }
          { Accounting-Record-Number }
          [ Acct-Application-Id ]
          [ Vendor-Specific-Application-Id ]
          [ User-Name ]
          [ Accounting-Sub-Session-Id ]
          [ Accounting-Session-Id ]
          [ Acct-Multi-Session-Id ]
          [ Error-Reporting-Host ]
          [ Acct-interim-Interval ]
          [ Accounting-Realtime-Required ]
          [ Origin-State-Id ]
          [ Event-Timestamp ]
        * [ Proxy-Info ]
        * [ AVP ]
```

8.8 计费 AVPs

本节包括描述与某个特定会话相关的计费使用信息的 AVP。

8.8.1 Accounting-Record-Type AVP

Accounting-Record-Type AVP (AVP Code 480)类型为 Enumerated,包括发送的计费记录类型。以下的值在 Accounting-Record-Type AVP 中定义:

EVENT_RECORD　　1

用来指示一次性事件发生的计费事件记录(表示事件的开始和结束同时发生)。这个记录包括了所有的服务相关的信息,并且是服务的唯一记录。

START_RECORD　　2

计费开始、过渡、停止记录用来表示已经提供可测长度的服务。一个计费开始记录用来表示一个计费会话,并包括关于会话起始的计费信息。

INTERIM_RECORD 3

过渡计费记录包括了一个存在的计费会话的累计计费信息。过渡计费记录应该在每次重新认证和重新授权发生时发送。而且，特定的 Diameter 应用可以定义附加的过渡记录。

STOP_RECORD 4

停止计费记录在终止计费会话时发送，并且包括关于一个存在的会话累计的计费信息。

8.8.2 Acct-interim-Interval AVP

Acct-interim-Interval AVP (AVP Code 85)类型为 Unsigned32，由 Diameter 归属授权服务器向 Diameter 客户机发送。客户机使用本 AVP 中的信息来判断生成计费记录的时间和方式。随着这个 AVP 的值不同，服务会话，根据归属机构的需求，可以导致一个，两个，或者 2+N 个计费记录。以下的计费记录生成行为由本 AVP 指示：

1. 省略 Acct-interim-Interval AVP 或者把值设置为 0 表示事件记录(EVENT_RECORD)，开始记录(START_RECORD)，和停止记录(STOP_RECORD)的生成。
2. 包括这个 AVP 并把值设置为非 0 表示必须在开始记录和停止记录之间包括过渡记录。这个 AVP 的值是在记录间的名义上的间隔时间(秒)。产生这些计费信息的 Diameter 节点，即客户机，必须在从开始时起，过了名义上的间隔时间后，产生第一个过渡记录，下一个记录在间隔到期时产生。诸如此类，一直到会话结束，产生停止记录。

客户机必须保证过渡记录生成次数随机化，因此避免在记录之间或者公共的服务开始时生成大量的计费消息风暴。

8.8.3 Accounting-Record-Number AVP

Accounting-Record-Number AVP (AVP Code 485)类型为 Unsigned32，表示这个记录在一个会话中。因为 Session-Id 时全局唯一，Session-Id 与 Accounting-Record-Number 的组合也是全局唯一，并且可以在匹配计费记录时使用。一个产生唯一号码的简单方法是把类型为 EVENT_RECORD 和 START_RECORD 值设为 0，并把第一个 INTERIM_RECORD 的值设置为 1，第二个设置为 2，依此类推，直到 STOP_RECORD，STOP_RECORD 比最后一个 INTERIM_RECORD 多 1。

8.8.4 Accounting-Session-Id AVP

Accounting-Session-Id AVP (AVP Code 44)类型为 OctetString，只在 RADIUS/Diameter 转换时使用，该 AVP 包含了 RADIUS Accounting-Session-Id 属性的内容。

8.8.5 Acct-Multi-Session-Id AVP

Acct-Multi-Session-Id AVP (AVP Code 50)类型为 UTF8String，遵循 7.3.8 的格式。Acct-Multi-Session-Id 用来连接多个相关的计费会话。每个会话都有唯一的 Session-Id，但 Acct-Multi-Session-Id 相同。这个 AVP 可能在 Diameter 服务器的授权应答中出现，必须在给定会话的所有计费消息中出现。

8.8.6 Accounting-Sub-Session-Id AVP

Accounting-Sub-Session-Id AVP (AVP Code 287)类型为 Unsigned64，包含计费子会话的标识。Session-Id 和这个 AVP 的组合必须为每个子会话唯一，并且该 AVP 的值必须为每个新的子会话增加 1。除了 Accounting-Record-Type 设置为 STOP_RECORD 的 Accounting-Request 外，本 AVP 的缺乏暗示没有使用中的子会话。没有 Accounting-Sub-Session-Id 出现的停止记录消息将终止一个给定的 Session-Id 的所有的子会话。

8.8.7 **Accounting-Realtime-Required AVP**

Accounting-Realtime-Required AVP (AVP Code 483)类型为 Enumerated,是从 Diameter 归属授权服务器发送给 Diameter 客户机,或者是在计费服务器的计费应答消息中。客户机使用本 AVP 中的信息来判断,在向计费服务器发送计费记录时出现如网络问题的临时失败时,应该如何处理。

DELIVER_AND_GRANT 1

设置为 DELIVER_AND_GRANT,表示必须只能在与计费服务器有连接的情况下,才能授权服务。注意,在这种情况下,可选择的计费服务器集合被视为一个服务器。向备份服务器移动计费记录不能是终止用户服务的原因。

GRANT_AND_STORE 2

设置为 GRANT_AND_STORE,表示如果这里存在连接,或者如果能够存储记录(见 8.4)就应该授权服务。这是授权服务器应答的缺省值。

GRANT_AND_LOSE 3

设置为 GRANT_AND_LOSE,表示即使不存在连接,或者无法存储记录也应该授权服务。

9 Diameter 的安全机制

Diameter 基础协议假设消息使用 IPsec 或者 TLS 进行安全保护。该安全机制在没有可靠的第三方 Proxy 的环境中是可接受的。在其他情况下,需要端到端安全。

Diameter 客户,例如网络接入服务器和移动性 Proxy 必须支持 IPsec,并且可以支持 TLS。Diameter 服务器必须同时支持 TLS 和 IPsec。Diameter 实施必须在每条链接上使用某种类型(IPsec 或 TLS)的传输层安全。

如果一个 Diameter 连接无法得到 IPsec 的保护,则 CER/CEA 交换必须包括一个带 TLS 值的 Inband-Security-ID AVP。对于 TLS 使用,在 CER/CEA 交换结束后,且两端都在开放状态时,开始 TLS 握手。如果 TLS 握手成功,所有进一步的消息都将通过 TLS 发送。如果握手失败,两端都变为关闭状态。

建议 IPsec 主要在边缘用于域间交换。对于没有证书支持的 NAS 设备,预共享密钥可以在 NAS 和本地 AAA Proxy 之间使用。

TLS 推荐用于保护域内交换。

9.1 IPsec 的使用

在使用非空密码和认证算法以提供每分组认证、完整性保护和机密性的传输方式中,所有 Diameter 实施必须支持 IPsec ESP,并且必须支持 IPsec 的重演(replay)保护机制。

Diameter 实施必须利用 IPsec DOI(见 IETF RFC 2407),支持 IKE 以用于对等端认证、安全联盟的协商、以及密钥管理。Diameter 实施必须支持使用预共享密钥的对等端认证,可以支持使用数字签名的、基于证书的对等端认证。在本标准中不应使用 IETF RFC 2409 的 5.2 和 5.3 中描述的使用公共密钥加密方式的对等端认证。

兼容实施必须同时支持 IKE Main Mode 和 Aggressive Mode。当认证使用预共享密钥时,应使用 IKE Aggressive Mode,而不应使用 IKE Main Mode。当认证使用数字签名时,既可以使用 IKE Main Mode 也可以使用 IKE Aggressive Mode。

当数字签名用于完成认证时,IKE 协商应使用 IKE 证书请求有效载荷来规定根据本地策略可信任的证书权威(CA)。IKE 协商者应在接受 IKE 认证规程中使用的 PKI 证书之前,使用有关的证书撤回检查。

用于协商保护 Diameter 连接的快速方式交换的阶段 2 必须明确承载 Identity Payload 字段(Idci 和 IDcr)。DOI 提供多种类型的认证数据。当在兼容实施中使用时，每个 ID 载荷必须承载一个单个的 IP 地址和一个单个的非 0 端口号，并且不可以使用 IP 子网或 IP 地址范围格式。这允许阶段 2 安全联盟符合 TCP 和 SCTP 连接的规定。

由于 IPsec 加速硬件可以仅能够控制有限数量激活 IKE 阶段 2 SA，阶段 2 删除消息可能发送给空闲 SA，以保持激活 SA 的数量最小。IKE 阶段 2 删除消息不应当解释为释放 Diameter 连接的一个原因。更可取的方法是使该连接保持，如果在上面发送附加流量，应由另外的 IKE 阶段 2 SA 来保护它。这样可以避免潜在不断的连接建立和释放。

9.2 TLS 的使用

发起一个到其他 Diameter 节点连接的 Diameter 节点，承担 TLS 客户的角色，接受连接的 Diameter 节点承担 TLS 服务器的角色。作为 TLS 会话建立的一部分，使用 TLS 来保证安全的 Diameter 节点必须互相认证。为了保证互相认证，承担 TLS 服务器角色的 Diameter 节点必须向承担 TLS 客户角色的 Diameter 节点请求证书，承担 TLS 客户角色的 Diameter 节点必须准备提供相应的证书。

Diameter 节点必须能够协商以下 TLS 密码组：

——TLS_RSA_WITH_RC4_128_MD5

——TLS_RSA_WITH_RC4_128_SHA

——TLS_RSA_WITH_3DES_EDE_CBC_SHA

Diameter 节点应当能够协商以下 TLS 密码组：

——TLS_RSA_WITH_AES_128_CBC_SHA

Diameter 节点可以协商其他 TLS 密码组。

9.3 对等端到对等端的考虑

在使用任何对等端到对等端协议的时候，Diameter 对等端内信任模型的正确配置对于安全是非常重要的。当使用证书的时候，需要配置该 Diameter 对等端信任的根证书授权机构(CA)。这些根 CA 很可能是唯一用于 Diameter 的，是与用于其他用途的(例如 Web 浏览)可信任根 CA 区别开的。通常希望，配置那些根 CA 以能够反映拥有 Diameter 对等端的组织与其他组织之间的交易关系。因此，Diameter 对等端将不配置为允许与任何任意的对等端连接。当证书认证时，可能预先不知道 Diameter 对等端，因此需要对等端发现机制。

注意通常认为在配置根 CA 时，IPsec 相对于 TLS 来说缺乏灵活性。因为 IKE 阶段 1 中，端口标识的使用是被禁止的，在 IPsec 中，不可能单独为每一个应用唯一配置可信任的根 CA；必须为所有的应用配置相同的策略。这意味着，举例，一个用于 Diameter 的可信任根 CA 必须也可以用来保护 SNMP。这些限制很难实现。由于 TLS 支持证书策略中的应用层粒度，TLS 应用来保护管理域之间的 Diameter 连接。当加密机制采用预共享密钥时，IPsec 是最适合于域间使用的。

当 IPsec 使用预共享密钥认证来保护 Diameter，Diameter 对等端配置唯一的预共享密钥，该 Diameter 对等端用其 IP 地址(Main Mode 方式下)标识，也可能是其 FQDN(Aggressive Mode 方式下)。因此需要预先知道 Diameter 对等端集合。这样，基本上就不需要对等端发现机制了。

注：以下提供该问题的一些指导。

推荐 Diameter 对等端对跨越所有其对等端到对等端的连接执行相同的安全机制(IPsec 或 TLS)。不一致的安全机制的使用将造成冗余安全机制的使用(例如 TLS 在 IPsec 之上)或者更糟，潜在的安全弱点。当 Diameter 使用 IPsec 时，用于带外流量的传统安全策略为“初始化 IPsec，从我到任何 Diameter 目的端口”，对于带内流量，策略为“请求 IPsec，从我到任何 Diameter 目的端口”。

该策略导致无论何时 Diameter 对等端初始一个连接到另一个 Diameter 对等端，就需要使用 IPsec，无论何时出现一个带内 Diameter 连接，都会被请求使用 IPsec。该策略是非常吸引人的，因为它不要求为每个对等端设置策略，或者在一个每一次新的 Diameter 连接建立时动态修改；基于一个简单静态策略自动创建一个 IPsec SA。因为在大多数平台上 IPsec 扩展通常对于 socket API 是无效的，并且 IPsec 策略国内是单独实施的，简单静态策略的使用对于能够使用 IPsec 的 Diameter 实施是最经常且路由最简单的。

该推荐的策略暗示，如果一个节点同时使用 TLS 和 IPsec，没有方便的方法能够在不为 TLS 使用预留一个附加端口的同时，或者使用 TLS 或者使用 IPsec，而不是同时。因为 Diameter 为 TLS 和非 TLS 应用使用相同的端口，当应用了推荐的 IPsec 策略，受保护的 TLS 连接将与该 IPsec 策略匹配，并且同时使用 TLS 和 IPsec 保护该 Diameter 连接。为了避免这样，需要静态或动态地检讨(plumb)对等端定义的策略

如果 IPsec 保证 Diameter 对等端到对等端连接的安全，IPsec 策略应设置为要求 IPsec 保护带内连接，并且发起 IPsec 保护以用于带外连接。这可以通过带内和带外过滤策略的使用来实现。

附 录 A
（规范性附录）
Diameter 应用扩展

A.1 NAS 应用扩展要求

Diameter 协议在以网络接入服务器(NAS)作为主要接入手段的网络环境中提供认证、授权和计费(AAA)服务时，除了需要遵循基本协议的要求外，还必须有相应的应用扩展要求。网络接入服务器应用扩展规范和 Diameter 基本协议要求、传输轮廓要求(见 IETF RFC 3539)、以及可扩展认证协议(EAP)(RFC 2284bis)规范结合在一起，才能够满足传统网络接入业务的 AAA 要求。

由于传统网络接入业务目前绝大多数使用 RADIUS 协议来提供 AAA 服务，Diameter 协议在最初使用时，必须考虑与现有网络中的 RADIUS 协议并存的问题。为了尽量减轻 RADIUS 和 Diameter 协议转换的负担，NAS 应用扩展要求中充分考虑了该问题的解决，例如，NAS 应用扩展中包括 RADIUS 属性空间，以避免完成很多属性翻译。

NAS 应用扩展要求包括 Diameter NAS 应用操作的描述、定义相应的 Diameter 消息命令码、列举在这些消息中使用的 AVP(包括会话鉴定、认证、授权、隧道和计费 AVP)，以及与 RADIUS 互操作和前向兼容要求。

A.2 移动 IP 应用扩展要求

Diameter 移动 IP 应用允许 diameter 服务器对移动节点的移动 IP 业务进行认证、授权、采集计费信息。结合 diameter 基础协议的域间能力(Inter-Realm capability)，这个应用允许移动节点接收外部服务器提供的业务。外部代理和归属代理使用 Diameter 计费消息将有用信息传送给 diameter 服务器。

移动 IP 定义了移动节点在改变因特网接入点时仅有最小的业务受到干扰的一种方法。移动 IP 对穿越分离的行政主域不提供任何特殊的的支持。在分离的行政主域之间切换，限制了移动 IP 在 IPv4 商业用途中的应用。移动 IP 规范建议移动节点使用静态归属地址和归属代理。然而，在某些应用中却不是很现实。最近，IETF 允许移动 IP 中的移动节点不完全使用静态归属代理和归属地址。另外，MIPNAI 规范允许移动节点使用网络接入标识符替代归属地址，NAI 更适合目前的管理实际。

移动 IP 协议规定了一种安全模式，即移动节点和归属代理之间共享一个预先存在的安全联盟。这个安全联盟引出了扩展和配置问题。本标准定义了 diameter 的功能，即允许 AAA 服务器作为密钥分配中心(Key Distribution Center KDC)。为保护移动 IP 注册消息的安全性，KDC 可以建立动态会话密钥，并且将密钥分发给移动实体。要求强健的认证和会话密钥的机密性，并由 TLS 或 IPsec 方式认证。

根据 Diameter 基础协议，实现移动 IP 应用的 AAA 服务器能够处理在网络接入标识符格式中提供的用户标识符，网络接入标识符用于 Diameter 消息路由选择。移动节点包括在注册消息中的 NAI。NAI 的使用方法与 ROAMOPS 工作组定义的域模型是相一致的。

基于移动 IP 特点，重认证消息由移动节点侧发起，并不参与 diameter 消息交互。因此，daiemeter 服务器发起的重认证不适用于本应用。

移动节点可以在不同的外部代理之间进行切换。为保证注册用户始终终结在相同的初始 AAA 归属域，移动节点应该一直包含 AAA 网络接入标识符。最后，为协助 AAA 将消息路由到移动节点的归属代理，移动节点应该总包含 HA 网络接入标识符。如果移动节点不支持移动 IP AAA NAI 扩展，可以限制提供给这样的移动节点的功能。

A.3 SIP 应用扩展要求

Diameter 会话初始化协议应用是与会话初始化协议(SIP)结合在一起使用的，在 SIP 服务器中提供 Diameter 客户端功能，SIP 服务器必须能够请求 Diameter 服务器认证用户，授权 SIP 资源使用。Diameter SIP 应用不要求与移动 IP Diameter 提供的其他认证服务或网络接入服务器 Diameter 应用(Network Access Server Diameter applications)相关。

Diameter SIP 应用扩展允许 Diameter 客户端向 Diameter 服务器为基于 IP 多媒体业务的初始会话协议(SIP)请求认证、授权信息。假定 SIP 服务器和 Diameter 客户端位于相同节点，SIP 服务器能够接收、处理 SIP 请求消息和回答消息，分别基于为认证 SIP 请求消息和授权特定 SIP 业务的 AAA 体系结构。

当 SIP 协议用于初始和终截多媒体会话时，或者 SIP 协议用于非会话相关的应用时，Diameter SIP 应用扩展提供 Diameter 规程，用于实现特定功能。这个应用扩展既不要求 mandate 将 SIP 规程特定映射到 Diameter SIP 应用规程，也不要求 SIP 协议与 Diameter 协议之间事件的特定顺序。本标准提供了一些使用示例，描述 SIP 与 Diameter SIP 应用之间的互操作，完成预想功能。

Diameter SIP 应用扩展了 Result-Code Attribute-Value-Pair (AVP)新数值。这个应用定义了一些新的 AVP。

Diameter SIP 应用扩展假定了一个通用体系结构，即归属域由一个或多个实现 Diameter 或 SIP 功能的节点构成。其中，至少有一个这样的节点实现 Diameter 服务器功能。Diameter 服务器有权使用用户数据库。特定用户的用户数据储在用户数据库中一个单独的节点中。网络中可以有多余一个的 Diameter 服务器，所有的 Diameter 服务器均有权使用用户数据库。但在特定时间内，Diameter 服务器返回的数据是不依赖于 Diameter 服务器返回的信息的。

这个体系结构的中心就是在网络中的一个单独的节点中存储用户数据。这个限制并不要求特殊实现，可能在运行 mirror 模式下，提供冗余时实现数据库丛 clusters。Diameter 服务器有权使用的用户数据是作为一个单独的用户数据库存储的。

本标准允许归属域有多种配置。在其中一种配置情况下，SIP 服务器被分配给用户，用于触发和执行业务。用户在网络中进行注册时动态分配 SIP 服务器。在这种配置情况下，要求有一个位于网络边缘的 SIP 服务器，支持对 SIP 请求和回答消息的路由算法。SIP 服务器节点实现 Diameter 客户端功能。

在另一种配置情况下，SIP 输出代理被配置为 SIP 端点。在 SIP 输出代理节点中的输出 Diameter 客户端认证用户、为 SIP 请求消息要求授权并完成计费活动。

Diameter SIP 应用能够在 SIP 环境中使用。在 SIP 环境中要求有一个 AAA 基础框架结构接口，使用这个接口进行认证、授权、提供计费信息。

A.4 EAP 应用扩展要求

EAP 是在 RFC 2284bis 中定义的一种支持多种认证机制的认证框架结构。EAP 可用于专线、交换线路，有线与无线链路上。

Diameter 为了支持 EAP 增加了两个命令 Diameter-EAP-Request 与 Diameter-EAP-Answer 及几个相应的 AVP：EAP-Payload AVP，EAP-Reissued-Payload、EAP-MTU、EAP-Master-Session、Accounting-EAP-Auth-Method AVP。

当发起一个 EAP 会话建立时，接入设备会向 Diameter 发起一个 EAP-Payload 为空的 Diameter-

EAP-Request 消息表示 EAP-Start。如果 Diameter 服务器接受 EAP 认证方式，它用 Diameter-EAP-Answer 进行应答，其中 EAP-Payload AVP 里包含有相应的 EAP 数据包，Result-Code 设为 DIAMETER_MULTI_ROUND_AUTH，表明等待后续的数据包。EAP-Payload 里的内容由接入服务器前转给 EAP 有客户端。如图 A.1 所示。

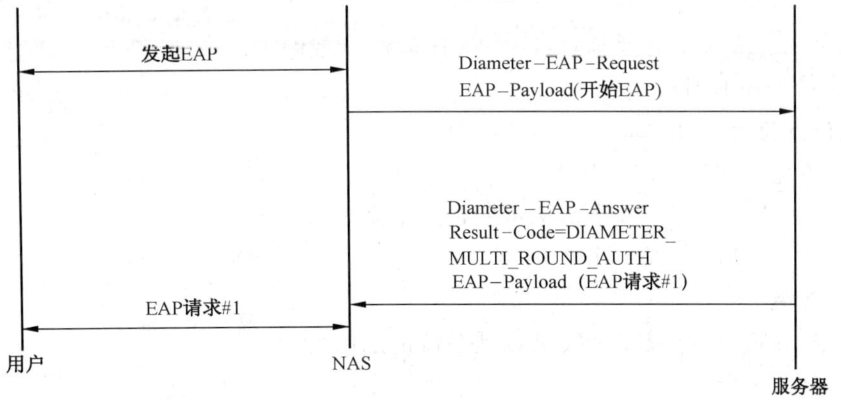

图 A.1 EAP 会话建立

此对话会一直进行下去，直到 Diameter 服务器发出的 Diameter-EAP-Answer 消息中的 Result-Code AVP 表明成功或失败。接入设备根据 Result-Code AVP 来决定是否为 EAP 用户提供服务。

如果需要授权，Diameter-EAP-Answer 的 Result-Code 设为 DIAMETER_SUCCESS，同时必须包括服务所需要的相应授权 AVP。

A.5 信用控制应用扩展要求

信用控制(Credit-Control)是一种可以与一个账户进行实时交互，控制并监视，对一服务进行收费的机制。信用控制包括对检查一账户是否存在、续费、当一个服务结束时从账户中扣除相应收取的费用与退还余下的金额等处理。

Diameter 信用控制服务器可以看作预付费服务器，进行实时的计费与信用控制。Diameter 信用控制客户端是与信用控制服务器进行交互的实体，它监视由服务器端返回的允许金额的使用状况。

Diameter 消息针对信用控制应用扩充了两个消息：Credit-Control-Request 与 Credit-Control-Answer，分别用于信用控制的请求与应答并相应加入了若干 AVP。

在信用控制应用中，有两种模式，一种是信用控制服务器对用户请求进行评估，从用户的账户上划转一定数额的钱，并返回相应的信用度。此处的信用度不一定用钱衡量，也可能用其他单位(比如数据量)。收到成功的信用授权后，信用控制客户端向用户提供服务，并监视允许资源的使用情况，在资源消耗完、服务完成或服务终结后，客户端向服务器返回报告；服务器从用户账户相应扣除。

另一种方式是收到了信用授权请求后，服务器端直接从用户账户里扣除相应的数额，客户端收到服务器返回的信用控制授权应答后为终端用户提供服务。这一过程只有一个时间事件就完成了，不维护会话的状态。

附 录 B
（规范性附录）
已定义的 AVP 表

表 B.1 给出了本标准中定义的 AVP，该 AVP 可能出现的 Diameter 消息。只能在一个组合 AVP 中出现的 AVP 不在本标准列出。

表 B.1 使用以下符号：

a)　该 AVP 不可以在该消息中出现。

0+　　该 AVP 的 0 或多个实例可能在该消息出现。

0—1　　该 AVP 的 0 或一个实例可能在该消息出现。多于 1 个该 AVP 的实例将被认为是差错。

1　　该 AVP 的 0 或多个实例必须在该消息出现。

1+　　至少一个该 AVP 的实例必须在该消息出现。

B.1 基础协议命令 AVP 表

表 B.1 仅限于本标准中定义的非计费命令码。

表 B.1 基础协议命令 AVP 表

属性名	命令码											
	CER	CEA	DPR	DPA	DWR	DWA	RAR	RAA	ASR	ASA	STR	STA
Acct-Interim-Interval	0	0	0	0	0	0	0—1	0	0	0	0	0
Accounting-Realtime-Required	0	0	0	0	0	0	0—1	0	0	0	0	0
Acct-Application-Id	0+	0+	0	0	0	0	0	0	0	0	0	0
Auth-Application-Id	0+	0+	0	0	0	0	1	0	1	0	1	0
Auth-Grace-Period	0	0	0	0	0	0	0	0	0	0	0	0
Auth-Request-Type	0	0	0	0	0	0	0	0	0	0	0	0
Auth-Session-State	0	0	0	0	0	0	0	0	0	0	0	0
Authorization-Lifetime	0	0	0	0	0	0	0	0	0	0	0	0
Class	0	0	0	0	0	0	0	0	0	0	0+	0+
Destination-Host	0	0	0	0	0	0	1	0	1	0	0—1	0
Destination-Realm	0	0	0	0	0	0	1	0	1	0	1	0
Disconnect-Cause	0	0	1	0	0	0	0	0	0	0	0	0
Error-Message	0	0—1	0	0—1	0	0—1	0	0—1	0	0—1	0	0—1
Error-Reporting-Host	0	0	0	0	0	0	0	0—1	0	0—1	0	0—1
Failed-AVP	0	0+	0	0+	0	0+	0	0+	0	0+	0	0+
Firmware-Revision	0—1	0—1	0	0	0	0	0	0	0	0	0	0
Host-IP-Address	1+	1+	0	0	0	0	0	0	0	0	0	0

表 B.1（续）

属性名	命令码											
	CER	CEA	DPR	DPA	DWR	DWA	RAR	RAA	ASR	ASA	STR	STA
nband-Security-Id	0+	0+	0	0	0	0	0	0	0	0	0	0
Multi-Round-Time-Out	0	0	0	0	0	0	0	0	0	0	0	0
Origin-Host	1	1	1	1	1	1	1	1	1	1	1	1
Origin-Realm	1	1	1	1	1	1	1	1	1	1	1	1
Origin-State-Id	0—1	0—1	0	0	0—1	0—1	0—1	0—1	0—1	0—1	0—1	0—1
Product-Name	1	1	0	0	0	0	0	0	0	0	0	0
Proxy-Info	0	0	0	0	0	0	0+	0+	0+	0+	0+	0+
Redirect-Host	0	0	0	0	0	0	0	0+	0	0+	0	0+
Redirect-Host-Usage	0	0	0	0	0	0	0	0—1	0	0—1	0	0—1
Redirect-Max-Cache-Time	0	0	0	0	0	0	0	0—1	0	0—1	0	0—1
Result-Code	0	1	0	1	0	1	0	1	0	0	0	1
Re-Auth-Request-Type	0	0	0	0	0	0	1	0	0	0	0	0
Route-Record	0	0	0	0	0	0	0+	0	0+	0	0+	0
Session-Binding	0	0	0	0	0	0	0	0	0	0	0	0
Session-Id	0	0	0	0	0	0	1	1	1	1	1	1
Session-Server-Failover	0	0	0	0	0	0	0	0	0	0	0	0
Session-Timeout	0	0	0	0	0	0	0	0	0	0	0	0
Supported-Vendor-Id	0+	0+	0	0	0	0	0	0	0	0	0	0
Termination-Cause	0	0	0	0	0	0	0	0	0	0	1	0
User-Name	0	0	0	0	0	0	0—1	0—1	0—1	0—1	0—1	0—1
Vendor-Id	1	1	0	0	0	0	0	0	0	0	0	0
Vendor-Specific-Application-Id	0+	0+	0	0	0	0	0	0	0	0	0	0

B.2 计费 AVP 表

表 B.2 给出了本标准中定义的出现在计费消息中的 AVP。这些 AVP 出现的要求可能被在 Diameter 应用标准中的应用定义要求扩展和/或推翻。

表 B.2 计费 AVP 表

属性名	命令码	
	ACR	ACA
Acct-Interim-Interval	0—1	0—1
Acct-Multi-Session-Id	0—1	0—1
Accounting-Record-Number	1	1
Accounting-Record-Type	1	1
Acct-Session-Id	0—1	0—1
Accounting-Sub-Session-Id	0—1	0—1
Accounting-Realtime-Required	0—1	0—1
Acct-Application-Id	0—1	0—1
Auth-Application-Id	0	0
Class	0+	0+
Destination-Host	0—1	0
Destination-Realm	1	0
Error-Reporting-Host	0	0+
Event-Timestamp	0—1	0—1
Origin-Host	1	1
Origin-Realm	1	1
Proxy-Info	0+	0+
Route-Record	0+	0+
Result-Code	0	1
Session-Id	1	1
Termination-Cause	0—1	0—1
User-Name	0—1	0—1
Vendor-Specific-Application-Id	0—1	0—1

附 录 C
（规范性附录）
Diameter 协议相关配置参数

本附录包含本标准中出现的可配置参数。

Diameter 对等端

一个 Diameter 实体可以与静态配置的对等端通信。一个静态配置的 Diameter 对等端应要求 IP 地址或提供的完全资格域名(FQDN),用来作 DNS 解析。

域(Realm)路由表

一个 Diameter Proxy 服务器基于网络接入标识符(NAI)的域(Realm)部分来路由消息。服务器必须拥有一个域名(Realm Names)表,以及消息必须前转到的对等端的地址。路由表也可以包括一个“缺省路由”,该路由表一般用于不能本地处理的所有消息。

Tc 计时器

Tc 计时器控制到一个没出现动作传输连接的对等端的传输连接尝试的频率。建议值为 30 s。

附 录 D
（资料性附录）
Diameter 服务模板

以下服务模板描述了属性，这些属性是 Diameter 服务器用来广播自己的。它简化了选择适当的与自己通信的服务器的程序。Diameter 客户可以基于自己想要的 Diameter 服务器的特征来请求特定的 Diameter 服务器（例如，一个用于计费的 AAA 服务器）。

提交者的名字："Erik Guttman"＜Erik. Guttman@sun. com＞ 服务模板的语言：en。

安全考虑：

Diameter 客户和服务器使用不同的密码机制以保护通信的完整性、机密性，同时还执行端点认证。因此没有正确的事先配置好的密码或密钥的攻击者使用 SLPv2 广播自己并伪装成合法的 Diameter 对等端，是非常困难的。尽管如此，由于 Diameter 服务对于网络操作来说是至关重要的，因此非常有必要使用 SLPv2 认证以阻止攻击者修改或删除合法 Diameter 服务器的服务广告。

模板文字：

```
-------------------------------模板开始-------------------------------
template-type=service:diameter
template-version=0.0
template-description=
template-url-syntax=
  url-path=    ;举例：'aaa://aaa.example.com:1812;transport=tcp
  supported-auth-applications= string L M
  # 该属性列举了 AAA 实施支持的 Diameter 应用。目前定义的应用如下：
  #      应用名                     所属
  #    ---------------       ---------------------------------
  #   NASREQ                Diameter 网络接入服务器应用
  #   MobileIP              Diameter 移动 IP 应用
  #
  # 注 ：
  #   .Diameter 实施支持一个或多个应用。
  #   .附加应用可以在将来定义。届时将创建一个修订的服务模板。
  #
  NASREQ,MobileIP
  supported-acct-applications= string L M
  # 该属性列举了 AAA 实施支持的 Diameter 应用。目前定义的应用如下：
  #      应用名                     所属
  #    ---------------       ---------------------------------
  #   NASREQ                Diameter 网络接入服务器应用
  #   MobileIP              Diameter 移动 IP 应用
  #
  # 注 ：
  #   .Diameter 实施支持一个或多个应用。
```

.附加应用可以在将来定义。届时将创建一个修订的服务模板。

#

NASREQ,MobileIP

supported-transports= string L M

SCTP

该属性列出了所支持的、Diameter 实施接受的传输。注意适合的 Diameter 实施必须

支持 SCTP,尽管其可能也支持其他传输。

SCTP,TCP

------------------------------模板结束------------------------------

附 录 E
（资料性附录）
NAPTR示例

作为一个示例，假设一个希望解析 aaa:ex.com 的客户。该客户执行一个用于该域的 NAPTR 请求，返回以下 NAPTR 记录：

```
;;            顺序  前缀  标记    业务          regexp    replacement
  IN NAPTR    50    50    "s"   "AAA+D2S"     ""        _diameter._sctp.example.com
  IN NAPTR    100   50    "s"   "AAA+D2T"     ""        _aaa._tcp.example.com
```

这表明服务器支持 SCTP 和 TCP。如果该客户支持 SCTP，SCTP 将使用，目标是由 SRV 查找_diameter._sctp.ex.com 决定的主机。查找应返回：

```
;;            优先级  加权值  端口   目标
  IN  SRV     0       1       5060   server1.example.com
  IN  SRV     0       2       5060   server2.example.com
```

附 录 F
（资料性附录）
重复检测

计费记录重复检测是基于会话标识符的。重复记录的出现可能由于多种原因：

——Failover 到另一台替换的服务器。由于需要接近实时的性能要求，failover 门限需要保持为"低"，这将可能导致重复记录出现的可能性增加。Failover 可能在客户或 Diameter 代理中出现。

——在来自非可变存储器的记录发送之后，客户或代理出现故障，但此时还没有收到一个应用层 ACK，并删除该记录。这将导致该记录在客户或代理重启动之后很快被重新发送。

——从 RADIUS 网关接收到重复的记录。由于 RADIUS 的重传行为并没有在 RADIUS 的规范[RFC 2865]中定义重复记录的可能性将由于实施的不同而不同。

——实施问题和错误配置。

T 标记用于作为应用层重传事件（例如，由于 failover 到另一台替换的服务器）的标识。其仅为 Diameter 客户或代理发送的请求消息而定义。举例，重启动后，客户可能不知道在重启动发生之前其是否已经试图发送在非可变存储器中的该计费记录。当处理请求和删除重复消息的时候，Diameter 服务器可以使用 T 标记作为帮助。然而，服务器这样做必须保证，即使第一次发送的请求在重传请求之后到达服务器，也能发现重复消息。它仅在没有收到来自服务器的应答，并且再一次发送请求的情况下（例如，由于一个到替换的对等端的 failover，由于一个恢复主要对等端，或者由于一个在客户或代理重启动之后，重新发送非可变存储器中记录的客户）使用。

在某些情况下，Diameter 计费服务器能够延迟重复检测和计费记录的处理，直到后处理阶段（post-processing phase）开始。那时记录通常被根据其包含的用户名（User-Name）排序，这种情况下，重复的删除会很容易。在其他情形下，可能需要执行实时重复检测，例如当使用信用限制或需要实时欺骗检测的时候。

通常，只有 failover 或非可变存储器中的记录重发造成的重复能够被 Diameter 客户或代理可靠地检测到。在这种情况下，Diameter 客户或代理能够利用设置 T 标记来标识可能重复的消息。由于 Diameter 服务器负责重复检测，它可以选择是否使用 T 标记，以优化重复检测。由于 T 标记不会影响协同性，而且某些服务器可能不需要，所以要求 Diameter 客户和代理必须能够生成 T 标记，但 Diameter 服务器则为可以使用。

例如，通常可以假定重复现象会在时间窗口（最长记录网络分区或设备故障的时间窗口）规定的时间内出现，或许是一天。因此，只有这个时间窗口内的记录需要逆向进行检查。其次，哈希算法技术和在接收到的消息中使用 T 标记等其它机制，可以减少完全搜索。

下面举例说明如何使用 T 标记检测重复请求。

Diameter 服务器通过检查接收到的消息中的 T 标记判决记录是否可能重复。如果请求消息中 T 标记置位，服务器在可配置的复制时间窗口内进行前向和后向的检查，搜索是否有重复。这样可以限制数据库仅在 T 标记置位的记录中进行搜索。在一个运行状况良好的网络中，网络分区和设备故障发生的几率很小，因此这种重复检测进程是一种优化的方法。在失败回溯（failover）阶段，T 标记对记录标记后，由于初始记录和重复记录经过路径的不同网络时延，可能会接收到初始记录。随着这种情况发生次数的增多，失败回溯的间隔会减少。为能够检测出无序的重复，当完成对 T 标记标记过的请求时，Diameter 服务器应该使用前向和后向时间窗。例如，为留出初始记录退出网络并被计费服务器记录的时间，Diameter 服务器可以延迟处理将 T 标记置位的记录，直到关闭初始传输连接，且 TIME _WAIT +RECORD_PROCESSING_TIME 时间段结束。在 TIME _WAIT + RECORD_PROCESSING_TIME 时间段已经过期后，Diameter 服务器可以检查 T 标记标记过的记录，与具有原始记录(如果发送)已经被接收并被记录的相关保证的数据库进行对比。

ICS 35.240.99
L 67

中华人民共和国国家标准

GB/T 28513—2012

使用低比特率视频通信的手语和唇读实时会话应用配置

Application profile—Sign language and lip-reading real-time conversation using low bit-rate video communication

(ITU-T H.Suppl:1999,MOD)

2012-06-29 发布　　　　2012-10-01 实施

中华人民共和国国家质量监督检验检疫总局
中国国家标准化管理委员会　发布

前　言

本标准按照 GB/T 1.1—2009 给出的规则起草。

本标准使用重新起草法修改采用 ITU-T　H. supp1《使用低比特率视频通信的手语和唇读实时会话应用配置》(1999 年英文版)。

本标准与 ITU-T　H. supp1(1999 年英文版)相比在结构上基本一致，内容上的主要不同点在于采用了中国手语和唇读视频序列和中国手语录制的视频测试内容，而 ITU-T　H. supp1(1999 年英文版)中的相应内容是英文手语和唇读。

本标准由中华人民共和国工业和信息化部提出。

本标准由中国通信标准化协会归口。

本标准起草单位：工业和信息化部电信研究院、黑龙江省牡丹江市特殊教育学校、广州残疾人学院、中国广播电视大学。

本标准主要起草人：聂秀英、陈曦、刘建梅、盛敏双、陈守刚、陈建。

使用低比特率视频通信的手语和唇读实时会话应用配置

1 范围

本标准规定使用具有或不具有可读语音的手语和唇读，用于人对人会话的视频通信系统所需要的特性。给出了确保成功的会话所需要的性能要求。描述了对手语和唇读性能评估的方法。

本标准建议除了相关的视频编码协议外还应考虑的因素。如终端设计以及用做手语和唇读的终端所使用的环境。包括评估手语的视频通信的视频测试序列。

本标准适用于使用具有或不具有可读语音的手语和唇读，用于人对人会话的视频通信系统的研发、生产、应用和验收测试。

2 规范性引用文件

下列文件对于本文件的应用是必不可少的。凡是注日期的引用文件，仅注日期的版本适用于本文件。凡是不注日期的引用文件，其最新版本(包括所有的修改单)使用于本文件。

ITU-T G.114　单向传输时间(One-way transmission time)

ITU-T P.931　多媒体通信延时、同步和帧速率测量(Multimedia communications delay, synchronization and frame rate measurement)

ITU-T T.140　文本会话协议(Protocol for multimedia application text conversation)

3 术语和定义

下列术语和定义适用于本文件。

3.1

帧　frame

视频再现中的一个完整的图像称为“帧”。在一些系统中，帧由两个半图像构成，每一个图像包含帧的信息中的一半。将这些半图像成为“场”。

4 缩略语

下列缩略语适用于本文件。

CIF	Common Interchange Format (352×288 pixels)	公共互换格式(352×288 像素)
fps	frames per second; pictures per second	每秒的帧数；每秒图像数
QCIF	Quarter CIF (176×144 pixels)	四分之一 CIF (176×144 像素)
SQCIF	Sub QCIF (112×96 pixels)	子 QCIF (112×96 像素)
VHS	Video Home Syetem	家用录像系统

5 再现手语和唇读的基本需求

5.1 基本特征

手语的构件是手、眼、嘴、脸和身体的运动和位置。

在唇读中，构件是脸的运动。通常情况下声音支持唇读。在其他情况下，是手语的组合。也有一些聋人不使用手语而仅仅依靠唇读交谈。

在视频编码领域中，具有一个(用手势的)示意者或讲话者的情景可以被认为是包含有中到多的运动内容。

5.2 时间分辨力要求

手语和唇读均需要好的运动视觉再现。若系统使用均匀分布的图片来再现运动，可以观察到如下一些情况：

- 当帧速为 20 fps 时，手语和唇读的可用性为好。
- 在有某些约束时，可以使用从 12 fps 到更高的帧速。
- 对于使用唇读进行会话，当帧速不超过 15 fps 时，随着帧速的增加，可用性急剧增加。当帧速高于 15 fps 时，随着帧速的增加，可用性继续增加，但不明显。
- 当帧速在 8 fps 和 12 fps 之间时，可用性受到很大限制，语义表达能力严重下降。
- 当帧速低于 8 fps 时，对于唇读和手语没有实际的可用性。

5.2.1 用指语字母交谈或交流

手语是一种字母表中的每一个字母对应一个特定手位置的技术。对于不同国家，手语位置是不同的。通过以快速次序显示这些位置以形成词语来实现。这些拼写的词通常是主要手语不包含的名称和其他特定的名词。手语在日常应用情况下速度一般为每秒最多使用 10 个字符。为可靠再现手语，每个字符至少应再现两个图形。因此，清晰地再现手语需要每秒至少显示 20 帧图像。

5.2.2 一般的手语

用指语字母交谈或交流仅是手语的一部分。手语的较大部分是通过标记来表示完整的概念、部分句子、语法和普通的名词。世界上有许多种手语。即使这些手语是不同的，本标准中相关描述将尽可能足够接近公共概念，使本标准对这些手语均有效。同样，在一般的手语期间，快速的手运动同时出现的短的眼睛闪动也携带语法信息。在许多情况下，时间分辨力需要类似于用指语字母交谈或交流需要的那些需求。

5.2.3 唇读

对于唇读的一般图形需求可以从一般语言的音素计算出来。一般速度是每秒 10 个音素。为使观看者观察到可见的音素，每秒应再现至少 20 帧图片。

5.2.4 适应

在唇读和手语的两种情况下，语言再现的速度可以根据意愿适当降低。这就解释了在一些特定情况下可以使用每秒 12 帧～15 帧的原因。有经验的唇读者和手语使用者也具有根据以往经验和相关冗余信息猜测出具体语义的能力。对于部分用户而言，可能会在连接上使用比上面所列出的质量要求低一些的短会话。

5.2.5 帧率要求分析

对测试序列“广播电视速度手语视频”需要进一步解释分析。

表1给出测试序列“广播电视速度手语视频”中的用手语交谈或交流序列的近似表示。图1中给出了该序列的图形。

表1 每秒25帧和12.5帧下以帧表示的用手语交谈或交流举例

帧号	96				100				105						110					115				
25 fps	听	听	听	听	—	力	—	语言	语言	语言	—	—	—	康复	康复	康复	康复	康复	—	技术	技术	技术	技术	技术
12.5 fps	听		听		—		—		语言		—		—		康复		康复		—		技术		技术	
帧号	120					125					130					135					140			
25 fps	技术	技术	技术	—	—	—	—	学院	学院	学院	学院	学院	学院	学院	—	—	—	—	是	—	专	专	专	专
12.5 fps	技术		技术		—		—		学院		学院		学院		—		—		是		专		专	
帧号		145					150																	
25 fps	专	专	专	—	—	—	门	门	门	门														
12.5 fps	专		专		—		门		门															

表1中第一行的数字是序列开始的帧数。文字指示由手语表示的情况。破折号表示在文字之间转换时构成的不清楚的图片。例子中的字是一句话中摘录的一部分“听力语言康复技术学院是专门”。

在每秒2.5帧的情况下,这9个字或词语之中,有2个在一帧中清晰可见,因而可能有丢失的危险。这种情况在编码方案中每隔一帧跳过一帧时出现。在该表的较低一行中给出了12.5 fps抽样的情况。该行表明最初的“听力语言康复技术学院是专门”语句中仅保留了“听语言康复技术学院是专门”。这清楚地表明了在帧率低于20 fps时出现的语言内容丢失的情况。

在25 fps序列中,字或词语的分布情况如下:

在1帧中出现的字或词语个数 2个;

在2帧中出现的字或词语个数 0个;

在3帧中出现的字或词语个数 1个;

在4帧中出现的字或词语个数 2个;

在5帧中出现的字或词语个数 1个;

在7帧中出现的字或词语个数 2个;

在8帧中出现的字或词语个数 1个。

短语中的平均长度是:每个字或词语4.4帧。

小结

在该例子中,在时间上,语句中的字或词语在1到8帧之间变化,每一帧表示40 ms。每一个字母可见的平均长度是4.4帧。该例子没有足够长来表示所有实际的统计结果。然而,这个例子可以表明,该用指语字母交谈或交流25 fps的帧率是足够的了,而12.5 fps的帧率需要一些猜测才能确定字或词语。

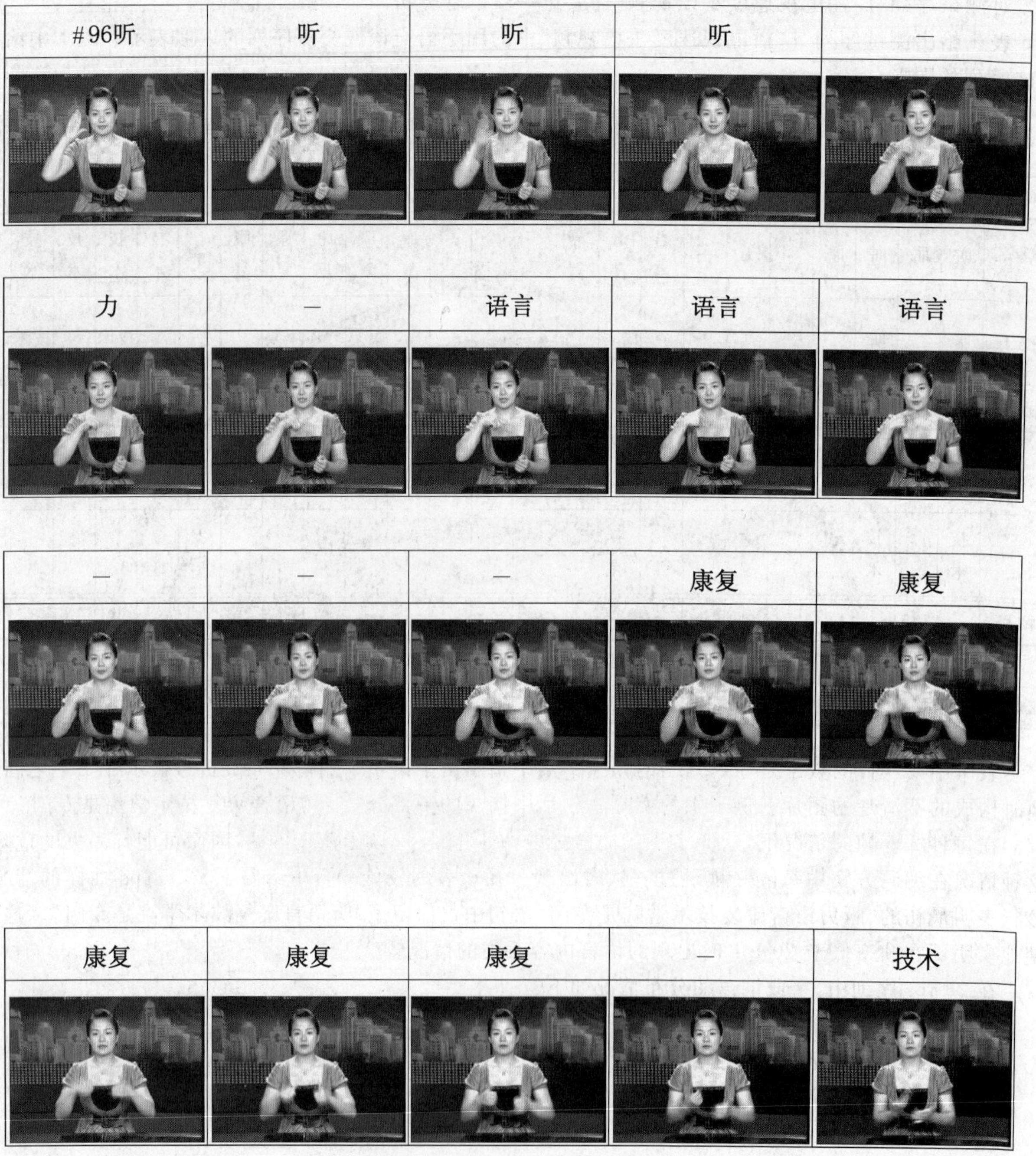

图 1　包含有用手语交谈或表示每秒 25 帧记录的词语“听力语言康复技术学院是专门”的各帧

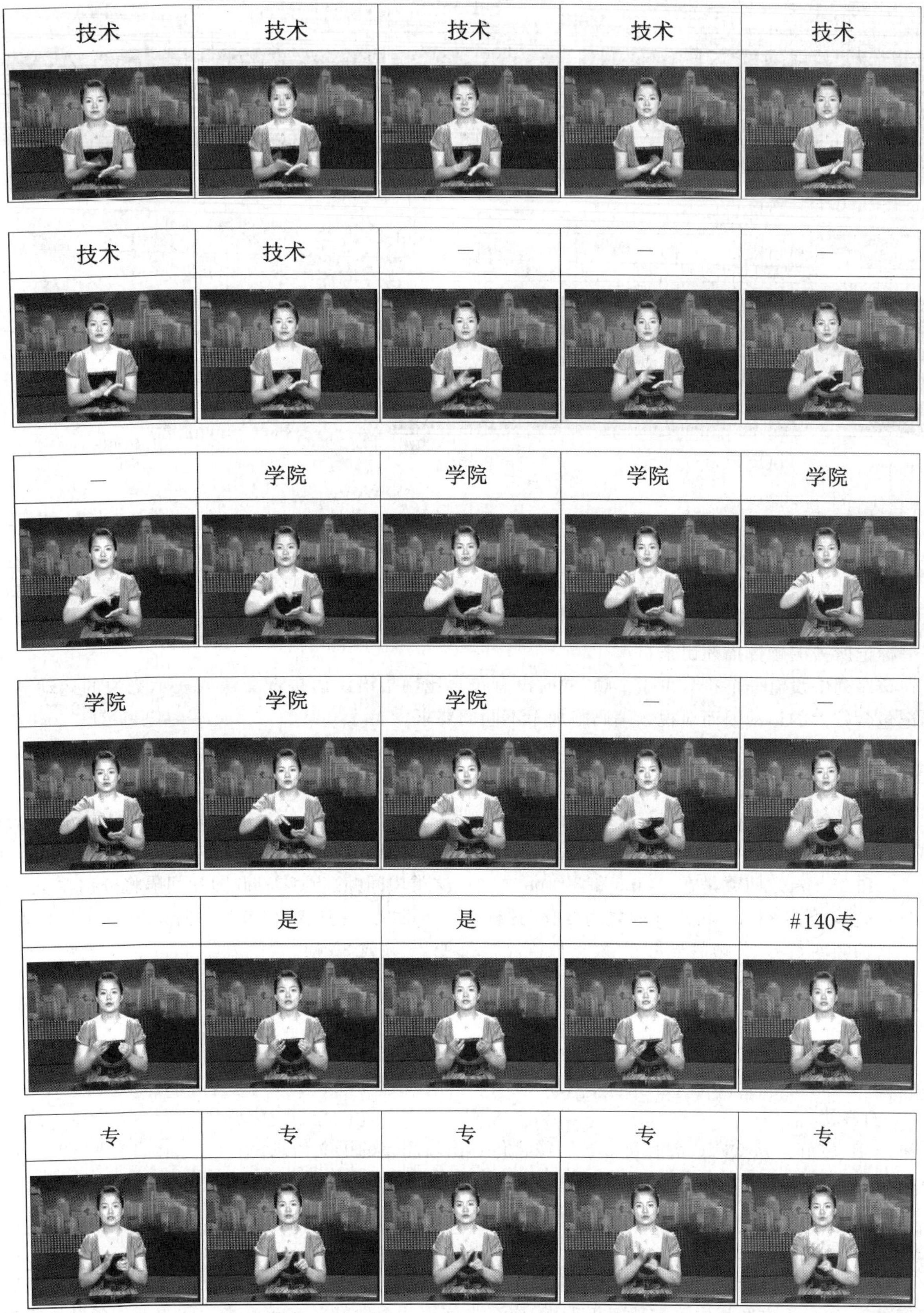

图 1（续）

专	一	一	一	门

门	门	门

图 1（续）

一般标记

视频序列“广播电视速度手语视频”没有采用指语汉语拼音交谈或表示的符号来标记。

通过对其中一个短语进行简单的分析。可将“广播电视速度手语视频”序列的 354 和第 412 帧之间的帧序列短语描述为：“面向(5)全(3)国(5)招(6)收(5)高中(6)毕(6)业(7)生(4)”（在圆括号中逐符号地每一标记所占的帧数描述出来）。

在该序列中没有一个符号少于 2 帧，同时没有包含比用指语汉语拼音交谈或表示更快的运动。一些标记包含较大的运动因而对视频编码施加了不同的要求。

5.2.6 时间分辨力颗粒

在大多数情况下，视频摄像机用于遵循一般的视频标准的视频通信。这意味着，它们每秒钟输出 25 或 30 帧。该事实引入了一个有用的帧数速率颗粒度。在使用这类摄像机时，不需要考虑帧速是在 12.5 fps 和 25 fps 之间或是在 15 fps 和 30 fps 之间。这类中间帧速意味着源图片间隔将分别在 40 ms 和 80 ms 之间或在 33 ms 和 66 ms 之间变化，这样会引入丢失一些运动细节的危险。因此可得出结论为满足目标帧率每秒 20 帧的要求，一般摄像机应是每秒 25 帧或 30 帧。

5.3 空间分辨力要求

用于人对人手语通话的空间分辨力要求如下：

- 可以使用 QCIF 分辨力，但是将丢失显示眼睛凝视方向的最小细节。这将引起对观察者的额外压力。
- CIF 较好。从 QCIF 增加到 CIF 图像将传达出较完整的语义信息。
- 对于可靠的接收，SQCIF 太粗糙，此时一些标记可能偶尔会被感觉到。

若对于图片的不同部分使用不同的分辨力，手和脸将需要最高的分辨力。在这类配置下，需要注意不要在图片的其他部分引入失真，因为这些失真可能会误导观察者。

可以进行简单的理论验证。在从头到胃部的视觉范围内，通常在人到人手语通话中，手指近似于图片宽度的 1/50。为在图片中可靠地解析手指，应至少使用 3 个像素来表示手指。将最小空间分辨力要求规定为 QCIF，宽度上包含 176 个像素。在视觉语言上，眼睛凝视方向也很重要并需要较高的分辨力。因而，CIF 分辨力较好，建议作为优选选项。

对于唇读，在人际对话时，视觉范围可以缩小到稍微大于头部范围。在这种情况下，QCIF 对于唇读有足够的分辨力。当使用 QCIF 分辨力时，观察者必须确保在合适的距离观看显示器，这样相对低的分辨力将不会引起额外的语义误差。

5.4 保真度

在视频通信中，模糊通常出现在运动中。

目前描述模糊的模型并没有很好地建立起来。在模糊类型以及其对感觉的影响方面具有较大分歧。因而，本标准仅描述在不同场合下，可接受模糊的简单比较。

对手语和唇读，VHS 视频能够传达足够完整的语义。在视频记录中，由于人眼的关闭速率通常是从 1/50 s 到 1/60 s，快速运动客体通常显示出相当客观的模糊。这表明模糊在标记中包含有较大运动的快速运动客体是可以接受的。

在具有较明显的运动时，一些模糊可能会偶然被引入。在这类运动期间，空间分辨力不能低于与 SQCIF 相对应的空间分辨力。

对于较为完整的语义表达，当 CIF 是基本空间分辨力时，偶然引入的模糊不应超过对 QCIF 分辨力所期望的模糊程度。

5.5 延时

在会话应用中，从摄像机发送到接收显示的端到端音视频延时长度要求是非常严格的。建议低于 0.4 s 的值，优选低于 0.1 s。

超过 0.8 s 的值将会使人感到有碍标记会话。

对手语和唇读的要求与语音会话要求类似。从一个意愿到期望的反应被看见或听到至少是延时的两倍。ITU-T G.114 所规定的 0.4 s 的限制意味着将响应延时 0.8 s，该值(0.4 s)对于手语及唇读语义理解较长。

5.6 同步

对于唇读支持的语音，声音和视频的同步要求是必须的。可接受的时间差不应超过 100 ms。对于可以同时使用语音和唇读的人来说，这两者的组合对语义理解来说是非常有效的。

5.7 性能要求

对人际对话的手语和唇读传输的应用，要满足如下一些基本要求：

- 目标要求：在 CIF 分辨力下每秒 25 帧到 30 帧，最大延时 0.4 s，偶然的模糊不超过在中等运动情况下 QCIF 对应的模糊情况。
- 可接受的：若需要在非常低数据速率环境下工作，具有中等运动情况下应为 12 fps 到 15 fps，QCIF 分辨力，在大的手语运动期间偶尔可降低到对应于 SQCIF 的分辨力。
- 保持低于 100 ms 同步误差的同步情况。
- 端到端的延时应低于 0.4 s。若不可避免，最高不可超过 0.8 s。

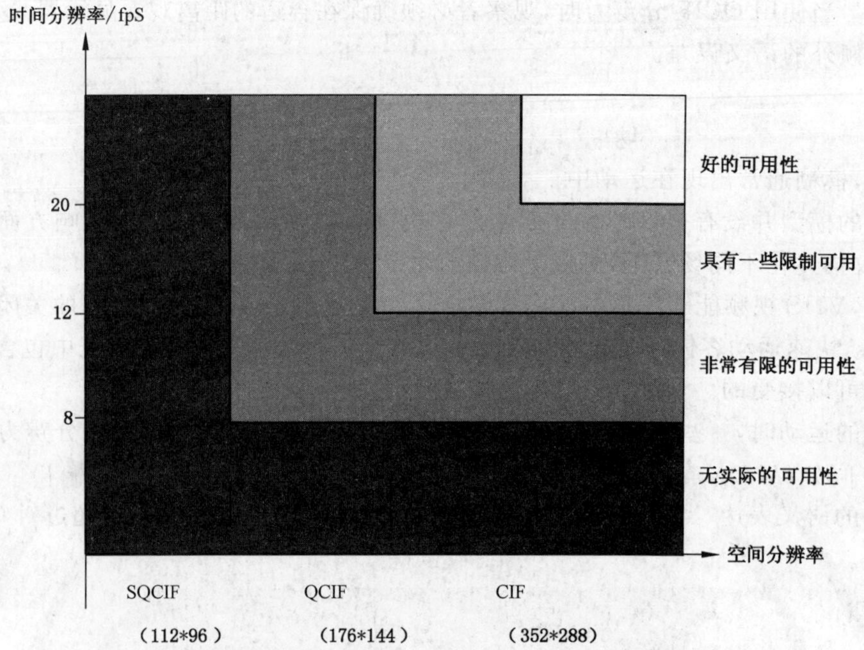

图 2　对人际对话中手语和唇读的分辨力要求

表 2　由延时和模糊引起的可用性降低情况小结

可用性	端到端延时	在大运动期间偶然模糊	
		对于 CIF 分辨力	对于 QCIF 分辨力
好	＜0.4 s	无	—
具有一些限制可用	0.4 s～0.8 s	下降到≌QCIF	无
有限可用性	0.8 s～1.2 s	下降到≌SQCIF	下降到≌SQCIF
无实际的可用性	＞1.2 s	下降到＜SQCIF	下降到＜SQCIF

6　性能验证

6.1　参考资料

本标准包括两个包含可以用于性能评估的手语视频的 DVD-ROM。视频文件"广播电视速度手语视频"和"教学速度手语视频"分别给出了采用中国手语录制的包括电视广播手语节目速度和教学用手语速度的测试视频序列。

附录 A 复制了 DVD-ROM Readme 文件，该文件包含了电子文件的说明和技术描述。

6.2　性能评估

在一个网络连接上通过利用编解码器或通过可视电话机传输评估情景来测试编解码器或终端情况。记录结果并评估。评估方法见 ITU-T P.931。

评估标记期间的帧率。

标注选择的静态分辨力。

通过将录制的具有图片的帧与分辨力下降到 QCIF 和 SQCIF 分辨力的相同场景相比较来测量在中等运动期间引入的额外模糊。仅对手和头部的图像模糊情况进行评估。

测量延时。

测量音频(语音)和视频(唇运动)的同步。

根据这些记录,可以评估性能并与上面描述的目标相比较。

7 对终端实施者的建议

为满足用户要求,在终端中应实现一些特定功能。

- 终端应提供与激活的外部告警系统的接口,例如,闪光灯、便携式震动器、手表大小的震荡器或强音发生器。
- 用户可能有时需要恢复到文本会话。因而建议在终端中实现文本会话协议(ITU-T T.140)。
- 优选使用帧频大于 20 fps、延时小于 0.4 s、以及没有帧跳变跃的编码算法。高帧率自动提供实现合理延时的机会。
- 在场景变换后,可以接受最大 2 s 的全质量要求偏差。

8 对用户的建议

用户应安排使用具有好的灯光条件以及一般背景的环境。

9 扩展应用范围

若设备在视频会议、组播、广播或信息检索中应用于手语或唇读应用,下列因素改变需求。

- 观看的范围通常较宽,包括打手语的人以及其他客体。表明可用性应在 CIF 空间分辨力以上。
- 对于用户而言,通过影响讲话者或打手语的人为控制感觉而给出反馈的可能性很小。
- 延时要求较为宽松。对于广播和信息检索,可以接受几秒钟的延时。对于会议,延时要求类似于会话应用的相关要求。
- 对于每一类应用的额外要求超出本标准的范围。

附 录 A
（资料性附录）
手语视频测试集技术描述

A.1 技术描述

本附录包含“广播电视速度手语视频”和“教学速度手语视频”两段视频序列的基本技术描述。

两段视频序列手语希望用于视频编码的测试集。包含广播电视速度和教学用速度的手语内容。

根据文字内容将视频命名为“广播电视速度手语视频”和“教学速度手语视频”。它给出了通常用于个人进行手语交流视频而使用的相同的半身像。按 25 fps 以 PAL 制式进行录制。并以 MPEG-2 格式提供：

教学速度手语视频.mpg (123648 Kbytes)

PAL 标准分辨力，25 fps，MPEG-2 编码；

广播电视速度手语视频.mpg (58163.2 Kbytes)

PAL 标准分辨力，25 fps，MPEG-2 编码。

A.2 手语内容

下面是在“教学速度手语视频”中的两个手语序列的近似表示。数目为从 MPEG-2 版本的开始的帧的数目。词语表示由手形成相当清晰的词语的时刻。破折号表示在字母之间转换的不清晰的字母。

"liu"

帧编号	字母	帧编号	字母	帧编号	字母	帧编号	字母	帧编号	字母
6144	l	6153	-	6162	i	6171	u	6180	u
6145	l	6154	i	6163	-	6172	u	6181	u
6146	l	6155	i	6164	-	6173	u	6182	u
6147	-	6156	i	6165	-	6174	u	6183	u
6148	-	6157	i	6166	-	6175	u	6184	u
6149	-	6158	i	6167	-	6176	u	6185	u
6150	-	6159	i	6168	-	6177	u	6186	u
6151	-	6160	i	6169	-	6178	u	6187	u
6152	-	6161	i	6170	u	6179	u	6188	u

l (3)-(7)i(9)-(7)u(19)

"huan"

帧编号	字母	帧编号	字母	帧编号	字母	帧编号	字母	帧编号	字母
6750	h	6760	-	6770	a	6780	-	6790	n
6751	h	6761	u	6771	a	6781	-	6791	n
6752	h	6762	-	6772	-	6782	n	6792	n
6753	h	6763	-	6773	-	6783	n	6793	n
6754	h	6764	-	6774	-	6784	n	6794	n
6755	-	6765	-	6775	-	6785	n		
6756	-	6766	-	6776	-	6786	n		

帧编号	字母	帧编号	字母	帧编号	字母	帧编号	字母	帧编号	字母
6757	-	6767	a	6777	-	6787	n		
6758	-	6768	a	6778	-	6788	n		
6759	-	6769	a	6779	-	6789	n		

h(5)-(6)u(1)-(5)a(5)-(10)n(10)

下面是在“广播电视速度手语视频”中的两个手语序列的近似表示。数目为从 MPEG-2 版本的开始的帧的数目。词语表示由手形成相当清晰的词语的时刻。破折号表示在字母之间转换的不清晰的字母。

"聋儿康复医学基础理论课程"

帧编号	词语	帧编号	词语	帧编号	词语	帧编号	词语	帧编号	词语
505	聋	517	-	529	-	541	-	553	课
506	聋	518	康复	530	-	542	-	554	课
507	-	519	康复	531	学	543	-	555	-
508	-	520	康复	532	学	544	k	556	-
509	-	521	康复	533	学	545	理论	557	-
510	-	522	-	534	-	546	理论	558	-
511	-	523	-	535	-	547	-	559	程
512	儿	524	-	536	-	548	-	560	程
513	儿	525	-	537	-	549	-		
514	儿	526	-	538	基础	550	课		
515	-	527	医	539	基础	551	课		
516	-	528	医	540	基础	552	课		

"听力语言康复技术学院是专门"

帧编号	词语	帧编号	词语	帧编号	词语	帧编号	词语	帧编号	词语
96	听	108	-	120	技术	132	学院	144	专
97	听	109	康复	121	技术	133	学院	145	专
98	听	110	康复	122	技术	134	-	146	专
99	听	111	康复	123	-	135	-	147	-
100	-	112	康复	124	-	136	-	148	-
101	力	113	康复	125	-	137	-	149	-
102	-	114	-	126	-	138	是	150	门
103	语言	115	技术	127	学院	139	-	151	门
104	语言	116	技术	128	学院	140	专	152	门
105	语言	117	技术	129	学院	141	专	153	门
106	-	118	技术	130	学院	142	专		
107	-	119	技术	131	学院	143	专		

A.3 一般的标记内容

相对于汉语拼音字母，在“广播电视速度手语视频”视频文件中完全用标记（没有指语字母交谈或表示）来表示。对其中表示的短语，逐标记可描述为“面向(5)全(3)国(5)招(6)收(5)高中(6)毕(6)业(7)生(4)”（在圆括号中表示每一个标记所占的帧数）。在 MPEG-2 版本中在第 354 和第 412 帧之间找到该序列。

ICS 33.180
M 33

中华人民共和国国家标准

GB/T 28514.3—2012

支持IPv6的路由协议技术要求 第3部分：中间系统到中间系统域内路由信息交换协议（IS-ISv6）

IPv6 routing protocol—Part 3：Intermediate system to intermediate system intra-domain routing information exchange protocol（IS-ISv6）

2012-06-29 发布　　2012-10-01 实施

中华人民共和国国家质量监督检验检疫总局
中国国家标准化管理委员会　发布

前 言

GB/T 28514《支持 IPv6 的路由协议技术要求》分为以下 3 个部分：

——第 1 部分：边界网关协议(BGP4)；

——第 2 部分：开放最短路径优先协议(OSPF)；

——第 3 部分：中间系统到中间系统域内路由信息交换协议(IS-ISv6)。

本部分为 GB/T 28514 的第 3 部分。

本部分按照 GB/T 1.1—2009 给出的规则起草。

本部分由中华人民共和国工业和信息化部提出。

本部分由中国通信标准化协会归口。

本部分起草单位：工业和信息化部电信研究院、上海贝尔股份有限公司。

本部分主要起草人：吴英桦、刘述、顾方方。

支持 IPv6 的路由协议技术要求 第 3 部分：中间系统到中间系统域内路由信息交换协议（IS-ISv6）

1 范围

GB/T 28514.3 的本部分规定了对基于 IPv6 的中间系统-中间系统路由协议（IS-ISv6）的技术要求，包括对 IPv6 可达性 TLV、IPv6 接口地址 TLV、IPv6 NLPID 操作、安全等方面的规定。

本部分适用于支持 IS-ISv6 的网络设备。

2 规范性引用文件

下列文件对于本文件的应用是必不可少的。凡是注日期的引用文件，仅注日期的版本适用于本文件。凡是不注日期的引用文件，其最新版本（包括所有的修改单）使用于本文件。

ISO 10589:1992 信息技术 系统间的通信和信息交换 与提供无连接模式网络服务协议共用的中间系统到中间系统域内路由信息交换协议（Information technology—Telecommunications and information exchange between systems—Intermediate system to intermediate system Intra-domain routeing information exchange protocol for use in conjunction with the protocol for providing the connectionless-mode network service）

IETF RFC 1195:1990 用 OSI IS-IS 实现在 TCP/IP 和双重环境下路由（Use of OSI IS-IS for routing in TCP/IP and dual environments）

3 术语和定义、缩略语

3.1 术语和定义

下述术语和定义适用于本文件。

3.1.1

路由域 domain

路由器相互连接构成的网络，通常使用相同的协议，由同一个中心机构管理。

3.1.2

区域 area

维护内部详细路由信息的路由子域。

3.1.3

中间系统 intermediate system

即路由器，是网络层互连设备，主要完成路由选择控制、数据包交换转发等网络层处理功能。

3.2 缩略语

下列缩略语适用于本部分。

IIH	IS to IS Hello	中间系统到中间系统 Hello 消息

IS	Intermediate system	中间系统
LSP	Link State PDU	链路状态 PDU
NLPID	Network Layer Protocol ID	网络层协议标识符
PDU	Protocol Data Unit	协议数据单元
TLV	Type-Length-Value	类型-长度-值

4 IPv6 可达性 TLV

IPv6 可达性 TLV 的 TLV 类型值是 236(0xEC)。

IETF RFC1195 中定义了两种可达性 TLV，即“IP 内部可达性信息”和“IP 外部可达性信息”，本部分用“IPv6 可达性”TLV 和一个“外部”比特提供了等效的 IPv6 数据。

“IPv6 可达性”TLV 中包含路由前缀和权值信息；包含 U 比特，用于指明该前缀是否是从更高等级上向下发布的；包含 X 比特，用于指明该前缀是否是另一个路由协议发布的；此外，还可以包含“子 TLV”(可选项)，以便将来进行扩展。“IPv6 可达性”TLV 通过对这些数据进行规定来描述网络的可达性，数据的格式如图 1 所示。

```
0                   1                   2                   3
0 1 2 3 4 5 6 7 8 9 0 1 2 3 4 5 6 7 8 9 0 1 2 3 4 5 6 7 8 9 0 1
```

<table>
<tr><td colspan="8">类型＝236</td><td colspan="8">长度</td><td colspan="16">权值</td></tr>
<tr><td colspan="16">权值</td><td>U</td><td>X</td><td>S</td><td colspan="5">保留</td><td colspan="8">前缀长度</td></tr>
<tr><td colspan="32">前缀……</td></tr>
<tr><td colspan="8">子 TLV 长度(*)</td><td colspan="24">子 TLV……</td></tr>
</table>

说明：

* 表示可选项。

U——上/下比特。

X——外部起源比特。

S——子 TLV 呈现比特。

图 1 IPv6 可达性 TLV 的格式

这种 IPv6 可达性 TLV 可以在一个 LSP 内出现任意多次(也可以不出现)。禁止用这种 TLV 来发布链路本地前缀。

当一个前缀是第一次注入到 IS-IS 中时，上/下比特被置为“0”。如果前缀是从一个较高等级发布到一个较低等级上(例如从等级 2 到等级 1)，则该比特另置为“1”，以表明该前缀是按从高向低的等级发布的。对于上/下比特置“1”的前缀，只允许将其从较高的等级向较低的等级发布。

如果前缀是从另一个路由协议发布到 IS-IS 中的，则外部比特被置为“1”。从 IS-IS 向其他协议发布前缀时这一信息是有用的。

如果“子 TLV”比特被置为“0”，则不出现“子 TLV”。否则，如果该比特被置为“1”，则前缀后边的一个字节就是描述“子 TLV”长度的字节，且格式中包含“子 TLV”部分。

前缀被“封装”到数据结构中，这是指只有前缀所需要若干字节出现在数据结构中。字节数目可以根据前缀长度计算得到，具体如下：

前缀字节数 ＝ 取整 ((前缀长度＋7)/ 8)。

如果发布的前缀具有大于 MAX_V6_PATH_METRIC (0xFE000000)的权值，则在进行通常的 SPF 计算时禁止考虑该前缀。这种处理方式下，为了建立通常的 IPv6 路由表以外的原因而发布一个前缀是被允许的。

如果有子 TLV,则其格式与普通的 TLV 相同,见图 2。

0 1 2 3

0 1 2 3 4 5 6 7 8 9 0 1 2 3 4 5 6 7 8 9 0 1 2 3 4 5 6 7 8 9 0 1

类型	长度	值(*)……

说明:

* 表示可选项。

图 2 IPv6 可达性 TLV 的子 TLV 格式

长度字段指明值字段有多少个字节,长度字段值可为零。

5 IPv6 接口地址 TLV

“IPv6 接口地址”TLV 的 TLV 类型值是 232(0xE8)。

这个 TLV 直接映射到 IETF RFC1195 规定的“IP 接口地址”TLV 中,如图 3。为此需要对内容进行调整,用序号为 0～15 的 16 字节的 IPv6 接口地址取代序号为 0～63 的 4 字节的 IPv4 接口地址。

0 1 2 3

0 1 2 3 4 5 6 7 8 9 0 1 2 3 4 5 6 7 8 9 0 1 2 3 4 5 6 7 8 9 0 1

<table>
<tr><td>类型＝232</td><td>长度</td><td colspan="2">接口地址 1(*)</td></tr>
<tr><td colspan="4">接口地址 1(续*)</td></tr>
<tr><td colspan="4">接口地址 1(续*)</td></tr>
<tr><td colspan="4">接口地址 1(续*)</td></tr>
<tr><td colspan="2">接口地址 1(续*)</td><td colspan="2">接口地址 2(*)</td></tr>
<tr><td colspan="4">接口地址……</td></tr>
</table>

说明:

* 表示可选项。

图 3 IPv6 接口地址 TLV

根据 TLV 是否被发布,在此对 TLV 的句法做进一步的限制。对于 Hello PDU,“接口地址”TLV 必须只包含分配给发送 Hello 消息的接口的链路本地 IPv6 地址。对于 LSP,“接口地址”TLV 中必须只包含分配给 IS 的非链路本地 IPv6 地址。

6 IPv6 NLPID

如果 IS 用 IS-IS 协议支持 IPv6 路由,则必须将 IPv6 NLPID 添加到“NLPID”TLV 中发布。

IPv6 NLPID 在 L1 LAN IIH、L2 LAN IIH、点到点 IIH、L1 LSP、L2 LSP 消息中的 TLV 格式为:

0 1 2 3

0 1 2 3 4 5 6 7 8 9 0 1 2 3 4 5 6 7 8 9 0 1 2 3 4 5 6 7 8 9 0 1

<table>
<tr><td>代码</td><td>长度</td><td>NLPID</td><td>NLPID</td></tr>
<tr><td>NLPID</td><td colspan="3">……</td></tr>
</table>

图 4 IPv6 NLPID 的 TLV 格式

图 4 中 TLV 代码字段的值为“129”，长度字段的值为所有 NLPID 长度之和，NLPID 为 IS-IS 协议支持的一个或多个网络层协议的协议标识符，IPv6 NLPID 的值是 142(0x8E)。

7 操作

如果有两条路径对应于一个给定的前缀，则对路径进行优选时必须考虑根据上/下比特进行调整。新的优选次序如下：

a) 等级 1 上前缀；

b) 等级 2 上前缀；

c) 等级 2 下前缀；

d) 等级 1 下前缀。

如果多条路径具有同样的最好优选等级，则要根据权值进行选择。如果路由器支持相等开销多径路由，则多条路径应被看作是相等开销的多径路由，否则，路由器可以选择多条路径中的任意一条。

8 安全

IS-ISv6 安全认证功能符合 ISO 10589 和 IETF RFC1195 的规定，支持 OSI 认证和 IP 认证。OSI 认证为链路层认证，只有在认证成功的条件下，IS 之间可以建立 IS-IS 邻居关系；IP 认证为网络层的认证，只有在 OSI 认证成功且 IP 认证成功的条件下，IS 之间交换的 IS-IS 路由信息有效。

ICS 33.040.01
M 33

中华人民共和国国家标准

GB/T 28515.1—2012

自动交换光网络(ASON)测试方法 第1部分:基于SDH的ASON

Test specifications for automatically switched optical network(ASON)—
Part 1:Test specifications for SDH-based ASON

2012-06-29 发布　　2012-10-01 实施

中华人民共和国国家质量监督检验检疫总局
中国国家标准化管理委员会 发布

前 言

GB/T 28515《自动交换光网络(ASON)测试方法》分为以下几个部分：

——自动交换光网络(ASON)测试方法　第1部分：基于SDH的ASON；

——自动交换光网络(ASON)测试方法　第2部分：基于OTN的ASON；

⋮

⋮

本部分是GB/T 28515的第1部分。

本部分按照GB/T 1.1—2009给出的规则起草。

本部分由中华人民共和国工业和信息化部提出。

本部分由中国通信标准化协会归口。

本部分起草单位：工业和信息化部电信研究院、中国电信集团公司、华为技术有限公司、中兴通讯股份有限公司、上海贝尔股份有限公司、武汉邮电科学研究院。

本部分主要起草人：张海懿、荆瑞泉、张国颖、徐云斌、胡昌军、王郁、高建华、汪学蓉、许宗幸、魏学勤。

自动交换光网络(ASON)测试方法 第1部分:基于SDH的ASON

1 范围

本标准的本部分规定了基于SDH的自动交换光网络(ASON)传送平面、控制平面、管理平面、信令通信网(SCN)、保护恢复、ASON网络业务、与传统SDH网络的互通、规划模拟软件等方面的测试内容。

本部分适用于基于ITU-T G.783定义的SDH设备功能为传送平面的ASON网络。

注:与传统SDH网络互通的测试见附录A,规划模拟软件的功能验证见附录B。

2 规范性引用文件

下列文件对于本文件的应用是必不可少的。凡是注日期的引用文件,仅注日期的版本适用于本文件。凡是不注日期的引用文件,其最新版本(包括所有的修改单)适用于本文件。

GB/T 16814—2008 同步数字体系(SDH)光缆线路系统测试方法

GB/T 21645.1—2008 自动交换光网络(ASON)技术要求 第1部分:体系结构与总体要求

YD/T 900—1997 SDH设备技术要求——时钟

YD/T 974—1998 SDH数字交叉连接设备(SDXC)技术要求和测试方法

YD/T 1238—2002 基于SDH的多业务传送节点技术要求

YD/T 1267—2003 基于SDH传送网的同步网技术要求

YD/T 1276—2003 基于SDH的多业务传送节点测试方法

YD/T 1289.2—2003 同步数字体系(SDH)传送网网络管理技术要求 第2部分:网元管理系统(EMS)功能

ITU-T G.781 同步层功能(Synchronization layer functions)

ITU-T G.783 SDH设备功能块特性(Characteristics of synchronous digital hierarchy (SDH) equipment functional blocks)

3 缩略语

AIS	告警指示信号	Alarm Indication Signal
ASON	自动交换光网络	Automatically Switched Optical Network
BoD	带宽按需分配	Bandwidth on Demand
CE	客户设备	Client Element
CoS	业务等级	Class of Service
CTP	连接终端点	Connection Termination Point
DCC	数据通信通路	Data Communications Channel
ECC	嵌入式控制通路	Embedded Control Channel

GMPLS	通用多协议标记交换	Generalized Multi-Protocol Label Switching
GoS	服务等级	Grade of Service
I-NNI	内部网络-网络接口(参考点)	Internal Network-Network Interface (reference point)
IPCC	IP 控制通路	IP Control Channel
LCAS	链路容量调整方案	Link Capacity Adjustment Scheme
LMP	链路管理协议	Link Management Protocol
LoF	帧丢失	Loss of Frame
LoS	信号丢失	Loss of Signal
MS	复用段	Multiplex Section
MSP	复用段保护	Multiplex Section Protection
MPLS	多协议标记交换	Multi-Protocol Label Switching
OSI	开放系统互联	Open System Interconnection
PPP	点到点协议	Point to Point Protocol
QoS	服务质量	Quality of Service
RSVP-TE	资源预留协议—流量工程	Resource Reservation Protocol-Traffic Engineering
SC	交换连接	Switched Connection
SCN	信令通信网络	Signalling Communication Network
SDH	同步数字体系	Synchronous Digital Hierarchy
SLA	服务等级协议	Service Level Agreement
SNCP	子网连接保护	Subnetwork Connection Protection
SNP	子网点	Subnetwork Point
SNPP	子网点池	Subnetwork Point Pool
SPC	软永久连接	Soft Permanent Connection
SRLG	共享风险链路组	Shared Risk Link Group
SSM	同步状态信息	Synchronization Status Message
STM	同步传送模块	Synchronous Transport Module
TNE	传送网络设备	Transport Network Equipment
UNI	用户-网络接口(参考点)	User-Network Interface (reference point)
UNI-C	UNI 客户侧	User-Network Interface-Client
UNI-N	UNI 网络侧	User-Network Interface-Network
VPN	虚拟专用网	Virtual Private Network
WTR	恢复等待时间	Wait Time to Restore

4 ASON 测试参考模型

4.1 ASON 网络参考点

ASON 按照不同管理职责、信任关系、控制功能分布等可划分为不同控制域。控制域内部以及控制域之间的互连通过参考点来描述,如图 1 所示。控制平面参考点包括 NNI(E-NNI/I-NNI)和 UNI。其中,控制域内部通过 I-NNI 互连,不同控制域之间通过 E-NNI 互连,用户与 ASON 控制域之间通过 UNI 互连。控制平面测试主要是在 NNI 和 UNI 上完成功能、性能和协议的测试。

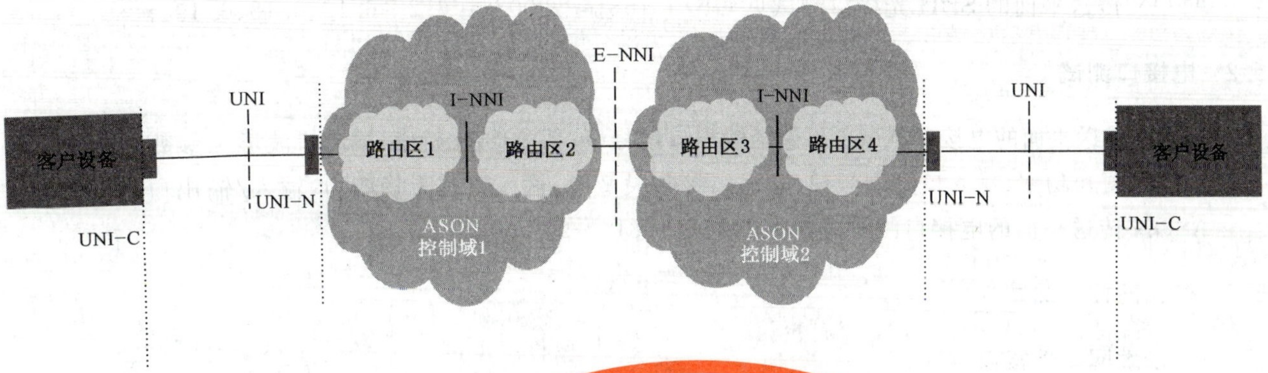

图 1 ASON 网络参考点示意图

4.2 测试组网配置原则

ASON 测试的组网配置应能体现网状网结构，并能满足 ASON 路由多样性，抗多重故障的特性。因此，ASON 测试配置的节点和链路应满足以下配置条件：

1) 节点数量应至少配置 4 个以上；
2) 每节点的连通度应大于或等于 3；
3) 节点间应配置足够数量的链路连接(至少有一对节点间链路数量≥2)，接口速率应包括系统支持的最高速率。

遵循上述测试配置条件，本部分采用的测试配置如图 2 所示。

注：图 2 为 ASON 测试的最小测试配置，仅为测试配置举例，但并不限于此。

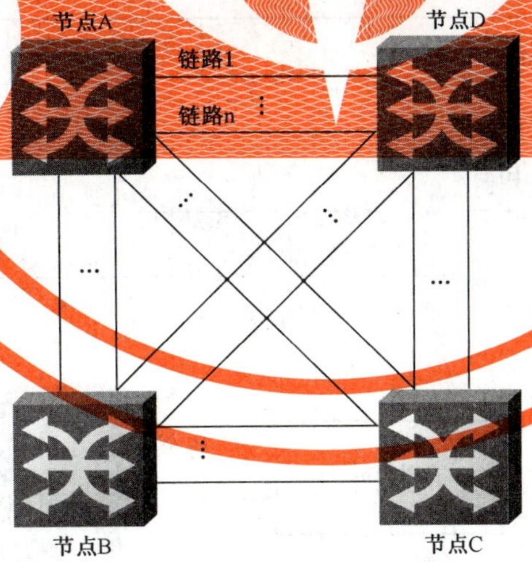

图 2 ASON 测试配置示例

5 传送平面测试

5.1 SDH 光接口测试

ASON 传送平面的 SDH 光接口测试项目包括平均发送光功率、消光比(EX)、发送信号波形(眼图)、激光器工作波长、最大均方根谱宽 σ_{rms}、最大-20dB 谱宽 σ_{-20}、最小边模抑制比(SMSR)、接收机灵敏度、接收机过载功率、光通道代价、接收机反射系数、光输入口允许频偏、光输出口 AIS 速率。

ASON 传送平面的 SDH 光接口测试见 GB/T 16814—2008 中 6.2～6.12、6.18、6.19。

5.2 电接口测试

ASON 传送平面的电接口测试项目包括输出口信号(包括 AIS)比特率、输出口波形和参数、STM-1 输出口信号眼图和功率、输入口允许频偏、输入口接收灵敏度、输入口抗干扰能力、输入/输出口反射衰减。

ASON 传送平面的电接口测试方法见 GB/T 16814—2008 中 7.1～7.7。

5.3 以太网接口测试

5.3.1 以太网物理接口测试

ASON 传送平面的以太网物理接口测试项目包括最大传输距离、平均发送光功率、中心波长、消光比、接收机灵敏度、过载光功率、千兆/万兆输出光眼图、千兆/万兆输出光口波形参数测试、千兆/万兆输出均方根谱宽、千兆/万兆输出抖动测试、千兆/万兆接收机反射系数。

ASON 传送平面的以太网物理接口测试方法见 YD/T 1276—2003 中 6.5.1～6.5.11。

5.3.2 以太网接口功能测试

ASON 传送平面的以太网接口功能测试主要包括吞吐量、过载丢包率、时延、背靠背。

ASON 传送平面以太网接口功能测试方法见 YD/T 1276—2003 中 6.1～6.2。

5.4 交叉连接验证

5.4.1 交叉连接方式

测试项目	交叉连接方式
测试目的	测试设备的交叉连接方式
测试依据	YD/T 974—1998 中 4.3
测试仪表	SDH 分析仪
测试配置	测试配置如图 3 所示。 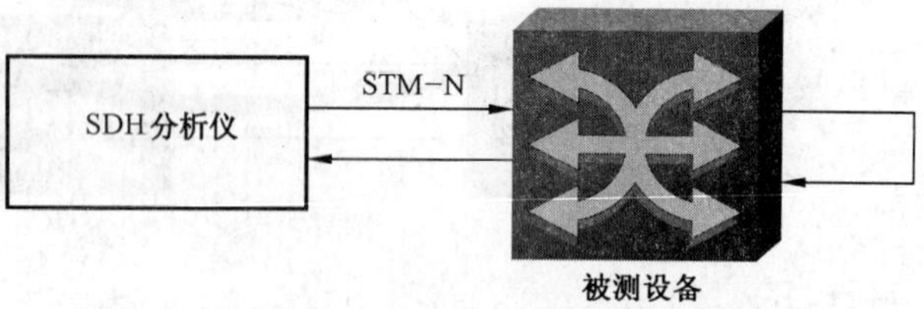 图 3 交叉连接方式测试配置
测试步骤	1) 配置 VC4-nC 业务,测试环回、广播、单向、双向等不同交叉连接方式; 2) 业务应正常工作; 3) 配置 VC4-nC 业务,测试支路到支路、支路到群路、群路到支路、群路到群路等交叉连接能力; 4) 业务应工作正常。
注意事项	—

5.4.2 交叉连接容量

测试项目	交叉连接容量
测试目的	验证设备的高阶和低阶交叉连接容量
测试依据	—
测试仪表	SDH 分析仪
测试配置	测试配置见图 4、图 5。 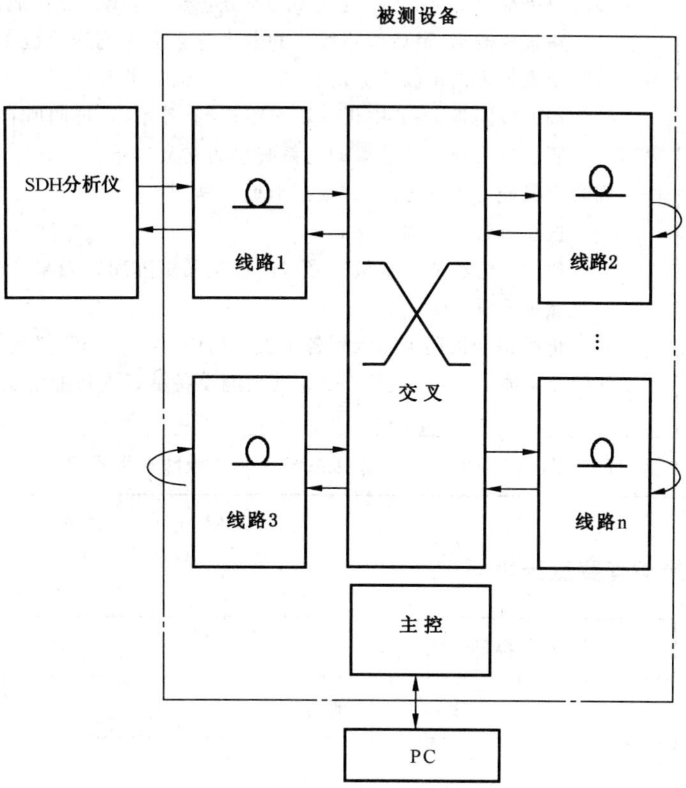 图 4　交叉连接容量测试配置(方法一) 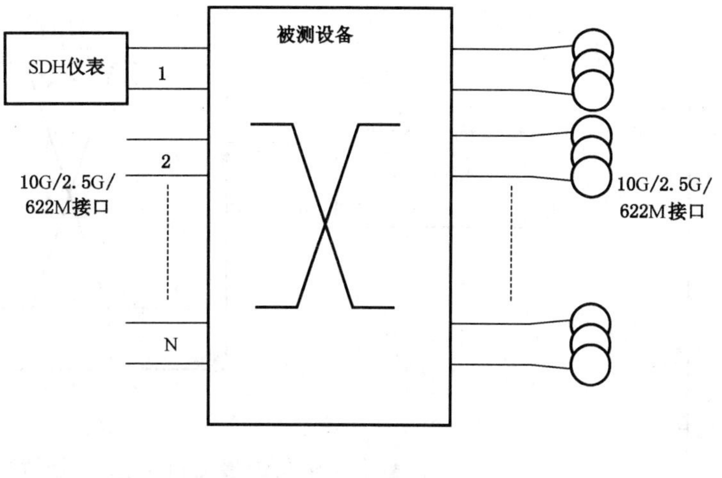 图 5　交叉连接容量测试配置(方法二)

表（续）

测试步骤	a) 高阶交叉能力测试方法一(线路卡板满配): 1) 按图 4 进行配置连接; 2) 系统业务满配置,即按照系统线路槽位的交叉总线最大容量配置相应类型(接入容量)的线路板; 3) 线路板 1 从 SDH 分析仪上下业务,其余线路板都光口自环; 4) 业务配置如下:从线路板 1 上业务,交叉到线路板 2 输出;线路板 2 的输入业务交叉到线路板 3 输出;最后线路板 n 的输入业务交叉到线路板 1 输出接到仪表进行监控; 5) 观察仪表的接收业务情况,应该无任何告警和误码; 6) 拔掉线路板 1～n 中任一块线路板,业务不通,证明所有的线路业务都是串接起来的;计算所有接入业务的总量即为系统总的交叉容量。 b) 高阶交叉能力测试方法二(线路卡板不满配): 1) 按图 5 进行配置连接; 2) 通过网管将所有卡板的光口经过交叉矩阵配置为端口环回; 3) 撤掉网管; 4) 将线路卡板逐个插入到各个板位槽中,接上 SDH 仪表,观测业务是否正常。 c) 低阶交叉能力通过网管验证,验证被测设备是否支持低阶交叉能力和 2M 上下功能。
注意事项	这里的 VC4-nC 中的 n 应该包括系统支持的级联业务类型,后面部分出现的 VC4-nC 与之相同。

5.4.3 交叉连接矩阵容量升级

测试项目	交叉连接矩阵容量升级
测试目的	验证设备的交叉连接容量升级能力
测试依据	—
测试仪表	SDH 分析仪
测试配置	测试配置如图 6 所示。 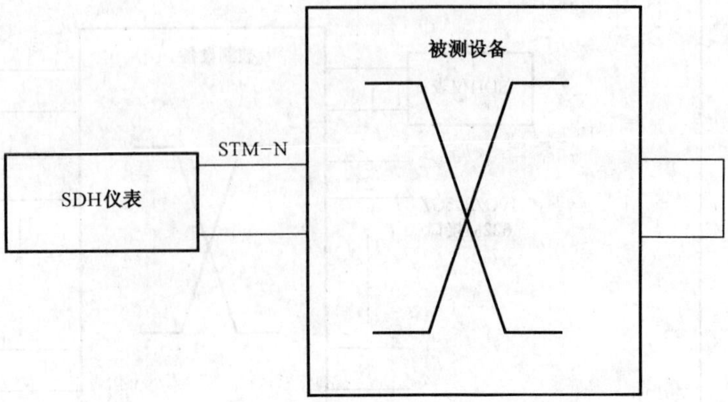 图 6 交叉连接矩阵容量升级测试配置

表（续）

测试步骤	1） 按照图 6 配置业务； 2） 根据所配置的 STM-N 的端口连接 SDH 测试仪表，此时业务应显示正常； 3） 根据厂家交叉连接矩阵容量升级方案，开始交叉连接矩阵容量升级； 4） 记录交叉矩阵升级过程中对于已建立业务的影响； 5） 对测试升级后的交叉连接矩阵容量按照前节的测试步骤，确认交叉连接矩阵容量升级是否成功。
注意事项	当节点设备可提供多种具有不同交叉连接容量的交叉单元时，此项为必选。

5.5 开销测试

5.5.1 再生段开销

见 GB/T 16814—2008 中 14.1。

5.5.2 复用段开销

见 GB/T 16814—2008 中 14.2。

5.5.3 高阶通道开销

见 GB/T 16814—2008 中 14.3。

5.5.4 低阶通道开销

见 GB/T 16814—2008 中 14.4。

5.5.5 开销透传功能

测试项目	开销透传功能
测试目的	验证设备对于特定 SDH 开销的透传支持能力
测试依据	—
测试仪表	SDH 分析仪
测试配置	同图 3。
测试步骤	1） 按图 3 连接好测试配置； 2） 根据所支持的透传开销字节进行开销字节透传的相关功能验证。
注意事项	—

5.6 设备的冗余保护功能测试

5.6.1 交叉矩阵冗余特性

见 GB/T 16814—2008 中 12.7.3.2。

5.6.2 管理单元冗余特性

见 GB/T 16814—2008 中 12.7.3.3。

5.6.3 控制单元冗余特性

测试项目	控制单元冗余特性
测试目的	验证设备控制单元的 1+1 热备份功能
测试依据	GB/T 21645.1—2008 中 16.1
测试仪表	SDH 分析仪
测试配置	测试配置如图 7 所示。  图 7 控制单元冗余特性测试配置
测试步骤	1) 按图 7 连接好测试配置； 2) 设置被测设备 A 控制单元为 1+1 备份保护，建立被测设备 A 到被测设备 B 的 VC4-nC SPC 业务后，拔掉此时被测设备 A 的控制单元 1，业务不受影响。此时可以用控制单元 2 进行业务的配置； 3) 插回被测设备 A 的控制单元 1，建立和删除业务正常； 4) 拔出被测设备 A 的控制单元 2，建立和删除业务正常。
注意事项	—

5.6.4 同步定时单元保护倒换

见 GB/T 16814—2008 中 12.7.3.4。

5.6.5 电源系统保护倒换测试

测试项目	电源系统保护倒换测试
测试目的	验证手动断开或闭合任意一路接入电源不影响系统正常工作，业务不受影响
测试依据	—
测试仪表	SDH 分析仪
测试配置	同图 3。
测试步骤	1) 按图 3 连接好测试配置； 2) 网管系统配置业务，通过 SDH 分析仪监控业务； 3) 启动电源保护方案（根据厂家具体设置），观察并记录电源在保护切换时对于已有业务的影响。
注意事项	—

5.6.6 支路端口主/备保护倒换

见 GB/T 16814—2008 中 12.7.3.1。

5.7 单机抖动和转接时延测试

5.7.1 SDH 和 PDH 输入口抖动容限

见 GB/T 16814—2008 中 8.5 和 8.6。

5.7.2 设备的抖动产生

见 GB/T 16814—2008 中 8.3。

5.7.3 设备的转接时延测试

见 YD/T 974—1998 中 15.7。

5.7.4 PDH 接口的映射和结合抖动

见 GB/T 16814—2008 中 8.8 和 8.9。

5.8 传送平面性能测试

5.8.1 端到端误码/丢包率性能测试

5.8.1.1 VC4-nC 业务的长期误码性能测试

测试项目	VC4-nC 业务的长期误码性能测试
测试目的	验证设备工作稳定性能
测试依据	YD/T 1238—2002 中 6.2.6
测试仪表	SDH 分析仪
测试配置	测试配置如图 8 所示。 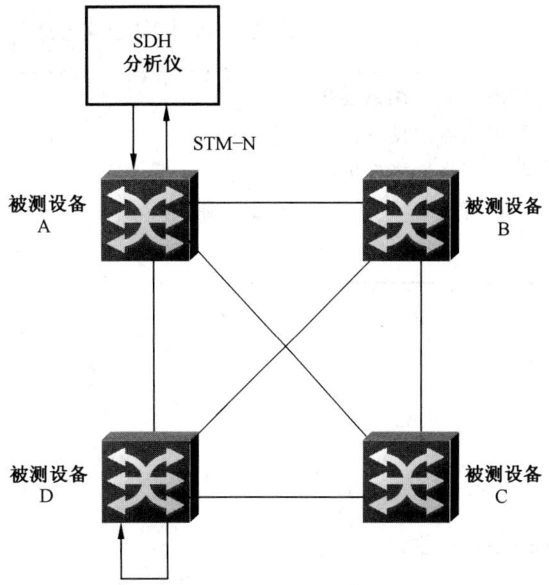 图 8 VC4-nC 业务长期性能测试配置

表（续）

测试步骤	1）按照图 8 连接好光路； 2）建立一个 A-B-C-D 的 VC4-nC 业务，并在被测设备处进行环回； 3）将 SDH 分析仪连接到相应的 VC4-nC 光口进行误码测试，连续测试 24 h 以上，记录误码情况。
注意事项	—

5.8.1.2 以太网业务的长期丢包率性能测试

测试项目	以太网业务的长期丢包率性能测试
测试目的	在正常负荷的情况下，设备长时间运行下的丢包性能
测试依据	YD/T 1238—2002 中 6.3
测试仪表	数据网络性能分析仪
测试配置	测试配置如图 9 所示。 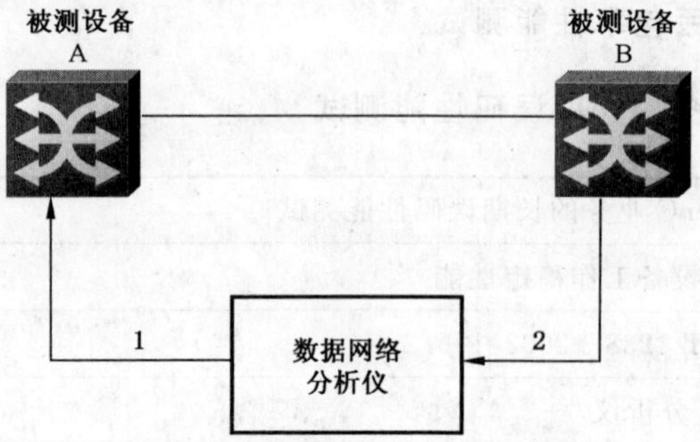 图 9 以太网业务长期性能测试配置
测试步骤	1）按图 9 建立测试连接； 2）配置被测试设备正常业务； 3）数据网络性能分析仪发送等于吞吐量 90％的固定流量； 4）测试持续 12 h 以上，记录丢包结果。
注意事项	—

5.8.2 系统输出抖动

见 GB/T 16814—2008 中 8.1。

5.9 时钟功能/性能测试

5.9.1 时钟性能——噪声产生

测试项目	时钟性能——噪声产生
测试目的	在输入理想信号的情况下，测试被测设备的输出噪声（漂动/抖动）
测试依据	YD/T 900—1997 第 7 章
测试仪表	SDH 分析仪、漂动分析仪、测试基准

表（续）

测试配置	测试配置如图 10 所示。 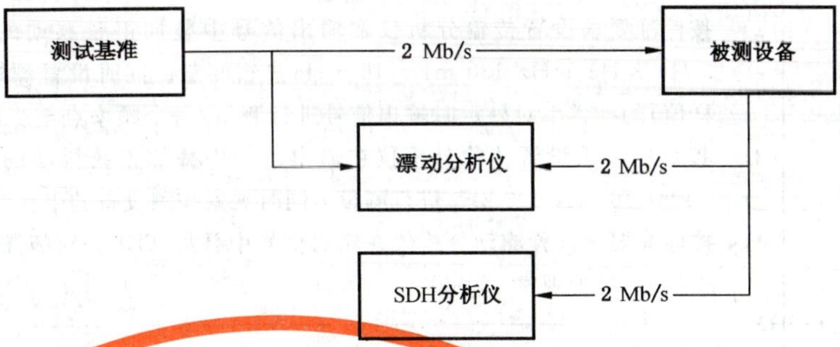 图 10　时钟性能——噪声产生测试配置
测试步骤	1)　在被测设备正常锁定于来自测试基准的外定时输入信号 2 h 之后，开始测量； 2)　设置漂动分析仪以 50 Hz(即 0.02 s/抽样值)的抽样率对外定时输出信号进行测量，连续测量 12 000 s； 3)　设置传输分析仪的抖动测量带宽为 20 kHz～100 kHz，测量时长为 60 s，对 2 048 kb/s 外定时输出信号进行测量，至少测试 3 次。
注意事项	—

5.9.2　**时钟性能——噪声容限/转移特性**

测试项目	时钟性能——噪声容限/转移特性
测试目的	在输入信号中叠加噪声(正弦漂动/抖动噪声和 TDEV 模板白噪声)，观测设备的工作状态，同时测量输出信号的漂动，推算等效时钟带宽
测试依据	YD/T 900—1997 第 8 章和 9 章
测试仪表	SDH 分析仪、漂动分析仪、测试基准
测试配置	测试配置如图 11 所示。 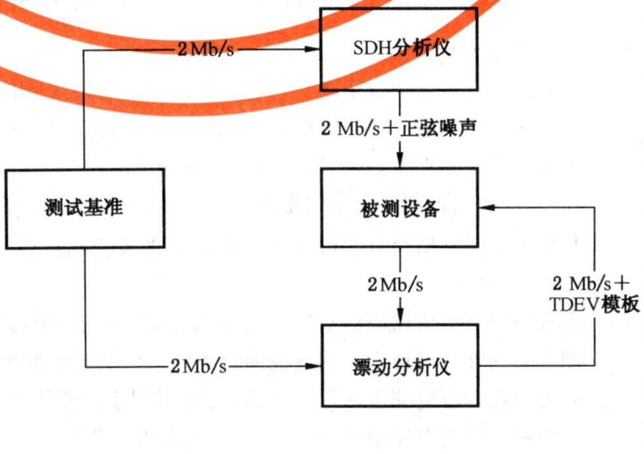 图 11　噪声容限/转移特性测试配置

表（续）

测试步骤	1) 在被测设备正常锁定于来自SDH分析仪的外定时输入信号2 h之后，开始测量； 2) 按标准要求设置传输分析仪在输出信号中叠加正弦漂动的频率及幅度，至少选择10 Hz、5 Hz、3 Hz、1 Hz、130 mHz、16 mHz进行测量。同时设置漂动分析仪以50 Hz(即0.02 s/抽样值)的抽样率对外定时输出信号进行测量，每个频率点至少测量300 s； 3) 按标准要求设置传输分析仪在输出信号中叠加正弦抖动的频率及幅度，至少选择100 Hz、1 kHz、10 kHz、100 kHz进行测量。同时观察被测设备的工作状态，每个频率点至少观察300 s； 4) 按标准要求设置漂动分析仪在输出信号中叠加TDEV模板漂动噪声，同时观察被测设备的工作状态，至少观察12 000 s。
注意事项	—

5.9.3 时钟性能——牵引入/牵引出范围

测试项目	时钟性能——牵引入/牵引出范围
测试目的	改变被测设备输入信号的频偏，观察被测设备的工作状态，同时测量被测设备输出信号的频偏，以确认被测设备的工作状态
测试依据	YD/T 900—1997第6章
测试仪表	SDH分析仪、通用计数器、测试基准
测试配置	测试配置如图12所示。 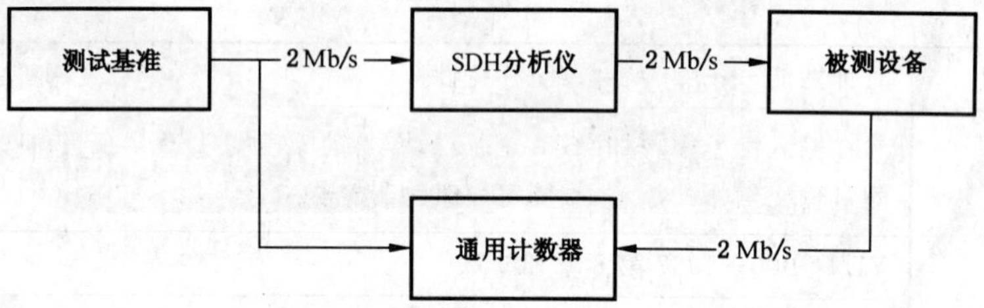 图12 时钟性能——牵引入/牵引出范围测试配置
测试步骤	1) 在被测设备正常锁定于来自传输分析仪的外定时输入信号后，开始测量； 2) 将传输分析仪输出信号的频偏慢调至所要求的正向牵引出范围(例如4.6E-6)，直到被测设备时钟出现失锁现象，从通用计数器上可读出输出信号频偏已经跟踪上输入信号频偏。重复上述步骤，可以得到反向牵引出范围； 3) 将传输分析仪输出信号的频偏慢调至0，断掉被测设备的定时输入信号，使时钟处于保持状态至少1 000 s； 4) 设置传输分析仪输出信号的频偏为规范要求的正向牵引入范围(例如4.6E-6)，并重新恢复被测设备的外定时输入。观察被测设备的工作状态和测试数据，在1 000 s内被测设备应能跟踪外定时输入信号并进入锁定状态，此时得到正向牵引入范围，否则减小传输分析仪输出信号的频偏。重复上述步骤，可以得到反向牵引入范围。
注意事项	—

5.9.4 时钟性能——保持性能

测试项目	时钟性能——保持性能
测试目的	改变被测设备输入信号的频偏，观察被测设备的工作状态，同时测量被测设备输出信号的频偏，以确认被测设备的工作状态
测试依据	YD/T 900—1997 中 10.2
测试仪表	通用计数器、测试基准
测试配置	测试配置如图 13 所示。 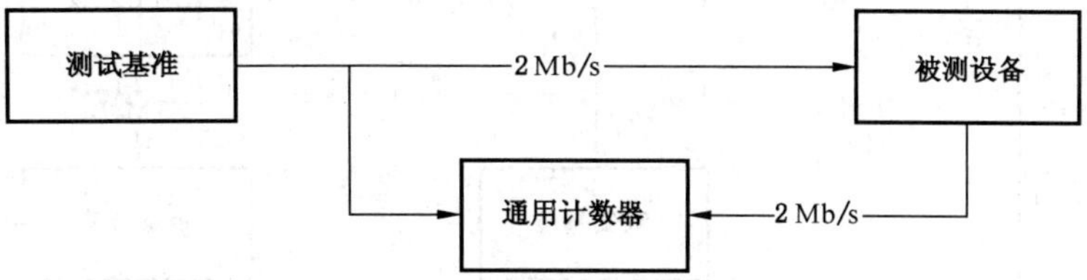 **图 13 时钟性能——保持性能测试配置**
测试步骤	1) 在被测设备正常锁定于来自铯钟的外定时输入信号约半天之后，开始测量； 2) 断掉被测设备的外定时输入信号，使被测设备时钟进入保持状态； 3) 连续测试 1 d，得到频率变化曲线，测试结果应满足标准的要求。
注意事项	—

5.9.5 时钟性能——频率准确度

测试项目	时钟性能——频率准确度
测试目的	在被测设备时钟在重新上电后，设置工作模式为自由振荡，测试设备输出信号的频率偏差
测试依据	—
测试仪表	通用计数器、测试基准
测试配置	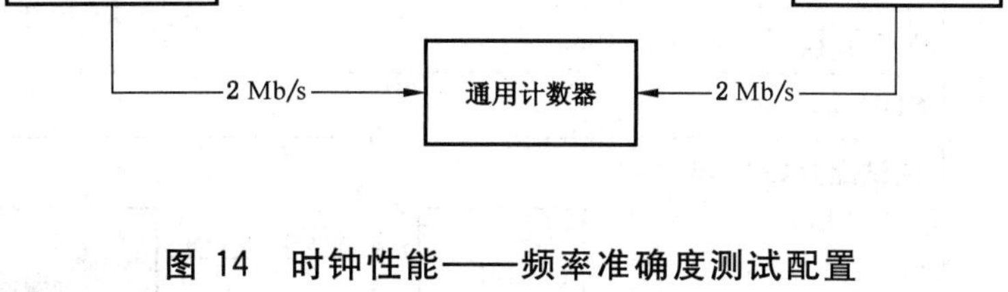 **图 14 时钟性能——频率准确度测试配置**
测试步骤	1) 在被测设备时钟模块重新上电并工作在自由振荡状态后，开始测量； 2) 连续测试约 1 h，得到频率变化曲线。
注意事项	—

5.9.6 时钟性能——相位瞬变/相位不连续性

测试项目	时钟性能——相位瞬变/相位不连续性
测试目的	在设备正常工作的情况下，当进行参考定时源的倒换、进行冗余时钟卡板（或该功能对应的卡板）的倒换时，测试被测设备输出信号的相位变化
测试依据	YD/T 900—1997 中 10.1、10.3 和 10.4
测试仪表	SDH 分析仪、漂动分析仪、测试基准
测试配置	测试配置如图 15 所示。 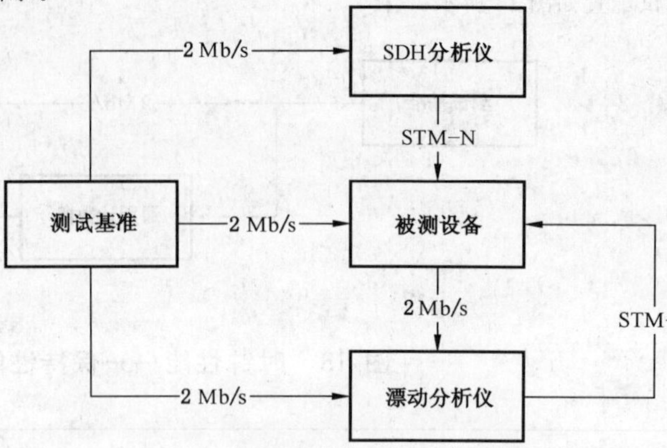 图 15 相位瞬变/相位不连续性测试配置
测试步骤	1) 设置被测设备的定时源分别来自外定时输入口、STM-1 支路、STM-N 线路，在被测设备正常锁定于来自铯钟的外定时输入信号约 1 000 s 后，开始测量； 2) 设置漂动分析仪以 50 Hz（即 0.02 s/抽样值）的抽样率对外定时输出信号进行测量，每次倒换的测试时间至少为 1 000 s； 3) 通过网管或人工插拔完成以下定时源间的倒换测试：外定时输入信号→STM-1 支路信号、STM-N 线路信号→外定时输入信号、STM-1 支路信号→STM-N 线路信号； 4) 通过网管或人工插拔完成冗余时钟卡板间的倒换测试。
注意事项	—

5.9.7 时钟基本功能——同步参考源

测试项目	时钟基本功能——同步参考源
测试目的	验证被测设备同步参考源的种类和数量
测试依据	YD/T 1267—2003 中 10.2
测试仪表	SDH 分析仪
测试配置	测试配置如图 16 所示。 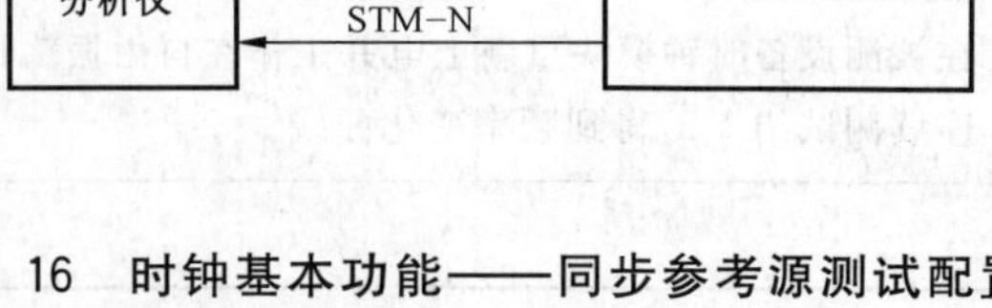 图 16 时钟基本功能——同步参考源测试配置

表（续）

测试步骤	1） 设置 SDH 分析仪产生 2 Mb/s 信号，设置线路频偏为 5×10^{-6}，设置被测设备跟踪于外定时信号；若被测设备可以配置 2 Mb/s 支路盘，设置测设备跟踪于某个 2 Mb/s 支路信号； 2） 设置 SDH 分析仪产生 STM-N 信号，设置线路频偏为 5×10^{-6}，设置被测设备跟踪于 STM-N 信号； 3） 通过网管确认被测设备时钟的工作状态，以及各种同步参考源的数量； 4） 通过 SDH 分析仪观察返回的 STM-N 信号的频偏，确认被测设备时钟可以正常跟踪并锁定于各种同步参考源。
注意事项	—

5.9.8 时钟基本功能——时钟结构

测试项目	时钟基本功能——时钟结构
测试目的	验证被测设备的时钟结构是否符合 ITU-T G.783 中的规定
测试依据	YD/T 1267—2003 中 10.2
测试仪表	SDH 分析仪
测试配置	测试配置如图 17 所示。 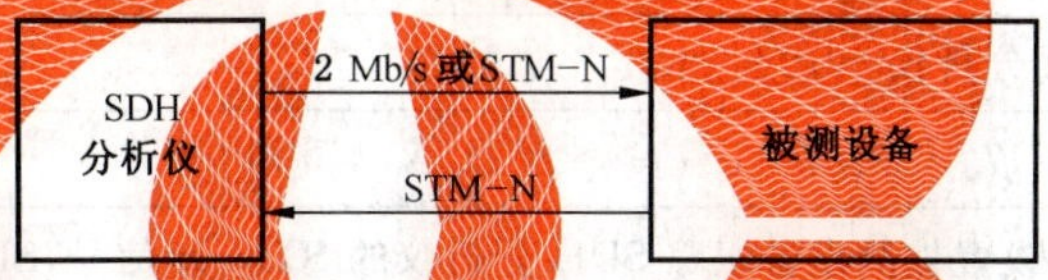 图 17 时钟结构测试配置
测试步骤	1） 选择器 A 应具有对所有 STM-N 线路/支路信号进行优先级设置及闭塞/打开设置的功能；应具有按照所有选择的输入信号的 SSM 质量等级和预置的优先级进行排序的功能； 2） 选择器 B 应具有对所有 STM-N 线路/支路信号进行优先级设置及闭塞/打开设置的功能；应具有对至少 1 路 PDH 支路信号进行 SSM 质量等级预置、优先级设置及闭塞/打开设置的功能；应具有对所有外同步输入信号进行优先级设置、SSM 质量等级识别、SSM 质量等级预置及闭塞/打开设置的功能；应具有按照所有选择的输入信号的 SSM 质量等级和预置的优先级进行排序的功能； 3） 选择器 C 应具有从 STM-N 线路/支路信号直接导出或经过 SETG 输出的功能；对于 2 Mb/s 接口，应具有按照设置的 SSM 门限在 T4 定时输出信号中插入 AIS 信息或闭塞的功能；对于 2 MHz 接口，应具有按照设置的 SSM 门限闭塞 T4 定时输出信号的功能。
注意事项	在时钟结构要求中，T2 为可选。

5.9.9 时钟基本功能——导出功能

测试项目	时钟基本功能——导出功能
测试目的	验证外定时输出口具有导出功能
测试依据	YD/T 1267—2003 中 10.2

表（续）

测试仪表	SDH 分析仪
测试配置	同图 17。
测试步骤	1） 设置外定时输出为从仪表发送的 STM-N 信号导出，设置该信号的频偏为 5×10^{-6}，被测设备时钟不跟踪该 STM-N 信号； 2） 通过 SDH 分析仪观察被测设备返回的 STM-N 信号和外定时输出信号，应具有不同的频偏； 3） 若外定时输出为具有 SSM 功能的 2 Mb/s 信号，需确认 SSM 信息和导出源 SSM 信息是否一致； 4） 当 T4 定时输出信号选择从 STM-N 线路/支路导出时，当选用的 STM-N 线路/支路信号出现 LOS/AIS/LOF 告警时，对于 2 Mb/s 接口，应具有在 T4 定时输出信号中插入 AIS 信息或闭塞的功能；对于 2 MHz 接口，应具有闭塞 T4 定时输出信号的功能。
注意事项	—

5.9.10 SSM 功能——质量等级定义

测试项目	SSM 功能——质量等级定义
测试目的	验证被测设备定义的 SSM 质量等级满足 ITU-T G.781 中的规定
测试依据	YD/T 1267—2003 中 10.3
测试仪表	SDH 分析仪
测试配置	同图 17。
测试步骤	1） 设置被测设备跟踪 SDH 分析仪的 STM-N 信号，SDH 分析仪观察被测设备的各种速率 STM-N 信号的 S1 字节； 2） 修改 SDH 分析仪输出 STM-N 信号的 S1 字节的后 4 bit，测试被测设备时钟对各个 SSM 质量等级的响应； 3） 修改 SDH 分析仪输出 STM-N 信号的 S1 字节的前 4 bit，测试被测设备时钟对各个 SSM 质量等级的响应。
注意事项	—

5.9.11 SSM 功能——响应规则

测试项目	SSM 功能——响应规则
测试目的	验证被测设备对 SSM 信息的响应规则满足 ITU-T G.781 中的规定
测试依据	YD/T 1267—2003 中 10.3
测试仪表	SDH 分析仪
测试配置	测试配置如图 18 所示。 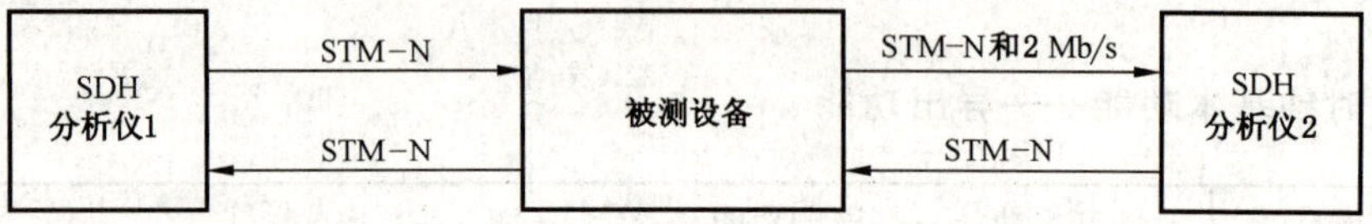 图 18 SSM 功能——响应规则测试配置

表（续）

测试步骤	1） 设置被测设备的两路定时源分别来自 SDH 分析仪 1 和 SDH 分析仪 2 输出的 STM-N 信号，被测设备不启用导出功能； 2） 通过修改两个 SDH 分析仪输出 STM-N 信号的 SSM 质量等级，测试各质量等级间的优先级以及和预置优先级的关系； 3） 测试各种外定时接口类型对 SSM 门限的响应； 4） 将外定时输出口设置为从 STM-N 导出，测试各种外定时接口类型对 SSM 门限的响应。
注意事项	—

5.9.12 SSM 功能——响应时延

测试项目	SSM 功能——响应时延
测试目的	验证被测设备对 SSM 信息的响应时延满足 ITU-T G.781 中的规定
测试依据	YD/T 1267—2003 中 10.3
测试仪表	SDH 分析仪
测试配置	测试配置如图 19 所示。 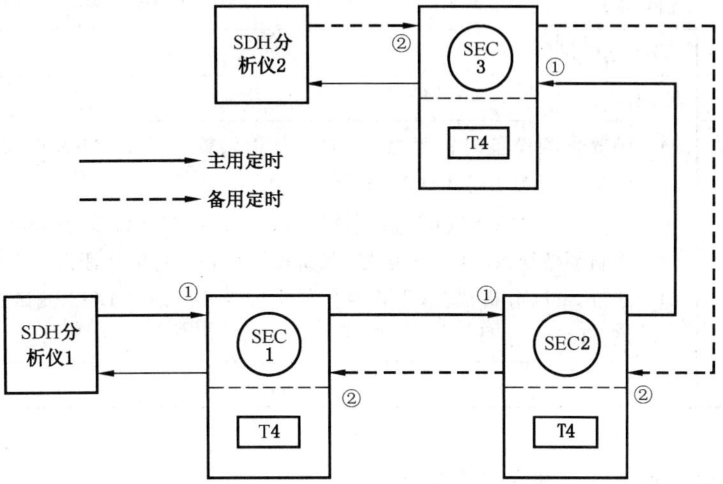 图 19 SSM 功能——响应时延
测试步骤	1） 设置 SDH 分析仪 1 发送的 SSM 信息为 02(QL-PRC)，SDH 分析仪 2 发送的 SSM 信息为 04(QL-SSU-A)； 2） 将 SDH 分析仪 1 发送的 SSM 信息改为 0F(QL-DNU)后，其接收到的相应返回 STM-N 信号的 SSM 信息将从 0F(QL-DNU)变为 04(QL-SSU-A)，测试该倒换历经的时间； 3） 重新将 SDH 分析仪 1 发送的 SSM 信息改为 02(QL-PRC)后，所有网元设备时钟均能再次跟踪于 SDH 分析仪 1 发送的 STM-N 信号，测试该倒换历经的时间； 4） 在倒换过程中，通过同步仪表监测网元 1 的定时输出相位变化。
注意事项	—

5.9.13 相关网管功能——恢复等待时间

测试项目	相关网管功能——恢复等待时间
测试目的	测试设备可以设置的恢复等待时间范围
测试依据	YD/T 1267—2003 中 10.2
测试仪表	SDH 分析仪
测试配置	同图 17。
测试步骤	1) 设置被测设备时钟跟踪于 SDH 分析仪输出的 STM-N 信号； 2) 通过网管设置恢复等待时间为 Nmin； 3) 关闭 SDH 分析仪输出信号，而后重新打开； 4) 被测设备将确认该 STM-N 信号有效，并在 Nmin 后重新锁定并跟踪该信号； 5) 重新设置 N 值，重复步骤 3)、4)，确认设备支持的恢复等待时间范围。
注意事项	—

5.9.14 相关网管功能——参考源优选顺序

测试项目	相关网管功能——参考源优选顺序
测试目的	验证网管对定时源配置的优先次序
测试依据	YD/T 1267—2003 中 10.2
测试仪表	SDH 分析仪
测试配置	同图 17。
测试步骤	1) 设置被测设备时钟跟踪于 SDH 分析仪输出的 STM-N 信号，设置频偏为 5×10^{-6}，并设置 SSM 信息为不可用(QL-DNU)； 2) 人工倒换至该 STM-N 信号，测试被测设备时钟能否跟踪该 STM-N 信号； 3) 强制倒换至该 STM-N 信号，测试被测设备时钟能否跟踪该 STM-N 信号； 4) 通过 SDH 分析仪在 STM-N 信号中插入 AIS 或者 LOS，测试被测设备在强制方式下能否跟踪该 STM-N 信号。
注意事项	—

5.9.15 相关网管功能——相关告警管理

测试项目	相关网管功能——相关告警管理
测试目的	验证被测设备同步时钟方面的相关告警管理功能
测试依据	YD/T 1267—2003 中 10.2
测试仪表	SDH 分析仪
测试配置	同图 17。
测试步骤	1) 设置被测设备时钟跟踪于 SDH 分析仪输出的 STM-N 信号； 2) 通过 SDH 分析仪在 STM-N 信号中插入 AIS 或者 LOS，在被测设备时钟进入保持工作状态后，通过网管观察是否有相应的同步时钟告警产生； 3) 恢复该 STM-N 信号，在被测设备时钟进入重新跟踪并锁定后，通过网管观察是否有相应的告警清除产生。
注意事项	—

6 控制平面功能测试

6.1 信令功能测试

6.1.1 软永久连接(SPC)控制

本章的测试内容针对一个区域内部的 SPC 连接建立。

6.1.1.1 软永久连接的建立

测试项目	软永久连接的建立
测试目的	测试从网管系统发起的软永久连接建立
测试依据	GB/T 21645.1—2008 中 8.2、8.3.3
测试仪表	SDH 分析仪，协议分析仪，数据性能分析仪
测试配置	图 20 配置中，信令网采用带外信令网方式。 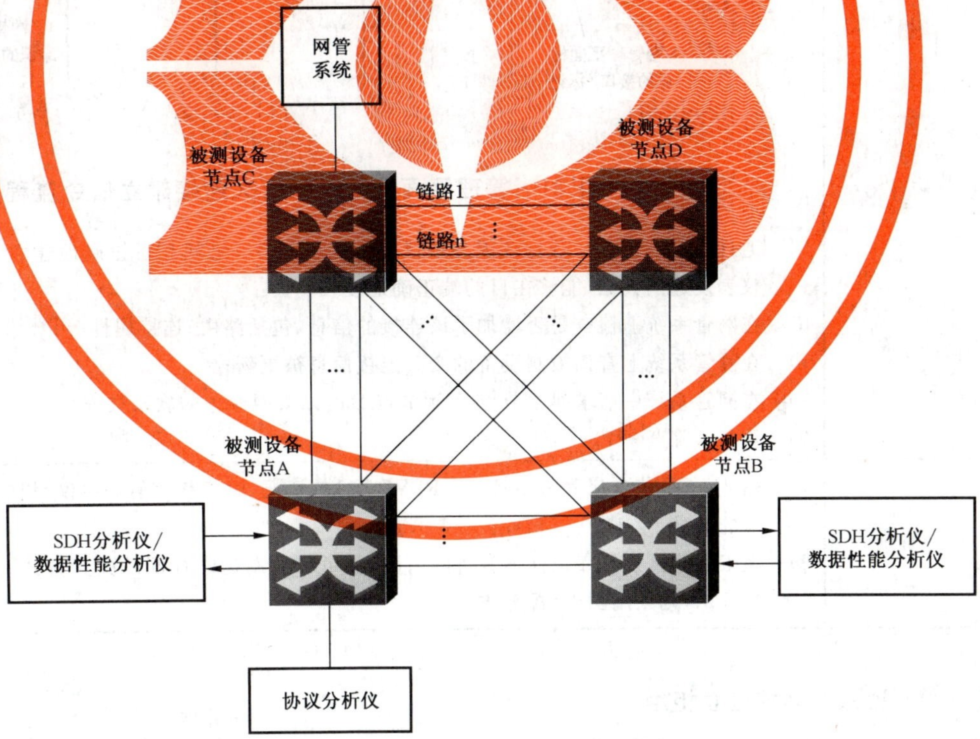 **图 20　SPC 连接控制测试配置**

表(续)

<table>
<tr><td>测试步骤</td><td>1) 测试配置如图 20 所示;
2) 在网管系统中请求建立被测设备节点 A 到被测设备节点 B 的 VC4-nC 的软永久连接;
3) 检查在 SPC 请求配置过程中,是否可以选择以下条件:
——源和目的节点,入/出端口,时隙;
——业务类别:单向、双向;
——信号带宽:VC4、VC4-n-c、VC4-n-v;
——保护恢复类型;
——优先级。
4) 通过协议分析仪,检查信令流程是否正确,信令流程见图 21;
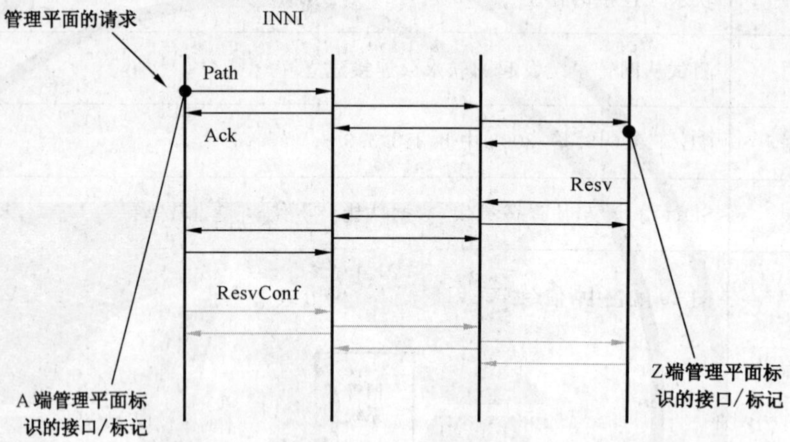

图 21 管理平面发起的软永久连接建立信令流程
5) 通过 SDH 分析仪/数据性能分析仪验证在响应端口之间是否正确地建立了物理连接,从测试仪表发送的数据,能够在目的端正确地接收;
6) 在网管系统上检查是否增加了该连接的信息,包括路由、连接属性等;
7) 在网管系统上查询被测设备的交叉连接信息被更新;
8) 在网管系统中请求建立节点 A 到节点 B 的以太网业务的软永久连接;
9) 重复步骤 3)~7)。</td></tr>
<tr><td>注意事项</td><td>1) 图 21 所示信令流程为 GMPLS-RSVP-TE 的情况,对于其他信令协议,相应信令流程应参照相应的标准。
2) 在工程测试或仪表条件不具备的情况下,可以采用远端环回的配置方式。如果 FE 业务不支持环回,则采用图 20 配置方式。</td></tr>
</table>

6.1.1.2 软永久连接建立拒绝

测试项目	软永久连接建立拒绝
测试目的	测试软永久连接建立由于资源不足或者故障等原因被网络拒绝
测试依据	GB/T 21645.1—2008 中 8.2、8.3.3
测试仪表	SDH 分析仪,协议分析仪,数据性能分析仪
测试配置	测试配置如图 20,信令网采用带外信令网方式。

表（续）

测试步骤	1） 按照测试配置连接网络； 2） 在网管系统中请求建立被测设备节点A到被测设备节点B的VC4-nC或以太网软永久连接，使其路由经过中间节点C和节点D之间的某一条链路； 3） 通过断开节点C和节点D之间的对应光纤链路，或者使得该段链路上没有可用资源，使连接建立请求被网络拒绝； 4） 通过协议分析仪检查信令流程是否正确； 5） 通过SDH分析仪/数据性能分析仪验证在相应端口间没有正确建立物理连接； 6） 在网管系统上查询连接建立的失败原因。
注意事项	信令流程参照相应的信令协议标准。

6.1.1.3 软永久连接删除

测试项目	软永久连接删除
测试目的	测试从网管系统发起软永久连接的拆除
测试依据	GB/T 21645.1—2008 中 8.2、8.3.3
测试仪表	SDH分析仪，协议分析仪，数据性能分析仪
测试配置	测试配置中见图20，信令网采用带外信令网方式
测试步骤	1） 在网管系统中请求建立被测设备节点A到被测设备节点B的VC4-nC软永久连接； 2） 通过SDH分析仪/数据性能分析仪验证相应端口是否正确的建立的物理连接。 3） 在网管系统中请求删除上述建立的软永久连接； 4） 通过协议分析仪，监测信令流程是否正确，信令流程见图22； 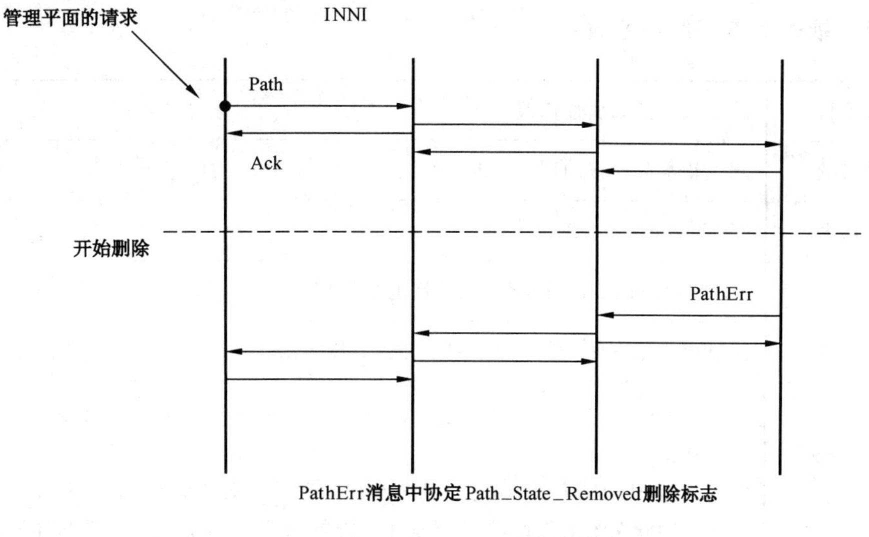 图22 软永久连接删除信令流程 5） 通过SDH分析仪/数据性能分析仪验证相应物理连接是否已经删除； 6） 在网管系统上查看连接信息已经删除，被测设备节点的交叉连接信息被更新。 7） 在网管系统中请求建立被测设备节点A到被测设备节点B的以太网业务连接； 8） 重复步骤2）～6）。
注意事项	图22所示信令流程为GMPLS-RSVP-TE的情况，对于其他信令协议，相应信令流程应参照相应的标准。

6.1.1.4 软永久连接删除拒绝

测试项目	软永久连接的删除拒绝
测试目的	测试从网管发起的软永久连接删除拒绝
测试依据	GB/T 21645.1—2008 中 8.2、8.3.3
测试仪表	SDH 分析仪,协议分析仪
测试配置	测试配置见图 20,信令网采用带外信令网方式。
测试步骤	1) 网管系统中建立被测设备节点 A 到被测设备节点 B 的 VC4-nC 业务,中间经过节点 D。 2) 通过 SDH 分析仪验证是否成功建立连接; 3) 制造中间节点 D 的控制平面故障(如拔出节点 D 的主控盘); 4) 网管系统发起删除该连接信息; 5) 通过协议分析仪监测信令流程; 6) 通过网管系统查看连接是否被删除,查看各个节点的交叉连接信息是否被删除,网管系统应接收到删除连接失败通知消息; 7) 恢复节点 D 的控制平面; 8) 通过网管系统发起删除连接请求; 9) 通过协议分析仪监测信令流程,通过 SDH 分析仪查看连接应成功删除,通过网管系统查看连接被删除,查看各个节点的交叉连接信息被删除。
注意事项	—

6.1.1.5 软永久连接属性修改

测试项目	软永久连接的属性修改
测试目的	测试软永久连接的属性修改
测试依据	GB/T 21645.1—2008 中 8.2、8.3.3
测试仪表	SDH 分析仪,协议分析仪,数据性能分析仪
测试配置	测试配置见图 20,信令网采用带外信令网方式。
测试步骤	1) 在网管系统中请求建立被测设备节点 A 到被测设备节点 B 的 VC4-nC,以太网业务软永久连接; 2) 通过 SDH 分析仪/数据性能分析仪验证相应端口是否正确地建立了物理连接; 3) 在网管系统上检查,是否增加了该连接的信息,包括连接属性和详细的路由信息; 4) 修改 SPC 连接的部分属性,包括带宽属性、保护恢复类型、重路由策略、返回属性等; 5) 通过协议分析仪观测信令交互流程; 6) 通过 SDH 分析仪/数据性能分析仪检查属性修改过程中是否对业务造成影响; 7) 在网管系统上检查 SPC 连接的相关属性是否修改完成; 8) 通过测试(如断纤检查保护恢复属性的修改)验证相关属性的修改是否有效。
注意事项	—

6.1.2 交换连接(SC)控制

6.1.2.1 交换连接(SC)建立

测试项目	交换连接(SC)建立
测试目的	测试客户设备通过 UNI 接口发起的交换连接(SC)的建立
测试依据	GB/T 21645.1—2008 第 8 章
测试仪表	协议测试仪,SDH 分析仪,协议分析仪,数据性能分析仪
测试配置	在图 23 的测试配置中,UNI 接口的信令网采用带外信令网方式,被测设备之间的信令网可以采用带内或带外的信令网方式。 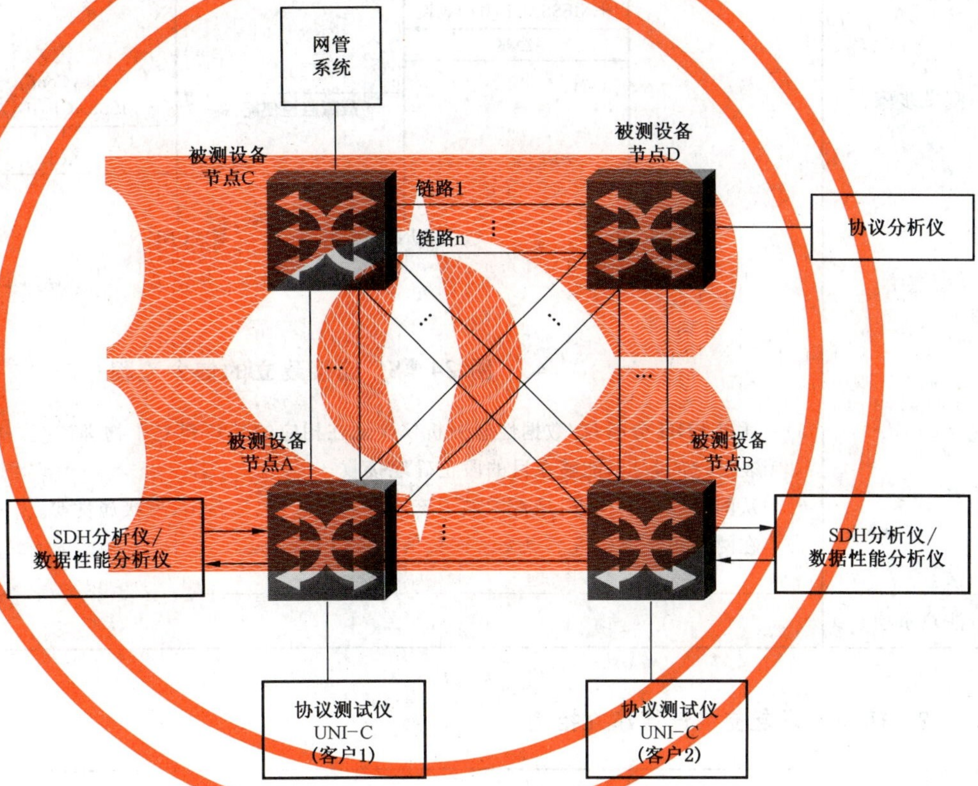 图 23　SC 连接控制测试配置
测试步骤	1)　按照测试配置图 23 连接网络; 2)　从客户 1 的 UNI-C 请求建立从客户 1 到客户 2 的一条 SC 连接,分别建立 VC4-nC 和以太网业务的 SC 连接; 3)　检查是否可以选择以下条件: ——源和目的客户,入/出端口; ——业务类型:单向、双向; ——信号带宽; ——业务等级(service level); 4)　通过协议分析仪监测 UNI 接口进行了正确的协议交互,信令流程见图 24;

表（续）

测试步骤	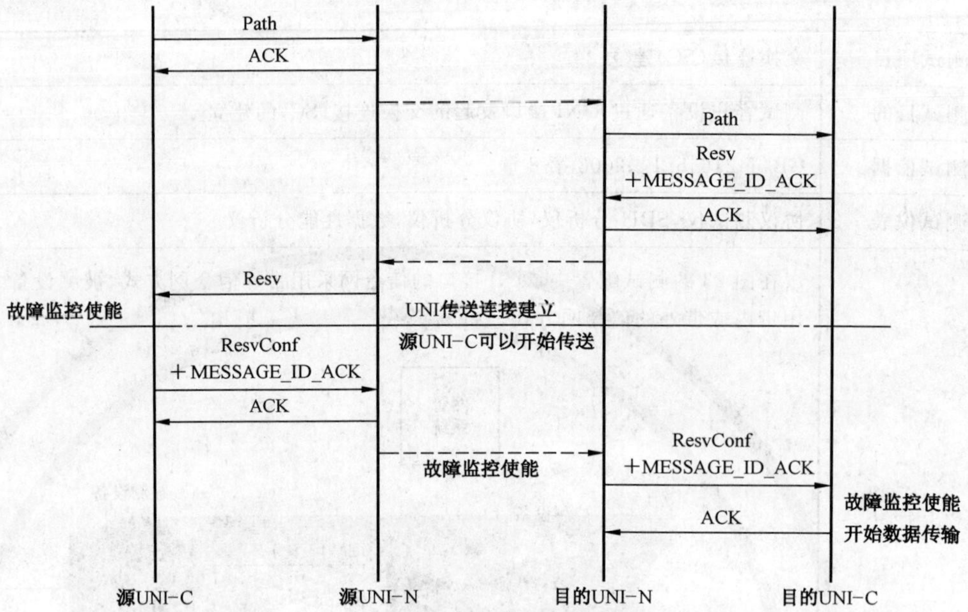 图 24　SC 连接建立的信令流程 5）　通过 SDH 分析仪/数据性能分析仪验证在相应的端口建立了物理连接，从源客户或者测试仪表发送的数据，能够在目的段正确地接收； 6）　从网管系统上检查，是否增加了该连接的信息，包括路由、连接属性等； 7）　在网管系统上检查节点交叉连接信息被更新。
注意事项	—

6.1.2.2　UNI-N 发起交换连接建立拒绝

测试项目	UNI-N 发起交换连接建立拒绝
测试目的	测试客户设备通过 UNI 接口发起的交换连接（SC）的建立拒绝，验证 UNI-N 对非法资源参数的处理
测试依据	GB/T 21645.1—2008 第 8 章
测试仪表	协议测试仪，SDH 分析仪，协议分析仪，数据性能分析仪
测试配置	测试配置见图 23，UNI 接口的信令网采用带外信令网方式，被测设备之间的信令网可以采用带内或带外的信令网方式。
测试步骤	1）　按照测试配置图 23 连接网络； 2）　从客户 1 的 UNI-C 请求建立从客户 1 到客户 2 的一条 VC4-nC 或以太网业务的 SC 连接，在 Path 消息中配置非法的参数，如未知对象和未知路由，导致 UNI 拒绝连接建立请求； 3）　通过协议分析仪监测 UNI 接口进行了正确的信令交换，信令流程见图 25 和图 26。

表（续）

测试步骤	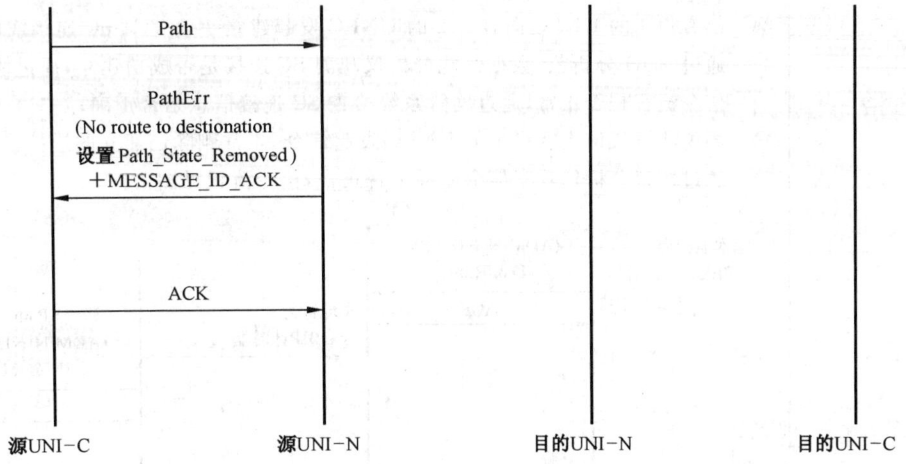 图 25 UNI-N 拒绝连接建立(未知路由) 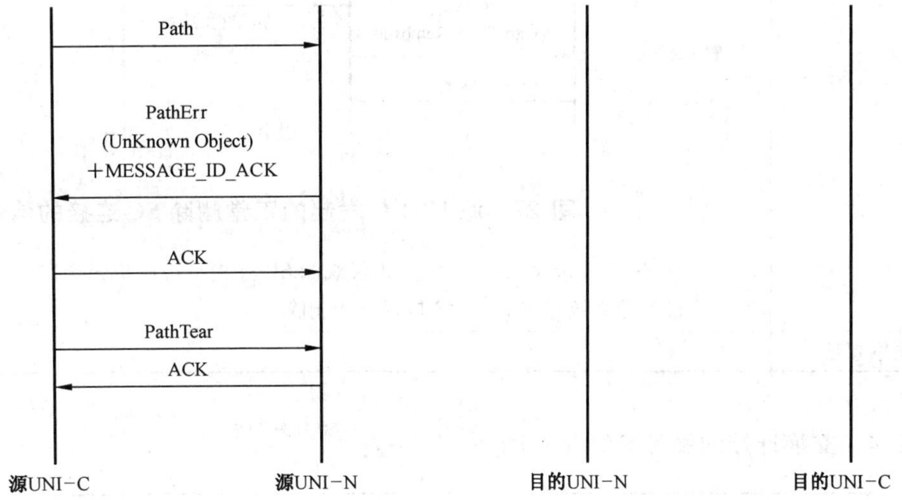 图 26 UNI-N 拒绝连接建立(未知对象)
注意事项	—

6.1.2.3 源 UNI-C 发起的交换连接正常删除

测试项目	源 UNI-C 发起的交换连接删除
测试目的	验证从源 UNI-C 发出信令，删除一条已经建立的交换连接
测试依据	GB/T 21645.1—2008 第 8 章
测试仪表	协议测试仪，SDH 分析仪，协议分析仪，数据性能分析仪
测试配置	测试配置见图 23，UNI 接口的信令网采用带外信令网方式，被测设备之间的信令网可以采用带内或带外的信令网方式。

表（续）

<table>
<tr><td>测试步骤</td><td>1）按照测试配置图 23 连接网络；
2）由客户 1 的 UNI-C 向客户 2 的 UNI-C 发起建立一条 VC4-nC 连接或以太网业务的 SC 连接；
3）通过 SDH 分析仪/数据性能分析仪观测 SC 连接是否成功建立，通过协议分析仪观测 SC 建立信令流程是否正常，通过网管系统检查 SC 连接信息是否正确；
4）协议测试仪仿真客户 1 的 UNI-C 发起信令，正常删除已建立的连接；
5）通过协议分析仪观察信令流程是否正常，信令流程见图 27；
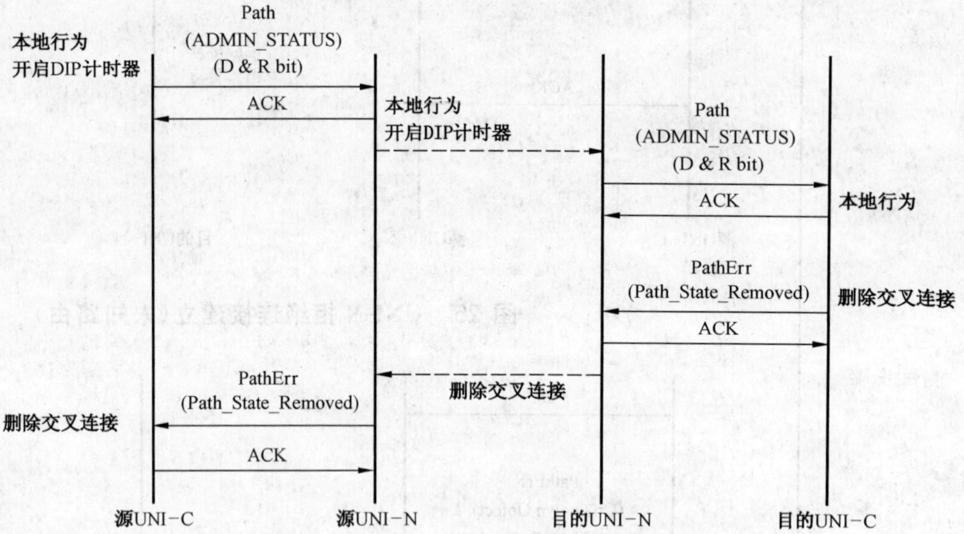

图 27　源 UNI-C 发起的正常删除 SC 连接的信令流程
6）通过 SDH 分析仪/数据性能分析仪观测 SC 连接是否成功删除；
7）通过网管系统检查 SC 连接是否成功删除。</td></tr>
<tr><td>注意事项</td><td>—</td></tr>
</table>

6.1.2.4　交换连接的服务等级(service level)

测试项目	交换连接的服务等级
测试目的	测试从 UNI 接口发起的交换连接对服务等级的支持
测试依据	GB/T 21645.1—2008 第 8 章
测试仪表	协议测试仪，SDH 分析仪，协议分析仪，数据性能分析仪
测试配置	测试配置见图 23，UNI 接口的信令网采用带外信令网方式，被测设备之间的信令网可以采用带内或带外的信令网方式。
测试步骤	1）按照测试配置图 23 连接网络； 2）在连接请求中配置交换连接的服务等级，将交换连接设置为可恢复的类型； 3）由客户 1 的 UNI-C 向客户 2 的 UNI-C 发起建立一条 VC4-nC 连接或以太网业务的 SC 连接； 4）通过 SDH 分析仪/数据性能分析仪观测 SC 连接是否成功建立，通过协议分析仪观测 SC 建立信令流程是否正常，通过网管系统检查 SC 连接信息是否正确； 5）制造光纤故障，造成上述建立的连接执行保护恢复，通过协议分析仪观测连接的恢复时间； 6）在新建连接请求中改变交换连接的服务等级，将交换连接设置为其他的服务等级，如 1+1 保护； 7）重复步骤 4)～6)。
注意事项	—

6.1.3 Crankback(回溯)功能

测试项目	Crankback(回溯)功能
测试目的	测试网络是否具有 Crankback 能力,即回溯到源节点或中间节点(一般是域边界节点)进行重路由
测试依据	GB/T 21645.1—2008 中 8.6
测试仪表	协议测试仪,SDH 分析仪,协议分析仪,数据性能分析仪
测试配置	测试配置见图 28,UNI 接口的信令网采用带外信令网方式,被测设备之间的信令网可以采用带外的信令网方式。 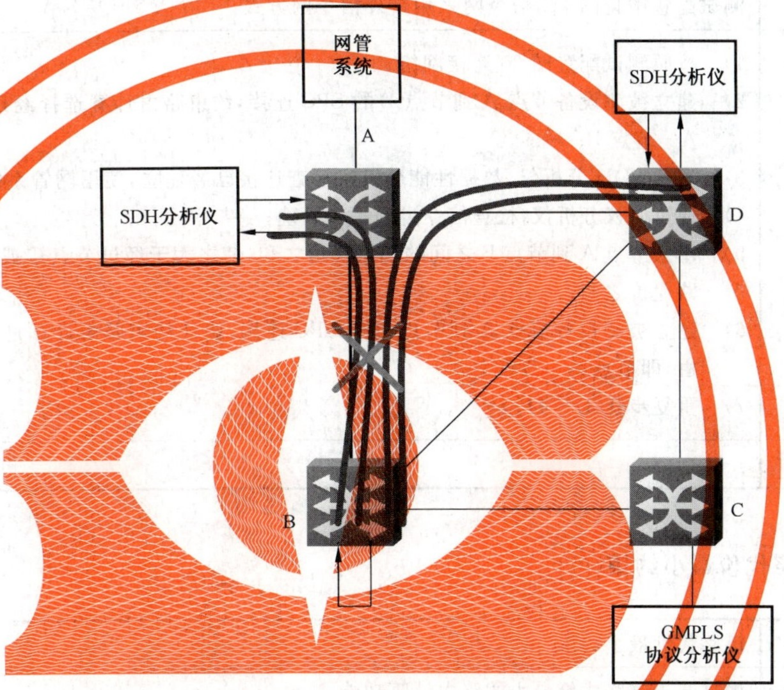 图 28 Crankback 机制测试配置
测试步骤	1) 按照测试配置图 28 连接网络,图中的链路带宽为 10 G; 2) 建立 4 条具有动态恢复能力的软永久连接或交换连接,业务类型为 VC4-16C 业务,其中两条业务路由为 A-B,另外两条业务路由为 D-A-B; 3) 断开连接工作路由上的光纤,使得连接发生动态恢复; 4) 通过预先在链路 B-D 上进行资源预留,使得该链路之上只有两条 STM-16 的带宽资源可用,制造连接恢复首次尝试失败的情况; 5) 设备应通过 Crankback 功能重新为两条业务计算新的恢复路由,并完成连接恢复; 6) 通过协议分析仪,检查信令过程; 7) 通过 SDH 分析仪/数据性能分析仪,测试连接倒换的时间; 8) 在网管系统上检查恢复后的连接路由和属性。
注意事项	—

6.2 路由功能测试

6.2.1 连接建立过程中的路由计算功能

6.2.1.1 节点数量最小约束

测试项目	节点数量最小约束
测试目的	测试基于节点数量约束的路由计算功能
测试依据	GB/T 21645.1—2008 第 9 章
测试仪表	SDH 分析仪/数据性能分析仪,协议分析仪
测试配置	测试配置中见图 20,信令网采用带外信令网方式。
测试步骤	1) 按照测试配置图 20 连接网络; 2) 建立被测设备节点 A 到节点 B 的 SPC 连接,约束路由计算选择经过跳数最少的路由,即节点 A—节点 B; 3) 通过 SDH 分析仪/数据性能分析仪检查连接已经建立,使用网管系统查询连接的路由信息; 4) 通过协议分析仪,检查信令过程是否正确; 5) 增大节点 A 到节点 B 之间的链路代价之和,使之大于经过节点 C 或经过节点 D 的路由上的链路代价之和; 6) 建立被测设备节点 A 到节点 B 的 SPC 连接,验证约束路由计算是否选择经过跳数最少的路由,即节点 A—节点 B; 7) 重复步骤 3)~4)。
注意事项	—

6.2.1.2 链路代价最小约束

测试项目	链路代价最小约束
测试目的	测试基于链路代价最小的路由计算功能
测试依据	GB/T 21645.1—2008 第 9 章
测试仪表	SDH 分析仪/数据性能分析仪,协议分析仪
测试配置	测试配置中见图 20,信令网采用带外信令网方式。
测试步骤	1) 按照测试配置图 20 连接网络; 2) 设置网络中所有链路的链路代价相同; 3) 建立被测设备节点 A 到节点 B 的 SPC 连接,验证约束路由计算是否选择经过链路代价最少的路由,即节点 A—节点 B; 4) 通过 SDH 分析仪/数据性能分析仪检查连接已经建立,使用网管系统查询连接的路由信息; 5) 通过协议分析仪,检查信令过程是否正确; 6) 增大节点 A 到节点 B 之间的链路代价之和,使之大于经过节点 C 或经过节点 D 的路由上的链路代价之和; 7) 建立被测设备节点 A 到节点 B 的 SPC 连接,验证约束路由计算是否选择经过链路代价最少的路由,即经过节点 C 或经过节点 D 的链路代价最小的路由; 8) 重复步骤 4)~5)。
注意事项	—

6.2.1.3 包含特定网络资源(节点、链路)约束

测试项目	包含特定网络资源(节点和链路)约束
测试目的	测试基于网络资源(节点、链路)约束的路由计算功能
测试依据	GB/T 21645.1—2008 第9章
测试仪表	SDH分析仪/数据性能分析仪,协议分析仪
测试配置	测试配置中见图20,信令网采用带外信令网方式。
测试步骤	1) 按照测试配置图20连接网络; 2) 建立被测设备节点A到节点B的SPC连接,要求包含节点C以及节点D和节点B之间的一条链路; 3) 通过SDH分析仪/数据性能分析仪检查连接已经建立,使用网管系统查询连接的路由信息,是否经过所要求的节点和链路。 4) 通过协议分析仪,检查信令过程是否正确; 5) 建立被测设备节点A到节点B的SPC连接,指定严格路由经过节点C以及节点D,指定经过的端口、时隙; 6) 重复步骤3)~4)。
注意事项	—

6.2.1.4 排斥特定网络资源(节点和链路)约束

测试项目	排斥特定网络资源(节点和链路)约束
测试目的	测试基于约束的路由计算功能
测试依据	GB/T 21645.1—2008 第9章
测试仪表	SDH分析仪/数据性能分析仪,协议分析仪
测试配置	测试配置中见图20,信令网采用带外信令网方式。
测试步骤	1) 按照测试配置图20连接网络; 2) 建立被测设备节点A到节点B的SPC连接,要求排斥节点C以及节点A和节点B之间的所有链路; 3) 通过SDH分析仪/数据性能分析仪检查连接已经建立,使用网管系统查询连接的路由信息,是否排斥所要求的节点和链路; 4) 通过协议分析仪,检查信令过程是否正确。
注意事项	—

6.2.1.5 链路保护类型约束

测试项目	链路保护类型约束
测试目的	测试基于链路不同保护类型的路由计算功能
测试依据	GB/T 21645.1—2008 第9章
测试仪表	SDH分析仪/数据性能分析仪,协议分析仪

表（续）

测试配置	测试配置中见图 29,信令网采用带外信令网方式。 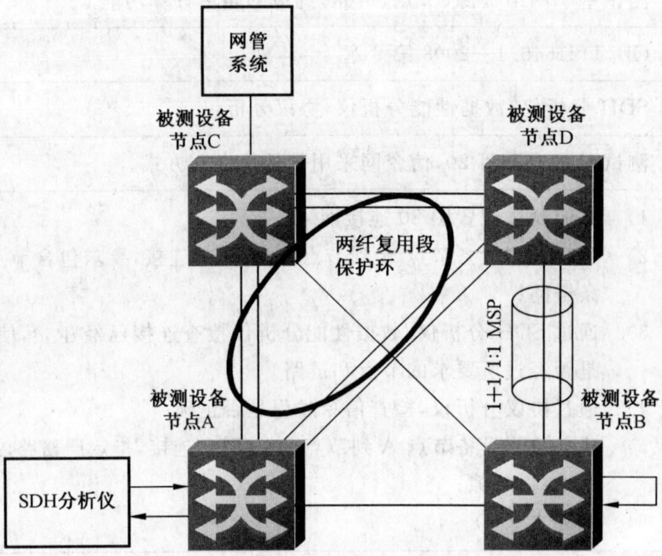 图 29　链路保护类型测试配置
测试步骤	1)　按照测试配置图 29 连接网络； 2)　配置节点 D 和节点 B 之间的一条链路为 1+1/1：1 MSP,节点 A-C-D 之间建立两纤复用段环保护； 3)　建立被测设备节点 A 到节点 B 的 SPC 连接,要求该连接使用 1+1/1：1 MSP 或环保护,约束路由应选择配置了 1+1/1：1 MSP 或环保护的链路； 4)　通过 SDH 分析仪/数据性能分析仪检查连接已经建立,使用网管系统查询连接的路由信息,是否经过所要求的节点和链路； 5)　通过协议分析仪,检查信令过程是否正确。
注意事项	—

6.2.1.6　负载均衡

测试项目	负载均衡
测试目的	测试基于负载均衡约束的路由计算功能
测试依据	GB/T 21645.1—2008 第 9 章
测试仪表	SDH 分析仪,协议分析仪
测试配置	测试配置中见图 20,信令网采用带外信令网方式。

表（续）

测试步骤	1) 按照测试配置图 20 连接网络； 2) 配置节点 A 和节点 B 之间上的两条 STM-N(N=16 或 N=64)链路的链路代价相同； 3) 在选路过程中选择负载均衡策略，建立被测设备节点 A 到节点 B 的 M(M 值选取和厂家具体策略相关)条 STM-1(VC4)的 SPC 连接，要求在该连接选路时进行负载均衡； 4) 验证每条 SPC 实际选择的路由和链路资源； 5) 使用 SDH 分析仪检查连接以建立，使用网管系统查询连接路由信息； 6) 使用协议分析仪，检查信令过程是否正确； 7) 删除上述连接； 8) 配置节点 A 和节点 B 之间的链路代价大于节点 A 经过节点 C 到达节点 B 的一条路由上的链路代价之和； 9) 重复步骤 3)～6)。
注意事项	—

6.2.1.7 路由分集约束

见保护恢复测试按 11.3.1。

6.2.1.8 网络性能指标(如时延)约束

测试项目	网络性能指标(如时延)约束
测试目的	测试基于约束的路由计算功能，能根据某些性能指标：如时延，误码率等进行选路
测试依据	GB/T 21645.1—2008 第 9 章
测试仪表	SDH 分析仪，协议分析仪
测试配置	测试配置中见图 20，信令网采用带外信令网方式。
测试步骤	1) 按照测试配置图 20 连接网络； 2) 设置各段链路的性能指标参数； 3) 建立被测节点 A 到被测节点 B 的 SPC 连接，采用性能指标约束； 4) 采用 SDH 分析仪检查连接已经建立，使用网管系统查询路由是否符合约束条件； 5) 通过协议分析仪，检查信令过程是否正确。
注意事项	—

6.2.1.9 多种约束条件组合

测试项目	多种约束条件组合
测试目的	测试基于约束的路由计算功能，能够根据以上约束条件的任意组合进行选路
测试依据	GB/T 21645.1—2008 第 9 章
测试仪表	SDH 分析仪，协议分析仪
测试配置	测试配置中见图 20，信令网采用带外信令网方式。

表（续）

测试步骤	1) 按照测试配置图 20 连接网络； 2) 建立被测设备节点 A 到被测设备节点 B 的 SPC 连接，通过网管指定各种约束条件的组合，发出连接建立请求； 3) 控制平面应根据多种约束条件进行路由计算，完成连接建立； 4) 使用 SDH 分析仪检查连接已经建立，使用网管系统查询连接路由与设定的约束条件是否相符； 5) 通过协议分析仪，检查信令过程是否正确。
注意事项	—

6.2.2 链路捆束(Link Bundle)功能

测试项目	链路捆束(Link Bundle)功能
测试目的	为了考察网络可扩展性，测试网络是否具有把两个节点间相同属性的链路组成一个链路捆束(Link Bundle)，在路由协议中作为一条 TE 链路来进行发布的功能。
测试依据	GB/T 21645.1—2008 第 9 章
测试仪表	SDH 分析仪，协议分析仪
测试配置	测试配置如图 20 所示。
测试步骤	1) 按照测试配置图 20 连接网络； 2) 设置网络中的两个节点之间的相同属性的若干链路为一个链路捆束； 3) 启动自动邻居发现，验证是否自动进行链路属性关联； 4) 启动路由协议，查询各节点路由表，应包含链路捆束的路由和带宽信息； 5) 断开一条链路捆束中一条成员链路的光纤，监测路由消息的交换，应发布链路捆束的带宽更新消息； 6) 查询节点路由表，链路捆束的可用带宽应更新； 7) 恢复光纤，监测路由消息的交换，应发布链路捆束的带宽更新消息。查询节点路由表，链路捆束的可用带宽应更新。
注意事项	—

6.3 自动发现功能测试

6.3.1 邻居发现

6.3.1.1 邻居自动发现(带内和带外方式)

测试项目	邻居自动发现(带内和带外方式)
测试目的	测试设备带内和带外方式下的邻居自动发现功能
测试依据	GB/T 21645.1—2008 中 10.3
测试仪表	SDH 分析仪，协议分析仪

表（续）

<table>
<tr><td>测试配置</td><td>测试配置如图 30 所示，测试时应根据具体配置设置节点地址和端口。
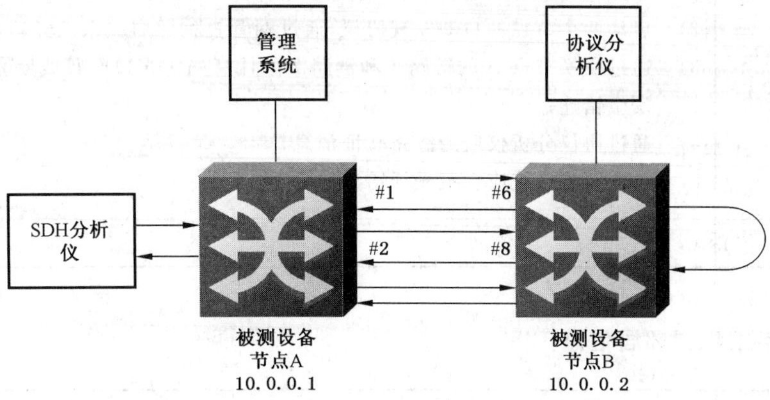

图 30 邻居自动发现测试配置</td></tr>
<tr><td>测试步骤</td><td>1） 按照测试配置图 30 连接网络；
2） 配置节点 A 和节点 B 采用带外 DCN 方式；
3） 通过网管查询节点 A 和节点 B 之间未建立邻居关系；
4） 断开网管系统与 ASON 节点的通信连接；
5） 启动节点 A、B 的自动发现协议；
6） 节点 A、B 交换自动发现协议消息，完成邻居自动发现；
7） 通过协议分析仪，监测自动发现协议交互过程：
——控制通道维护过程；
——链路属性关联过程(link summary)；
8） 通过 LCT 建立节点 A—节点 B 的 SPC(或者通过 UNI-C 建立一条 SC 连接)，应能成功建立；
9） 恢复网管与 ASON 节点的通信连接，在网管系统上查询节点 A 和节点 B 邻居发现的结果，节点 A 的结果如下面给出的示例(测试时应根据具体配置的节点地址和端口进行验证)；
<table><tr><td>本地节点 ID</td><td>本地端口 ID</td><td>对端节点 ID</td><td>对端端口 ID</td></tr><tr><td>10.0.0.1</td><td>#1</td><td>10.0.0.2</td><td>#6</td></tr><tr><td>10.0.0.1</td><td>#2</td><td>10.0.0.2</td><td>#8</td></tr></table>10） 配置节点 A 和节点 B 采用带内通信方式；
11） 重复步骤 4)～6)以及步骤 8)～9)。</td></tr>
<tr><td>注意事项</td><td>步骤 7)采用 LMP 协议进行验证，如采用其他协议，不进行验证。</td></tr>
</table>

6.3.1.2 光纤错连校验

测试项目	光纤错联校验
测试目的	测试设备带内和带外方式下的邻居自动发现功能
测试依据	GB/T 21645.1—2008 中 10.3
测试仪表	SDH 分析仪，协议分析仪
测试配置	测试配置如图 30 所示，测试时应根据具体配置设置节点地址和端口。

表（续）

测试步骤	1) 节点A和节点2采用带外或带内信令通信方式； 2) 启动两个节点的自动发现协议，通过网管查询邻居关系已经建立； 3) 通过交换节点A的链路1和链路2中任意两对光口的收或发光纤，使得邻居节点的链路光纤发生错连； 4) 通过协议分析仪监测链路验证消息； 5) 检查网管系统应上报光纤错连告警。
注意事项	—

6.3.1.3 手工配置邻居信息

测试项目	手工配置邻居信息
测试目的	测试设备的邻居发现功能应该支持手工配置方式
测试依据	GB/T 21645.1—2008 中 10.3
测试仪表	SDH 分析仪，协议分析仪
测试配置	测试配置如图 30 所示。
测试步骤	1) 节点A和节点B采用带外或带内信令通信方式； 2) 通过网管查询节点A和B之间未建立邻居关系； 3) 测试手动配置功能，通过网管系统设置每个节点的邻居配置信息； 4) 验证各节点可以查询到正确的邻居信息，并建立邻居关系； 5) 建立节点A—节点B的SPC，应能成功建立。
注意事项	—

6.3.2 网络拓扑自动发现

6.3.2.1 网络拓扑建立（网络初始化）

测试项目	网络拓扑建立（网络初始化）
测试目的	测试网络初始化时的拓扑自动发现功能
测试依据	GB/T 21645.1—2008 中 10.3、第 11 章
测试仪表	协议分析仪
测试配置	测试配置如图 20。
测试步骤	1) 在所有节点完成邻居发现后，启动所有节点的路由协议； 2) 路由功能通过路由协议在网络中发布节点的拓扑信息，使每个节点都获得全网的拓扑； 3) 通过协议分析仪，监测路由协议消息； 4) 在网管系统上查询网络拓扑和TE链路信息，包括控制平面拓扑信息和传送平面拓扑信息。
注意事项	—

6.3.2.2 网络拓扑更新(增加和删除节点和链路)

测试项目	网络拓扑更新(增加和删除节点)
测试目的	测试在网络中增加和删除节点后,网络拓扑的自动发现
测试依据	GB/T 21645.1—2008 中 10.3、第 11 章
测试仪表	协议分析仪,SDH 分析仪
测试配置	测试配置如图 20,控制通道采用带外方式。
测试步骤	1) 完成网络初始化后,网络拓扑处于稳定状态; 2) 建立被测设备节点 A 到节点 B 的软永久或交换连接; 3) 断开被测设备节点 A 和节点 C 之间的一条光纤连接; 4) 路由功能发送链路状态更新包,路由协议收敛,网络拓扑完成更新。通过协议分析仪监测路由更新消息; 5) 从网管系统上刷新网络拓扑,查看网络拓扑信息,控制通道,链路资源情况; 6) 通过 SDH 分析仪,检查断开光纤连接过程中节点 A—节点 B 的连接不受影响; 7) 恢复光纤连接; 8) 从网管系统上刷新网络拓扑,查看网络拓扑信息,控制通道,链路资源情况; 9) 通过改变光纤连接删除节点 C; 10) 路由功能发送链路状态更新包,路由协议收敛,网络拓扑完成更新。通过协议分析仪监测路由更新消息; 11) 从网管系统上刷新网络拓扑,查看网络拓扑信息,控制通道,链路资源情况; 12) 通过 SDH 分析仪,检查删除节点过程中节点 A—节点 B 的连接不受影响; 13) 通过改变光纤连接,增加节点 C; 14) 路由功能发送链路状态更新包,路由协议收敛,网络拓扑完成更新。通过协议分析仪监测路由更新消息; 15) 在从网管上查看网络拓扑是否增加了相应的节点。
注意事项	—

6.4 分布式控制验证

测试项目	分布式控制验证
测试目的	测试被测设备具有分布式控制功能,在不需要网管的情况下可以实现建立、自动发现和保护恢复功能
测试依据	GB/T 21645.1—2008 中 4.1
测试仪表	协议分析仪,SDH 分析仪
测试配置	测试配置如图 20。
测试步骤	1) 断开网管系统与设备之间的通信通道; 2) 通过本地维护终端(LCT)接入节点 A,查询节点 A 保存的邻居节点信息和全网路由信息; 3) 通过 LCT 请求建立节点 A 到节点 B 的 VC4-nC 软永久连接,并要求连接具有分布式恢复能力; 4) 通过 SDH 分析仪验证在相应端口间是否正确建立了物理连接。从测试仪表发送的数据,能够在目的端正确接收; 5) 断开 LCT 与设备之间的通信通道; 6) 断开节点 A—节点 B 工作通道上的光纤; 7) 通过 SDH 分析仪测试业务保护恢复时间;

表（续）

测试步骤	8） 恢复 LCT 与设备的通信通道； 9） 通过 LCT 查询节点 A 的邻居节点信息和路由信息发生了相应更新； 10） 恢复网管系统与设备之间的通信通道； 11） 在网管系统上检查，邻居节点信息，节点 A 到节点 B 之间 VC4-nC 连接的路由信息，状态等参数。
注意事项	—

6.5 ASON 控制平面可靠性测试

6.5.1 控制通道失效测试(带内和带外方式)

<table>
<tr><td>测试项目</td><td>多控制通道失效</td></tr>
<tr><td>测试目的</td><td>测试多控制通道失效，不会影响已经建立的连接，控制平面应将故障通知管理平面。</td></tr>
<tr><td>测试依据</td><td>GB/T 21645.1—2008 中 16.1</td></tr>
<tr><td>测试仪表</td><td>协议分析仪，SDH 分析仪，协议测试仪</td></tr>
<tr><td>测试配置</td><td>测试配置如图 31。信令网络采用带内或带外的方式。各个节点之间通过一对光纤进行互联。
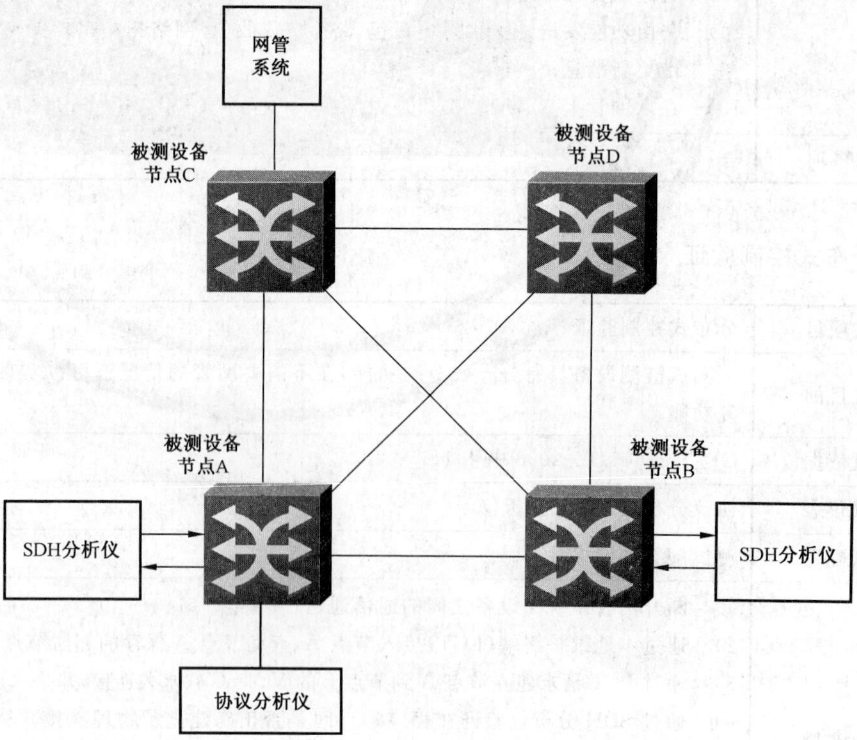

图 31 控制通道失效测试配置</td></tr>
</table>

表（续）

测试步骤	a) 带内方式 1) 建立节点A到节点B的软永久或交换连接，路由经过中间被测设备节点C； 2) 断开节点A和节点C，节点C和节点B之间的2条控制通道，通过SDH分析仪或者网管禁止用于传输信令的通信通道（例如D4～D12），造成信令通信通道中断； 3) 通过SDH分析仪测试已建立的连接不受影响； 4) 网管系统应报告控制通道失效告警。通过网管系统查询控制平面拓扑信息变化； 5) 建立节点A到节点B的软永久或交换连接，路由经过被测设备节点C，应能够成功建立； 6) 依次恢复节点C—节点B以及节点A—节点C的控制通道，控制平面应重新刷新连接状态； 7) 通过网管系统查询所有连接的状态正常。管理平面应得到控制通道恢复的通知； 8) 删除已经建立的两条SPC应成功。 b) 带外方式 1) 建立节点A到节点B的软永久或交换连接，路由经过中间被测设备节点C； 2) 断开节点C和带外信令网络之间的连接，造成信令通信通道中断； 3) 通过SDH分析仪测试已建立的连接不受影响； 4) 网管系统应报告控制通道失效告警。通过网管系统查询控制平面拓扑信息变化； 5) 建立节点A到节点B的软永久或交换连接，应能够成功建立； 6) 恢复节点C和信令网络之间的控制通道，控制平面应重新刷新连接状态； 7) 通过网管系统查询所有连接的状态正常。管理平面应得到控制通道恢复的通知； 8) 删除已经建立的两条SPC应成功。
注意事项	—

6.5.2 控制平面节点失效测试

6.5.2.1 单节点失效

6.5.3 控制平面节点失效测试

6.5.3.1 单控制平面节点失效

测试项目	单控制平面节点失效
测试目的	测试控制平面节点失效，不会影响已经建立的连接，控制平面应将故障通知管理平面
测试依据	GB/T 21645.1—2008 中 16.1
测试仪表	协议分析仪，SDH分析仪，协议测试仪

表（续）

测试配置	测试配置如图 32。信令网络采用带内或带外的方式。 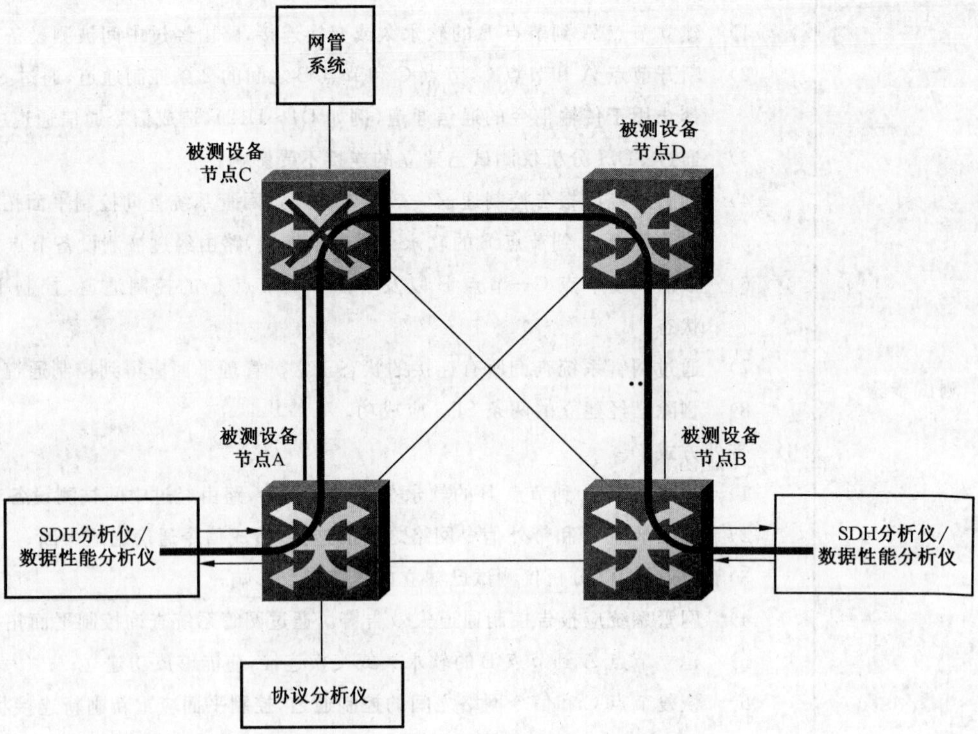 图 32　相邻多控制节点失效测试配置
测试步骤	1)　建立被测设备节点 A 到被测设备节点 B 的软永久或交换连接，路由经过中间节点 C 和节点 D； 2)　制造节点 C 控制平面的失效(通过拔非网关网元主控盘或者网管停止控制平面)； 3)　通过 SDH 分析仪测试已建立连接的业务不受影响； 4)　网管系统应检查到控制节点失效告警，同时网管系统应检查到和失效控制节点相邻的正常节点上报的控制信道失效的告警信息； 5)　建立节点 A 到节点 B 的连接，应能够成功建立； 6)　恢复控制节点，控制节点应重新同步连接状态； 7)　通过网管系统查询各控制节点的连接信息，应与节点失效前保持一致。管理平面应得到控制节点恢复的通知； 8)　控制平面节点完全恢复后，再建立一条被测设备节点 A 到被测设备节点 B 的软永久或交换连接，路由经过中间节点 C，应成功； 9)　删除上述三条连接，应成功。
注意事项	—

6.5.3.2 相邻多控制平面节点失效

测试项目	多控制平面节点失效
测试目的	测试多控制平面节点失效，不会影响已经建立的连接，控制平面应将故障通知管理平面
测试依据	GB/T 21645.1—2008 中 16.1
测试仪表	协议分析仪，SDH 分析仪，协议测试仪
测试配置	测试配置如图 33。信令网络采用带内或带外的方式。 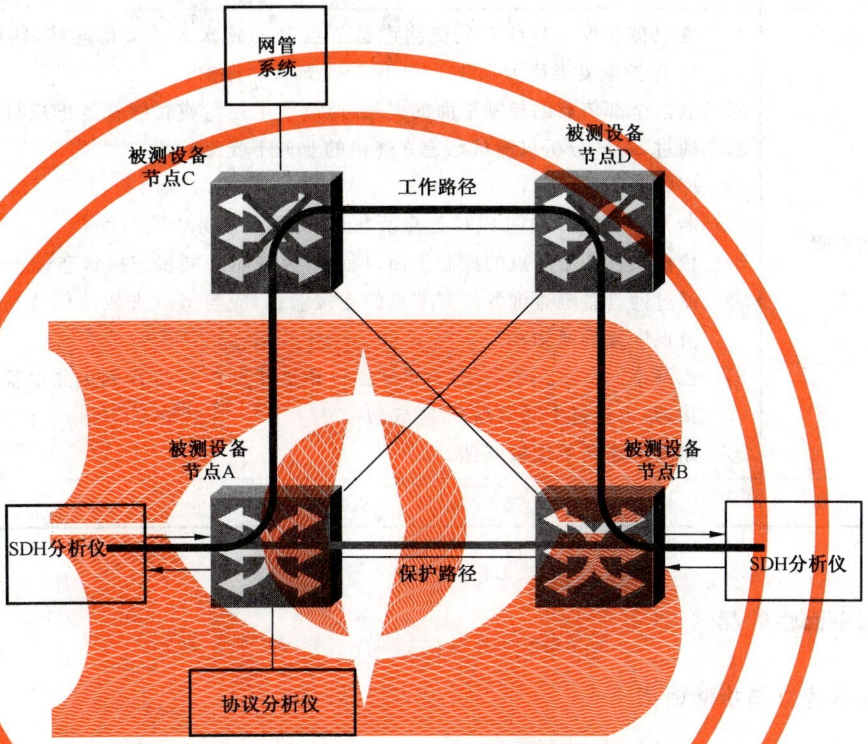 图 33 相邻多控制节点失效测试配置
测试步骤	1） 建立被测设备节点 A 到被测设备节点 B 的软永久或交换连接，路由经过中间节点 C、D，保护恢复类型为永久 1+1 保护或 SNCP 保护； 2） 制造节点 C 和节点 D 的控制平面的失效（通过拔非网关网元主控盘或者网管停止控制平面）； 3） 通过 SDH 分析仪测试已建立连接的业务不受影响； 4） 网管系统应检查到控制节点失效告警。同时网管系统应检查到和失效控制节点相邻的正常节点上报的控制通道失效的告警信息； 5） 建立节点 A 到节点 B 的连接，应能够成功建立； 6） 断开节点 C-D 之间 SPC 连接所在光纤，观测业务中断时间； 7） 恢复节点 C 和节点 D，控制节点应重新同步连接状态。节点 C、节点 D 未恢复期间，网管系统应检查到 C 节点上报的和节点 D 的控制通道失效的告警信息。控制平面应该能维持已经建立的 LSP 不被删除； 8） 通过网管系统查询各控制节点的连接信息，应与节点失效前保持一致。管理平面应得到相应控制节点恢复的通知； 9） 控制平面节点完全恢复后，再建立一条被测设备节点 A 到被测设备节点 B 的软永久或交换连接，路由经过中间节点 C、D，应成功； 10） 删除上述三条连接，应成功。
注意事项	—

6.5.3.3 全部控制平面节点失效

测试项目	全部控制平面节点失效
测试目的	测试全部各控制平面节点失效，不会影响已经建立的连接，控制平面应将故障通知管理平面
测试依据	GB/T 21645.1—2008 中 16.1
测试仪表	协议分析仪，SDH 分析仪，协议测试仪
测试配置	测试配置如图 33。信令网络采用带内和带外的方式。
测试步骤	1) 建立被测设备节点 A 到被测设备节点 B 的软永久或交换连接，路由经过中间节点 C 和节点 D，保护恢复类型为永久 1+1 保护或 SNCP 保护； 2) 制造全部节点的控制平面的失效(通过拔主控盘或者网管停止控制平面)； 3) 通过 SDH 分析仪测试已建立连接的业务不受影响； 4) 网管系统将脱管； 5) 断开节点 C-D 之间 SPC 连接所在光纤，观测业务中断时间； 6) 依次恢复各个节点的控制平面，控制节点应重新同步连接状态； 7) 通过网管系统查询各控制节点的连接信息，应与节点失效前保持一致。管理平面应得到控制节点恢复的通知； 8) 控制平面节点完全恢复后，再建立一条被测设备节点 A 到被测设备节点 B 的软永久或交换连接，路由经过中间节点 C，应成功； 9) 删除上述两条连接，应成功。
注意事项	—

7 控制平面性能测试

7.1 连接建立与拆除时间

7.1.1 SC 连接建立时间

测试项目	SC 连接建立时间
测试目的	测试 SC 连接的建立时间，SC 连接建立时间是指从用户(UNI-C)发起 SC 连接建立请求到 SC 连接建立完成之间的时间
测试依据	GB/T 21645.1—2008 中 17.4
测试仪表	协议分析仪，SDH 分析仪，数据性能分析仪，协议测试仪
测试配置	测试配置如图 23。信令网络采用带外的方式。
测试步骤	1) 按照测试配置图 23 连接网络； 2) 由客户 1 UNI-C 向客户 2 的 UNI-C 发起一条 VC4-nC 类型的 SC 连接； 3) 通过协议分析仪记录源 UNI-C 发送第一个 Path 消息的时间 T1 和源节点接收到 Resv 消息的时间 T2 以及目的 UNI-C 收到 Resvconf 消息的时间 T3； 4) 通过 SDH 分析仪验证业务正确建立； 5) 计算交换连接的建立时间＝T2-T1 和 T3-T1； 6) 步骤 2)～5)重复 2 次，测试交互连接建立时间； 7) 建立业务类型改为以太网业务，重复步骤 2)～6)。
注意事项	软永久连接和交换连接的建立时间同被测网络配置以及选择的路由相关。 该测试例针对采用基于 GMPLS-RSVP-TE 控制平面协议的 ASON 网络设备。

7.1.2 SPC 连接建立时间

测试项目	SPC 连接建立时间
测试目的	测试 SPC 连接的建立时间，SPC 连接建立时间是指从网管发起 SPC 连接建立请求到 SPC 连接建立完成之间的时间。
测试依据	GB/T 21645.1—2008 中 17.4
测试仪表	协议分析仪，SDH 分析仪，数据性能分析仪，协议测试仪
测试配置	测试配置如图 23。信令网络采用带外的方式。
测试步骤	1) 按照测试配置图 23 连接网络； 2) 建立被测设备节点 A 到被测设备节点 B 的 VC4-nC 类型的 SPC 连接，业务路由为节点 A—节点 B(短路由)； 3) 通过协议分析仪记录节点 A 发送第一个 Path 消息的时间 T1 和源节点 B 收到 Resv 消息的时间 T2； 4) 通过 SDH 分析仪验证业务正确建立； 5) 计算交换连接的建立时间＝T2-T1； 6) 步骤 2)～5)重复 2 次，测试软永久连接建立时间； 7) 建立被测设备节点 A 到被测设备节点 B 的 VC4-nC 类型的 SPC 连接，业务路由为节点 A—节点 C—节点 D—节点 B(短路由)； 8) 重复步骤 3)～6)； 9) 建立业务类型改为以太网业务，重复步骤 2)～8)。
注意事项	软永久连接和交换连接的建立时间同被测网络配置以及选择的路由相关。 该测试例针对采用基于 GMPLS-RSVP-TE 控制平面协议的 ASON 网络设备。

7.1.3 SC 连接拆除时间

测试项目	SC 连接拆除时间
测试目的	测试 SC 连接的拆除时间，SC 连接拆除时间是指从用户(UNI-C)发起 SC 连接拆除请求到 SC 连接拆除完成之间的时间
测试依据	GB/T 21645.1—2008 中 17.4
测试仪表	协议分析仪，SDH 分析仪，数据性能分析仪，协议测试仪
测试配置	测试配置如图 23。信令网络采用带外的方式。
测试步骤	1) 按照测试配置图 23 连接网络； 2) 由客户 1 UNI-C 向客户 2 的 UNI-C 发起一条 VC4-nC 类型的 SC 连接； 3) 通过客户 1 UNI-C 发起删除上述建立的 SC 连接； 4) 通过协议分析仪记录源 UNI-C 发送 Path 消息(Admin_Status_Object：D&R 比特设置)和时间 T1 和收到 PathErr 消息(Path_State_Removed)的时间 T2； 5) 通过 SDH 分析仪验证业务正确删除； 6) 计算连接拆除时间 T2-T1； 7) 步骤 2)～6)重复 2 次，测试交互连接删除时间； 8) 将业务类型换成以太网业务，步骤同 2)～7)。
注意事项	软永久连接和交换连接的删除时间同被测网络配置以及选择的路由相关。 该测试例针对采用基于 GMPLS-RSVP-TE 控制平面协议的 ASON 网络设备。

7.1.4 SPC 连接拆除时间

测试项目	SPC 连接拆除时间
测试目的	测试 SPC 连接的拆除时间，SPC 连接拆除时间是指从网管发起 SPC 连接拆除请求到 SPC 连接拆除完成之间的时间
测试依据	GB/T 21645.1—2008 中 17.4
测试仪表	协议分析仪，SDH 分析仪，数据性能分析仪，协议测试仪
测试配置	测试配置如图 23。信令网络采用带外的方式。
测试步骤	1) 按照测试配置图 23 连接网络； 2) 从网管系统发起一条从被测设备节点 A 到节点 B 的 VC4-nC 类型的 SPC 连接，业务路由为节点 A—节点 B(短路由)； 3) 通过网管系统发起删除上述建立的 SPC 连接； 4) 通过协议分析仪记录源 UNI-N 发送 Path 消息(Admin_Status_Object：D&R 比特设置)的时间 T2 和收到 PathErr 消息(Path_State_Removed)的时间 T2； 5) 通过 SDH 分析仪验证业务正确删除； 6) 计算连接拆除时间 T2-T1； 7) 从网管系统发起一条从被测设备节点 A 到节点 B 的 VC4-nC 类型的 SPC 连接，业务路由为节点 A—节点 C—节点 D—节点 B(长路由)； 8) 重复步骤 3)～6)； 9) 将业务类型换成以太网业务，步骤同 2)～8)。
注意事项	软永久连接和交换连接的删除时间同被测网络配置以及选择的路由相关。 该测试例针对采用基于 GMPLS-RSVP-TE 控制平面协议的 ASON 网络设备。

7.2 路由协议收敛时间

测试项目	路由协议收敛时间
测试目的	测试路由协议的收敛时间，路由协议收敛时间指网络拓扑结构或状态发生变化后，所有节点路由状态重新同步所需要的时间
测试依据	GB/T 21645.1—2008 中 17.3
测试仪表	协议分析仪
测试配置	测试配置如图 23。信令网络采用带外的方式。
测试步骤	1) 按照测试配置图 23 连接网络，运行路由协议； 2) 通过协议分析仪观测有正确的消息交换发生，确认路由数据库的同步； 3) 断开节点 A 和 C 之间的一条光链路，记录断开时间 T1； 4) 通过消息交换确认路由数据库的同步，记录同步时间 T2； 5) 计算路由协议的收敛时间 T2－T1； 6) 恢复节点 A 和 C 之间的光链路，记录恢复时间 T3； 7) 通过消息交换确认路由数据库的同步，记录同步时间 T4； 8) 计算路由协议的收敛时间 T4－T3； 9) 针对不同的链路，重复测试 3 次。
注意事项	软永久连接和交换连接的删除时间同被测网络配置以及选择的路由相关。 该测试例针对采用基于 GMPLS-RSVP-TE 控制平面协议的 ASON 网络设备。

8 ASON 控制平面协议测试

8.1 E-NNI 协议测试

8.1.1 基本路由功能测试

测试项目	基本路由功能
测试目的	ASON E-NNI 应能正确交换域间和域内路由拓扑信息
测试依据	GB/T 21645.1—2008 中 5.2.1.3
测试仪表	GMPLS 协议测试仪,协议分析工具,SDH 分析仪
测试配置	1) 测试配置如图 34 所示,将 4 个真实 ASON 节点配置成控制域 1,GMPLS 协议测试仪仿真 4 个 ASON 节点,构成控制域 2;域间通过两个 E-NNI 链路互联,即:E-NNI-1 和 E-NNI-2;设置 E-NNI-1 链路代价小于 E-NNI-2。E-NNI 和 I-NNI 均采用带外控制通道。 2) 4 套 ASON 设备组成控制域 1;控制域 1 采用分层路由方式(两层): 1 层(顶层):AREA ID=0.0.0.0 其中 1 层 RC 节点未 NE2。 3) 仪表模拟节点 NE1'~NE4'组成控制域 2;控制域 2 采用单层路由方式(AREA ID=0.0.0.0),其中 RC 节点为 NE2'。 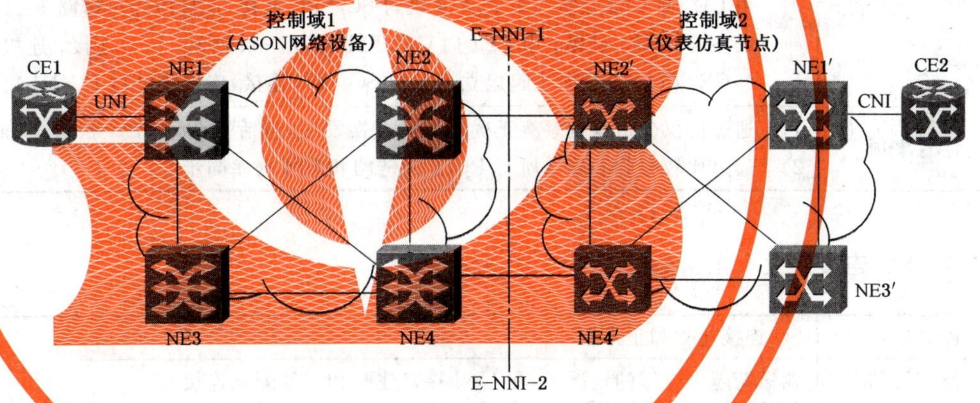 图 34 E-NNI 协议测试配置
测试步骤	a) 路由功能验证 方式一:指配路由 1) 两个控制域分别配置 3 条域内抽象链路,分别连接节点 1—2,1—4,2—4,要求抽象链路 1—2 经过节点 3; 2) 配置链路参数和地址信息,运行路由协议,通过协议分析工具验证有正确的路由协议交互过程; 3) 确认路由数据库的同步,验证 LSA 数据库包含有每个路由控制器(RC)的正确 LSA; 4) 通过网管查看各自的网络拓扑和连接关系,并查看收到的对端的抽象网络拓扑信息,验证与对端的配置是否一致,应不包含节点 3; 5) 由 CE1 向 CE2 发起建立一双向 SC/SPC 连接,利用 SDH 分析仪验证连接是否建立成功。连接应经过链路 E-NNI-1,通过网管查看连接是否经过节点 3; 6) 由 CE2 向 CE1 反向发起建立一双向 SC/SPC 连接,重复步骤 6)。

表(续)

测试步骤	方式二:自动路由 1) 两个控制域分别配置两节点间的抽象链路,即:可达性信息(不含链路路由信息); 2) 运行路由协议,通过协议分析工具验证有正确的路由协议交互过程; 3) 确认路由数据库的同步,验证LSA数据库包含有每个路由控制器(RC)的正确LSA; 4) 通过网管查看各自的网络拓扑和连接关系。 5) 由CE1向CE2发起建立一双向SC/SPC连接,利用SDH分析仪验证连接是否建立成功;连接应经过链路E-NNI-1。 **注**:上述两种实现至少支持其中一种方式。 b) 断开和恢复光纤链路,查看网管系统,验证网络拓扑更新情况: 1) 断开控制域1内两节点之间的一条光纤链路(该光纤链路不影响节点间的抽象链路连接关系),通过协议分析仪查看域间发布的路由广播消息; 2) 断开控制域1内两节点之间的一条光纤链路(该光纤链路影响节点间的抽象链路连接关系),通过协议分析仪查看域间发布的路由广播消息; 3) 中断域间E-NNI-1光纤链路,通过协议分析仪查看域间发布的路由广播消息; 4) 恢复上述所有光纤,网络拓扑应恢复到初始状态。 c) 断开E-NNI-1链路,由CE1向CE2发起建立一双向SC/SPC连接,利用仪表检测连接是否建立成功,连接应经过链路E-NNI-2。 d) 由CE2向CE1反向发起建立一双向SC/SPC连接,连接应经过链路E-NNI-2。 e) 恢复E-NNI-1链路,由CE1向CE2发起建立一双向SC/SPC连接,连接应经过E-NNI-1。 f) 由CE2向CE1反向发起建立一双向SC/SPC连接,连接应经过E-NNI-1。
注意事项	1) 通过协议分析仪观察有正确的消息交换发生,包括Hello,LSA和Database Descriptors等。 2) 通过比较校验和确认所有RC上的链路状态数据库同步。

8.1.2 SC连接建立和正常删除

测试项目	SC连接建立和正常删除
测试目的	测试跨越多个域的情况下,在UNI接口建立和正常删除连接
测试依据	GB/T 21645.1—2008中5.2.1.3
测试仪表	SDH分析仪,GMPLS协议测试仪,协议分析工具
测试配置	见图34。
测试步骤	1) 测试配置如图34所示; 2) 通过GMPLS协议测试仪由CE1向CE2发起建立一双向连接(VC-4/VC-4-16C); 3) 通过协议分析工具观察有正确的连接建立消息交换过程;通过SDH分析仪验证连接是否建立成功; 4) 由CE1正常删除该连接; 5) 通过协议分析工具观察有正确的连接删除消息交换过程;通过SDH分析仪验证连接是否删除成功; 6) 重复步骤2)~3),由CE2发起正常删除该连接,重复步骤5); 7) 重复步骤2)~3),由近端UNI-N发起正常删除该连接,重复步骤5); 8) 重复步骤2)~3),由远端UNI-N发起正常删除该连接,重复步骤5); 9) 重复步骤2)~3),由E-NNI近端节点正常删除该连接,重复步骤5); 10) 重复步骤2)~3),由E-NNI远端节点正常删除该连接,重复步骤5)。
注意事项	—

8.1.3 SC 连接建立和强制删除

测试项目	SC 连接建立和强制删除
测试目的	测试跨越多个域的情况下，在 UNI 接口建立和强制删除连接
测试依据	GB/T 21645.1—2008 中 14.1.1
测试仪表	GMPLS 协议测试仪，协议分析工具，SDH 分析仪
测试配置	见图 34。
测试步骤	1) 测试配置如图 34 所示； 2) 通过 GMPLS 协议测试仪由 CE2 向 CE1 发起建立一双向连接(VC-4/VC-4-16C)，利用 SDH 分析仪验证连接是否建立成功； 3) 通过协议分析工具观察有正确的连接建立消息交换过程；通过 SDH 分析仪验证连接是否建立成功； 4) 由 CE1 强制删除该连接； 5) 通过协议分析工具观察有正确的连接删除消息交换过程；通过 SDH 分析仪验证连接是否删除成功； 6) 重复步骤 2)～3)，由 CE2 强制删除该连接，重复步骤 5)； 7) 重复步骤 2)～3)，由近端 UNI-N 强制删除该连接，重复步骤 5)； 8) 重复步骤 2)～3)，由远端 UNI-N 强制删除该连接，重复步骤 5)； 9) 重复步骤 2)～3)，由 E-NNI 近端节点强制删除该连接，重复步骤 5)； 10) 重复步骤 2)～3)，由 E-NNI 远端节点强制删除该连接，重复步骤 5)。
注意事项	—

8.1.4 SPC 连接建立和正常删除

测试项目	SPC 连接建立和正常删除
测试目的	测试跨越多个域的情况下，通过网管系统建立和删除连接
测试依据	GB/T 21645.1—2008 中 5.2.1.3
测试仪表	GMPLS 协议测试仪，协议分析工具，SDH 分析仪
测试配置	见图 34。
测试步骤	1) 测试配置如图 34 所示； 2) 通过网管系统发起建立一条从控制域 1 到控制域 2 的双向 SPC 连接(VC-4/VC-4-16C)； 3) 通过协议分析工具观察有正确的连接建立消息交换过程；利用 SDH 分析仪验证连接是否建立成功； 4) 由 SPC 源节点正常删除该连接； 5) 通过协议分析工具观察有正确的连接删除消息交换过程；利用 SDH 分析仪验证连接是否删除成功； 6) 重复步骤 2)～3)，由 SPC 宿节点正常删除该连接，重复步骤 5)； 7) 重复步骤 2)～3)，由 E-NNI 近端节点正常删除该连接，重复步骤 5)； 8) 重复步骤 2)～3)，由 E-NNI 远端节点正常删除该连接，重复步骤 5)； 9) 通过 GMPLS 协议测试仪发起建立一条从控制域 2 到控制域 1 的双向 SPC 连接(VC-4/VC-4-16C)； 10) 重复步骤 3)～8)。
注意事项	—

8.1.5 SPC 连接建立和强制删除

测试项目	SPC 连接建立和强制删除
测试目的	测试跨越多个域的情况下，通过网管系统建立和强制删除连接
测试依据	GB/T 21645.1—2008 中 5.2.1.3
测试仪表	GMPLS 协议测试仪，协议分析工具，SDH 分析仪
测试配置	见图 34。
测试步骤	1) 测试配置如图 34 所示； 2) 通过网管系统发起建立一条从控制域 1 到控制域 2 的双向 SPC 连接(VC-4/VC-4-16C)； 3) 通过协议分析工具观察有正确的连接建立消息交换过程；利用 SDH 分析仪验证连接是否建立成功； 4) 由 SPC 源节点强制删除该连接； 5) 通过协议分析工具观察有正确的连接删除消息交换过程；利用 SDH 分析仪验证连接是否删除成功； 6) 重复步骤 2)～3)，由 SPC 宿节点强制删除该连接，重复步骤 5)； 7) 重复步骤 2)～3)，由 E-NNI 近端节点强制删除该连接，重复步骤 5)； 8) 重复步骤 2)～3)，由 E-NNI 远端节点强制删除该连接，重复步骤 5)； 9) 通过 GMPLS 协议测试仪发起建立一条从控制域 2 到控制域 1 的双向 SPC 连接(VC-4/VC-4-16C)； 10) 重复步骤 3)～8)。
注意事项	—

8.1.6 控制通道故障

测试项目	控制通道故障
测试目的	验证被测设备可以从控制通道故障恢复
测试依据	GB/T 21645.1—2008 中 5.2.1.3
测试仪表	GMPLS 协议测试仪，协议分析工具，SDH 分析仪
测试配置	见图 34。
测试步骤	1) 测试配置如图 34 所示； 2) 断开 E-NNI2 的控制通道或停止发送 RSVP hello； 3) 配置 Restart Time==0xffffffff ms；Recovery Time>=1 800 000 ms 4) 从两个方向分别建立一条 CE1 和 CE2 之间的 SPC/SC； 5) 断开 E-NNI1 控制通道，E-NNI 信令协议应进入自刷新模式；通过协议分析工具观察有正确的消息交换过程； 6) 通过网管验证控制平面上报的控制通道失效告警；通过 SDH 分析仪测试已建立的连接不受影响； 7) 恢复 E-NNI1 控制通道，控制平面应重新刷新连接状态；通过协议分析工具观察有正确的消息交换过程； 8) 通过网管系统查询所有连接的状态正常； 9) 管理平面应接收到控制通道恢复的通知； 10) 从网管分别删除两条 SPC/SC 连接。

表(续)

注意事项	1) 检测到信令通道失效的节点应向管理系统请求进一步的操作(如维持自刷新或释放部分连接等)。缺省操作是进入呼叫和连接状态的自刷新模式。 2) 当一个节点检测到无法对部分连接的状态与邻居进行同步时,应向管理系统请求进一步的操作。缺省操作是保留连接,除非有明确的指示要求释放连接。 3) 当控制通道重新连接后,软状态应得到更新,已建立的连接不受影响。

8.1.7 控制节点故障

测试项目	控制平面故障
测试目的	验证被测设备可以从控制节点故障恢复
测试依据	GB/T 21645.1—2008 中 5.2.1.3
测试仪表	GMPLS 协议测试仪,协议分析工具,SDH 分析仪
测试配置	见图 34。
测试步骤	1) 测试配置如图 34 所示; 2) 断开 E-NNI2 的控制通道或停止发送 RSVP hello; 3) 从两个方向分别建立 CE1 和 CE2 之间的一条 SPC 或 SC; 4) 制造控制域 1 中 TNE2 E-NNI 控制平面节点失效,对应控制域 2 中 TNE2 E-NNI 信令协议应进入自刷新模式;通过协议分析工具观察有正确的消息交换过程; 5) 通过网管系统验证控制平面上报的控制平面失效告警; 6) 通过 SDH 分析仪验证已建立的连接不受影响; 7) 恢复控制域 1 中 TNE2 控制平面,控制平面应重新刷新连接状态;通过协议分析工具观察有正确的消息交换过程; 8) 通过网管系统查询所有连接的状态正常; 9) 管理平面应接收到控制平面上报的 TNE2 控制平面恢复通知; 10) 从网管分别删除两条 SPC/SC 连接; 11) 通过 GMPLS 协议测试仪制造控制域 2 TNE2 E-NNI 控制平面节点失效,重复步骤 4)、6)~8)。
注意事项	1) 当失效恢复后,恢复节点必须尝试从其本地永久存储器中的信息重建已经建立连接的状态信息。之后,相邻的控制实体开始交换 Hello 消息,并使用 Hello 消息触发状态同步程序。 2) 恢复节点发送的 path 消息应携带 Suggested_Label,邻居节点发送的 path 消息应携带 Recovery Label。 3) 依据 RFC3473,如果在 Hello 同步过程中,重启节点检测到邻居节点不支持状态恢复,并且重启节点维持其状态,重启节点应该立刻认为恢复过程已经完成。 4) 当一个节点检测到无法对部分连接的状态与邻居进行同步时,应向管理系统请求进一步的操作。缺省操作是保留连接和状态,除非有明确的指示要求释放连接。

8.2 UNI 接口协议测试

8.2.1 通过 UNI 接口建立交换连接

<table>
<tr><td>测试项目</td><td>交换连接(SC)建立</td></tr>
<tr><td>测试目的</td><td>测试客户设备通过 UNI 接口发起的交换连接(SC)的建立</td></tr>
<tr><td>测试依据</td><td>GB/T 21645.1—2008 中 5.2.1.1</td></tr>
<tr><td>测试仪表</td><td>协议测试仪,SDH 分析仪,协议分析仪,数据性能分析仪</td></tr>
<tr><td>测试配置</td><td>测试配置如图 23。UNI 接口的信令网采用带外信令网方式,被测设备之间的信令网可以采用带内或带外的信令网方式。</td></tr>
<tr><td>测试步骤</td><td>1) 按照测试配置图 23 连接网络;
2) 从客户 1 的 UNI-C 请求建立从客户 1 到客户 2 的一条 SC 连接,分别建立 VC4-nC 和以太网业务的 SC 连接;
3) 检查是否可以选择以下条件:
——源和目的客户,入/出端口;
——业务类型:单向、双向;
——信号带宽;
——保护恢复类型;
4) 通过协议分析仪监测 UNI 接口进行了正确的协议交互,信令流程见图 35;
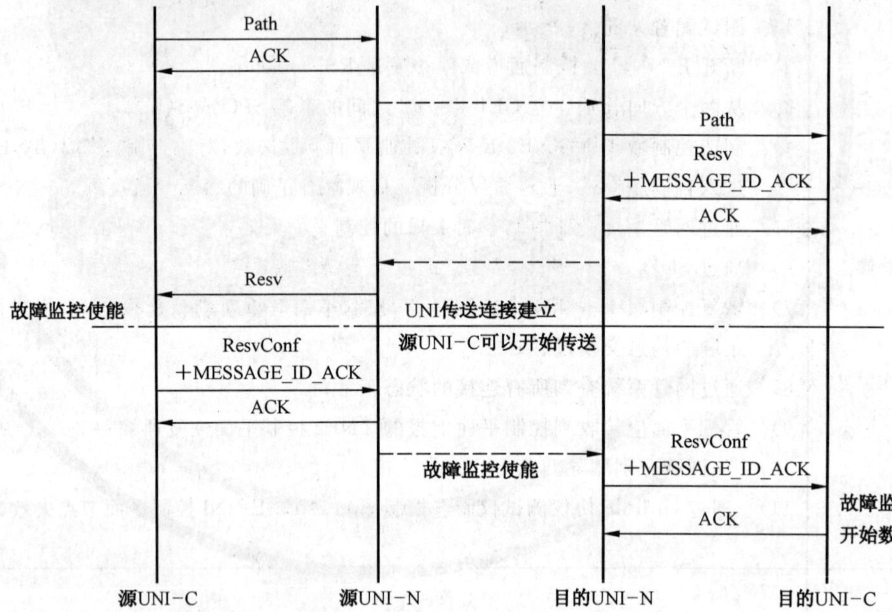

图 35 SC 连接建立的信令流程
5) 通过 SDH 分析仪/数据性能分析仪验证在相应的端口建立了物理连接,从源客户或者测试仪表发送的数据,能够在目的段正确的接收;
6) 从网管系统上检查,是否增加了该连接的信息,包括路由、连接属性等;
7) 在网管系统上检查节点交叉连接信息被更新。</td></tr>
<tr><td>注意事项</td><td>—</td></tr>
</table>

8.2.2 源 UNI-C 发起的交换连接正常删除

<table>
<tr><td>测试项目</td><td>源 UNI-C 发起的交换连接删除</td></tr>
<tr><td>测试目的</td><td>验证从源 UNI-C 发出信令，删除一条已经建立的交换连接。</td></tr>
<tr><td>测试依据</td><td>GB/T 21645.1—2008 中 5.2.1.3</td></tr>
<tr><td>测试仪表</td><td>协议测试仪，SDH 分析仪，协议分析仪，数据性能分析仪</td></tr>
<tr><td>测试配置</td><td>测试配置见图 23，UNI 接口的信令网采用带外信令网方式，被测设备之间的信令网可以采用带内或带外的信令网方式。</td></tr>
<tr><td>测试步骤</td><td>
1） 按照测试配置图 23 连接网络；
2） 由客户 1 的 UNI-C 向客户 2 的 UNI-C 发起建立一条 VC4-nC 连接或以太网业务的 SC 连接；
3） 通过 SDH 分析仪/数据性能分析仪观测 SC 连接是否成功建立，通过协议分析仪观测 SC 建立信令流程是否正常，通过网管系统检查 SC 连接信息是否正确；
4） 协议测试仪仿真客户 1 的 UNI-C 发起信令，正常删除已建立的连接；
5） 通过协议分析仪观察信令流程是否正常，信令流程见图 36；
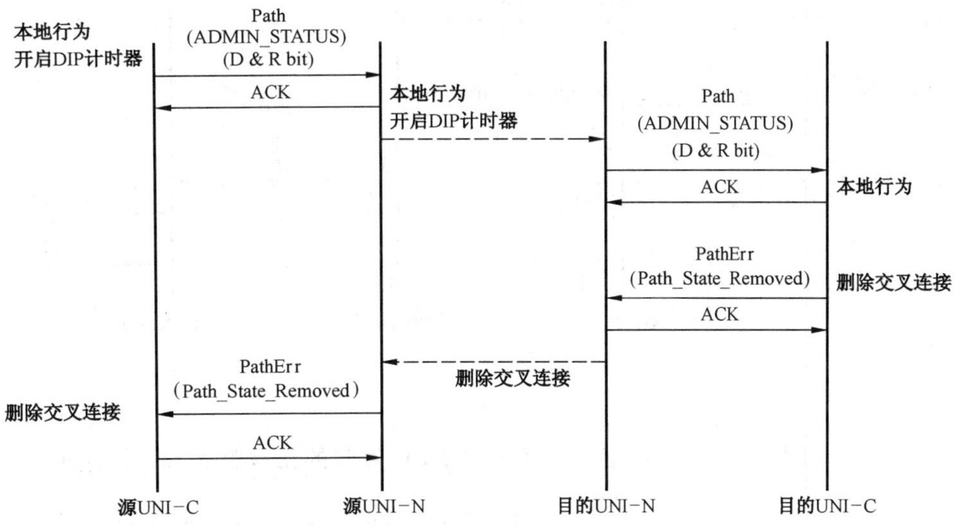

图 36 源 UNI-C 发起的正常删除 SC 连接的信令流程
6） 通过 SDH 分析仪/数据性能分析仪观测 SC 连接是否成功删除；
7） 通过网管系统检查 SC 连接是否成功删除。
</td></tr>
<tr><td>注意事项</td><td>—</td></tr>
</table>

8.2.3 目的 UNI-C 发起的交换连接删除

测试项目	目的 UNI-C 发起的交换连接删除
测试目的	验证从目的 UNI-C 发出信令，删除一条已经建立的交换连接
测试依据	GB/T 21645.1—2008 中 5.2.1.3
测试仪表	协议测试仪，SDH 分析仪，协议分析仪，数据性能分析仪

表（续）

测试配置	测试配置见图 23，UNI 接口的信令网采用带外信令网方式，被测设备之间的信令网可以采用带内或带外的信令网方式。
测试步骤	1) 按照测试配置图 23 连接网络； 2) 由客户 1 的 UNI-C 向客户 2 的 UNI-C 发起建立一条 VC4-nC 连接或以太网业务的 SC 连接； 3) 通过 SDH 分析仪/数据性能分析仪观测 SC 连接是否成功建立，通过协议分析仪观测 SC 建立信令流程是否正常，通过网管系统检查 SC 连接信息是否正确； 4) 协议测试仪仿真客户 2 的 UNI-C 发起信令，正常删除已建立的连接； 5) 通过协议分析仪观察信令流程是否正常，信令流程见图 37； 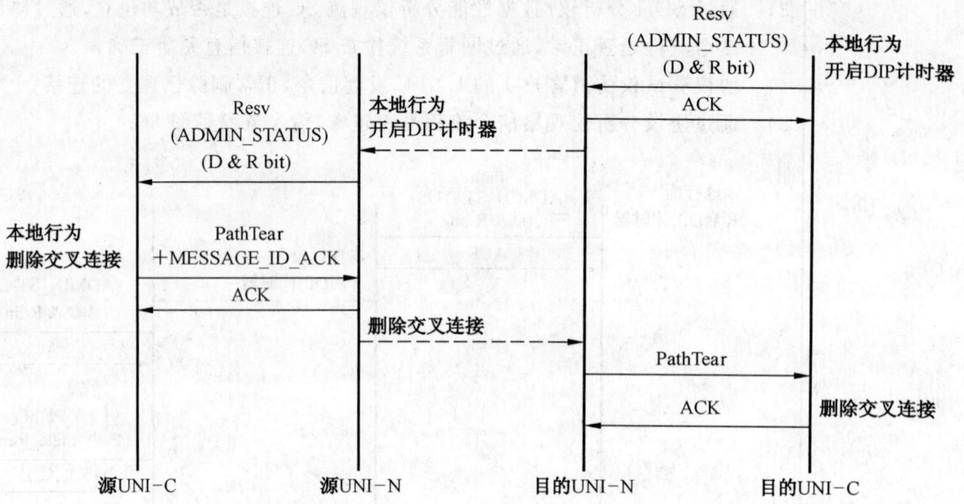 **图 37 目的 UNI-C 发起的正常删除 SC 连接的信令流程** 6) 通过 SDH 分析仪/数据性能分析仪观测 SC 连接是否成功删除； 7) 通过网管系统检查 SC 连接是否成功删除。
注意事项	—

8.2.4 UNI-N 发起的交换连接删除

测试项目	网络中间节点发起的交换连接正常删除
测试目的	测试网管系统请求网络中间节点向上游 UNI/下游 UNI 发出信令，删除一条已经建立的交换连接
测试依据	GB/T 21645.1—2008 中 5.2.1.3
测试仪表	协议测试仪，SDH 分析仪，协议分析仪，数据性能分析仪
测试配置	测试配置见图 23，UNI 接口的信令网采用带外信令网方式，被测设备之间的信令网可以采用带内或带外的信令网方式。

表（续）

测试步骤	a）源端 UNI-N 发起交换连接正常删除 1）按照测试配置图 23 连接网络； 2）由客户 1 的 UNI-C 向客户 2 的 UNI-C 发起建立一条 VC4-nC 连接或以太网业务的 SC 连接； 3）通过 SDH 分析仪/数据性能分析仪观测 SC 连接是否成功建立，通过协议分析仪观测 SC 建立信令流程是否正常，通过网管系统检查 SC 连接信息是否正确； 4）配置被测设备节点 A（源端网络中间节点）发出请求，正常删除已建立的连接； 5）通过协议分析仪观察信令流程是否正常，信令流程见图 38； 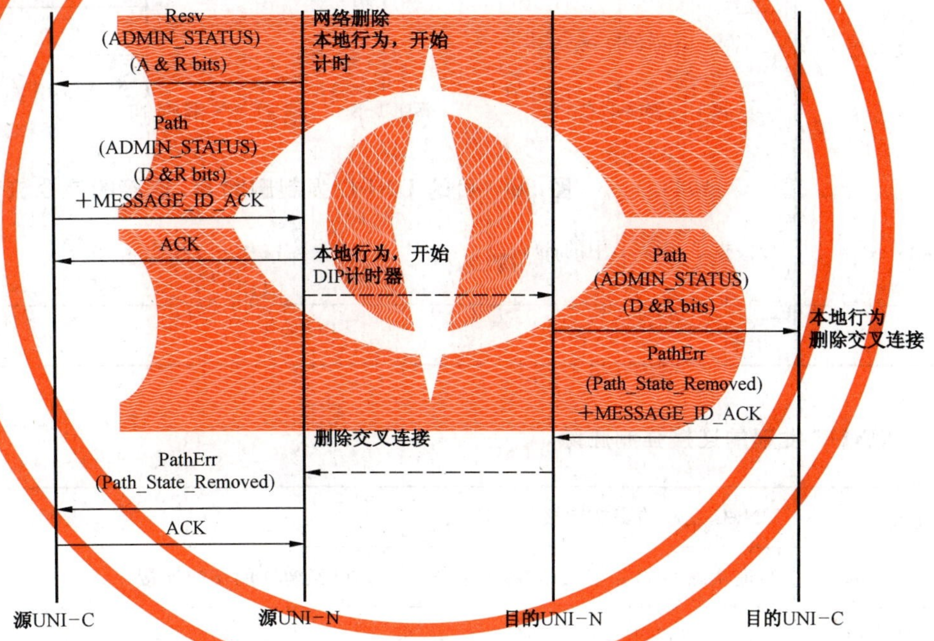 **图 38 源端 UNI-N 发起交换连接正常删除的信令流程** 6）通过 SDH 分析仪/数据性能分析仪观测 SC 连接是否成功删除； 7）通过网管系统检查 SC 连接是否成功删除。 b）目的端 UNI-N 发起交换连接正常删除 1）重复步骤 a）中的 2）～3）； 2）配置被测设备节点 B（目的端网络中间节点）发起请求，正常删除已建立的连接； 3）通过协议分析仪观察信令流程是否正常，信令流程见图 39；

表（续）

测试步骤	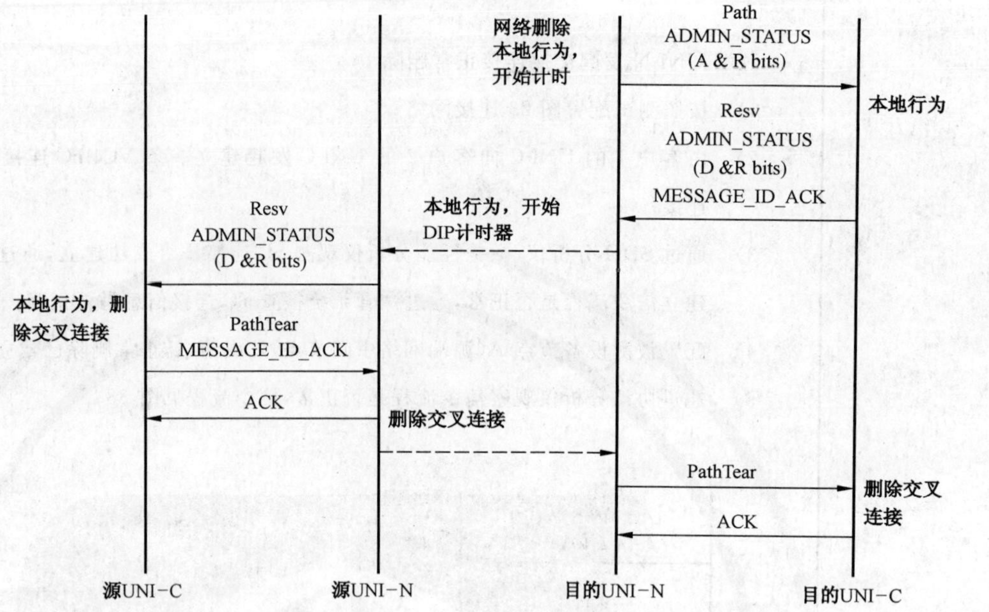 图 39 目的 UNI-C 强制删除 SC 连接的信令流程 4) 重复步骤 a)中的 6)～7)。
注意事项	—

8.2.5 UNI-C 发起的连接强制删除

测试项目	UNI-C 发起的交换连接强制删除
测试目的	验证从源 UNI-C 发出信令，强制删除一条已经建立的交换连接
测试依据	GB/T 21645.1—2008 中 5.2.1.3
测试仪表	协议测试仪，SDH 分析仪，协议分析仪，数据性能分析仪
测试配置	测试配置见图 23，UNI 接口的信令网采用带外信令网方式，被测设备之间的信令网可以采用带内或带外的信令网方式。
测试步骤	a) 按照测试配置图 23 连接网络。 b) 源 UNI-C 发起的交换连接强制删除。 1) 由客户 1 的 UNI-C 向客户 2 的 UNI-C 发起建立一条 VC4-nC 连接或以太网业务的 SC 连接； 2) 通过 SDH 分析仪/数据性能分析仪观测 SC 连接是否成功建立，通过协议分析仪观测 SC 建立信令流程是否正常，通过网管系统检查 SC 连接信息是否正确； 3) 协议测试仪仿真客户 1 的 UNI-C 发起信令，强制删除已建立的连接； 4) 通过协议分析仪观察信令流程是否正常，信令流程见图 40；

表(续)

测试步骤	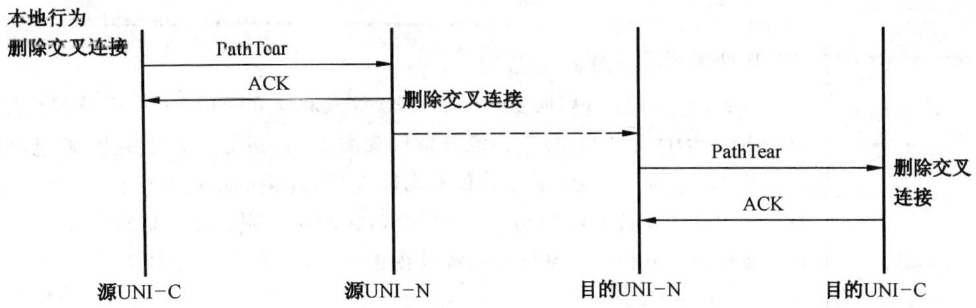 **图 40 源 UNI-C 强制删除 SC 连接的信令流程** 5) 通过 SDH 分析仪/数据性能分析仪观测 SC 连接是否成功删除; 6) 通过网管系统检查 SC 连接是否成功删除; c) 目的 UNI-C 发起的交换连接强制删除 1) 重复步骤 b)中的 1)～2); 2) 协议测试仪仿真客户 1 的 UNI-C 发起信令,强制删除已建立的连接; 3) 通过协议分析仪观察信令流程是否正常,信令流程见图 41; 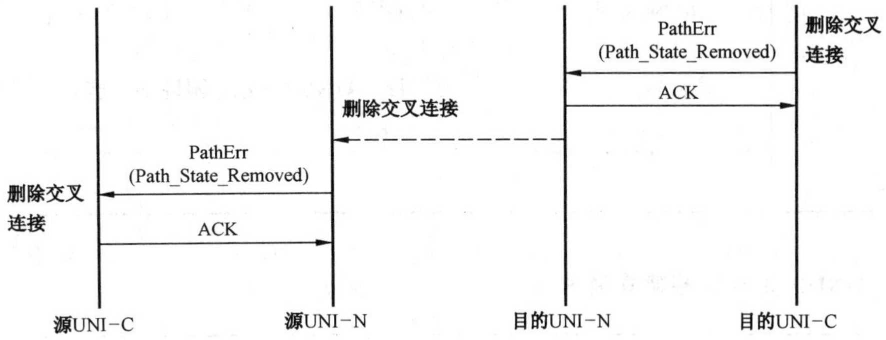 **图 41 目的 UNI-C 强制删除 SC 连接的信令流程** 4) 重复步骤 b)中的 5)～6)。
注意事项	—

8.2.6 UNI-N 发起的连接强制删除

测试项目	UNI-N 发起的连接强制删除
测试目的	测试从 UNI 接口发起强制删除连接
测试依据	GB/T 21645.1—2008 中 5.2.1.3
测试仪表	协议测试仪,SDH 分析仪,协议分析仪,数据性能分析仪

表（续）

测试配置	测试配置见图 23,UNI 接口的信令网采用带外信令网方式,被测设备之间的信令网可以采用带内或带外的信令网方式。
测试步骤	1) 按照测试配置图 23 连接网络; 2) 由客户 1 的 UNI-C 向客户 2 的 UNI-C 发起建立一条 VC4-nC 连接或以太网业务的 SC 连接; 3) 通过 SDH 分析仪/数据性能分析仪观测 SC 连接是否成功建立,通过协议分析仪观测 SC 建立信令流程是否正常,通过网管系统检查 SC 连接信息是否正确; 4) 配置被测设备节点 UNI-N 发出请求,强制删除删除已建立的连接; 5) 通过协议分析仪观察信令流程是否正常,信令流程见图 42。 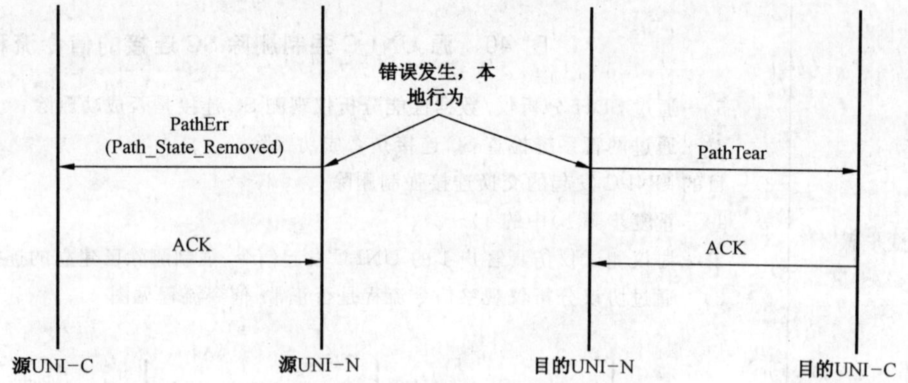 图 42 UNI-N 强制删除 SC 连接
注意事项	—

8.2.7 UNI-N 拒绝连接建立请求

测试项目	UNI 拒绝交换连接(SC)建立请求
测试目的	测试客户设备通过 UNI 接口发起的交换连接(SC)的建立拒绝,验证 UNI-N 对非法资源参数的处理
测试依据	GB/T 21645.1—2008 中 5.2.1.3
测试仪表	协议测试仪,SDH 分析仪,协议分析仪,数据性能分析仪
测试配置	测试配置见图 23,UNI 接口的信令网采用带外信令网方式,被测设备之间的信令网可以采用带内或带外的信令网方式。
测试步骤	1) 按照测试配置图 23 连接网络; 2) 从客户 1 的 UNI-C 请求建立从客户 1 到客户 2 的一条 VC4-nC 或以太网业务的 SC 连接,在 Path 消息中配置非法的参数,如未知对象和未知路由,导致 UNI 拒绝连接建立请求; 3) 通过协议分析仪监测 UNI 接口进行了正确的信令交换,信令流程见图 43 和图 44。

表（续）

<table>
<tr><td>测试步骤</td><td>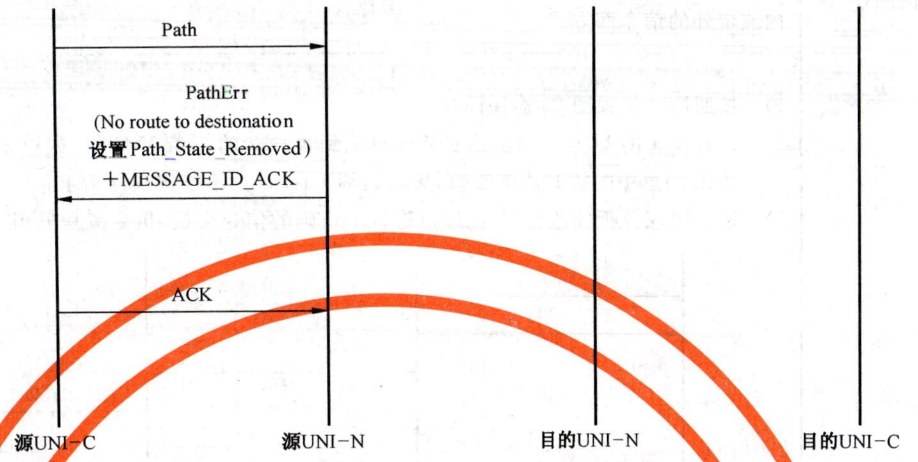

图 43　UNI-N 拒绝连接建立(未知路由)
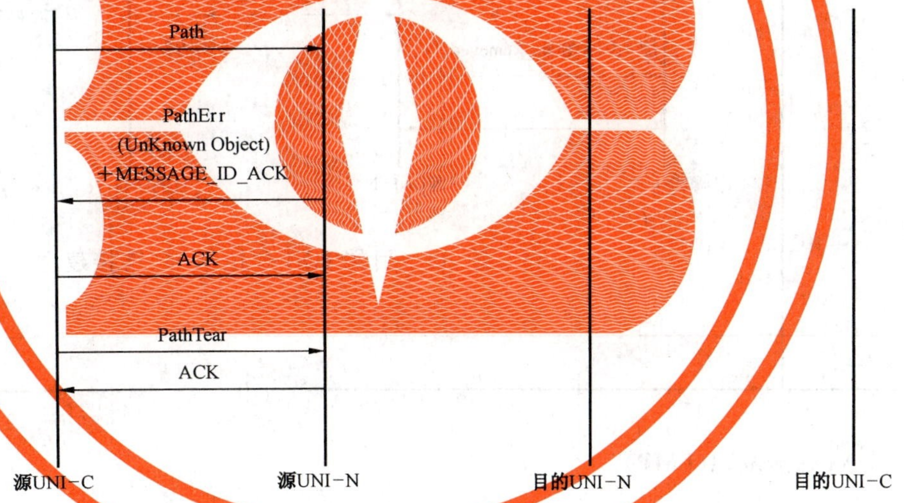

图 44　UNI-N 拒绝连接建立(未知对象)</td></tr>
<tr><td>注意事项</td><td>—</td></tr>
</table>

8.2.8　远端 UNI-C 拒绝连接建立请求

测试项目	目的 UNI-C 拒绝 SC 连接建立请求
测试目的	验证目的 UNI-C 对非法资源参数的处理
测试依据	GB/T 21645.1—2008 中 5.2.1.3
测试仪表	协议测试仪,SDH 分析仪,协议分析仪,数据性能分析仪

表（续）

测试配置	测试配置见图 23，UNI 接口的信令网采用带外信令网方式，被测设备之间的信令网可以采用带内或带外的信令网方式。
测试步骤	1) 按照测试配置图 23 连接网络； 2) 从客户 1 的 UNI-C 请求建立从客户 1 到客户 2 的一条 VC4-nC 或以太网业务的 SC 连接，在 Path 消息中配置非法的参数，导致远端 UNI-C 拒绝连接建立请求； 3) 通过协议分析仪监测 UNI 接口进行了正确的信令交换，信令流程见图 45。 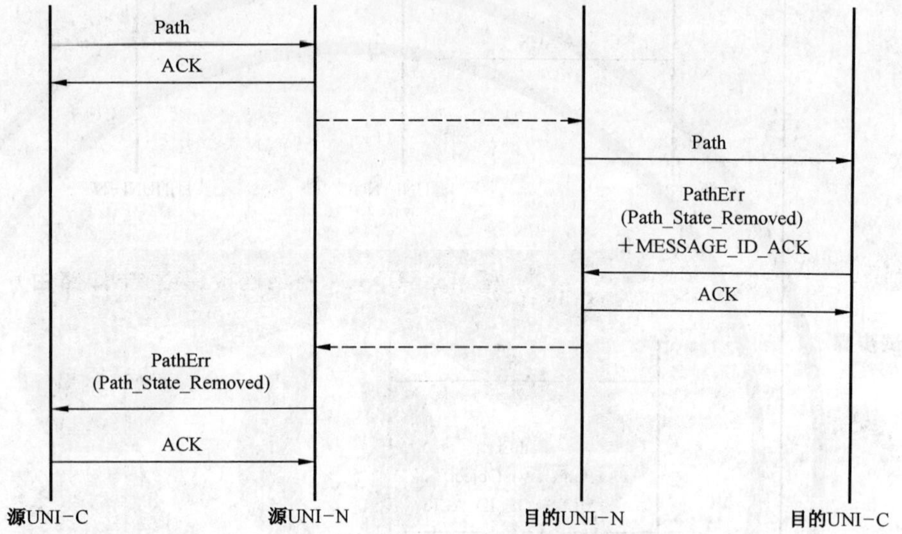 **图 45 目的 UNI-C 拒绝 SC 连接建立**
注意事项	—

8.2.9 UNI 邻居发现(LMP)

测试项目	UNI 邻居发现(LMP)
测试目的	测试 UNI 接口的 LMP 协议
测试依据	GB/T 21645.1—2008 中 5.2.1.3
测试仪表	协议测试仪，协议分析仪
测试配置	测试配置见图 23。
测试步骤	1) 协议测试仪表仿真源和目的 UNI-C，在 ASON 设备上运行 UNI-N； 2) 在仪表和设备的接口上使能 LMP； 3) 通过协议分析仪观察有正确的消息交换发生，监测自动发现信令过程； 4) 在网管系统上查询节点邻居信息。
注意事项	—

8.2.10 控制通道故障

测试项目	控制通道故障
测试目的	验证被测设备可以从控制通道故障恢复
测试依据	GB/T 21645.1—2008 中 5.2.1.3
测试仪表	协议测试仪,协议分析仪
测试配置	测试配置见图 23。
测试步骤	a) 重启时间确定的控制通道故障: 1) 配置重启时间为 30 s; 2) 由客户 1 向客户 2 发起建立一双向连接; 3) 断掉客户 1 与以太网的链路(IPCC); 4) 在 30 s 内,重新连接 IPCC; 5) 通过协议分析仪观察有正确的消息交换发生; 6) 对客户 2 的 IPCC 重复这一过程。 b) 重启时间不确定的控制通道故障: 1) 配置重启时间为不确定; 2) 由客户 1 向客户 2 发起建立一双向连接; 3) 断掉客户 1 与以太网的链路(IPCC); 4) 超过 30 s 以后,重新连接 IPCC; 5) 通过协议分析仪观察有正确的消息交换发生; 6) 以不同的时间重复 3)~5); 7) 对客户 2 的 IPCC 重复这一过程。
注意事项	—

8.2.11 控制平面故障

测试项目	控制通道故障
测试目的	验证被测设备可以从控制通道故障恢复
测试依据	GB/T 21645.1—2008 中 5.2.1.3
测试仪表	协议测试仪,协议分析仪
测试配置	测试配置见图 23。
测试步骤	a) 重启时间确定的控制平面故障: 1) 配置重启时间为 30 s; 2) 由客户 1 向客户 2 发起建立一双向连接; 3) 复位客户 1 的控制平面,确保在 30 s 内控制平面可以重新运行; 4) 通过协议分析仪观察有正确的消息交换发生; 5) 对客户 2 的设备重复这一过程。 b) 重启时间不确定的控制平面故障: 1) 配置重启时间为不确定; 2) 由客户 1 向客户 2 发起建立一双向连接; 3) 复位客户 1 的控制平面,确保在超过 30 s 以后控制平面才重新运行; 4) 通过协议分析仪观察有正确的消息交换发生; 5) 以不同的时间重复 3)~4); 6) 对客户 2 的设备重复这一过程。
注意事项	—

8.2.12 UNI 带内信令验证

测试项目	控制通道故障
测试目的	验证被测设备可以从控制通道故障恢复
测试依据	GB/T 21645.1—2008 中 5.2.1.3
测试仪表	协议测试仪,协议分析仪
测试配置	测试配置见图 23。UNI 接口采用带内信令通信方式,INNI 接口采用带外信令通信方式。
测试步骤	1) 按照测试配置图 23 连接测试环境。在客户设备和 ASON 网络运行 UNI; 2) 建立被测设备节点 A 到被测设备节点 B 之间的一条 SC 连接; 3) 通过协议分析仪观察有正确的消息交换发生; 4) 源 UNI-C 正常删除该连接; 5) 通过协议分析仪观察有正确的消息交换发生; 6) 重复步骤 2); 7) 目的 UNI-C 正常删除该连接; 8) 通过协议分析仪观察有正确的消息交换发生。
注意事项	—

9 信令通信网(SCN)测试

9.1 SCN 传送方式测试

9.1.1 SCN 带内传送方式

测试项目	SCN 带内传送方式
测试目的	ASON 网元应支持 SCN 带内传送方式(ECC)
测试依据	GB/T 21645.1—2008 中 14.1.1
测试仪表	SDH 分析仪
测试配置	测试配置见图 46。 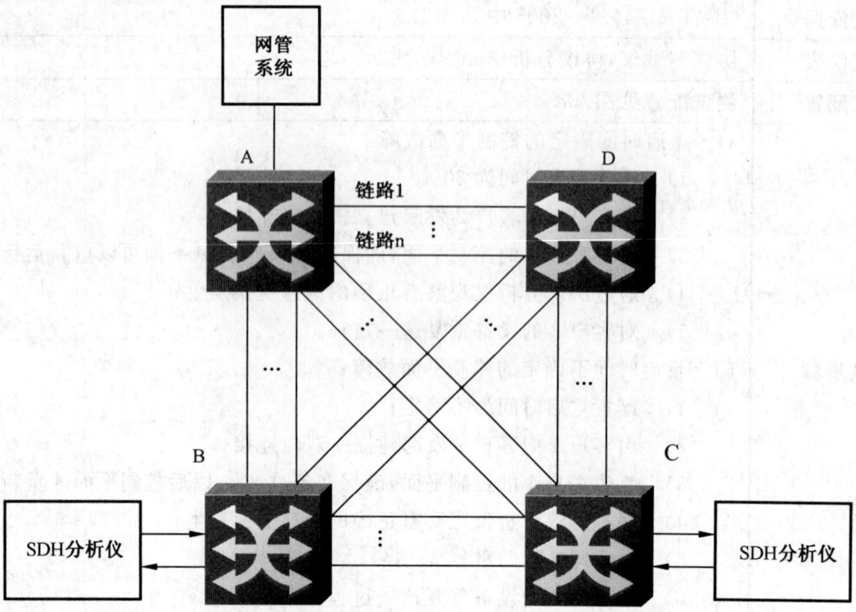 图 46 SCN 传送方式测试配置示意图

表（续）

测试步骤	a) 测试配置如图 46 所示，各节点之间通过带内信令方式连接控制通道。 b) 查询设备是否支持 DCC 字节的可配置功能，应支持以下几种带宽选择方案： 1) 采用 SDH 再生段开销（RSOH）中 D1～D3 字节，速率可达 192 kbps； 2) 采用 SDH 复用段开销（MSOH）中 D4-D12 字节，速率可达 576 kbps； 3) 同时采用 SDH 段开销中 D1-D3 和 D4-D12 字节，速率可达 768 kbps； 4) 采用特定字节进行带宽扩展，例如：利用其他预留的开销字节提供 2 Mbps 或更高速率的通信带宽。 c) 断开 A 和 C、B 和 D 之间的直达光纤。 d) 通过网管查询各节点之间的信令通道和 SCN 拓扑结构。 e) SCN 拓扑发生变化时，任意两控制平面节点之间通过 SCN 仍可达，已经建立的业务连接应不受影响，验证过程如下： 1) 网管发起一条 SPC 连接建立请求，经过 B 节点，在 A 和 C 节点之间建立一条软永久连接业务 a，信令通信经过带内 ECC 控制通道；通过 SDH 分析仪检查连接是否成功建立； 2) 通过拔光纤，断开 A 和 D 之间的 ECC 控制通道； 3) 通过网管系统观察 SCN 拓扑更新情况； 4) 通过 SDH 分析仪监视已经建立的连接不受影响； 5) 恢复 A 和 D 之间的 ECC 控制通道； 6) 通过拔光纤，断开 A 和 B 之间的 ECC 控制通道，A-B 之间的 ECC 控制通道应和业务所经 A-B 光纤属于不同的光纤； 7) 通过网管系统观察 SCN 拓扑更新情况； 8) 通过 SDH 分析仪监视已经建立的连接不受影响； 9) 网管发起 SPC 连接建立请求，在 A 和 C 节点之间应能成功建立一条新的软永久连接业务 b； 10) 网管发起请求删除软永久连接业务 a，删除操作应能成功执行； 11) 恢复 A 和 B 之间的 ECC 控制通道。 f) 当两个控制平面节点之间通过 SCN 不可达时，不能建立新的业务连接，已经建立的业务连接不受影响，此时不能正常删除和维护已经建立的连接业务。验证过程如下： 1) 同时断开 A 和 B 以及 A 和 D 节点之间的 ECC 控制通道； 2) 通过网管观察 SCN 拓扑更新情况； 3) 通过 SDH 分析仪监视已经建立的业务 b 不受影响； 4) 网管发起 SPC 连接建立请求，在 A 和 C 节点之间建立一条新的软永久连接业务 c 不成功； 5) 网管发起请求删除已创建的软永久连接业务 b，删除操作失败。
注意事项	—

9.1.2 SCN 带外传送方式

测试项目	SCN 带外传送方式
测试目的	ASON 网元应支持 SCN 带外传送方式（IP 专网）
测试依据	GB/T 21645.1—2008 中 14.1.1
测试仪表	SDH 分析仪，协议分析仪

表（续）

测试配置	测试配置见图 47。 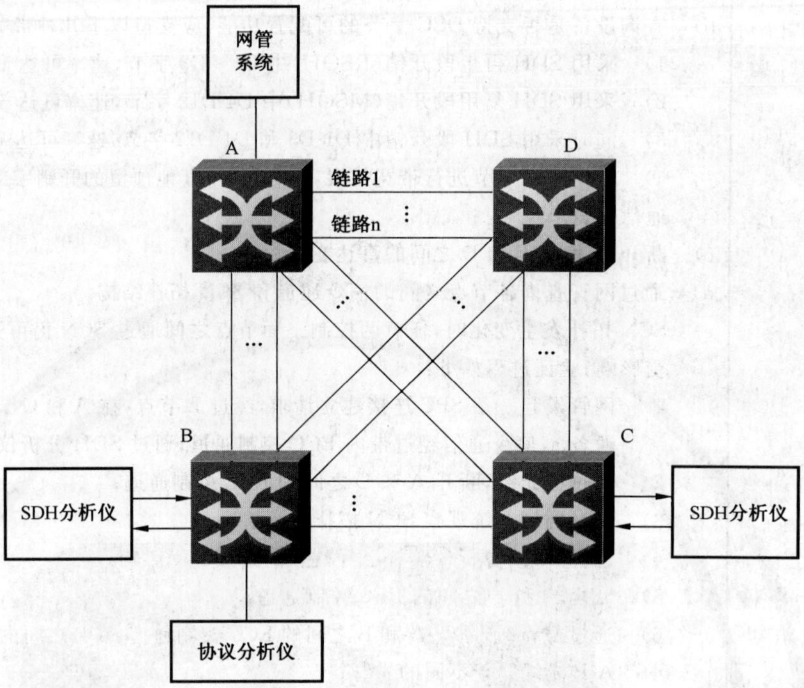 图 47　SCN 带外传送方式测试配置
测试步骤	1)　测试配置如图 47 所示，各节点之间通过带外信令方式连接控制通道； 2)　通过网管查询各节点之间的信令通道和 SCN 拓扑结构； 3)　网管发起一条 SPC 连接建立请求，经过 B 节点，在 A 和 C 节点之间建立一条软永久连接业务 a，信令通信经过带外控制通道；通过 SDH 分析仪检查连接是否成功建立； 4)　断开节点 B 的纤外控制通道； 5)　通过网管系统观察 SCN 拓扑更新情况； 6)　通过 SDH 分析仪监视已经建立的连接不受影响； 7)　网管发起 SPC 连接建立请求，在 A 和 C 节点之间应能成功建立一条新的软永久连接业务 b； 8)　断开节点 C 的纤外控制通道，重复步骤 5)～6)； 9)　网管发起节点 A-C 的 SPC 连接请求，创建不成功。 10)　删除业务 a 和业务 b，应不成功。 11)　恢复节点 C 和节点 B 的纤外控制通道，重复步骤 5)～6)； 12)　创建节点 A-C 的 SPC 连接 c，应成功。 13)　删除上述 3 条连接，应成功。
注意事项	带外 DCN 可采用局域网，外部 DCN 等方式。

9.2　SCN 的保护恢复测试

测试项目	SCN 的保护恢复
测试目的	一条信令链路发生故障后，SCN 应具有对信令链路的保护恢复机制。应保证已经存在的呼叫连接仍然保持正常。如果未能从故障中恢复，应向管理系统发送一个通知，但是已经存在的呼叫连接应仍保持正常。如果从故障中成功恢复，则需要对存在的呼叫和连接进行状态同步
测试依据	GB/T 21645.1—2008 中 14.1.1

表（续）

测试仪表	SDH 分析仪，协议分析仪
测试配置	见图 47。
测试步骤	a） 测试配置如图 47 所示。 b） 带内方式(ECC)： 1） 各节点之间通过带内信令方式连接控制通道。网管查询各节点之间的信令通道和 SCN 拓扑结构正常；节点 A-B 之间两条光纤链路分别为 A-B-1 和 A-B-2； 2） 网管发起建立一条路由为节点 A-B 的 SPC STM-1 连接，路由经过 A-B-1 链路，通过 SDH 分析仪检查连接成功建立； 3） 通过网管禁止 A-B-1 链路的 DCC 通道使 ECC 控制通道中断； 4） 通过网管系统观察 SCN 拓扑变化； 5） 再建立一条路由为节点 A-B 的 SPC STM-1 连接，路由经过 A-B-1 链路，通过 SDH 分析仪检查连接建立成功，验证设备支持 SCN 保护或恢复功能； 6） 通过网管禁止 A-B-2 链路的 DCC 通道使 ECC 控制通道中断； 7） 建立一条路由为节点 A-B 的 SPC STM-1 连接，路由经过 A-B-1 链路，通过 SDH 分析仪检查连接能否建立，验证设备是否支持 SCN 重路由恢复功能。 c） 带内和带外混合方式： 1） 各节点之间通过带内和带外信令方式连接控制通道。网管查询各节点之间的信令通道和 SCN 拓扑结构正常； 2） 断开 A-C 和 A-D 之间的全部直达光纤；A-B 之间仅保留一条直达光纤； 3） 新建一条路由为 A-B 的 SPC 连接，保证两点之间既有带内控制通道又有纤外控制通道； 4） 断开节点 A-B 之间的带内控制通道； 5） 通过网管系统观察 SCN 拓扑变化； 6） 再建立一条路由为节点 A-B 的 SPC 连接，通过 SDH 分析仪检查连接成功建立； 7） 恢复节点 A-B 之间的带内控制通道； 8） 断开节点 A 和 B 之间的带外控制通道，重复步骤 5）和 6）。
注意事项	—

10 ASON 管理平面测试

10.1 传送平面管理功能测试

见 YD/T 1289.2—2003 的规定。

10.2 控制平面管理功能测试

10.2.1 配置管理

10.2.1.1 资源管理

测试项目	资源管理
测试目的	管理平面应支持 ASON 资源管理功能
测试依据	GB/T 21645.1—2008 中 13.3.2.2
测试仪表	无

表(续)

<table>
<tr><td>测试配置</td><td>测试配置见图 48。
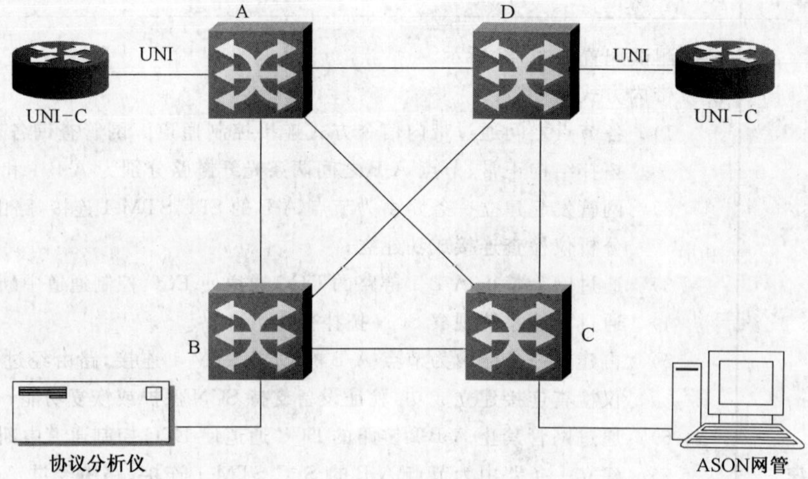
图 48 管理平面测试</td></tr>
<tr><td>测试步骤</td><td>a) 测试配置如图 48 所示。
b) 管理平面应能为控制平面分配和删除传送资源,并区分资源控制权归属于哪个平面(管理平面或控制平面):
1) 在网络运行处于正常状态时,指定约束条件为路由跳数最短建立一条新的 SPC 连接,连接应被创建成功;
2) 通过管理平面禁止控制平面使用链路 A 到 D 之间的链路 LINK a-d 和相应端口资源;
3) 指定约束条件为必经链路 LINK a-d 再次创建一条 SPC 连接,结果创建失败。
c) 检查连接终端点(CTP)对应的控制平面 SNP 标识,包括 SNP 和 SNP 绑定(BUNDLE)。其中,管理平面应支持 BUNDLE 参数的配置,即把相关联的多条链路设置为一个 SNPP 组,以减少链路状态数据。
d) SNPP 链路资源管理:管理平面应能设置和查询链路资源的相关属性。
e) 当控制平面管理的传送资源配置发生改变时,管理平面应能正确接收控制平面上报的配置更新信息,与传送资源配置信息变化相关的通知事件包括:
——SNPP 的创建/删除;
——SNPP Link 的创建/删除;
——SNPP 资源容量的增加/减少;
——SNPP Link 资源容量的增加/减少。
f) 管理平面应能查询所辖资源的使用情况,包括:
——SNPP 链路资源的最大带宽;
——SNPP 链路资源实际占用/空闲带宽;
——SNPP 链路实际占用时隙情况等。
g) 应支持与网元之间的传送资源数据的信息同步,包括手工和自动同步方式,例如:断开并恢复图 48 中一条 ASON 链路,验证管理平面应能及时反映链路状态的变化过程。</td></tr>
<tr><td>注意事项</td><td>—</td></tr>
</table>

10.2.1.2 接口管理

10.2.1.2.1 UNI 接口管理

测试项目	UNI 接口管理
测试目的	管理平面应支持 UNI 接口管理功能
测试依据	GB/T 21645.1—2008 中 13.3.2.2
测试仪表	无
测试配置	见图 48。
测试步骤	1) 测试配置如图 48 所示； 2) 为指定 SNPP 链路配置接口模式，即 UNI-C/UNI-N； 3) 配置、修改和查询 SNPP 链路的本端和远端 SNPP 标识； 4) 为 SNPP 链路本端分配 UNI 接口协议，包括信令协议、发现协议等； 5) 为连接 UNI-C 和 UNI-N 之间的一条或多条 SNPP 链路分配 TNA 地址；当一个 TNA 对应多条 SNPP 链路时，EMS 应为 SNPP 链路指定逻辑端口标识符，并支持配置 UNI-C 和 UNI-N 逻辑端口标识符之间的映射关系； 6) 配置、修改和查询信令协议类型、版本号，以及与具体信令协议相关的参数列表，例如： ——RSVP 信令使能(rsvpSignallingEnabled)； ——RSVP 重启(rsvpGracefulRestart)等； 7) 配置、修改和查询自动发现协议类型、版本号，以及与具体发现协议相关的参数列表，例如：发现服务使能/禁止(enable/disable discoveryService)等(可选)。
注意事项	—

10.2.1.2.2 I-NNI 接口管理

测试项目	I-NNI 接口管理
测试目的	管理平面应支持 I-NNI 接管理功能
测试依据	GB/T 21645.1—2008 中 13.3.2.2
测试仪表	无
测试配置	见图 48。
测试步骤	1) 测试配置如图 48 所示； 2) 修改和查询指定 SNPP 链路两端的信令协议类型、版本号，以及与具体信令协议相关的参数列表，例如： ——RSVP 信令使能(rsvpSignallingEnabled)； ——RSVP 重启(rsvpGracefulRestart)等； 3) 修改和查询 SNPP 链路两端的路由协议类型、版本号，以及与具体路由协议相关的参数列表，例如： ——OSPF 管理状态(OSPFAdminState)； ——OSPF 路由标识(OSPFRouterId)等； 4) 查询路由协议的邻居信息，例如： ——OSPF 邻居状态(ospfNeighbourState)； ——OSPF 邻居标识(ospfNeighbourId，即：邻居 OSPF Router ID)； ——OSPF 邻居 IP 地址(ospfNeighbourIPAddress)等； 5) 修改和查询 SNPP 链路两端的自动发现协议类型、版本号，以及与具体发现协议相关的参数列表，例如：发现服务使能/禁止(enable/disable DiscoveryService)等；
注意事项	—

10.2.1.2.3 E-NNI接口管理

测试项目	E-NNI接口管理
测试目的	管理平面应支持E-NNI接口管理功能
测试依据	GB/T 21645.1—2008中13.3.2.2
测试仪表	无
测试配置	见图48。
测试步骤	1) 测试配置如图48所示； 2) 配置、修改和查询指定SNPP链路的本端和远端SNPP标识； 3) 配置、修改和查询由本端SNPP标识和远端SNPP标识构成的SNPP链路； 4) 为SNPP链路本端分配E-NNI接口协议，包括信令协议、路由协议和发现协议等； 5) 配置、修改和查询信令协议类型、版本号，以及与具体信令协议相关的参数列表，例如： ——RSVP信令使能(rsvpSignallingEnabled)； ——RSVP重启(rsvpGracefulRestart)等； 6) 配置、修改和查询SNPP链路的路由协议类型、版本号，以及与具体路由协议相关的参数列表，例如： ——OSPF管理状态(OSPFAdminState)； ——OSPF路由标识(OSPFRouterId)等； 7) 查询路由协议的邻居信息，例如： ——OSPF邻居状态(ospfNeighbourState)； ——OSPF邻居标识(ospfNeighbourId，即：邻居OSPF Router ID)； ——OSPF邻居IP地址(ospfNeighbourIPAddress)等； 8) 配置、修改和查询自动发现协议类型、版本号，以及与具体发现协议相关的参数列表，例如：发现服务使能/禁止(enable/disable DiscoveryService)等(可选)。
注意事项	—

10.2.1.3 路由区管理

测试项目	路由区管理
测试目的	管理平面应支持ASON路由区的管理功能
测试依据	GB/T 21645.1—2008中13.3.2.3
测试仪表	协议分析工具
测试配置	见图48。
测试步骤	a) 测试配置如图48所示。 b) 通过管理平面建立路由区：管理平面应能支持路由区的划分，将控制平面元件分配到路由区和路由等级当中。 1) 管理平面应能为路由区划分层次和重新配置。将图48中节点A和节点B划分在路由区1；节点C和节点D划分在路由区2，并配置为两层路由结构，通过协议分析工具验证路由协议的交互过程； 2) 查看对方域的信息。(拓扑、路由节点(RC节点)、抽象链路连接关系)，测试配置参考ENNI接口测试。 c) 应支持查询所辖路由区属性信息，并能查询给定RA下级的路由区及其属性。 d) 应支持查询所辖路由区内全部SNPP和SNPP链路资源信息。 e) 支持与路由区相关的通知上报，包括以下通知： ——路由区建立成功通知； ——路由区建立失败通知，应包括路由区创建失败的原因； ——路由区属性改变通知，应包括改变的属性信息。
注意事项	控制域的管理功能的验证可结合本部分第8章ASON控制平面协议测试完成。

10.2.1.4 发现管理

测试项目	发现管理
测试目的	管理平面应支持 ASON 控制平面拓扑自动发现的管理功能
测试依据	GB/T 21645.1—2008 中 13.3.2.4
测试仪表	协议分析工具
测试配置	见图 48。
测试步骤	a) 测试配置如图 48 所示。 b) 应支持邻居发现管理，通过协议分析工具验证自动发现的协议交互过程： 1) 应能激活/去激活网元控制平面的自动邻居发现功能； 2) 应能查询当前邻居发现的结果，包括以下参数信息： ——层邻居发现状态(LadStatus)； ——远端端点(RemoteEndPoint)：表示与本 TTP 相连的远端 TTP； 3) 当控制平面不使用邻居发现功能时，应能够通过人工方式配置节点所需要的邻接信息，并且应能区分配置信息和发现信息。 c) 通过管理平面查询拓扑自动发现的结果，支持控制平面拓扑视图的显示，并能实时反映网络拓扑状态和告警状态。 d) 应支持分层显示多级路由区视图，可查询每级路由区域内路由节点、域内 SNPP 链路和域间 SNPP 链路信息。 e) 在域内或域间拓扑发生变化时，网管应能够收到相应通知，并在拓扑视图上实时显示，通知类型包括： ——节点增加/删除通知； ——节点属性改变通知； ——链路增加/删除通知； ——链路属性改变通知； ——链路错连通知。
注意事项	发现管理功能的验证可结合本部分 6.3 自动发现功能测试完成。

10.2.1.5 呼叫管理

测试项目	呼叫管理
测试目的	管理平面应支持 ASON 控制平面呼叫控制相应管理功能
测试依据	GB/T 21645.1—2008 中 13.3.2.5.2
测试仪表	—
测试配置	见图 48。

表（续）

测试步骤	1) 测试配置如图 48 所示； 2) 通过管理平面建立一个点到点呼叫，呼叫可以包含 0 条、1 条或多条连接，并可以跨越一个或多个路由区，可以指配呼叫建立请求参数，通过协议分析工具验证呼叫建立的协议交互过程； 3) 建立呼叫时，可以同时指定此呼叫下建立的连接列表和每条连接属性；通过 SDH 分析仪验证 SPC 创建成功。通过管理平面应提示给用户呼叫建立的结果(成功/失败)。当呼叫建立失败时，应能提示用户呼叫失败的原因； 4) 呼叫创建成功后，通过管理平面应支持修改一个已建立的呼叫的部分信息，包括呼叫的用户名称、附加信息等；并支持在一个已经建立的点到点呼叫中增加和删除与此呼叫关联的一条或多条连接，通过协议分析工具验证呼叫修改的协议交互过程；并通过管理平面应能提示给用户呼叫修改的结果(成功/失败)。当呼叫修改失败时，应能提示用户呼叫修改失败的原因； 5) 管理平面应能删除已建立的呼叫和它所包含的全部连接，通过协议分析工具验证呼叫删除的协议交互过程；管理平面应能提示给用户呼叫释放的结果(成功/失败)。当呼叫释放失败时，应能提示用户呼叫失败的原因，以及尚未删除的连接列表等信息； 6) 管理平面应支持用户查询已建立的呼叫信息，这些呼叫可以是管理平面建立的，也可以是通过 UNI 接口由客户直接建立的；并能查询呼叫和所包含连接的相关属性信息； 7) 管理平面应支持当前和已经删除的呼叫信息的永久存储。
注意事项	—

10.2.1.6 连接管理

10.2.1.6.1 永久连接(PC)管理

测试项目	永久连接(PC)管理
测试目的	管理平面应支持对三种连接的分类管理，即永久连接(PC)、软永久连接(SPC)和交换连接(SC)
测试依据	GB/T 21645.1—2008 中 13.3.2.5.2
测试仪表	协议分析工具，SDH 分析仪
测试配置	见图 48。
测试步骤	1) 测试配置如图 48 所示； 2) 通过管理平面发起自动建立一条节点 A 到节点 D 的 PC 连接请求； 3) 管理平面应支持连接请求的成功和失败指示，在成功通知中应包含连接的相关信息，在失败通知中应包含失败原因标识码； 4) 通过管理平面查询该 PC 连接的相关信息，包括路由、流量参数等； 5) 通过协议分析工具监测无协议交互过程，通过 SDH 分析仪验证 PC 创建成功； 6) 管理平面应支持 PC 到 SPC 的迁移，在迁移过程中与该 PC 相关的传送资源被分配给控制平面； 7) 管理平面应支持迁移请求的成功和失败指示，在失败通知中应包含失败原因标识码； 8) 通过 SDH 分析仪验证迁移过程中的业务受损情况； 9) 在管理平面上发起删除该连接的请求； 10) 通过协议分析工具验证 SPC 连接删除的协议交互过程，通过 SDH 分析仪验证该 SPC 删除成功。
注意事项	1) 连接管理功能的验证可结合本部分 6.1 信令功能测试完成； 2) 连接创建是否成功应通过 SDH 分析仪确认，验证连接已下发到 ASON 设备。

10.2.1.6.2 **软永久连接(SPC)管理**

测试项目	软永久连接(SPC)管理
测试目的	管理平面应支持对软永久连接(SPC)的管理
测试依据	GB/T 21645.1—2008 中 13.3.2.5.2
测试仪表	协议分析工具,SDH 分析仪
测试配置	见图 48。
测试步骤	1) 测试配置如图 48 所示; 2) 通过管理平面发起建立一条节点 A 到节点 D 的 SPC 连接请求; 3) 通过管理平面可选择以下连接建立参数: ——源和目的节点,入/出端口、时隙; ——业务类别:单向,双向; ——信号带宽:VC4,VC4-n-c,VC4-n-v; ——保护恢复类型:1+1 保护,1∶1 保护,m∶n 共享保护,动态恢复,无保护,额外业务; ——SPC 业务的显示路由指配,以及路由约束条件的定制; ——业务优先级; 4) 通过协议分析工具验证 SPC 连接建立的协议交互过程,通过 SDH 分析仪验证 SPC 创建成功; 5) 管理平面应支持连接请求的成功和失败指示,在成功通知中应包含连接的相关信息,在失败通知中应包含失败原因标识码; 6) 检查管理平面是否添加该 SPC 连接的相关信息,包括路由、流量参数等,并可查询 SPC 的状态、连接属性等信息,可显示出路由拓扑; 7) 通过管理平面修改已经建立的 SPC 连接参数,包括管理属性、保护恢复类型等,并可对具有虚级连和 LCAS 功能的 SPC 业务进行带宽修改,增加或减少连接带宽;并支持连接修改的成功和失败指示,在失败通知中应包含失败原因标识码; 8) 在管理平面上发起删除该 SPC 连接的请求; 9) 通过协议分析工具验证 SPC 连接删除的协议交互过程,通过 SDH 分析仪验证 SPC 删除成功; 10) 检查管理平面已经删除该连接信息。 11) 网管系统支持 SPC 业务的批量建立和删除。 12) 跨域 SPC 连接管理: ——管理平面应支持在多个域的网络中的 SPC 管理功能; ——跨域连接的信息必须是一条端到端的连接信息,并需明确该连接经过的域; ——支持 SPC 连接状态和连接属性值的查询。
注意事项	1) 连接管理功能的验证可结合本部分 6.1 信令功能测试完成; 2) 连接创建是否成功应通过 SDH 分析仪确认,验证连接已下发到 ASON 设备。

10.2.1.6.3 **交换连接(SC)管理**

测试项目	连接管理
测试目的	管理平面应支持对交换连接(SC)的管理
测试依据	GB/T 21645.1—2008 中 13.3.2.5.2
测试仪表	协议分析工具,SDH 分析仪
测试配置	见图 48。

表(续)

测试步骤	1) 测试配置如图 48 所示; 2) 通过 UNI 接口发起两条 SC 连接建立请求,SC1 和 SC2;支持服务等级(sevice level)参数的指配; 3) 管理平面应能正确接收和处理控制平面发出的 SC 建立通知,通知中应包括连接请求的成功和失败指示,在成功通知中应包含连接的相关信息,失败通知中应包含失败原因标识码; 4) 通过协议分析工具验证 SC 连接建立的协议交互过程,通过 SDH 分析仪验证 SC 创建成功; 5) 通过管理平面查询 SC 的状态、路由、连接属性等信息,并可显示出路由拓扑。通过上述信息的查询,检查管理平面显示的连接信息与连接建立时的配置信息的一致性; 6) 通过 UNI 接口发起 SC1 连接修改请求,修改 SC1 的相关属性; 7) 管理平面应能正确接收和处理控制平面发出的 SC1 属性改变通知,通知中应包括修改请求的成功和失败指示,在成功通知中应包含连接的相关属性修改信息,失败通知中应包含失败原因标识码; 8) 通过协议分析工具监测 SC1 连接修改的协议交互过程,通过 SDH 分析仪验证 SC1 修改过程不会造成业务中断; 9) 通过管理平面查询修改成功后的 SC1 连接状态和属性等信息,并可显示出路由拓扑; 10) 通过 UNI 接口发起 SC1 连接删除请求; 11) 管理平面应能正确接收和处理控制平面发出的 SC1 连接删除通知,通知中应包括删除请求的成功和失败指示,其中失败通知中应包含失败原因标识码; 12) 通过协议分析工具验证 SC1 连接删除的协议交互过程,通过 SDH 分析仪验证 SC1 删除成功; 13) 检查管理平面已经删除 SC1 连接信息; 14) 通过管理平面人工发起 SC2 连接重路由,可设置重路由连接返回机制(手动或自动),并能正确接收和处理连接重路由的成功和失败指示,在失败通知中应包含失败原因标识码; 15) 通过管理平面查询重路由成功后的 SC2 连接状态和属性等信息; 16) 在管理平面上发起强制删除 SC2 连接的请求; 17) 通过协议分析工具验证 SC2 连接删除的协议交互过程,通过 SDH 分析仪验证 SC2 删除成功; 18) 检查管理平面已经删除 SC2 连接信息; 19) 跨域 SC 连接管理: ——管理平面应支持在多个域的网络中 SC 管理功能; ——跨域连接的信息必须是一条端到端的连接信息,并需明确该连接经过的域; 20) 支持 SC 连接状态和连接属性值的查询。
注意事项	1) 连接管理功能的验证可结合本部分 6.1 信令功能测试完成; 2) 连接创建是否成功应通过 SDH 分析仪确认,验证连接已下发到 ASON 设备; 3) SC 连接信息应注意验证通过 UNI 建立的 SC 连接配置信息与管理平面显示信息两者一致。

10.2.1.6.4 连接保护恢复管理

测试项目	连接保护与恢复管理
测试目的	管理平面应支持 ASON 控制平面连接的保护与恢复管理功能
测试依据	GB/T 21645.1—2008 中 13.3.2.7

表(续)

测试仪表	协议分析工具,SDH 分析仪
测试配置	见图 48。
测试步骤	a) 测试配置如图 48 所示。 b) 保护恢复连接的创建与删除: 1) 通过 UNI 发起一条具有保护/恢复能力的 SC 建立请求;通过管理平面发起一条具有恢复/保护能力的 SPC 建立请求,应能指定连接保护恢复类型、返回方式(自动/人工)、WTR、工作路由和保护路由的约束条件等; 2) 通过协议分析工具验证具有保护恢复连接建立的协议交互过程,通过 SDH 分析仪验证创建成功; 3) 管理平面应支持连接请求的成功和失败指示,在成功通知中应包含连接的相关信息,在失败通知中应包含失败原因标识码; 4) 管理平面应能查询连接的工作通道路由、属性和倒换状态(工作/保护/恢复)信息,同时应提供连接保护通道路由和属性信息,并可显示出路由拓扑; 5) 在设备上制造倒换条件,使连接发生自动倒换,在管理平面上检查连接的倒换状态、当前工作路由和属性信息的一致性; 6) 等待 WTR 时间后,连接应能返回初始路由,通过管理平面查询连接的倒换状态、当前工作路由和属性信息的一致性; 7) 通过管理平面发起强制倒换命令,倒换参数可设,并且能通过管理平面清除倒换类型设置。 c) 连接的重路由: 1) 通过管理平面人工发起 SPC 和 SC 连接的重路由,可指定重路由的约束条件,可设置重路由连接返回机制(手动或自动),并支持连接重路由的成功和失败指示,在失败通知中应包含失败原因标识码; 2) 通过管理平面查询重路由成功后的连接状态和属性等信息。 d) 保护恢复属性的在线修改:管理平面应能对连接设置的保护恢复属性或业务质量等级进行在线修改。 e) 域间连接保护恢复管理: 1) 管理平面应支持域间保护组的配置,例如:1+1MSP 保护等; 2) 管理平面应支持通过 E-NNI 接口发起 SPC 或 SC 连接的建立和删除。应能指定/修改连接的保护恢复类型(协商 E-NNI 接口两端设备的服务等级协议参数 SLA)、返回方式(自动/人工)、WTR、工作路由和保护路由的约束条件等。
注意事项	1) 保护与恢复管理功能的验证可结合本部分第 11 章 ASON 网络保护恢复测试完成。 2) 应注意验证保护恢复实时状态监视功能,以及管理平面保护恢复信息的正确性。

10.2.1.6.5 连接的永久存储

测试项目	连接管理
测试目的	管理平面应支持三种连接信息的永久存储
测试依据	GB/T 21645.1—2008 中 13.3.2.5.2
测试仪表	—
测试配置	见图 48。

表（续）

测试步骤	1） 建立 SPC 和 SC 连接，删除后网管系统应能永久存储所有连接的信息； 2） 连接信息主要包括： ——连接标识； ——连接类型(PC,SPC,SC)； ——路由； ——速率； ——方向； ——端口资源； ——连接状态； ——保护恢复状态； ——连接建立时间； ——连接拆除时间； ——客户信息等。
注意事项	在验证连接永久存储功能时，对于已删除的 SPC 和 SC 连接，也应能通过管理平面查询相关信息。

10.2.2 故障管理

测试项目	故障管理
测试目的	管理平面应支持与 ASON 控制平面相关的故障管理功能
测试依据	GB/T 21645.1—2008 中 13.3.2.8，YD/T 1289.2—2003
测试仪表	SDH 分析仪
测试配置	见图48。
测试步骤	1） 告警上报：制造与控制平面相关故障，向管理平面上报告警，告警通知中应包括故障发生的时间、告警源、可能原因、严重等级和告警影响的业务等信息。控制平面主要告警原因包括： ——控制信道失效； ——邻居控制节点失效； ——控制平面组件失效(可选)； ——光纤错连——SNPP 链路降级； 2） 告警显示和查询：管理平面应能实时收集和正确显示来自控制平面上报的告警信息，并自动更新当前告警列表。通过管理平面应能查询控制平面上报的当前告警和历史告警信息； 3） 告警同步：管理平面应能与控制平面进行当前告警的同步； 4） SPC/SC 连接的 SDH 告警原因： ——SDH 告警原因参见 YD/T1289.2—2003 的规定； ——分别创建一条 SPC 和 SC 连接； ——通过 SDH 分析仪分别插入 SDH 告警，验证管理平面应能接收并显示相应告警类型； 5） 端到端 SPC/SC 连接故障管理：管理平面应支持基于 SC/SPC/PC 连接的端到端告警管理功能，包括端到端告警显示、查询和告警统计等； 6） 应支持的端到端连接告警类型包括： ——连接失效； ——连接性能劣化，例如：误码率劣化； ——呼叫业务等级降低，例如：具有保护和恢复结合的业务在恢复过程中无可用的保护资源时，降质为恢复业务。
注意事项	1） 与网管系统自身相关的故障管理功能应符合 YD/T 1289.2—2003 的规定，主要包括：告警类型、严重等级及状态、告警确认和清除、告警屏蔽和过滤、告警级别设置、告警统计和输出等功能，与传送平面相关管理功能相同，在此可进行选择性验证； 2） SPC/SC 连接的 SDH 告警原因可进行选择性验证。

10.2.3 性能管理

测试项目	性能管理
测试目的	管理平面应支持与 ASON 控制平面相关的性能管理功能
测试依据	GB/T 21645.1—2008 中 13.3.2.9，YD/T 1289.2—2003
测试仪表	SDH 分析仪
测试配置	见图 48。
测试步骤	a) 性能数据收集：管理平面应能正确收集控制平面上报的性能数据，主要性能参数包括： 1) 呼叫性能参数： ——呼叫建立成功次数； ——呼叫建立失败次数； ——呼叫请求率(到达率)(可选)； ——呼叫保持时间(可选)； ——呼叫保持率(呼叫的平均保持时间乘以请求率表示提供的负荷，以爱尔兰为单位)(可选)； ——呼损(指定时间段内，呼叫请求失败次数与总的呼叫请求次数的比值)(可选)； 2) 连接(SC/SPC)性能参数： ——连接数目统计(区分 PC/SPC/SC)； ——连接建立请求次数； ——连接建立成功/失败次数； ——连接发生的保护倒换次数； ——连接重路由尝试次数(待定)； ——连接发生的重路由次数； ——连接发生 CrankBack 的次数； ——连接重路由失败次数； ——连接持续时间； ——连接可用率、连接平均无故障时间统计(可选)； 3) 资源统计参数： ——控制平面 SNPP 链路使用率(可查询空闲容量和占用容量的详细信息)。 b) 性能数据查询：管理平面应支持控制平面当前和历史性能数据的查询。 c) 性能门限设置和查询：管理平面应支持设置和查询与控制平面相关的性能门限 TCA。 d) SPC/SC 连接的 SDH 性能监视： 1) SDH 性能参数参见 YD/T 1289.2—2003 的规定； 2) 分别创建一条 SPC 和 SC 连接； 3) 通过 SDH 分析仪，验证管理平面应能监视连接的 SDH 性能，即：误码性能。 e) 端到端 SPC/SC 连接性能管理：管理平面应支持基于 SPC/SC 连接的端到端性能管理功能，包括端到端性能监视和查询、性能统计分析等。
注意事项	1) 与网管系统自身相关的性能管理功能应符合 YD/T 1289.2—2003 的规定，主要包括：性能数据上报、性能数据存储、性能计数器复位、性能数据的补取和性能数据输出等功能，与传送平面相关管理功能相同，在此可进行选择性验证； 2) SPC/SC 连接的 SDH 性能监视参数可进行选择性验证。

10.2.4 计费管理

测试项目	计费管理
测试目的	管理平面应支持与ASON控制平面相关的计费管理功能
测试依据	GB/T 21645.1—2008中13.3.2.11
测试仪表	—
测试配置	见图48。
测试步骤	1) 应支持存储ASON的全部连接(即:PC、SPC和SC)的计费信息; 2) 管理平面应提供基于连接的计费基础信息,主要包括: ——连接标识符; ——客户信息; ——连接类型(SC/SPC); ——连接建立时间和结束时间(年/月/日、时/分/秒); ——连接方向(单向/双向); ——业务量参数(信号类型和带宽等); ——业务等级(主要按保护恢复方式划分); ——源、宿节点、端口和时隙; ——源、宿TNA地址和逻辑端口标识符。
注意事项	计费管理功能验证可与本部分中10.2.1.6.5连接信息的永久存储相结合完成。

10.2.5 安全管理

测试项目	安全管理
测试目的	管理平面应支持ASON安全管理,提供管理域功能
测试依据	—
测试仪表	—
测试配置	见图48。
测试步骤	1) 管理平面应支持对管理域的划分,把网元和链路等资源分配到适当的管理域中; 2) 管理平面应支持对所有划分的管理域应能通过图形方式显示拓扑(即管理域视图); 3) 管理平面应能为不同的管理域分配相应权限的用户,该用户只能对相应管理域内的资源进行电路配置、告警监控和性能查询等; 4) 管理平面应能按管理域对所辖ASON资源进行故障管理、性能管理和电路配置管理。
注意事项	—

10.3 SCN管理功能测试

测试项目	SCN管理
测试目的	管理平面应支持对ASON信令通信网(SCN)的管理功能
测试依据	GB/T 21645.1—2008中13.3.3
测试仪表	—
测试配置	见图48。

表（续）

测试步骤	1） 测试配置如图 48 所示； 2） 管理平面应支持为 MCN 人工配置 DCC 通道，包括使用的端口、开销字节和使用状态；并支持查询 DCC 通道相关信息和告警上报功能； 3） 管理平面应能人工为 SCN 配置信令通道和信令地址，并可为指定控制通道配置冗余保护和恢复； 4） 管理平面应能为每个信令协议控制器选择控制通道的传送方式，包括： ——光纤内方式：设置开销字节和带宽）； ——光纤外方式：例如外部 IP 网络或专用电路； 5） 管理平面应支持图形化显示信令通信网拓扑，并能查询指定的控制通道的当前状态； 6） SCN 故障通知：人工制造 SCN 故障，检查管理平面是否能正确接收控制通道的故障通知。故障通知应指示出故障发生时间、故障原因、故障根源和严重等级等信息。
注意事项	SCN 管理功能可结合本部分第 9 章信令通信网（SCN）测试完成。

10.4 管理平面维护

测试项目	管理平面信息同步测试
测试目的	当管理平面发生故障时，应采取有效措施保证管理平面信息的同步
测试依据	GB/T 21645.1—2008 中 13.4
测试仪表	SDH 分析仪
测试配置	见图 48。
测试步骤	a） 测试配置如图 48 所示。 b） 对网管系统与网元实际的管理信息进行同步，应支持人工和自动两种同步方式。 c） 管理平面信息同步验证过程如下： 1） 通过管理平面创建一条 1+1 保护的 SPC1 和一条可恢复的 SPC2，两条 SPC 需要穿越相同的光纤 LINK-a，记录连接路由； 2） 通过 UNI 创建两条 SC，即：SC1 和 SC2，记录连接路由； 3） 断开网管系统与 ASON 网元之间的通信，通过 SDH 分析仪监测已建立的业务不受影响； 4） 断开光纤 LINK-a，通过 LCT 或命令行方式查询并记录当前所有连接的路由和状态； 5） 通过 UNI 再创建两条新的 SC（SC3 和 SC4），通过 LCT 或命令行方式查询并记录连接路由，验证控制平面能够正常工作； 6） 通过 UNI 删除网管系统通信断开之前创建的一条 SC1，记录连接所有连接状态和路由； 7） 网管系统重新连接或恢复正常，恢复与 ASON 网元的通信，查看网管系统是否人工/自动的正确获取网络中更新的信息； 8） 检查网管系统中的业务信息（包括路由、交叉连接、连接状态等信息）应与网管系统恢复前获取的业务信息相符； 9） 采用网管系统重启动替代网管通信中断的方法，重复上述步骤 1）～8）。
注意事项	—

11 ASON 网络保护恢复测试

11.1 基于传送平面的保护测试

基于传送平面的保护类型包括二纤复用段环、四纤复用段保护环、子网连接保护（SNCP）、1+1/1：

1线形复用段保护(MSP)等,其中二纤复用段环的测试方法见 GB/T 16814—2008 中 12.2,四纤复用段保护环的测试方法见 GB/T 16814—2008 中 12.3, SNCP 的测试方法见 GB/T 16814—2008 中 12.6, 1+1/1:1 MSP 的测试方法见 GB/T 16814—2008 中 12.1。

11.2 基于控制平面的保护测试

11.2.1 保护通道计算的约束条件测试

测试项目	保护通道计算的约束条件测试
测试目的	测试在进行基于控制平面的保护配置时,ASON 设备支持的保护通道计算约束条件:最大节点分离约束,最大链路分离约束,SRLG 分离约束
测试依据	GB/T 21645.1—2008 中 15.4
测试仪表	SDH 分析仪
测试配置	测试配置见图 49。 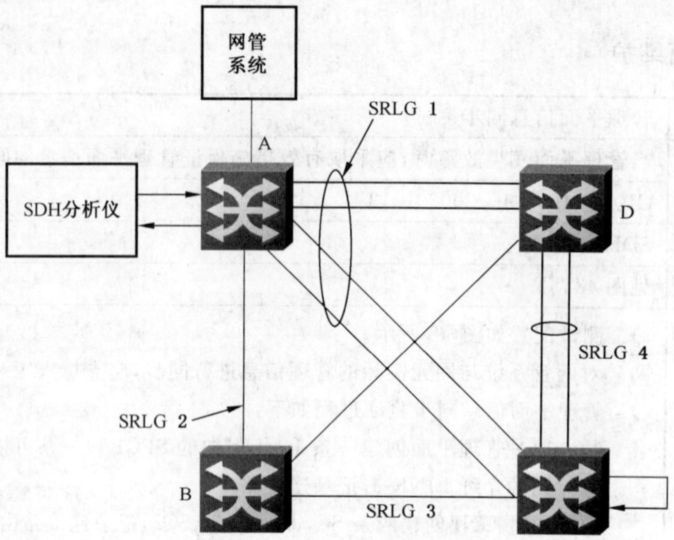 **图 49 保护通道计算的约束条件测试配置**
测试步骤	1) 按照测试配置图 49 设置 SRLG; 2) 设置路由 A—D—C 上的链路代价小于路由 A—C 小于路由 A—B—C 的链路代价; 3) 建立节点 A 到节点 C 之间具有 1+1 保护的一条 STM-1(VC-4)的 SPC 连接,要求保护路由与工作路由进行最大节点分离,并且保护路由和工作路由的计算条件为链路代价最小。使用 SDH 分析仪检查连接是否建立,使用网管系统查询实际保护路由是否符合约束条件; 4) 在节点 A 到节点 C 之间建立第 2 条具有 1+1 保护的 STM-1(VC-4)的 SPC 连接,要求保护路由与工作路由进行最大链路分离,并且保护路由和工作路由的计算条件为链路代价最小。使用 SDH 分析仪检查连接是否建立,使用网管系统查询实际保护路由是否符合约束条件; 5) 在节点 A 到节点 C 之间建立第 3 条具有 1+1 保护的 STM-1(VC-4)的 SPC 连接,要求保护路由与工作路由进行 SRLG 分离,并且保护路由和工作路由的计算条件为链路代价最小。使用 SDH 分析仪检查连接是否建立,使用网管系统查询实际保护路由是否符合约束条件,保护路由应与工作路由不属于同一个 SRLG。
注意事项	—

11.2.2 子网连接保护

11.2.2.1 1+1 子网连接保护

测试项目	1+1 子网连接保护
测试目的	测试 1+1 子网连接保护的建立和执行
测试依据	GB/T 21645.1—2008 中 15.4
测试仪表	SDH 分析仪,GMPLS 信令分析仪
测试配置	测试配置见图 50。 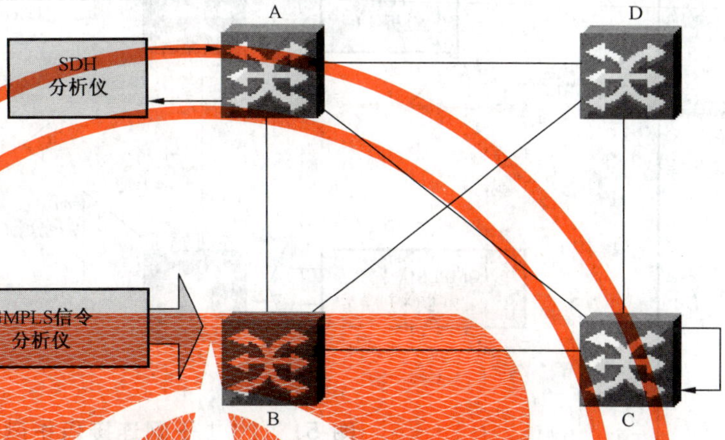 图 50 1+1 子网连接保护测试配置
测试步骤	a) 通过网管建立一条节点 A 到节点 C 之间的具有 1+1 子网连接保护的 SPC 连接(VC-4),查询并记录具体的工作路由和保护路由,同时利用 GMPLS 协议分析仪监测连接建立的信令过程。 b) 通过 SDH 分析仪测试 STM-1 业务连接是否正确建立,通过网管系统查看工作连接和保护连接的路由信息。 c) 在连接正确建立后,在节点 A 和 C 之间的工作路由的线路制造故障,发生保护倒换,业务倒换到保护路径,测试并记录业务的保护倒换时间。故障条件包括: 1) 信号丢失(LOS); 2) 帧丢失(LOF); 3) 告警指示信号(AU-AIS); 4) 信号劣化; 5) 网管强制倒换; 6) 人工拔纤。 d) 如果可设置为返回方式,设置恢复等待时间,并消除造成倒换的故障,观察连接是否返回到原来的工作路由,记录返回时的业务中断时间和恢复等待时间。利用 GMPLS 协议分析仪监测连接返回时的信令过程。
注意事项	—

11.2.2.2 1∶1 子网连接保护

测试项目	1∶1 子网连接保护
测试目的	测试 1∶1 子网连接保护的建立和执行
测试依据	GB/T 21645.1—2008 中 15.4
测试仪表	SDH 分析仪,GMPLS 信令分析仪

表（续）

测试配置	测试配置见图 51。 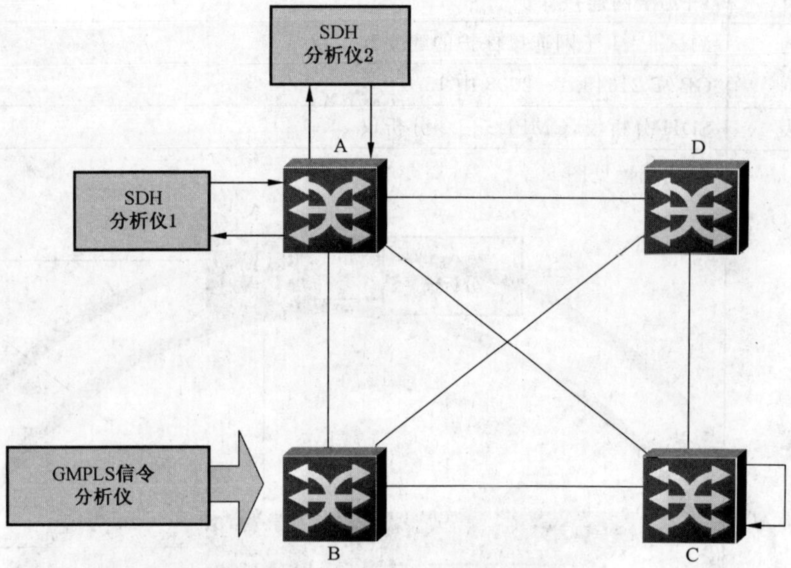 图 51　1∶1 子网连接保护测试配置
测试步骤	a) 通过网管建立一条节点 A 到节点 C 之间的具有 1∶1 子网连接保护的 SPC 连接(VC-4)，查询并记录具体的工作路由和保护路由，同时利用 GMPLS 协议分析仪监测连接建立的信令过程。 b) 通过 SDH 分析仪 1 测试 STM-1 业务连接是否正确建立，通过网管系统查看工作连接和保护连接的路由信息。 c) 如果支持额外业务，则在该业务的保护路径上建立额外业务，并用 SDH 分析仪 2 在相应支路口上监测该业务。 d) 在连接正确建立后，在节点 A 和 C 之间的工作路由的线路制造故障，发生保护倒换，业务倒换到保护路径，利用 SDH 分析仪 1 测试并记录业务的保护倒换时间，并用 SDH 分析仪 2 监测额外业务是否被中断。故障条件包括： 1) 信号丢失(LOS)； 2) 帧丢失(LOF)； 3) 告警指示信号(AU-AIS)； 4) 信号劣化； 5) 网管强制倒换； 6) 人工拔纤。 e) 如果可设置为返回方式，设置恢复等待时间，并消除造成倒换的故障，观察连接是否返回到原来的工作路由，记录返回时的业务中断时间和恢复等待时间。利用 GMPLS 协议分析仪监测连接返回时的信令过程。
注意事项	—

11.2.2.3 m∶n 子网连接保护

<table>
<tr><td>测试项目</td><td>m∶n 子网连接保护</td></tr>
<tr><td>测试目的</td><td>测试 m∶n 子网连接保护的建立和执行</td></tr>
<tr><td>测试依据</td><td>GB/T 21645.1—2008 中 15.4</td></tr>
<tr><td>测试仪表</td><td>SDH 分析仪,多通道测试,GMPLS 信令分析仪</td></tr>
<tr><td>测试配置</td><td>测试配置见图 52。
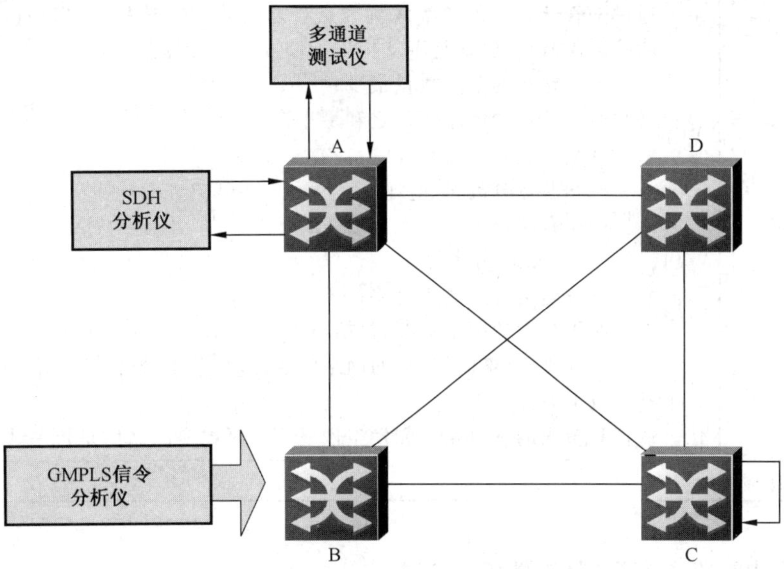

图 52　m∶n 子网连接保护测试配置</td></tr>
<tr><td>测试步骤</td><td>1）　通过网管建立节点 A 和节点 C 之间的 n 条具有 m∶n(n≥m)子网连接保护的 SPC 连接;如果支持优先级,则设置 n 条业务具有不同的优先级。建立连接的同时,利用 GMPLS 协议分析仪监测连接建立的信令过程;
2）　通过 SDH 分析仪分别确认 n 条业务连接是否正确建立,通过网管系统查看工作连接和保护连接的路由信息;
3）　如果支持额外业务,则在 m 条保护路径上建立额外业务,并用 SDH 分析仪在支路口上监测业务;
4）　在连接正确建立后,当在 n 条业务中有超过 m 条业务的工作路径同时发生故障时,则其中优先级较高的 m 条业务应优先倒换到保护路径,其他发生故障的业务出现中断,通过多通道测试仪测试 m 条业务的保护倒换时间;
5）　如果支持优先级抢占,在 m 条保护路径已被低等级业务占用的情况下,当高优先级业务发生故障,其应能抢占低等级业务的保护路径,通过多通道测试仪或 SDH 分析仪测试高优先级业务抢占时间;
6）　如果可设置为返回方式,设置恢复等待时间,并消除造成倒换的故障,观察连接是否返回到原来的工作路由,记录返回时的业务中断时间和恢复等待时间。利用 GMPLS 协议分析仪监测连接返回时的信令过程。</td></tr>
<tr><td>注意事项</td><td>—</td></tr>
</table>

11.3 网络恢复测试

11.3.1 恢复路由的计算方式

测试项目	恢复路由的计算方式
测试目的	验证 ASON 恢复路由的计算方法
测试依据	GB/T 21645.1—2008 中 15.5.2
测试仪表	SDH 分析仪
测试配置	见图 49
测试步骤	a) 通过网管建立一条节点 A 到节点 C 之间的 SPC 连接，其保护恢复属性设置为预置路由恢复或动态路由恢复，验证是否支持以下恢复路由计算条件： 1) 恢复路径的节点数量最少； 2) 恢复路径的链路代价之和最小； 3) 恢复路径与工作路径的： ——节点分离； ——链路分离； ——SRLG 分离等； 4) 恢复路由排除故障链路； 5) 必须包含的网络资源，包括节点、链路； 6) 必须排斥（不能使用）的网络资源，包括节点、链路； 7) 以上条件的组合。 b) 验证计算出的恢复路由和发生恢复倒换后的实际路由是否一致。
注意事项	—

11.3.2 预置重路由恢复（单故障和多故障）

测试项目	预置重路由恢复（单故障和多故障）
测试目的	检验预置式路由恢复能力，验证设备对恢复路由的预计算，在出现故障时能够根据预计算的路由进行恢复。同时为保证路由计算的可用性，应支持对预置路由的周期性刷新
测试依据	GB/T 21645.1—2008 中 15.5.1.1
测试仪表	SDH 分析仪
测试配置	测试配置见图 53。 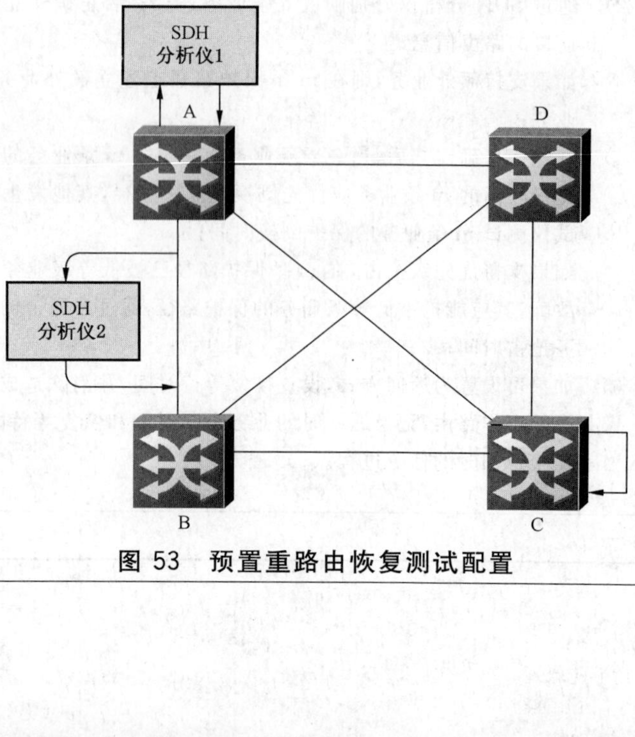 图 53 预置重路由恢复测试配置

表(续)

测试步骤	a) 通过网管配置一条节点A—节点B—节点C之间的SPC业务(1个VC-4),其保护恢复属性设置为预置路由恢复,检查并记录相应的路由。 b) 设置路由计算条件为最大链路分离,在节点A到B之间的工作路径链路上接入设置为直通模式的SDH分析仪2,制造下列故障,触发一次恢复倒换,测试并记录恢复倒换时间,消除故障条件,验证返回到最初工作路径并记录返回时间: 1) 信号丢失(LOS); 2) 帧丢失(LOF); 3) 告警指示信号(AU-AIS); 4) 信号劣化B2和B3; 5) 网管人工和强制恢复; 6) 人工拔纤; 7) 节点B掉电。 c) 测试预置路由恢复的多重故障恢复能力和恢复时间。 d) 复原所有光纤连接,检测业务是否能够返回到最初的工作路径状态,记录返回时间。 e) 如果预制重路由恢复支持周期性重计算,继续进行下列测试。 f) 通过断开预置恢复路径上的光纤或预留资源等方法,使得预置恢复路径上的资源不可用。 g) 等待相应的重计算周期,通过网管检查是否重计算新的恢复路由。 h) 断开新的恢复路由上的光纤,记录恢复倒换时间,通过网管验证是否倒换到预置的恢复路由上。 i) 消除故障条件,验证返回到最初工作路径并记录返回时间。 j) 通过断开预置恢复路径上的光纤或预留资源等方法,使得预置恢复路径上的资源不可用。 k) 不等待重计算周期结束,立即断开新的恢复路由上的光纤,记录恢复倒换时间,通过网管验证应倒换到预置路由之外的恢复路由上。 l) 消除故障条件,验证返回到最初工作路径并记录返回时间。
注意事项	—

11.3.3 动态重路由恢复(单故障和多故障)

测试项目	动态重路由恢复(单故障和多故障)
测试目的	在故障发生后实时计算恢复路由,根据10.3.1验证的恢复路由计算方式计算恢复路由
测试依据	GB/T 21645.1—2008中15.5.1.2
测试仪表	SDH分析仪
测试配置	见图53。

表（续）

测试步骤	a) 通过网管配置一条节点 A—节点 B—节点 C 之间的 SPC 业务(1 个 VC-4),配置为动态重路由恢复业务,检查并记录相应的路由。 b) 在节点 A 到 B 之间的工作路径链路上接入设置为直通模式的 SDH 分析仪 2,制造以下故障,触发一次恢复倒换,测试并记录恢复倒换时间,消除故障条件,验证返回到最初工作路径并记录返回时间。故障条件包括: 1) 信号丢失(LOS); 2) 帧丢失(LOF); 3) 告警指示信号(AU-AIS); 4) 信号劣化 B2 和 B3; 5) 人工拔纤; 6) 节点 B 掉电。 c) 测试动态重路由恢复的多重故障恢复能力和恢复时间。先拔节点 B 到 C 之间主用链路光纤,倒换到实时计算的恢复路由,查询并记录恢复时间和恢复路径。 d) 对此时业务所在的路径制造光纤故障,记录每次的恢复时间和恢复路径。 e) 重复步骤 4 多次,最后一次制造一个中间节点(节点 B 或 D)的节点失效故障,记录恢复时间和恢复路径。 f) 复原所有光纤连接,检测业务是否能够返回到最初的工作路径状态,记录返回时间。
注意事项	—

11.3.4 软重路由

测试项目	软重路由
测试目的	测试为了路由优化或者维护目的,网管系统请求对一条连接修改其工作路由
测试依据	GB/T 21645.1—2008 中 15.5.6
测试仪表	SDH 分析仪,GMPLS 信令分析仪
测试配置	见图 50。
测试步骤	1) 在网管系统中请求建立节点 A 到节点 C 的 SPC 业务连接,工作路由为 A—C; 2) 通过 SDH 分析仪验证在相应端口间是否正确建立了物理连接,通过网管系统查看该连接的信息,包括路由、流量参数等; 3) 网管系统请求修改连接路由为 A—B—C; 4) 通过 SDH 分析仪测试连接修改过程中的业务受损时间; 5) 通过信令分析仪检测业务路由修改过程中的信令交互; 6) 通过网管系统查询更新后的连接路由和其他信息; 7) 拔该连接经过的节点 A—节点 B 之间的链路光纤,业务应中断和倒换,说明连接路由已经修改。
注意事项	—

11.3.5 恢复的优先级

测试项目	恢复的优先级
测试目的	验证系统可为各种业务配置相应的恢复优先级。当网络发生恢复时，如果空闲的网络资源不足以恢复所有业务，则高优先级的业务应保证优先得到恢复，低优先级的业务在网络资源不足时，不会被恢复
测试依据	GB/T 21645.1—2008 中 15.5.7
测试仪表	SDH 分析仪，GMPLS 协议分析仪
测试配置	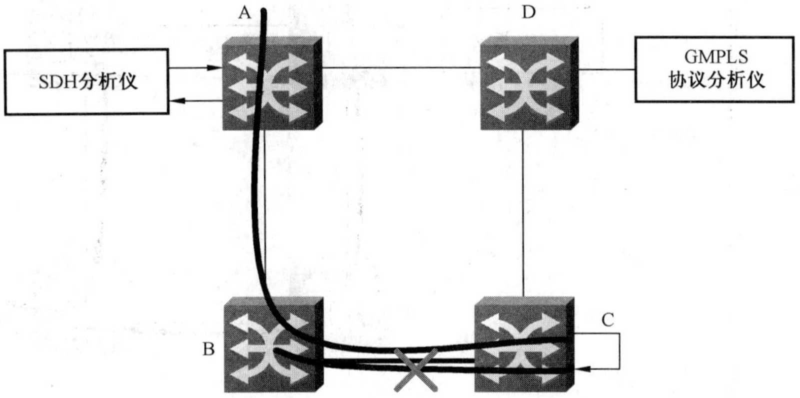 **图 54 恢复的优先级测试配置**
测试步骤	a) 优先执行高优先级的连接恢复： 1) 按照图 54 配置一组路径为节点 A—节点 B—节点 C 的 SPC 连接业务(含 14 条低优先级的业务和 16 条高优先级的业务)，通过 GMPLS 协议分析仪监测连接建立过程，通过 SDH 分析仪确认连接已经建立； 2) 在节点 A 与节点 C 之间的其他链路上只保留一个 STM-16(如 A—D 之间的链路)的空闲资源，作为这两组连接的备用资源； 3) 断开两组连接共同经过的光纤，两组业务同时中断，通过 GMPLS 协议分析仪监测信令流程，通过 SDH 分析仪观察高恢复优先级的连接是否被优先恢复，记录恢复时间； 4) 恢复光纤连接，观察得到恢复的连接是否返回到原始的路由，而中断的连接是否恢复正常； 5) 更换两组业务的优先级，重复步骤 3)，4)； 6) 配置两组业务具有相同的优先级，重复步骤 3)，4)。 b) 高恢复优先级的连接可以得到资源： 1) 按图 54 配置一组路径为节点 A—节点 B—节点 C 的 SPC 连接业务 a(含 14 条低优先级 VC-4 业务)和一组路径为节点 B—节点 C 的业务 b(含 16 条高优先级 VC-4 业务)。通过 GMPLS 协议分析仪监测连接建立过程，通过 SDH 分析仪确认连接已经建立； 2) 在节点 A 与节点 C 之间的其他链路上只保留一个 STM-16(如 A—D 之间的链路)的空闲资源，作为这两组连接的备用资源； 3) 断开两组连接共同经过的光纤，两组业务同时中断，通过 GMPLS 协议分析仪监测信令流程，通过 SDH 分析仪观察高恢复优先级的连接是否被优先恢复，记录恢复时间； 4) 恢复光纤连接，观察得到恢复的连接是否返回到原始的路由，而中断的连接是否恢复正常； 5) 更换两组业务的优先级，重复步骤 a)中的 3)，4)； 6) 配置两组业务具有相同的优先级，重复步骤 a)中的 3)，4)。
注意事项	—

11.3.6 额外业务测试

测试项目	额外业务测试
测试目的	验证设备支持低等级额外业务的能力
测试依据	GB/T 21645.1—2008 中 15.4
测试仪表	SDH 分析仪
测试配置	测试配置如图 55。 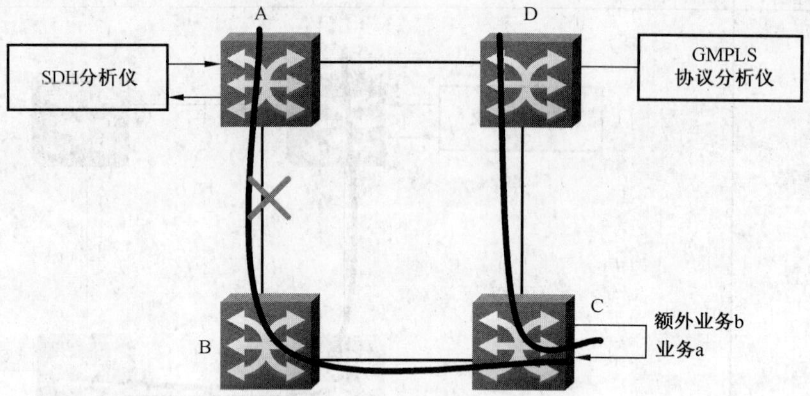 图 55 额外业务测试配置
测试步骤	1) 按图 55 在节点 A 和节点 C 之间配置一条动态恢复类型的 SPC 业务 a(VC4-16C),业务路由 A-B-C;在与 SPC 业务 a 链路分离的路径上配置一条 SPC 额外业务 b(VC4-16C),业务路由 D-C。利用 SDH 分析仪确认两条连接已经建立; 2) 确保网络中没有其他空闲的可用资源,此时额外业务 b 所占用的资源作为业务 a 动态恢复的备用资源; 3) 再拔掉节点 A 和 B 之间的业务 a 所在的线路光纤; 4) 通过协议分析仪监测信令流出,通过 SDH 分析仪观察业务 a 和业务 b 的连接状态,业务 a 应能正常恢复,业务 b 中断,记录业务 a 恢复时间; 5) 恢复光纤连接,业务 a 能够返回到原始的路由,额外业务 b 恢复正常,记录业务 a 返回时间。
注意事项	—

11.4 保护与恢复的结合

11.4.1 基于传送平面的保护与动态恢复的结合

11.4.1.1 二纤复用段环网保护与动态恢复相结合

测试项目	二纤复用段环网保护与动态恢复相结合
测试目的	测试基于传送平面的二纤复用段保护环与基于控制平面的恢复的结合能力。在二纤复用段环保护失效的情况下,恢复可以正常完成
测试依据	GB/T 21645.1—2008 中 15.6
测试仪表	SDH 分析仪

表(续)

<table>
<tr><td>测试配置</td><td>测试配置如图 56。
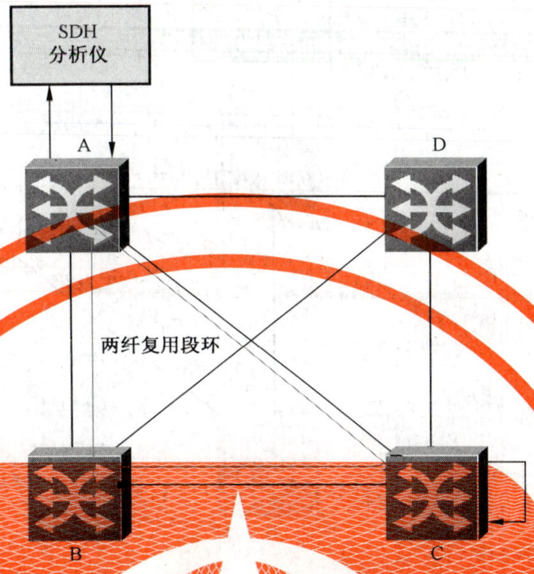
图 56 MS-SPRING 与恢复的结合测试配置</td></tr>
<tr><td>测试步骤</td><td>a) 将节点 A,节点 B,节点 C 配置为二纤复用段保护环。
b) 在二纤复用段保护环上配置一条 STM-1 业务,工作路径为短径(节点 A-C)。
c) 设定恢复路由选择条件为最大链路分离;如果支持,则设置为返回模式;进行以下测试:
1) 依次断开工作路径(二纤环节点 A-C 之间光纤)和保护路径(二纤环节点 A-B 之间光纤),已经建立的业务首先发生复用段环倒换,然后启动恢复,通过仪表记录业务发生保护倒换和恢复的时间;恢复光纤故障,业务应能够返回原始的工作路由,记录业务返回时间;
2) 环上业务在保护路径先失效(二纤环节点 A-B 之间光纤)的情况下,工作路径(二纤环节点 A-C 之间光纤)失效,此时无倒换发生,直接启动恢复,通过仪表记录业务恢复时间;恢复光纤故障,业务应能够返回原始的工作路由,记录业务返回时间。</td></tr>
<tr><td>注意事项</td><td>—</td></tr>
</table>

11.4.1.2 四纤复用段环网保护与动态恢复相结合

测试项目	四纤复用段环网保护与动态恢复相结合
测试目的	测试基于传送平面的四纤复用段保护环与基于控制平面的恢复的结合能力。在四纤复用段环保护失效的情况下,恢复可以正常完成
测试依据	GB/T 21645.1—2008 中 15.6
测试仪表	SDH 分析仪

表（续）

测试配置	测试配置见图 57。 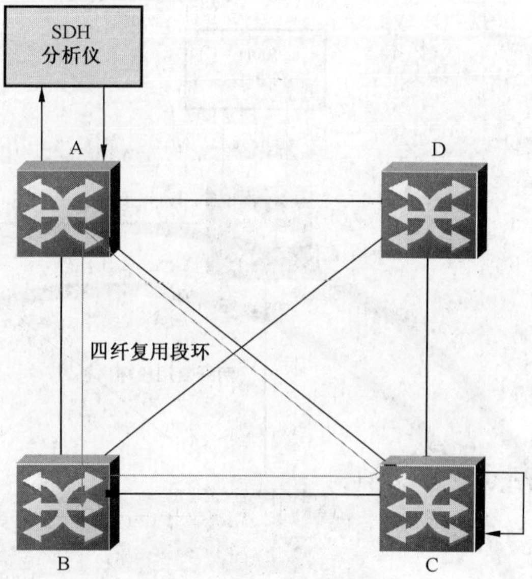 **图 57　四纤复用段保护环与恢复的结合测试配置**
测试步骤	a)　将节点 A，节点 B，节点 C 配置为四纤复用段保护环。 b)　在四纤复用段环上建立一条 STM-1 业务，工作路径为短径（节点 A-C）。 c)　设定恢复路由选择条件为最大链路分离；如果支持，则设置为返回模式；进行以下测试： 1)　依次断开工作路径和保护路径依次失效：节点 A-C 间工作光纤失效，发生区段倒换，接着节点 A-C 间保护光纤失效，发生环倒换，再使节点 A-B 间工作光纤或保护光纤或者两者同时失效，启动恢复，记录业务发生保护倒换和恢复的时间；恢复光纤故障，业务应能够返回原始的工作路由，记录业务返回时间； 2)　环上业务在保护路径先失效的情况下，工作路径失效：先使节点 A-B 间工作光纤和保护光纤两者同时失效，然后使节点 A-C 间工作光纤失效或保护光纤失效或两者同时失效，不发生复用段倒换，直接启动恢复，记录业务恢复时间；恢复光纤故障，业务应能够返回原始的工作路由，记录业务返回时间。
注意事项	—

11.4.1.3　1+1/1∶1 MSP 与动态恢复相结合

测试项目	1+1/1∶1 MSP 与动态恢复相结合
测试目的	测试基于传送平面的 1+1/1∶1 复用段保护链与基于控制平面的恢复的结合。在复用段链保护失效的情况下，恢复可以正常完成
测试依据	GB/T 21645.1—2008 中 15.6
测试仪表	SDH 分析仪

表（续）

测试配置	测试配置见图 58。 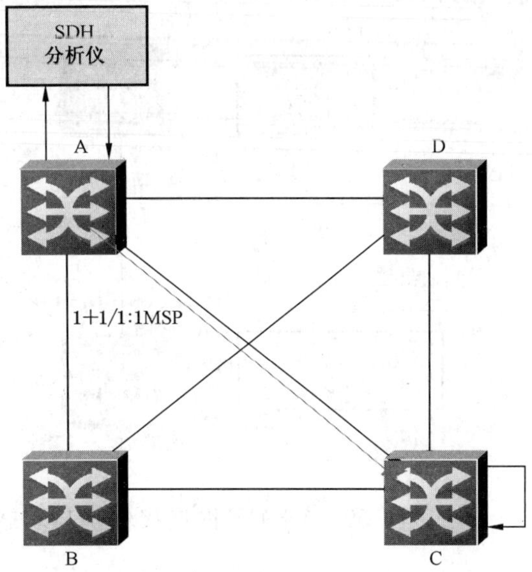 图 58　1+1/1∶1 MSP 与动态恢复相结合
测试步骤	a)　配置节点 A 和 C 之间的两条链路为 1+1/1∶1 MSP 方式，并设置恢复等待时间(WTR)。 b)　在已配置的 1+1/1∶1 MSP 上配置一条 STM-1(VC-4)测试业务。 c)　设定恢复路由选择条件为最大链路分离；如果支持，则设置为返回模式；进行以下测试： 1)　链上业务的工作路径和保护路径依次失效：节点 A-C 间工作光纤失效，发生保护倒换，接着节点 A-C 间保护光纤失效，启动恢复，记录业务发生保护倒换和恢复的时间；恢复光纤故障，业务应能够返回原始的工作路由，记录业务返回时间； 2)　链上业务在保护路径先失效的情况下，工作路径失效：先使节点 A-C 间保护光纤失效，然后使节点 A-C 间工作光纤失效，直接启动恢复，记录业务恢复时间；恢复光纤故障，业务应能够返回原始的工作路由，记录业务返回时间。
注意事项	—

11.4.2　基于控制平面的保护与动态恢复的结合

11.4.2.1　1+1 子网连接保护与动态恢复相结合

测试项目	1+1 路径保护与动态恢复相结合
测试目的	测试基于控制平面的 1+1 保护和恢复的结合，在保护路径失效的前提下，恢复可以正常完成
测试依据	GB/T 21645.1—2008 中 15.6
测试仪表	SDH 分析仪，GMPLS 信令分析仪

表（续）

测试配置	测试配置见图 59。 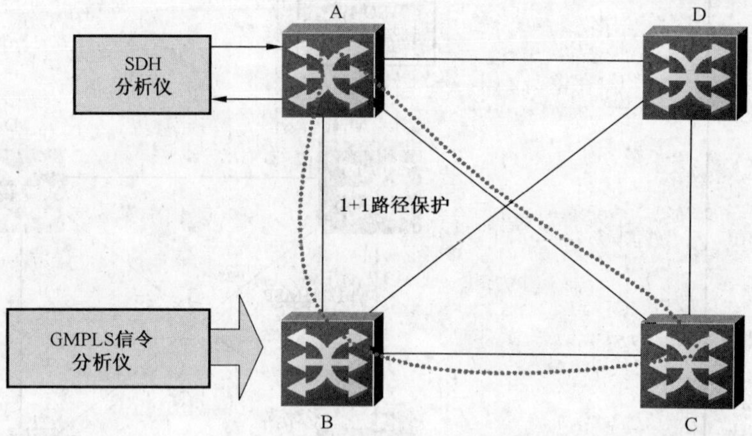 图 59　1+1 子网连接保护与动态恢复相结合测试配置
测试步骤	a) 配置一条从节点 A 到节点 C 的具有 1+1 保护的 SPC 连接(VC-4),选择可返回方式。 b) 通过网管系统查询并记录具体的工作路由和保护路由信息,同时监测连接建立的信令过程。 c) 设定恢复路由选择条件为最大链路分离方式;如果支持,则设置为返回模式;进行以下测试: 1) 工作路径和保护路径依次失效:SPC 连接的工作路径失效,发生倒换,接着保护路径失效,启动恢复,记录业务发生保护倒换和恢复的时间;恢复光纤故障,业务应能够返回原始的工作路由,记录业务返回时间; 2) 保护路径先失效的情况下,工作路径失效:SPC 连接的保护路径先失效,不发生倒换,然后使 SPC 连接的工作路径失效,启动恢复,记录业务恢复时间;恢复路径故障,业务应能够返回原始的工作路径,记录业务返回时间。 d) 采用 SC 方式建立连接,重复步骤 a)～c)。
注意事项	—

11.4.2.2　1∶1 子网连接保护与恢复的结合

测试项目	1∶1 子网连接保护与动态恢复相结合
测试目的	测试基于控制平面的 1∶1 子网连接保护与动态恢复相结合,在保护路径失效的前提下,恢复可以正常完成
测试依据	GB/T 21645.1—2008 中 15.6
测试仪表	SDH 分析仪,GMPLS 信令分析仪

表（续）

测试配置	测试配置见图60。 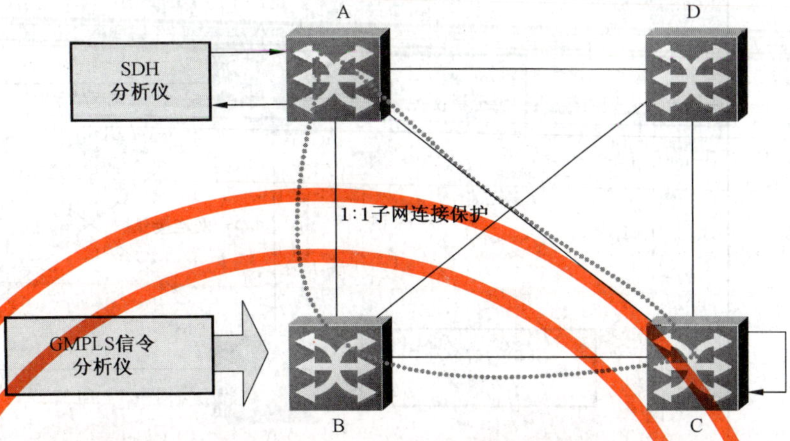 图60　1∶1子网连接保护与恢复的结合测试配置
测试步骤	a)　配置一条从节点A到节点C的具有1∶1子网连接保护的SPC连接(VC-4)，通过网管系统查询并记录具体的工作路由和保护路由信息，同时监测连接建立的信令过程。 b)　设定恢复路由选择条件为最大链路分离方式；如果支持，则设置为返回模式；进行以下测试： 1)　工作路径和保护路径依次失效：SPC连接的工作路径失效，发生倒换，接着保护路径均失效，启动恢复，记录业务发生保护倒换和恢复的时间；恢复光纤故障，业务应能够返回原始的工作路由，记录业务返回时间； 2)　保护路径先失效的情况下，工作路径失效：SPC连接的保护路径均先失效，不发生倒换，然后使SPC连接的工作路径失效，启动恢复，记录业务恢复时间；恢复路径故障，业务应能够返回原始的工作路径，记录业务返回时间。 c)　采用SC方式建立连接，重复步骤a)～b)。
注意事项	—

11.4.2.3　**m∶n子网连接保护与动态恢复的结合**

测试项目	m∶n子网连接保护与动态恢复相结合
测试目的	测试基于控制平面的m∶n子网连接保护与动态恢复相结合，在保护路径失效的前提下，恢复可以正常完成
测试依据	GB/T 21645.1—2008中15.6
测试仪表	SDH分析仪，GMPLS信令分析仪

表（续）

测试配置	测试配置见图 61。 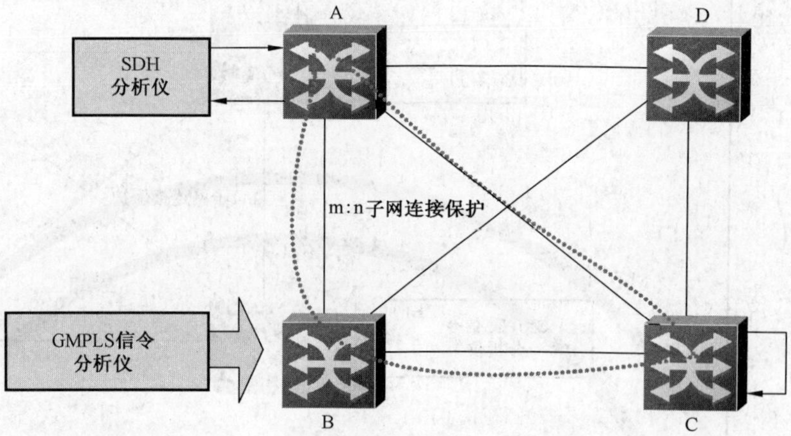 **图 61　m∶n 子网连接保护与动态恢复的结合测试配置**
测试步骤	a)　通过网管建立节点 A 和节点 C 之间的 n 条具有 m∶n(n≥m)子网连接保护的 SPC 连接，通过网管系统查询并记录具体的工作路由和保护路由信息，同时监测连接建立的信令过程。 b)　设定恢复路由选择条件为最大链路分离方式；如果支持，则设置为返回模式；进行以下测试： 1)　工作路径和保护路径依次失效：制造故障使 n 条业务中有超过 m 条业务的工作路径同时发生故障，其中 m 条业务倒换到保护路径，其他业务启动恢复，记录业务发生保护倒换和恢复的时间；恢复故障，业务应能够返回原始的工作路由，记录业务返回时间； 2)　保护路径先失效的情况下，工作路径失效：制造故障使 m 条保护路径均先失效，不发生倒换，然后所有工作路径失效，启动恢复，记录所有业务恢复时间；恢复路径故障，业务应能够返回原始的工作路径，记录业务返回时间。 c)　采用 SC 方式建立连接，重复步骤 a)～b)。
注意事项	—

11.4.2.4　永久 1+1 保护

测试项目	永久 1+1 保护
测试目的	测试设备支持永久 1+1 保护的能力
测试依据	—
测试仪表	SDH 分析仪，GMPLS 信令分析仪

表（续）

<table>
<tr><td>测试配置</td><td>测试配置见图 62。
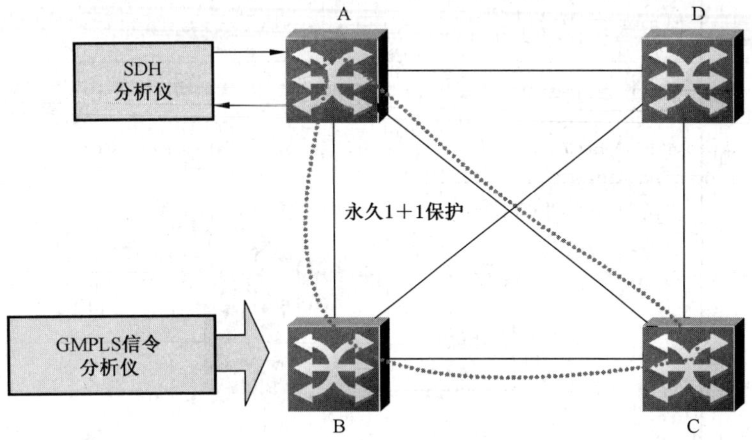

图 62　永久 1+1 保护测试配置</td></tr>
<tr><td>测试步骤</td><td>a)　配置一条从节点 A 到节点 C 的 SPC 连接(VC-4)，业务保护类型为永久 1+1，选择可返回方式，并设置恢复等待时间(WTR)。
b)　通过网管系统查询并记录具体的工作路由和保护路由信息，同时监测连接建立的信令过程。
c)　按如下步骤断开 SPC 连接的工作路径，通过 SDH 分析仪检测业务受损时间，并通过网管查询控制平面中的保护组中工作和保护连接的路由信息：
1)　断开 SPC 连接中工作路径所经过的光纤，业务能倒换到保护路径，在工作路径中断一定时间后，ASON 能自动为该业务配置新的保护路径，形成新的 1+1 保护组，原来的保护连接成为新的保护组的工作连接；
2)　在上面 a)基础上再断开业务当前新的工作路径所经过的光纤，业务能倒换到新的保护路径。在新工作路径中断一定时间后，ASON 能自动为业务配置新的保护路径，形成新的 1+1 保护组；
3)　恢复光纤连接，仪表监测业务返回时间，网管查看业务是否返回初始工作和保护路由。
d)　按如下步骤断开 SPC 连接的保护路径，通过 SDH 分析仪检测业务是否受损，并通过网管查询控制平面中的保护组中工作和保护连接的路由信息：
1)　断开当前 SPC 连接的保护路径，在保护路径中断一定时间后，ASON 能自动建立新的保护路径，形成新的 1+1 保护组，原来的工作连接仍然为工作连接，新建立的保护连接替换原来的保护连接成为新的保护连接；
2)　在上面 a)基础上再断开业务当前新的保护路径所经过的光纤，在保护路径中断一定时间后，ASON 能自动为业务配置新的保护路径，形成新的 1+1 保护组；
3)　恢复光纤连接，仪表监测业务返回时间，网管查看业务是否返回初始工作和保护路由。
e)　用 SC 方式建立连接，重复步骤 a)～d)。</td></tr>
<tr><td>注意事项</td><td>—</td></tr>
</table>

11.5 在线更改业务的保护恢复属性

测试项目	在线更改业务的保护恢复属性
测试目的	测试在不中断业务的情况下，能完成业务的保护恢复类型改变，之后能按照新的保护类型进行保护恢复
测试依据	—
测试仪表	SDH 分析仪
测试配置	测试配置见图 63。 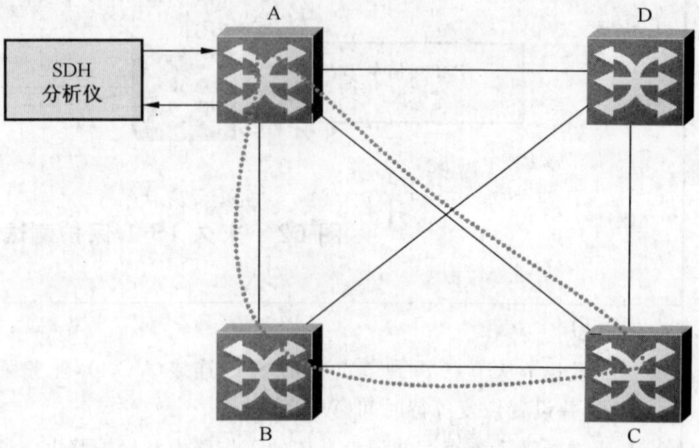 图 63 在线更改业务保护恢复属性测试配置
测试步骤	1) 在节点 A 和节点 C 之间建立一条的 SPC 连接(VC-4)，保护恢复等级为 A，通过 SDH 分析仪测试业务连接是否正确建立，通过网管系统查询并记录具体的工作路由信息； 2) 改变该业务的保护类型为 B，通过 SDH 分析仪监测业务是否有误码； 3) 断开业务经过路径上的光纤，对修改后的保护恢复等级 B 进行验证，记录业务的连接恢复时间，通过网管系统查询并记录当前的工作路由信息。
注意事项	保护恢复等级 A 和保护恢复等级 B 可以为无保护、预知重路由、动态重路由、子网连接保护、子网连接保护和恢复的结合、永久 1+1 保护、二纤/四纤以及 1+1/1：1 保护和恢复的结合。

11.6 大业务量保护和恢复测试

测试项目	大业务量保护和恢复测试
测试目的	当网络存在多种不同等级的业务，配置大量业务的状态下，检验网络对于不同级别业务的保护恢复力，同时考察网络业务动态变化时的特性
测试依据	—
测试仪表	SDH 分析仪

表（续）

<table>
<tr><td>测试配置</td><td>测试配置见图 64。

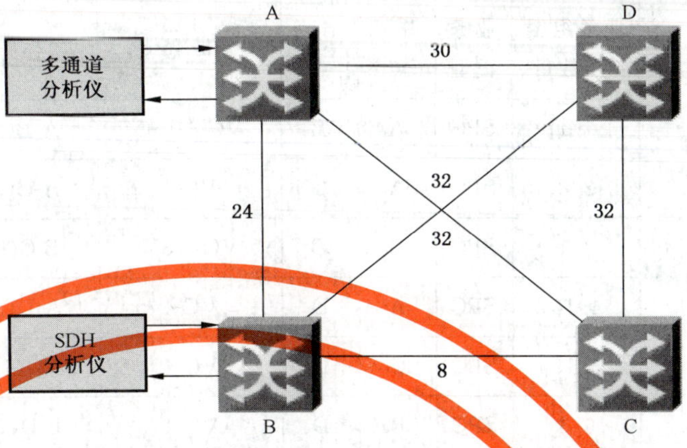

图 64　大业务量保护和恢复测试配置</td></tr>
<tr><td>测试步骤</td><td>a)　在不少于 4 个 ASON 节点的网络环境下，配置的大业务量应满足如下要求：
1)　同时配置典型的保护恢复类型业务，包括 1+1 保护（永久 1+1 保护或 1+1 保护与恢复结合）和动态恢复；
2)　业务颗粒包括 VC-4、VC4-16C 和 GE；
3)　配置业务所占容量应不小于网络总容量的 50%；
4)　对于任意线路的单点故障，受影响的业务均能得到保护或恢复；
5)　业务恢复时的选路原则为 SRLG 分离。
b)　按照上面给出的配置，下面以 4 个节点举例说明大业务量保护和恢复测试，如图 64 所示。链路资源配置如下：
<table>
<tr><th>编号</th><th>源节点</th><th>宿节点</th><th>链路带宽</th><th>链路数量</th><th>链路权重
（距离/km）</th><th>SRLG</th></tr>
<tr><td>1</td><td>A</td><td>B</td><td>10G</td><td>1</td><td>80</td><td>1</td></tr>
<tr><td>2</td><td>A</td><td>B</td><td>2.5G</td><td>1</td><td>80</td><td>2</td></tr>
<tr><td>3</td><td>A</td><td>C</td><td>10G</td><td>1</td><td>70</td><td>1</td></tr>
<tr><td>4</td><td>A</td><td>C</td><td>10G</td><td>1</td><td>70</td><td>3</td></tr>
<tr><td>5</td><td>A</td><td>D</td><td>10G</td><td>1</td><td>100</td><td>4</td></tr>
<tr><td>6</td><td>A</td><td>D</td><td>2.5G</td><td>1</td><td>100</td><td>5</td></tr>
<tr><td>7</td><td>B</td><td>D</td><td>10G</td><td>1</td><td>90</td><td>4</td></tr>
<tr><td>8</td><td>B</td><td>D</td><td>10G</td><td>1</td><td>90</td><td>6</td></tr>
<tr><td>9</td><td>B</td><td>C</td><td>10G</td><td>1</td><td>75</td><td>7</td></tr>
<tr><td>10</td><td>B</td><td>C</td><td>2.5G</td><td>1</td><td>75</td><td>7</td></tr>
<tr><td>11</td><td>C</td><td>D</td><td>10G</td><td>1</td><td>85</td><td>8</td></tr>
<tr><td>12</td><td>C</td><td>D</td><td>2.5G</td><td>1</td><td>85</td><td>9</td></tr>
</table></td></tr>
</table>

表（续）

<table>
<tr><td>测试步骤</td><td>业务配置如下：
<table>
<tr><th>业务组编号/数量</th><th>业务类型</th><th>源节点</th><th>宿节点</th><th>带宽</th><th>工作路由</th><th>是否可返回</th><th>保护恢复类型</th></tr>
<tr><td>1/1</td><td>SPC</td><td>A</td><td>B</td><td>VC-4-16C</td><td>A-B(1)</td><td>可返回式</td><td>动态恢复</td></tr>
<tr><td>2/8</td><td>SPC</td><td>A</td><td>C</td><td>VC-4</td><td>A-C(3)</td><td>可返回式</td><td>动态恢复</td></tr>
<tr><td>3/1</td><td>SPC</td><td>B</td><td>C</td><td>VC-4-8V</td><td>B-C(9)</td><td>可返回式</td><td>动态恢复</td></tr>
<tr><td>4/16</td><td>SPC</td><td>A</td><td>D</td><td>VC-4</td><td>A-D(5)</td><td>可返回式</td><td>动态恢复</td></tr>
<tr><td>5/16</td><td>SPC</td><td>C</td><td>D</td><td>VC-4</td><td>C-D(11)</td><td>可返回式</td><td>动态恢复</td></tr>
<tr><td>6/8</td><td>SPC</td><td>B</td><td>D</td><td>VC-4</td><td>B-D(7)</td><td>可返回式</td><td>动态恢复</td></tr>
<tr><td>7/16</td><td>SPC</td><td>A</td><td>B</td><td>VC-4</td><td>A-B(1)</td><td>可返回式</td><td>1+1 保护</td></tr>
<tr><td>8/16</td><td>SPC</td><td>A</td><td>C</td><td>VC-4</td><td>A-C(3)</td><td>可返回式</td><td>1+1 保护</td></tr>
<tr><td>9/8</td><td>SPC</td><td>B</td><td>C</td><td>VC-4</td><td>B-C(8)</td><td>可返回式</td><td>1+1 保护</td></tr>
<tr><td>10/8</td><td>SPC</td><td>A</td><td>D</td><td>VC-4</td><td>A-D(5)</td><td>可返回式</td><td>1+1 保护</td></tr>
<tr><td>11/8</td><td>SPC</td><td>C</td><td>D</td><td>VC-4</td><td>C-D(11)</td><td>可返回式</td><td>1+1 保护</td></tr>
<tr><td>12/16</td><td>SPC</td><td>B</td><td>D</td><td>VC-4</td><td>B-D(8)</td><td>可返回式</td><td>1+1 保护</td></tr>
</table>
c) 配置带外或带内 DCN 方式，进行下列测试：
1) 断开 A—D(5)光纤，记录业务组 4 和业务组 10 保护恢复时间和保护恢复路由；
2) 依次断开 A—B (1)、C—D(11)、B—C(9)和 B—C(10)等光纤，记录每次断纤后业务倒换时间、业务保护恢复路由，通过网管查询业务连接状态；
3) 节点 D 掉电，记录各条业务恢复或中断情况；
4) 依次对节点 C、B、A 掉电；
5) 依次对节点 A、B、C、D 上电，并恢复所有断开光纤；
6) 查看所有业务返回路由是否正确并记录返回时间。</td></tr>
<tr><td>注意事项</td><td>本测试项只是针对 4 节点的测试配置，对于其他情况下的测试需要重新设计测试例。</td></tr>
</table>

11.7 以太网业务的 LCAS 与保护恢复相结合

测试项目	以太网业务的 LCAS 与恢复相结合
测试目的	验证在故障情况下，LCAS 功能可以被正常启用，以及 LCAS 和保护恢复结合的情况下，对业务的影响情况
测试依据	—
测试仪表	数据网络性能分析仪

表（续）

测试配置	测试配置如图 65。 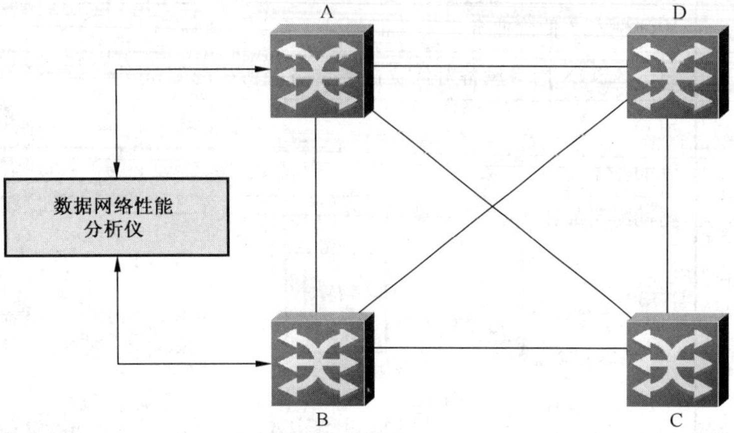 **图 65　以太网业务 LCAS 与保护恢复相结合测试配置**
测试步骤	a)　建立一条 GE 业务，带宽为 n＊VC4，采用虚级联方式，n 个 VC4 可以走不同的路径。 b)　通过数据分析仪验证连接的连通性以及业务的带宽。 c)　测试纯 LCAS 功能： 1)　设置 GE 业务 LCAS 功能不与恢复结合，且其配置的 VC4 所经过的链路均未设置保护链路； 2)　降低数据网络性能分析仪的发送流量，通过网管减少 m 个 VC-4(m＜n，注：仪表发送流量应小于 n-m 个 VC-4)，观察是否有丢包，记录测试结果；增加数据网络性能分析仪的发送流量，确认业务带宽已经减小； 3)　降低数据网络性能分析仪的发送流量，通过网管增加 m 个 VC-4，观察是否有丢包，记录测试结果；增加数据网络性能分析仪的发送流量，确认业务带宽已经恢复； 4)　降低数据网络性能分析仪的发送流量，断开某个 VC4 经过的链路，观察是否有丢包，记录倒换时间；增加数据网络性能分析仪的发送流量，确认业务带宽已经减小； 5)　降低数据网络性能分析仪的发送流量，恢复某个 VC4 经过的链路，观察是否有丢包，记录倒换时间；增加数据网络性能分析仪的发送流量，确认业务带宽已经恢复。 d)　测试 LCAS＋恢复功能： 1)　设置 GE 业务 LCAS 功能与恢复结合，且其配置的 VC4 所经过的链路均未设置保护链路； 2)　断开某个 VC4 经过的链路，在有资源的情况下，GE 业务可以进行正常恢复，通过数据分析仪观察 GE 业务是否保持 n＊Vc4 带宽，观察是否有丢包，记录业务中断时间； 3)　依次断开多条链路直到没有足够的资源用于 GE 业务恢复，此时 GE 业务应得到 LCAS 保护，通过数据分析仪观察 GE 业务仍然畅通但带宽降低； 4)　恢复所有断开的链路，通过网管确认 GE 业务是否恢复至最初路由，通过数据分析仪观察 GE 业务是否恢复到 n＊VC4 带宽。 e)　测试 LCAS＋保护功能： 1)　为 VC4 成员经过保护通道，断开工作路径所在光纤，GE 业务可以进行正常保护，观察是否有丢包，记录业务中断时间，通过数据分析仪观察 GE 业务是否保持 n＊Vc4 带宽； 2)　恢复链路，通过网管确认 GE 业务是否返回至最初路由(可返回方式)，观察是否有丢包，记录业务中断时间。
注意事项	—

11.8 VC12/VC3 低阶业务保护恢复功能测试

11.8.1 VC12/VC3 低阶业务的恢复功能测试

<table>
<tr><td>测试项目</td><td>VC12/VC3 低阶业务恢复功能测试</td></tr>
<tr><td>测试目的</td><td>测试 ASON 网络设备对低阶业务重路由功能的测试</td></tr>
<tr><td>测试依据</td><td>—</td></tr>
<tr><td>测试仪表</td><td>SDH 分析仪</td></tr>
<tr><td>测试配置</td><td>测试配置如图 66。
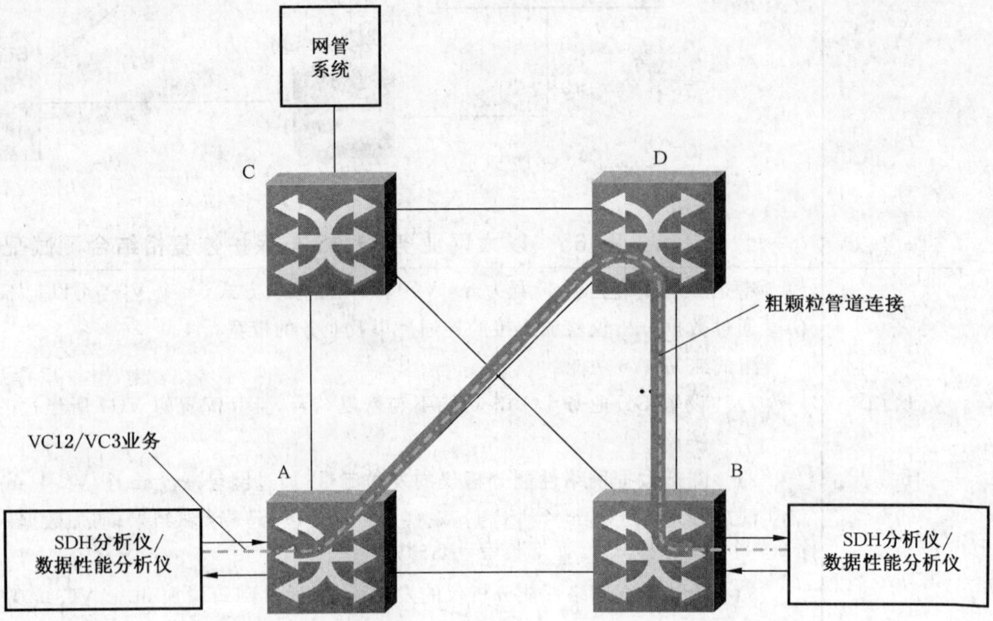

图 66　VC12/VC3 低阶业务保护功能测试</td></tr>
<tr><td>测试步骤</td><td>1)　通过网管建立一条从节点 A 到节点 B 的业务，业务颗粒为 VC4，指定其经过节点 D，保护恢复类型为动态重路由；
2)　在该中静态配置一条或多条 VC12 业务，通过 SDH 分析仪查看业务是否开通；
3)　断开 A-D 之间的直连光纤，通过网管系统查看 VC4 业务的重路由情况，并记录 SDH 分析仪上显示的 VC12 业务的中断时间；
4)　如果支持可返回属性并配置了该属性，恢复 A-D 之间的光纤，在设置的等待恢复时间（WTR）之后，观察业务是否返回原始路径，并记录业务返回时的中断时间；
5)　将粗颗粒管道连接优化（软重路由）到 A-C-D-B 路径上，记录 VC12 业务的中断时间。</td></tr>
<tr><td>注意事项</td><td>—</td></tr>
</table>

11.8.2 VC12/VC3 低阶业务的保护功能测试

测试项目	VC12/VC3 低阶业务保护功能测试
测试目的	测试 ASON 网络设备对低阶业务保护功能的测试
测试依据	—

表(续)

测试仪表	SDH 分析仪
测试配置	测试配置见图 67。 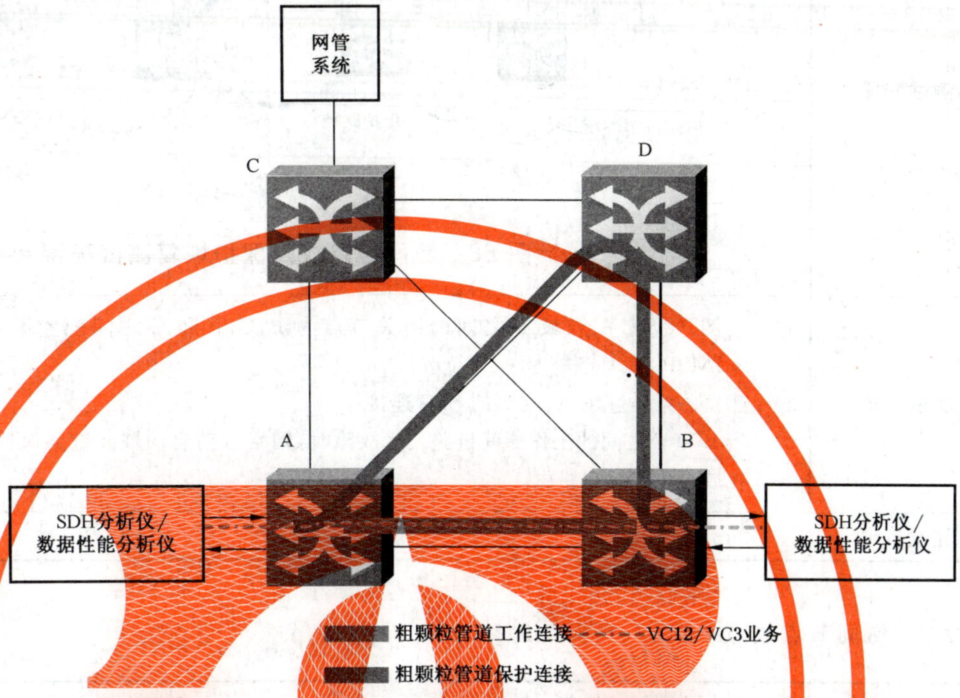 图 67 VC12/VC3 低阶业务保护功能测试
测试步骤	1) 通过网管建立一条从节点 A 到节点 B 的 1+1 保护类型的业务,业务颗粒为 VC4,指定其工作路径为 A-B,保护路径为 A-D-B; 2) 在该管道业务中静态配置一条或多条 VC12 业务,通过 SDH 分析仪查看业务是否开通; 3) 如果支持永久 1+1 保护,断开 A-B 之间的直连光纤,记录 SDH 分析仪上显示的 VC12 业务的中断时间,通过网管系统查看粗颗粒管道业务的路由; 4) 恢复 A-B 之间的光纤,等拓扑稳定后,再断开 D-B 之间的光纤,记录 SDH 分析仪上显示的 VC12 业务的中断时间,通过网管查看粗颗粒管道业务的路由; 5) 恢复 D-B 之间的光纤,等拓扑稳定后,将 A-B 之间的路径优化到 A-C-D-B 上,记录 SDH 分析仪上显示的 VC12 业务的中断时间。
注意事项	—

11.9 域间保护恢复

11.9.1 域间链路保护

测试项目	域间链路保护
测试目的	测试 ASON 网络支持的域间链路故障时触发的域间保护恢复机制
测试依据	GB/T 21645.1—2008 中 15.7.2
测试仪表	SDH 分析仪

表（续）

测试配置	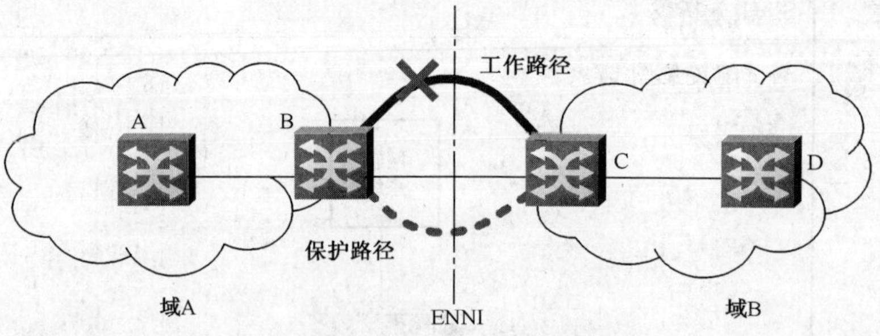 图 68 域间链路故障保护恢复测试配置
测试步骤	1) 按图 68，域 A 和域 B 之间的网关节点为 B、C，B 和 C 之间配置了两条域间链路构成 1+1MSP； 2) 建立一条经过域 A、域 B 的 SPC 连接； 3) 当 B 和 C 之间的工作域间链路发生故障时，网络自动启动域间链路保护操作，此时 SPC 连接在域内不执行重路由。
注意事项	—

11.9.2 域间节点故障

测试项目	域间节点故障保护恢复
测试目的	测试 ASON 网络支持的域间链路节点时触发的域间保护恢复机制
测试依据	GB/T 21645.1—2008 中 15.7.2
测试仪表	SDH 分析仪
测试配置	测试配置见图 69。 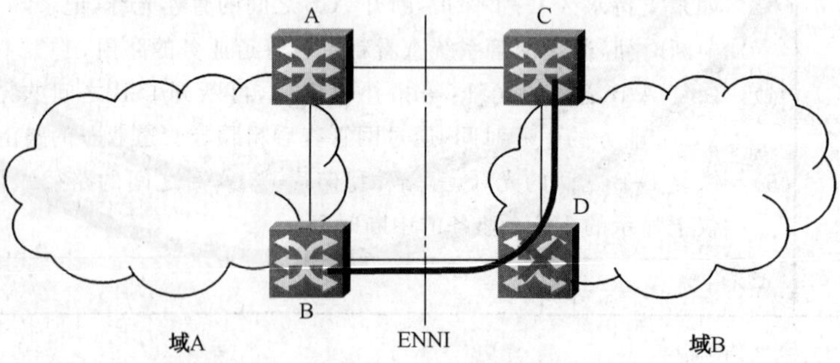 图 69 域间节点故障测试配置
测试步骤	1) 按图 69 连接测试配置，域 A 和域 B 之间的网关节点为 A，B，C，D； 2) 建立一条经过域 A、域 B 的 SPC 连接，保护恢复属性为动态恢复或 1+1 保护； 3) 当 D 节点发生故障时，应启用域 A 另外一个网关节点 A，同时启用域 B 内的另外一个网关节点 C；此时 SPC 连接根据新的网关网元在域内执行重路由。
注意事项	—

12 业务测试

12.1 按需带宽业务(BoD)

12.1.1 按需带宽业务测试

测试项目	按需带宽(BoD)业务测试
测试目的	测试被测设备对按需带宽(BoD)业务的支持
测试依据	GB/T 21645.1—2008 中 19.6
测试仪表	协议分析仪,协议测试仪,SDH 分析仪/数据网络性能分析仪
测试配置	测试配置见图 70。信令网络采用带外方式。 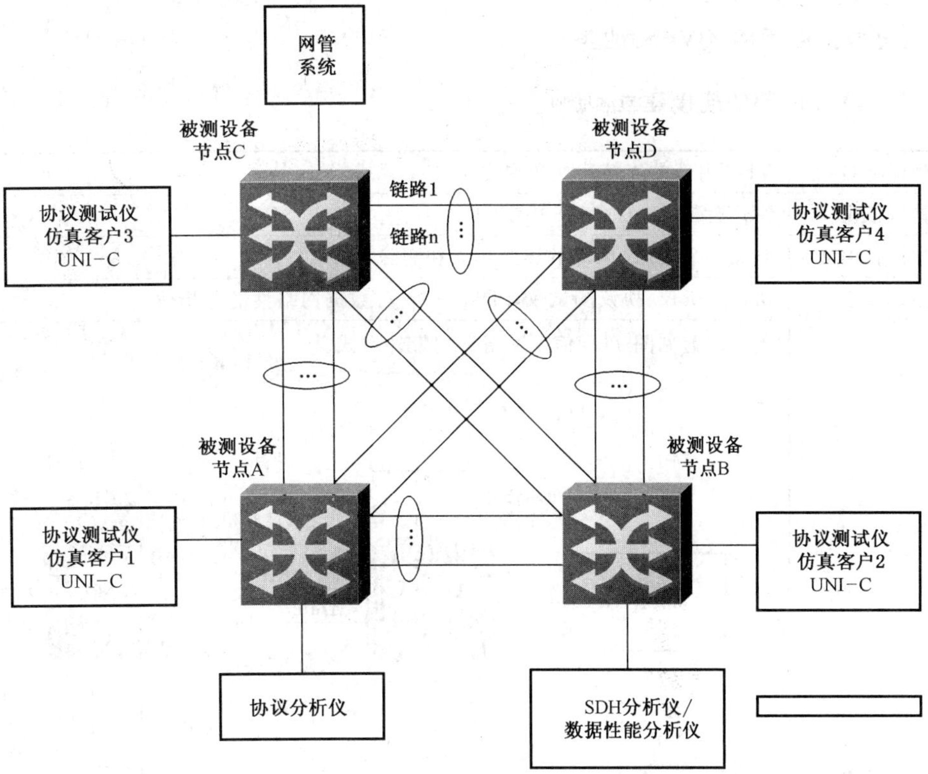 图 70 **BoD 业务测试配置**
测试步骤	1) 按测试配置图 70 连接测试环境; 2) 根据用户需求定义 BoD 业务和约,如业务等级等; 3) 利用 UNI 信令完成即时带宽光连接业务的建立、拆除、带宽修改功能,并指定业务等级; 4) 网管系统查询相关的用户,查看网管系统是否提供相关的计费信息,以及操作记录等。
注意事项	—

12.1.2 BoD 业务管理

测试项目	BoD 业务管理
测试目的	管理平面应支持对 ASON BoD 业务的管理功能
测试依据	GB/T 21645.1—2008 中 13.3.4
测试仪表	SDH 分析仪
测试配置	见图 70。
测试步骤	1) 测试配置如图 70 所示； 2) 创建一条 BoD 业务(SC 连接)； 3) 网管系统支持查询已建立 BoD 业务的详细信息； 4) 发起 SC 修改请求，在线修改 SC 带宽，例如：支持 LCAS 的 GE 业务，业务不受影响； 5) 当 BoD 业务发生调整时，网管系统应及时更新 SC 业务的属性改变信息，例如：带宽、服务质量等。
注意事项	BOD 业务管理功能可结合本部分 11.1 按需带宽业务测试完成。

12.2 光虚拟专用网(OVPN)业务

12.2.1 VPN 内部的连接建立和删除

测试项目	VPN 内部的连接建立和删除
测试依据	GB/T 21645.1—2008 中 19.6
测试目的	测试一个 VPN 内部的连接建立和删除
测试仪表	协议分析仪，协议测试仪，SDH 分析仪/数据网络性能分析仪
测试配置	测试配置见图 71。信令网络采用带外方式。

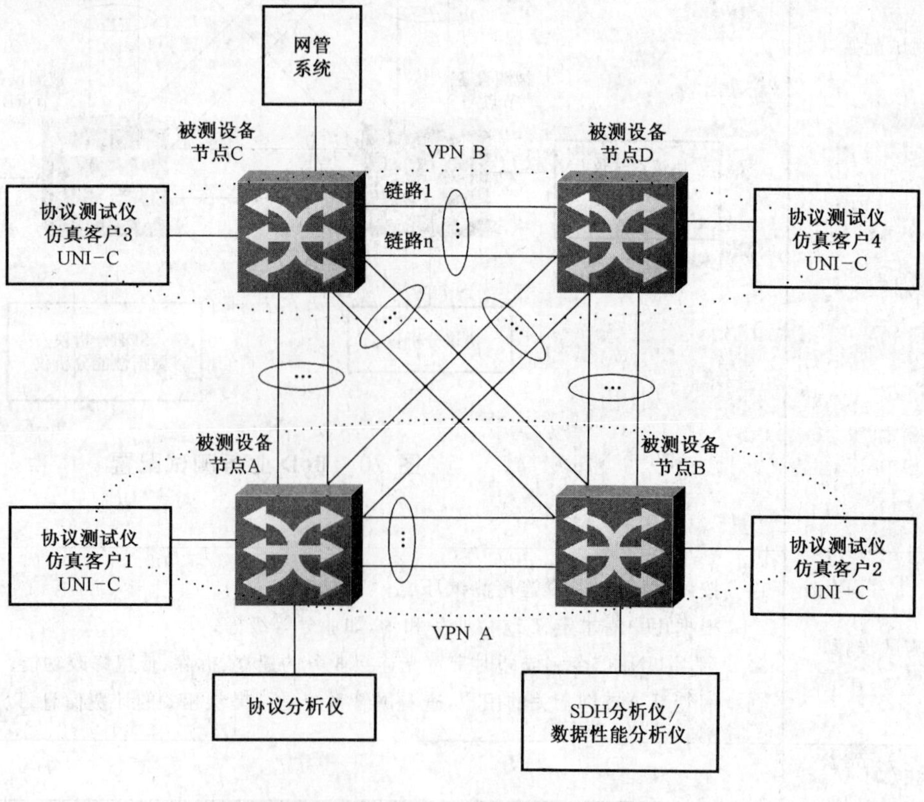

图 71 VPN 业务测试配置

表（续）

测试步骤	1） 按照图 71 连接号测试环境； 2） 在被测设备节点 A、节点 B、节点 C 和节点 D 上为 VPN A 和 VPN B 分配一定的资源，包括端口和带宽； 3） 配置客户 1 和客户 2，使它们属于 VPN A； 4） 配置客户 3 和客户 4，使它们属于 VPN B； 5） 由客户 1 向客户 2 发送一条 VC4-nC 或以太网业务的 SC 连接建立请求； 6） 通过协议分析仪观察有正确的消息交换发生，通过 SDH 分析仪/数据性能分析仪观连接是否成功的建立，网管应上报连接建立通知； 7） 配置客户 1 删除该连接； 8） 通过协议分析仪观测是否有正确的消息交换发生，通过 SDH 分析仪/数据性能分析仪观连接是否成功的删除，网管应报告连接的删除通知； 9） 由 VPN 客户端网管系统发起一条节点 A 向节点 B 的 VC4-nC 或以太网业务的 SPC 连接或者 SC 连接建立请求； 10） 通过协议分析仪观察有正确的消息交换发生，通过 SDH 分析仪/数据性能分析仪观连接是否成功的建立； 11） VPN 客户端网管系统或者客户端设备删除该 SPC 或者 SC 连接； 12） 通过协议分析仪观测是否有正确的消息交换发生，通过 SDH 分析仪/数据性能分析仪观连接是否成功的删除。
注意事项	—

12.2.2 不同 VPN 的信息隔离

测试项目	不同 VPN 之间的信息隔离
测试目的	测试不同 VPN 之间的信息隔离
测试依据	GB/T 21645.1—2008 中 19.6
测试仪表	协议分析仪，协议测试仪，SDH 分析仪/数据网络性能分析仪
测试配置	测试配置见图 71。信令网络采用带外方式。
测试步骤	1） 按照图 71 连接好测试环境； 2） 在被测设备节点 A、节点 B、节点 C 和节点 D 上为 VPN A 和 VPN B 分配一定的资源，包括端口和带宽； 3） 配置客户 1 和客户 2，使它们属于 VPN A； 4） 配置客户 3 和客户 4，使它们属于 VPN B； 5） 由客户 1 向客户 4 发起一条 SC 或 SPC 连接建立请求； 6） 连接建立应失败，网管应提示连接建立失败及其原因。通过协议分析仪观察有正确的消息交换发生。
注意事项	—

12.2.3 VPN 资源分配方式测试

测试项目	VPN 资源分配方式测试
测试依据	GB/T 21645.1—2008 中 19.6
测试目的	测试设备提供 OVPN 业务的资源分配机制能力
测试仪表	协议分析仪，协议测试仪，SDH 分析仪/数据网络性能分析仪

表（续）

<table>
<tr><td>测试配置</td><td>测试配置见图 71。信令网络采用带外方式。
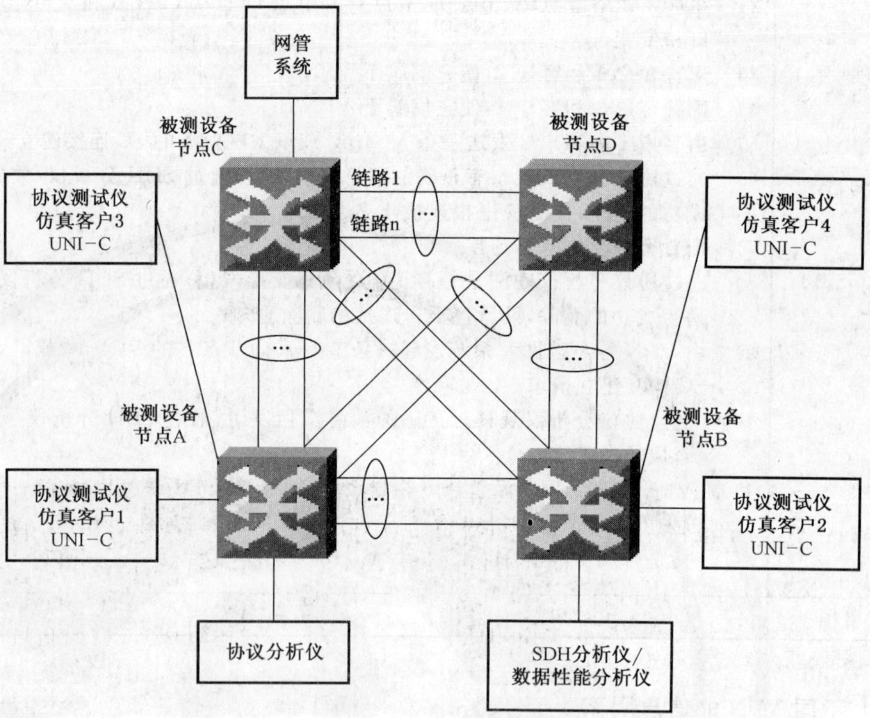

图 72　VPN 资源分配方式测试</td></tr>
<tr><td>测试步骤</td><td>1）　按照图 72 连接好测试环境；
2）　配置客户 1 和客户 2，使它们属于 VPN A（专用资源 VPN）；初始分配给 VPN A 的链路资源为 0；
3）　配置客户 3 和客户 4，使它们属于 VPN B（共享资源 VPN）；初始分配给共享资源池的链路资源为 0；
4）　分别在 VPN A 和 VPN B 内部建立一条 SPC 连接或者 SC 连接，连接建立失败；
5）　为共享资源池分配一个 VC—4；
6）　在 VPN A 内部建立一条 SPC 或者 SC 连接，连接建立失败；
7）　在 VPN B 内部建立一条 SPC 或者 SC 连接，连接建立成功；
8）　为 VPN A 分配一个 VC—4 链路资源；
9）　在 VPN A 内部建立一条 SPC 或者 SC 连接，连接建立成功。</td></tr>
<tr><td>注意事项</td><td>—</td></tr>
</table>

12.2.4　VPN 保护恢复方式测试

测试项目	VPN 保护恢复方式测试
测试依据	GB/T 21645.1—2008 中 19.6
测试目的	测试 OVPN 业务所支持的保护恢复机制
测试仪表	协议分析仪，协议测试仪，SDH 分析仪/数据网络性能分析仪

表（续）

<table>
<tr><td>测试配置</td><td>测试配置见图 71。信令网络采用带外方式。
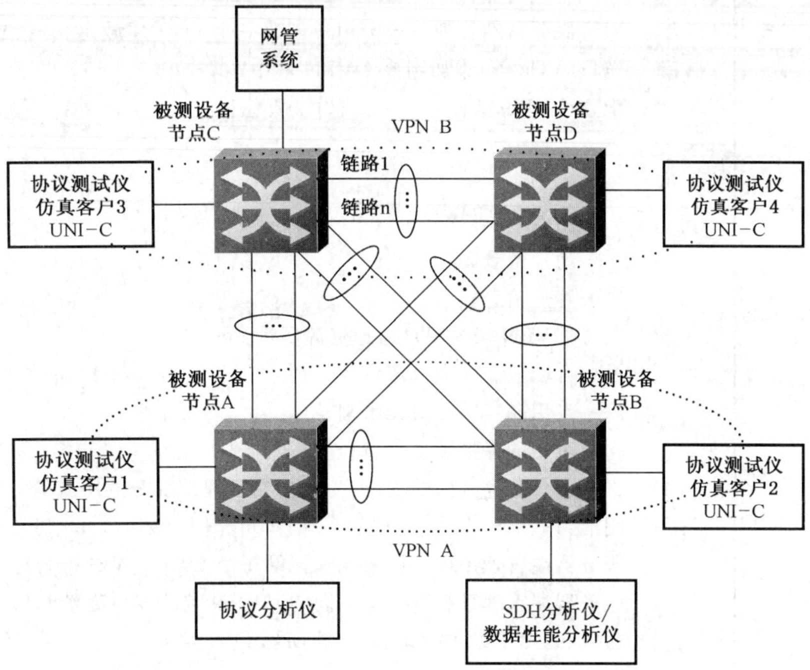

图 73 VPN 保护恢复方式测试</td></tr>
<tr><td>测试步骤</td><td>1） 按照图 73 连接好测试环境；
2） 配置客户 1 和客户 2，使它们属于 VPN A（专用资源 VPN）；初始分配给 VPN A 的链路资源为 1 个 VC-4；
3） 配置客户 3 和客户 4，使它们属于 VPN B（共享资源 VPN）；初始分配给共享资源池的链路资源为 1 个 VC-4；
4） 对于 VPN A，分别测试所支持的不同保护恢复方式，记录恢复时间和恢复路由、时隙；
5） 对于 VPN B，分别测试所支持的不同保护恢复方式，记录恢复时间和恢复路由、时隙；
6） 将 A—B、C—D 链路上的空闲资源全部设置为不可用状态；
7） 重复步骤 4）～5）。</td></tr>
<tr><td>注意事项</td><td>—</td></tr>
</table>

12.2.5 OVPN 业务管理

测试项目	OVPN 业务管理
测试目的	管理平面应支持对 ASON OVPN 业务的管理功能
测试依据	GB/T 21645.1—2008 中 13.3.4
测试仪表	SDH 分析仪
测试配置	见图 71。

表（续）

测试步骤	a) 测试配置如图 71 所示。 b) 服务器端管理功能： 1) 通过服务器端管理系统为用户创建一个 OVPN 域，划分指定的传送网络资源（如光连接端口、VCn 等）添加到该 OVPN 域中； 2) 配置 OVPN 域相关属性信息，主要包括： ——名称； ——类型； ——站点； ——地理背景图； ——客户信息； 3) 配置 OVPN 域内用户通道资源属性： ——可以建立的最大通道数； ——专用/共享/路由无限制； ——可用的保护恢复类型； 4) 根据客户服务合同的规定，为客户端管理系统开放所属的 OVPN 网络资源的可见性和控制能力； 5) 服务器端管理系统可以监视和记录每个 OVPN 客户端管理系统的操作行为； 6) 服务器端管理系统可定义不同的 OVPN 域的客户终端和操作者，相关信息包括：用户名、密码、终端 PC 的 IP 地址，客户所属 OVPN 域等。 c) 客户器端管理功能： 1) 可查看属于其 OVPN 域的网络拓扑和资源； 2) 可实时查询其 OVPN 域内的告警和性能； 3) 能够在其 OVPN 域内建立和删除 SPC 或者 SC 连接； 4) 提供与计费相关的基本信息。
注意事项	1) OVPN 业务管理功能可结合本部分 11.3 光虚拟专用网业务测试完成。 2) 在验证客户器端管理功能时，注意通过客户器端系统不应查询到其他 OVPN 域的任何信息。

12.3 定时预约业务

测试项目	定时预约业务
测试目的	测试设备提供定时预约业务的能力
测试依据	—
测试环境	测试配置见图 71。信令网络采用带外方式。
测试步骤	a) 在 ASON 网络网管配置 CE1-CE2 之间的业务属性： 1) 可用时间段（T1～T2）； 2) 连接类型为 SPC； 3) 带宽为 1 个 VC-4； 4) 保护恢复属性。 b) 通过 SDH 分析仪监测连接建立和删除时间、带宽等属性是否与预设的属性相同。 c) 通过网管查看计费信息。
注意事项	—

12.4 PC 业务迁移为 SPC 业务

测试项目	PC 业务迁移为 SPC 业务
测试目的	将 PC 业务转换为 SPC 业务，在迁移过程中与该 PC 相关的传送资源被分配给控制平面，不会造成业务中断，且不会产生误码
测试依据	GB/T 21645.1—2008 中 13.3.2.5.1
测试仪表	SDH 分析仪
测试配置	测试配置如图 20 所示。
测试步骤	1） 测试配置如图 20 所示； 2） 配置一条双向 PC 连接，连接路由为节点 A—节点 B，并且经过节点 A—节点 B—节点 C 的 MS-SPRING 环，记录 PC 连接所经过的路由信息和时隙信息； 3） 配置一条双向 PC 连接，连接路由为节点 A—节点 D，其保护恢复类型为链路 1+1 MSP 保护，记录 PC 连接所经过的路由信息和时隙信息； 4） 配置一条双向 PC 连接，其保护恢复类型为 SNCP 保护，工作路由为节点 A—节点 B，保护路由为节点 A—节点 D—节点 B，记录 PC 连接所经过的路由信息和时隙信息； 5） 通过 SDH 分析仪验证正确建立了物理连接； 6） 通过网管将该 PC 业务迁移为 SPC 业务； 7） 记录业务迁移和升级步骤； 8） 通过协议分析仪监测信令过程； 9） 通过 SDH 分析仪验证在此过程中业务不受影响； 10） 迁移完成后，通过网管系统查询验证控制平面有与该 SPC 连接相关的连接状态信息，即该业务使用的传送资源被分配给控制平面； 11） 查询并验证迁移后的 SPC 连接所经过的节点以及所使用的时隙资源信息是否和转换前的 PC 连接所经过的节点和时隙资源信息一致。
注意事项	通过协议分析仪监测信令过程对应 GMPLS-RSVP-TE 的情况，对于其他的信令协议实现方式，无法抓包进行协议分析。

12.5 SPC 业务迁移为 PC 业务

测试项目	SPC 业务迁移为 PC 业务
测试目的	将 SPC 业务迁移为 PC 业务，在迁移过程中与该 SPC 相关的控制平面资源被分配给传送平面，且不会造成业务中断
测试依据	—
测试仪表	SDH 分析仪
测试配置	测试配置如图 20 所示。
测试步骤	1） 测试配置如图 20 所示； 2） 配置一条双向 SPC 连接（如，节点 A—节点 B—节点 C—节点 D 的 VC-4 连接），并记录 SPC 连接所经过的路由信息和时隙信息； 3） 通过 SDH 分析仪验证正确建立了物理连接； 4） 通过网管将该 SPC 业务迁移为 PC 业务； 5） 通过 SDH 分析仪验证在此过程中业务不受影响； 6） 转换完成后，查询并验证控制平面没有与转换前的 SPC 连接相关的连接状态信息； 7） 通过网管系统查询并验证传送平面有与该 PC 连接相应的时隙资源信息； 8） 查询并验证迁移后的 PC 连接所经过的节点以及所使用的时隙资源信息是否和转换前的 SPC 连接所经过的节点和时隙资源信息一致。
注意事项	通过协议分析仪监测信令过程对应 GMPLS-RSVP-TE 的情况，对于其他的信令协议实现方式，无法抓包进行协议分析。

附　录　A
（资料性附录）
传统网络与 ASON 网络结合示例

A.1　域间 1+1/1：1 线性复用段保护

<table>
<tr><td>测试项目</td><td>域间单节点 1+1/1：1 线性复用段或 SNCP 保护互通</td></tr>
<tr><td>测试目的</td><td>测试在预警单节点线性复用段保护的情况下，对跨区域业务保护恢复能力的支持</td></tr>
<tr><td>测试依据</td><td>GB/T 21645.1—2008 附录 A　A.1.1</td></tr>
<tr><td>测试仪表</td><td>SDH 分析仪</td></tr>
<tr><td>测试配置</td><td>测试配置如图 A.1 所示。
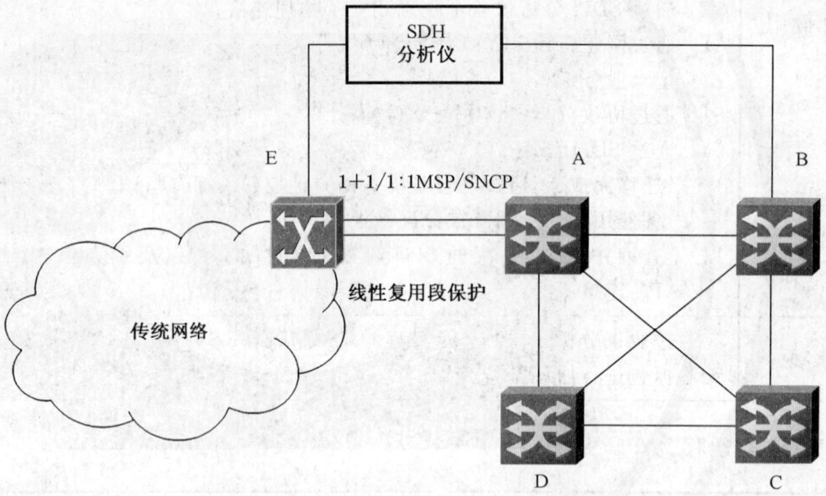

图 A.1　域间 1+1 线性保护测试配置</td></tr>
<tr><td>测试步骤</td><td>1)　测试配置如图 A.1 所示；
2)　配置节点 A 到节点 E 之间的域间保护属性为 1+1/1：1 线性复用段保护或 SNCP 保护；
3)　在节点 B—E 之间经过节点 A 建立一条业务，跨传统 SDH 网络和 ASON 网络。其中节点 A—节点 E 之间配置为 1+1 线性复用段保护或 SNCP 保护，节点 A—节点 B 之间配置为基于控制平面的 1+1 保护；
4)　通过 SDH 分析仪验证正确建立了连接；
5)　通过网管系统查看对跨 ASON 区域和传统网络区域连接的端到端管理功能；
6)　断开节点 A—E 之间的工作光纤，通过 SDH 分析仪验证业务中断时间<50 ms，并记录仪表显示的业务中断时间；
7)　断开节点 A—B 之间的光纤，通过 SDH 分析仪验证业务中断时间<50 ms，并记录仪表显示的业务中断时间，通过网管查询并验证启动了基于控制平面 1+1 保护；
8)　通过 SDH 分析仪验证正确建立了连接；
9)　断开节点 A—E 之间的保护光纤，通过 SDH 分析仪验证业务中断；
10)　恢复 A—E 节点之间的光纤，通过 SDH 分析仪验证业务恢复。</td></tr>
<tr><td>注意事项</td><td>—</td></tr>
</table>

A.2 ASON 和传统网络通过二纤复用段环方式互通

测试项目	ASON 和传统网络通过二纤复用段环方式互通
测试目的	测试在 ASON 和传统网络通过二纤复用段环方式互通的情况下，对业务的保护恢复功能
测试依据	GB/T 21645.1—2008 附录 A
测试仪表	SDH 分析仪
测试配置	测试配置如图 A.2 所示。 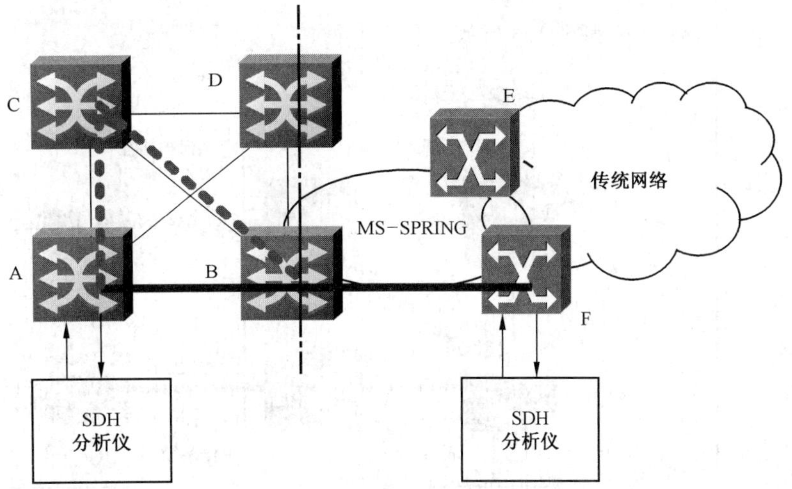 **图 A.2 ASON 和传统网络通过 MS-SPRING 方式互通**
测试步骤	1) 按照测试配置图 A.2 连接网络； 2) 为 ASON 设备 B 划分一定的资源为传送平面使用； 3) 创建 ASON 节点 B 和传统设备 E 和传统设备 F 的二纤复用段环保护； 4) 创建 ASON 节点 A 经过 ASON 节点 B 到达传统设备节点 F 的一条连接。此连接在传统网络中为 PC 方式，采用 MSSPRING 方式进行保护，此连接在 ASON 网络中为 SPC 方式，采用 ASON 网络的 1+1 保护和恢复结合方式实现连接的保护； 5) 通过网管系统查看对跨 ASON 区域和传统网络区域连接的端到端管理功能； 6) 通过 SDH 分析仪查看连接是否成功，通过网管系统查看连接是否创建成功； 7) 制造 ASON 设备节点 B 到达传统设备 F 之间的光纤链路故障，通过 SDH 分析仪查看连接倒换时间。通过网管系统查看连接路由； 8) 恢复 ASON 设备节点 B 到达传统设备 F 之间的光纤链路； 9) 制造 ASON 节点 B 和 ASON 节点 A 之间的光纤故障(当前工作光纤路由)，通过 SDH 分析仪查看连接倒换时间，通过网管系统查看连接路由； 10) 恢复 ASON 设备节点 B 到达传统设备 A 之间的光纤链路； 11) 制造 ASON 节点 A 和 ASON 节点 C 之间的光纤链路(ASON 区域中连接段的当前工作路由)，通过 SDH 分析仪查看连接倒换时间，通过网管系统查看连接路由。
注意事项	—

A.3 ASON 和传统网络通过 SNCP 方式互通(方式一)

测试项目	ASON 和传统网络通过 SNCP 方式互通
测试目的	测试在 ASON 和传统网络通过 SNCP 方式互通的情况下,对跨区域业务的保护恢复能力的支持
测试依据	GB/T 21645.1—2008 附录 A
测试仪表	SDH 分析仪
测试配置	测试配置如图 A.3 所示。 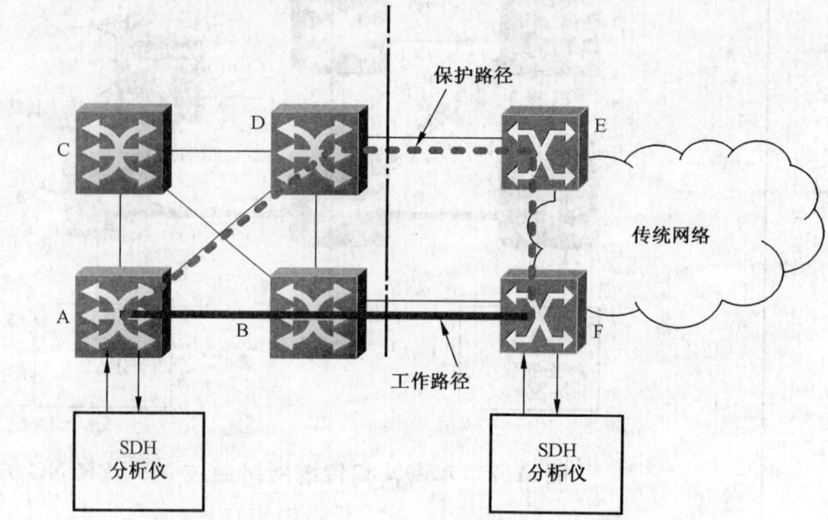 **图 A.3 ASON 和传统网络通过 SNCP 方式互通**
测试步骤	1) 按照测试配置图 A.3 连接网络; 2) 为 ASON 设备 B 和 ASON 设备 D 划分一定的资源为传送平面使用; 3) 建立从 ASON 网络节点 A 到达传统网络 F 的一条 SNCP 连接,其中在传统网络中的连接通过 PC 方式创建,在 ASON 网络区域中的连接通过 SPC 方式创建; 4) 通过网管系统查看对跨 ASON 区域和传统网络区域连接的端到端管理功能; 5) 通过 SDH 分析仪查看连接是否成功,通过网管系统查看连接是否创建成功; 6) 制造 ASON 设备节点 B 到达传统设备 F 之间的光纤链路故障,通过 SDH 分析仪查看连接倒换时间。通过网管系统查看连接路由; 7) 恢复 ASON 设备节点 B 到达传统设备 F 之间的光纤链路。查看业务是否可以返回最初路由。
注意事项	—

A.4 ASON 和传统网络通过 SNCP 方式互联(方式二)

测试项目	ASON 和传统网络通过双归的方式互连
测试目的	测试在 ASON 和传统网络通过双归宿的方式互连的情况下,对跨区域业务的保护恢复能力的支持
测试依据	GB/T 21645.1—2008 附录 A
测试仪表	SDH 分析仪
测试配置	测试配置如图 A.4 所示。A-B 之间有多条光纤链路,且链路之间为 SRLG 分离,C-D 之间的链路采取同样的配置。 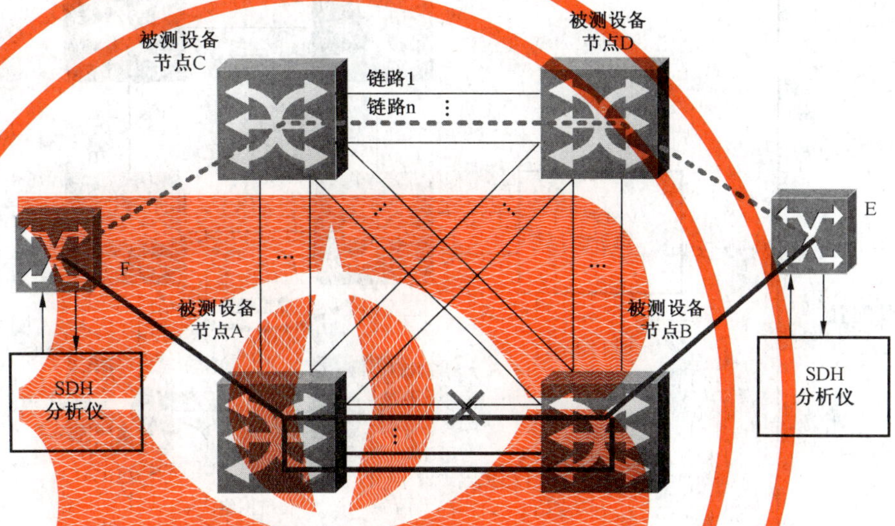 图 A.4 ASON 和传统网络通过 SNCP 方式互联(方式二)
测试步骤	1) 按照图 A.4 连接网络; 2) 创建 F-E 的 1+1 业务。工作路径在 ASON 网络中的路由为 A-B,保护路径在 ASON 网络中的路由为 C-D。配置 ASON 网络中 A-B 的连接和 C-D 的连接为重路由连接,重路由策略为权重最小优先。A-B 和 C-D 两条连接互为关联业务,两条连接应为链路、节点和 SRLG 不相关; 3) 通过网管系统查看对跨 ASON 区域和传统网络区域连接的端到端管理功能; 4) 通过 SDH 测试仪验证 1+1 业务的连通性。通过网管查询控制平面中工作路径和保护路径所经过的路由信息; 5) 设置 A-B 之间的链路权值大于 A-D-B 或 A-C-B 或 A-C-D-B 路由上的链路权值之和; 6) 断开工作 LSP 路径上的光纤(A-B 光纤),通过 SDH 分析 7 仪查看业务受损时间,通过网管查询控制平面中工作路径和保护路径所经过的路由信息。ASON 网络应为工作路径 A-B 重路由一条连接,重路由后的连接应与保护路径 C-D 的连接链路不相关和节点不相关; 7) 设置 C-D 之间的链路权值大于 C-A-D 或 C-B-D 或 C-A-B-D 路由上的链路权值之和; 8) 断开保护 LSP 路径上的光纤,通过 SDH 分析仪分析检测是否发生倒换,并通过网管查询控制平面中工作路径和保护路径所经过的路由信息。ASON 网络应为工作路径 C-D 重路由一条连接,重路由后的连接应与保护路径 A-B 的连接链路不相关和节点不相关。
注意事项	—

A.5 ASON 网络利用传统网络资源

<table>
<tr><td>测试项目</td><td>ASON 通过虚拟链路来充分利用传统网络资源</td></tr>
<tr><td>测试目的</td><td>ASON 网络能利用传统网络资源对 ASON 网络中的业务进行连接建立或重路由恢复</td></tr>
<tr><td>测试依据</td><td>GB/T 21645.1—2008 附录 A</td></tr>
<tr><td>测试仪表</td><td>SDH 分析仪，协议分析仪</td></tr>
<tr><td>测试配置</td><td>测试配置如图 A.5 所示
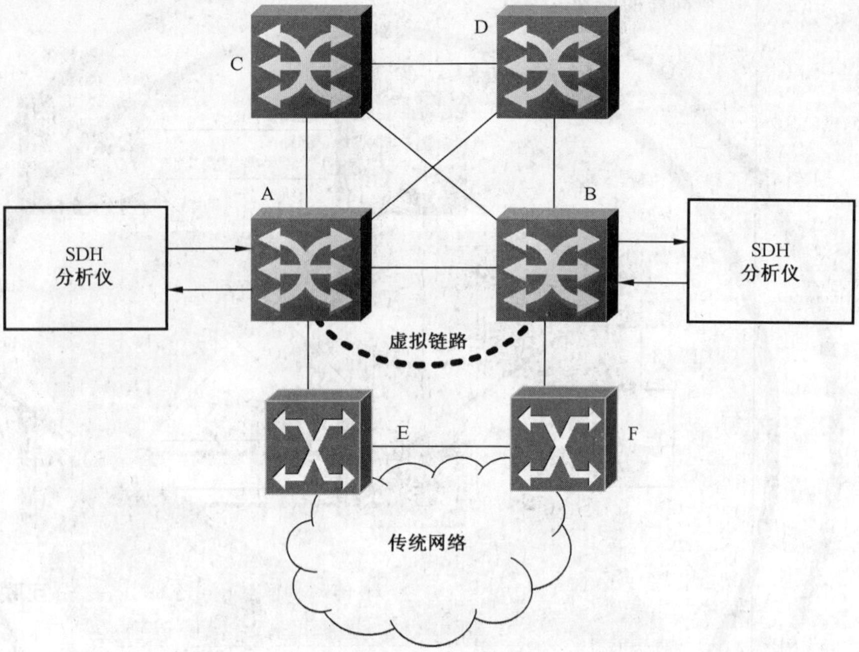

图 A.5 ASON 网络利用传统网络资源</td></tr>
<tr><td>测试步骤</td><td>1) 通过网管在传统网络的节点 E 和 F 上建立一条 PC 连接；
2) 在 ASON 和传统网络的边界网元 A、B 间根据在传统网络节点上所配置的 PC 连接，配置一条虚拟链路和该虚拟链路的属性(如带宽信息)。这条虚拟链路实际上为跨越了网元 A-E-F-B 的链路；
3) 通过控制平面建立从节点 C 到节点 B 的具有重路由恢复属性的业务，并指定显示路由经过 A 点到达 B 节点；
4) 制造 ASON 中 B 和 C 之间的实际光纤链路故障，通过 SDH 分析仪测试业务中断时间；
5) 测试 ASON 网络能否利用在传统网络中配置的 PC 连接对业务进行重路由恢复，并测试业务的重路由恢复时间；
6) 恢复 B 和 C 之间的实际光纤链路，在设置的等待恢复时间(WTR)之后，观察业务是否返回原始路径，并记录业务返回时的中断时间。</td></tr>
<tr><td>注意事项</td><td>—</td></tr>
</table>

附 录 B
（资料性附录）
规划优化工具功能验证

B.1 网络规划和业务设计功能

测试项目	网络规划和业务设计功能
测试目的	根据网络拓扑结构，业务量，可以计算出所需各节点的端口种类、数量，计算出各通道需用的种类、容量，计算结果应准确的反映出网络的实际结果，能指导工程建设和运营维护
测试依据	—
测试仪表	SDH 分析仪
测试配置	见本部分 11.6 大业务量测试配置。
测试步骤	1） 根据大业务量测试配置，在网络规划优化工具中输入网络拓扑结构、业务量矩阵及保护恢复属性； 2） 网络规划优化工具根据上述基础数据计算出所需各 ASON 节点的配置，包括节点的各种速率端口数量配置、交叉连接容量配置、节点间所需用的链路容量和数量等； 3） 网络规划优化工具应根据业务需求计算出全部业务的业务路由、网络链路的占用和空闲容量等； 4） 在计算过程中，应允许客户设置电路路由的具体要求，如必须经过的节点、通道，不能经过的节点、通道等； 5） 根据网络故障分析要求，计算各种故障情况下网络中的业务能够完全保护所需用的资源： ——能计算出网络任意单点（光纤、节点）故障时，业务完全保护恢复所需的资源； ——能计算出网络双点（光纤、节点）故障时，业务完全保护恢复所需的资源； 6） 将计算结果通过导入导出功能导入到现网中，并验证通过网管系统验证全部业务正确建立； 7） 选择部分业务接入 SDH 分析仪进行验证； 8） 记录网络规划计算所需的时间。
注意事项	—

B.2 故障模拟分析功能

测试项目	故障模拟分析功能
测试目的	根据网络拓扑结构，业务量，通道种类和容量，节点端口种类和容量，可以模拟各种故障状态，分析出在各种故障状态下，电路的受影响情况，计算结果应准确的反映出网络的实际结果，能指导工程建设和运营维护
测试依据	—
测试仪表	无
测试配置	见本部分 11.6 大业务量测试配置。

表（续）

测试步骤	a) 根据网络拓扑结构，业务量，通道种类和容量，节点端口种类和容量，可以模拟各种故障状态，分析出在各种故障状态下，电路的受影响情况： 1) 可以模拟节点故障和链路故障，并支持对故障进行组合，设置发生的顺序； 2) 可以方便的读出受影响电路的故障前后状态，包括是否变动路由，是否有电路中断，路由的精确描述，是否保护状态劣化等。 b) 分析出故障发生前后通道及端口的占用情况，包括通道的使用比例。
注意事项	—

B.3 网络优化功能

测试项目	网络优化功能
测试目的	根据现网导入的网络数据，进行网络优化设计，并可将优化结果导出到现网
测试依据	—
测试仪表	SDH 分析仪
测试配置	见本部分 11.6 大业务量测试配置。
测试步骤	a) 业务路由优化 1) 现网导入网络配置和业务配置数据； 2) 执行网络优化设计功能，对业务路由进行优化； 3) 优化结果应包括优化后的业务路由、网络链路的占用和空闲容量等； 4) 经人工确认后，将优化方案导出到现网； 5) 通过网管系统验证业务路由优化正确完成，通过 SDH 分析仪验证优化过程中对原有业务的影响。 b) 路由优化策略(最短路径、负载均衡等) 1) 如设备能支持多种路由优化策略(如最短路径、负载均衡等)； 2) 在规划软件中分别根据不同优化策略进行优化设计，并给出未优化和优化后的网络资源利用情况的对比情况。 c) 生成网络优化前后的对比分析报告。
注意事项	—

B.4 数据导入功能

测试项目	数据导入功能
测试目的	数据导入功能应方便准确，易于操作。可采用如下方式导入： ——从现网上直接导入； ——通过常用文件格式直接导入。 验证数据导入时，对现网业务的影响程度。
测试依据	—

表（续）

测试仪表	SDH 分析仪
测试配置	见本部分 11.6 大业务量测试配置。
测试步骤	a) 导入方式可以是从现网上直接导入，或者通过常用文件格式直接导入。 1) 验证网管直接导入方式 ——网络规划优化工具与 ASON 网络的网管系统连接； ——按照大业务量测试配置在 ASON 网管系统上配置好相关网络数据； ——选择部分业务接入 SDH 分析仪进行检测； ——将 ASON 网管系统中的全部网络和业务数据导入规划优化工具； ——通过 SDH 分析仪测试导入过程中业务损伤情况。 2) 验证文件导入方式。 b) 记录导入数据的所需时间。 c) 导入完成后，在规划优化工具上检查导入的数据与现网数据是否吻合。导入的数据应包括： ——控制域的所有网元； ——控制域的所有链路； ——控制域链路的属性； ——ASON 业务及其全部属性(包括源宿节点、路由、带宽、保护恢复属性等)。
注意事项	—

B.5 数据导出功能

测试项目	数据导出功能
测试目的	数据导出功能应方便准确，易于操作。可采用如下方式导出： ——将规划结果导出到常用文件格式； ——经严格安全确认后将规划结果导出到现网。 验证数据导出时，对现网业务的影响程度。
测试依据	—
测试仪表	SDH 分析仪
测试配置	见本部分 11.6 大业务量测试配置。
测试步骤	1) 网络规划优化工具与 ASON 网络的网管系统连接； 2) 按照大业务量测试配置在 ASON 网管系统上配置好相关网络数据； 3) 选择部分业务接入 SDH 分析仪进行检测； 4) 将 ASON 网管系统中的全部网络和业务数据导入规划优化工具； 5) 在网络规划优化工具上进行网络规划设计，生成相关结果； 6) 将网络规划结果导出到现网。导出方式可以是将规划结果导出到常用文件格式，或者是经严格安全确认后将规划结果直接导出到 ASON 网管系统。导出的数据应包括： ——电路保护等级； ——源节点及其端口； ——宿节点及其端口； ——必经节点； ——必经链路； ——跳数； ——保护恢复属性；

表（续）

测试步骤	7) 通过 ASON 网管系统检查以上数据是否正确导出到现网，检查电路数量、路由、及其相关属性是否正确； 8) 通过 SDH 分析仪测试导出过程中业务损伤情况，并对导出后的电路是否正常进行验证； 9) 记录导出数据的所需时间。
注意事项	—

B.6 业务增量设计功能

测试项目	业务增量设计功能
测试目的	从现网导入网络数据，根据新增的业务需求，进行网络增量设计，并将设计结果导出到现网
测试依据	—
测试仪表	SDH 分析仪
测试配置	见本部分 11.6 大业务量测试配置。
测试步骤	1) 现网导入网络配置和业务配置数据； 2) 规划优化工具中输入新增的业务需求矩阵。在保持原有业务配置不变的情况下，根据新增的业务，给出新的网络规划设计，包括节点配置、链路配置和业务路由设计等； 3) 经人工确认后，将优化设计的网络和业务配置导出到现网； 4) 通过网管系统验证业务配置正确完成，通过 SDH 分析仪验证优化过程中对原有业务应无影响。
注意事项	—

B.7 网络容量分析

测试项目	网络容量分析
测试目的	应支持对网络容量占用情况进行分析和统计，以指导网络运行维护和扩容改造
测试依据	—
测试仪表	无
测试配置	见本部分 11.6 大业务量测试配置。
测试步骤	1) 在网络规划优化完成后，对网络中各链路的利用率、工作和保护容量的比例等进行分析统计； 2) 应能设置容量预警门限，当链路容量超过门限后，应给出容量预警； 3) 应能将容量分析结果生成相关报告。

B.8 数据输出和报表功能

测试项目	数据输出和报表功能
测试目的	输出的报告和报表应对网络建设提供指导性建议，方便工作人员查看和使用，包括通道组织图、容量需求、电路路由细节等
测试依据	—
测试仪表	无
测试配置	见本部分11.6大业务量测试配置。
测试步骤	1） 根据网络规划优化的计算结果，生成相关报告和报表，应包含以下信息： ——节点端口和交叉容量配置情况； ——节点间链路配置情况； ——电路配置情况：电路名称、速率、源宿节点、详细路由、保护恢复属性、客户信息等； ——端到端电路可靠性分析和故障分析报告； ——网络资源利用率情况； 2） 生成的报告应能够存储为文件，并支持报告的打印。
注意事项	—

ICS 33.040.40
M 32

中华人民共和国国家标准

GB/T 28516—2012

反垃圾电子邮件网关技术要求

Technical requirement for anti-spam Email gateway

2012-06-29 发布

2012-10-01 实施

中华人民共和国国家质量监督检验检疫总局
中国国家标准化管理委员会
发布

前　言

本标准按照 GB/T 1.1—2009 给出的规则起草。

本标准由中华人民共和国工业和信息化部提出。

本标准由中国通信标准化协会归口。

本标准起草单位：工业和信息化部电信研究院、中国互联网协会。

本标准主要起草人：陈凯、李红、陈勇、杨崑、张德华、吴英桦、王建超。

反垃圾电子邮件网关技术要求

1 范围

本标准规定了反垃圾电子邮件网关的功能要求、管理要求、性能指标和环境要求。

本标准适用于反垃圾电子邮件网关设备。

2 规范性引用文件

下列文件对于本文件的应用是必不可少的。凡是注日期的引用文件，仅注日期的版本适用于本文件。凡是不注日期的引用文件，其最新版本(包括所有的修改单)使用于本文件。

YD/T 1096—2009 路由器设备技术要求 边缘路由器

3 缩略语

下列缩略语适用于本文件。

DNS	Domain Name Server	域名服务器
LDAP	Lightweight Directory Access Protocol	轻量级目录访问协议
RBL	Realtime Blackhole List	实时黑名单
SMTP	Simple Mail Transfer Protocol	简单邮件传输协议
SNMP	Simple Network Management Protocol	简单网络管理协议
SNMPv1	SNMP version 1	SNMP 版本 1
SNMPv2c	SNMP version 2c	SNMP 版本 2c
SNMPv3	SNMP version 3	SNMP 版本 3

4 设备描述

反垃圾电子邮件网关是针对电子邮件系统和通过电子邮件系统的邮件的安全保护，主要用于阻止所有非正常电子邮件通过电子邮件服务器或到达电子邮件用户端，包括使用垃圾电子邮件发送器或手工发送的垃圾电子邮件、被病毒侵染的电子邮件服务器或电子邮件客户端自动发出的病毒传播邮件、无需认证的邮件列表发出的电子邮件等，同时邮件安全还要保证自身的管理和应用安全，防止自身被入侵、防止自身成为垃圾邮件发送工具。

反垃圾电子邮件网关通常部署在电子邮件服务器的前端，所有的电子邮件经过反垃圾电子邮件网关的处理后，转发到电子邮件服务器。反垃圾电子邮件网关的框架图如图 1 所示：

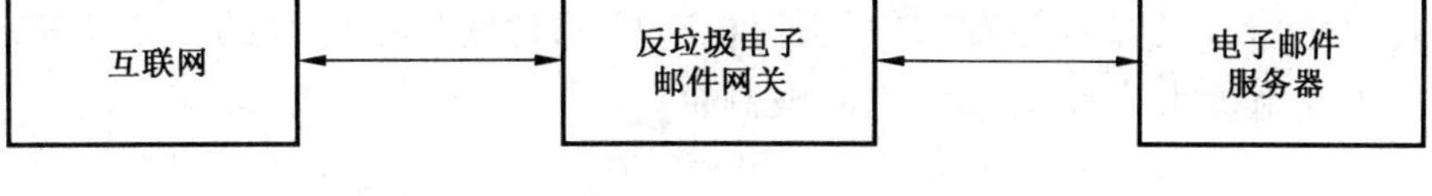

图 1 反垃圾电子邮件网关的框架图

5 功能要求

5.1 动态限制

反垃圾电子邮件网关应该能够限制同一个IP的最大TCP和SMTP同时连接数。当超过该连接数目时，系统能够自动阻止新的连接。

反垃圾电子邮件网关应该能够限制同一个IP的最大SMTP连接频率，一旦超过该阀值，系统将自动禁止对方的连接。

反垃圾电子邮件网关应该能够限制同一主题的邮件的最大发送数，一旦超过该阀值，系统将自动禁止该邮件的传输。

反垃圾电子邮件网关应该能够限制发件账号的在单位时间内的最大邮件发送数，一旦超过该阀值，系统将自动禁止该邮件的传输。

5.2 病毒识别

反垃圾电子邮件网关宜支持邮件防病毒功能，应对邮件、附件、压缩附件中所包含的病毒进行识别。

5.3 静态黑白名单

反垃圾电子邮件网关应提供静态黑名单功能。凡在黑名单中的地址，系统可直接拒绝连接而无需进行垃圾邮件等判断工作。系统可提供白名单的功能。凡在白名单中的地址，系统可允许其正常通过而无需进行垃圾邮件检测。

5.4 源头认证

反垃圾电子邮件网关宜支持源头认证技术，具有虚假路由识别功能，以确保用户的IP地址和域名相符。如果不符，则阻止用户进行发送。

5.5 实时黑名单

反垃圾电子邮件网关应支持RBL黑名单列表功能。实时黑名单是通过DNS查询方式来查询黑名单列表。至今，已经衍生了很多增强和扩展的黑名单服务，系统中应有国家主管部门提供的实时黑名单服务。

5.6 分布协作的指纹分析

反垃圾电子邮件网关宜支持分布协作的邮件指纹分析功能。分布协作的邮件指纹分析是基于从邮件中提取出可以代表内容的指纹数据，不同的内容会产生不同的指纹，用这些指纹代表邮件，全球的兼容用户会提交邮件的指纹，从服务器得到响应知道有多少封相同的邮件在全球传播，识别邮件是否为垃圾邮件。

5.7 内容过滤

反垃圾电子邮件网关应能够提供对邮件全方位的过滤机制。支持邮件信头、信体、附件、主题、发件人、收件人、抄送人、暗送人(只针对外发邮件)、邮件正文、邮件附件中包含的关键字进行过滤；系统应该能够提供对邮件大小或附件大小及文件格式的限制。

5.8 隔离区管理

反垃圾电子邮件网关应支持隔离区管理。被认为是垃圾邮件或病毒邮件的，应可以先放入隔离区由用户人工判别。隔离帐号可采用帐号导入、共用 LDAP 服务器、自动测试激活等方式取得邮件服务器合法用户的帐号以建立对应的隔离区。隔离区应由邮件用户自行维护，不应由管理员维护。

5.9 审计

反垃圾电子邮件网关宜支持审计功能。针对垃圾识别、内容过滤等方式匹配的邮件甚至全部邮件，可以审计保存以备企业信息安全查询或公安部门查询，但不应能够让邮件管理员自行访问查阅。

5.10 处理动作

当判别垃圾邮件以后，反垃圾电子邮件网关可当支持以下动作：

a) 通过；

b) 标记通过；

c) 拒绝；

d) 隔离；

e) 直接丢弃。

6 管理要求

6.1 网络参数配置

反垃圾电子邮件网关应能配置 IP 地址、子网掩码、网关地址、DNS 地址及设备名称。

6.2 SMTP 协议参数配置

反垃圾电子邮件网关应能配置提供 SMTP 协议参数。

6.3 软件升级管理

为了尽可能避免升级给服务带来影响，升级过程应快速而简单，升级过程中以及升级之后宜不需要重新启动系统。

6.4 设备状态监测

为保证系统的安全，管理员宜能够通过 web 管理界面远程监控硬件的健康状况，而无需利用操作系统管理权限远程登陆到服务器直接进行操作。系统宜能够监测到以下几个关键信息：

——CPU 使用情况；

——内存使用状态；

——TCP/SMTP 连接数；

——硬盘空间和运行状况；

——网络流量状况；

——邮件流量分布。

6.5 SNMP 网络管理协议

SNMP 是一种应用非常广泛的网络管理协议，主要用于设备的监控和配置的更改等，目前使用的 SNMP 协议有 3 个版本，分别是 SNMPv1、SNMPv2c 和 SNMPv3。反垃圾电子邮件网关宜支持安全性较好的 SNMPv3 协议。

6.6 日志统计

为了方便管理员进行邮件故障诊断，系统应提供详细的所有邮件日志以及详细的垃圾邮件防护日志和统计信息。为方便管理员掌握垃圾邮件状况，以便及时采取防护措施，系统宜提供相应的TOP 10排名分析功能。

6.7 设备安全

设备除了管理端口(转发端口)应配置有效的IP地址以外，其他端口都不宜设IP地址。系统除了必须的服务外不应开启其他任何服务端口。

6.8 管理员操作安全

应支持远程web管理，并且管理过程应使用https安全协议进行通讯。管理员管理应支持角色管理。多次错误登录后应支持对错误登录者的封禁。应具备管理员登陆日志信息，详细记录管理员的登陆管理台的使用情况。

7 性能指标

7.1 准确性指标

准确性指标在很大程度上取决于测试时采用的样本集和测试环境。样本集和测试环境不同，准确性也不相同。因此，本标准对误报率和漏报率的准确性数值不作统一规范，只作为重要的性能指标供比较。

7.1.1 漏报率

漏报率是指被保护的邮件服务器受到垃圾邮件攻击时，设备不能正确报警的概率。

漏报率=不能报警的数量/垃圾邮件的数量。

本标准建议漏报率不大于10%。

7.1.2 误报率

误报率是指系统把正常邮件判断为垃圾邮件攻击而错误报警的概率。

误报率=错误报警数量/正常邮件的数量。

本标准建议误报率不大于2%。

7.2 效率指标

效率指标根据用户系统的实际需求，以保证检测质量为准。这里不做强制性的量化规定或建议。同准确性指标一样，只作为重要的性能指标供比较。

7.2.1 SMTP最大并发连接数

SMTP最大并发连接数是指整个测试过程中，反垃圾电子邮件网关同时成功接收邮件的最大值，其结果表示为最大建立会话的连接数。这里不做强制性的量化规定或建议。同准确性指标一样，只作为重要的性能指标供比较。

7.2.2 SMTP每秒新建连接数

SMTP每秒新建连接数是指整个测试过程中，反垃圾电子邮件网关成功接收邮件的瞬间最大值，其结果表示为每秒新建会话的连接数。这里不做强制性的量化规定或建议。同准确性指标一样，只作为重要的性能指标供比较。

7.2.3 SMTP 平均响应时间

SMTP 平均响应时间是指从性能测试仪发送 SMTP 连接请求开始，到反垃圾电子邮件网关成功接受到邮件第一位数据时的时间间隔。这里不做强制性的量化规定或建议。同准确性指标一样，只作为重要的性能指标供比较。

8 环境要求

环境测试方法参见 YD/T 1096—2009。

9 电源与接地

电源与接地测试方法参见 YD/T 1096—2009。

附　录　A
（资料性附录）
名词、术语英汉对照表

Anti-Spam Email Gateway	反垃圾电子邮件网关
Fake Mail	邮件假冒
Fake Route	虚假路由
Fingerprint analysis base on distributed cooperation	分布协作的指纹分析
Spam Email	垃圾电子邮件
Source Authentication	源头认证

ICS 35.020
L 09

中华人民共和国国家标准

GB/T 28517—2012

网络安全事件描述和交换格式

Network incident object description and exchange format

2012-06-29 发布 2012-10-01 实施

中华人民共和国国家质量监督检验检疫总局
中国国家标准化管理委员会 发布

前　言

本标准按照 GB/T 1.1—2009 给出的规则起草。

本标准是主要参照 IETF(互联网工程任务组)RFC 5070,结合我国计算机网络应急响应体系建设的实际情况而制定的。

本标准由中华人民共和国工业和信息化部提出。

本标准由中国通信标准化协会归口。

本标准起草单位:国家计算机网络应急技术处理协调中心、清华大学。

本标准主要起草人:黄元飞、袁春阳、段海新、孙蔚敏、杨臻、周勇林、焦绪录、纪玉春、梁晟、吴俊华、孙彬。

引　言

随着互联网的发展，计算机网络安全事件突破了国家或地区的边界，跨越多个组织，各应急响应组织间的合作也突破了国界、语言和文化的约束。在此背景下，我国特成立了国家计算机网络应急技术处理协调中心（CNCERT/CC），负责协调国内各计算机安全应急响应组共同处理国家公共互联网上的安全事件；相关电信运营企业、安全服务商、国有大型公司、教育科研机构以及国家有关部门也逐步成立了计算机安全应急响应组（简称应急响应组或 CSIRT）。为了提高各应急响应组对安全事件的响应能力和预防能力，规范我国各应急响应组之间安全事件的描述和交换格式，特制定本标准（IODEF）。

IODEF 主要用于各应急响应组的事件处理系统（IHS）之间信息交换，是一种表示层的通信协议，其应用环境如图 1 所示。

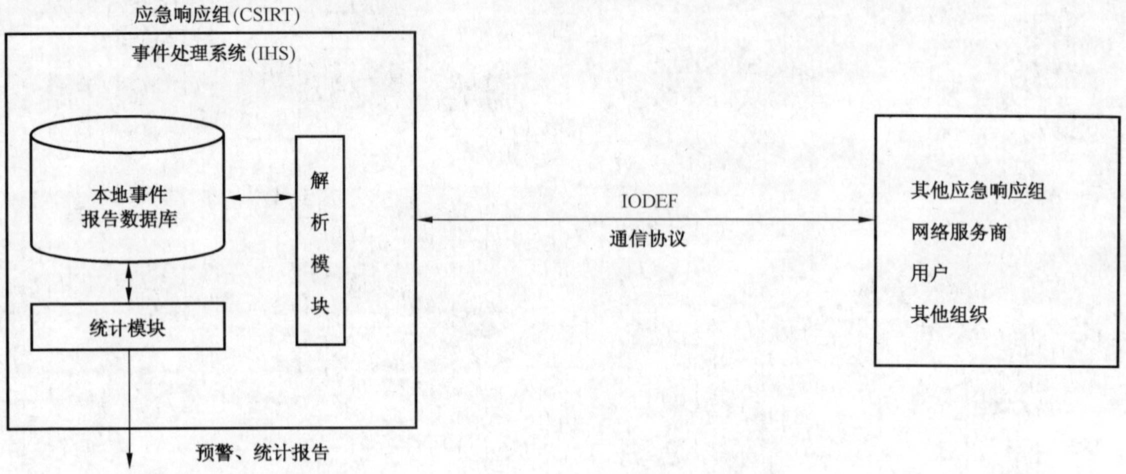

图 1　安全事件描述交换格式的应用环境

一般情况下，应急响应组需要某种软件工具把安全事件相关的信息生成 IODEF 的事件报告，然后通过通信协议（如 HTTP、SMTP 等）发送给其他相关的组织；当 CSIRT 收到其他 CSIRT、网络服务商、用户或其他组织发送过来的 IODEF 文档时，一般需要经过事件处理系统中的 IODEF 解析模块或独立的 IODEF 解析程序生成符合 CSIRT 内部定义的数据格式，然后保存到本地事件报告数据库中，并进入事件处理的流程。

网络安全事件描述和交换格式

1 范围

本标准规定了一种描述计算机网络安全事件的通用数据格式，以便于计算机安全应急响应组间进行网络安全事件交换，并提供了XML的参考实现。

本标准适用于计算机安全应急响应组间进行计算机网络安全事件交换，也可供建设和维护计算机网络安全事件处理系统时参考。

2 规范性引用文件

下列文件对于本文件的应用是必不可少的。凡是注日期的引用文件，仅注日期的版本适用于本文件。凡是不注日期的引用文件，其最新版本(包括所有的修改单)使用于本文件。

GB/T 12406—2008 表示货币和资金的代码(ISO 4217:2001,IDT)

IETF RFC 1305 网络时间协议规范和执行(Network Time Protocol(Version 3)Specification, Implementation)

IETF RFC 2030 对于IPv4、IPv6和OSI的简单网络定时协议第4版(Simple Network Time Protocol(SNTP)Version 4 for IPv4,IPv6 and OSI)

IETF RFC 2256 对于使用LADPv3的X.500使用者计划的概述(A Summary of the X.500(96) User Schema for use with LDAPv3)

IETF RFC 2396 统一资源标识符(URI):一般句法(Uniform Resource Identifiers(URI):Generic Syntax)

IETF RFC 2822 英特网信息格式(Internet Message Format)

3 术语和定义、缩略语

3.1 术语和定义

下列术语和定义适用于本文件。

3.1.1

攻击 attack

对系统安全的袭击，主要来源于人为的、技术上的威胁。例如，企图逃避安全服务和违背系统安全策略的一次技术上的攻击行为。

攻击可能是主动的，也可能是被动的；可能是来自内部人员，也可能是来自外部人员。

3.1.2

攻击者 attacker

为达到某种(些)目的而尝试一次或多次攻击的个体。在本标准中，攻击者由其网络标识、发起网络或计算机攻击的组织以及物理位置信息(可选)来描述。

3.1.3

计算机安全应急响应组 computer security incident response team;CSIRT

处理计算机网络安全事件和创建安全事件报告的组织。CSIRT也可能涉及证据的收集和保管、安全事件请求等活动。CSIRT 由其身份标识、机构名称、公开密钥等来描述。

3.1.4

损失　damage

攻击给目标系统产生的有意或者无意的后果。损害的描述可以包括对攻击的实际结果的自由形式的文本描述，如果可能，还可以包括有关被损害的系统、子系统或者服务的结构化信息。

3.1.5

异常现象　event

操纵目标的一种行为，其目的是引起目标的状态发生改变。从起源角度看，异常现象可以被定义为在系统或网络中任何引发报警的可观察到的现象。例如，在 10 s 内连续 3 次登录失败的异常现象，可能表示出现强行登录攻击事件。

3.1.6

证据　evidence

与异常现象相关的信息，该信息用来证明或支持异常现象相关的结论。对于安全事件(incident)，可能包括但不局限于如下内容：由入侵检测系统(IDS)创建的数据转储(dump)文件、来自系统日志文件的数据、内核统计信息、高速缓存、内存、临时文件系统或者其他引起报警或在安全事件发生后收集的数据。

在存储、归档证据，特别是需要保持证据的完整性时，必须高度小心并采取特殊的规则，必要的时候，应当加密存储证据。按照证据收集和存档的原则，必须严格保护证据的安全。必须详细记录证据保管链，证据应当按照当地的法律进行收集、存档和保护是非常必要的。

3.1.7

安全事件　incident

涉及违反安全策略的安全性异常现象。安全事件可以定义为单次攻击或者一组攻击，可以根据攻击的方法、攻击者的身份、受害者、站点、目标和时间等特性将此单次攻击或此组攻击从其他的攻击中区分开来。

3.1.8

影响　impact

用来描述根据用户或机构对攻击的结果的表述，例如资金上的损失或者时间花费等方面的代价。

3.1.9

目标　target

计算机或网络逻辑实体(如账号、进程或数据)、物理实体(组件、计算机、网络或国际互联网)。

3.1.10

受害者　victim

在安全事件报告中所描述的遭受到攻击的个人或组织。在本标准中，受害者通常用其网络身份标识、组织或者物理位置等信息来描述。

3.1.11

漏洞　vulnerability

在系统的设计、实现或者运行和管理中的缺陷或弱点，这些缺陷或弱点可能会被利用，以突破系统的安全策略。

大多数系统都有某些类型的漏洞，但是这并不意味着系统不能使用。并不是每个漏洞都会导致攻击，也并不是每次攻击都会成功。攻击是否成功和漏洞的危险程度、攻击的力度以及采用应对措施的有效性有关。如果攻击需要利用的漏洞非常难实现，那么这样的漏洞是可以容忍的。如果攻击者从攻击中获得的收益非常小，此时即便是非常容易被利用的漏洞也是可以容忍的。然而，漏洞系统被大量的用户利用来实施攻击，此时某些攻击者可能从中获益。

3.1.12

安全事件处理系统　incident handle system

对计算机网络安全事件、资产、漏洞、威胁、风险、预警、安全策略、安全知识等安全要素进行收集、分析、管理，并提供安全事件响应的流程管理软件系统。

3.1.13

XML 模式　XML schema

一种基于 XML 的语法或规范，用来定义 XML 文档的标记方式，是对 XML 文档的词汇表和语法进行约束和形式化。

3.2 缩略语

下列缩略语适用于本文件。

CSIRT	Computer Security Incident Response Team	计算机安全应急响应组
CVE	Common Vulnerabilities and Exposures	通用漏洞批漏，一种常见的漏洞描述字典
DTD	Document Type Definition	文档类型定义
FQDN	Fully Qualified Domain Name	完整域名
IDMEF	Intrusion Detection Message Exchange Format	入侵检测信息交换格式
IDS	Intrusion Detection System	入侵检测系统
IHS	Incident Handle System	事件处理系统
IODEF	Incident Object Description and Exchange Format	安全事件描述和交换格式
XML	Extensible Markup Language	可扩展的标记语言

4 符号约定

本标准使用类图来描述数据模型。在类图中，各符号图例含义见表 1。

表 1　类图的图例说明表

符号图例	含　义
	类 IODEF-Document 是聚合类，包含有子类
	类 IncidentID 是聚合父类必须包含的单个子类，只能存在一个实例
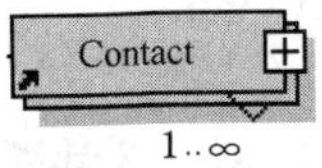	类 Contact 是聚合父类必须包含的子类，可以存在多个实例，个数不限
	类 DetectTime 是聚合父类可能包含的子类，最多存在一个实例
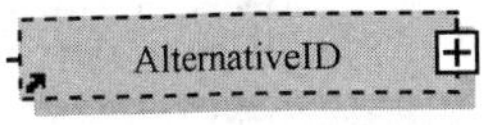	类 AlternativeID 是聚合父类可能包含的子类，最多存在一个实例，类 AlternativeID 本身是聚合类
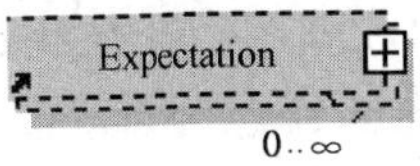	类 Expectation 是聚合父类可能包含的子类，可以存在多个实例，类 Expectation 本身是聚合类

5 安全事件描述和交换格式的基础数据类型

5.1 整数

由 INTEGER 数据类型表示整数属性，整数数据必需以 10 或者 16 为基底编码。

以 10 为基底的整数编码使用阿拉伯数字“0”到“9”，以及可选符号“＋”或者“－”。例如，“123”，“－456”。

以 16 为基底的编码使用阿拉伯数字“0”到“9”，以及“a”到“f”（或者它们的大写形式），并且在前面加上字符“0x”。例如，“0x1a2b”。

5.2 实数

由 REAL 数据类型来描述实数（浮点）属性。实数数据必需以 10 为基底编码。

实数编码和 POSIX 函数例库中的“strtod”一样：一个可选符号后跟一个非空的小数位数串，可选地包含一个基数字符，然后是一个可选的指数部分。一个指数部分由一个“e”或者“E”，后跟一个可选的符号，接下来是一个或者多个小数位数。例如，“123.45e02”，“－567,89e-03”。

与本标准兼容的应用程序必需支持“.”和“,”基数字符。

5.3 字符和字符串

由 CHARACTER 数据类型来描述单字符属性，由 STRING 数据类型描述已知长度的多字符属性。

字符和字符串数据没有特殊的格式要求，除了偶尔需要使用转义字符来表示特殊的字符。

5.4 字节

字节数据类型 BYTE 用于描述二进制数据。

5.5 枚举类型

由 ENUM 数据类型描述枚举类型，枚举类型是由可接受的值构成的一个有序列表。每一个值代表一个关键字。在本标准中，枚举类型关键字被用作属性值。

5.6 日期-时间

由本标准的 DATETIME 数据类型描述日期-时间串。

5.7 NTP 时间戳

由 NTP STAMP 数据类型描述 NTP 时间戳，在 IETF RFC 1305 和 IETF RFC 2030 中有详细的规定。一个 NTP 时间戳是一个 64 比特的无符号定点数字。前 32 比特是整数部分，后 32 比特为小数（分数）部分。

IODEF 文档必须将 NTP 时间戳编码为两个 32 比特的十六进制值，使用“.”分隔。例如，“0x12345678.0x87654321”。

5.8 端口列表

由 PORTLIST 数据类型描述网络端口列表，它由一个以逗号分隔的数字和范围（N-M 表示端口号 N 至端口号 M，包括 M）的序列组成，可以在一个单独的序列中使用数字和范围的任意组合。例如“5-25,37,42,43,53,69-119,123-514”。

5.9 邮政地址

由 POSTAL 数据类型描述邮政地址。

如用英语表示，其格式如下：

建筑物，街道，邮政编码，城市，国家，或者邮政信箱，邮政编码，城市，国家

如用汉语表示，其格式如下：

国家，城市，街道，建筑物，邮政编码，或者国家，城市，邮政信箱，邮政编码

POSTAL 数据格式见 IETF RFC 2256 的 5.17～5.19。

5.10 个人或组织

由 NAME 数据类型描述个人或者组织的名称。

如用英语表示，其格式如下：

名　姓

如用汉语表示，其格式如下：

姓　名

NAME 数据类型的格式见 IETF RFC 2256 的 5.4。

5.11 电话和传真号码

由 PHONE 数据类型描述电话号码。电话和传真号码遵循 ITU 规定的表达格式：

+(国际电码)(本地代码)(电话号码)

PHONE 数据类型的格式见 IETF RFC 2256 的 5.21。

5.12 电子邮件

由 EMAIL 数据类型描述电子邮件地址。EMAIL 数据类型的格式见 IETF RFC 2822 的 3.4.1。

5.13 统一资源标识

由 URI 数据类型描述统一资源标识符(URI)。URI 数据类型的格式在 IETF RFC 2396 中规定。

5.14 唯一标识

由 UID 数据类型描述 IODEF 文档的某个特定创建者(例如某个 CSIRT)的唯一标识符。由 GUID 数据类型描述全局唯一的标识符。UID 和 GUID 数据类型是由字母数字串构成。

6 安全事件描述和交换格式

6.1 概述

本章详细描述安全事件描述和交换格式所定义的类(Class)。对于每一个类，首先给出其语义，并用类图来表现和其他类之间的关系，然后用 XML 的文档类型定义(DTD)和模式(Schema)两种形式给出该类的具体描述格式。

对于每个类的描述包括 6 个部分：

——类说明：简要描述类的具体含义；

——类图：以图形的方式说明类的构成；

——子类：描述该类所包含的子类，是否是必须的，存在实例个数及其简要说明；

——属性：用于说明该类所具有的属性名，及其含义；

——Schema 定义:给出该类 XML Schema 实现片段;

——DTD 定义:给出该类 XML DTD 实现片段。

6.2 IODEF 文档类

类说明

IODEF 文档(IODEF-Document)类在 IODEF 数据模型是顶层类,所有 IODEF 文档都是 IODEF-Document 的实例。

类图

IODEF-Document 类如图 2 所示。

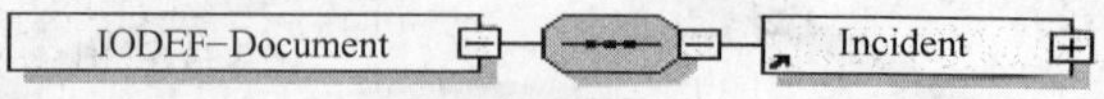

图 2 IODEF-Document 类

子类

——Incident:只能包括一个子类。包含所有与安全事件相关信息的安全事件类。

属性

version:必需,字符串。IODEF 文档所遵循的本标准的版本号。本标准以下讨论的格式以 IETF RFC 5070 为参考。

Schema 定义

```
〈xs:element name="IODEF-Document"〉
    〈xs:complexType〉
        〈xs:sequence〉
            〈xs:element ref="Incident"/〉
        〈/xs:sequence〉
        〈xs:attribute name="version"type="xs:string"fixed="04"/〉
    〈/xs:complexType〉
〈/xs:element〉
```

DTD 定义

```
〈! ELEMENT IODEF-Document(Incident)〉
```

6.3 安全事件类

类说明

每一个报告给 CSIRT、或者由 CSIRT 处理的安全事件,由安全事件(Incident)类的一个实例来描述。Incident 类为通常交换的安全事件数据提供一个标准的表示法,并且把所描述的活动和一个唯一的标识符联系起来。

Incident 类概述安全事件活动以及某 CSIRT 信息处理的详细信息,也对构成 incident 的安全事件进行分类。

Incident 的许多聚合类也会出现在 EventData 中,尽管出现的次数不同。然而,它们的语义是有区别的。Incident 中的聚合类反映的是整个安全事件的相关信息,而 EventData 中的聚合类仅仅提供所描述的给定动作或者系统节点的相关信息。IncidentData 类和 EventData 类的聚合类是互补关系。前者提供概要信息,而后者提供更加明确的细节。例如,在 Incident 中描述安全事件的总体影响可能是拒绝服务,但,在 EventData 描述中也可能会提及被彻底毁坏的机器。另一个例子,可以在 IncidentData 类中提供一个组织的联系信息,而在 EventData 类中提供更加明确的单个主机的联系信息。

类图

Incident 类如图 3 所示。

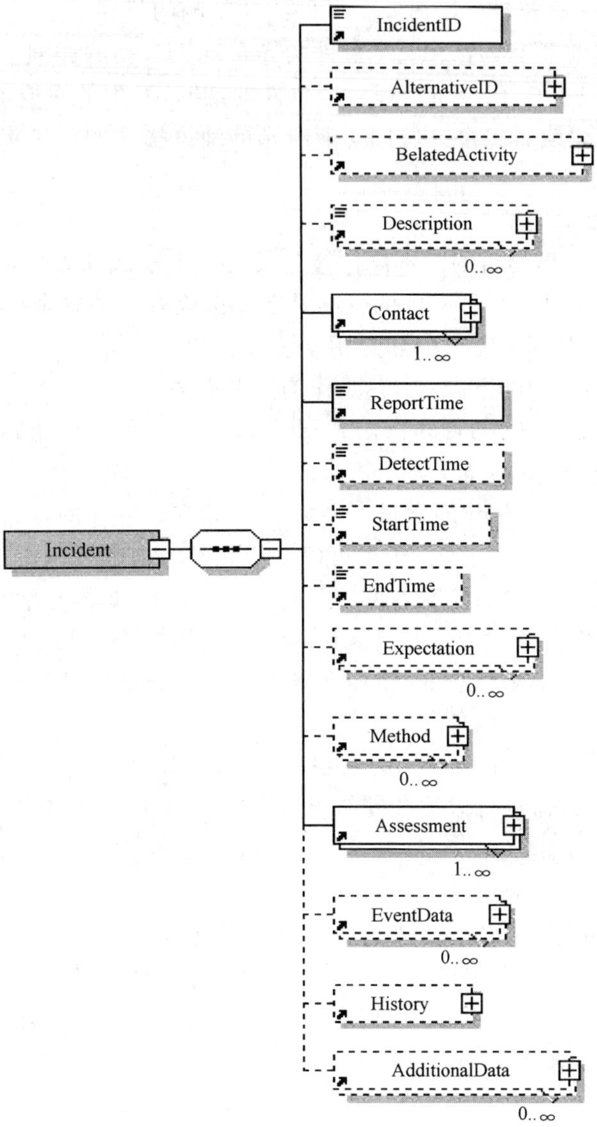

图 3 Incident 类

子类

——IncidentID:一个。文档的产生方指派给安全事件的事件跟踪号,或者唯一标识符;

——AlternativeID:零个或者一个。由其他 CSIRT 用来引用文档中所描述的同一活动的一列安全事件跟踪号;

——RelatedActivity:零个或者一个。引用相关安全事件的一列安全事件跟踪号;

——Description:零个或者多个,字符串类型。安全事件活动的自由形式的文本描述;

——Contact:一个或多个。安全事件有关的参与方的联系信息;

——ReportTime:一个。报告安全事件的时间;

——DetectTime:零个或者一个。安全事件活动最初被检测出的时间;

——StartTime:零个或者一个。安全事件活动开始的时间;

——EndTime:零个或者一个。安全事件活动结束的时间;

——Expectation：零个或多个。文档接收者将执行的预期动作；
——Method：零个或者多个。入侵者所使用的技术（譬如工具，漏洞）；
——Assessment：一个或者多个。评估安全事件活动影响的描述；
——EventData：零个或者多个。导致安全事件的异常现象数据的详细信息；
——History：零个或者1个。记录在处理安全事件的期间，发生的重要的事件或者采取的行动；
——AdditionalData：零个或者多个。使用不能在别的地方描述的信息来扩展数据模型的区域。

属性

purpose（目的）：必需，枚举类型。

说明：指出IODEF文档的目的。本属性被定义为一个枚举列表：

——handling：发送本IODEF-文档的目的是期望接收者处理安全事件；
——statistics：发送本IODEF-文档，只用于统计目的；
——warning：发送本IODEF-文档，只是作为一个警告；
——other：发送IODEF-文档目的将在AdditionalData元素中指明。

Restriction（限制）：可选，枚举类型。

说明：指出IODEF-Document的发送者期望接收者应该遵守的保密原则，当然文档的接收者自由决定是否遵守这个原则。逻辑上，子类可以继承父类的这个属性值。由于多数高层类都有restriction属性，这就有可能设置细粒度的保密策略。如果子类加紧或者放松保密规则，子类可以不考虑父类的保密规则。对一个没有指定restriction属性值的类，可以在其指定了restriction属性值的最邻近的祖先类中得出该类的restriction属性值。restriction属性被定义为一个枚举类型值，缺省值为“private”。

——public：对信息没有任何级别的限制；
——need-to-know：信息可以被和安全事件有关的其他方共享（举例来说，多个受害站点能够相互通告）；
——private：信息不能被共享；
——default：按照通信各方预先安排的信息保密规则，决定是否可共享信息。

Schema 定义

```
<xs:element name="Incident">
  <xs:complexType>
    <xs:sequence>
      <xs:element ref="IncidentID"/>
      <xs:element ref="AlternativeID"minOccurs="0"/>
      <xs:element ref="RelatedActivity"minOccurs="0"/>
      <xs:element ref="Description"minOccurs="0"maxOccurs="unbounded"/>
      <xs:element ref="Contact"maxOccurs="unbounded"/>
      <xs:element ref="ReportTime"/>
      <xs:element ref="DetectTime"minOccurs="0"/>
      <xs:element ref="StartTime"minOccurs="0"/>
      <xs:element ref="EndTime"minOccurs="0"/>
      <xs:element ref="Expectation"minOccurs="0"maxOccurs="unbounded"/>
      <xs:element ref="Method"minOccurs="0"maxOccurs="unbounded"/>
      <xs:element ref="Assessment"maxOccurs="unbounded"/>
      <xs:element ref="EventData"minOccurs="0"maxOccurs="unbounded"/>
      <xs:element ref="History"minOccurs="0"/>
```

```
            〈xs:element ref="AdditionalData"minOccurs="0"maxOccurs="unbounded"/〉
        〈/xs:sequence〉
        〈xs:attribute ref="restriction"default="default"/〉
        〈xs:attribute ref="purpose"use="required"/〉
    〈/xs:complexType〉
〈/xs:element〉
```

DTD 定义

〈! ELEMENT Incident (IncidentID, AlternativeID?, RelatedActivity?, Description *, Contact+, ReportTime, DetectTime?, StartTime?, EndTime?, Expectation *, Method *, Assessment+, EventData *, History?, AdditionalData *)〉

6.4 事件标识类

类说明

事件标识(IncidentID)类的内容代表一个安全事件跟踪号(UID),该 UID 在一个 CSIRT 中是唯一的。

类图

IncidentID 类如图 4 所示。

图 4 IncidentID 类

子类

无。

属性

restriction:可选,枚举类型,见 6.3 中对这个属性的定义;

name:必需,GUID 类型。产生 IODEF-Document 的 CSIRT 的标识符。

Schema 定义

```
〈xs:element name="IncidentID"type="IncidentIDType"/〉
    〈xs:complexType name="IncidentIDType"mixed="true"〉
        〈xs:attribute name="name"/〉
    〈xs:attribute ref="restriction"/〉
〈/xs:complexType〉
```

DTD 定义

〈! ELEMENT IncidentID(#PCDATA)〉

6.5 可选标识类

类说明

可选标识(AlternativeID)类引用其他组织实体(例如其他 CSIRT)的事件编号,用来在 IODEF-Document 中跟踪不同组织对同一安全事件的处理活动。因此,被列出作为 AlternativeID 的跟踪号的事件,是指由其他的 CSIRT 从不同的角度,检测到的同样的事件。

如果希望表示的不是同一个安全事件,而是相关的安全事件(譬如同样的方法或者入侵者),则其安全事件跟踪号用在下面将要讨论的 RelatedActivity 类描述。

类图

AlternativeID 类如图 5 所示。

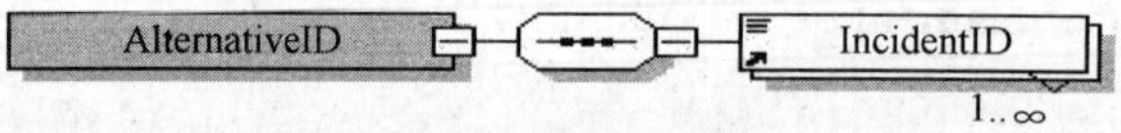

图 5 **AlternativeID 类**

子类

——IncidentID:一个或多个,表示由其他 CSIRT 分配给在 IODEF-Document 中描绘的同样的活动的唯一标识符。

属性

restriction:可选,枚举类型,见 Incident 类的 restriction 属性说明。

Schema 定义

```
〈xs:element name="AlternativeID"〉
    〈xs:complexType〉
        〈xs:sequence〉
            〈xs:element ref="IncidentID"maxOccurs="unbounded"/〉
        〈/xs:sequence〉
        〈xs:attribute ref="restriction"/〉
    〈/xs:complexType〉
〈/xs:element〉
```

DTD 定义

```
〈! ELEMENT AlternativeID(IncidentID+)〉
```

6.6 相关活动类

类说明

相关活动(RelatedActivity)类引用在 IODEF 文档中所描述的与安全事件有关的其他安全事件跟踪号,或者安全事件的唯一标识符。这些引用可能是本地安全事件跟踪号,也可能是其他 CSIRT 的安全事件跟踪号。

类图

RelatedActivity 类如图 6 所示。

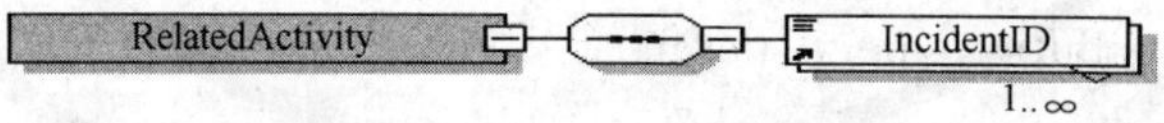

图 6 **RelatedActivity 类**

子类

——IncidentID:IncidentID:一个或者多个,表示 CSIRT 分配安全事件的唯一标识符。

属性

restriction:可选,枚举类型,见 6.3 中对这个属性的定义。

Schema 定义

```
〈xs:element name="RelatedActivity"〉
    〈xs:complexType〉
        〈xs:sequence〉
            〈xs:element ref="IncidentID"maxOccurs="unbounded"/〉
        〈/xs:sequence〉
        〈xs:attribute ref="restriction"/〉
    〈/xs:complexType〉
```

〈/xs:element〉

DTD 定义

〈! ELEMENT RelatedActivity(IncidentID+)〉

6.7 其他数据类

其他数据(AdditionalData)类作为一个扩展机制,用于描述那些不能在数据模型中描述的信息。对于那些相对简单的信息,提供原子数据类型(整数、字符串等)和一种机制来对他们的含义做注解。通过封装整个符合另外 DTD(例如 IDMEF)的 XML 文档,AdditionalData 类可以用于扩展数据模型、DTD 或 Schema 以支持专门扩展(在第 7 章将详细讨论 DTD 的扩展)。

AdditionalData 不像 XML 是自描述的。特别是,Additional 数据必须能够给出数据的含义。在“meaning”属性中描述了这一信息。由于这些描述超出本标准的范围,需要一些额外的协调来保证使用 AdditionalData 类的文档接收者,能够弄清楚定制扩展的意思。

类图

AdditionalData 类如图 7 所示。

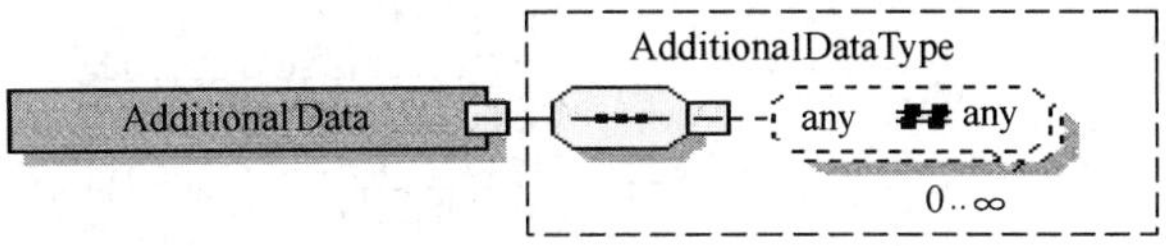

图 7　AdditionalData 类

属性

restriction:可选,枚举类型,见 6.3 对该属性的定义。

type:必需,枚举类型。元素内容的数据类型,这个属性所允许的值如下所示,缺省值为“string”:

——boolean:元素包含一个布尔值,也就是串“true”或者“false”;

——byte:元素内容是一个 8 比特字节;

——character:元素内容是一个字符;

——date-time:元素内容是一个日期-时间串;

——integer:元素内容是一个整数;

——ntpstamp:元素内容是一个 NTP 时间戳;

——portlist:元素内容是一个端口列表;

——real:元素内容是一个实数;

——string:元素内容是一个字符串;

——xml:元素内容是 XML-标记的(XML-tagged)数据。

meaning:可选,字符串类型。该类中用户自定义的数据的语义的描述。

Schema 定义

```
〈xs:element name="AdditionalData"type="AdditionalDataType"/〉
    〈xs:complexType name="AdditionalDataType"〉
        〈xs:sequence〉
            〈xs:any namespace="##any"processContents="lax"minOccurs="0"
    maxOccurs="unbounded"/〉
        〈/xs:sequence〉
        〈xs:attribute ref="dtype"use="required"/〉
        〈xs:attribute name="meaning"type="xs:string"/〉
〈/xs:complexType〉
```

〈/xs:element〉

DTD 定义

〈! ELEMENT AdditionalData(＊)〉

6.8 联系类

类说明

联系(Contact)类描述安全事件有关的组织和个人的联系信息，Contact 类封装了对有关方的命名，详细说明了能够通知到他们的联系信息，以及标识了它们在安全事件中的角色。

个人和组织都可以作为联系(Contact)，也可以通过使用类的递归定义将个人和组织结合在一起，然后用“type”属性决定了所提供的联系信息的类型。

Contact 类的递归定义，即 Contact 类聚合到 Contact 类，提供了一种不需要在类中显式地使用标识符来关联信息的方法。当将人以组织来分组，建议将人的实例嵌套到该类的组织的实例中。

类图

Contact 类如图 8 所示。

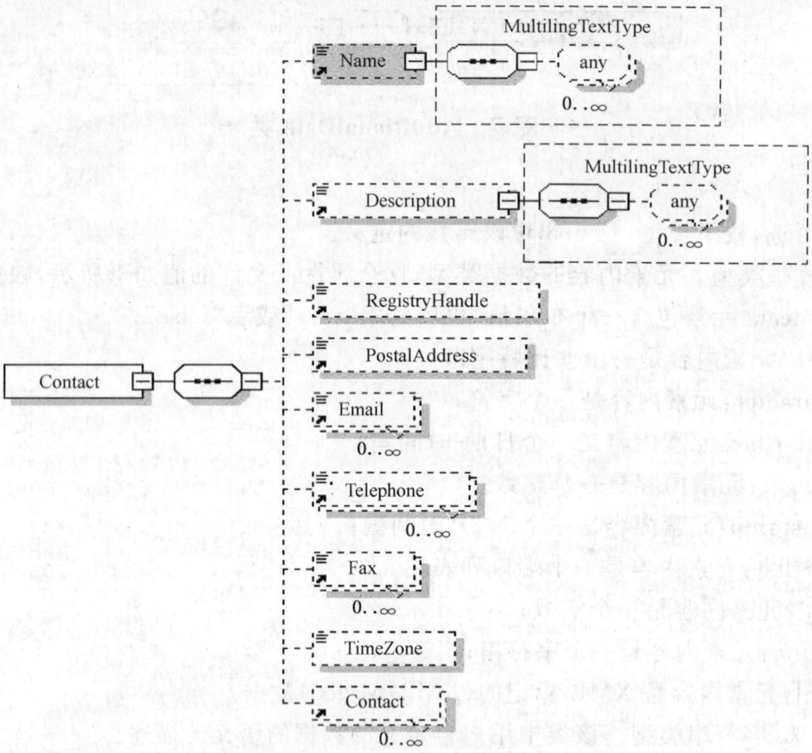

图 8 **Contact 类**

子类

——Name：零个或者一个，NAME 类型。联系的名称，联系信息可以是一个组织，也可以是某个人，type 属性规定联系信息的类型：组织或者个人；

——Description：零个或者一个，STRING 类型。联系信息的自由形式的描述。当指个人的时候，通常是这个人的组织头衔；

——RegistryHandle：零个或者多个。在注册处理机构名称(比如运营商及管理员在 APNIC 注册的 Handle)，该子类必须对接收方有意义，组织内部的处理机构名称对于组织之外的通信没有什么意义；

——PostalAddress：零个或者一个。联系人或组织的邮政地址；

——Email：零个或者多个。联系人或组织的电子邮件地址；

——Telephone：零个或者多个。联系电话号码；

——Fax：零个或者一个。传真号码；

——Timezone：零个或者一个。联系人或组织所在的时区；

——Contact：零个或者多个。联系信息的递归定义，主要是考虑对数据进行分组。例如有多个联系人的组织。

属性

restriction：可选，枚举类型。见 6.3 对该属性的定义。

contactrole：必需，枚举类型。

说明：指出联系信息的角色，这个属性被定义为一个枚举列表：

——creator：生成 IODEF 文档的实体；

——admin：主机或者网络的管理员；

——tech：主机或者网络的技术联系；

——irt：参与事件处理的 CSIRT；

——cc：保持告知安全事件处理的实体。

type：必需，枚举类型。

说明：说明联系信息的类型，这一属性被定义为一个枚举列表：

——person：个人；

——organization：组织。

Schema 定义

```
〈xs:element name="Contact"〉
    〈xs:complexType〉
        〈xs:sequence〉
            〈xs:element ref="Name"minOccurs="0"/〉
            〈xs:element ref="Description"minOccurs="0"/〉
            〈xs:element ref="RegistryHandle"minOccurs="0"/〉
            〈xs:element ref="PostalAddress"minOccurs="0"/〉
            〈xs:element ref="Email"minOccurs="0"maxOccurs="unbounded"/〉
            〈xs:element ref="Telephone"minOccurs="0"maxOccurs="unbounded"/〉
            〈xs:element ref="Fax"minOccurs="0"maxOccurs="unbounded"/〉
            〈xs:element name="TimeZone"type="xs:string"minOccurs="0"/〉
            〈xs:element ref="Contact"minOccurs="0"maxOccurs="unbounded"/〉
            〈/xs:sequence〉
            〈xs:attribute ref="contactrole"use="required"/〉
            〈xs:attribute ref="contacttype"use="required"/〉
            〈xs:attribute ref="restriction"/〉
        〈/xs:complexType〉
〈/xs:element〉
```

DTD 定义

```
〈! ELEMENT Contact (Name?, Description?, RegistryHandle?, PostalAddress?, Email *,
Telephone * ,Fax * ,TimeZone?,Contact * )〉
```

6.9 注册机构标识类

类说明

注册机构标识(RegistryHandle)类表示一个指向 Internet 注册机构或者特定团体的数据信息。具体信息由在元素内容中指定的名称,和在 registrytype 属性中指定的所属数据库组成。

类图

RegistryHandle 类如图 9 所示。

图 9 **RegistryHandle 类**

子类

无。

属性

registrytype:必需,枚举类型。

说明:是指安全事件处理机构或个人所属的数据库。缺省值为“local”,可选值有:

——internic:互联网信息中心;

——apnic:亚太网络信息中心;

——arin:美国互联网号码登记处;

——lacnic:拉丁美洲和加勒比海地区 IP 地址登记处;

——ripe: 法语“Réseaux IP Européens”即 欧洲 IP 网络“European IP Networks”;

——ti:TERNEA 可信介绍人;

——local:CSIRT 本地数据库。

Schema 定义

```
〈xs:element name="RegistryHandle"〉
    〈xs:complexType mixed="true"〉
        〈xs:attribute ref="registrytype"use="optional"default="local"/〉
    〈/xs:complexType〉
〈/xs:element〉
```

DTD 定义

```
〈! ELEMENT RegistryHandle(#PCDATA)〉
```

6.10 时间类

类说明

本标准使用不同的类来表示时间戳,它们的定义是相同的,但是为了表达语义上差别,每一个命名不同。每个类的元素内容是依照 DATETIME 数据类型格式的时间戳。

——StartTime 类表示活动开始的时间戳;

——EndTime 类表示活动结束的时间戳;

——DetectTime 类表示某活动第一次被检测出的时间戳;

——ReportTime 类表示报告检测出的活动的时间戳;

——DateTime 是时间戳的通用表示。

类图和子类:上述每个类元素都是 DATETIME 数据类型,无子类,因此省略类图。

属性

ntpstamp：可选，NTPTIMESTAMP 类型。

NTP 时间戳表示元素内容里的时间戳。由于这个属性冗余的，ntpstamp 属性的使用是可选的。不建议在元素内容和属性中都包含时间戳；如果元素内容和属性都使用了时间戳，他们的值必须相同。

6.11 期望类

类说明

期望(Expectation)类表示文档的发送者期望接受者所采取的行动，比如阻止攻击行为、通知用户等。

类图

Expection 类如图 10 所示。

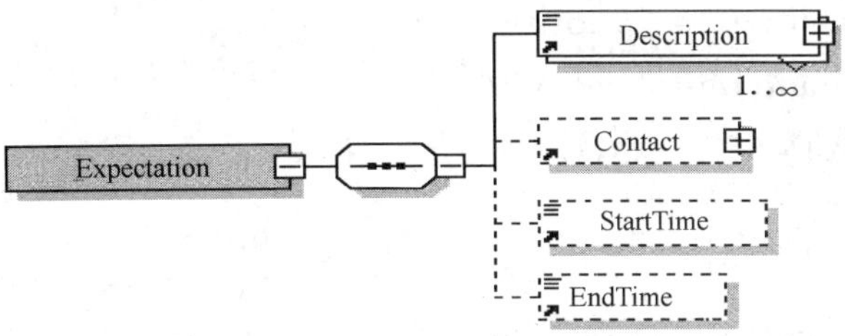

图 10 Expection 类

子类

——Description：一个或者多个，STRING 类型。所期望的动作的自由形式的描述；

——StartTime：零个或者一个。开始处理事件动作的时间，如果这个时间比 Incident 类中指明的 ReportTime 还早的话，表示应当尽早完成期望所采取的行动。如果不存在这个元素，就表示由接收者决定何时执行；

——EndTime：零个或者一个。动作应当完成的时间。如果动作在此时还没有完成，动作将不再执行；

——Contact：零个或者一个。动作预期的参与方。

属性

restriction：可选，枚举类型。见 6.3 中对该属性的定义。

priority：可选，枚举类型。

说明：指出动作的预设优先级，本属性是一个没有缺省值的枚举列表：

——low：低优先级；

——medium：中优先级；

——high：高优先级。

expect：可选，枚举类型。

说明：对所请求的动作类型分类，本属性是一个没有缺省值的枚举列表：

——nothing：不需要任何动作，对信息不采取任何动作；

——contact-site：联系在接收者的顾客名单上的站点；

——contact-me：和文档的发起人联系；

——block：阻塞或者调查在文档接收者的顾客名单上的机器；

——investigate:调查与文档相关的安全事件；

——other:其他情况。

Schema 定义

```
〈xs:element name="Expectation"〉
    〈xs:complexType〉
        〈xs:sequence〉
            〈xs:element ref="Description"maxOccurs="unbounded"/〉
            〈xs:element ref="Contact"minOccurs="0"/〉
            〈xs:element ref="StartTime"minOccurs="0"/〉
            〈xs:element ref="EndTime"minOccurs="0"/〉
        〈/xs:sequence〉
        〈xs:attribute ref="restriction"default="default"/〉
        〈xs:attribute ref="priority"/〉
        〈xs:attribute ref="expect"/〉
    〈/xs:complexType〉
〈/xs:element〉
```

DTD 定义

```
〈! ELEMENT Expectation(Description+,Contact?,StartTime?,EndTime?)〉
```

6.12 攻击方法类

类说明

攻击方法(Method)类提供攻击者所使用的方法。Method 类可以引用著名的通用漏洞披露(CVE),列举出攻击者在攻击中所使用的工具,并提供有关入侵活动的自然语言形式的描述。

类图

Method 类如图 11 所示。

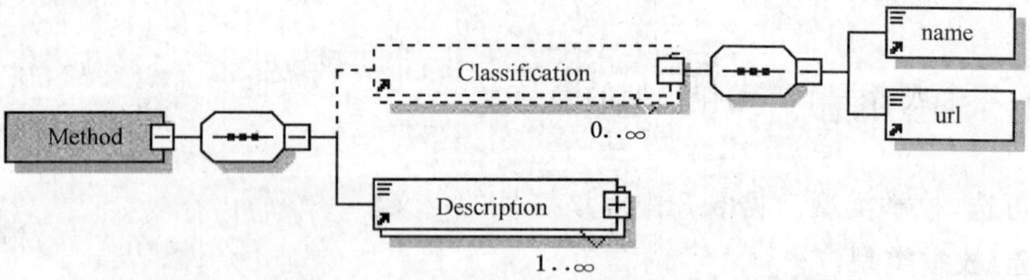

图 11 **Method 类**

子类

——Classification:零个或者多个。一般用攻击所用漏洞数据库中的漏洞名称或编号；

——Description:零个或者多个,STRING 类型。在安全事件中所使用的攻击方法的自然语言描述；

——name:一个,STRING 类型。是 Classification 类的元素,表示引用的数据库的名称,在 origin 属性中指定引用数据库的名称；

——url:一个,URI 类型。是 Classification 类的元素,表示指向由 name 引用的漏洞其他相关信息的 URL。

属性

Classification 属性

origin:是必需,枚举类型。引用的数据库的名称,允许值如下所示:

——bugtraqid:Bugtraq;

——cve:通用漏洞披露;

——certcc:CERT/CC 协调中心漏洞目录;

——vendor:制造商,其名字应当在 name 类中指定;

——local:本地数据库;

——other:其他。

Schema 定义

```
〈xs:element name="Method"〉
  〈xs:complexType〉
    〈xs:sequence〉
    〈xs:element ref="Classification"minOccurs="0"maxOccurs="unbounded"/〉
      〈xs:element ref="Description"maxOccurs="unbounded"/〉
    〈/xs:sequence〉
  〈/xs:complexType〉
〈/xs:element〉
〈xs:element name="Classification"〉
  〈xs:complexType〉
    〈xs:sequence〉
      〈xs:element ref="name"/〉
      〈xs:element ref="url"/〉
    〈/xs:sequence〉
    〈xs:attribute ref="origin"default="other"/〉
  〈/xs:complexType〉
  〈/xs:element〉
```

DTD 定义

```
〈! ELEMENT Method(Classification * ,Description+)〉
〈! ELEMENT Classification(name,url)〉
```

6.13 评估类

类说明

评估(Assessment)类描述安全事件活动的技术与非技术方面的影响。

类图

Assessment 类如图 12 所示。

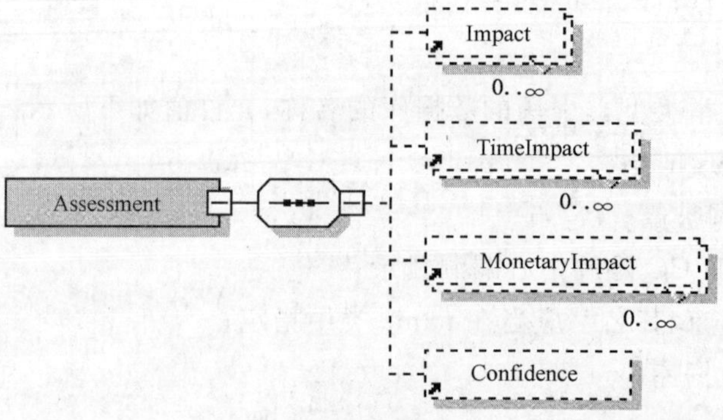

图 12 **Assessment** 类

子类

——Impact：零个或者多个。安全事件活动对计算机和网络的技术影响的子类；其元素内容可以为空，或者包含技术影响的自由形式的描述；

——TimeImpact：零个或者多个。安全事件活动用时间度量的影响的子类；其元素内容是一个具体说明影响的数值(实数 REAL)，它是关于时间的函数，本属性描述明确的单位和度量标准；

——MonetaryImpact：零个或者多个。安全事件活动用货币度量的影响的子类；元素内容是一个具体说明影响的数值(实数 REAL)，它是关于金钱的函数，这个属性描述明确的货币和货币度量标准；

——Confidence：零个或者一个。在评估中的信心估计的子类；这个元素应当仅在 CSIRT 能够产生有意义信息的时候才使用。如果必须给出粗略的评估时，应当使用“low”，“medium”或“high”作为等级值。

注：以上四个子类都是用于安全时间的影响评估，通过各自的属性进行描述，具体见属性部分。

属性

Assessment 属性：

restriction：可选，枚举类型。见 6.3 中对该属性的定义。

Impact 类属性：

severity：可选，枚举类型。对活动的相对严重性的估计，可供选取的值如下所示，该属性没有缺省值：

——low：低严重性；

——medium：中等程度严重性；

——high：高严重性。

completion：可选，枚举类型。IODEF 文档的创建者是否相信活动成功的一个信号，可选值如下所示，该属性没有缺省值：

——failed：攻击企图没有成功；

——succeeded：攻击企图成功了。

impacttype：必需，枚举类型。可以给出一个大致的影响类型，可供选取的值如下所示，缺省值为“unknown”：

——admin：企图得到或者已经得到的管理特权；

——dos：企图或者成功完成拒绝服务攻击；

——file：企图或者成功地对文件进行未授权操作；

——recon：企图或者成功进行网络探测；

——user:企图或者成功得到的用户权限;

——none:活动没有任何(技术)影响;

——unknown:影响未知;

——other:不属于以上范畴的任何情况。

TimeImpact 类属性:

severity:可选,枚举类型。对事件影响的严重性估计,可供选取的值如下所示,该属性没有缺省值:

——low:低严重性;

——medium:中等程度严重性;

——high:高严重性。

metric:必需,枚举类型。描述事件影响的尺度,可供选择的值如下,该属性没有缺省值:

——labor:恢复活动的总共的人员时间(例如,两个雇员每人工作 4 h,就是 8 h);

——elapsed:从开始恢复到完成总共经历的时间;

——downtime:某些提供的服务中断(不能得到)持续的时间。

units:必需,枚举类型。定义时间度量单位。可供选择的值如下,缺省值为“hours”:

——seconds:秒;

——minutes:分;

——hours:小时;

——days:天。

MonetaryImpact 类属性:

severity:可选,枚举类型。对事件影响的严重性估计,可供选取的值如下所示,该属性没有缺省值:

——low:低严重性;

——medium:中等程度严重性;

——high:高严重性。

currency:必需,枚举类型。事件造成的经济损失,在 GB/T 12406—2008 中定义了可供选取的许可值,该属性没有缺省值。

Confidence 类属性:

rating:必需,枚举类型。指示 CSIRT 对安全时间的评估信心,可选值如下,缺省值为“numeric”:

——low:低;

——medium:中;

——high:高;

——numeric:CSIRT 提供的表明其对评估的信心的概率值;

——unknown:未知。

注意:如果 rating 属性没有被设置为“numeric”,则元素内容可以为空。否则,必须提供一个信心值。

Schema 定义

```
〈xs:element name="Assessment"〉
    〈xs:complexType〉
        〈xs:sequence〉
            〈xs:element ref="Impact"minOccurs="0"maxOccurs="unbounded"/〉
            〈xs:element ref="TimeImpact"minOccurs="0"maxOccurs="unbounded"/〉
            〈xs:element ref="MonetaryImpact"minOccurs="0"maxOccurs="unbound-
```

```
            ed"/>
        <xs:element ref="Confidence"minOccurs="0"/>
      </xs:sequence>
      <xs:attribute ref="restriction"/>
    </xs:complexType>
  </xs:element>
```

DTD 定义

〈! ELEMENT Assessment(Impact * ,TimeImpact * ,MonetaryImpact * ,Confidence?)〉

6.14 历史类

类说明

历史(History)类是发生的重要事件,或者事件参与方(例如,最初报告人,调查中的 CSIRT,或有关的系统管理员)在处理安全事件期间所采取行动的日记或日志。在日志中维护的细节的程度交由那些处理安全事件的参与方自行决定。

HistoryItem 类是 History 日志里的一个条目,在 History 日志中记录了在处理当前安全事件期间所发生的事件,或者特别重要的动作。在日志中条目的细节用自由语言描述,但是也可以分类。

类图

History 类如图 13 所示。

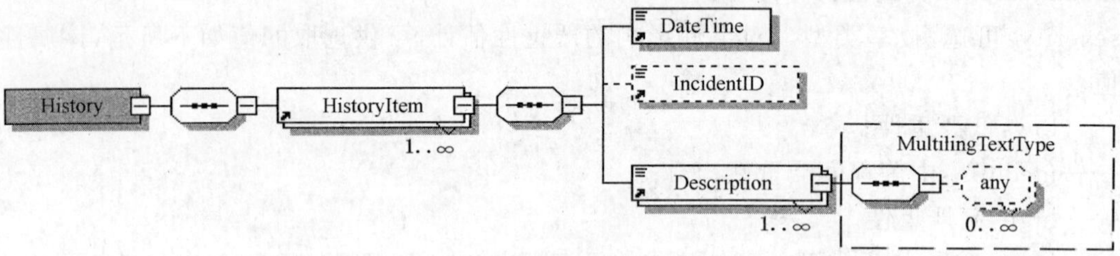

图 13 **History 类**

子类

——HistoryItem:一个或者多个。在重要的事件或者有关方所采取的行动的历史记录条目;

——IncidentID:零个或者一个。在由多个参与方产生的历史日志中,IncidentID 提供一种方法,指明哪个 CSIRT 产生的特定条目,以及引用该组织对该活动的本地安全事件跟踪号。当单个组织维护历史日志时,可以忽略这个类;

——DateTime:一个。条目在历史日志中的时间戳(例如,在 Description 中所描述的动作发生的时间);

——Description:一个或者多个,STRING 类型。将在历史日志中记录的动作或者事件的自由形式的文本描述。

属性

History 类属性:

restriction:可选,枚举类型,见 6.3 中对该属性的定义。

HistoryItem 类属性:

restriction:可选,枚举类型,见 6.3 中对该属性的定义;

historycat:可选,枚举类型。对在历史日志条目中纪录的活动或事件的类型分类,条目的细节

是在 Description 类中记录的自由形式的描述,可能的值是一个枚举列表,缺省值为“other”:

——triaged:安全事件数据由 IHS 接收和处理;

——notification:在安全事件中,被发送给有关方的通知,例如,一个 CSIRT 发送一个消息给正受攻击的站点管理员;

——shared-info:与未直接卷入安全事件的人员共享的与事件有关的信息;

——received-info:有关接收到的安全事件的额外信息;

——remediation:安全事件已经解决,可以包含一个简短的描述;

——other:其他。

Schema 定义

```
〈xs:element name="History"〉
    〈xs:complexType〉
        〈xs:sequence〉
            〈xs:element ref="HistoryItem"maxOccurs="unbounded"/〉
        〈/xs:sequence〉
        〈xs:attribute ref="restriction"default="default"/〉
    〈/xs:complexType〉
〈/xs:element〉
〈xs:element name="HistoryItem"〉
    〈xs:complexType〉
        〈xs:sequence〉
            〈xs:element ref="DateTime"/〉
            〈xs:element ref="IncidentID"minOccurs="0"/〉
            〈xs:element ref="Description"maxOccurs="unbounded"/〉
        〈/xs:sequence〉
        〈xs:attribute ref="restriction"/〉
        〈xs:attribute name="historycat"/〉
    〈/xs:complexType〉
〈/xs:element〉
```

DTD 定义

```
〈! ELEMENT History(HistoryItem+)〉
〈! ELEMENT HistoryItem(DateTime,IncidentID?,Description+)〉
```

6.15 异常现象数据类

类说明

异常现象数据(EventData)类描述发生在某个特定主机集合或者网络安全事件涉及的异常现象。这一描述包括那些引起异常现象的系统以及作为目标的系统,攻击者所使用技术的评估,异常现象对组织的影响,执行的安全事件处理任务列表,以及任何发现的取证证据。

在 Incident 和 EventData 的聚合类中,存在有重复出现的类。然而,这些类的语义大不相同。Incident 的聚合类提供整个安全事件的概要信息,而 EventData 的聚合类则提供有关安全事件子集的信息。举例来说,注意到 Assessment 类被聚合在这两个类中。考虑这样的情况,将数值 x 赋给 Incident:Assessment:MonetaryImpact,并考虑赋值 y(其中 $y<x$),聚合在 EventData 类中给定的 MonetaryImpact,这两个值的语义都是金融损失。在 Incident 类中出现的损失是安全事件范围的,而在 EventData 类中出现的损失是整个损失的一个子集,这就允许人们描述构成安全事件异常现象的某个

子集一个特定的损失。通过这种方法可以有效地提供了一个先前在Incident类中指明的整个损失的一个细目(或者更加明确的描述)。

EventData类的递归定义,即EventData类被集合到EventData类中,给相关联的信息提供了一种不需要在类中显式地使用唯一的属性标识符的方法。

EventData类的子类(及其所有的兄弟)逻辑上"继承"EventData父类的聚合类。然而,EventData兄弟类的存在(在EventData类中仅有一个EventData子类,兄弟类决不会没有意义)意味着异常现象存在一些不相交的性质。EventData父类的子类描绘这些区别,同时依然保留一种描述共同性质的方法(也就是说,父-子关系)。例如,一个EventData类可能被用来描述卷入到安全事件中的两台机器。可以使用System类的多个实例来描述这一情况。这两台机器的技术联系(也就是说,contact类)碰巧是相同的,而事件的影响(也就是说,Assessment类)却是不相同。

类图

EventData类如图14所示。

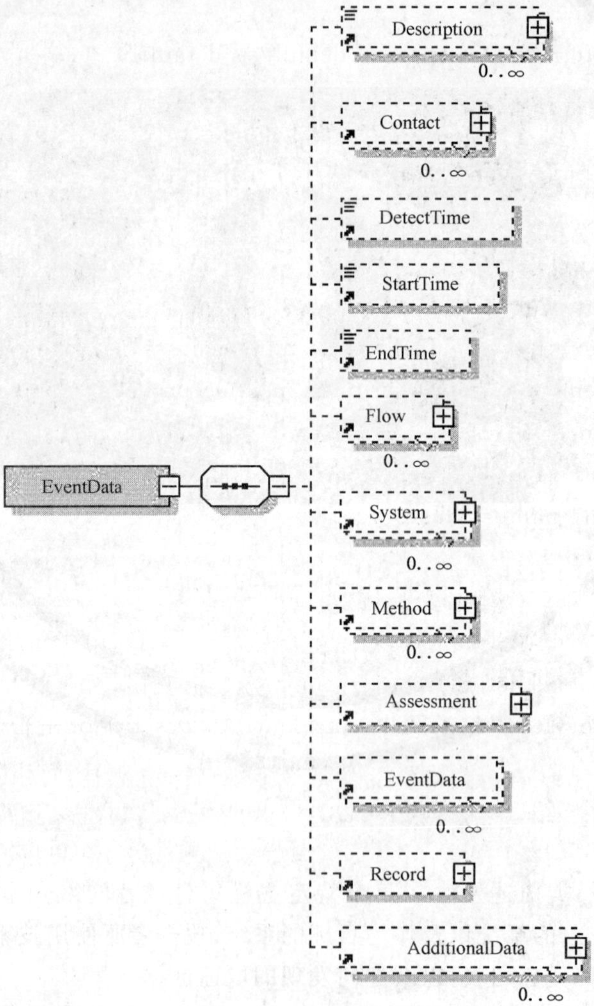

图14 EventData类

子类

——Description:零个或者多个,字符串类型。安全事件活动的自由形式的文本描述;

——Contact:一个或多个。安全事件有关的参与方的联系信息;

——DetectTime：零个或者一个。安全事件活动最初被检测出的时间；
——StartTime：零个或者一个。安全事件活动开始的时间；
——EndTime：零个或者一个。安全事件活动结束的时间；
——Method：零个或者多个。入侵者所使用的技术和方法(譬如工具，漏洞)；
——Assessment：一个或者多个。安全事件活动影响的描述；
——Expectation：零个或多个。文档接收者将执行的预期动作；
——EventData：零个或者多个。导致安全事件的异常现象数据的详细信息；
——Record：零个或者一个。提供异常现象有关信息的支撑数据(例如，日志文件)；
——AdditionalData：零个或者多个。使用不能在别的地方描述的信息来扩展数据模型的区域。

属性

Restriction：可选，枚举类型。

说明：这个属性指出 IODEF-Document 的发送者期望接收者应该遵守的保密原则，当然文档的接收者自由决定是否遵守这个原则。逻辑上，子类可以继承父类的这个属性值。由于多数高层类都有 restriction 属性，这就有可能设置细粒度的保密策略。如果子类收紧或者放松保密规则，子类可以不考虑父类的保密规则。对一个没有指定 restriction 属性值的类，可以在其指定了 restriction 属性值的最邻近的祖先类中得出该类的 restriction 属性值。restriction 属性被定义为一个枚举类型值，缺省值为“private”。

——public：对信息没有任何级别的限制；
——need-to-know：信息可以被和安全事件有关的其他方共享(举例来说，多个受害站点能够相互通告)；
——private：信息不能被共享；
——default：按照通信各方预先安排的信息披露规则，决定是否可共享信息。

Schema 定义

```
〈xs:element name="EventData"〉
    〈xs:complexType〉
        〈xs:sequence〉
            〈xs:element ref="Description"minOccurs="0"maxOccurs="unbounded"/〉
            〈xs:element ref="Contact"minOccurs="0"maxOccurs="unbounded"/〉
            〈xs:element ref="DetectTime"minOccurs="0"/〉
            〈xs:element ref="StartTime"minOccurs="0"/〉
            〈xs:element ref="EndTime"minOccurs="0"/〉
            〈xs:element ref="Flow"minOccurs="0"maxOccurs="unbounded"/〉
            〈xs:element ref="System"minOccurs="0"maxOccurs="unbounded"/〉
            〈xs:element ref="Method"minOccurs="0"maxOccurs="unbounded"/〉
            〈xs:element ref="Assessment"minOccurs="0"/〉
            〈xs:element ref="EventData"minOccurs="0"maxOccurs="unbounded"/〉
            〈xs:element ref="Record"minOccurs="0"/〉
            〈xs:element ref="AdditionalData"minOccurs="0"maxOccurs="unbounded"/〉
        〈/xs:sequence〉
        〈xs:attribute ref="restriction"default="default"/〉
    〈/xs:complexType〉
〈/xs:element〉
```

DTD 定义

```
〈! ELEMENT EventData(Description * ,Contact * ,DetectTime?,StartTime?,EndTime?,
```

Flow＊,System＊,Method＊,Assessment?,EventData＊,Record?,AdditionalData＊))

6.16 流类和系统类

类说明

流(Flow)类描述一组安全事件,它们可能来源于相同网络的不同系统或应用程序。

系统(System)类描述被卷入安全事件中给定的计算机,或者网络技术方面的信息。由这个类描述的系统,经由 systemcat 属性按照它们在安全事件中充当的角色加以分类。

Node、Service 类的含义,与 System 类中的 systemcat 属性值有关。如果在 System 类的 systemcat 属性是“source”,则所描述的聚合类表示引发活动的机器,用户,进程或者服务。如果 systemcat 属性是“target”或者“intermediary”,则所描述的机器、用户、进程或者服务就是在活动中,目标或者中介的机器、用户、进程或服务。

类图

Flow 类和 System 类如图 15 所示。

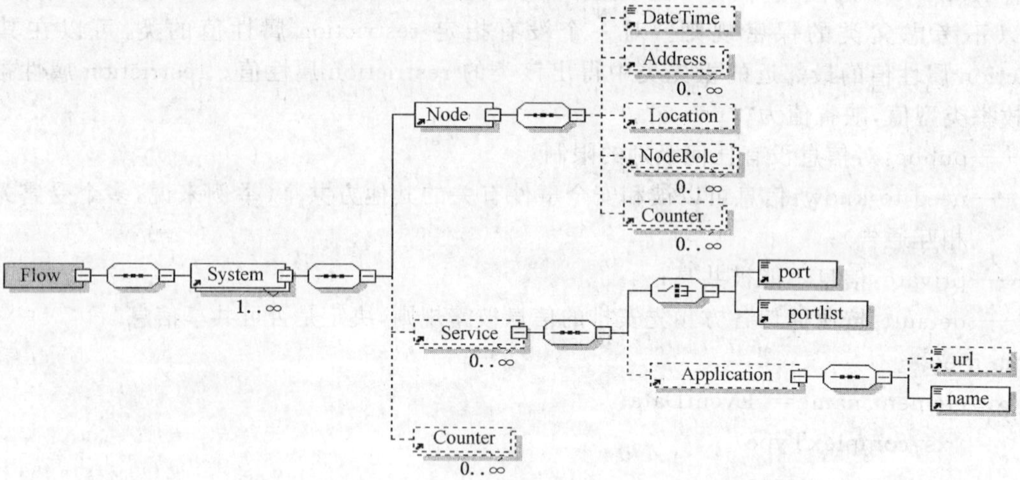

图 15 **Flow 类和 System 类**

子类

System 类:产生安全事件的源、目的或中间系统(节点或网络)。

——Node:一个。描述与安全事件活动有关的主机或者网络的聚合类;

——DateTime:零个或者一个。执行名称和地址之间解析的时间戳,如果同时给出了 Address 和 Name,就应当提供这一信息;

——Address:零个或者多个。是 Node 的子类,表示设备的网络地址或者硬件地址。除非提供了名称,至少要指定一个地址;

——Location:零个或者一个,STRING。是 Node 的子类,表示设备的物理位置;

——Name:零个或者一个,STRING。设备的完整域名(FQDN)名称。如果没有给出 Address 信息,必须提供 Name 信息;

——NodeRole:零个或者多个,设备的预期目的,具有一个属性;

——Service:零个或者一个,在 Node 中指定的主机上的目标网络服务;

——Counter:零个或多个。

属性

System 类属性:

restriction：可选，枚举类型，见6.3中对该属性的定义。

systemcat：必需，枚举类型。对System类中指明的系统在安全事件活动中的角色进行分类，可能的值是：

——source：System是攻击的源；

——target：System是受攻击的目标；

——intermediate：System是在攻击中被利用的中介机器。

Interface：可选，STRING。指明在原始系统上的事件的接口。

Spoofed：可选，枚举类型。关于System是否是真正的目标或者只是虚晃的攻击目标，可供选择的值如下所示，缺省值为“unknown”：

——unknown：category信息的正确性未知；

——yes：将主机或者网络归类为源或者目标的category值，很可能是不正确。被归类为源的System很可能是一个圈套，被归类为目标的System很可能不是预想的受害系统；

——no：将主机或网络归类为源或者目标的category值被认为是正确。

Schema 定义

```
<xs:element name="Flow">
    <xs:complexType>
        <xs:sequence>
            <xs:element ref="System"maxOccurs="unbounded"/>
        </xs:sequence>
    </xs:complexType>
</xs:element>
<xs:element name="System">
    <xs:complexType>
        <xs:sequence>
            <xs:element ref="Node"/>
            <xs:element ref="Service"minOccurs="0"maxOccurs="unbounded"/>
            <xs:element ref="Counter"minOccurs="0"maxOccurs="unbounded"/>
        </xs:sequence>
        <xs:attribute ref="restriction"/>
        <xs:attribute name="interface"type="xs:string"/>
        <xs:attribute ref="systemcat"/>
        <xs:attribute ref="spoofed"default="unknown"/>
    </xs:complexType>
</xs:element>
```

DTD 定义

```
<! ELEMENT System(Node,Service * ,Counter * )>
```

6.17 节点类

类说明

节点(Node)类用来唯一标识主机或者网络设备(例如路由器，交换机)。

NodeRole类是Node类的子类，描述某特定主机执行的功能(基于一个预先定义的功能列表)。

类图

Node类如图16所示。

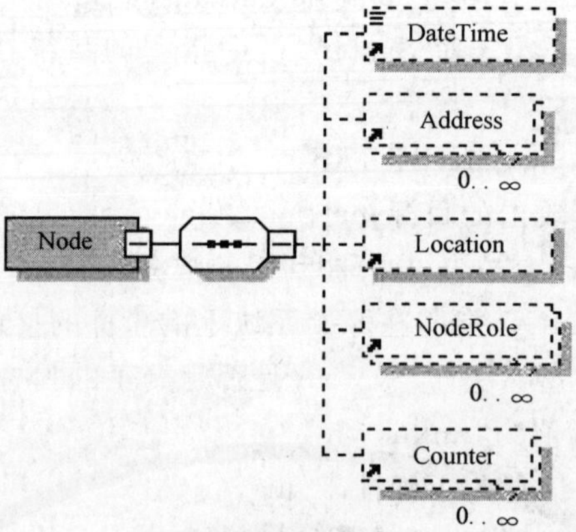

图 16　Node 类

子类

——DateTime：零个或者一个。执行名称和地址之间解析的时间戳，如果同时给出了 Address 和 Name，就应当提供这一信息；

——Address：零个或者多个。是 Node 的子类，表示设备的网络地址或者硬件地址。除非提供了名称，至少要指定一个地址；

——Location：零个或者一个，STRING。是 Node 的子类，表示主机或设备的物理位置；

——NodeRole：零个或者多个。该节点的角色，具有一个属性；

——Counter：一个或多个，用于概括本主机或网络被事件影响的次数。

属性

Node 属性：

Nodecat：可选，枚举类型。可能取值如下所示，缺省值为“unknown”：

——unknown：域未知或者不相关；

——ads：Windows 2000 高级目录服务；

——afs：Andrew 文件系统；

——coda：Coda 分布式文件系统；

——dfs：分布式文件系统(IBM)；

——dns：域名系统；

——hosts：本地主机文件；

——kerberos：Kerberos 域；

——nds：Novell 目录服务；

——nis：网络信息服务(Sun)；

——nisplus：网络信息服务＋(Sun)；

——nt：Windows NT 域；

——wfw：Windows 工作组。

NodeRole 属性：

noderolecat：必需。由节点提供的功能，如果指定值为“other”，应当在元素的内容里提供描述，缺省值为“other”：

——client：客户计算机；

——server-internal：带有内部服务的服务器；

——server-public：带有公开服务的服务器；

——www:WWW 服务器;
——mail:邮件服务器;
——messaging:消息服务器(例如 NNTP、IRC、IM);
——streaming:流媒体服务器;
——voice:Voice 服务器(例如 SIP、H.323);
——file:文件服务器(例如 SMB、CVS、AFS);
——ftp:FTP 服务器;
——p2p:Peer-to-peer 节点;
——name:Name 服务器(例如 DNS、WINS);
——directory:目录服务器(例如 LDAP、finger、whois);
——credential:机要(Credential)服务器(例如 domain 控制器、Kerberos);
——print:打印服务器;
——application:应用服务器;
——database:数据库服务器;
——infra:基础设施服务器(例如路由器、防火墙、DHCP);
——log:日志服务器;
——other:没有在本列表中出现的其他角色。

Schema 定义

```
〈xs:element name="Node"〉
    〈xs:complexType〉
        〈xs:sequence〉
            〈xs:element ref="DateTime"minOccurs="0"/〉
            〈xs:element ref="Address"minOccurs="0"maxOccurs="unbounded"/〉
            〈xs:element ref="Location"minOccurs="0"/〉
            〈xs:element ref="NodeRole"minOccurs="0"maxOccurs="unbounded"/〉
            〈xs:element ref="Counter"minOccurs="0"maxOccurs="unbounded"/〉
        〈/xs:sequence〉
        〈xs:attribute ref="nodecat"default="unknown"/〉
    〈/xs:complexType〉
〈/xs:element〉
```

DTD 定义

```
〈! ELEMENT Node(DateTime?,Address*,Location?,NodeRole*,Counter*)〉
```

6.18 服务类

类说明

服务(Service)类描述主机或网络所提供的服务。例如 WWW 服务、FTP 服务、Email 服务等。服务通过端口或端口列表,以及监听这些端口的服务程序来确定。

类图

Service 类如图 17 所示。

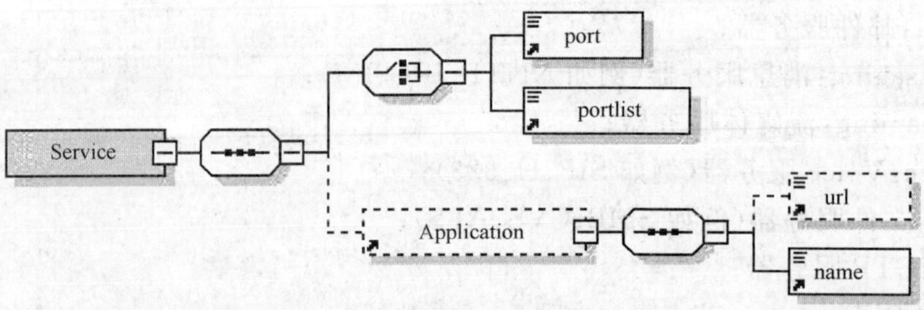

图 17 **Service 类**

子类

——Application:零个或一个,描述端口或端口表上绑定的应用程序;

——Port 或 Portlist:一个,描述网络服务程序所使用的端口或端口表。

属性

无。

Schema 定义

```
<xs:element name="Service">
    <xs:complexType>
        <xs:sequence>
            <xs:choice>
                <xs:element ref="port"/>
                <xs:element ref="portlist"/>
            </xs:choice>
            <xs:element ref="Application"minOccurs="0"/>
        </xs:sequence>
    </xs:complexType>
</xs:element>
```

DTD 定义

```
<! ELEMENT Service((port | portlist),Application?))>
```

6.19 记录类

类说明

记录(Record)类对提供安全事件活动纪录的日志和审计数据分组。典型地,数据源是监控工具的输出(例如,由 IDS 产生的 IDMEF 消息,Web 服务器的连接日志),这些监控工具被用来揭露恶意的活动。这些日志应当提供向 CSIRT 报告的人为什么相信安全事件已经发生的有关证据。

记录项(RecordData)类对由给定的传感器获得的日志或者审计数据(例如 IDS,防火墙日志)进行分组,并提供一种方法对输出做注释。

记录项(RecordItem)类提供一个将有关日志,审计追踪或者取证数据合并在一起的方法,来支持在事件分析期间所得出的结论。可以直接将该数据封装为文档的一部分,或者被引用,藉此使用该类仅仅作为一个指向有关信息的指针。

类图

Record 类如图 18 所示。

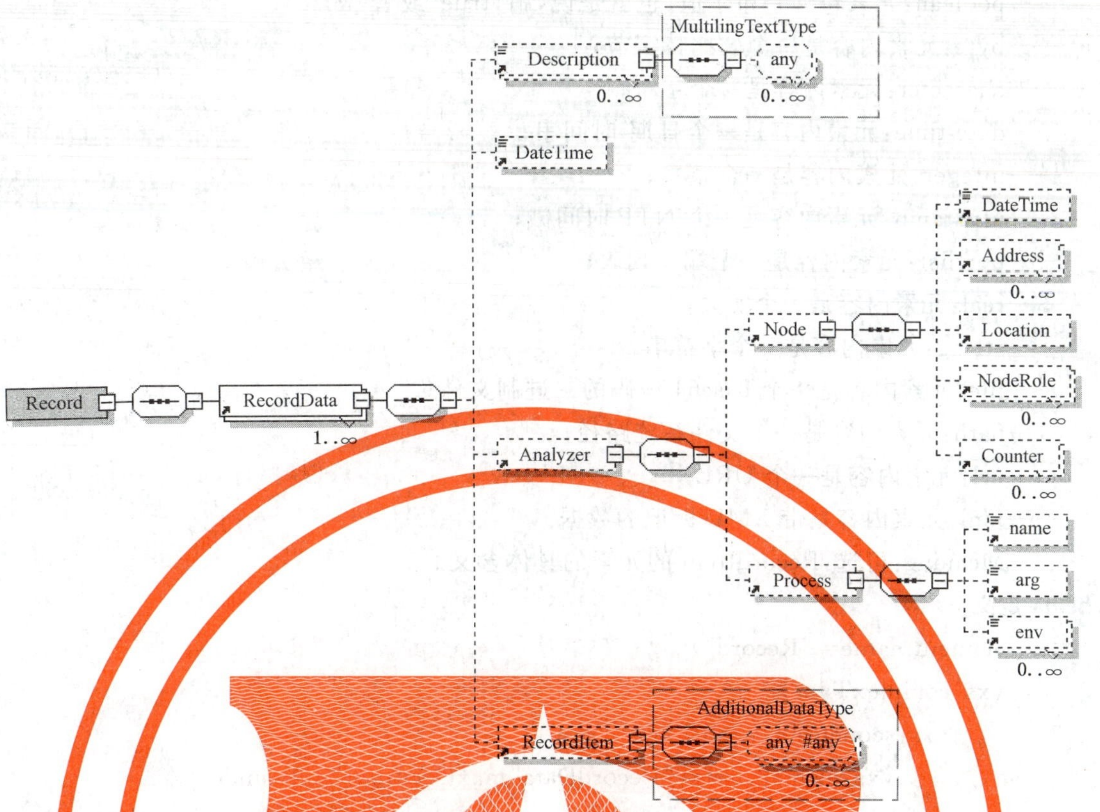

图 18 **Record 类**

子类

——RecordData：一个或者多个。由一个特定类型的传感器产生的日志或者审计数据。由给定的传感器获得的日志或者审计数据(例如 IDS，防火墙日志)进行分组，并提供一种方法对输出做注释；

——Description：零个或者多个，STRING 类型。所提供的 RecordItem 数据的自由形式的文本描述，这个描述至少应当传达所提供的 RecordItem 数据的重要性；

——DateTime：零个或者一个。RecordItem 数据的时间戳信息；

——Analyzer：零个或者多个。用来产生 RecordItem 数据的传感器的有关信息；标识用来生成特殊日志或审计数据的传感器(例如入侵检测系统 IDS，防火墙，Web 服务器)；

——RecordItem：一个或者多个。日志，审计，或者取证数据。提供一个将有关日志，审计追踪或者取证数据合并在一起的方法，来支持在事件分析期间所得出的结论。可以直接将该数据封装为文档的一部分，或者被引用，藉此使用该类仅仅作为一个指向有关信息的指针。

属性

Record 类属性：

restriction：可选，枚举类型，见 6.3 中对该属性的定义。

RecordData 类属性：

restriction：可选，枚举类型，见 6.3 中对该属性的定义。

RecordItem 类属性：

dtype：必需，规定在这个类中出现的日志数据的类型，本质上，RecordItem 类是一个能够支持安全事件数据的专门表示法的扩展类，在 XML 中，并不是所有的属性都是必需的。包含在元素内容中的数据的类型，这个属性的许可值如下，缺省值为“string”：

——boolean：元素包含一布尔值，也就是说，串“true”或者“false”；

——byte：元素内容是一个 8 比特字节；

——character：元素内容是一个字符；

——date-time：元素内容是一个日期-时间串；

——integer：元素内容是一个整数；

——ntpstamp：元素内容是一个 NTP 时间戳；

——portlist：元素内容是一个端口列表；

——real：元素内容是一个实数；

——string：元素内容是一个字符串；

——file：元素内容是一个 base64 编码的二进制文件；

——path：元素内容是一个文件系统路径；

——url：元素内容是一个 URL；

——xml：元素内容是带 XML-标记的数据。

Meaning：可选，RecordItem 的元素的具体含义。

Schema 定义

```
〈xs:element name="Record"〉
    〈xs:complexType〉
        〈xs:sequence〉
            〈xs:element ref="RecordData"maxOccurs="unbounded"/〉
        〈/xs:sequence〉
        〈xs:attribute ref="restriction"/〉
    〈/xs:complexType〉
〈/xs:element〉
〈xs:element name="RecordData"〉
    〈xs:complexType〉
        〈xs:sequence〉
            〈xs:element ref="Description"minOccurs="0"maxOccurs="unbounded"/〉
            〈xs:element ref="DateTime"minOccurs="0"/〉
            〈xs:element ref="Analyzer"minOccurs="0"/〉
            〈xs:element ref="RecordItem"minOccurs="0"/〉
        〈/xs:sequence〉
        〈xs:attribute ref="restriction"/〉
    〈/xs:complexType〉
〈/xs:element〉
```

DTD 定义

```
〈! ELEMENT Record(RecordData+)〉
〈! ELEMENT RecordData(Description*,DateTime?,Analyzer?,RecordItem?)〉
```

6.20 分析器类

类说明

分析器（Analyzer）类标识用来生成特殊日志或审计数据的分析器（例如 IDS、防火墙、Web 服务器）。

类图

Analyzer 类如图 19 所示。

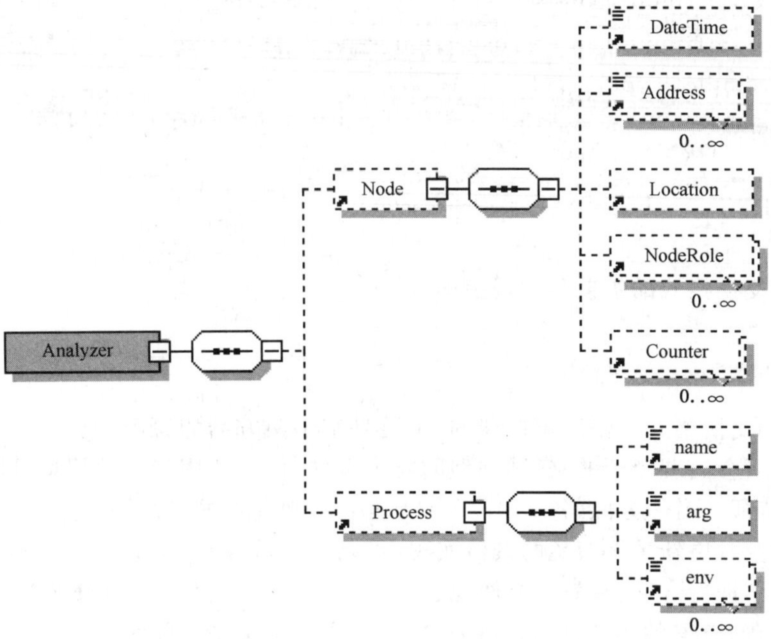

图 19　Analyzer 类

子类

——Node:零个或一个。描述与安全事件活动有关的主机或者网络的聚合类;

——Process:零个或一个。描述与分析器相关的进程类。

属性

analyzerid:可选,STRING。

manufacturer:可选,STRING,表示分析器的制造商。

model:可选,STRING,表示分析器的型号。

version:可选,STRING,表示分析器的版本。

class:可选,STRING,表示分析器的类型。

ostype:可选,STRING,表示运行分析主机的操作系统类型,如 Windows、Linux、Unix 和 Mac OX 等。

osversion:可选,STRING,表示运行分析器主机的操作系统版本。

Schema 定义

```
〈xs:element name="Analyzer"〉
    〈xs:complexType〉
        〈xs:sequence〉
            〈xs:element ref="Node"minOccurs="0"/〉
            〈! -- Node presence is agreed for IODEF-04 --〉
            〈xs:element ref="Process"minOccurs="0"/〉
        〈/xs:sequence〉
        〈xs:attribute name="analyzerid"type="xs:string"default="0"/〉
        〈xs:attribute name="manufacturer"type="xs:string"/〉
        〈xs:attribute name="model"type="xs:string"/〉
```

```
        <xs:attribute name="version"type="xs:string"/>
        <xs:attribute name="class"type="xs:string"/>
        <xs:attribute name="ostype"type="xs:string"/>
        <xs:attribute name="osversion"type="xs:string"/>
    </xs:complexType>
</xs:clement>
```

DTD 定义

```
<! ELEMENT Analyzer(Node?,Process?)>
```

7 安全事件描述和交换格式的扩展和实现指南

7.1 扩展机制

安全事件描述和交换格式应该是可扩展的，主要是基于两方面的原因。一方面，随着互联网及其相关技术不断发展，今后会出现全新的、各种类型的安全事件，仅仅使用基础数据模型是不能完全的、充分的描述它们独特的特征。另一方面，各 CSIRT 行为也是不断变化的，数据模型需要进行更新，能够及时反映这些变化，同时及时更新数据模型的具体实现，可以快速适应 CSIRT 对安全事件处理流程的变化。因此，数据模型应能够进行合理、有效和方便地进行扩展。因此，需要对 IODEF 数据模型进行扩展，以便于 IODEF 可以精确、全面的描述新出现的安全事件，以此增加新的特征。

基础数据模型可以通过继承和聚合这两种机制进行扩展。

a） 继承：通过父类派生出新的子类，在子类中定义父类中没有的额外属性或者操作；

b） 聚合：通过定义新的子类，并与父类相结合，生成全新的、自包含的类。

对于上述两种扩充机制，继承应作为首选方案，其优点是它保留了已有的数据模型，以及在该模型的类上所执行的操作。

7.2 扩展原则

7.2.1 基本原则

对 IODEF 数据模型进行扩展，应该遵循下面两个基本原则：

a） 对于任意"原子"数据（例如，整数、字符串等），应采用直接而简单地方法，就是将数据包含在 AdditionalData 类和 RecordItem 类中；

b） 对于任意复杂的数据类型和事件类，应采用创建数据类型或事件类的外部说明文件，如 DTD 或 Schema，并通过数据模型引用该说明文件，实现数据模型的扩展。这些数据类型和事件类的实例应作为 AdditionalData 类和 RecordItem 类的子类。

7.2.2 实现原则

通过使用外部 DTD 或 Schema 扩展数据模型，必须遵循如下原则：

a） 在 IODEF 基础数据模型定义文件中必须定义包含扩展的 DTD 或 Schema 的位置信息；

b） 扩展的 DTD 或 Schema 必须在一个单独名称空间中申明其所有元素和属性，不应该申明包含在"IODEF"或者缺省的名称空间里的任何元素或者属性；

c） 新定义的数据类型和事件类必须仅被包含在"dtype"属性为"xml"的 AdditonalData 类或 RecordItem 类中。

7.3 IODEF 的扩充实例

为了适应国内业界对安全事件的分类需求，各 CSIRT 之间进行安全事件交换的实际需求，同时也为了使国内的安全事件信息交换与国际接轨，实现信息互通，按照上述的IODEF扩充原则，对IODEF数据模型进行了扩展。在下面的扩展类说明中，我们只给出Schema的类型定义。

7.3.1 网页篡改事件类

类说明

该类用户描述网页篡改事件，包括服务器软件信息（如操作系统的版本、已安装系统补丁、WEB服务器软件等）、网站类型、被篡改网页的URL、篡改后网页的内容描述和篡改网页的目的等信息。

类图

网页篡改事件类如图20所示。

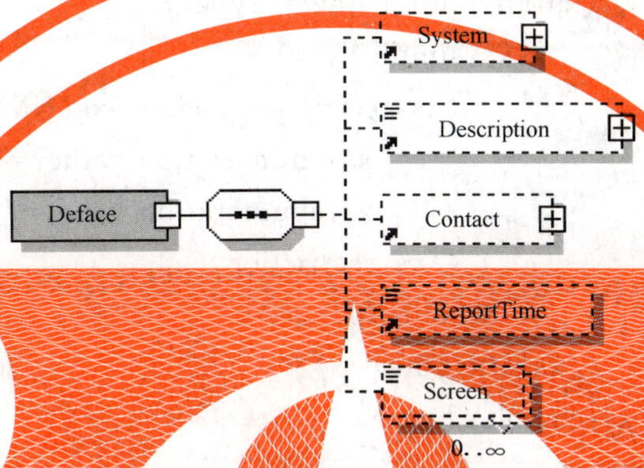

图20 网页篡改事件类

子类

——System：可选，零个或多个，表示WEB服务器的相关信息，包括如操作系统的版本、已安装系统补丁、WEB服务器软件等；

——Description：可选，零个或多个，表示被篡改后网页的内容描述；

——Contact：可选，表示网站联系人信息；

——ReportTime：可选，事件报告事件；

——Screen：可选，被篡改网页事件发生前后的页面截图。

属性

purpose：可选，枚举类型，用于说明网页篡改的目的：

——政治相关；

——欺骗证明；

——攻击技术；

——其他。

sitetype：可选，枚举类型，用于说明网站类型：

——政府网站；

——企业网站；

——商业网站；

——教育科研机构网站；

——个人网站；

——其他非盈利机构网站；

——其他网站。

Schema 定义

```
〈xs:element name="Deface"〉
        〈xs:complexType〉
            〈xs:sequence〉
                〈xs:element ref="System"minOccurs="0"/〉
                〈xs:element ref="Dcscription"minOccurs="0"/〉
                〈xs:element ref="Contact"minOccurs="0"/〉
                〈xs:element ref="ReportTime"minOccurs="0"/〉
                〈xs:element name="Screen"minOccurs="0"maxOccurs="unbounded"〉
                    〈xs:complexType mixed="true"〉
                        〈xs:attribute name="type"〉
                            〈xs:simpleType〉
                                〈xs:restriction base="xs:NMTOKEN"〉
                                    〈xs:enumeration value="normal"/〉
                                    〈xs:enumeration value="current"/〉
                                〈/xs:restriction〉
                            〈/xs:simpleType〉
                        〈/xs:attribute〉
                    〈/xs:complexType〉
                〈/xs:element〉
            〈/xs:sequence〉
            〈xs:attribute name="purpose"type="xs:string"/〉
            〈xs:attribute name="source"type="xs:string"/〉
            〈xs:attribute name="sitetype"type="xs:string"/〉
            〈xs:attribute name="country"type="xs:string"/〉
            〈xs:attribute name="province"type="xs:string"/〉
            〈xs:attribute name="isp"type="xs:string"/〉
        〈/xs:complexType〉
    〈/xs:element〉
```

7.3.2 拒绝服务攻击事件类

类说明

该类用于描述拒绝服务攻击事件,包含拒绝服务攻击类型、受攻击的服务或系统、攻击的延续时间、攻击流量等信息。

类图

拒绝服务攻击事件类如图 21 所示。

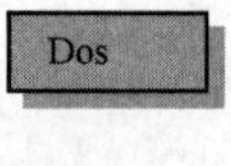

图 21 拒绝服务攻击事件类

子类

无。

属性

dostype：枚举类型，说明拒绝服务的攻击类型：

——DOS 引起的带宽占用；

——DDOS 引起的带宽占用；

——使服务或服务器崩溃或性能降低的行为；

——通过有意触发自动的安全保护机制而使得服务不可访问。

service：枚举类型，说明受攻击的服务或系统：

——Web 服务器；

——电子商务 Web 服务；

——E-mail 服务器；

——内网的连通性/带宽；

——互联网的连通性/带宽；

——其他服务。

lastime：枚举类型，说明攻击的延续时间：

——少于 12 h；

——12 h～24 h；

——1 d～2 d；

——2 d～3 d；

——3 d 以上。

flux：枚举类型，说明攻击流量等信息：

——(56～64)kb/s；

——128 kb/s；

——(1～2)Mb/s；

——10 Mb/s；

——(35～45)Mb/s；

——100 Mb/s；

——155 Mb/s；

——622 Mb/s 或更高；

——不知道。

Schema 定义

```
〈xs:element name="Dos"〉
    〈xs:complexType〉
        〈xs:attribute name="dostype"type="xs:string"/〉
        〈xs:attribute name="lastingtime"type="xs:string"/〉
        〈xs:attribute name="flux"type="xs:string"/〉
        〈xs:attribute name="service"type="xs:string"/〉
    〈/xs:complexType〉
〈/xs:element〉
```

7.3.3 恶意代码网站事件类

类说明

该类描述恶意代码网站时间，包含具有恶意代码网页的 URL、是如何发现该网页的以及恶意代码的表现。

类图

恶意代码网站事件类如图 22 所示。

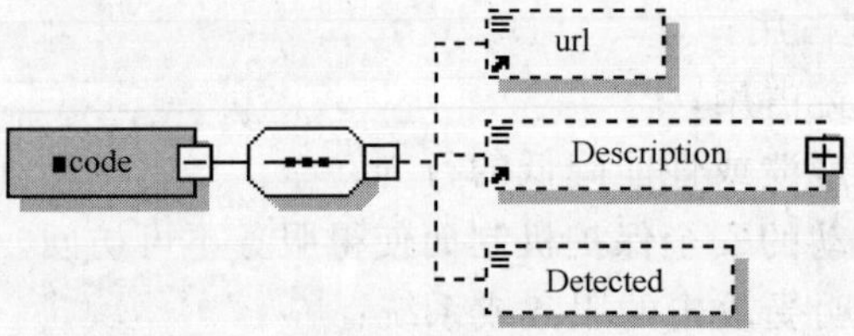

图 22　恶意代码网站事件类

子类

——url:零个或一个,描述包含恶意代码网页的 URL;

——Description:零个或多个,描述恶意代码的表现或症状;

——Detected:零个或一个,描述报告者如何发现恶意代码网站。

属性

无。

Schema 定义

```
〈xs:element name="Mcode"〉
    〈xs:complexType〉
        〈xs:sequence〉
            〈xs:element ref="url"minOccurs="0"/〉
            〈xs:element ref="Description"minOccurs="0"/〉
        〈/xs:sequence〉
        〈xs:attribute name="howcatch"type="xs:string"/〉
    〈/xs:complexType〉
〈/xs:element〉
```

7.3.4　网络仿冒事件类

类说明

该类描述网络仿冒事件,包含仿冒单位、仿冒网站的 URL、运行仿冒网站的主机以及仿冒目的等信息。

类图

网络仿冒事件类如图 23 所示。

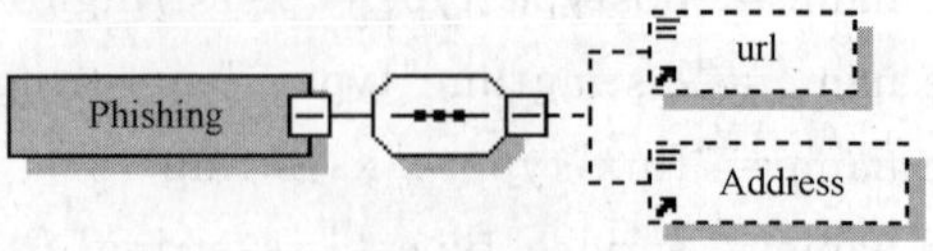

图 23　网络仿冒事件类

子类

——url:零个或一个,描述仿冒网站的 URL;

——Address:零个或一个,描述运行仿冒网站的主机地址。

属性

purpose:STRING,说明仿冒的目的。

name:STRING,说明被仿冒单位的名称。

Schema 定义

```
〈xs:element name="Phishing"〉
    〈xs:complexType〉
        〈xs:sequence〉
            〈xs:element ref="url"minOccurs="0"/〉
            〈xs:element ref="Address"minOccurs="0"/〉
        〈/xs:sequence〉
        〈xs:attribute name="purpose"type="xs:string"/〉
        〈xs:attribute name="name"type="xs:string"/〉
    〈/xs:complexType〉
〈/xs:element〉
```

7.3.5 病毒或蠕虫事件类

类说明

该类描述与病毒、蠕虫或木马相关的事件,包含病毒名称、感染途径、特征和症状等信息。

类图

病毒或蠕虫事件类如图 24 所示。

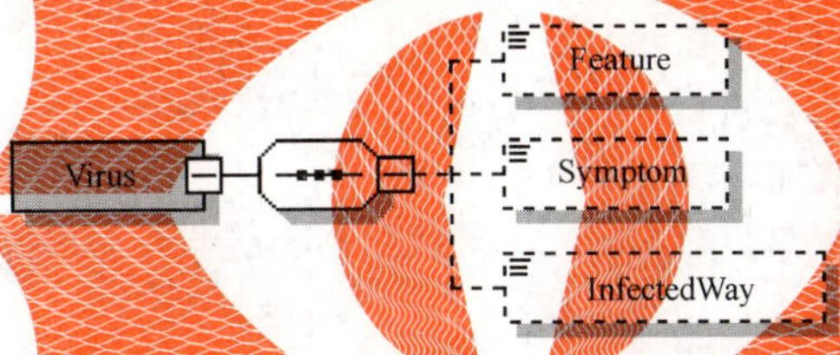

图 24 病毒或蠕虫事件类

子类

——Feature:可选项,零个或一个,描述病毒、蠕虫或木马的特征,比如邮件标题、邮件正文、邮件附件等,是特征的自由格式描述;

——Symptom:可选,零个或一个。描述被感染机器或网络的症状,如系统资源耗尽、重启、某些功能失效、占用网络带宽等;

——InfectedWay:可选,零个或一个。描述病毒、蠕虫或木马可能的感染途径,比如本机存在漏洞、共享目录、弱口令、p2p、邮件、可移动介质、其他等。

属性

name:STRING,表示病毒、蠕虫或木马的名字。

Schema 定义

```
〈xs:element name="Virus"〉
    〈xs:complexType〉
        〈xs:sequence〉
            〈xs:element name="Feature"type="xs:string"minOccurs="0"/〉
            〈xs:element name="Symptom"type="xs:string"minOccurs="0"/〉
            〈xs:element name="InfectedWay"type="xs:string"minOccurs="0"/〉
        〈/xs:sequence〉
        〈xs:attribute name="name"type="xs:string"/〉
```

```
    </xs:complexType>
</xs:element>
```

7.3.6 恶意探测扫描事件类

类说明

该类用于描述恶意探测或扫描类事件，包含报告者对扫描或探测行为的推测、扫描性质以及其他相关信息。

类图

恶意探测扫描事件类如图 25 所示。

图 25 恶意探测扫描事件类

子类

——Description：零个或多个，说明扫描行为的性质，如蠕虫引起的、自动扫描工具或不知道等。

属性

exception：可选，枚举类型，说明对报告人的网络而言，扫描的行为是否为异常：

——正常；

——端口不常被扫描；

——端口的扫描有所增加；

——端口的扫描增加较多；

——不确定。

tool：可选，STRING，说明产生扫描行为的工具或蠕虫的名字。

Schema 定义

```
<xs:element name="Scan">
    <xs:complexType>
        <xs:sequence>
            <xs:element ref="Description"minOccurs="0"/>
        </xs:sequence>
        <xs:attribute name="exception"type="xs:string"/>
        <xs:attribute name="tool"type="xs:string"/>
    </xs:complexType>
</xs:element>
```

7.3.7 垃圾邮件事件类

类说明

该类用于描述垃圾邮件事件，包含邮件原始信息、邮件地址、SMTP 服务器 IP 地址以及垃圾邮件的性质等。

类图

垃圾邮件事件类如图 26 所示。

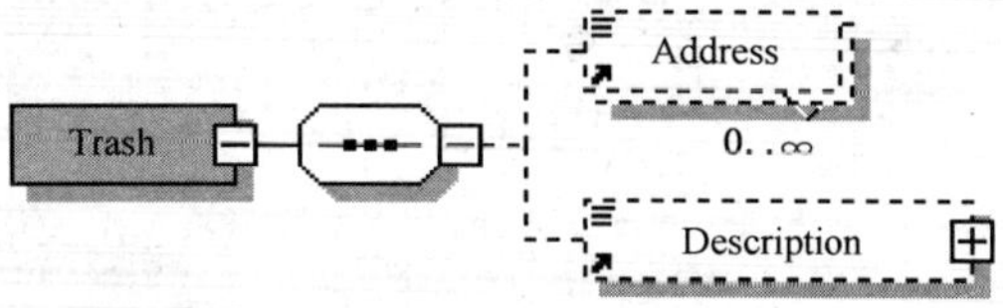

图 26　垃圾邮件事件类

子类

——Description：零个或一个，描述垃圾邮件的原始信息；

——Address：零个或多个，描述邮件地址和 SMTP 服务器 IP 地址。

属性

property：枚举类型，说明垃圾邮件的性质：

——广告；

——政治相关；

——散布谣言；

——其他。

Schema 定义

〈xs:element name="Trash"〉
　〈xs:complexType〉
　　〈xs:sequence〉
　　　〈xs:element ref="Address"minOccurs="0"maxOccurs="unbounded"/〉
　　　〈xs:element ref="Description"minOccurs="0"/〉
　　〈/xs:sequence〉
　　〈xs:attribute name="property"type="xs:string"/〉
　〈/xs:complexType〉
〈/xs:element〉

7.3.8　非授权访问或修改数据事件类

类说明

该类用于描述非授权访问或修改数据、盗取数据事件，包含攻击者采取了何种动作，被安装的工具或文件名、被修改的系统文件名等信息。

类图

非授权访问或修改数据事件类如图 27 所示。

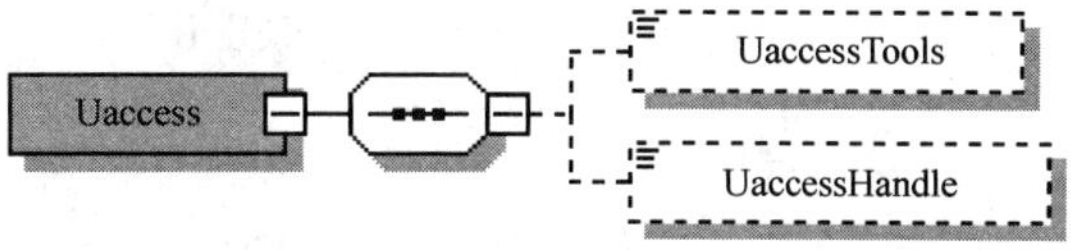

图 27　非授权访问或修改数据事件类

子类

——UaccessTools：零个或一个，描述攻击者在受害机上安装的工具或文件名，以及修改的系统文件名；

——UaccessHandle：零个或一个，描述攻击者采取了何种动作，例如读/拷贝数据文件、修改/删除操作系统文件、修改/删除数据文件、安装攻击工具，如 rootkit ，DDoS 工具、安装方便进一步控制系统的软件，如 IRC bot、安装不知道的其他文件或不知道等。

属性

无。

Schema 定义

```
〈xs:element name="Uaccess"〉
    〈xs:complexType〉
        〈xs:sequence〉
            〈xs:element name="UaccessTools"type="xs:string"minOccurs="0"/〉
            〈xs:element name="UaccessHandle"type="xs:string"minOccurs="0"/〉
        〈/xs:sequence〉
    〈/xs:complexType〉
〈/xs:element〉
```

7.4 实现指南

7.4.1 IODEF 的使用

当 CSIRT 决定使用 IODEF 作为与其他 CSIRT 进行信息交换的标准格式时，CSIRT 需要改造自己的事件处理系统，以便于导入和导出 IODEF 文件。导入导出的功能包括把事件处理系统的原始数据转化成 XML 格式，或者相反。IODEF 仅仅引入了现有数据的另一种表示形式，因此 IODEF 集成到事件处理系统时，系统的底层存储机制和模式不需要做任何修改。IODEF 文档是以 XML 存在的，由于 XML 在存储空间上的效率不高，不推荐使用 XML 格式来存储文档。

由于不存在语义模糊和数据不标准的障碍，导入 IODEF 文件将使 CSIRT 能够迅速地处理被报告的事件信息；导出 IODEF 文件使 CSIRT 可以无歧义的在合作者间交换信息。

7.4.2 唯一标识符

各 CSIRT 通过为事件分配一个标识符来对事件进行跟踪。在 IODEF 数据模型中，这个标识符是通过 IncidentID 类来表示的。通过这个标识符可以实现 IODEF 文档与 IHS 的联系。这就意味着相同的活动可能会由其他 CSIRT 使用他们自己的独特标识符。每个 CSIRT 在他们的 IHS 中使用自己的标识符与特定的事件进行关联。事实上，本标准为 CSIRT 提供一个框架以引用其他的数据。本标准提供可选的 AlternateID 类来实现引用其他 CSIRT 相同事件的跟踪标识符。

将 CSIRT 名字和事件标识符组合起来就可以为特定的事件形成全局唯一的标识符。在具体实现中，建议 IncidentID 对象由组织名称、组织编号和时间处理流水号构成。例如国家计算机网络应急技术处理协调中心的名称为 CNCERT、国际上的组织编号为 3101，2005 年 4 月 1 日某 IODEF 文档的处理流水号 000002，那么该文档的 IncidentID 为〈IncidentID〉 CNCERT＃3101-20050401000002〈IncidentID〉。

7.4.3 定义

本标准定义了数据模型，进行安全事件交换的双方，必须对实际应用中数据的具体用法和确切语义进行协商。这意味着 IODEF 文档的生成者对数据的含义和语义进一步明确和细化。这一策略要求 CSIRT 需要定义一份规范文件，用于明确 CSIRT 所生成文档内容的含义。规范文件包括以下内容：

a) 必需数据的规定

在规范文件中，必需明确规定交换数据的确切内容。IODEF 基础数据模型中明确规定一部分域是必需实现的数据，而其他却是可选择的。规范文件必须是在基础数据模型的基础上，进一步定义哪些可选的数据对 CSIRT 而言是必需实现的。发送对方不感兴趣的信息是没有意义的。同样,不充分的信息将需要额外的沟通,并将结果作为规范文件的一部分。

不同种类的事故报告是由不同的数据类型组成的。例如,描述管理缺失的数据和描述违反规则的数据是不相同的。因此,规范文件能清晰区分事件的不同类型,并指定与事件相关的必须存在的域。

b) 语义的定义

对于给定 IODEF 数据模型的实现(DTD 或 Schema)和规范文件,IODEF 文档的接收者应该能理解相关的内容。规范文件必需消除在交换过程中所有主观数据的语义歧义。同时件应记录 CSIRT 的命名习惯。

c) 格式化处理

关于格式化的约定应尽可能实现标准化,以便于计算机处理 IODEF 文件。当处理自由文本时,该标准化过程就显得特别重要。

除了内容的格式化外,IODEF 文件的整体结构也进行约定。因为 IODEF 的数据模型是非判定性的,规范文件应该指定表达信息所需要的方式。

7.4.4 国际化和本地化

国际化和本地化是 IODEF 应特别关注的问题。因为,众多安全事件必须通过多 CSIRT 合作才能得到解决,这种合作通常是需要跨越语言的屏障。

XML 已经支持不同的字符编码。这一灵活性使得可以用大部分书写语言对 IODEF 中的信息进行编码。此外,通过 XML 提供的 xml:lang 属性,可具体指明某一给定元素所使用的语言类型。通过 xml:lang 属性,IODEF 的使用者能够在相同的文档中使用不同的语言。

支持不同的语言允许 CSIRT 本地化 IODEF。然而,如果某文档的接收者不懂所使用的语言,这也不能帮助数据交换。为了确保文档的接收者至少能够粗略地了解文档的内容,数据模型必须依赖于已经标准化的枚举属性来传达含义。

7.4.5 文档的数字签名

由于在 IODEF 中描述的某些数据的敏感的本性,在传输中应当确保这些文档的完整性、机密性和不可否认性。尽管可以经由传输机制来提供这类保护,但还是建议对 IODEF 实例本身应用安全保护。然而,应用于 IODEF 文档特殊的保护措施(通过 XML 或者潜在的传输协议)应当根据合作者的需求来决定。

应用的保护措施必须使用密码技术。XML 数字签名应当被用来确保信息的完整性和不可否认性,XML 加密应当被用来确保 IODEF 文档的机密性。在使用密码技术的时候,必须处理密钥管理方面的问题(是使用对称密码还是使用公钥密码)。为了保证 IODEF-Document 处理环境的安全,必须应用全面的安全措施。XML 数字签名可以应用于任何的数字内容(数据对象),包括 XML。一个 XML 数字签名可以应用到一个或多个资源的内容。

附录 A 给出了一个带有 XML 签名的 IODEF 文档例子。

7.4.6 文档的加密

待加密的数据可以是任意的数据(包括 XML 文档),XML 元素或者 XML 元素的内容。对数据加密的结果是一个 XML 加密的 EncryptedData 元素,该元素包含(或者经由其一个子元素内容)或者标识(经由 URI 引用)密文数据。

当对某个 XML 元素或者元素内容进行加密时,EncryptedData 元素在 XML 文档加密的版本中分别替换到元素或者元素内容。

附 录 A
（资料性附录）
安全事件描述和交换格式实例

A.1 红色代码检测通告

下面的消息是一个典型的安全事件案例，其中一个主机被感染病毒。最初的报告是通过电子邮件发送的，随后显示的 IODEF-Document 详细说明 CSIRT 和它的委托人之间的通信。对于 CSIRT 来说，委托人是一个联系人，它负责协调其站点内一些必要的活动。

A.1.1 红码检测通知（最初的报告）

From e-citizen@hisdomain. de
Date：13 Sep 2001 23:19:24-0000
From：e-citizen@hisdomain. de
To：cert-for-ourdomain. pl@ourdomain. pl
Subject：10.1.1.2-Code Red Virus detected

Automated message，you don't have to reply to this email.

Your system with the IP number 10.1.1.2 seems to be infected with the Code Red virus.

For more information see http://www. incidents. org/react/code_redII. php

Please fix the problem or inform a person who is responsible for that machine to do so.

>From our web server logs(Port 80)：
10.1.1.2 - - [13/Sep/2001:18:11:21 +0200]"GET
/default. ida? XXXXXXXXXXXXXXXXXXXXXXXXXXXXXXXXXXXXXXXXXXXXXXXXX
XXXXXXXXXXXXXXXXXXXXXXXXXXXXXXXXXXXXXXXXXXXXXXXXXXXXXXXXXXXXX
XXXXXXXXXXXXXXXXXXXXXXXXXXXXXXXXXXXXXXXXXX

A.1.2 红码检测通知（CSIRT 响应）

以下是 XML 的描述：

```
〈! DOCTYPE IODEF-Document SYSTEM"IODEF-Document. dtd"[
    〈! ENTITY % x-extension SYSTEM"CCERT. dtd"〉
    %x-extension;
]〉
    〈IODEF-Document version="1.0"〉
        〈Incident restriction="need-to-know"purpose="handling"〉
            〈IncidentID
name="CERT-FOR-OUR-DOMAIN. PL"〉CERT-FOR-OUR-DOMAIN. PL#189〈/IncidentID〉
```

```
〈IncidentData〉
    〈Description〉Host sending out Code Red probes〈/Description〉
    〈ReportTime〉2001-09-13T23:19:24+00:00〈/ReportTime〉
〈Expectation category="other"〉
    〈Description〉Track and clean host〈/Description〉
〈/Expectation〉
〈Assessment〉
    〈Impact severity="low"completion="failed"type="none"〉〈/Impact〉
〈/Assessment〉
〈Contact role="creator"role="irt"type="organization"〉
    〈name〉CERT-FOR-OUR-DOMAIN. PL〈/name〉
    〈Email〉cert-for-our-domain. pl@ourdomain. pl〈/Email〉
〈/Contact〉
〈Contact role="tech"type="organization"〉
    〈name〉Constituency-contact for 10. 1. 1. 2〈/name〉
    〈Email〉Constituency-contact@10. 1. 1. 2. pl〈/Email〉
〈/Contact〉
〈History〉
    〈HistoryItem type="notification"〉
        〈IncidentID
name="CERT-FOR-OUR-DOMAIN. PL"〉CERT-FOR-OUR-DOMAIN. PL#189
    〈/IncidentID〉
        〈Description〉Notification sent to Constituency-contact@10. 1. 1. 2. pl
    〈/Description〉
        〈DateTime〉2001-09-14T08:19:01+00:00〈/DateTime〉
    〈/HistoryItem〉
〈/History〉
〈EventData〉
    〈System category="source"〉
        〈Node〉
            〈Address category="ipv4-addr"〉10. 1. 1. 2〈/Address〉
        〈/Node〉
    〈/System〉
    〈System category="target"〉
        〈Service〉
            〈port〉80〈/port〉
        〈/Service〉
    〈/System〉
    〈Record〉
        〈RecordData〉
            〈DateTime〉2001-09-13T18:11:21+02:00〈/DateTime〉
            〈Description〉Web-server logs〈/Description〉
```

〈RecordItem〉10. 1. 1. 2 - - [13/Sep/2001:18:11:21 +0200]"GET /default. ida?XXXXXXXXXXXXXXXXXXXXXXXXXXXXXXXXXXXXXXXXXXXXXXXXXXXXXXXXXXXXXXXXXXXXXXXXXXXXXXXXXXXXXXXXXXXXXXXXXXXXXXXXXXXXXXXXXXXXXXXXXXXXXXXXXXXXXXXXXXXXXXXXXXXXXXXXXXXXXX
〈/RecordItem〉
〈/RecordData〉
〈/Record〉
〈/EventData〉
〈/IncidentData〉
〈/Incident〉
〈/IODEF-Document〉

A.2 带有 XML 签名的 IODEF 文档

下面给出对 http://www. ccert. edu. cn/IODEF/Example5 做 XML 数字签名的例子：

〈? xml version="1. 0"encoding="UTF-8"?〉
〈Signature xmlns="http://www. w3. org/2000/09/xmldsig#"〉
〈SignedInfo〉
〈CanonicalizationMethod
Algorithm="http://www. w3. org/TR/2000/WD-xml-c14n-20001011"/〉
〈SignatureMethod
Algorithm="http://www. w3. org/2000/09/xmldsig#rsa-sha1"/〉
〈Reference URI="http://www. ccert. edu. cn/IODEF/Example5"〉
〈DigestMethod Algorithm="http://www. w3. org/2000/09/xmldsig#sha1"/〉
〈DigestValue〉60NvZvtdTB+7UnlLp/H24p7h4bs=〈/DigestValue〉
〈/Reference〉
〈/SignedInfo〉
〈SignatureValue〉
THQJyd3C6ww/OJz07P4bMOgjqBdznSUOsCh6P+0MpF69w2tln/PFLdx/EP4/VKX2uW0gx Kb8QgDf46eXCsulAzx0Yy2bvmRZ + kJjm3B1cVP + 1Hpd3cxC7TUDdgptEFbJSTRLsLMFQ8v/ l1xgAFmwEa3daF6fSLHiTyN8vXxR8g=〈/SignatureValue〉
〈KeyInfo〉
〈KeyValue〉
〈RSAKeyValue〉
〈Modulus〉
CiukpgOaOmrq1fPUTH3CAXxuFmPjsmS4jnTKxrv0w1JKcXtJ2M3akaV1d/karvJlmeao20jNy9r +/vKwibjM77F+3bIkeMEGmAIUnFciJkR+ihO7b4cTuYnEi8xHtu4iMn6GODBoEzqFQYdd8p4vr ZBsvs44nTrS8qyyhba648=
〈/Modulus〉
〈Exponent〉
AQAB
〈/Exponent〉
〈/RSAKeyValue〉

〈/KeyValue〉
〈X509Data〉
〈X509SubjectName〉
CN = WANG Chang-Ji, OU = Network Research Center, O = Tsinghua University, C=CN, E= wangcj@cernet.edu.cn
〈/X509SubjectName〉
〈X509IssuerSerial〉
〈X509IssuerName〉
CN=Student CA, OU= Tsinghua Certificate Center, O = Tsinghua University, C = CN, E = wangcj@ccert.edu.cn
〈/X509IssuerName〉
〈X509SerialNumber〉
00B9 12B4 AE99 5C91 4D83 6EAC 8F2A 2B74 27
〈/X509SerialNumber〉
〈/X509IssuerSerial〉
〈X509Certificate〉
MIIDbzCCAlegAwIBAgIRALkStK6ZXJFNg26sjyordCcwDQYJKoZIhvcNAQEFBQAwgYoxIjAgBgkq
hkiG9w0BCQEWE3dhbmdjakBjY2VydC5lZHUuY24xCzAJBgNVBAYTAkNOMRwwGgYDVQQKE
xNUc2luZ2h1YSBVbml2ZXJzaXR5MSQwIgYDVQQLExtUc2luZ2h1YSBDZXJ0aWZpY2F0ZSBDZW
50ZXIxEzARBgNVBAMTClN0dWRlbnQgQ0EwHhcNMDMwOTI0MDYxMDAwWhcNMTMwOTE
1MDEzODQ4WjCBijEjMCEGCSqGSIb3DQEJARYUd2FuZ2NqQGNlcm5ldC5lZHUuY24xCzAJBgNV
BAYTAkNOMRwwGgYDVQQKExNUc2luZ2h1YSBVbml2ZXJzaXR5MSAwHgYDVQQLExdOZXR
3b3JrIFJlc2VhcmNoIENlbnRlcjEWMBQGA1UEAxMNV0FORyBDaGFuZy1KaTCBnzANBgkqhkiG9
w0BAQEFAAOBjQAwgYkCgYEA06JgAQwQiD2b5kT3T2mN3OINGhLlPmpPSxCSXJxDmM/y6Zr
SDfGI6McKAXNB8s0veggFpuNsFhqKyySCyYC50MrtfdiHeWiUkFkAhOUjA2ztw5XUPN8TGK1t8
PcfaUFzpd0ow6tnljvCQ6Pdx+cMoet3R5qcslLYRM2x7mKm6cCAwEAAaNSMFAwHwYDVR0jBB
gwFoAUMfT/jGiE6j4o2Fvm/RbaChufdzIwDgYDVR0PAQH/BAQDAgP4MB0GA1UdDgQWBBQqsl
6kAh+70/3BHxhhKWB+3nJMRjANBgkqhkiG9w0BAQUFAAOCAQEAUygJ2r3Btw1FIbj+K6O
XlryeX6gt/yzvTsRnujab3C4Hc3e9buQNv1Bx0R1EE3MGsvZ9e7BRz0FCxCk1E7lNJu6k5Q8KNgPJsY
PQDq8jzbPz1XEzrm8X96edBi7sulOkV8+otWPUeE8Y3q3JUyxp9i8ykoFtorLMiM583xwGimp2meZy
TH40IKHXznVxXNeGMpXyYoaMIkXuhSa7xImq7PMw0bxF19tdOTvD2JFeIy7Nped2h8RIhZlBeG/
nVrJN8apjwTrpPL1yl4tioepwCtqIGRChg3+bjW7LAFTLtPqJzCWahqOq0elvlZBLloqybv+TwazW-
FjbXdicwItd5jg==
〈/X509Certificate〉
〈/X509Data〉
〈/KeyInfo〉
〈/Signature〉

A.3 使用 XML 加密的 IODEF 文档的例子

下面给出对 A.1.1 节中 IncidentData 元素的加密：

〈IODEF-Document version="1.0"〉
〈Incident restriction="need-to-know"purpose="handling"〉

〈IncidentID name＝"CERT-FOR-OUR-DOMAIN. PL"〉
CERT-FOR-OUR-DOMAIN. PL＃189〈/IncidentID〉
〈EncryptedData Type＝'http://www. w3. org/2001/04/xmlenc＃Element'
xmlns＝'http://www. w3. org/2001/04/xmlenc＃'〉
〈CipherData〉
〈CipherValue〉A23B45C56HUSEDLIHUEFDJDF03LJ9DSJIKJODSHOIJ〈/CipherValue〉
〈/CipherData〉
〈/EncryptedData〉
〈/Incident〉
〈/IODEF-Document〉

参 考 文 献

[1] GB/T 19716—2005 信息技术 信息安全管理实用规则

[2] GB/Z 20985—2007 信息技术 安全技术 信息安全事件管理指南

[3] GB/Z 20986—2007 信息安全技术 信息安全事件分类分级指南

[4] R. Danyliw, J. Meijer and Y. Demchenko, "The Incident Object Description Exchange Format", RFC5070, December 2007

[5] Demchenko, Y., Hiroyuki, H. and G. Keeni, "Requirements for the Format for Incident Information Exchange(FINE)", IETF, draft-ietf-inch-requirements-08. txt, June, 2006,. 〈http://tools.ietf.org/html/draft-ietf-inch-requirements-08〉

[6] World Wide Web Consortium, "Extensible Markup Language(XML) 1.0 (Second Edition)", October 2000, 〈http://www.w3.org/TR/2000/REC-xml-20001006〉

[7] World Wide Web Consortium, "Namespaces in XML", January 1999, http://www.w3.org/TR/REC-xml-names/〉

[8] World Wide Web Consortium, "Extensible Stylesheet Language (XSL) Version 1.0", October 2001, 〈http://www.w3.org/TR/xsl/〉

[9] Bradner, S., "Key words for use in RFCs to Indicate Requirement Levels", IETF RFC 2119, March 1997

[10] Alvestrand, H., "Tags for the Identification of Languages", IETF RFC 3066, January 2001

[11] Curry, D. and H. Debar, "Intrusion Detection Message Exchange Format", IETF RFC 4765, March 2007

[12] Freed, N., "IANA Charset Registration Procedures", IETF RFC 2278, January 1998

[13] Mills, D., "Network Time Protocol (Version 3) Specification, Implementation, and Analysis", IETF RFC 1035, March 1992

[14] Klyne, G. and C. Newman, "Date and Time on the Internet: Timestamps", IETF RFC 3339, July 2002

[15] International Organization for Standardization, "International Standard: Data elements and interchange formats - Information interchange - Representation of dates and times", ISO 8601, Second Edition, December 2000

[16] Eastlake 3rd, D., Reagle, J. and D. Solo, "(Extensible Markup Language) XML-Signature Syntax and Processing", IETF RFC 3275, March 2002

[17] Imamura, T., Dillaway, B. and E. Simon, "XML Encryption Syntax and Processing, W3C Recommendation", December 2002, 〈http://www.w3.org/TR/2002/REC-xmlenc-core-20021210/〉

[18] Rumbaugh, J., Jacobson, I. and G. Booch, "The Unified Modeling Language Reference Model, ISBN 020130998X, Addison-Wesley", 1998

[19] Helme, A. and R. Danyliw, "The IODEF Implementation Guide, document to be created by the INCH WG", 2003

ICS 33.180.10
M 33

中华人民共和国国家标准

GB/T 28518—2012

煤矿用阻燃通信光缆

Flame resistant optical fibre cables for communication for mine

2012-06-29 发布

2012-10-01 实施

中华人民共和国国家质量监督检验检疫总局
中国国家标准化管理委员会
发布

前　言

本标准按照 GB/T 1.1—2009 给出的规则起草。

本标准由中华人民共和国工业和信息化部提出。

本标准由中国通信标准化协会归口。

本标准起草单位：中国电子科技集团公司第八研究所、煤炭科学研究总院上海分院、通光集团有限公司、安徽省淮南市质量技术监督局。

本标准主要起草人：杨可贵、刘敏华、肖月霞、胡占华、黄俊华、王全安。

煤矿用阻燃通信光缆

1 范围

本标准规定了煤矿用阻燃通信光缆(以下简称光缆)的分类、结构、技术要求、检验方法、检验规则、标志、包装及贮存。

本标准适用于煤矿井下通信光缆,也可适用于其他具有阻燃要求的矿井下通信光缆。

2 规范性引用文件

下列文件对于本文件的应用是必不可少的。凡是注日期的引用文件,仅注日期的版本适用于本文件。凡是不注日期的引用文件,其最新版本(包括所有的修改单)适用于本文件。

GB/T 2951.11—2008 电缆和光缆绝缘和护套材料通用试验方法 第11部分:通用试验方法 第11部分:厚度和外形尺寸测量 机械性能试验(IEC 60811-1-1:2001,IDT)

GB/T 2951.12—2008 电缆和光缆绝缘和护套材料通用试验方法 第11部分:通用试验方法 第12部分:热老化试验(IEC 60811-1-2:2001,IDT)

GB/T 2951.42—2008 电缆和光缆绝缘和护套材料通用试验方法 第42部分:聚乙烯和聚丙烯混合料专用试验方法 高温处理后抗张强度和断裂伸长率试验 高温处后卷绕试验 空气热老化后的卷绕试验 测定质量的增加 长期热稳定性试验 铜催化剂氧化降解试验方法(IEC 60811-4-2:2001,IDT)

GB/T 3280 不锈钢冷轧板和钢带

GB/T 6995.2 电线电缆识别标志方法 第2部分:标准颜色

GB/T 7424.2—2008 光缆总规范 第2部分:基本试验方法(IEC 60794-1-2:2003 MOD)

GB/T 9771—2008 通信用单模光纤

GB/T 12357.1—2004 通信用多模光纤 第1部分:A1类多模光纤特性(IEC 60793-2-10:2002)

GB/T 15972.20—2008 光纤试验方法规范 第20部分:尺寸参数的测量方法和试验程序 衰减(IEC 60793-1-20:2001,MOD)

GB/T 15972.40—2008 光纤试验方法规范 第40部分:传输特性和光学特性的测量方法和试验程序 衰减(IEC 60793-1-40:2001,MOD)

GB/T 15972.43—2008 光纤试验方法规范 第43部分:传输特性和光学特性的测量方法和试验程序 数值孔径(IEC 60793-1-43:2001,MOD)

GB/T 15972.44—2008 光纤试验方法规范 第44部分:传输特性和光学特性的测量方法和试验程序 截止波长(IEC 60793-1-44:2001,MOD)

GB/T 15972.45—2008 光纤试验方法规范 第45部分:传输特性和光学特性的测量方法和试验程序 模场直径(IEC 60793-1-45:2001,MOD)

GB/T 18380.12—2008 电缆和光缆在火焰条件下的燃烧试验 第12部分:单根绝缘电线电缆火焰垂直蔓延试验 1kW预混合型火焰试验方法(IEC 60332-1-2:2004,IDT)

GB/T 18380.35—2008 电缆和光缆在火焰条件下的燃烧试验 第35部分:垂直安装的成束电线电缆火焰垂直蔓延试验 C类(IEC 60332-3-24:2000,IDT)

AQ 1043—2007 矿用产品安全标志标识

MT/T 386—2011　煤矿用电缆　阻燃性能的试验方法和判定规则

YD/T 723.3—2007　通信电缆光缆用金属塑料复合带　第3部分：钢塑复合带

YD/T 839.2—2000　通信电缆光缆用填充和涂覆复合物　第2部分：加热应用型填充复合物

YD/T 839.3—2000　通信电缆光缆用填充和涂覆复合物　第3部分：冷应用型填充复合物

YD/T 908—2000　光缆型号命名方法

YD/T 1113—2001　光缆护套用低烟无卤阻燃材料特性

YD/T 1115.1—2001　通信电缆光缆用阻水材料　第一部分：阻水带

YD/T 1115.2—2001　通信电缆光缆用阻水材料　第二部分：阻水纱

YD/T 1118.1　光纤用二次被覆材料　第1部分：聚对苯二甲酸丁二醇酯

IEC 60331-11　电缆在火焰条件下的试验　电路完整性　第11部分：装置—仅在至少750 ℃的温度下的火焰（Tests for electric cables under fire conditions—Circuit integrity—Part 11: Apparatus—Fire alone at a flame temperature of at least 750 ℃）

IEC 60331-25　电缆在火焰条件下的试验　电路完整性　第25部分：程序和要求（Tests for electric cables under fire conditions—Circuit integrity—Part 25: Procedures and requirements—Optical fibre cables）

3　产品分类

3.1　型号

光缆的型号由型式和规格两部分组成，组成方式应符合 YD/T 908—2000 的有关规定。

3.2　型式

3.2.1　分类代号

煤矿用阻燃通信光缆的分类代号用 MG 表示。其他型式代号应符合 YD/T 908—2000 的有关规定。

护套及外护层代号还表示护套或护层具有阻燃性。

3.3　规格

光缆规格的表示应符合 YD/T 908—2000 的有关规定。

3.4　产品标记

加工订货时应标明光缆产品标记，它由光缆的型号和详细规范代号组成。

示例1：金属加强构件、松套层绞填充式、钢-聚乙烯阻燃粘接护套、包含24根B1.1类单模光纤的矿用阻燃通信光缆，产品标记表示为：MGTS-24B1 本标准规范代号。

3.5　光缆常见型式及用途

光缆的常见型式及用途见附录A。

4　结构和材料

4.1　总则

4.1.1　光缆应由缆芯和护层两大部分构成，其中，护层又包括护套和可能有的外护层。同批、同型式规格的光缆产品应具有相同结构排列和相同识别色谱。

4.1.2 光缆应是全截面阻水结构，即水在缆芯和护层中都不能纵向渗流，但钢丝铠装部分可除外。

4.2 缆芯

4.2.1 概述

缆芯通常包括光单元、可能有的加强构件填充绳、扎纱和包带等。光单元可处于光缆中心或绞层位置。

4.2.2 光单元

4.2.2.1 光纤松套管

4.2.2.1.1 光纤松套管的外径标称值宜为 1.8 mm～3.0 mm，容差应不大于±0.1 mm。松套管厚度标称值宜为 0.30 mm～0.50 mm，容差应不大于±0.05 mm。在同一光缆中松套管的结构尺寸应相同。

4.2.2.1.2 松套管中每根光纤应有识别颜色，其颜色应符合 GB/T 6995.2 规定。每根松套管中光纤数一般不超过 12 芯，光纤识别色谱应从表 1 中选择。在不影响识别的情况下，允许使用本色代替表 1 中的某一颜色。当松套管中光纤数超过 12 芯时，光纤应扎成束或在光纤表面添加色环，对扎成束光纤应用有色扎线区分，其颜色应选自表 1 规定的各种颜色。

表 1 识别用全色谱

序号	1	2	3	4	5	6	7	8	9	10	11	12
颜色	蓝	橙	绿	棕	灰	白	红	黑	黄	紫	粉红	青绿

4.2.2.1.3 多根松套管应有识别色标，其颜色应符合 GB/T 6995.2 规定。松套管识别色谱应从表 1 中选择。不锈钢松套管可采用色环标识，也可采用领示色谱。

4.2.2.1.4 光纤松套管材料可用聚对苯二甲酸丁二醇酯(PBT)挤制或不锈钢带焊接而成。PBT 应符合 YD/T 1118.1 的规定，不锈钢带应符合 GB/T 3280 的规定。

4.2.2.1.5 在松套管内的间隙宜连续填充一种触变型的复合物，填充复合物应与其相邻的其他光缆材料相容，应不损害光纤传输特性和使用寿命。填充复合物应符合 YD/T 839.3—2000 的规定。

4.2.2.2 紧套光纤

4.2.2.2.1 紧套光纤的直径应在 0.5 mm～0.9 mm 之间。

4.2.2.2.2 紧套光纤应有识别颜色，其颜色应符合 GB/T 6995.2 规定。每根光缆中紧包光纤数宜不超过 12 根，紧包光纤识别色谱应从表 1 中选择。

4.2.3 加强构件

4.2.3.1 加强构件可以是金属的或非金属的。必要时，可在适当的位置放置非金属辅助加强构件。

4.2.3.2 金属加强构件宜用高强度单圆钢丝，也可用由高强度钢丝构成的 1×7 单股钢丝绳。高强度钢丝宜是不锈钢丝，也可以是磷化钢丝，其表面应圆整光滑。单钢丝的杨氏模量应不低于 190 GPa，钢丝绳的有效杨氏模量应不低于 170 GPa。在光缆制造长度内金属加强构件不允许接头。

4.2.3.3 非金属中心加强构件宜用纤维增强塑料(FRP)圆杆，其杨氏模量宜不低于 50 GPa。非金属辅助加强构件宜用芳纶丝束，也可采用对人体无害的其他高强度纤维束。在光缆制造长度内，FRP 不允许接头，芳纶丝每束允许有 1 个接头，但在任意 200 m 光缆长度内只允许 1 个丝束接头。

4.2.3.4 当采用钢丝绳时，应在其表面上挤包一层适当厚度的塑料垫层，并在垫层下采用适当的阻水措施；当采用单钢丝时，在其表面上也可挤包一层适当厚度的塑料垫层。垫层表面应圆整光滑，其材料应与填充复合物相容。

4.3 阻水结构

4.3.1 光缆护套以内的所有间隙应采用有效的阻水措施。包带（或内衬套）及以内的缆芯间隙，用膏状复合物连续填充。包带（或内衬套）和护套之间的间隙，宜用涂覆复合物连续充满或连续放置阻水带、阻水纱或热熔胶，也可间隔设置阻水环。

4.3.2 填充复合物和涂覆复合物应符合 YD/T 839.2—2000 规定，阻水带应符合 YD/T 1115.1—2001 的规定，阻水纱应符合 YD/T 1115.2—2001 的规定。

4.4 护套

4.4.1 概述

在缆芯外宜先挤包一层无卤阻燃隔氧层，厚度最小为 0.6 mm。无卤阻燃材料应符合 YD/T 1113—2001 的规定。在隔氧层外宜纵包一挡潮层。挡潮层可采用钢塑复合带（S 护套）或铝塑复合带（A 护套），复合带应符合 YD/T 723.3—2007 的规定。

4.4.2 钢-聚乙烯护套（S 护套）

S 护套光缆应在隔氧层外施加一层纵包搭接的皱纹钢塑复合带挡潮层，再同时挤包一层阻燃聚乙烯套，使阻燃聚乙烯套与复合带之间、以及复合带两边缘搭接处的带子之间相互粘结为一体。复合带纵包后的皱纹应成环状，其搭接的重迭宽度应不小于 5 mm 或纵包前直径小于 8.0 mm 时不小于缆芯周长的 20%。阻燃聚乙烯套厚度应不小于 1.5 mm；但有 33 型或 333 型外护层时，应不小于 0.8 mm。

4.4.3 铝-聚乙烯护套（A 护套）

A 护套光缆应在隔氧层外施加一层纵包搭接的铝塑复合带挡潮层，并同时挤包一层阻燃聚乙烯套，使阻燃聚乙烯套与复合带之间、以及复合带两边缘搭接处的带子之间相互粘结为一体。复合带搭接的重叠宽度应不小于 5 mm 或缆芯直径小于 8.0 mm 时不小于缆芯周长的 20%。阻燃聚乙烯套厚度应不小于 1.5 mm；但有 53 型外护层时，应不小于 0.8 mm。

4.4.4 阻燃聚乙烯护套（Y 护套）

Y 护套光缆应在隔氧层外挤包一层阻燃聚乙烯护套，厚度应不小于 1.6 mm；但有 53 型或 63 型外护层时，应不小于 0.8 mm。

4.5 外护层

4.5.1 概述

外护层由铠装层和外套两部分组成。铠装层通常有 5 型、3 型和 33 型。护层的外套宜采用无卤阻燃聚烯烃材料，当用户有要求时，也可采用其他阻燃材料。无卤阻燃聚烯烃性能应符合 YD/T 1113—2001 的规定。外套表面应圆整光滑，任何横断面上均应无目力可见的气泡、砂眼和裂纹。

4.5.2 5 型铠装层

5 型铠装层应采用与 S 护套相同的结构（见 4.4.2），但聚乙烯外套厚度的标称值为 2.0 mm，最小值应不小于 1.6 mm，任何横断面上的平均值应不小于 1.8 mm。护套与钢带之间应用阻水带或阻水纱、阻水环或其他阻水材料进行阻水。

4.5.3 3型和33型铠装层

3型铠装层是在护套外施加一层螺旋层绞的细圆镀锌钢丝铠装层，33型铠装层是在护套外施加两层绞合方向相反的螺旋层绞细圆镀锌钢丝铠装层。

4.5.4 外套

外套任一点的厚度应不小于1.6 mm。

4.6 交货长度

光缆的标准制造长度标称值应为1 000 m、2 000 m或3 000 m。

光缆交货长度应是标准制造长度或订货合同中商定的长度，交货长度容差为0～50 m。

4.7 标志

4.7.1 光缆应在护套或外护层表面沿长度方向作永久性标志，标志应清晰并不影响光缆的任何性能。相邻标志的起始点的距离应不大于1 m。矿用安全标志应符合AQ 1043—2007中4.1的规定。标志的内容包括：

a) 制造厂名称或商标；
b) 产品型号；
c) 计米长度；
d) 制造年份或生产批号；
e) 矿用产品安全标志。

4.7.2 标志中计米长度的误差应在0～1%范围。

5 技术要求

5.1 光缆中的光纤特性

5.1.1 单模光纤

5.1.1.1 光缆中单模光纤应符合GB/T 9771—2008关于B1.1类、B1.3类、B4类或B5类单模光纤的规定。

5.1.1.2 光缆中单模光纤的衰减系数应符合表2的规定。

表2 单模光纤衰减系数

光纤类别	B1.1和B1.3				B4和B5		
使用波长/nm	1 310	1 383	1 550	1 625	1 460	1 550	1 625
衰减系数(最大值)/(dB/km)	0.36 0.40	0.36 0.40	0.22 0.25	0.26 0.30	0.36 0.40	0.22 0.25	0.26 0.30

注1：B1.1类光纤不能在1 383 nm区使用，表中1 383 nm的规定不适用于B1.1类光纤。

注2：B4类光纤通常不要求在1 460 nm区使用。

5.1.1.3 在光纤后向散射曲线上，任意500 m长度上的实测衰减值与全长上平均每500 m的衰减值之差应不大于0.05 dB。

5.1.1.4 光缆的截止波长为：对 B1.1 类、B1.3 类光纤，$\lambda_{CC} \leqslant 1\ 260$ nm；对 B4 类和 B5 类光纤，$\lambda_{CC} \leqslant 1\ 450$ nm。

5.1.2 多模光纤

5.1.2.1 光缆中多模光纤应符合 GB/T 12357.1—2004 关于 A1a 类和 A1b 类多模光纤的规定。

5.1.2.2 光缆中多模光纤的衰减系数为：在 850 nm 波长应不大于 3.0 dB/km，在 1 300 nm 波长应不大于 1.0 dB/km。

5.1.2.3 光缆中多模光纤在 1 300 nm 波长不应有超过 0.1 dB 的衰减不连续点。

5.2 机械性能

5.2.1 机械性能项目

5.2.1.1 拉伸

按 6.4.1 进行拉伸试验。试验后，试样应无开裂等损伤。试验期间和试验后，附加衰减及应变应符合表 3 的规定。

表 3 拉伸力试验时光纤附加衰减和应变

光纤类型		在长期拉伸力下	在短暂拉伸力下	
			试验期间	试验后
多模光纤	在 850 nm 波长下	无明显附加衰减和应变	附加衰减不大于 0.60 dB	残余附加衰减不大于 0.50 dB
	在 1 300 nm 波长下		附加衰减不大于 0.40 dB 光纤应变不大于 0.2%	残余附加衰减不大于 0.30 dB 光纤无明显应变
单模光纤	在 1 310 nm 波长下		附加衰减不大于 0.10 dB 光纤应变不大于 0.2%	残余附加衰减不大于 0.05 dB 光纤无明显应变
	在 1 550 nm 波长下			

5.2.1.2 压扁

按 6.4.2 进行试验。试验后，试样应无开裂或穿透性机械损伤。

在长期压扁力下光纤无明显附加衰减。在短暂压扁力下，试验后应无明显附加衰减。试验期间多模光缆的附加衰减应不大于 0.50 dB，单模光缆的附加衰减应不大于 0.05 dB。

5.2.1.3 冲击

按 6.4.3 进行试验。试验后，试样应无开裂或穿透性机械损伤，多模光缆的附加衰减不大于 0.30 dB，单模光缆的附加衰减不大于 0.05 dB。

5.2.1.4 反复弯曲

按 6.4.4 进行试验。试验后，试样应无开裂或穿透性机械损伤，多模光缆的附加衰减不大于 0.30 dB，单模光缆的附加衰减不大于 0.05 dB。

5.2.1.5 扭转

按 6.4.5 进行试验。试验后，试样应无开裂或穿透性机械损伤，多模光缆的附加衰减不大于 0.30 dB，单模光缆的附加衰减不大于 0.05 dB。

5.2.1.6 卷绕

按 6.4.6 进行试验。试验后，试样应无开裂并保持通光。

5.2.2 最小弯曲半径

光缆允许的最小弯曲半径用光缆外径(*D*)表示，应符合表 4 的规定。

表 4 光缆允许的最小弯曲半径

外护层型式	无外护层	53 型、33 型、	333 型
静态弯曲	10 *D*	12.5 *D*	15 *D*
动态弯曲	20 *D*	25 *D*	30 *D*

5.3 外护层性能

5.3.1 电气导通性

按 6.5.1 进行试验。挡潮层铝带、钢带和金属铠装层应在光缆纵向分别保持电气导通。

5.3.2 抗拉强度和断裂伸长率

按 6.5.2 进行试验。外护层热老化前抗拉强度应不小于 10 MPa，热老化处理后变化率应不超过 20%。外护层热老化处理前断裂伸长率应不小于 125%，热老化处理后变化率应不超过 20%。

5.4 环境性能

5.4.1 温度循环

按 6.6.1 进行试验。温度衰减特性应符合表 5 的规定。

表 5 温度衰减特性

光纤类型		试验期间最大附加衰减 dB/km	试验后最大残余附加衰减 dB/km
单模光纤	在 1 310 nm 及 1 550 nm 波长下	0.10	0.05
多模光纤	在 850 nm 波长下	0.5	0.20
	在 1 300 nm 波长下	0.3	0.10

5.4.2 渗水

按 6.6.2 进行试验。试验后，试样末端应无水渗流，铠装层可不检验。

5.4.3 直流电压

对外护层中有金属层的光缆，按 6.6.3 进行试验。试验期间或试验后，试样外套应不击穿。

5.5 阻燃及耐火性

5.5.1 单根垂直燃烧

按 6.7.1 进行试验，试验后，试样应符合 MT/T 386—2011 中 4.4.2 的规定。

5.5.2 成束燃烧

按6.7.2进行试验。试验后,试样应符合MT/T 386—2011中4.4.3的规定。

5.5.3 耐火性

按6.7.3进行试验。试验后,试样验收要求待定。

5.6 标志耐磨性

按6.8进行试验。试验后,试样上的标志仍清晰可辨。

6 试验方法

6.1 总则

光缆进行机械试验时,衰减测量不确定度应不大于0.03 dB,温度循环试验时衰减测量不确定度应不大于0.02 dB/km。光纤应变测量不确定度应不大于0.01%。

光纤无明显附加衰减(或衰减系数无明显变化)或无明显应变是指,在测量不确定度之内的测量值的任何变化,均可忽略。

6.2 外观、结构尺寸和长度

6.2.1 外观及结构完整性

结构应在距光缆端不少于100 mm处用感观法检查其完整性及光缆中松套管和光纤色谱。

6.2.2 结构尺寸

松套管外径、壁厚及护套厚度和外护层厚度按GB/T 2951.11—2008的规定进行测量。

6.2.3 长度

长度应由光缆两端的计米标志的数字差确定,也可采用光学方法(如OTDR仪器)来测量。

6.2.4 标志

标志采用目力法检验。

6.2.5 计米标志误差

长度计量误差应是在适当长度上用钢皮尺沿光缆量得长度减去用计米数字确定的长度对前者的相对差。

6.3 光缆中的光纤特性

6.3.1 单模光纤

6.3.1.1 单模光纤的尺寸参数按GB/T 15972.20—2008进行测量。

6.3.1.2 单模光纤的衰减系数及衰减不连续性按GB/T 15972.40—2008进行测量。

6.3.1.3 单模光纤的截止波长按GB/T 15972.44—2008进行测量。

6.3.1.4 单模光纤的模长直径按GB/T 15972.45—2008进行测量。

6.3.2 多模光纤

6.3.2.1 多模光纤的尺寸参数按 GB/T 15972.20—2008 进行测量。

6.3.2.2 多模光纤的衰减系数及衰减不连续性按 GB/T 15972.40—2008 进行测量。

6.3.2.3 多模光纤的数值孔径按 GB/T 15972.43—2008 进行测量。

6.4 机械性能

6.4.1 拉伸

按 GB/T 7424.2—2008 方法 E1 进行。

a) 卡盘直径:不小于 30 倍光缆外径;

b) 拉伸力:施加的长期拉伸力不小于 600 N,短期拉伸力不小于 1 500 N。

6.4.2 压扁

按 GB/T 7424.2—2008 方法 E3 进行。施加的长期压力不小于 1 000 N,短期压力不小于 3 000 N。

6.4.3 冲击

按 GB/T 7424.2—2008 方法 E4 进行。

a) 冲锤重量和高度:冲锤重量 450 g,落高 1 m;

b) 冲击面半径:12.5 mm;

c) 冲击次数:每点冲击一次,共 5 个点,每点相距不大于 0.5 m。

6.4.4 反复弯曲

按 GB/T 7424.2—2008 方法 E6 进行。

a) 芯轴半径:不大于表 3 规定的允许动态弯曲半径;

b) 负载:不小于 150 N;

c) 弯曲次数:30 次。

6.4.5 扭转

按 GB/T 7424.2—2008 方法 E7 进行。

a) 轴向张力:不小于 150 N;

b) 受扭长度;1 m;

c) 扭转角度:铠装光缆为±90°,无铠装光缆为±180°。

d) 扭转次数:10 次。

6.4.6 卷绕

按 GB/T 7424.2—2008 方法 E11 进行。

a) 芯轴直径:不大于表 3 规定的允许动态弯曲半径;

b) 密绕圈数:每次循环 10 圈;

c) 循环次数:5 次。

6.5 外护层性能

6.5.1 电气导通性

采用万用表、蜂鸣器、指示灯或其他合适仪器进行测量。将万用表(或其他仪器)的两根引线分别接于金属挡潮层和铠装层的两端,由万用表的指示来判断金属挡潮层和铠装层的导通情况。

6.5.2 抗拉强度和断裂伸长率

首先对试样按 GB/T 2951.42—2008 进行抗拉强度和断裂伸长率试验。接着按 GB/T 2951.12—2008 进行热老化试验，热老化处理温度为 100 ℃±3 ℃，热老化处理应不小于 240 h。最后再按 GB/T 2951.42—2008 进行抗拉强度和断裂伸长率试验。

6.6 环境性能

6.6.1 温度循环

按 GB/T 7424.2—2008 方法 F1 进行。

a) 试样长度：不小于 1 km；

b) 温度范围：低温 −20 ℃±3 ℃，高温 60 ℃±3 ℃；

c) 极限温度下保温时间应不少于 12 h；

d) 循环次数：2 次。

6.6.2 渗水

按 GB/T 7424.2—2008 方法 F5B 进行。从每盘光缆上一端截取约 3 m 的试样。

6.6.3 直流电压

按 GB/T 3048.14—2007 进行。

a) 试样为整盘光缆，试样浸水 24 h，两端向上露出水面约 1 m；

b) 施加电压：除非另有规定，1.5 kV；

c) 电压保持时间 2 min；

d) 试验时负极接水，正极接试样中相互连在一起的金属体。

6.7 阻燃及耐火性

6.7.1 单根垂直燃烧

按 GB/T 18380.12—2008 规定的试验方法进行。

6.7.2 成束燃烧

按 GB/T 18380.35—2008 中规定的 C 类方法进行。

6.7.3 耐火性

按 IEC 60331-11 和 IEC 60331-25 进行。

6.8 标志耐磨性

按 GB/T 7424.2—2008 方法 E2B 进行。

a) 负载：20 N；

b) 循环次数：不少于 10 次。

6.9 包装

包装检验采用目力法。

7 检验规则

7.1 术语限定

7.1.1 单位产品

一个单位产品应是一盘允许交货长度的光缆。

7.1.2 检验批

出厂检验批应由同时提交检验的若干相同型号的单位产品组成，这些单位产品应是在同一连续生产期内(例如 1 天或 1 周)、采用相同的材料和工艺制造出来的产品。

7.1.3 样本单位

一个样本单位是从检验批中随机抽取的一个单位产品。

7.1.4 试样

一个试样应是样本单位的全段光缆或者是从其上取的一小段光缆，该小段可在试验前截取成独立段，也可试验后再从全段上截除。每一试样的长度应符合有关试验方法的规定。

7.2 检验分类

分出厂检验和型式检验。检验项目、方法和规则应符合表 6 的规定。

表 6 检验项目和试验方法

序号	项目	要求章条号	试验方法章条号	检验规则	
				出厂	型式
1	光缆结构完整性及外观	4.1～4.5	6.2	100%	7.4
2	识别色谱	4.2.2	6.2.1	100%	
3	光缆结构尺寸				
3.1	松套管外径和壁厚	4.2.2.1.1	6.2.2	10%	
3.2	护套和外套的厚度	4.4 4.5	6.2.2	100%	
4	光缆长度	4.6	6.2.3	100%	
5.1	标志完整性	4.7.1	6.2.4	100%	
5.2	计米标志误差	4.7.2	6.2.5	—	
6	光纤特性				
6.1	单模光纤				
	a) 尺寸参数	5.1.1.1	6.3.1.1	5%且不少 4 根	
	b) 衰减系数	5.1.1.2	6.3.1.2	100%	
	c) 衰减不连续性	5.1.1.3	6.3.1.2	10%且不少于 6 根	
	d) 模场直径	5.1.1.1	6.3.1.3	5%且不少 4 根	
	e) 截止波长	5.1.1.4	6.3.1.4	5%且不少 4 根	

表 6（续）

序号	项　　目	要求章条号	试验方法章条号	检验规则	
				出厂	型式
6.2	多模光纤				7.4
	a) 尺寸参数	5.1.2.1	6.3.2.1	5%且不少4根	
	b) 衰减系数	5.1.2.2	6.3.2.2	100%	
	c) 衰减不连续性	5.1.2.3	6.3.2.2	10%且不少6根	
	d) 数值孔径	5.1.2.1	6.3.2.3	5%且不少4根	
7	光缆的机械特性	5.2	6.4	—	
8	护层性能				
8.1	金属挡潮层和铠装层的电气导通性	5.3.1	6.5.1	100%	
8.2	拉伸强度和断裂伸率	5.3.2	6.5.2	—	
9	光缆环境性能			—	
9.1	温度循环	5.4.1	6.6.1	—	
9.2	渗水	5.4.2	6.6.2	100%	
9.3	直流电压	5.4.3	6.6.3	—	
9.4	阻燃光缆的燃烧性能				
	阻燃性	5.5.1 和 5.5.2	6.7.1 和 6.7.2	—	
10	包装	9.1	6.9	100%	

注 1：出厂检验栏目中的百分数是按单位产品数抽检的最小百分比，光缆中光纤数小于最少抽样数时应不全部光纤。

注 2：光缆端的光纤尺寸参数、多模光纤的数值孔径、单模光纤的模场直径、截止波长允许用光纤成缆前可追溯的同端头的实测值作为出厂检验值。

7.3 出厂检验

7.3.1 抽样方案

出厂检验以盘为样本单位，抽样按表 6 的规定。每批至少抽 1 个样本单位。检验样本单位内的光纤特性时，应在随机的原则下光纤分布于不同的松套管和各不同颜色。

7.3.2 判定规则

如单位产品在所检验中任一项不合格，则判该单位产品为不合格品。

7.3.3 重新检验

被试样本如有不合格项目时，应重新抽取双倍数量的样本就不合格项目进行检验，如果是光纤特性不合格，应重测双倍数量样本中的全部光纤。如仍有不合格时，则应对该批全部光缆的这一项目进行检验。

7.3.4 不合样本单位的处理

不合格品如果有可能修复或去除缺陷部分后，仍然符合制造长度要求时，可以重新单独提出检验。重新检验时应和新的检验批分开，并作上标记。重新检验项目应包括原不合格项目和其他有关项目。

7.4 型式检验

7.4.1 检验项目

型式检验是对产品质量进行全面考核，检验项目应包括表6所列全部项目。

7.4.2 检验周期

光缆产品在下列情况之一时，应进行型式检验：

a) 光缆产品试制定型鉴定时；
b) 光缆结构、材料、工艺改变可能影响产品性能时；
c) 正常连续生产时，二年应进行一次；
d) 停产半年以上，恢复生产时；
e) 出厂检验结果与上次型式试验有较大差异时。

7.4.3 抽样方案

型式检验的样本单位为盘，每盘不小于1.5km，从出厂检验合格后的检验批中抽取，且是在生产中用通常使用的设备和正常工艺所生产的产品，其规格应有代表性。

7.4.4 判定规则

如果1个样本未能通过其他检验的任一项试验，允许重新抽取双倍样本单位就不合格项目进行试验，如果都能通过试验，则可判定为合格；如果仍有任一项不能通过试验，则应判定为不合格。

7.4.5 样本单位处理

已经通过型式检验的样本单位，如果是短段试样，不能作成品交货；如果是在端部进行试验的大长度试样(例如标准制造长度)，切除由于进行压扁、冲击、扭转等试验产生的缺陷部分后，只要符合交货长度规定，可作为成品交货。

8 使用说明书

使用说明书中除应包括9.2规定内容之外，还应说明本标准规定光缆的安装和运行要求，其中应包括：

a) 光缆在施工时允许的暂拉力和运行使用时允许的长期力；
b) 光缆在施工时允许的暂压力和运行使用时允许的长期压力；
c) 在动态弯曲时(例如施工时)，允许弯曲半径；在布放定位时静态允许弯曲半径。

9 包装、运输和贮运

9.1 包装

9.1.1 光缆产品应装在光缆交货盘上出厂。每盘只能是一个制造长度，光缆的盘筒体直径应不小于光缆外径的30倍。

9.1.2 盘装光缆的最外层与缆盘侧板边缘的距离应不小于60 mm。光缆两端应密封和具有表示端别的颜色标志,A端为红色,B端为绿色。并且,光缆两端应固定在盘子内,其内端应预留可移出长度不少于3 m,以供测试之用。

9.1.3 光缆盘上应标明:

a) 制造厂名称和产品商标;

b) 光缆标记;

c) 长度,km;

d) 毛重,kg;

e) 制造年、月;

f) 表示缆盘正确旋转方向的箭头;

g) 矿用产品安全标志。

9.2 运输和贮运

光缆运输和贮存时应注意:

a) 不得使缆盘处于平放方位,不得堆放;

b) 盘装光缆应按缆盘标明的旋转箭头方向滚动,但不得作长距离滚动;

c) 不得遭受冲撞、挤压和任何机械损伤;

d) 防止受潮和长时间暴晒;

e) 贮存温度应控制在−30 ℃~60 ℃范围内。如超出这个温度范围,交付使用前应进行复检。

附 录 A
（资料性附录）
光缆的常见型式及用途

表 A.1

常见型式	名　　称	主要用途
GGTZS	金属加强构件、松套层绞填充式、钢—聚乙烯粘结护套矿用阻燃通信光缆	潮湿的平巷或斜巷
MGTZA53	金属加强构件、松套层绞填充式、铝—聚乙烯粘结护套、纵包皱纹钢带铠装聚乙烯套矿用阻燃通信光缆	竖井或斜井
MGTZA	金属加强构件、松套层绞填充式、铝—聚乙烯粘结护套矿用阻燃通信光缆	平巷或斜巷
MGTZY53	金属加强构件、松套层绞填充式、聚乙烯护套、纵包皱纹钢带铠装聚乙烯套矿用阻燃通信光缆	机械损伤较严重的平巷或斜巷
MGTZA33	金属加强构件、松套层绞填充式、铝—聚乙烯粘结护套、细圆钢丝铠装聚乙烯套矿用阻燃通信光缆	竖井或斜井
MGFTZS	非金属加强构件、松套层绞填充式、钢—聚乙烯粘结护套矿用阻燃通信光缆	平巷或斜巷
MGFJZY	非金属加强构件、紧套层绞、聚乙烯护套矿用阻燃通信光缆	井下监控
MGXTZA	金属加强构件、中心管填充式、铝—聚乙烯粘结护套矿用阻燃通信光缆	平巷或斜巷
MGXTZY	金属加强构件、中心管填充式、聚乙烯护套矿用阻燃通信光缆	平巷或斜巷
MGXTW	金属加强构件、中心管填充式、夹带钢丝的钢—聚乙烯粘结护套矿用阻燃通信光缆	平巷或斜巷
MGFXTZY	非金属加强构件、中心管填充式、聚乙烯护套矿用阻燃通信光缆	井下监控

ICS 33.020
M 30

中华人民共和国国家标准

GB/T 28519—2012

通信产品能耗测试方法通则

General principles of energy consumption test methods for telecommunication equipment

2012-06-29 发布　　2012-10-01 实施

中华人民共和国国家质量监督检验检疫总局
中国国家标准化管理委员会　发布

前言

本标准按照 GB/T 1.1—2009 给出的规则起草。

本标准由中华人民共和国工业和信息化部提出。

本标准由中国通信标准化协会归口。

本标准起草单位：工业和信息化部电信研究院、中讯邮电咨询设计院有限公司、华为技术有限公司、上海贝尔股份有限公司、诺基亚西门子通信（上海）有限公司、中兴通讯股份有限公司、北京展讯高科通信技术有限公司。

本标准主要起草人：刘伟、王殿魁、肖劲强、王敏、夏欣、史庆飞、师延山、王建刚、孙淑英。

通信产品能耗测试方法通则

1 范围

本标准规定了通信产品能耗测试的基本测试要求及测试方法。

本标准适用于由交流或直流电源供电的通信产品及电池供电的通信产品。

2 测试基本要求

2.1 测试环境

2.1.1 概述

测试环境应考虑温度、湿度、气压、电场和磁场等因素的影响，如果对被测设备有特殊的测试环境要求，应在规定的测试环境下测试，如无特殊测试环境要求，则应在2.1.2～2.1.5要求的环境下测试。

2.1.2 温度

被测设备应在23 ℃±5 ℃的温度下进行测试。

2.1.3 湿度

被测设备应在30%～75%的相对湿度下进行测试。

2.1.4 大气压

被测设备应在86 kPa～106 kPa的大气压下进行测试。

2.1.5 电压

a） 直流供电设备：

——对额定值包含－48 V的被测设备，应选择－53 V±1 V直流电压进行测试；

——对额定值包含±24 V的被测设备，应选择±27 V±0.5 V直流电压进行测试；

——对使用其他直流电压等级的被测设备，应选择额定输入电压进行测试，允许偏差±2%。

b） 交流供电设备：

——单相供电应在220(1±0.01)V、50(1±0.01)Hz的交流电压条件下测试；

——三相供电应在380(1±0.01)V、50(1±0.01)Hz的交流电压条件下测试。

2.2 测量仪表

用于测量被测设备的功率的仪表，应达到以下要求：

a） 不小于80 kHz的输入带宽；

b） 真有效值交流电压表精度优于1%；直流电压表精度优于0.5%；

c） 真有效值交流电流表精度优于1%；直流电流表精度优于0.5%；

d） 峰值因数不小于5。

2.3 供电电源

a） 直流电源：负载和电源调整率均不大于2%，输出纹波(峰值)不大于3%；

b） 交流电源：输出电压调整率和负载调整率均不大于1%，2次～39次总谐波失真不大于5%。

2.4 最小测量周期

除非补充标准有特殊要求，测量周期应不小于5 min。如果被测设备的一个循环周期或节能模式需要更长的时间，应延长最小测量周期以确保能够准确评价测量结果。

3 测试方法

3.1 被测设备的组成

被测设备可以是一个单独的设备单元，也可以是多个结构上独立、电气上互连的设备单元组成(见图1)。设备内部也可以含有电源。

信号线缆的连接件应认为是设备一部分。

3.2 测试一般要求

a） 测量稳定工作状态下(可重现)的能耗，被测设备的工作状态由补充标准确定，测试前，被测产品应在规定的工作状态和配置下，工作一段时间以达到稳定状态。

b） 如无特殊说明，在本标准和补充标准中，应采用输入有功功率的平均功率。平均功率是对一段时间的即时功率的平均，可以通过公式(1)计算获得：

$$\overline{W}=\frac{\int W}{t} \qquad (1)$$

式中：

$\overline{W}$——平均功率；

W——功率；

t ——积分时间。

c） 补充标准中应至少规定被测设备的测试配置，工作状态和测量周期。

d） 如被测设备在销售时提供AC/DC、DC/DC或AC/AC适配电源，则被测单元中应包含适配电源。

e） 对远程供电系统中被供电的设备，如可行，则使用交直流电源按照额定输入电压对设备进行供电测试。如使用交直流电源无法按照规定的配置和状态工作，则需要将测试设备安装在远端馈电线的被测设备一端。

f） 对含有电池作为续能供电的设备，受测时应关闭或移除电池系统。如设备在关闭或移除电池系统后不能正常工作，应先对电池组充电，充电过程结束后，再进行输入功率的测试。

g） 对正常使用过程中仅使用电池的设备，受测时采用直流稳压电源替代电池组供电。如无电池无法工作，则可以使用模拟电池或其他可行的方法供电。

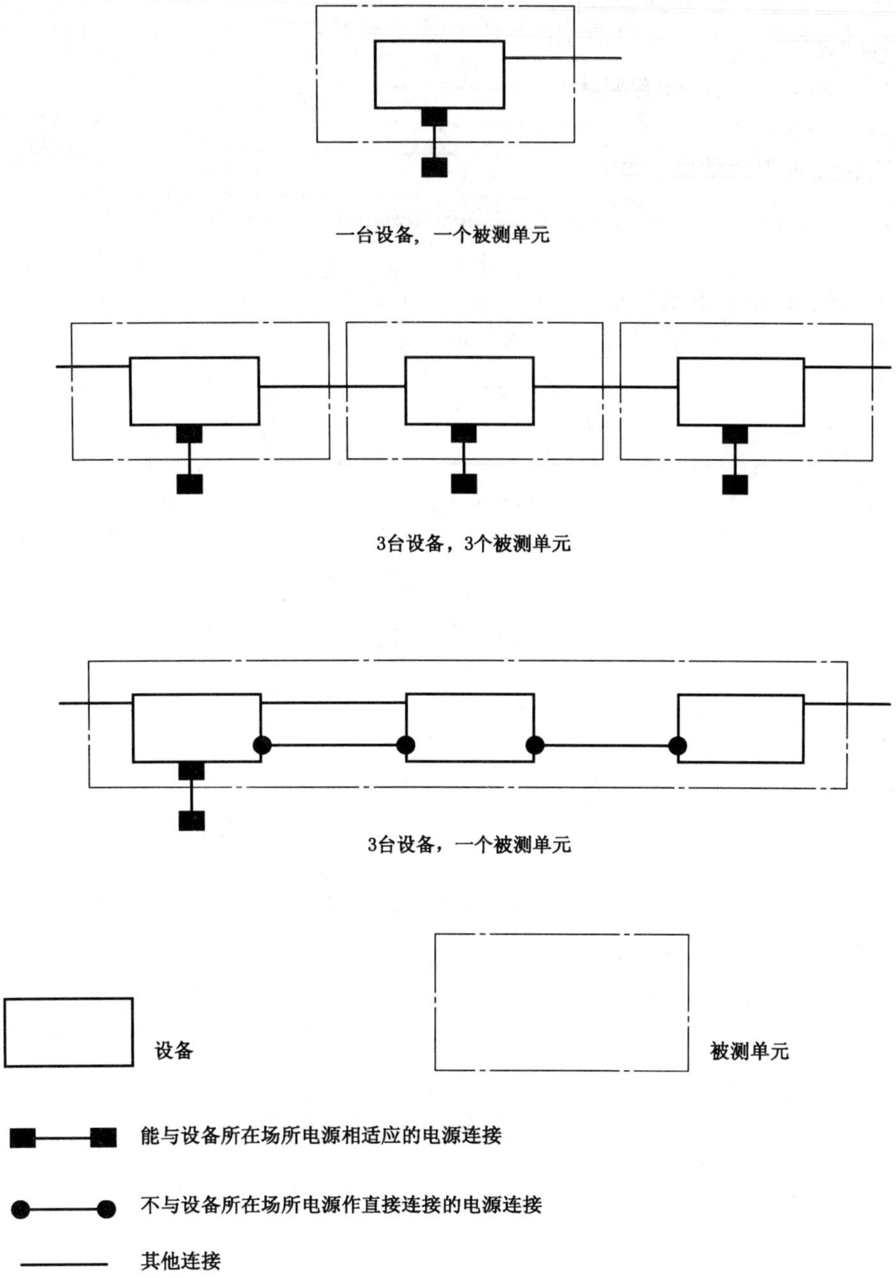

图 1　被测设备单元划分示意图

4　报告要求

测试报告应至少包括下面所列信息：

- 所用到的补充标准；
- 被测设备名称、型号、输入参数；
- 测试日期和地点；
- 2.1 要求的测试环境；
- 被测设备物理配置，包括物理尺寸和用于测试的安装方式；

- 被测设备的软件和(或)硬件版本;
- 被测设备的配置;
- 选择的配置说明(含实测配置照片);
- 被测状态的描述;
- 实现被测状态所用的辅助设备;
- 连接框图;
- 实际测量周期;
- 测量仪表的描述,包括校准日期;
- 在相关补充标准中定义的测试条件下的测量结果;
- 测试人员。

ICS 29.220.99
M 42

GB

中华人民共和国国家标准

GB/T 28520—2012

通信局站用智能热交换系统

Intelligent heat exchanger for telecommunication stations/sites

2012-06-29 发布　　2012-10-01 实施

中华人民共和国国家质量监督检验检疫总局
中国国家标准化管理委员会　发布

前　言

本标准按照 GB/T 1.1—2009 给出的规则起草。

本标准由中华人民共和国工业和信息化部提出。

本标准由中国通信标准化协会归口。

本标准起草单位：工业和信息化部电信研究院、中国移动通信集团公司、中国电信集团公司、中国联合网络通信有限公司、中讯邮电咨询设计院、中达电通股份有限公司、广州珠江电信设备制造有限公司、广东高新兴通信股份有限公司、北京非凡鸿盛科技发展有限公司、河北博宇节能设备有限公司。

本标准主要起草人：熊兰英、高建、魏巍、杨世忠、侯福平、李峙、王殿魁、余斌、赵昕、张瑜、贾骏、伍开勇、熊九军、甘小平、孙如刚。

通信局站用智能热交换系统

1 范围

本标准规定了通信局站用智能热交换系统的产品分类、技术要求、试验方法、检验规则、标志、包装、运输、贮存。

本标准适用于通信局站用智能热交换系统。

2 规范性引用文件

下列文件对于本文件的应用是必不可少的。凡是注日期的引用文件，仅注日期的版本适用于本文件。凡是不注日期的引用文件，其最新版本（包括所有的修改单）适用于本文件。

GB/T 191 包装储运图示标志

GB/T 2829—2002 周期检验计数抽样程序及表（适用于对过程稳定性的检验）

GB/T 3873 通信设备产品包装通用技术条件

GB 10080—2001 空调用通风机安全要求

GB 10891—1989 空气处理机组安全要求

YD/T 282—2000 通信设备可靠性通用试验方法

YD/T 1173—2010 通信电源用阻燃耐火软电缆

YD/T 1363.3—2005 通信局（站）电源、空调及环境集中监控管理系统 第3部分：前端智能设备协议

YD/T 1429—2006 通信局（站）在用防雷系统的技术要求和检测方法

YD/T 1821—2008 通信中心机房环境条件要求

YD 5098—2005 通信局（站）防雷与接地工程设计规范

JB/T 4330—1999 制冷和空调设备噪声的测定

3 术语和定义

下列术语和定义适用于本文件。

3.1

通信局站用智能热交换系统 intelligent heat exchanger for telecommunication stations/sites

利用室外自然冷空气，通过智能控制将外部冷空气经过净化后直接引入设备，在设备内部通过隔离的显热交换芯体与机房内部热量进行交换，排出机房内部热量的空气调节系统。其本身不带任何制冷元件，实现室内风冷降温，减少局站空调能耗。

3.2

标准测试工况 standard testing situation

室内温度为26 ℃～30 ℃，室内外温差为10 ℃，室内外相对湿度为45%。

注：室内温度为26 ℃～30 ℃是YD/T 1821—2008中规定的一、二、三类通信机房的最高温度，测试时只取其中一个温度值计算显冷量。

3.3

额定风量 normal air flow rate

在标准测试工况下，单位时间内设备吸入或排出的空气体积流量，单位为立方米每小时（m^3/h）。

3.4

额定换热量(制冷量)　normal heat-exchanged capacity

在标准测试工况下,单位时间通过系统内换热的换热量,单位为瓦(W)。

3.5

消耗功率　consumed power

在达到额定风量的状态下,热交换系统(包含风机及其系统外围控制器件)所消耗的总电功率,单位为瓦(W)。

3.6

系统换热效率　system heat-exchanged efficiency

在标准测试工况下,系统以标称风量工作,室内侧进、出风口处温差与室内、外进风口处温差之比。

4　热交换系统的分类与主要组成部分

4.1　热交换系统分类

小型系统:额定风量≤1 000 m^3/h;

中型系统:1 000 m^3/h<额定风量<4 000 m^3/h;

大型系统:额定风量≥4 000 m^3/h。

4.2　热交换系统主要组成部分

换热系统主要由换热芯体、内循环风机、外循环风机、控制器、环境监测传感器和其他安装附件组成。

5　技术要求

5.1　环境条件

5.1.1　适用环境条件

热交换系统在下列环境条件下应能正常工作:

室内环境温度为:5 ℃～40 ℃;

室外环境温度为:－30 ℃～45 ℃;

相对湿度为:≤90%;

海拔高度:建议小于 2 000 m,超过 2 000 m 时需降额使用或特殊设计。

5.1.2　电源

DC:－40 V～－57.6 V(－48 V 供电时);19 V～28 V(24 V 供电时)。

AC:单相 187 V～253 V;三相 323 V～437 V。

频率:50 Hz±2 Hz。

5.2　额定送风量与显冷量基本参数

在标准测试工况下,热交换系统的换热效率为 55%时,按 6.2 中显冷量公式计算,额定送风量与显冷量的基本参数见表 1、表 2。

表 1 中、小型系统可参考基本参数

送风量/(m^3/h)	800	1 200	2 000	2 400	3 000
显冷量/kW	1.45	2.2	3.6	4.3	5.4

表 2 大型系统可参考基本参数

送风量/(m^3/h)	4 000	5 000	6 000	8 000	10 000
显冷量/kW	7.2	9.1	10.9	14.5	18.1

5.3 可靠性要求

智能热交换系统硬件设备应有高可靠性，整个系统的平均故障间隔时间(MTBF)不小于 20 000 h，使用寿命不小于 10 年。

5.4 安全要求

5.4.1 智能热交换系统的安全要求应符合 GB 10080—2001 及 GB 10891—1989 的相关规定；

5.4.2 智能热交换系统的机壳应具备足够的强度，室外部分应采用高强度材料，并经相应的防腐、防锈处理。

5.4.3 智能热交换系统的电气控制及操作系统应安全可靠，接线牢固，接地要求符合 YD 5098—2005 相关要求。

5.4.4 智能热交换系统应有抗浪涌保护装置对控制板进行保护，并符合 YD/T 1429—2005 的相关规定。

5.4.5 智能热交换系统所采用的所有线缆应符合 YD/T 1173—2010 中有关阻燃的要求。采用的交流接触器等控制执行部件应通过相关国家认证。

5.5 密闭性

5.5.1 智能热交换系统应具备隔离装置，防止雨水、动物等的入侵；

5.5.2 智能热交换系统进/排风口处在停止工作时应有保温措施，防止室外空气对室内温度的影响。

5.6 保护与告警

5.6.1 智能热交换系统告警时，应及时向机房监控系统上传告警信息；

5.6.2 智能热交换系统室外、室内任何温度传感器故障，系统应能发出告警，并停止风机，启动空调来保障室内环境；

5.6.3 智能热交换系统风机发生故障或损坏时，系统应能发出告警，并停止风机。

5.6.4 智能热交换系统在采用直流供电时检测到局站蓄电池电压低于设定电压点时，应能发出告警，自动关闭智能热交换系统，并能在供电电压恢复后系统自动投入运行。

5.7 运行噪声(声压级)

运行噪声见表 3。

表 3　系统工作噪声

项目名称		交流供电		直流供电
		220 V	380 V	
小型	室内	<64 dB		
	室外	<60 dB		<55 dB
中型	室内	<68 dB	<68 dB	
	室外	<64 dB	<64 dB	
大型	室内	<74 dB	<74 dB	
	室外	<68 dB	<68 dB	
注：室外噪声为距离设备 1 m 处测量值。				

5.8　结构与外观

5.8.1　机组外观、设备阀门和管道的表面应保持整洁光洁、色泽均匀无明显变色，无锈蚀、油漆剥落、起皮及明显的划痕、毛刺。

5.8.2　所有机件的装配牢固可靠，丝印和标贴应清晰、端正，无歪斜和错位现象；结构件无松动、塑料件无破损。

5.8.3　系统硬件设备的总体结构应充分考虑安装、维护和扩充或调整的灵活性。其安装固定方式应具有防震和抗震措施，设备在常规的运输、储存和安装后，不产生破损、变形。

5.9　智能控制部分

5.9.1　热交换系统应采用微处理控制器，具备中文操作界面，系统可选择手动、自动运行模式。

5.9.2　热交换系统应实时监测室内及室外温度、湿度。当室外温度低于某个设定值时，控制器开启热交换系统风机引进室外新风，关闭机房空调达到节能效果。在确保机房环境的前提下，依据室内外温湿度，控制风机、空调的切换运行。

5.9.3　在空调无法正常运行，系统判断室内温度高于室外温度且室外温度满足热交换系统启动条件时，应及时启动风机以控制室内温度。

5.9.4　应有有效防止热交换系统与空调频繁切换的功能设计。热交换系统与机房空调切换间隔时间应不小于 35 min。

5.9.5　热交换系统应具有来电自启动功能。

5.9.6　热交换系统宜具有与空调联动的功能（可选），包括：

a）　热交换系统应与局站原有空调联动，热交换系统优先工作，以保证最大可能的节能；

b）　在热交换系统不能满足室内热负荷的情况下，应发出信号启动空调；当热交换系统能够满足室内热负荷的要求时，应发出信号停止空调运行。

5.9.7　显示与查询功能

在显示面板上可进行设定、查询记录等操作，断电后应能保存设定值和记录的信息。系统应可查询室内外温湿度，进风装置、排风装置与空调等的历史运行状态，系统风机、空调的累积运行时间以及相关告警信息等。

5.9.8 控制与显示

系统中的温度显示精度为±0.1 ℃,控制精度为±1 ℃;相对湿度显示精度为±1%,控制精度为±5%,控制可靠,告警准确。

5.9.9 遥测、遥信及遥控

通信接口:可选择使用 RS232/RS422/RS485 接口,接口通信协议应符合 YD/T 1363—2005 中 B.13 分散空调通信协议。遥测、遥信、遥控项目至少应满足如下要求:

遥测:室内外温度、湿度。

遥信:智能热交换系统进、排风风机的运行状态,系统的工作状态,正常/故障状态。

遥控:智能热交换系统开关机控制,能对系统的运行控制参数进行远程设置。

5.10 过滤网要求

5.10.1 智能热交换系统室外侧应根据安装地点实际情况配置过滤器,以防虫、鸟、树叶等杂物进入。

5.10.2 智能热交换系统室内侧应配置过滤网。

5.11 热交换系统能效比

在标准测试工况下,智能热交换器系统的显冷量与所用电功耗之比:小型系统能效比≥8,中型系统能效比≥5,大型系统能效比≥4。

6 检验方法

6.1 检验仪器与精度

检验仪器与精度要求见表 4。

表 4 仪器及精度要求

类　别	仪表名称及型式	精　度
温度测量仪表	水银玻璃温度计 电子式温度计	±0.1 ℃
微型风压力测量仪表	压力 皮托管(风速)	±0.01 mmHg,读数的±1%±1 Pa 在 10.16 m/s 下,±1.5%
风速仪	热球风速仪 电子式;转速式	±1%
风量流速表 (风速、温度、相对湿度)	风速 温度;相对湿度	读数的±3%或±0.015 m/s ±0.3 ℃; ±3%RH
套帽式风量罩	(42～4 250)m^3/h	读数的±3%或±12 m^3/h
电能质量分析仪		电压:交流±(0.7%读数+2 字)～±(2.0%读数+20 字); 直流±(0.1%读数+2 字)。 电流:交流 ±(1%读数+2 字); 直流 ±(0.2%读数+2 字)。 电阻:±(0.2%读数+2 字)。
声级计		衰减分档及刻度误差≤±0.2 dB

6.2 额定送风量与显冷量基本参数的参考值

在模拟标准测试工况条件下和系统在输出额定风量工作时，使用风速测量仪在进风设备出风口处(距离出风口(50～100)mm 的距离)均布取 N(N≥13)个测试点。取各点测试的加权平均值，按公式(1)计算即为出风口风速及风量。

$$V_{风}=\left(\sum_{1}^{N}V_{n}\right)/N\ ;\quad L_{风量}=S\times 3\,600\times V_{风} \qquad (1)$$

式中：

S ——出风口面积；

3 600——小时到秒的转换系数。

按公式(2)计算显冷量，单位 kW(在标准大气压取值)：

$$Q_{S}=C_{p}\times\rho\times L\times\Delta T/860\times\eta \qquad (2)$$

式中：

Q_S —空气的显冷量；

C_p ——空气比热(0.24 kcal/kg·℃)；

ρ ——空气密度(1.18 kg/m³)；

L ——室内总送风量，m³/h；

ΔT——室内外温差；

η ——系统换热效率。

6.3 可靠性要求

按 YD/T 282—2000 中第 6 章相关要求进行，其结果应符合 5.3 要求。

6.4 安全要求

按 GB 10080—2001、GB 10891—89、YD/T 1173、YD 5098—2005 和 YD/T 1429—2005 中相关规定和检测方法分别进行检查。其结果应符合 5.4 要求。

6.5 系统密闭性

按 5.5 的规定进行运行检查应符合要求。

6.6 系统保护与告警检查

在模拟标准测试工况下，按 5.6 要求模拟各种告警功能试验并检查结果应符合要求。

6.7 运行噪声

在模拟标准测试工况下和系统在输出额定风量工作时，按 JB/T 4330—1999 中方法，在外循环出风口、内循环出风口 1 m 处进行运行噪声的检测，结果应符合 5.7 要求。

6.8 结构与外观检查

按照本标准 5.8 要求采用目测方式试验，结果应符合要求。

6.9 智能控制部分

6.9.1 按 5.9.1 和 5.9.2 要求目测是否达到要求；

6.9.2 在模拟标准测试工况下和系统在输出额定风量工作时，按 5.9.3、5.9.4、5.9.5、5.9.6、5.9.7、

5.9.8、5.9.9 的要求进行温度设定范围和系统控制精度的测试；自启动功能、防止设备频繁切换、控制联动和显示查询及三遥功能等的检查，结果应符合要求。

6.10 过滤网要求

按 5.10 的规定进行检查并符合要求。

6.11 系统能效比

在模拟标准测试工况条件下和系统在输出额定风量工作时，用电能质量分析仪测出系统所消耗总电功率，再按 6.2 方法计算出显冷量与所消耗的电功率之比，结果应符合 5.11 要求。

7 检验规则

7.1 检验分类

出厂检验和型式检验。

7.2 出厂检验

7.2.1 出厂检验应逐台进行。

7.2.2 出厂检验的项目及判定按表 5 进行。

7.2.3 检验中出现任一故障，应停止检验，待查出故障原因并排除后，做出标记并重新进行出厂检验。如仍出现故障，则判该产品为不合格。

7.3 型式检验

7.3.1 连续生产的产品，一般两年进行一次。具有下列情况之一的均需做型式检验：

a) 产品停产一个周期以上又恢复生产；

b) 转厂生产再试制定型；

c) 正式生产后，如结构、材料、工艺有较大改变；

d) 产品投产前签定或质量监督机构提出。

7.3.2 型式检验的试验项目及判定见表 5。

表 5 检验项目及判定表

序号	项目名称		不合格判定		出厂检验		型式检验	要求	试验方法
			B类	C类	100%	抽样			
1	送风量与显冷量基本参数			○		√	√	5.2	6.2
2	系统可靠性要求		○			√	√	5.3	6.3
3	安全要求	室内外机壳强度、表面处理	○			√	√	5.4.2	6.4
		电气控制与接线、接地	○				√	5.4.3	
		抗浪涌保护等	○				√	5.4.4	
		电源线阻燃性等	○			√	√	5.4.5	
4	系统密闭性		○				√	5.5	6.5

表 5（续）

序号	项目名称		不合格判定		出厂检验		型式检验	要求	试验方法
			B类	C类	100%	抽样			
5	保护告警	能否上传告警信息	○			√	√	5.6.1	6.6
		温度传感器故障与告警	○				√	5.6.2	
		风机故障与告警	○				√	5.6.3	
		电池电压低	○				√	5.6.4	
6	噪声	室外风机	○				√	5.7	6.7
		室内	○				√	5.7	
7	外观结构	设备外观表面整洁、无毛刺		○			√	5.8.1	6.8
		丝印和标贴应清晰、无歪斜		○		√	√	5.8.2	
		机件牢固、无破损等	○				√	5.8.2	
		结构安装、维护和扩充的灵活性		○	√	√	√	5.8.3	
8	智能控制部分	系统界面与运行模式	○		√	√	√	5.9.1	6.9.1
		实时控制内容及切换功能	○				√	5.9.2	
		判断与启动功能	○				√	5.9.3	6.9.2
		防止设备频繁切换	○				√	5.9.4	
		来电自启动功能	○				√	5.9.5	
		联动功能(可选)	○			√	√	5.9.6	
		查询功能	○		√	√	√	5.9.7	
		控制精度	○				√	5.9.8	
9	智能控制部分	遥测、遥信及遥控						5.9.9	6.9.2
		接口及通信协议	○			√	√		
		遥测	○			√	√		
		遥信	○			√	√		
		遥控	○			√	√		
10		过滤网要求	○				√	5.10	6.10
11		系统能效比	○			√	√	5.11	6.11

7.3.3 型式检验按 GB/T 2829—2002 中表 2 判别水平Ⅰ的一次抽样方案在出厂检验合格的产品中抽取，数量为 2 台。产品质量以不合格数表示，不合格质量水平(RQL)应符合表 6 规定。

表 6 RQL 及判定数值表

不合格分类	B类	C类
RQL 及判定数值	40〔2;0,1〕	120〔2;2,3〕

8 标志、包装、运输、贮存

8.1 标志

8.1.1 产品表面应有中文标识,包括产品名称、产品型号、产品编号、制造厂名、制造日期、产品主要参数等。

8.1.2 包装标志

产品包装上应有标志并符合 GB/T 191 的规定。

8.2 包装

产品包装应采取防潮、防振,并符合 GB/T 3873 的规定。

8.3 产品随带文件

a) 产品合格证;

b) 产品说明书主要内容应包括:

  1) 产品名称和型号(规格);

  2) 产品概述(用途、特点、使用环境及主要使用性能指标和额定参数等);

  3) 安装和使用要求、接地说明、维护和保养注意事项;

  4) 常见故障及处理方法一栏表,售后服务事项和生产者责任;

c) 装箱清单(包括产品附件名称、数量、规格)及其他技术资料。

8.4 贮存运输

产品应贮存在干燥的通风良好的仓库中。贮存环境温度:－40 ℃～＋50 ℃;环境湿度:5%～85%无凝露。产品在运输过程中应有遮蓬,不应有剧烈振动、撞击等。

ICS 29.220.99
M 42

中华人民共和国国家标准

GB/T 28521—2012

通信局站用智能新风节能系统

Intelligent energy saving system by fresh air for telecommunication stations/sites

2012-06-29 发布　　2012-10-01 实施

中华人民共和国国家质量监督检验检疫总局
中国国家标准化管理委员会　发布

前　言

本标准按照 GB/T 1.1—2009 给出的规则起草。

本标准由中华人民共和国工业和信息化部提出。

本标准由中国通信标准化协会归口。

本标准起草单位：工业和信息化部电信研究院、中国移动通信集团公司、中国电信集团公司、中国联合网络通信有限公司、中讯邮电咨询设计院、中达电通股份有限公司、江苏香江方大节能有限公司、艾默生网络能源有限公司、吉林达森科技股份有限公司、广东高新兴通信股份有限公司。

本标准主要起草人：熊兰英、高建、俞龙云、杨世忠、侯福平、李峙、王殿魁、余斌、赵昕、张瑜、贾骏、刘佩春、蒋平、梁航、熊九军。

通信局站用智能新风节能系统

1 范围

本标准规定了通信局站用智能新风节能系统(简称新风系统)产品分类、主要组成部分、技术要求、试验方法、检验规则、标志、包装、运输、贮存。

本标准适用于通信局站用智能新风节能系统。

2 规范性引用文件

下列文件对于本文件的应用是必不可少的。凡是注日期的引用文件,仅注日期的版本适用于本文件。凡是不注日期的引用文件,其最新版本(包括所有的修改单)适用于本文件。

GB/T 191 包装储运图示标志

GB/T 2829—2002 周期检验计数抽样程序及表(适用于对过程稳定性的检验)

GB/T 3873 通信设备产品包装通用技术条件

GB 10080—2001 空调用通风机安全要求

YD/T 282—2000 通信设备可靠性通用试验方法

YD/T 1173—2010 通信电源用阻燃耐火软电缆

YD/T 1363.3—2005 通信局(站)电源、空调及环境集中监控管理系统 第3部分:前端智能设备协议

YD/T 1821—2008 通信中心机房环境条件要求

3 术语和定义

下列术语和定义适用于本文件。

3.1

通信局站用智能新风节能系统 intelligent energy saving system by fresh air for telecommunication stations/sites

通过智能控制将外部冷空气经过净化、处理后引入机房,排出机房内部热空气的空气调节系统。其本身不带任何制冷元件,利用室外自然冷空气实现室内风冷降温,减少局站的能耗。

3.2

标准测试工况 standard testing situation

室内温度为26 ℃~30 ℃,室内外温差为10 ℃,室内外相对湿度为45%(带过滤装置,并满足正常使用要求)。

注:室内温度为26 ℃~30 ℃是YD/T 1821—2008中规定的一、二、三类通信机房的最高温度,测试时只取其中一个温度值计算显冷量。

3.3

额定风量 normal air flow rate

在标准测试工况下,单位时间内新风系统吸入机房内的冷空气体积流量,单位为立方米每小时(m^3/h)。

3.4

消耗功率　consumed power

新风系统在标准测试工况下，新风系统在提供额定制冷量所消耗电能的总功率，单位为瓦(W)。

3.5

能效比　coefficient of performance

新风系统在标准测试工况下，提供的制冷量(W)与新风系统的消耗功率(W)之比。

4 新风系统的分类与主要组成部分

4.1　新风系统的分类

小型系统：额定风量≤3 000 m^3/h；

中型系统：3 000 m^3/h<额定风量≤9 000 m^3/h；

大型系统：额定风量>9 000 m^3/h。

4.2　新风系统主要组成部分

新风系统主要由进风装置、过滤装置、排风装置、加湿装置(可选)、控制器、环境监测传感器和其他安装附件组成。

5　技术要求

5.1　环境条件

5.1.1　适用环境条件

新风系统在下列环境条件下应能正常工作：

室内环境温度：5 ℃～40 ℃；

室外环境温度：−30 ℃～45 ℃；

相对湿度：≤90%；

海拔高度：建议小于 2 000 m，超过 2 000 m 需降额使用或与用户协商。

5.1.2　电源

DC：−40 V～−57 V(−48 V 供电时)；20 V～28 V(24 V 供电时)；

AC：单相 187 V～253 V；三相 323 V～437 V。

5.2　额定送风量与显冷量或制冷量基本参数

在标准测试工况下，按 6.2 中公式(2)计算出额定送风量与显冷量或制冷量的基本参数的参考值见表 1、表 2 和表 3。

表 1　无加湿功能小型系统

额定送风量/(m^3/h)	1 000	2 000	3 000
显冷量/kW	3.3	6.6	10

表 2 有加湿功能中型系统

额定送风量/(m^3/h)	4 000	5 000	6 000	7 000	8 000
制冷量/kW	27.3	34.1	41.0	47.8	54.6

表 3 有加湿功能大型系统

额定送风量/(m^3/h)	9 000	12 000	14 000	15 000	16 000
制冷量/kW	61.4	81.9	95.6	102.4	109.2

5.3 系统能效比

在标准测试工况下,显冷量或制冷量与所用电功耗之比:小型系统能效比≥18,中型系统能效比≥8,大型系统能效比≥8。

5.4 系统可靠性要求

新风系统硬件设备应具有高可靠性,整个系统的平均故障间隔时间(MTBF)不低于 20 000 h,使用寿命不小于 10 年。

5.5 系统安全要求

5.5.1 系统设备的电气控制及操作系统应可靠接地。金属外壳及其它可触及的金属零部件至接地点电阻应不大于 0.5 Ω。

5.5.2 新风系统的室内、外机外壳应具备足够的强度,室外部分应采用高强度钢材,如中、大系统机柜钢板厚度应不小于 1.5 mm、机架钢板厚度应不小于 2.0 mm、水平方向负重机架钢板厚度应不小于 2.5 mm,并经相应的防腐、防锈处理。

5.5.3 通风系统应有较好的防水要求,系统内部不允许结露,出风口不允许带水。

5.5.4 设备所采用的所有线缆应符合 YD/T 1173—2010 中有关阻燃的要求。采用的交流接触器等控制执行部件应通过相关国家认证。

5.5.5 新风系统安装在室外无人值守局站时,应具有防盗措施。

5.5.6 新风系统的控制板上应具备 C 级抗浪涌功能。

5.6 系统密闭性

5.6.1 新风系统应具备隔离装置,防止雨水、动物等的入侵。

5.6.2 新风系统停止工作时应做到室内外空气隔离,进风装置及排风装置安装后开孔处应设有风阀,并在冬季做保温处理。

5.6.3 新风系统运行时室内应维持一定正压,与室外静压差不应小于 5 Pa。

5.7 系统保护与告警

5.7.1 新风系统产生告警时,应有明显的信号指示,可通过显示界面查询告警内容。

5.7.2 新风系统温、湿度传感器故障时,系统应能发出告警,在无法有效检测环境温湿度时,应自动停止风机,启动空调来控制室内环境。

5.7.3 新风系统风机发生故障或损坏时,系统应能发出告警,并停止风机,启动空调来控制室内环境。

5.7.4 过滤器堵塞超过设定值时，系统应能发出告警，并停止风机，启动空调来控制室内环境。

5.7.5 采用直流风机的系统，在检测到局站蓄电池电压低于设定电压点时，应能发出告警，自动关闭风机和风阀，并能在供电电压恢复后系统自动投入运行。

5.7.6 当新风系统接收到局站内的烟雾、火情告警信号时，应能自动停止运行并关闭风阀。

5.8 系统噪声(声压级)

在额定工作状况下，新风系统的噪声见表4。

表4 新风系统工作噪声

项目名称		交流供电		直流供电
		220V	380V	
小型	室内	<64 dB		
	室外	<60 dB		<55 dB
中型	室内	<68 dB	<68 dB	
	室外	<64 dB	<64 dB	
大型	室内	<74 dB	<74 dB	
	室外	<68 dB	<68 dB	
注：室内外噪声为距设备1 m处测量值。				

5.9 结构与外观

5.9.1 机组外观、设备阀门和管道的表面应保持整洁光洁、色泽均匀无明显变色，无锈蚀、油漆剥落、起皮及明显的划痕、毛刺。

5.9.2 所有机件的装配牢固可靠，丝印和标贴应清晰、端正，无歪斜和错位现象；结构件无松动、塑料件无破损。

5.9.3 系统硬件设备的总体结构应充分考虑安装、维护和扩充或调整的灵活性。其安装固定方式应具有防震和抗震能力，设备在常规的运输、储存和安装后，不产生破损、变形。

5.10 智能控制器

5.10.1 基本控制功能

5.10.1.1 新风系统应采用微处理控制器，具备中文操作界面，系统可选择手动、自动运行模式。

5.10.1.2 实时监测室内及室外温度、湿度。当室外温度低于某个设定值时，控制器开启新风系统风机引进室外新风，关闭机房空调达到节能效果。在确保机房环境的前提下，依据室内外温湿度，控制风机、空调的切换运行。

5.10.1.3 在空调无法正常运行，系统判断室内温度高于室外温度且室外湿度满足新风系统启动条件时，应及时启动风机以控制室内温度。

5.10.1.4 新风系统与空调系统的连锁应具有回差功能设计，避免频繁切换。新风系统与机房空调切换间隔时间应不小于35 min。

5.10.1.5 新风系统应具有来电自启动功能。

5.10.1.6 新风系统宜有与空调联动的功能(可选),包括:

a) 新风系统应与局站原有空调联动,新风系统优先工作,以保证最大可能的节能;

b) 在新风系统不能满足室内热负荷的情况下,应发出信号启动空调;当新风系统能够满足室内热负荷的要求时,应发出信号停止空调运行。

5.10.2 显示与查询功能

在显示面板上可进行设定、查询记录等操作,断电后应能保存设定值和记录的信息。系统应可查询室内外温湿度,进风装置、排风装置与空调等的历史运行状态,系统风机、空调的累积运行时间以及相关告警信息等。

5.10.3 控制与显示

系统中的温度显示精度为±0.1 ℃,控制精度为±1 ℃;相对湿度显示精度为±1%,控制精度为±5%,控制可靠,告警准确。

5.10.4 遥测、遥信及遥控

通信接口:可选择使用RS232/RS422/RS485接口,接口通信协议应符合YD/T 1363.3中B.13要求。遥测、遥信、遥控项目至少应满足如下要求:

遥测:室内外温度、湿度。

遥信:新风系统进、排风风机的运行状态,新风系统的工作状态,正常/故障状态。

遥控:新风系统开关机控制,能对新风系统的运行控制参数进行远程设置。

5.11 风机要求

5.11.1 新风系统应采用高效率、低噪音、性能稳定可靠的风机。

5.11.2 新风系统的风机正常连续运转时间应大于20 000 h。

5.11.3 新风系统的风机安全要求应符合GB 10080—2001的规定,安装的各紧固件应有防松脱措施,中、大型风机固定点应有减震装置。风机应具有可靠的接地,电机外壳至接地点电阻不大于0.1 Ω。

5.12 过滤器要求

5.12.1 概述

新风系统配置的过滤器应符合YD/T 1821—2008中规定的各类通信局站的洁净度要求。

5.12.2 小型新风系统过滤器要求

建议采用两级过滤,第一级用于阻挡昆虫;第二级过滤器的过滤效果应满足所在机房的环境要求。过滤器断面风速范围1.5 m/s～2 m/s;过滤器可清洗并重复使用。

5.12.3 中大型新风系统过滤器要求

除防虫网外,要求采用多级过滤;过滤效果应满足所在机房的洁净度要求。

5.13 传感器

系统外围传感器配置及参数说明见表5。

表5　传感器配置与参数说明

类　　型	精度要求
室内、室外温度传感器	优于3%
室内湿度传感器	优于5%
压差计	优于5 Pa

5.14　加湿器

5.14.1　大中型新风系统配置的加湿器应符合YD/T 1821—2008中规定的各类通信局站湿度要求。

5.14.2　加湿器应适应各类软硬水质，保证加湿速度效率，便于维护。

5.14.3　加湿器应具有漏水防护及漏水、故障告警功能。

5.15　进风装置和排风装置及送风系统要求

进风装置和排风装置及送风系统应有防虫、防尘、防水、防盗功能，无逆流。

6　检验方法

6.1　检验用测量仪器

检验用测量仪器见表6。

表6　仪器及精度要求

类　　别	仪表名称及型式	精　　度
温度测量仪表	水银玻璃温度计 电子式温度计	±0.1 ℃
微型风压力测量仪表	压力 皮托管(风速)	±0.01 mmHg，读数的±1%±1 Pa 在10.16 m/s下，±1.5%
风速仪	热球风速仪 电子式；转速式	±1%
风量流速表 (风速、温度、相对湿度)	风速 温度；相对湿度	读数的±3%或±0.015 m/s ±0.3 ℃；±3% RH
套帽式风量罩	(42～4 250)m^3/h	读数的±3%或±12 m^3/h
电能质量分析仪及 数字钳形电流表		电压：交流 ±(0.7%读数+2字)～ ±(2.0%读数+20字)； 直流 ±(0.1%读数+2字)。 电流：交流 ±(1%读数+2字)； 直流 ±(0.2%读数+2字)。 电阻：±(0.2%读数+2字)
声级计		衰减分档及刻度误差≤±0.2 dB
洁净度测试仪		粒径区分效率：40%～60% 计数效率：(0.3～0.45)μm　50%±10% ≥0.45　100%±10%

6.2 新风系统设备送风量检验

6.2.1 风速检验

模拟标准测试工况使用风速测量仪，在进风设备出风口处(距离出风口 50 mm～100 mm 的距离)均布取 $N(N\geqslant 13)$ 个测试点。取各点测试的加权平均值，按公式(1)计算即为出风口风速及风量。

$$V_{风}=(\sum_{1}^{N}V_n)/N\;;L_{风量}=S\times 3\,600\times V_{风} \quad\cdots\cdots(1)$$

式中：

S ——出风口面积；

3 600——小时到秒的转换系数。

6.2.2 额定送风量与显冷量或制冷量基本参数参考值

在标准测试工况下测出风速后按照公式(2)计算额定送风量与显冷量或制冷量的参考值(在标准大气压取值)。

$$Q_T=0.24\times\rho\times L\times(h_1-h_2)=Q_S+Q_L \quad\cdots\cdots(2)$$

$$Q_S=C_p\times\rho\times L\times\Delta T/860$$

$$Q_L=598\times\rho\times L\times(W_1-W_2)/860$$

式中：

Q_T ——空气的总冷量；

Q_S ——空气的显冷量；

Q_L ——空气的潜冷量；

C_p ——空气比热(0.24 kcal/kg·℃)；

ρ ——空气密度(1.18 kg/m^3)；

h_1 ——空气的最初热焓，kJ/kg；

h_2 ——空气的最终热焓，kJ/kg；

ΔT ——室内外温差；

W_1 ——空气的最初水分含量 kg/kg=0.009 44；

W_2 ——空气的最终水分含量 kg/kg=0.005 15；

L ——室内总送风量，m^3/h。

注：水的气化潜热=2 500 kJ/kg=(2 500/4.18)598 kcal/kg。

6.2.3 电功耗检验

在标准测试工况条件下和系统在输出额定风量工作时，使用电能质量分析仪测出系统所用电功耗。

6.3 能效比检验

在标准测试工况条件下和系统在输出额定风量工作时，用测出及计算出显冷量或制冷量与所用电功耗之比。结果应符合 5.3 的规定。

6.4 可靠性检验

按 YD/T 282—2000 中第 6 章相关要求进行，其结果应符合 5.4 的规定。

6.5 系统安全检验

6.5.1 安全接地检验

检查机柜安全接地端子接触良好、不松动。采用接地电阻测试仪测量金属外壳及其它可触及的金属零部件至接地点电阻应符合5.5.1的要求。

6.5.2 结构强度与使用安全检验

采用卡尺测量,机柜、机架钢板厚度应符合5.5.2的要求。并用传导探听方法检查机柜,在风机启动、停止和运行时机柜无金属颤动音,无明显振动感。观察新风系统内强电配电、风机扇叶暴露处,是否装有防护罩且无松动。

6.5.3 防水、防盗、耐阻燃及控制板上抗浪涌功能检查

检查:通风系统是否有防水措施;

安装在室外无人值守局站时,是否有防盗措施;

设备采用的所有线缆、交流接触器是否符合阻燃要求和通过相关国家认证;

新风系统的控制板上是否有C级抗浪涌功能。检查结果应符合5.5.3～5.5.6的要求。

6.6 系统密闭性

6.6.1 隔离风阀与防护网检验

观察隔离防护网,其网孔直径不大于10 mm,电动风阀叶片闭合后两片间无透光,用间隙尺测量叶片与框架间隙不大于0.5 mm。

6.6.2 室内相对压差检验

运行新风系统,稳定后使用相对压差计,测量室内相对压力应不小于5 Pa。

6.6.3 测试结果应符合5.6要求。

6.7 系统保护与告警检验

6.7.1 告警显示功能

现场目测,按照系统用户手册,通过人机对话实际操作验证相关功能。检查:液晶显示和灯、光信号显示,室内外温湿度数值显示、系统运行状况显示、运行控制模式显示、设备运行积时显示、操作记录和故障告警信息显示等。

6.7.2 温湿度传感器异常判别功能

断开被测的温湿度传感器,观察液晶显示器温湿度数值是否正常,是否告警及上传告警信息。

6.7.3 新风系统故障自动恢复空调

断掉控制器电源,使其停止工作180 s,观察系统能否按照设定的逻辑流程关系恢复空调工作。

6.7.4 过滤器告警功能

现场模拟滤网堵塞状况,观察系统是否显示告警信息,网管监控是否收到告警信息。

6.7.5 直流风机系统的电源低过压告警保护

模拟电源过欠压告警,检验节能系统是否自动停机,恢复后是否自动启动运行。

6.7.6 烟雾、火警告警功能

现场模拟烟雾和火警告警,观察系统是否显示告警信息和停止空调及新风系统的运行。监控中心是否收到告警信息。

6.7.7 检验结果

以上各项检验结果应符合5.7要求。

6.8 系统噪声(声压级)检验

6.8.1 检验方法

噪音与系统现场的送风方式、风管、背景噪音等有关系,建议噪音在现场进行检验。

6.8.2 室内噪声检验

在系统实际应用现场,将室内空调关闭且无其它较大噪音影响的环境下,使用噪音测试仪在距离出风口1 m的距离均布取5个测试点,取加权平均值。静电地板下的下送风设备,在距离室内地面1 m高度,距离新风设备1 m的距离均布取3个测试点,取加权平均值,即为室内噪音值并符合5.8表4中的要求。

6.8.3 室外噪声检验

在系统实际应用现场,应避开环境噪音的影响(如车流噪音、建筑及商铺音响噪音等)。使用噪音测试仪在距离引风口或排风口1 m的距离均布取5个测试点,测点水平位置应与引风口或排风口一致,取加权平均值。即为新风设备1 m室外噪音值。结果应符合5.8表4中的要求

6.9 结构与外观检验

按照5.9要求采用目测方式检验。

6.10 智能控制器检验

6.10.1 基本控制功能

6.10.1.1 按照系统操作手册,检查系统数字、中文操作菜单和显示;启动系统手动和自动运行模式,检验是否按照设定逻辑关系运行。

6.10.1.2 按照系统操作手册,修改室内及室外温度、湿度参数,设定当前室外温度值满足系统工作条件,检验控制器是否按照设计的逻辑关系控制风机、空调的运行,达到空调联动功能要求。

6.10.1.3 按照系统操作手册,修改室内及室外温度、湿度参数,使其满足无法引进室外新风的条件,检查节能新风系统是否可依据室内温度,自动控制空调投入运行。

6.10.1.4 检验强通风性能:系统置于自动工作方式,断开空调运行返回信号端子,修改强通风上限设置参数至当前温度,检验新风系统能否按照强通风方式工作。

6.10.1.5 按照系统操作手册,修改室内及室外温度、湿度参数,使其满足启动节能系统风机和空调运行临界条件,采用电热风交替加热和风冷温度传感器,检验新风系统与机房空调切换间隔时间,切换间隔时间应不小于35 min。

6.10.1.6 关闭系统电源5 s,再开启电源,检验系统能否自动工作。

6.10.2 系统显示查询

6.10.2.1 显示界面

试验方法见本标准6.7.1条。

6.10.2.2 系统参数设定、记录查询

开启人机对话界面，修改系统参数，检验是否修改成功。断开电源 60 s，上电后检查能否保存修改设定值和记录的信息。

按照系统操作手册，通过人机对话界面，检验系统的温湿度、新风机和排风机与空调等的运行状态、系统风机、空调的累积运行时间以及通讯、温湿度告警信息等记录。

6.10.3 控制器精度

通过人机界面发送新风设备控制命令和空调控制命令各 5 次，检验是否 100%有效；在现场模拟多个告警信息，观察是否能够 100%的发出告警信息，且正确显示和上传信息。

6.10.4 系统三遥功能

6.10.4.1 通信接口

按照监控系统操作手册进行操作，在监控中心是否可以看到被检测机房当前状况，能够进行远端监测、控制和维护；在现场检查系统是否具有通信接口，是否可以提供通信协议。

6.10.4.2 遥信功能

按照系统遥信操作手册进行操作，或在监控中心调阅存储信息，检查新风系统是否能遥信到系统进、排风风机的运行状态，系统的工作状态，正常/故障状态或以上各项数据的记录。

6.10.4.3 遥测功能

按照系统遥信操作手册进行操作，或在监控中心调阅存储信息，检查新风系统是否能遥信到系统进、排风风机的运行状态，系统的工作状态，正常/故障状态或以上各项数据的记录。

6.10.4.4 遥控功能

自动应急遥控方式：抽检任意 1～3 个机房，修改室外风速探测上限参数，模拟设定风速，检验节能监控系统是否发出应急处理命令，检查系统是否能进行开关机控制。

人工应急遥控方式：按照系统监控操作手册进行操作，抽检任意 1～3 个机房人工发出应急处理命令，检查系统是否响应应急命令。

6.10.5 检验结果

以上各项试验结果应符合 5.10 条相关要求。

6.11 风机性能检验

6.11.1 风机效率与噪音

风机效率和噪声检验可与整机效率和噪声检验同时进行，见本标准 6.3 及 6.8 的检测方法。检验结果应符合 5.11.1 要求。

6.11.2 风机安装安全性能

目测大、中型系统是否装有减震装置，紧固件是否具有防松措施（如弹簧垫等）。用万用表测量风机

及分体式电动机机壳与接地端电阻应符合5.11.2要求。

6.12 过滤器检验

6.12.1 引风洁净度检验

距离引风出风口1 m处，采用洁净度测试仪均布检测4个点，计算加权平均值，所得数值即为引风洁净度。

6.12.2 排风洁净度检验

距离排风进风口1 m处，采用洁净度测试仪均布检测4个点，计算加权平均值，所得数值即为引风洁净度。

6.12.3 机房洁净度检验

在排风洁净度小于等于引风洁净度情况下，距机房地面1 m高度，采用激光尘埃粒子计数器均布每25 m^2检测1个点（300 m^2以上面积可适当减少检测点数），取加权平均值即为机房洁净度。试验结果应符合5.12要求。

6.13 传感器及加湿器检验

6.13.1 机房温度检验

机房温度按YD/T 1821—2008中4.1的规定进行，使用温湿度检测仪，根据机房设备分布情况，距机房地面1 m和2 m高度，每25 m^2各检测1个点（300 m^2以上面积可适当减少检测点数），取加权平均值即为机房温度值。

6.13.2 机房湿度检验

机房湿度按YD/T 1821—2008中4.1的规定进行，使用温湿度检测仪，根据机房设备分布情况，距机房地面1.6 m高度，每25 m^2各检测1个点（300 m^2以上面积可适当减少检测点数），取加权平均值即为机房湿度值。

6.13.3 温湿度传感器精度

采用温湿度检测仪，平行并距被测传感器100 mm以内，读取温湿度数值，再通过新风系统的人机对话界面，读取被测传感器数值，两项数值之差即为被测传感器精度。

6.13.4 加湿器漏水保护功能

现场模拟水禁告警，观察系统是否自动关闭水阀、水是否从漏水保护水管流到室外、是否有漏水告警显示、网管监控是否收到告警信息。

6.13.5 检验结果

以上各项检验结果应符合5.13及5.14要求。

6.14 进、排风装置及送风系统检查

按照5.15的要求在现场进行检查是否符合进、排风装置要求。

7 检验规则

7.1 检验分类

出厂检验和型式检验。

7.2 出厂检验

7.2.1 出厂检验应逐台进行。

7.2.2 出厂检验的项目及判定按表7进行。

7.2.3 检验中出现任一故障,应停止检验,待查出故障原因并排除后,做出标记并重新进行出厂检验。如仍出现故障,则判该产品为不合格。

7.3 型式检验

7.3.1 连续生产的产品,一般2年进行一次。具有下列情况之一的均需做型式检验:

a) 产品停产一个周期以上又恢复生产;

b) 转厂生产再试制定型;

c) 正式生产后,如结构、材料、工艺有较大改变;

d) 产品投产前签定或质量监督机构提出。

7.3.2 型式检验的试验项目及判定见表7。

表7 检验项目及判定表

<table>
<tr><th rowspan="2">序号</th><th rowspan="2" colspan="2">项目</th><th colspan="2">不合格判定</th><th colspan="2">出厂检验</th><th rowspan="2">型式检验</th><th rowspan="2">要求</th><th rowspan="2">试验方法</th></tr>
<tr><th>B</th><th>C</th><th>100%</th><th>抽样</th></tr>
<tr><td>1</td><td colspan="2">送风量与等效制冷量基本参数</td><td></td><td>○</td><td></td><td>√</td><td>√</td><td>5.2</td><td>6.2.2</td></tr>
<tr><td>2</td><td colspan="2">系统能效比</td><td>○</td><td></td><td></td><td></td><td>√</td><td>5.3</td><td>6.3</td></tr>
<tr><td>3</td><td colspan="2">系统可靠性</td><td>○</td><td></td><td></td><td></td><td>√</td><td>5.4</td><td>6.4</td></tr>
<tr><td rowspan="6">4</td><td rowspan="6">系统安全</td><td>接地要求</td><td>○</td><td></td><td></td><td></td><td>√</td><td>5.5.1</td><td>6.5.1</td></tr>
<tr><td>结构强度</td><td>○</td><td></td><td></td><td>√</td><td>√</td><td>5.5.2</td><td>6.5.2</td></tr>
<tr><td>防水要求</td><td>○</td><td></td><td>√</td><td>√</td><td>√</td><td>5.5.3</td><td rowspan="4">6.5.3</td></tr>
<tr><td>耐火阻燃电源线</td><td>○</td><td></td><td></td><td></td><td>√</td><td>5.5.4</td></tr>
<tr><td>无人站防盗要求</td><td>○</td><td></td><td></td><td></td><td>√</td><td>5.5.5</td></tr>
<tr><td>控制板抗浪涌功能</td><td>○</td><td></td><td></td><td>√</td><td>√</td><td>5.5.6</td></tr>
<tr><td rowspan="3">5</td><td rowspan="3">系统密封性能</td><td>具有隔离装置</td><td>○</td><td></td><td></td><td></td><td>√</td><td>5.6.1</td><td rowspan="2">6.6.1</td></tr>
<tr><td>开孔处设有风阀</td><td>○</td><td></td><td></td><td></td><td>√</td><td>5.6.2</td></tr>
<tr><td>应维持一定正压</td><td>○</td><td></td><td></td><td></td><td>√</td><td>5.6.3</td><td>6.6.2</td></tr>
</table>

表 7（续）

序号	项目		不合格判定 B	不合格判定 C	出厂检验 100%	出厂检验 抽样	型式检验	要求	试验方法
6	告警与保护	告警显示功能	○		√	√	√	5.7.1	6.7.1
		温湿度传感器异常	○		√	√	√	5.7.2	6.7.2
		风机故障功能与告警	○		√	√	√	5.7.3	6.7.3
		滤网故障与告警	○		√	√	√	5.7.4	6.7.4
		系统电压低告警保护	○		√		√	5.7.5	6.7.5
		烟雾、火情告警	○		√	√	√	5.7.6	6.7.6
7	噪声	室内噪声	○				√	5.8	6.8.1
		室外噪声	○				√	5.8	6.8.2
8	外观与结构	表面整洁光洁、色泽均匀无变色、无锈蚀等		○	√		√	5.9.1	6.9
		机件装配牢固可靠，丝印标贴应清晰、端正等		○	√		√	5.9.2	6.9
		结构件无松动、塑料件无破损等	○		√		√	5.9.2	6.9
		设备安装、维护和扩充灵活性及防震性等	○		√		√	5.9.3	6.9
9	智能控制器	基本控制功能：							
		系统显示界面与运行模式	○		√		√	5.10.1.1	6.10.1.1
		实时检测温湿度		○	√		√	5.10.1.2	6.10.1.2
		判断室内外温度差与启动	○	○	√		√	5.10.1.3	6.10.1.3
		防止系统与空调频繁切换	○		√		√	5.10.1.4	6.10.1.4
		具有来电自启动	○		√		√	5.10.1.5	6.10.1.5
		系统与空调联动（可选）		○	√		√	5.10.1.6	6.10.1.6
		显示查询功能	○		√		√	5.10.2	6.10.2
		控制器的精度	○				√	5.10.3	6.10.3
		系统三遥功能	○		√		√	5.10.4	6.10.4
10	风机	高效率与低噪音	○			√	√	5.11.1	6.11.1
		连续运转时间	○				√	5.11.2	6.11.2
		安装安全性能及接地	○				√	5.11.3	
11	过滤器	小系统要求	○		√		√	5.12.1	6.12
		中、大系统要求	○		√		√	5.12.2	

表 7（续）

序号	项目		不合格判定		出厂检验		型式检验	要求	试验方法
			B	C	100%	抽样			
12	传感器	室内、外温度传感器精度	○		√		√	5.13	6.13.1
		室内温度传感器精度	○		√		√	5.13	6.13.2
		压差计精度	○				√	5.13	6.13.3
13	加湿器		○		√		√	5.14	6.13
14	进、排风装置及送风系统			○			√	5.15	6.14

7.3.3 型式检验按 GB/T 2829—2002 中表 2 判别水平Ⅰ的一次抽样方案在出厂检验合格的产品中抽取，数量为 2 台。产品质量以不合格数表示，不合格质量水平（RQL）应符合表 8 规定。

表 8 RQL 及判定数值表

不合格分类	B 类	C 类
RQL 及判定数值	40[2；0,1]	120[2；2,3]

8 标志、包装、运输、贮存

8.1 标志

8.1.1 产品表面应有中文标识，包括产品名称、产品型号、产品编号、制造厂名、制造日期、产品主要参数等。

8.1.2 包装标志

产品包装上应有标志并符合 GB/T 191 的规定。

8.2 包装

产品包装应采取防潮、防振，并符合 GB/T 3873 的规定。

8.2.1 产品随带文件

a) 产品合格证；

b) 产品说明书主要内容应包括：

1) 产品名称和型号（规格）；

2) 产品概述（用途、特点、使用环境及主要使用性能指标和额定参数等）；

3) 接地说明；

4) 安装和使用要求，维护和保养注意事项；

5) 产品附件名称、数量、规格；

6) 常见故障及处理方法一栏表，售后服务事项和生产者责任；

c) 装箱清单;

d) 其他技术资料。

8.3 贮存运输

产品应贮存在干燥的通风良好的仓库中。贮存环境温度:−40 ℃～+50 ℃;环境湿度:5%～85%无凝露。产品在运输过程中应有遮蓬,不应有剧烈振动、撞击等。

ICS 13.030.10
Z 71

中华人民共和国国家标准

GB/T 28522—2012

通信终端产品可回收利用率计算方法

Method of calculating recoverability rate of telecommunication terminal equipment

2012-06-29 发布　　　　2012-10-01 实施

中华人民共和国国家质量监督检验检疫总局
中国国家标准化管理委员会　发布

前言

本标准按照 GB/T 1.1—2009 给出的规则起草。

本标准由中华人民共和国工业和信息化部提出。

本标准由中国通信标准化协会归口。

本标准起草单位:工业和信息化部电信研究院、杭州华三通信技术有限公司、华为技术有限公司、北京展讯高科通信技术有限公司、中兴通讯股份有限公司、迈普通信技术股份有限公司。

本标准主要起草人:郭伟祥、蒋京鑫、刘妍、王丽琴、杨帆、宋波、童天予、肖劲强、师延山、史庆飞、方晖。

通信终端产品可回收利用率计算方法

1 范围

本标准规定了通信终端产品再使用率、再生利用率、回收利用率、可再生利用率和可回收利用率的计算方法。

本标准适用于通信终端产品。

2 规范性引用文件

下列文件对于本文件的应用是必不可少的。凡是注日期的引用文件，仅注日期的版本适用于本文件。凡是不注日期的引用文件，其最新版本(包括所有的修改单)适用于本文件。

GB/T 20861 废弃产品回收利用术语

GB/T 26259 废弃通信产品再使用技术要求

3 术语和定义

GB/T 20861 界定的以及下列术语和定义适用于本文件。

3.1

通信终端产品 telecommunication terminal equipment

连接在公用通信网末端，为用户提供发送和接收信息功能的通信设备，以及设计和预定直接连接到通信网络的信息技术设备。

3.2

废弃产品 waste product

产品的拥有者不再使用且已经丢弃或放弃的产品，以及在生产、运输、销售、使用过程中产生的不合格产品、报废产品和过期产品等。

3.3

处理 treatment

对废弃产品进行除污、拆解、破碎等进行的任何活动。

3.4

再使用 reuse

废弃产品(3.2)或其中的元器件、零部件继续使用或经清理、维修后直接用于原来用途的行为。

3.5

再生利用 recycling

对废弃产品(3.2)进行处理(3.3)，使之能够作为原材料重新利用的过程，但不包括对能量的回收和利用。

3.6

回收利用 recovery

对废弃产品(3.2)进行处理(3.3)，使之能够满足其原来的使用要求或用于其他用途的过程，包括对能量的回收和利用。

3.7

再使用率 reusability rate

废弃产品(3.2)中能够被再使用(3.4)部分的质量与已回收的废弃产品(3.2)的质量之比。

3.8

再生利用率 recyclability rate

废弃产品(3.2)中能够被再使用(3.4)部分与再生利用(3.5)部分的质量之和[不包括能量回收(3.12)部分]与已回收的废弃产品(3.2)的质量之比。

3.9

回收利用率 recoverability rate

废弃产品(3.2)中能够被回收利用(3.6)部分[包括再使用(3.4)部分、再生利用(3.5)部分和能量回收(3.12)部分]的质量之和与已回收的废弃产品(3.2)的质量之比。

3.10

可再生利用率 recyclability rate

新产品中能够被再使用(3.4)部分与再生利用(3.5)部分的质量之和[不包括能量回收(3.12)部分]占新产品质量的百分比。

3.11

可回收利用率 expected recoverability rate

新产品中能够被回收利用(3.6)部分[包括再使用(3.4)部分、再生利用(3.5)部分和能量回收(3.12)部分]的质量之和占新产品质量的百分比。

3.12

能量回收 energy recovery

通过焚烧、热解等方式处理废弃产品,以回收能量的过程。

3.13

生命周期评价 life cycle assessment;LCA

对一个产品系统的生命周期中输入、输出及其潜在环境影响的汇编和评价。

4 基本原则

4.1 本标准采用以质量为统一单位的计算方法。鼓励采用生命周期评价(LCA)方法对产品的再使用、再生利用、回收利用性能进行全面评估。

4.2 对于产品再使用、再生利用、回收利用性能进行评估时应适当考虑回收成本、环境和社会影响等因素。

4.3 随着产品技术和回收工艺的不断进步和发展,本标准应作相应修订和调整。

5 数据统计方法

5.1 数据统计过程

对于通信终端产品,回收处理数据的统计过程主要在两个阶段(如图1所示)进行:物理拆解阶段和材料破碎分离阶段。在这两个阶段,根据产品零部件或材料的状态,进行数据的统计和归类。

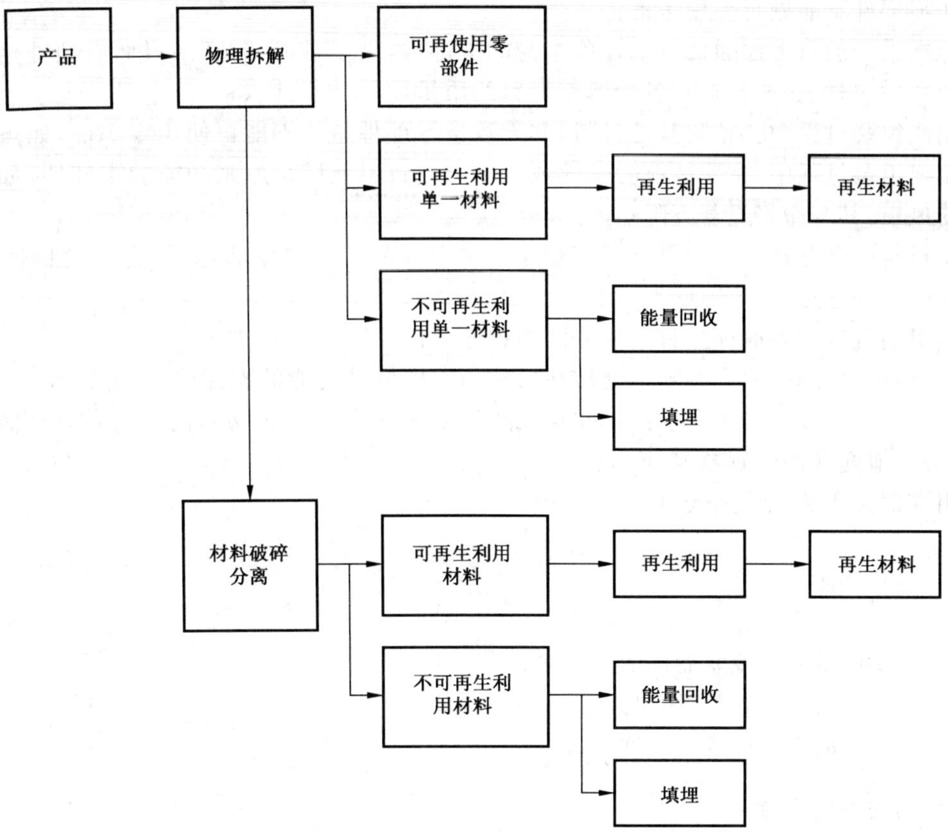

图 1 产品材料回收阶段示意图

5.2 物理拆解阶段

在物理拆解阶段，把可再使用零部件和单一材料零部件分离出来。对可再生单一材料进行再生利用，得到再生材料；对不可再生材料进行能量回收和填埋处理。在物理拆解阶段应分别统计该阶段可得到的可再使用零部件质量、再生利用材料质量、用于能量回收的材料质量。

5.3 材料破碎分离阶段

在完成物理拆解以后，除分离出来的可再使用零部件和单一材料零部件，其余部分则需进行材料破碎和分离。在材料破碎分离完成以后，对可再生利用材料进行再生利用，不可再生利用材料进行能量回收和填埋处理。在材料破碎分离阶段应分别统计该阶段可得到的再生利用材料质量和用于能量回收的材料质量。

6 计算方法

6.1 可再使用零部件的质量

在产品的物理拆解阶段，要考虑产品零件的可拆解性，以确定产品零部件是否可以无损的从产品中分离出来，只有符合 GB/T 26259 的零部件才能考虑再使用，否则只能进行材料回收利用。

对于通信终端产品来说，可再使用的零部件可能包括但不限于：天线；各类附件；一次电源模块；芯片；散热器；外壳；晶振；开关；电容、电感、线圈；数码管；发光二极管；液晶显示器(LCD)；连接器；导光柱；扬声器；摄像头；各种线缆；螺钉等。

下面这些零部件不能做再使用考虑：

——本标准中一般只考虑通信终端设备本身的零部件，由于运输、贮存因素而需额外增加的一些纸质或木质包材、缓冲材料和各种填充材料的质量原则上不计入；

——使用或组装过程中会粘附其他材料，并导致该零部件整体不能再使用零部件，如点胶；

——使用或组装过程中，主要性能会失效或者下降导致不能满足原来功能的零部件，如噪声明显增大的风扇，其寿命将显著下降；

——均质材料中含有毒有害物质且其含量超过国家规定要求的零部件，如含铅量超过国家和行业标准的印刷电路板(PCB)；

——不可识别且未在表面标注材料成分的塑料零部件；

——装配、使用、拆卸过程中必须承受破坏力从而失去原来功能的零部件，如铆钉等；

——装配、使用、拆卸过程中发生损坏并且无法修复从而失去原来功能的零部件，如管脚断裂的芯片、液体泄露的铝电解电容(E-cap)等。

可再使用零部件质量统计见式(1)：

$$m_u = \sum_{i=1}^{n} m_{ui} \quad \cdots\cdots(1)$$

式中：

m_u ——可再使用零部件或元器件的总质量；

m_{ui} ——可再使用的第 i 个零部件或元器件的质量；

n ——可再使用的零部件或元器件总数。

6.2 可再生利用材料的质量

下面这些材料不能归入可再生利用材料中：

——无法回收的材料，如润滑油(脂)；

——使用或组装过程中会发生化学变化导致性能改变的材料，如胶水；

——使用或组装过程中会粘附其他材料，并导致该材料整体不能再使用的材料，如海绵；

——使用过程中，主要性能会失效或者下降导致不能满足原来功能的材料；

——不可识别且未在表面标注材料成分的塑料；

——不相容的混合塑料；

——热固性塑料；

——发泡材料。

可再生利用材料质量统计见式(2)：

$$m_c = \sum_{i=1}^{n} m_{ci} \quad \cdots\cdots(2)$$

式中：

m_c ——可再生利用的材料总质量；

m_{ci} ——可再生利用的第 i 种材料的质量；

n ——可再生利用的材料总数。

6.3 用于能量回收材料的质量

用于能量回收的材料质量统计见式(3)：

$$m_e = \sum_{i=1}^{n} m_{ei} \quad \cdots\cdots(3)$$

式中：

m_e ——用于能量回收的材料的总质量；

m_{ei}——用于能量回收的第 i 种材料的质量；

n ——用于能量回收的材料总数。

6.4 再使用率

再使用率的计算见式(4)：

$$R_u = \frac{m_u}{m} \times 100\% \qquad (4)$$

式中：

R_u——产品再使用率；

m_u——可再使用零部件或元器件的总质量；

m ——产品总质量。

6.5 可再生利用率与再生利用率

可再生利用率与再生利用率的计算见式(5)：

$$R_c = \frac{m_u + m_c}{m} \times 100\% \qquad (5)$$

式中：

R_c——可再生利用率或再生利用率；

m_u——可再使用零部件或元器件的总质量；

m_c——可再生利用的材料总质量；

m ——产品总质量。

由于新产品的再使用性能具有较大的不确定性，因此在计算产品的可再生利用率时，建议 m_u 的值赋 0；在计算废弃产品的再生利用率时，根据实际统计为 m_u 赋值。

6.6 可回收利用率与回收利用率

可回收利用率与回收利用率的计算见式(6)：

$$R_r = \frac{m_u + m_c + m_e}{m} \times 100\% \qquad (6)$$

式中：

R_r——可回收利用率或回收利用率；

m_u——可再使用零部件或元器件的总质量；

m_c——可再生利用的材料总质量；

m_e——用于能量回收的材料的总质量；

m ——产品总质量。

由于新产品的再使用性能具有较大的不确定性，因此在计算产品的可回收利用率时，建议 m_u 的值赋 0；在计算废弃产品的回收利用率时，根据实际统计为 m_u 赋值。

参 考 文 献

[1] GB/T 22423 通信终端设备的回收处理要求

[2] GB/T 24040 环境管理 生命周期评价 原则与框架

ICS 13.030.10
Z 71

中华人民共和国国家标准

GB/T 28523—2012

通信网络设备可回收利用率计算方法

Method of calculating recoverability rate of telecommunication infrastructure equipment

2012-06-29 发布 2012-10-01 实施

中华人民共和国国家质量监督检验检疫总局
中国国家标准化管理委员会 发布

前　言

本标准按照 GB/T 1.1—2009 给出的规则起草。

本标准由中华人民共和国工业和信息化部提出。

本标准由中国通信标准化协会归口。

本标准起草单位：工业和信息化部电信研究院、杭州华三通信技术有限公司、华为技术有限公司、上海贝尔股份有限公司、中兴通讯股份有限公司、迈普通信技术股份有限公司。

本标准主要起草人：郭伟祥、蒋京鑫、卢春阳、安石妍、李婷、柯贞、王家庚、童天予、肖劲强、王敏、史庆飞、方晖。

通信网络设备可回收利用率计算方法

1 范围

本标准规定了通信网络设备再使用率、再生利用率、回收利用率、可再生利用率和可回收利用率的计算方法。

本标准适用于通信网络设备。

2 规范性引用文件

下列文件对于本文件的应用是必不可少的。凡是注日期的引用文件，仅注日期的版本适用于本文件。凡是不注日期的引用文件，其最新版本(包括所有的修改单)适用于本文件。

GB/T 20861 废弃产品回收利用术语

GB/T 26259 废弃通信产品再使用技术要求

3 术语和定义

GB/T 20861 界定的以及下列术语和定义适用于本文件。

3.1

通信网络设备 telecommunication infrastructure equipment

通信网络运营机构用以提供网络通信服务的设备。通信网络运营机构包括公网运营商和专网运营商。

3.2

废弃产品 waste product

产品的拥有者不再使用且已经丢弃或放弃的产品，以及在生产、运输、销售、使用过程中产生的不合格产品、报废产品和过期产品等。

3.3

处理 treatment

对废弃产品进行除污、拆解、破碎等进行的任何活动。

3.4

再使用 reuse

废弃产品(3.2)或其中的元器件、零部件继续使用或经清理、维修后直接用于原来用途的行为。

3.5

再生利用 recycling

对废弃产品(3.2)进行处理(3.3)，使之能够作为原材料重新利用的过程，但不包括对能量的回收和利用。

3.6

回收利用 recovery

对废弃产品(3.2)进行处理(3.3)，使之能够满足其原来的使用要求或用于其他用途的过程，包括对能量的回收和利用。

3.7

再使用率 reusability rate

废弃产品(3.2)中能够被再使用(3.4)部分的质量与已回收的废弃产品(3.2)的质量之比。

3.8

再生利用率 recyclability rate

废弃产品(3.2)中能够被再使用(3.4)部分与再生利用(3.5)部分的质量之和[不包括能量回收(3.12)部分]与已回收的废弃产品(3.2)的质量之比。

3.9

回收利用率 recoverability rate

废弃产品(3.2)中能够被回收利用(3.6)部分[包括再使用(3.4)部分、再生利用(3.5)部分和能量回收(3.12)部分]的质量之和与已回收的废弃产品(3.2)的质量之比。

3.10

可再生利用率 recyclability rate

新产品中能够被再使用(3.4)部分与再生利用(3.5)部分的质量之和[不包括能量回收(3.12)部分]占新产品质量的百分比。

3.11

可回收利用率 expected recoverability rate

新产品中能够被回收利用(3.6)部分[包括再使用(3.4)部分、再生利用(3.5)部分和能量回收(3.12)部分]的质量之和占新产品质量的百分比。

3.12

能量回收 energy recovery

通过焚烧、热解等方式处理废弃产品,以回收能量的过程。

3.13

生命周期评价 life cycle assessment;LCA

对一个产品系统的生命周期中输入、输出及其潜在环境影响的汇编和评价。

4 基本原则

4.1 本标准采用以质量为统一单位的计算方法。鼓励采用生命周期评价(LCA)方法对产品的再使用、再生利用、回收利用性能进行全面评估。

4.2 对于产品再使用、再生利用、回收利用性能进行评估时应适当考虑回收成本、环境和社会影响等因素。

4.3 随着产品技术和回收工艺的不断进步和发展,本标准应作相应修订和调整。

5 数据统计方法

5.1 数据统计过程

对于通信网络设备,回收处理数据的统计过程主要在两个阶段(如图1所示)进行:物理拆解阶段和材料破碎分离阶段。在这两个阶段,根据产品零部件或材料的状态,进行数据的统计和归类。

5.2 物理拆解阶段

在物理拆解阶段,把可再使用零部件和单一材料零部件分离出来。对可再生单一材料进行再生利用,得到再生材料;对不可再生材料进行能量回收和填埋处理。在物理拆解阶段应分别统计该阶段可得到的可再使用零部件质量、再生利用材料质量、用于能量回收的材料质量。

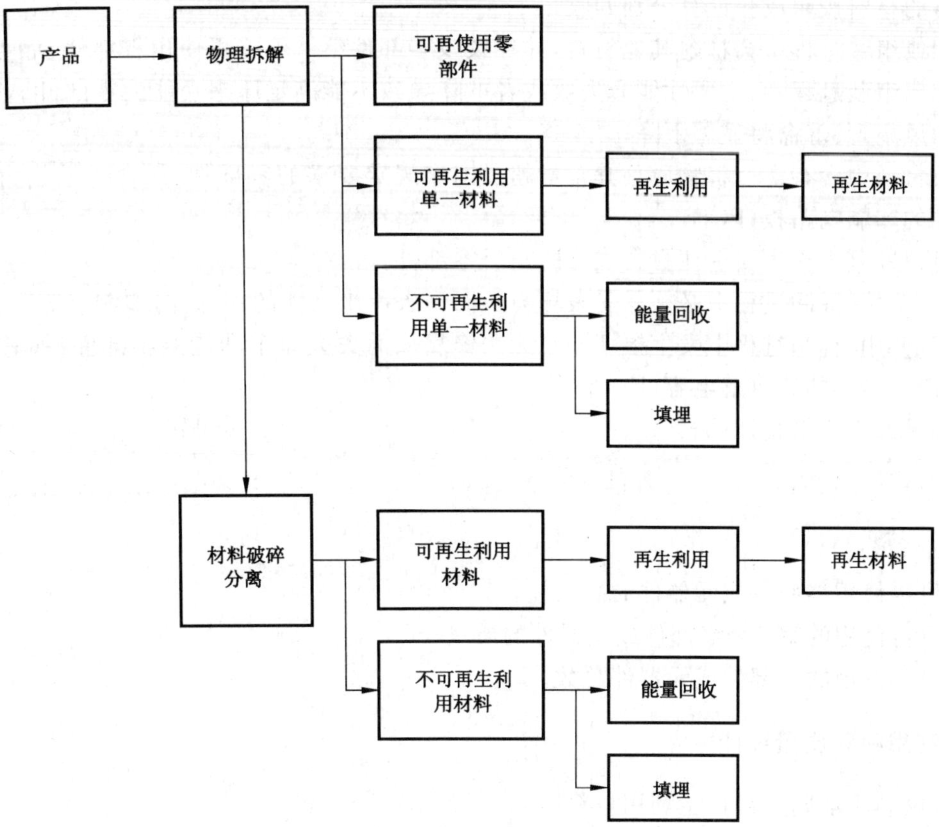

图1 产品材料回收阶段示意图

5.3 材料破碎分离阶段

在完成物理拆解以后，除分离出来的可再使用零部件和单一材料零部件，其余部分则需进行材料破碎和分离。在材料破碎分离完成以后，对可再生利用材料进行再生利用，不可再生利用材料进行能量回收和填埋处理。在材料破碎分离阶段应分别统计该阶段可得到的再生利用材料质量和用于能量回收的材料质量。

6 计算方法

6.1 可再使用零部件质量统计

在产品的物理拆解阶段，要考虑产品零件的可拆解性，以确定产品零部件是否可以无损的从产品中分离出来，只有符合GB/T 26259的零部件才能考虑再使用，否则只能进行材料回收利用。

对于通信网络设备来说，可再使用的零部件可能包括但不限于：机架、机框和机箱；各种插卡、印刷电路板(PCB)；一次电源模块；各类功能模块；集成电路(IC)器件；光模块；网口连接器；风扇；散热器；晶振；继电器；开关；铝电解电容(E-cap)；电感、线圈；数码管；发光二极管；液晶显示器(LCD)；连接器；导光柱；电缆、网线和光纤；螺钉等。

下面这些零部件不能做再使用考虑：

——本标准中一般只考虑通信网络设备本身的零部件，由于运输、贮存因素而需额外增加的一些纸质或木质包材、缓冲材料和各种填充材料的质量原则上不计入；

——由于信息安全的考虑，通信网络设备的印刷电路板(PCB)和存储介质均需要进行粉碎处理，粉碎后的材料按照成分计算分别回收；

——使用或组装过程中会粘附其他材料，并导致该零部件整体不能再使用零部件，如点胶；

——使用或组装过程中，主要性能会失效或者下降导致不能满足原来功能的零部件，如噪声明显增大的风扇，其寿命将显著下降；

——均质材料中含有毒有害物质且其含量超过国家规定要求的零部件，如含铅量超过国家和行业标准的印刷电路板(PCB)；

——不可识别且未在表面标注材料成分的塑料零部件；

——装配、使用、拆卸过程中必须承受破坏力从而失去原来功能的零部件，如铆钉等；

——装配、使用、拆卸过程中发生损坏并且无法修复从而失去原来功能的零部件，如管脚断裂的芯片、液体泄露的铝电解电容(E-cap)等。

可再使用零部件质量统计见式(1)：

$$m_u = \sum_{i=1}^{n} m_{ui} \qquad \cdots\cdots(1)$$

式中：

m_u ——可再使用零部件或元器件的总质量；

m_{ui} ——可再使用的第 i 个零部件或元器件的质量；

n ——可再使用的零部件或元器件总数。

6.2 可再生利用材料质量统计

下面这些材料不能归入可再生利用材料中：

——无法回收的材料，如润滑油(脂)；

——使用或组装过程中会发生化学变化导致性能改变的材料，如胶水；

——使用或组装过程中会粘附其他材料，并导致该材料整体不能再使用的材料，如海绵；

——使用过程中，主要性能会失效或者下降导致不能满足原来功能的材料；

——不可识别且未在表面标注材料成分的塑料；

——不相容的混合塑料；

——热固性塑料；

——发泡材料。

可再生利用材料质量统计见式(2)：

$$m_c = \sum_{i=1}^{n} m_{ci} \qquad \cdots\cdots(2)$$

式中：

m_c ——可再生利用的材料总质量；

m_{ci} ——可再生利用的第 i 种材料的质量；

n ——可再生利用的材料总数。

6.3 用于能量回收材料质量统计

用于能量回收的材料质量统计见式(3)：

$$m_e = \sum_{i=1}^{n} m_{ei} \qquad \cdots\cdots(3)$$

式中：

m_e ——用于能量回收的材料的总质量；

m_{ei} ——用于能量回收的第 i 种材料的质量；

n ——用于能量回收的材料总数。

6.4 **再使用率**

再使用率的计算见式(4)：

$$R_u = \frac{m_u}{m} \times 100\% \quad \cdots\cdots (4)$$

式中：

R_u——产品再使用率；

m_u——可再使用零部件或元器件的总质量；

m ——产品总质量。

6.5 **可再生利用率与再生利用率**

可再生利用率与再生利用率的计算见式(5)：

$$R_c = \frac{m_u + m_c}{m} \times 100\% \quad \cdots\cdots (5)$$

式中：

R_c——可再生利用率或再生利用率；

m_u——可再使用零部件或元器件的总质量；

m_c——可再生利用的材料总质量；

m ——产品总质量。

由于新产品的再使用性能具有较大的不确定性，因此在计算产品的可再生利用率时，建议 m_u 的值赋 0；在计算废弃产品的再生利用率时，根据实际统计为 m_u 赋值。

6.6 **可回收利用率与回收利用率**

可回收利用率与回收利用率的计算见式(6)：

$$R_r = \frac{m_u + m_c + m_e}{m} \times 100\% \quad \cdots\cdots (6)$$

式中：

R_r——可回收利用率或回收利用率；

m_u——可再使用零部件或元器件的总质量；

m_c——可再生利用的材料总质量；

m_e——用于能量回收的材料的总质量；

m ——产品总质量。

由于新产品的再使用性能具有较大的不确定性，因此在计算产品的可回收利用率时，建议 m_u 的值赋 0；在计算废弃产品的回收利用率时，根据实际统计为 m_u 赋值。

参 考 文 献

［1］ GB/T 22421 通信网络设备的回收处理要求
［2］ GB/T 24040 环境管理 生命周期评价 原则与框架

ICS 33.040.30
M 12

中华人民共和国国家标准

GB/T 28524—2012

媒体网关控制协议(MGCP)

Media Gateway Control Protocol(MGCP)

2012-06-29 发布　　　　2012-10-01 实施

中华人民共和国国家质量监督检验检疫总局
中国国家标准化管理委员会　发布

前　言

本标准按照 GB/T 1.1—2009 给出的规则起草。

本标准由中华人民共和国工业和信息化部提出。

本标准由中国通信标准化协会归口。

本标准起草单位：工业和信息化部电信研究院、上海贝尔股份有限公司、中兴通讯股份有限公司。

本标准主要起草人：武静、何兵。

媒体网关控制协议(MGCP)

1 范围

本标准规定了媒体网关和媒体网关控制器(或软交换设备)之间使用 MGCP 进行通信时的协议要求,包括呼叫模型、命令、协议消息格式、协议传送要求、状态故障倒换和乱序情况、协议安全要求、心跳机制和包等方面内容。

本标准适用于媒体网关(包括 IP 中继媒体网关、ATM 中继媒体网关、综合接入媒体网关、综合接入设备和支持 MGCP 的 IP 电话智能终端)、媒体网关控制设备和软交换设备。

2 规范性引用文件

下列文件对于本文件的应用是必不可少的。凡是注日期的引用文件,仅注日期的版本适用于本文件。凡是不注日期的引用文件,其最新版本(包括所有的修改单)适用于本文件。

YDN 065 邮电部电话交换设备总技术规范书

IETF RFC 1034 域名:概念和设施(Domain names—Concepts and facilities)

IETF RFC 2821 简单邮件传输协议(Simple mail transfer protocol)

IETF RFC 4301 IP 协议安全机制(Security architecture for the internet protocol)

IETF RFC 4302(2005) IP 认证报头(IP Authentication header)

IETF RFC 4303(2005) IP 压缩安全净荷(IP Encapsulating security payload(ESP))

IETF RFC 4566 SDP:会议描述协议(SDP:Session description protocol)

IETF RFC 5234 ABNF 语法定义规则(Augmented BNF for syntax specifications:ABNF)

3 术语和定义、缩略语

3.1 术语和定义

下列术语和定义适用于本文件。

3.1.1

软交换设备 softswitch

是分组网的核心设备之一,它主要完成呼叫控制、媒体网关接入控制、资源分配、协议处理、路由、认证、计费等主要功能,并可以向用户提供基本话音业务、移动业务、多媒体业务以及其他业务等。

3.1.2

媒体网关控制器 media gateway controller

负责对媒体网关中与媒体信道连接控制相关的呼叫状态部分进行控制。

3.1.3

媒体网关 media gateway

将一种网络中的媒体转换成另一种网络所要求的媒体格式。例如:媒体网关能够在电路交换网的承载信道和分组网的媒体流之间进行转换、可以处理音频、视频或者 T.120 协议,也可以具备处理这三者的任意组合的能力、能够进行全双工的媒体翻译、可以演示视频/音频消息,实现其他 IVR 功能、也可以进行媒体会议等。

3.1.4

综合接入设备　intergrated access device

下一代电信网络用户接入层设备将用户的数据语音及视频等应用需求接入到IP网络中并在IP网络中完成相应的功能。

3.1.5

中继网关　trunk gateway

在电路交换网和分组网络之间的媒体网关，用来终结大量的数字电路。根据中继网关所使用的承载方式不同，中继网关可分为IP中继网关和ATM中继网关。

3.1.6

信令网关　signaling gateway

连接七号信令网与IP网的设备，主要完成PSTN/ISDN侧的七号信令与IP网侧信令的转换功能。

3.1.7

网络接入服务器　network access server

一种远程访问接入设备，位于公用电话网(PSTN/ISDN)与IP网之间，可实现远程拨号接入功能，将远程拨号用户接入IP网络。

3.1.8

综合接入网关　access gateway

用于为各种用户提供多种类型的业务接入，如：模拟用户接入、ISDN接入、V5接入、xDSL接入、LAN接入等，并接入到IP网或ATM网，综合接入媒体网关与ATM交换机之间采用PVC或SVC。

3.1.9

通知服务器　announcement server

用于播放指定录音通知的网络实体。

3.1.10

端点　endpoint

媒体网关中的数据源或数据宿，可以是物理端点，如模拟线、中继电路等，也可以是虚拟端点，如语音服务器的信号源。

3.1.11

连接　connection

互相发送数据端点之间的一种关联，连接可以是点到点或点到多点，连接可以建立在IP网/ATM网上。

3.1.12

本地连接　local connections

同一媒体网关内部两个端点之间所建立的连接。

3.1.13

事务　transaction

MG与MGC之间的一组命令请求和命令响应构成事务交互。

3.1.14

通配值　wildcard

用于匹配多个端点或连接，通配值可为“all of”和“any of”，“all of”表示需要选择所有满足条件的终结点或关联，“any of”表示选择一个满足条件的终结点或关联。本标准规定通配值“all of”用通配符“*”标识，“any of”用通配符“$”标识。

3.2 缩略语

下列缩略语适用于本文件。

AAL	ATM Adaptive Layer	ATM 适配层
AH	Authentication Head	认证头
AS	Announcement Server	通知服务器
ATM	Asynchronous Transfer Mode	异步传输模式
AUCX	AuditConnection	审计连接
AUEP	AuditEndpoint	审计端点
BRI	Basic Rate Interface	基本速率接口
CAS	Channel Associated Signalling	随路信令
COT	Continuity of Test	导通检验
CRCX	CreatConnection	创建连接
DC	Digital Channel	数字电路
DLCX	DeleteConnection	删除连接
DTMF	Dual Tone Multi-Frequency	双音多频
EPCF	EndpointConfiguration	端点配置
ESP	Encapsulating Security Payload	压缩安全净荷
IAD	Intergrated Access Device	综合接入设备
IANA	Internet Assigned Numbers Authority	因特网号码分配机构
IKE	Internet Key Exchange	因特网密钥交换
IP	Internet Protocol	因特网协议
IVR	Interective Voice Response	交互式语音应答
MDCX	ModifyConnection	修改连接
MF	Multi-Frequency	多频
MG	Media Gateway	媒体网关
MGC	Media Gateway Controller	媒体网关控制器
MGCP	Media Gateway Control Protocol	媒体网关控制协议
NTFY	Notify	通知
PSTN	Public Switch Telephony Network	公共电话交换网
QoS	Quality of Service	服务质量
RQNT	Notification Request	通知请求
RTP	Real-time Transport Protocol	实时传输协议
RSIP	Restart IN Progress	重启动进展
SCN	Switch Circuit Network	电路交换网
SDP	Session Description Protocol	会话描述协议
SDU	Sevice Date Unit	业务数据单元
SG	Signalling Gateway	信令网关
SS7	Signalling System No. 7	7 号信令系统
TCP	Tranmission Control Protocol	传输控制协议
TOS	Type of Service	业务类型
TDM	Time Division Multiplex	时分(多路)复用
UDP	User Datagram Protocl	用户数据报协议

4 呼叫模型

4.1 概述

本标准定义的呼叫模型主要包括端点(Endpoint)和连接(Connection)两个逻辑概念。通常，一次呼叫是由一个或多个连接组成的。事件(Event)和信号(Signal)是呼叫建立和释放过程中所需要的两个重要概念，事件和信号组合成包(package)，不同类型的端点支持的包类型也不同。

4.2 端点

本标准主要定义了下7种端点类型：

a) 数字电路(Digit Channel)；

b) 模拟线(Analog line)；

c) 通知服务器接入点(Announcement sever access point)；

d) 交互式话音应答(IVR)接入点(Interactive Voice Response access point)；

e) 会议桥接接入点(Conference bridge access point)；

f) 分组中继(Packet Relay)；

g) ATM中继(ATM Trunk Side Interface)。

除以上7种主要的端点类型外，本标准还定义了以下两种端点类型：检测端点和帧中继端点，其中检测端点用于检测网络质量，帧中继端点用于对帧中继虚电路上的音频信道复用进行管理。

4.2.1 数字电路

数字电路是指位于数字中继(Trunk)和ISDN接口中的一条64 Kbit/s的数字电路，支持该端点的网关能够把从该信道接收到A/μ率信号转换成音频数据分组。本标准规定，如果媒体网关同时支持网络接入服务(NAS)功能，则媒体网关应能接收该信道上的话带数据(Modem连接)或二进制数据(ISDN连接)，并转换为分组数据。

媒体网关能够在端点和分组网之间或在同一网关的多个端点之间建立多个连接，且多个连接上的数字信号应根据所定义的连接模式进行混合。

本标准规定，如果媒体网关中该信道用于传送信令，如ISDN的D信道或No.7信令的F链路，则媒体网关应能执行信令网关的功能，媒体网关应使用“BACKHAUL”过程与MGC交互信令数据包。如果所使用的信令为随路信令(如MF R2)，则媒体网关应能检测并产生相应的信令信号。

4.2.2 模拟线

模拟线是指模拟用户线，可提供电话连接、modem连接。本标准规定，如果媒体网关同时支持NAS功能，则媒体网关应能接收该信道上的话带数据(Modem连接)并转换为分组数据。

媒体网关能够在端点和分组网之间或在同一网关的多个端点之间建立多个连接，且多个连接上的数字信号应根据所定义的连接模式进行混合。该端点所支持的最大连接数由媒体网关的特性决定，支持点到点连接的媒体网关中的端点只能支持一个连接，支持点到多点连接的媒体网关中的端点能支持2个或2个以上的连接，以提供“呼叫等待”或“三方呼叫”等补充业务。

4.2.3 通知服务器接入点

通知服务器接入点是指用于提供通知接入服务的端点。当通知服务器接收到来自MGC的请求时，通知服务器将播放一条指定的通知。

本标准规定该端点所建立的连接是单向的，如果一个端点上同时建立了多个连接，则应同时向所有的连接播放相同的通知。通常，采用单工或半双工的方式与通知服务器建立连接，通知服务器接入端点并不监听来自连接的音频信号。

4.2.4 交互式语音应答接入点

IVR 接入点是指用于提供交互式语音应答业务的端点。当 IVR 服务器接收到来自 MGC 的请求时，IVR 服务器将播放通知并监听来自用户的应答响应，例如 DTMF 信号或话音消息。通常，一个 IVR 接入点同时只能支持一个连接。如果一个 IVR 接入点同时建立了多个连接，则应同时向所有的连接播放相同的录音通知。

4.2.5 会议桥接接入点

会议桥接入点是指能为专门会议提供接入的端点。媒体网关能够在端点和分组网之间或同一网关内的多个端点之间建立多个连接，且多个连接上的数字信号应根据所定义的连接模式进行混合。端点所支持的最大连接数由媒体网关的特性决定。

4.2.6 分组中继

分组中继是一类只支持两个连接的特殊会议桥接端点。通常，该端点位于私网和公网之间的防火墙中，或者位于码型转换服务器中用于提供不兼容网络之间适配和互操作，例如压缩编码算法不兼容的两个网关或分别位于 IP 和 ATM 网络的网关。

4.2.7 ATM 中继

ATM 中继指用一个或多个 ATMPVC。当采用 AAL2 承载方式时，同一虚电路上可复用多个信道，每个信道对应一个 ATM 中继端点。

媒体网关能够在端点和分组网之间或在同一网关的多个端点之间建立多个连接，且多个连接上的数字信号应根据所定义的连接模式进行混合。该端点所支持的最大连接数由媒体网关的特性决定。

4.3 端点标识

端点标识由两部分组成：本地名和端点所在网关的域名，端点名称的定义方式为〈本地名@域名〉。域名的定义方式见 IETF RFC 1034，除此之外，域名还可以使用 IPv4 地址代替。本标准规定本地名、域名不区分大小写，具体的本地端点名取决于端点类型，每类端点本地名具有相同的层次结构，以标识所在物理网关的描述符开始，以表示端点的描述符结束。端点本地名描述应遵循以下规则：

a) 每个描述项之间应用“/”字符进行分隔。

b) 每个描述项均由字母，数字或其他可打印的字符组成的字符串，且字符不能为“/”和“@”，通配符“*”和“$”以及空格键字符。

c) 本地名可使用通配符“*”和“$”。“*”表示媒体网关中配置的所有端点，这些端点即可以处于服务状态也可以处于非服务状态；“$”表示媒体网关中配置的任一端点，且该端点只能处于服务状态。

本标准建议 MGC 识别端点标识中的通配符采用“右向性”规则，即如果端点本地名某个单元使用了通配符，则该单元右边的所有单元被通配。

以中继网关为例，端点类型为数字电路，中继网关的每个物理接口包含多个数字电路，因此，端点使用物理接口名/电路号进行标识。

4.4 呼叫和连接

本标准规定一个呼叫可以由多个连接组成。如图 1 所示，数字电路端点 EP1 和 EP2 之间建立呼叫,则 MGC 将分别为这两个端点建立两个连接 Connection1 和 Connection2。本标准规定连接由唯一的连接标识符(ConnectionID)进行标识,且每个连接由相应的连接属性来定义。

图 1 呼叫和连接关系示意图

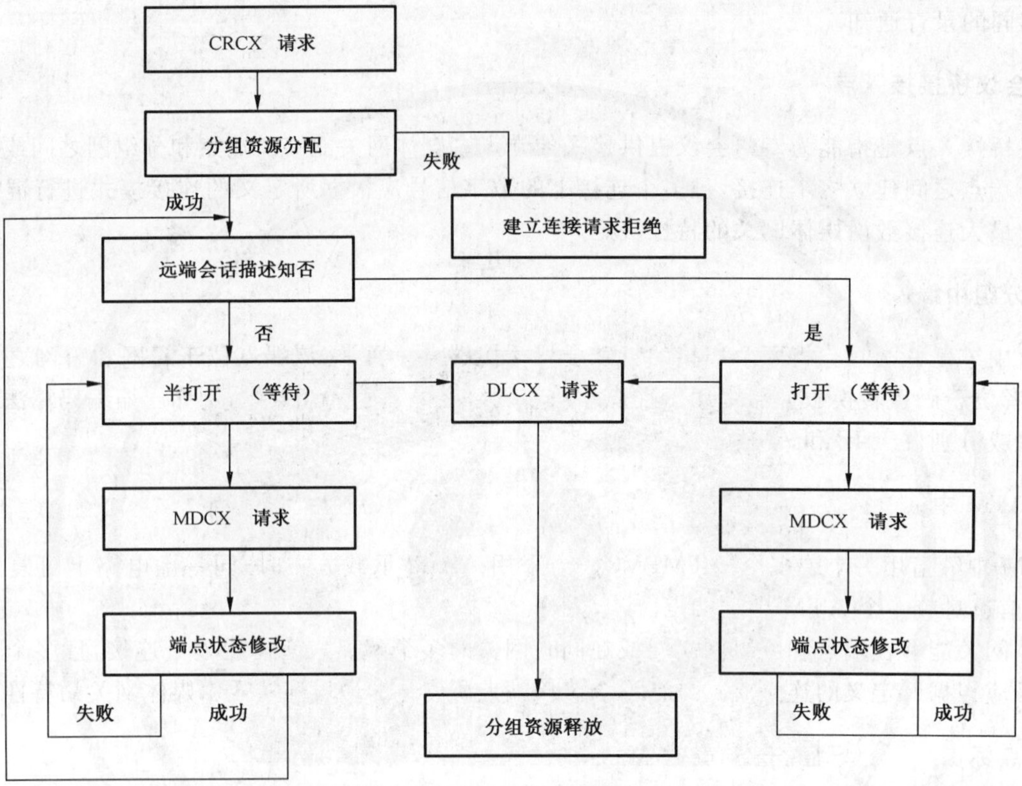

图 2 端点连接状态图

本标准建议一个 MGC 控制的两个媒体网关中的两个端点之间建立连接时,可参照下面 3 个步骤,端点连接状态图见图 2。

a) MGC 或软交换设备向主叫侧媒体网关的端点 EP1 发送创建连接(CRCX)命令,主叫侧媒体网关将为此连接(Connection1)分配资源,并向 MGC 回送命令响应,报告分配资源的会话描述信息,其中会话描述包括建立连接所需的必要信息,如 IP 地址、UDP 端口和编解码算法等参数。

b) MGC 或软交换设备向被叫侧媒体网关的端点 EP2 发送请创建连接(CRCX)命令,该命令携带主叫侧网关内端点连接的会话描述。被叫侧网关为连接(Connection2)分配资源,并向 MGC 回送命令响应,报告所分配资源的会话描述信息。

c) 媒体网关控制向主叫侧媒体网关的端点 EP1 发送修改连接(MDCX)命令,命令携带被叫侧媒体网关内的端点 EP2 的连接参数。至此,主被叫获知双方的连接参数,可进行双向通信。

当两个端点位于不同呼叫代理控制的网关下时,呼叫代理之间通过信令协议同步两个端点创建连接的信息。一旦连接创建成功,可以通过发送修改连接(MDCX)命令修改连接参数。呼叫代理可以指示网关改变连接所使用的语言编码、IP 地址以及 UDP 端口号。呼叫代理通过发送删除连接(DLCX)命令删除回话连接。

4.4.1 呼叫标识

本标准规定呼叫由唯一的呼叫标识符(CallID)来进行标识,呼叫标识由MGC创建且应独立于MGC。本标准规定MGC为一个呼叫建立了多个连接后,多个连接的CallID应相同,这些连接可以分别位于相同的或不同的媒体网关中。此外,本标准规定CallID可以作为计费和管理的标识。

4.4.2 连接标识

当MGC请求MG创建连接时,媒体网关应创建连接标识符。本标准建议连接标识符由十六进制字符串组成,最长可为32位,且连接标识符在端点范围内应唯一。本标准规定当某个连接终结后,至少过3 min(180 s)后MG才能将已经使用过的连接标识符分配给同一端点上建立的新连接,通过这种方式,媒体网关可保证连接标识符在媒体网关内的唯一性。

4.4.3 连接描述

本标准规定连接信息可用IP地址、UDP端口、RTP类型等参数进行描述,且连接参数采用SDP协议进行描述方式,有关SDP协议应符合IETF RFC4566。

4.4.4 连接模式

连接可以用连接模式参数进行描述来标识连接的当前状态。本标准定义的连接模式包括:发送(sendonly)、接收(recvonly),收发(sendrecv),会议(confrnce)、数据(data)、休眠(inactive)、环回(loopback)、导通检验(conttest)、网络环回(netwloop)和网络导通检验(netwtest)。

本标准规定除了端点上包含处于"环回"或"导通检验"模式的连接之外,端点上承载的语音信号只能在连接模式为"发送"、"收发"和"会议"的连接向IP网络发送,且连接模式为"接收"、"收发"和"会议"的连接上接收到的语音数据包可以传送到端点。当端点建立的连接模式处于"会议"状态时,MG除了需要将该连接上接收到的数据流发送到该端点的同时,还需要将该数据复制到所有连接模式为"会议"的连接。

本标准规定"环回"和"导通检验"连接模式用于系统的维护和连续性测试。由于事件检测仅适合流入的媒体信息,因此,如果检测连接上的事件则该连接模式应处于"接收"、"收发"、"会议"、"网络环回"或"网络导通检验"状态,处于"发送"、"休眠"、"环回"或"连接性测试"状态的连接在正常状态下不应被要求检测任何事件,向以上连接发送检测连接模式的命令是非法的。

"环回"和"导通检验"模式用于维护和连接性测试操作。本标准规定一个端点可以创建多个连接模式为"环回"或"导通检验"的连接。当端点上只存在一个处于"环回"或"导通检验"状态的连接,则维护和测试操作应受到保护以免被干扰。本标准规定导通检验应参照ITU定义的标准,即环回测试。当进行环回测试时,源交换机应向承载电路发送导通检验信号音,宿交换机将承载电路进行环回,此时,当源交换机接收到的信号音与发送的导通检验信号音相同,则导通检验(COT)成功,如果接收的信号音和发送的导通检验信号音不同,则导通检验(COT)失败。通常,COT测试用于对中继网关的中继电路进行导通测试。

当MG中端点上的连接处于"环回"模式,则MG应将该端点上接收到的信号回送到信号源端点。当MG中端点上的连接处于"导通检验"模式,则MG将被告知电路的另一端已启动了导通检验测试,此时网关应将电路设置为双音频导通检验的传输响应模式。当MG中端点上的连接处于"网络环回"模式,则MG应将该连接上接收到的信号流回送到信号源,此时信号流不会发送到与该连接相关联的端点。当MG中端点上的连接处于"网络导通检验"模式,则MG应根据双音频导通检验的传输响应模式对从该连接上接收到的数据进行处理,并将处理后的信号回送到信号源,此时,信号流也不会发送到与该连接相关联的端点。

4.5 资源管理和连接属性

资源类型和连接有关,本标准将资源分为两类:

a) 外部资源:将影响网络中的数据流格式,在连接中应和对端交换信息。

b) 内部资源:决定端点接收信号如何处理和将何种信号发往连接。

连接资源由媒体网关根据 MGC 的命令来进行分配,MGC 所使用的命令由两套参数组成:

a) 本地指令:用于指示网关选择连接资源。

b) 远端会话描述:用于提供远端连接的会话描述 SDP 参数。

本地指令和远端会话描述相互作用完成资源分配和管理过程见图 3。

其中,本地指令中包括会话参数有:连接模式、优选编码算法,回声抑制或静音压缩等。其中,MGC 可以设定每种参数的参数值为单一值、一个取值范围或者参数值为空。对应不同程度的控制,MG 有不同程度的选择自由度。

MG 以本地 SDP 参数所确定的参数值来决定某一个连接的资源分配。在允许的情况下,MG 应尽可能选择与远端 SDP 参数相一致的值,但并不要求参数绝对相同。

资源分配完成后,MG 应创建一个 SDP 参数来说明发送和接收分组的方式,SDP 参数可以设定给一个参数取值范围,如一个编码算法的列表。

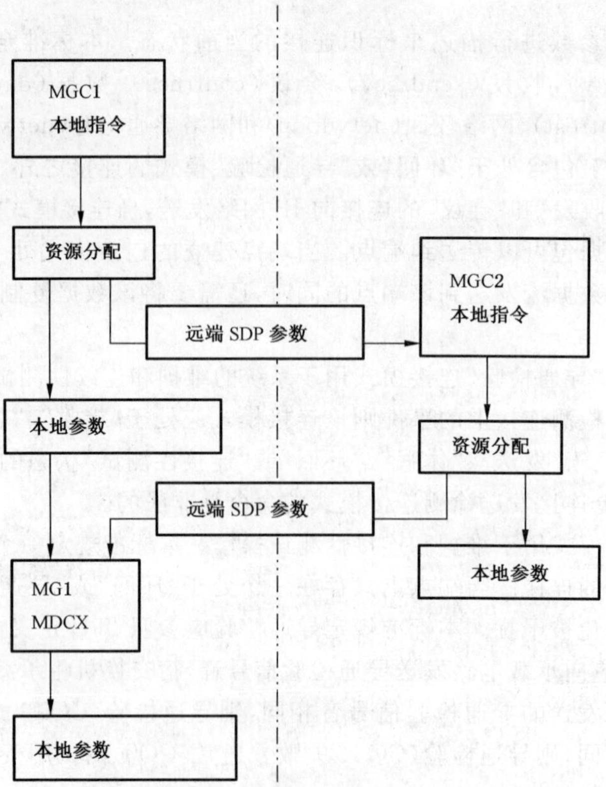

图 3 本地指令和 SDP 参数关系示意图

4.6 本地连接

大型网关通常包含多种不同类型的端点,因此,有时会在同一网关的两个端点之间创建连接,称为本地连接。本地连接比网间连接简单。有时,本地连接会通过本地互连设备建立,比如 TDM 总线。同一网关内两个端点只需 MGC 发送一条创建连接命令,就可创建本地连接。

4.7 MGC 命名方式

为了提高网络可靠性,网络中可部署冗余的 MGC。MGC 命名方式与端点命名方式相似,由本地名和域名两部分组成。本标准建议采用以下规则来提网络可靠性:

a) MGC 或端点等网络实体用域名而不是 IP 地址来鉴别,通常,一个域名可对应多个 IP 地址,因此,某个 MGC 发生故障时,命令请求或命令响应不能前传至该网络地址时,就试图使用该域名所对应的其他网络地址。

b) 当网络实体转移至另一平台时,域名和实际平台的关联记录将由 DNS 服务器保存。MGC 和 MG 应从 DNS 服务器读取关联记录的生存周期,超过生存周期应进行刷新。

除了使用域名和 DNS 服务器之外,"Notifiedentity"命令参数也可以实现可靠性。"Notifiedentity"参数对于端点而言就是当前控制该端点的 MGC。本标准规定一个端点在任一时刻只能与一个"Notifiedentity"发生关联。端点向 MGC 发送命令请求时,应向当前的"Notifiedentity"参数指示的 MGC 发送命令。MG 发生重启动时(流程见附录 D),"Notifiedentity"应被设成缺省值。MGC 向 MG 发送的多数命令都能用"Notifiedentity"参数来明确消息的接收方。"Notifiedentity"的值将被保持到端点接收到新的"Notifiedentity"参数为止,或者端点进行冷热启动为止。

如果消息中"Notifiedentity"参数为空,则就被视为空值。如果端点的"Notifiedentity"参数为空或未明确指定,则默认的将接收到最后一条非审计命令的源地址作为"Notifiedentity"。审计命令不应改变"Notifiedentity"的值。

4.8 DigitMap

MGC 可请求 MG 收集用户拨打的号码,例如 IAD 采集用户拨号、中继网关或接入网关采集接入码信息或卡号。本标准规定,MG 把收集的拨号号码存贮在一个缓冲区,等号码收集完全后再一起发送。本标准定义的 DigitMap 就是用于定义一个号码映射规则,用于实现对拨号号码的采集发送。通常,DigitMap 由 MGC 向 MG 加载,且对应于 MGC 中定义的拨号方案,用于 MG 监听拨号号码。

当拨号方案规则定义如表 1 所示:

表 1 拨号方案规则示例

11X	紧急呼叫和特服呼叫
6XXXXXXX	本地号码
0	长途号码
00	国际长途
* XX	补充业务

则 DigitMap 可以如下描述:

{11x|6XXXXXXX|0[1—9]XXX.|00X.|Exx}

数字映像语法规则见附录 A。本标准规定 DigitMap 由一列数字字符串组成,且数字字符串中允许包含的字符包括:

a) DTMF:数字 0～9、字母 A～D、"#";

b) 字母 X:表示任何 0～9 的数字;

c) 字母 T:表示在该处检测定义器是否超时;

d) "E":标识补充业务;

e) ".":表示紧随其前的字母可以出现任意多个,包括零个;

f) “[]”:表示一个 DTMF 字符范围,包含一个或多个 DTMF 字符;

g) “—”:用于分隔两个 DTMF 字符,且匹配这两个字符之间的所有 DTMF 字符。“—”字符只能在“[]”中使用。

本标准规定 MG 采用以下步骤检测拨号事件是否与 DigitMap 定义的任何一个数字字符串相匹配:

a) 将拨号事件加到“当前拨号串”的内部状态变量后作标记。

b) 查找 DigitMap,检查“当前拨号串”是否与 DigitMap 定义的任一数字字符串相匹配。

c) 如果查找到有匹配项(与且仅与一个部分相匹配),就将“当前拨号串”发送到 MGC。

数字字符串可以完全匹配,也可以“不匹配”。如果定时器超时,则 MG 判定为“不匹配”。当 MG 检测到完全匹配和不匹配的拨号事件都会向 MG 发送通知请求(Notify)消息,该消息将携带 MG 所采集的拨号事件。

4.9 包(Package)

4.9.1 概述

本标准规定对协议的功能扩展可通过扩展包来完成,有关包定义的规则见本标准第 10 章。包可以定义以下类型的扩展:

- 承载信息(BearerInformation)
- 本地连接选项(LocalConnectionOptions)
- 扩展参数(ExtensionParameters)
- 连接模式(ConnectionModes)
- 事件(Events)
- 信号(Signals)
- 动作(Actions)
- 数字映射字符(DigitMapLetters)
- 连接参数(ConnectionParameters)
- 启动方法(RestartMethods)
- 原因码(ReasonCodes)
- 响应码(ReturnCodes)

除数字映射字符(DigitMapLetters)外,包通过使用包名作为扩展项前缀的命名方法为每类扩展项定义一个独立的名字空间,即:包名/扩展。

一个端点如果支持一个或多个包可以定义其中一个作为该端点的缺省包,使用缺省包中的事件和信号时可以不加包名,但本标准建议缺省值可携带包名,除数字映射字符(DigitMapLetters)外,引用其他扩展项应使用包名前缀。

包名是与大小写无关的数字、字母及短线组成的字符串,但短线不能是第一或最后一个字符。例如,包名可以是“D”、“T”及“XYZ”。包名对大小写不敏感,例如“XYZ”、“xyz”和“xYz”是相同的包名。本标准规定基本包和扩展包的包名以及扩展项名应在 IANA 进行注册。除了附录 B 所定义的包之外,本标准允许使用未经 IANA 进行注册的实验包,且实验包的定义方式应用“X－”作为前缀标识。“x^-”和“x^+”为保留选项,IANA 注册的正式包名不能以“x^-”和“x^+”作为首字母。当媒体接收到不支持的包命令时,应返回一个 518 错误响应“包类型不支持”。

4.9.2 基本包

本标准定义的基本包如表 2 所示,具体要求见附录 B。

表 2 基本包列表

包名	包标识符	描 述
基本媒体包	G	该协议包可以适用于多种类型的端点
DTMF 包	D	该协议包适用于采用双音多频信号音的端点
MF 包	M	该协议包适用于采用多频信号音的端点
电路包	T	该协议包适用于中继媒体网关中的中继电路端点
模拟线包	L	该协议包适用于模拟线端点
无绳话机包	H	该协议包适用于无绳话机端点
RTP 包	R	该协议包适用于媒体流资源 RTP 端点
网络接入服务器	N	该协议包适用于具有网络接入服务功能的端点
通知服务器	A	该协议包适用于具有播放通知音功能的端点
脚本包	script	该协议包适用于具有 API 接口的端点

4.10 事件和信号(Event and Signal)

本标准规定事件和信号组合成包(Package),端点类型不同支持包类型不同,包类型不同其所规定的事件和信号也不同,有关 MGCP 包定义见本标准附录 B。本标准规定事件和信号可用“包/事件名(或信号名)”进行标识,同一包中定义的事件或信号具有相同的包名。其中,包名和事件名(或信号名)由数字字符串进行标识,其定义与 DigitMap 的定义方式类似,且可使用通配符。包和事件名(或信号名)之间用字符“/”进行分隔,包名、事件名和信号名字符都不应区分大小写,例如:

a) /dl:表示模拟线包(L)中的拨号事件。

b) T/*:表示中继包(T)中的任意事件,通配符“*”用于匹配任意事件。

c) L/hu@A1234:表示连接标识为 A1234 上的挂机事件,“@”用于表示检测到的是某个连接而不是端点本身的事件。

通常,事件和信号命名方式“包/事件名(或信号名)”中包名为可选项。每一类媒体网关中的端点都会定义一个缺省包,当事件或信号定义时包名省略,则表示该事件或信号属于缺省包中定义的事件。对于未定义缺省包的缺点,其事件或信号定义则不能将包名省略。本标准建议事件定义时包名不能省略。

当某些包中支持数字或字母,如 DTMF 包,定义了符合号码映射规则的数字和字母。号码表规则定义了数字 0～9,“*”,“#”,字母(“A”、“B”、“C”、“D”)以及定时器指示符“T”。以上数字和字母可以组合成字符串用于代表用户允许的按键,此外,字母“X”可以用于表示任何 0～9 的数字。并且,在扩展时还可以定义其他字母。本标准规定,为了方便表示号码字符串,事件的命名形式应满足以下规定:一个非拨号的事件名应至少含有一个既不是数字,也不是字母 A、B、C、D、T 或 X 的字符,事件名也不能只包含一个特殊符号“*”或“#”。然而,超过一个字符组成的事件名可以使用上述任何字符。

当 MGC 要求媒体网关检测一组事件,可以按以下方式表示:

a) 通配符“*”和“all”可用于检测某个包的任何事件,或者在多个包中的指定事件,或者媒体网关所支持的所有包中的任何事件。

b) 规则的范围表示符(Range notation)可用于检测符合范围的一组数字。

“*”通配符可以用来代替包名,关键字“all”可以作为通配符来代替事件名:

a) “foo/all”的名字表示包“foo”内的所有事件。

b) “*/bar”的名字表示网关支持的所有包中的事件“bar”。

c) “*/all”可表示端点支持的全部事件。

MGC 要求媒体网关检测一组数字或字母，这些数字字母可以单独描述，也可以使用数字串语法中定义的范围(Range)符号，如下所示：

a) 字母“x”表示任何从 0 到 9 的数字。

b) 符号“[0-9#]”表示数字 0～9 的任何数字和“#”号。

缺省地，事件只能在端点上产生和检测，同时事件也能够定义在连接上产生和检测。例如，当媒体网关被要求在连接上提供回铃音。当事件在连接上产生时，连接名要紧跟在事件名之后，使用一个“@”符号作分隔符，如下所示：

G/rt@0A3F58。

此时，“G”是包名，“rt”是事件名，OA3F58 是产生事件的连接标识符。

当正在产生或检测事件的连接被删除时，要停止该连接上的事件检测和信号产生。这还取决于不同信号，有可能产生一个错误。通配符“*”可以用来表示“所有连接”。此时，网关将在连接了指定端点的所有连接上产生或检测事件，这适用于现有的和将要在该端点建立的所有连接，如下所示：

R/qa@*

此时，“R”是包名，“qa”是事件名，“*”表示所有连接。

当处理一个使用通配符“*”标识所有连接的命令时，该通配符适用于端点上所有现存的和将来的连接，“*”不会被展开，如果此后命令明显或隐含涉及到该事件，仍应使用该“*”值。当检测到事件发生时，该事件要包含产生它的特定连接标识符。

通配符“$”表示“当前连接”，该通配符只允许由 MGC 使用，且用于 RQNT、CRCX 或 MDCX 命令中。此时，媒体网关将在当前正在建立或修改的连接上产生或检测事件，如下所示：G/rt@$。

当处理一个带有通配符“$”标识当前连接的命令时，该通配符将被展开为当前连接的值，如果此后命令明显或隐含地涉及到该事件，都将使用其展开值，即表示当前连接的通配符“$”只允许被展开一次，并且是在明显包含它的命令最初被处理的时候。

连接标识符(或由通配符替代)可以结合“所有包”和“所有事件”约定来使用。例如，“*/all@*”表示端点上所有当前与将来连接的所有事件。

本标准规定信号类型可分为 3 类：

a) 通/断型(On/Off)：信号一旦加载，这些信号永远存在直至信号被断开为止。信号断开可能是由于另一事件发生或者由一个新的信号请求而引起。

b) 超时型(TO)：信号一旦加载，这些信号将持续到被断开或者规定的事件结束未知。信号断开可能是由于另一事件发生或者由一个新的信号请求而引起。信号超时终止可生成一个信号操作完成事件。

c) 短暂型(BR)：信号持续的事件非常短。它们会自行终止。即使另外一个事件产生，该信号也不会终止，但是当一个新的信号请求到达时，该信号将终止。

本标准规定包描述中所定义的信号应指明信号类型，且超时型(TO)信号还应定义信号的持续时长，见附录 B。

除了附录 B 所定义的包之外，本标准允许使用未经 IANA 进行注册的实验包，且实验包的定义方式应用“X-”作为首位字符进行标识。

5 命令

5.1 概述

命令主要由连接处理命令和端点处理命令组成，本标准共定义了 9 个命令：

a) EndpointConfiguration(端点配置)；

b) NotificationRequest(通知请求);

c) Notify(通知);

d) CreateConnection(创建连接);

e) ModifyConnection(修改连接);

f) DeleteConnection(删除连接);

g) AuditEndpoint(审计端点);

h) AuditConnection(审计连接);

i) RestartInProgress(重启动进展)。

以上命令具体要求见以下章节。本标准规定命令名“()”圆括号中的列出的参数为命令所携带的命令参数,命令名前面的参数为命令响应的返回参数,“[]”中括号的参数为可选参数。

5.2 EndpointConfiguration 命令

该命令由 MGC 发送给 MG,用于规定端点所接收媒体的承载信息,例如 A/μ 率编码方式。

ReturnCode
EndpointConfiguration(EndpointID,
　　　　　　　　　　BearerInformation)

a) EndpointID 是 MG 中执行该命令的端点标识符,本标准规定在该命令中 EndpointID 不允许使用通配符“$”,EndpointID 可以使用通配符“*”。当该命令包含的 EndpointID 等于通配符“*”,则指示该命令应作用于所有满足通配条件的端点。

b) BearerInformation(承载信息)用于定义端点接收媒体的编码方式,该参数可包含一系列子参数,目前仅定义 A/μ 率编码方式。

c) ReturnCode 是由 MG 返回的命令响应代码,用于指示命令的执行结果,响应代码后还可以跟随支持结果的注释部分。响应代码为一个 3 位整数,本标准定义的命令响应码见 5.11。

5.3 NotificationRequest 命令

该命令由 MGC 向 MG 发送,用于指示 MG 按照命令中所携带的事件检测请求来检测事件发生,当检测事情发生时,则启动 Notify 命令向 MGC 报告端点上发生的事件。

ReturnCode
NotificationRequest(EndpointId,
　　　　　　　　　[NotifiedEntity,]
　　　　　　　　　[RequestedEvents,]
　　　　　　　　　RequestIdentifier,
　　　　　　　　　[DigitMap,]
　　　　　　　　　[SignalRequests,]
　　　　　　　　　[QuarantineHandling,]
　　　　　　　　　[DetectEvents,]
　　　　　　　　　[encapsulated EndpointConfiguration])

a) 本标准规定该命令中的 EndpointID 参数不允许使用通配符“$”。

b) NotifiedEntity 命令参数为可选项,用于指定检测事件发生时 Notify 命令应发送的网络实体。

c) RequestIdentifier 命令参数用于将该 NotificationRequest 请求和其所触发的 Notify 命令相关联。

d) RequestedEvents 命令参数(见附录 C)用于指定 MGC 请求 MG 检测事件和报告事件列表,例如,传真信号音检测(传真流程见附录 F)、连续检测信号音检测等事件。同时,每个请求事件可以指明相应的操作方式，本标准定义的操作方式包括：

① 立即向 MGC 通知该事件，连同已检测到的事件列表一起通知；

② 交换音频信号；

③ 将检测到的事件存入事件缓存，暂时不向 MGC 报告该事件；

④ 根据 DigitMap 收集拨号事件；

⑤ 保持信号激活；

⑥ 处理内嵌的 NotificationRequest 命令请求；

⑦ 不作任何处理。

例如，操作 2)可以用于三方通话、呼叫等待等端点涉及多个连接的补充业务中。使用本命令可以指示端点在检测到拍叉簧事件时将语音信号按循环方式交换到下一个连接，而无需检测到事件后报告 MGC，再由 MGC 命令端点转换连接，从而简化协议流程。

其中，有些操作方式可以进行组合，以上操作方式的组合关系如表 3 所示。

表 3 事件操作方式组合关系表

	①	②	③	④	⑤	⑥	⑦
①	N	Y	N	N	Y	Y(＊)	N
②	—	N	Y	N	N	N	Y
③	—	—	N	N	Y	Y	N
④	—	—	—	N	Y	N	N
⑤	—	—	—	—	N	Y	Y
⑥	—	—	—	—	—	N	N
⑦	—	—	—	—	—	N	N

注："Y"表示允许组合的操作，"N"表示不允许组合的操作。其中，只有当 MG 允许发送多个 Notify 命令用于响应一个 NotificationRequest 命令请求时，操作⑥和①才可以组合操作。

本标准规定 MG 不支持无需 NotificationRequest 请求就检测的"永久性事件"(永久事件包见附录 G)，即事件请求只能通过 NotificationRequest 发送。

如果 MGC 希望 MG 检测事件发生后启动某信号，则可以使用内嵌的 NotificationRequest 命令请求。该内嵌的 NotificationRequest 命令请求可包含另外一个请求事件列表、请求信号以及 DigitMap 命令参数。本标准规定内嵌的 NotificationRequest 命令请求应看作与原 NotificationRequest 请求具有相同的 RequestIdentifier 和 NotifiedEntity 命令参数。当内嵌的 NotificationRequest 被激活时，"当前拨号字符串"将被清空，而已检测事件列表和 quarantine 缓存将不受影响。本标准规定 MGC 和 MG 应至少支持一级内嵌的 NotificationRequest 命令请求。内嵌的 NotificationRequest 命令请求事件不会积累检测事件，但可以组合产生累积操作。如果内嵌的 NotificationReques 命令请求操作失败，会产生相应的失败响应。

e) DigitMap 命令参数为可选项，用于 MGC 向 MG 指示收集拨号号码的匹配规则。如果该命令参数缺省，则 MG 收集拨号号码时仍遵循先前命令指定的 DigitMap。如果 NotificationRequest 中的携带的 RequestedEvents 参数指示 MG 应采取操作④"根据 DigitMap 收集拨号事件"，则收集的号码会组合成号码字符串后上报。当 MG 接收到 NotificationRequest 时，号码字符串将被置为空，因此，随后的 Notify 命令只应该将接收到 NotificationRequest 后收集的号码字符上报。

f) SignalRequests 命令参数用于 MGC 指示 MG 需要向端点播放的信号音，例如，振铃音、导通检验音等。SignalRequests 应与相应的 RequestedEvents 同步操作，如检测到摘机事件后振铃应立即停止。本标准规定除了检测事件的操作为⑤"保持信号激活"之外，当检测到事件发生时，所有超时型(TO)信号都应停止播放。SignalRequests 命令参数可以为空，表示停止信号音播放。

本标准规定 SignalRequests 和 RequestedEvents 命令参数应对应同一事件定义，端点所能检测的事件或播放的信号由端点所能支持的包决定。当端点接收到一个事件检测请求，该事件属于该端点不支持的包类型，则端点应返回一个错误响应。当端点接收到一个未指定包名的事件检测请求，则该事件属于端点所指定的缺省包，如果缺省包中未定义该事件，则端点应返回一个错误响应。

g) QuarantineHandling 命令参数为可选项，用于指示处理隔离事件(Quarantine Event)。隔离事件是指在 NotificationRequest 请求未到达之前，MG 已检测到尚未报告 MGC 的事件。该参数定义以下操作：对隔离事件应处理还是丢弃(缺省值为处理)；MG 至多生成一个还是多个 Notify 通知(缺省值为一个)。

h) DetectEvents 命令参数为可选项，用于 MGC 指示 MG 在隔离阶段 MG 需要检测的事件列表。当该命令参数为空时，指示在隔离阶段 MG 需要检测的事件为先前接收到的 DetectEvents 所列举的事件，除此之外，MG 还应检测 RequestedEvents 命令参数所指定的事件，包括那些需要操作为⑦"忽略"的事件。

某些事件和信号(如回铃音)需要在端点连接上发送或检测，而不是对端点进行操作。因此，本标准规定事件可以具体指向某一连接。

i) 除以上命令参数外，NotificationRequest 命令还可以内嵌 EndpointConfiguration 命令。本标准规定 NotificationRequest 命令可以内嵌 EndpointConfiguration 命令进行发送，且内嵌的 EndpointConfiguration 命令将作用于同一端点。当命令中存在内嵌的 EndpointConfiguration 命令时，EndpointConfiguration 命令的命令参数将插入到 NotificationRequest 命令的命令参数之后。且内嵌的 EndpointConfiguration 命令应与 NotificationRequest 操作结果保持一致，即如果 NotificationRequest 被拒绝执行，则 EndpointConfiguration 也不能被执行。

j) ReturnCode 是由 MG 返回的命令响应代码，用于指示命令的执行结果，响应代码后还可以跟随支持结果的注释部分。响应代码为一个 3 位整数，本标准定义的命令响应码见 5.11。

5.4 Notify 命令

该命令用于 MG 通知 MGC 报告观察事件的发生，端点在检测到指定观察事件时向 MGC 发送此命令。

```
ReturnCode
Notify(EndpointId,
       [NotifiedEntity,]
       RequestIdentifier,
       ObservedEvents)
```

a) EndpointId 参数用于指定该命令的发送方，本标准规定 EndpointID 应指示一个合法的被授权的端点用户，且 EndpointID 不允许使用通配符"*"和"$"。

b) NotifiedEntity 命令参数为可选项，用于指定命令应发送的网络实体。该参数应与其触发的 NotificationRequest 中所包含的 NotifiedEntity 参数值相同。如果，触发 NotificationRequest 请求不包含该参数，则 Notify 命令中该请求应为空，此时，Notify 请求应发送至发出 NotificationRequest 请求的网络实体地址。

c) RequestIdentifier 命令参数用于将 NotificationRequest 请求和其所触发的 Notify 命令相

关联。

d) ObservedEvents 命令参数用于向 MGC 报告 MG 检测的事件列表,且该参数仅能包含 NotificationRequest 命令中 RequestedEvents 命令参数指定的命令。该参数可以为累积的检测事件,根据 DigitMap 采集的拨号事件,该拨号事件可以完全匹配也可以不匹配。

e) ReturnCode 是由 MG 返回的命令响应代码,用于指示命令的执行结果,响应代码后还可以跟随支持结果的注释部分。响应代码为一个 3 位整数,本标准定义的命令响应码见 5.11。

5.5 CreateConnection 命令

该命令由 MGC 发送给 MG,用于在两个端点间创建一个连接。

```
ReturnCode,
ConnectionId,
[SpecificEndPointId,]
[LocalConnectionDescriptor,]
[SecondEndPointId,]
[SecondConnectionId]
 CreateConnection(CallId,
                  EndpointId,
                  [NotifiedEntity,]
                  [LocalConnectionOptions,]
                  Mode,
                  [{RemoteConnectionDescriptor  |
                    SecondEndpointId},]
                  [Encapsulated NotificationRequest,]
                  [Encapsulated EndpointConfiguration])
```

a) CallID 命令参数为一个全局参数,用于唯一指定该连接相关联的呼叫。本标准规定同一呼叫建立连接的 CallID 相同。

b) EndpointId 用于指示新创建的关联相对应的端点标识。本标准规定 EndpointId 可使用唯一指定的值,也可以使用通配符"$"。如果 CreateConnection 命令中未唯一指定 EndpointId,则 MG 应为该连接分配一个端点,且命令响应中应携带 SpecificEndPointId 命令参数,用于向 MGC 报告分配的端点。

c) NotifiedEntity 命令参数为可选项,用于指定 Notify 命令和 DeleteConnection 命令应向该参数指定的网络实体发送。如果该命令参数为空,则 Notify 命令和 DeleteConnection 命令应发送到前一次接收到的命令中 NotifiedEntity 所指定的网络实体,或将命令发送到 CreateConnection 命令的发送方。

d) LocalConnectionOptions 命令参数用于 MGC 指示 MG 创建连接的方式,该参数包括以下字段:
   - 编码算法:该字段编码方式应与 SDP 和 RTP 定义规则保持一致。
   - 打包周期:该字段编码方式应与 SDP 和 RTP 定义规则保持一致。
   - 带宽:该字段编码方式应与 SDP 和 RTP 定义规则保持一致。
   - 服务类型:服务类型用于指定连接说使用的服务等级,当创建的连接是在 IP 网络上传送,则该参数值等于 IP 头中的 TOS 字段。当服务类型字段为空,则 MG 应选择缺省的货预先配置的服务类型。
   - 回声抑制:缺省情况下,MG 应支持回声抑制功能,回声抑制字段参数值可以为"on"或

"off",缺省值为"on"。

- 静音压缩:该功能为任选功能,如果呼叫为 modem 呼叫则此功能应关闭。静音压缩字段值可以为"on"或"off",缺省值为"off"。
- 电平适配和噪声电平抑制。
- 增益控制:该功能为任选功能,如果呼叫为 modem 呼叫则此功能应关闭。
- 资源预留:MGC 可以要求 MG 在指定连接上实现资源预留,且需要指明资源预留的方式为"可控负载服务(controlled load)"或"确保业务(guaranteed service)",当资源预留字段为空时,该字段缺省值为"尽力而为(Best effort)"。
- RTP 安全机制:MGC 可以请求 MG 提供密钥对音频信号进行加密传送,加密机制见 IETFRFC4566。缺省情况下,MG 无需支持加密。
- 连接传送网络类型:该字段为可选项,其参数值可以为"IN"(IP 网络)、"ATM"和"LOCAL"。当该字段为空时,连接传送网络类型由 MG 类型决定。

本标准规定可以采用以下三种方式指定编码算法、打包周期和带宽参数字段的参数值:指定唯一确定的参数值;指定一个取值范围;指定一个带宽指示,允许 MG 执行选择编码算法和打包周期。

e) RemoteConnectionDescriptor 命令参数用于指定该连接的远端端点的连接描述参数。该参数缩定义的字段类型与 LocalConnectionOptions 定义的字段类型相同。当远端端点未知时,该命令参数为空。

f) SecondEndpointId 命令参数用于取代 RemoteConnectionDescriptor 命令参数,而在同一网关内的两个端点之间创建关联。本标准规定 SecondEndpointId 可使用唯一指定的值,也可以使用通配符"$"。如果 CreateConnection 命令中未唯一指定 SecondEndpointId,则 MG 应为该连接分配一个端点,且命令响应中应携带 SecondEndPointId 命令参数,用于向 MGC 报告分配的端点。

g) Mode 命令参数用于指示创建连接的连接模式,本标准定义的连接模式包括:发送(sendonly)、接收(recvonly)、收发(sendrecv)、会议(confrnce)、数据(data)、休眠(inactive)、环回(loopback)、导通检验(conttest)、网络环回(netwloop)和网络导通检验(netwtest)。如果端点不支持命令中包含的 Mode 参数值,则应向 MGC 返回错误响应。

h) 除以上命令参数之外,CreateConnection 命令还可以内嵌 EndpointConfiguration 和 NotificationRequest 命令请求,且内嵌的 EndpointConfiguration 命令应与 CreateConnection 操作结果保持一致,即如果 CreateConnection 被拒绝执行,则 EndpointConfiguration 也不能被执行。

i) ConnectionId 参数是 CreateConnection 命令的返回参数,用于唯一标识该命令创建的连接。

j) ReturnCode 是由 MG 返回的命令响应代码,用于指示命令的执行结果,响应代码后还可以跟随支持结果的注释部分。响应代码为一个 3 位整数,本标准定义的命令响应码见 5.11。

5.6 ModifyConnection 命令

该命令用于修改连接特征,包括修改连接的本地特征和远程特征。

```
ReturnCode,
  [LocalConnectionDescriptor]
ModifyConnection(CallId,
                 EndpointId,
                 ConnectionId,
                 [NotifiedEntity,]
                 [LocalConnectionOptions,]
                 [Mode,]
```

[RemoteConnectionDescriptor,]
[Encapsulated NotificationRequest,]
[Encapsulated EndpointConfiguration])

除了包含与 CreateConnection 命令所包含的命令参数相同外,该命令还包含 ConnectionId 命令参数,用于指定该命令所作用的连接标识,该连接标识 ConnectionId 由 CreateConnection 命令响应返回。ModifyConnection 命令中的 EndpointId 参数应为唯一确定的端点标识符,且不能使用通配符“*”或“$”。该命令可以通过以下方式改变连接参数:

a) 通过 RemoteConnectionDescriptor 命令参数提供远端连接信息;
b) 通过改变连接模式 Mode 参数来激活或去激活连接;
c) 通过改变编码算法、打包周期、回声抑制等连接参数来改变信息。

如果该连接的本地连接参数发生改变,则 ModifyConnection 命令的返回参数应包含 LocalConnectionDescriptor 参数。

除了命令参数外,ModifyConnection 命令还可以内嵌 EndpointConfiguration 和 NotificationRequest 命令请求,且内嵌的 EndpointConfiguration 命令应与 ModifyConnection 作结果保持一致,即如果 ModifyConnection 被拒绝执行,则 EndpointConfiguration 也不能被执行。

ReturnCode 是由 MG 返回的命令响应代码,用于指示命令的执行结果,响应代码后还可以跟随支持结果的注释部分。响应代码为一个 3 位整数,本标准定义的命令响应码见 5.11。

5.7 DeleteConnection 命令

5.7.1 概述

该命令用于删除一个连接,它可由 MGC 向 MG 发送,或由 MG 向 MGC 发送。该命令的使用方式如下分别所示。

5.7.2 发自 MGC

MGC 通过发出该命令来终结连接,同时还可以通过它收集连接执行结果的数据。通常情况下,一个连接有两端,MGC 应该向涉及连接的两个媒体网关都发出 DeleteConnection 命令,若连接使用 IP 组播,则可以一个一个地独立删除。当端点上的所有连接均被删除以后,此端点应处于 inactive 模式。

ReturnCode,
Connection-parameters
DeleteConnection(CallId,
EndpointId,
ConnectionId,
[Encapsulated NotificationRequest,]
[Encapsulated EndpointConfiguration])

EndpointId 命令参数用于指定该命令作用的端点标识符,本标准规定该命令中 EndpointId 不能使用通配符“$”或“*”。通常,DeleteConnection 命令应分别向主被叫网关发送。然而,使用 IP 组播协议的连接可以被逐个、独立地删除。当该命令执行后,端点处于去激活状态。除此之外,该命令响应还可以返回与连接统计信息有关的参数,如下所示:

- 发送包数目:当连接建立在 IP 网络上时,该参数指发送端发送的 RTP 包的总数;当连接建立在 ATM 网络上时,该参数指发送端发送的 ATM 信元的总数;当连接为本地连接时,该参数无意义。
- 发送字节数:当连接建立在 IP 网络上时,该参数指发送端发送的有效负荷(不包括包头和填充比特)的字节数;当连接建立在 ATM 网络上时,该参数指发送端发送的 ATM 信元中所包含的有效负荷的字节数目;当连接为本地连接时,该参数指通过本地连接发送的有效负荷总数。

- 接收包数目:当连接建立在 IP 网络上时,该参数指接收端接收的 RTP 包的总数;当连接建立在 ATM 网络上时,该参数指接收端接收的 ATM 信元的总数;当连接为本地连接时,该参数无意义。
- 接收字节数:当连接建立在 IP 网络上时,该参数指接收端接收的有效负荷(不包括包头和填充比特)的字节数;当连接建立在 ATM 网络上时,该参数指接收端接收的 ATM 信元中所包含的有效负荷的字节数目;当连接为本地连接时,该参数指通过本地连接接收的有效负荷总数。
- 包丢失数:当连接建立在 IP 网络上时,该参数指连接上丢失 RTP 包数目总和;当连接建立在 ATM 网络上时,该参数指连接上丢失的 ATM 信元的总和;当连接为本地连接时,该参数无意义。
- 抖动:单位为毫秒。当连接建立在 IP 网络上时,该参数指 RTP 包到达时间间隔的差值;当连接建立在 ATM 网络上时,该参数指 ATM 信元到达时间间隔的差值;当连接为本地连接时,该参数无意义。
- 平均传输时延:单位为毫秒。当连接建立在 IP 网络上时,该参数为发送端发送的 RTCP 消息所指定的 NTP 时戳与接收方接收到该 RTCP 消息所指定的 NTP 时戳的差值平均值。当连接建立在 ATM 网络上时,MG 无法衡量该参数;当连接为本地连接时,该参数无意义。

DeleteConnection 命令还可以内嵌 EndpointConfiguration 和 NotificationRequest 命令请求,且内嵌的 EndpointConfiguration 命令应与 DeleteConnection 作结果保持一致,即如果 ModifyConnection 被拒绝执行,则 EndpointConfiguration 也不能被执行。

ReturnCode 是由 MG 返回的命令响应代码,用于指示命令的执行结果,响应代码后还可以跟随支持结果的注释部分。响应代码为一个 3 位整数,本标准定义的命令响应码见 5.11。

5.7.3 发自 MG

MG 通过发出该命令来删除连接。如果 MG 失去与连接相关的资源或者发现端点不能或者不愿意发送或接收媒体时,可以向 MGC 发出 DeleteConnection 命令来终结连接。

```
ReturnCode,
DeleteConnection(CallId,
                 EndpointId,
                 ConnectionId,
                 Reasoncode,
                 Connection-parameters)
```

该命令除了可以包含 CallID、EndpointID 和 ConnectionID 参数之外,还可以包含若干连接参数,用于描述连接统计信息。Reasoncode 命令参数用于指示删除连接的原因。ReturnCode 是由 MGC 返回的命令响应代码,用于指示命令的执行结果,响应代码后还可以跟随支持结果的注释部分。响应代码为一个 3 位整数,本标准定义的命令响应码见 5.11。

5.7.4 删除多连接

该命令由 MGC 向 MG 发送,通过对 DeleteConnection 功能进行改动,可以同时删除多个连接。

当命令如下所示时,指示删除与 CallId 指定的呼叫相关的所有连接。

```
ReturnCode,
DeleteConnection(CallId,
                 EndpointId)
```

当命令如下所示时，指示删除与 EndpointId 指定端点上的所有连接；当 EndpointId 为通配符“*”或“$”时，还可以删除多个端点上的所有连接。

ReturnCode,

DeleteConnection(EndpointId)

本标准规定，多连接删除不应返回连接统计信息。

5.8 AuditEndpoint 命令

该命令由 MGC 向 MG 发送，用于统计 MG 中端点的状态。

ReturnCode,
EndPointIdList|{
[RequestedEvents,]
[DigitMap,]
[SignalRequests,]
[RequestIdentifier,]
[NotifiedEntity,]
[ConnectionIdentifiers,]
[DetectEvents,]
[ObservedEvents,]
[EventStates,]
[BearerInformation,]
[RestartReason,]
[RestartDelay,]
[ReasonCode,]
[Capabilities]}
AuditEndpoint (EndpointID,
[RequestedInfo])

该命令中 EndpointID 可以使用唯一确定值，也可以使用通配值“$”。当 EndpointID 等于通配值“$”时，MG 应返回包含统计端点 EndpointID 列表，然而无法对每个端点的特性进行统计。当 EndpointID 不等于通配值“$”时，RequestedInfo 命令参数可以包含以下参数：

- RequestedEvents
- DigitMap
- SignalRequests
- RequestIdentifier
- NotifiedEntity
- ConnectionIdentifiers
- DetectEvents
- ObservedEvents
- EventStates
- RestartReason
- RestartDelay
- ReasonCode
- Capabilities.

AuditEndpoint 命令响应返回的参数应包含 RequestedInfo 所指定的内容。

5.9 AuditConnection 命令

该命令由 MGC 向 MG 发送，用于统计 MG 中与连接相关的参数。

[CallId,]
[NotifiedEntity,]
[LocalConnectionOptions,]
[Mode,]
[RemoteConnectionDescriptor,]
[LocalConnectionDescriptor,]
[ConnectionParameters]
AuditConnection(EndpointId,
ConnectionId,
RequestedInfo)

该命令中 EndpointID 只能使用唯一确定值，不允许使用通配值“$”和“*”。ConnectionId 命令参数用于指定需要统计的与 EndpointID 相关的连接标识，RequestedInfo 命令参数可以包含以下参数：

- CallId
- NotifiedEntity
- LocalConnectionOptions
- Mode
- RemoteConnectionDescriptor
- LocalConnectionDescriptor
- ConnectionParameters

AuditConnection 命令响应返回的参数应包含 RequestedInfo 所指定的内容。

5.10 RestartInProgress 命令

该命令由 MG 向 MGC 发送，用于向 MGC 报告 MG 中的端点退出服务或进入服务。

ReturnCode,
[NotifiedEntity]
RestartInprogress(EndpointID,
RestartMethod,
[RestartDelay,]
[Reason-code])

EndpointID 参数用于指定退出或进入服务的端点。

RestartMethod 参数用于指定从启动的类型，本标准定义的重启动方式(RestartMethod)参数包括以下几种方式：

a) Graceful：规定时延过后将指定端点置于退出服务状态。对于已建立的连接没有影响，但 MGC 不能建立新的连接，并且删除现有连接。
b) Forced：将指定的端点立即强制置于退出服务状态，已建立的连接也将被丢失。
c) Restart：端点上的服务将在“RestartDelay”参数规定的时延后恢复。
d) Disconnected：端点已经断开连接且正试图在建立新的连接，“RestartDelay”参数规定了端点断开连接的时间，单位为秒，且已建立的连接将不受影响。
e) Cancel-graceful：指示 MG 取消先前的 Graceful 重启动方式，端点仍处于服务状态。

RestartDelay 命令参数为可选参数,单位为秒。如果该参数在 RestartInprogress 中省略则认为空。当采用“Graceful”方式时,RestartDelay 参数为空指示 MGC 不仅不能建立新的连接且应等待现有连接的自然结束。当采用“Forced”和“cancel-graceful”方式时,RestartDelay 参数总为空。当 MG 发送的采用“Restart”或者“graceful”的 RestartInprogress 命令中包含的 RestartDelay 参数为非零值,则重启动时延结束后 MG 应发送更新的 RestartInprogress 命令。

当采用“Restart”方式的 RestartInprogress 中所包含的 RestartDelay 参数为非零值,则指示 MG 上的服务已被恢复,如 MG 加电启动或重启动。为了避免重启动造成媒体网关 IP 地址的改变所带来的影响,MGC 即可以采用将它本身的域名来代替 MG 的域名的方式,也可以通过查询 DNS 服务器来对 MG 的域名进行解析。

Reasoncode 命令参数为可选参数,用于指示 MG 发生重启动的原因。

如果重启动成功,则返回 200OK 成功响应,端点返回的被通知实体就是新的被通知实体;如果重启动未成功,则 MGC 返回一个错误响应。响应代码和错误代码见 5.11。

5.11 响应代码和错误代码

本标准规定命令采用请求—证实的方式来进行交互,因此,命令的证实响应应携带响应代码,用于指示命令的执行状态。响应代码为整数值,目前本标准规定已定义 5 个范围的响应代码值。

a) 000~099:响应证实;
b) 100~199:临时响应;
c) 200~299:成功响应;
d) 400~499:临时性错误响应;
e) 500~599:永久性错误响应;
f) 800~899:包(Package)指定的响应代码。

本标准已定义的响应代码如表 4 所示。

表 4 错误代码列表

错误代码	含义
000	响应证实
100	事务正在被处理,命令成功响应将稍后发送
101	事务正排队处理,命令成功响应将稍后发送
200	事务被正常处理,用于指示成功响应
250	用于对 DeleteConnection 命令的成功响应
400	不确定的临时性错误
401	电话已摘机
402	电话已挂机
403	端点没有足够的资源
404	带宽不足
405	端点正处于重启动状态
406	事务处理超时,事务在指定时间内无法正常完成
407	由于外部命令的到来导致事务处理失败,如 MDCX 命令被 DLCX 命令所终结
409	MG 内部超载

表 4（续）

错误代码	含　义
500	端点未知
501	端点处于未准备状态以及“Out of Scrvicc”状态
502	端点没有足够资源
503	通配符“All of”过于复杂
504	未知或不支持的命令
508	未知或不支持“quarantinehandling”参数
509	RemoteConnectionDescriptor 错误
510	不能确定的协议错误(该错误代码建议为最终的错误响应)
511	命令包含不能识别的扩展(如无法识别的以“x+”为首位的关键扩展参数)
512	MG 不能检测要求检测的事件
513	MG 不能检测要求发送的事件
514	MG 不能播放指定的通知
515	事务交互指向不正确的 ConnectionID(该 ConnectionID 可能被删除)
516	事务交互指向不正确的 CallID
517	不支持或非法的模式(Mode)
518	不支持或未知的包(建议应答消息应包括 PackageList 参数)
519	端点不包含 Digitmap
520	端点正在重启动
521	端点正复位向到另外一个 MGC
522	不支持的事件或信号
523	未知的 action 和非法的 action 组
524	LocalConnectionOptions 参数内不一致
525	LocalConnectionOptions 参数中未知的扩展(如无法识别的以“x+”为首位的关键扩展参数)
526	带宽不足(若为临时性错误,应以 404 代替)
527	RemoteConnection 描述符丢失
528	协议版本不匹配
529	内部硬件错误
530	CAS 信令协议错误
531	中继群错误
532	LocalConnectionOptions 命令参数中不支持的值
533	响应消息过长
534	编码协商失败
535	不支持的“Packetization period”参数值
536	未知或不支持的重启动模式

表 4（续）

错误代码	含　义
537	未知或不支持的 DigitMap 扩展
538	Event/Signal 参数错误
539	非法或不支持的命令参数
540	超过端点允许的最大连接数目
541	非法或不支持的 LocalConnectionOptions 参数

本标准规定，如果实体接收到未知或者不支持的响应代码应遵循以下原则进行处理。

a） 未知的 0XX 代码应被视做 000；

b） 未知的 1XX 代码应被视做 100；

c） 未知的 2XX 代码应被视做 200；

d） 未知的 3XX 代码应被视做 521；

e） 未知的 4XX 代码应被视做 400；

f） 未知的 5XX-9XX 代码应被视做 510。

5.12 重启动原因值

本标准规定 RSIP 命令所使用的端点重启动原因值如表 5 所示。

表 5 重启动原因值

重启动原因值	含　义
000	终端处于正常状态，该原因值作为 AUCX 和 AUEP 命令的响应
900	端点故障
901	端点退出服务
902	网络连接丢失
903	QoS 预留资源丢失
904	人工干预
905	设备故障

6 协议消息格式

6.1 概述

本标准规定协议通过事务(Transaction)来实现 MGC 对 MG 之间的控制管理。一个事务交互由命令请求和命令响应组成。MGCP 协议共定义了 9 个命令请求消息，见 6.2～6.10。

所有命令请求消息由命令头和会话描述两部分组成，命令响应消息由响应头和会话描述两部分组成，其中会话描述部分为可选项，采用 SDP 协议进行描述，具体规则见 IETF RFC 4566。消息中命令头(或响应头)和会话描述都由若干文本行组成，并通过空行进行分隔。

本标准规定 MGCP 协议采用 TransactionID 来关联命令请求和命令响应，其中，TransactionID 编码作为命令请求中命令头的一部分，并在相应的命令响应中重复出现。

本标准规定协议消息采用 ABNF 编码方式进行编码(见附录 A),ABNF 的编码规则见 IETF RFC 5234。

6.2 命令头

6.2.1 概述

本标准规定 MGCP 协议命令请求消息的命令头由一个命令行和若干个参数行两部分组成。

6.2.2 命令行(commandline)

6.2.2.1 概述

本标准规定命令行由命令请求名称、TransactionID、EndpointID 和协议版本号四个部分组成,其中,每个部分都是 ASCII 字符串,且每部分采用空格分隔,其中,空格可采用 ASCII 空格字符(0x20)和 TAB 字符(0x09)来进行标识。命令行结构如下所示,[]表示空格字符。

命令请求名称[]TransactionID[]EndpointID[]协议版本号。

6.2.2.2 命令请求名称

本标准规定命令请求名称为 4 个字母的 ASCⅡ编码,且不区分大小写。MGCP 协议所定义的命令请求名称 ASCⅡ编码如表 6 所示。

表 6 命令请求名称 ASCⅡ编码

命令请求名称	ASCⅡ编码
EndpointConfiguration	EPCF
CreatConnection	CRCX
ModifyConnection	MDCX
DeleteConnection	DLCX
NotificationRequest	RQNT
Notify	NTFY
AuditEndpoint	AUEP
AuditConnection	AUCX
RestartInprogress	RSIP

6.2.2.3 TransactionID

本标准规定 MGC 发给一个特定网关的命令的事务标识符在事务的最大生存周期内应是唯一的。因此,对于同一个 MGC,通过检查事务标识符,媒体网关就可以检查出重复发送的事务。MGC 之间的事务标识符的唯一性不在本标准讨论范围之内。

本标准规定 MG 发出所有命令的事务标识符在事务的最大生存周期内应是唯一的,且与 MGC 无关。因此,MGC 通过结合端点域名和事务标识符来检测来自媒体网关的重复事务。

本标准规定 MGCP 协议采用 TransactionID 来关联命令请求和响应响应。本标准建议 TransactionID 由一个九位数来进行标识,TransactionID 的取值范围为 1~999999999,且首位不能为 0。TransactionID 在命令行中位于命令请求名称之后,且用一个空格字符进行分隔。本标准规定,在一个 Transaction 完成后 3 min 之内，消息实体不允许选用该 Transaction 所采用的 TransactionID。

6.2.2.4 EndpointID(端点标识符)

EndpointID 用于标识协议消息的被通知实体。本标准建议 EndpointID 采用 Email 地址的形式进行标识，Email 地址结构的定义见 IETFRFC2821。EndpointID 的参考结构为"用户名@域名:端口号"，其中，域名标识端点所属的系统，用户名则标识该系统的指定端点或者实体，端口号为可选项，用于标识协议消息所使用的端口号，当端口号省略时应采用 MGCP 协议默认的消息被通知实体的端口号。

6.2.2.5 协议版本号

本标准规定协议版本号由一个主版本号和一个副版本号组成，且中间由"."进行分隔，主版本和副版本号都是由数字进行标识。本标准所定义的协议版本号为 1.0。当一个消息实体接收到不支持的协议版本命令消息时，应返回一个响应代码为 528(协议版本不兼容)的响应消息。

6.2.3 参数行(Parameter line)

6.2.3.1 概述

本标准规定参数行结构如下所示：

参数名:[空格]参数值

通常，参数名由一个和两个大写字母或数字组成，且首位应为大写字母。本标准定义的命令参数如表 7 所示。

表 7 命令参数列表

命令参数名称	编码	参数值
BearerInformation	B	见 6.2.3.2
CallID	C	见 6.2.3.3
Capabilities	A	见 6.2.3.4
ConnectionID	I	见 6.2.3.6
ConnectionMode	M	见 6.2.3.7
ConnectionParameters	P	见 6.2.3.8
DetectEvents	T	见 6.2.3.9
DigitMap	D	数字映像编码
EventStates	ES	见 6.2.3.10
LocalConnectionOptions	L	见 6.2.3.11
MaxMGCPDatagram	MD	见 6.2.3.12
NotifiedEntity	N	Email 地址标识，Email 地址编码规则见 IETF RFC2821
ObservedEvents	O	见 6.2.3.13
PackageList	PL	见 6.2.3.14
QuarantineHandling	Q	见 6.2.3.15
ReasonCode	E	见 6.2.3.16
RequestedEvents	R	见 6.2.3.17

表 7（续）

命令参数名称	编码	参数值
RequestedInfo	F	见 6.2.3.18
RequestIdentifier	X	见 6.2.3.19
ResponseAck	K	见 6.2.3.20
RestartDelay	RD	十进制整数，单位秒
RestartMethod	RM	见 6.2.3.21
SecondConnectionId	I2	ConnectionID
SecondEndpointId	Z2	EndpointID
SignalRequests	S	见 6.2.3.22
SpecificEndPointId	Z	Email 地址形式
RemoteConnection-Descriptor	RC	会话能力描述(SDP)
LocalConnection-Descriptor	LC	会话能力描述(SDP)

表 8 为命令参数和命令关联表，其中，"M"表示该参数为必选项，"O"表示该参数为任选项，"F"表示该参数为禁止项。若无特别说明，一个命令参数只能出现一次。

表 8　命令参数和命令关联表

参数名称	EPCF	CRCX	MDCX	DLCX	RQNT	NTFY	AUEP	AUCX	RSIP
BearerInformation	O	O	O	O	O	F	F	F	F
CallId	F	M	M	O	F	F	F	F	F
Capabilities	F	F	F	F	F	F	F	F	F
ConnectionId	F	F	M	O	F	F	F	M	F
ConnectionMode	F	M	O	F	F	F	F	F	F
ConnectionParameters	F	F	F	O	F	F	F	F	F
DetectEvents	F	O	O	O	O	F	F	F	F
DigitMap	F	O	O	O	O	F	F	F	F
EventStates	F	F	F	F	F	F	F	F	F
MaxMGCPDatagram	F	F	F	F	F	F	F	F	F
NotifiedEntity	F	O	O	O	O	O	F	F	F
ObservedEvents	F	F	F	F	F	M	F	F	F
PackageList	F	F	F	F	F	F	F	F	F
QuarantineHandling	F	O	O	O	O	F	F	F	F
ReasonCode	F	F	F	O	F	F	F	F	O
RequestedEvents	F	O	O	O	O	F	F	F	F
RequestIdentifier	F	O	O	O	M	M	F	F	F
RequestedInfo	F	F	F	F	F	F	O	M	F

表 8（续）

参数名称	EPCF	CRCX	MDCX	DLCX	RQNT	NTFY	AUEP	AUCX	RSIP
ResponseAck	O	O	O	O	O	O	O	O	O
RestartDelay	F	F	F	F	F	F	F	F	O
RestartMethod	F	F	F	F	F	F	F	F	M
SecondConnectionId	F	F	F	F	F	F	F	F	F
SecondEndpointId	F	O	F	F	F	F	F	F	F
SignalRequests	F	O	O	O	O	F	F	F	F
SpecificEndpointId	F	F	F	F	F	F	F	F	F
LocalConnectionOptions	F	F	F	F	F	F	F	F	F
RemoteConnectionOptions	F	O	O	F	F	F	F	O	F

注 1：BearerInformation 参数只有在 EPCF 命令中为任选项。

注 2：RequestedID 参数在 MDCX、CRCX、DLCX 命令中为任选项，若命令消息中包含被封装的通知请求，此参数为必选项。

注 3：RequestedEvents 和 SignalRequests 参数在 RQNT 命令中为任选项，若命令中该参数省略，则响应列表就被认为是空。

注 4：ConnectionParameters 参数只有在 MG 发送的 DLCX 命令中才有效。

本标准规定命令参数可通过包扩展参数和设备制造商扩展参数进行扩展，且建议优选包扩展方式。包扩展参数在包的定义中进行定义。本标准规定扩展参数名应由“X－”或“X＋”为首位的字符串组成，且“X＋”为首位的参数名为关键参数扩展名，“X－”开头的参数名是非关键参数扩展名。当消息实体接收到无法识别的关键参数扩展名时，应将拒绝执行命令，并返回错误代码为 511 的响应消息。消息实体接收到无法识别的非关键参数扩展名时，则对该参数不进行任何处理。

6.2.3.2 BearerInformation（承载信息）

BearerInformation 属性用于识别媒体流的编码算法，目前，本标准暂时规定可采用 A/μ 率的编码算法。BearerInformation 属性可通过包进行扩展。

6.2.3.3 CallID（呼叫标识）

本标准规定 CallID 为一个十六进制的字符串，最大字符长度为 32 位。

6.2.3.4 Capabilities（能力）

当 MGC 发出审计请求时，Capabilities 参数用于向 MGC 报告端点的会话能力。Capabilities 参数中属性的编码方式应与 LocalConnectionOptions 参数中属性的编码方式相同，而 Capabilities 参数用“A”进行标识。除此之外，Capabilities 参数还可以包含支持包类型的列表和支持模型类型的列表。

Capabilities 参数包含以下属性参数：

a) 支持编码方式类型的列表。

b) 打包周期(Packetization Period)

该属性参数用于指定一个打包周期的取值范围。

c) 带宽(Bandwidth)

该属性参数用于指定与打包周期取值范围相对应的一个取值范围。

d) 回声抑制(Echo Cancellation)

该属性参数为“ON”表示端点支持回声抑制,“OFF”表示端点不支持回声抑制。该参数缺省值为支持回声抑制。

e) 静音压缩(Silence Suppression)

该属性参数为“ON”表示端点支持静音压缩,“OFF”表示端点不支持静音压缩。该参数缺省值为支持静音压缩。

f) 增益控制(Gain Control)

该属性参数为“0”表示端点不支持增益控制,除0之外的任意值表示端点支持增益控制。该参数省略值为支持增益控制。

g) 业务等级(Type of Service)

该属性参数为“0”表示端点不支持业务等级,除0之外的任意值表示端点支持业务等级。该参数缺省值为支持业务等级。

h) 资源预留(Resource Reservation Service)

该属性参数为“g”表示网关支持已确保和受控的负载业务,“cl”表示支持受控的负载业务。

i) 密钥(Encryption Key)

该属性参数为任意值表示支持加密传输,该属性参数缺省值为不支持加密传输。

j) 网络类型(Type of network)

该属性参数为可选项,用“nt”进行标识,用于指定所支持的网络类型。

k) 包(Package)

该属性参数用于指定端点所支持的包类型,该属性参数用“v”进行标识。如果该参数指定了一个包类型列表,则该列表的第一个包类型为端点所支持的缺省包类型。

l) 模式(Modes)

该属性参数用“m”标识,用于指定端点支持的连接模式。

以下为Capabilities参数的示例:

A:a:PCMU;G728,p:10-100,e:on,s:off,t:1,v:L,m:sendonly;recvonly;sendrecv;inactive

本标准规定Capabilities参数中删除了一个属性参数,则表示端点不支持该属性参数所对应的功能,且如果需要返回多个Capabilities参数,则每一个Capabilities参数都应分行罗列。

由于LocalConnectionOptions可以进行扩展,因此Capabilities参数也可以进行扩展。单个扩展可以定义能力的定义方法。如果扩展未指定扩展能力定义方法,则遵循以下规则:

a) 包扩展属性:不用于上报单个属性,而仅仅在Package属性参数中列出扩展的包类型。

b) 设备制造商扩展属性:上报不携带属性值的扩展属性的属性名。

c) 其他扩展属性:上报不携带属性值的扩展属性的属性名。

6.2.3.5 Event(事件)

本标准规定事件(Event)的编码方式由包名和事件名组成,包名和事件名之间用“/”字符进行分隔,如“包名/事件名”。其中,包名为可选项,且包名可以使用通配符“*”用于表示全部包类型。除此之外,事件编码还可使用ConnectionID,用于指定该事件所关联的连接。ConnectionID和事件名之间用“@”字符进行分隔,如“包名/事件名@ConnectionID”。事件编码可用RequestedEvents,SignalRequests,ObservedEvents,DetectEvents,和EventStates命令参数。此外,RequestedEvents和DetectEvents命令参数中的事件编码可使用取值范围或通配符。通配符“all”为预留值,用于表示包中的全部事件或信号。当事件编码中的ConnectionID为通配符“*”,则表示该事件用于所有连接,“$”表示用于当前连接。表9为事件编码的示例。

表 9 事件编码示例

事件编码	含 义
M/[0—9]	MF 包中的 0～9 号码
hf	模拟线(al)包中的 Hook-flash 事件
[0—9＊＃A—D]	DTMF 包中的所有数字和字符
T/all	中继(Trunk)包中的所有事件
R/qa@＊	所有连接的 qualityalert 事件
G/rt@$	当前连接的回铃音

6.2.3.6 ConnectionId(连接标识)

该命令参数用一个十六进制字符串进行标识,字符串最大长度为 32 位。

6.2.3.7 ConnectionMode(连接模式)

该命令参数用于定义连接的操作模式,本标准定义了 9 种连接模式,分别为"sendonly"、"recvonly"、"sendrecv"、"confrnce"、"inactive"、"loopback"、"contest"、"netwloop"和"netwtest",各连接模式的含义如表 10 所示。

表 10 连接模型列表

连接模式	含 义
sendonly	网关只能发送媒体流
recvonly	网关只能接收媒体流
sendrecv	网关可发送和接收媒体流
confrnce	网关处于会议连接模式
inactive	网关既不能发送和接收媒体流
loopback	网关置中继电路于环回状态
conttest	网关置中继电路于测试状态
netwloop	网关置网络连接于网络环回状态
netwtest	网关置网络连接于导通检验状态

6.2.3.8 ConnectionParameters(连接参数)

ConnectionParameters 参数编码由参数类型和参数值两部分组成,参数类型还可以进行扩展。其中,参数类型用两个大写字母组成的字符串标识,参数值用十进制整数进行标识。本标准定义的 ConnectionParameters 参数如表 11 所示。

表 11 ConnectionParameters 列表

连接参数名称	编码	参数值
Packets sent	PS	连接上已经发送的包数目

表 11（续）

连接参数名称	编码	参数值
Octets sent	OS	连接上已经发送的字节数目
Packets received	PR	连接上已经接收的包数目
Octets received	OR	连接上已经接收的字节数目
Packets lost	PL	连接上丢失的包数目
Jitter	JI	平均的包抖动时延（单位毫秒）
Latency	LA	平均时延（单位毫秒）

ConnectionParameters 参数可采用包扩展和设备制造商扩展两种方式进行扩展。当 MGC 接收到无法识别的包或设备提供方扩展参数时，则不应对该参数进行任何处理。

6.2.3.9 DetectEvents（检测事件）

DetectEvents 参数由事件列表组成，其中，事件的编码方式见 6.2.3.5。

例如：T：L/hu，L/hd，L/hf，D/[0—9 # *]

6.2.3.10 EventStates（事件状态）

EventStates 参数由事件列表组成，其中，事件的编码方式见 6.2.3.5。

例如：ES：L/hu

6.2.3.11 LocalConnectionOptions（本地连接）

LocalConnectionOptions 参数用于在 MGC 向 MG 发送的连接处理命令中（如 CRCX 和 MDCX）定义连接的可操作性参数，如下所示：

a) 编码方式：该参数用“a”标识。
b) 打包周期：该参数用“p”标识，单位毫秒。
c) 带宽：该参数用“b”标识。
d) 业务等级：该参数用“t”标识。
e) 回声抑制：该参数用“e”标识，参数值为“on”或“off”。
f) 增益控制：该参数用“gc”标识，参数值为“auto”或一个十进制数的增益分贝。
g) 静音压缩：该参数用“s”标识，参数值为“on”或“off”。
h) 资源预留：该参数用“r”标识，参数名值为“g”、“cl”或“be”。
i) 密钥：该参数用被“k”标识，此参数定义同 SDP 中定义的参数“K”。
j) 网络类型：该参数用“nt”标识，参数值为“IN”、“ATM”或“LOCAL”。

LocalConnectionOptions 参数的示例如下：

L：p：10，a：PCMU

L：p：10，a：G726-32

L：p：10-20，b：64

L：b：32-64，e：off

设备制造商扩展属性由属性名和属性值组成，属性名和属性值之间用“，”字符进行分隔，且属性值为任选项。本标准规定强制的扩展属性应以字符“X+”为首位进行标识，非强制扩展属性应以“X-”为首位进行标识。当 MG 接收到一个无法识别的强制扩展属性，MG 应拒绝执行该命令并返回错误码代码为 525 的响应消息。

6.2.3.12 MaxMGCPDatagram(最大协议包)

MaxMGCPDatagram 参数只能用于审计命令的响应消息中，该参数用一个最大长度为 9 位的十进制数进行标识，且首位不能为 0。

例如：MD:8100。

6.2.3.13 ObservedEvents(检测事件)

ObservedEvents 参数用于定义检测事件的列表。其中，根据 DigitMap 收集的号码事件可以由一个字符串进行标识。当在手机号码事件的过程中，检测到其他事件发生，则这些号码事件应被当作孤立事件逐个报告。例如：

O:L/hu

O:D/8295555T

O:D/8,D/2,D/9,D/5,D/5,L/hf,D/5,D/5,D/T

O:L/hf,L/hf,L/hu

6.2.3.14 PackageList(包列表)

PackageList 参数只能用于对审计命令的响应消息，响应消息中包含 PackageList 用于指示端点所支持的包类型列表。响应消息返回的 PackageList 参数第一个包类型为端点所支持的缺省包。

例如：PL:L:1;G:1;D:0;FOO:2;T:1

6.2.3.15 QuarantineHandling(隔离处理)

QuarantineHandling 参数包含了一个关键词列表。关键词“process”和“discard”用于指示对隔离事件和 ObservedEvents 事件的处理。如果“process”和“discard”都不具备，假设为“process”。关键词“step”或者“loop”用于指示每一个允许的通知请求命令的最多一个通知，或者每一个允许的通知请求命令的多个通知。如果“step”或者“loop”都不具备，假设为“step”。

6.2.3.16 ReasonCode(原因值)

ReasonCode 参数用一个三位数值进行标识，ReasonCode 可通过包进行扩展。

6.2.3.17 RequestedEvents(请求事件)

RequestedEvents 参数用于定义被请求事件的列表。当请求的事件发生时，本标准规定事件操作方式及编码方式如表 12 所示。

表 12 事件操作方式

操作方法	编　码
立即上报	N
累积事件上报	A
根据 DigitMap 采集号码上报	D
交换音频	S
忽略	I

表 12（续）

操作方法	编　码
保持信号音	K
内嵌通知请求	E

在内嵌通知请求命令中，“内嵌通知请求”参数是由一个包含 3 个参数组的列表组成。其中，第一个参数为任选参数组，由字母“R”标识，是内嵌 RequestedEvents 的参数值；第二个参数组为任选参数组，由字母“S”标识，是内嵌 RequestedInfo 的参数值；第 3 个参数组为任选参数组，由字母“D”标识，是 DigitMap 的参数值。

如果请求命令中不包含 RequestedEvents 参数，则该值应被设为空。如果请求命令中不包含 SignalRequests 参数，则该值应被设为空。如果请求命令中不包含 DigitMap 参数，则应使用当前值。当事件携带附加的事件参数要求时，检测事件发生过程中，只有当事件附加参数也满足要求时，该事件才发生。

6.2.3.18 RequestedInfo（请求信息）

RequestedInfo 参数用于审计命令中用于定义请求的参数，该参数由一个参数代码列表组成，其中各参数由“,”字符进行分隔。扩展参数也可以被审计。

例如：F：N,X,R,S,D,Q,T。

6.2.3.19 RequestedID（请求标识）

RequestedID 参数用于关联 Notify 命令和触发该命令的 RQNT 命令。RequestedID 由十六进制字符串组成，最大长度为 32 位。RequestedID 等于“0”被保留用于报告持续事件。

6.2.3.20 ResponseAck（请求应答）

ResponseAck 参数被用于管理“at-most-once”设备，该参数由一个“已证实事务 ID 范围”列表组成。每个“已证实事务 ID 范围”由一个十进制数或者两个十进制数组成，这两个代表范围中的高层和底层事务 ID。一个 ResponseAck 的例子：K：6234-6255,6257,19030-19044

6.2.3.21 RestartMethod（重启动方式）

RestartMethod 命令参数被编码成关键词“graceful”、“forced”、“restart”、“disconnected”或者“cancel-graceful”之一，例如：RM：restart。RestartMethod 可以通过包进行扩展。

6.2.3.22 SignalRequests

SignalRequests 参数提供了 RequestedInfo 的名称。

6.3 响应头

本标准规定响应头由一个响应行和若干个参数行组成，其中响应参数为可选项。响应行的格式如下所示：

响应码[空格]TransactionID[空格]注释

例如：200 1203 OK

响应行以响应代码开头，响应代码由一个十进制的三位整数标识，响应代码和 TransactionID 用空格字符进行标识。当响应码为包中定义的响应码时，则用“包/响应码”进行标识。当响应头中包含参数行时，响应头中允许出现的命令参数如表13所示。其中，“F”表示该参数为禁止项，“M”表示该参数为必选项，“O”表示该参数为可选项。

表13 响应头中命令参数列表

参数名称	EPCF	CRCX	MDCX	DLCX	RQNT	NTFY	AUEP	AUCX	RSIP
BearerInformation	F	F	F	F	F	F	O	F	F
CallId	F	F	F	O	F	F	F	O	F
Capabilities	F	F	F	F	F	F	O	F	F
ConnectionId	F	O	F	F	F	F	O	F	F
ConnectionMode	F	F	F	F	F	F	F	O	F
ConnectionParameters	F	F	F	O	F	F	F	O	F
DetectEvents	F	F	F	F	F	F	O	F	F
DigitMap	F	F	F	F	F	F	O	F	F
EventStates	F	F	F	F	F	F	O	F	F
LocalConnectionOptions	F	O	O	F	F	F	F	O	F
MaxMGCPDatagram	F	F	F	F	F	F	O	F	F
NotifiedEntity	F	F	F	F	F	F	O	O	O
ObservedEvents	F	F	F	F	F	F	O	F	F
PackageList	F	F	F	F	F	F	O	F	F
QuarantineHandling	F	O	O	O	O	F	F	F	F
ReasonCode	F	F	F	F	F	F	O	F	F
RequestedEvents	F	F	F	F	F	F	O	F	F
RequestIdentifier	F	F	F	F	F	F	O	F	F
RequestedInfo	F	F	F	F	F	F	F	F	F
ResponseAck	O	O	O	O	O	O	O	O	O
RestartDelay	F	F	F	F	F	F	F	F	O
RestartMethod	F	F	F	F	F	F	F	F	M
SecondConnectionId	F	O	F	F	F	F	F	F	F
SecondEndpointId	F	O	F	F	F	F	F	F	F
SignalRequests	F	F	F	F	F	F	O	F	F
SpecificEndpointId	F	O	F	F	F	F	O	F	F
RemoteConnectionOptions	F	F	F	F	F	F	F	O	F

7 协议传送要求

7.1 概述

为了提高协议消息的传送效率，本标准建议 MGCP 协议消息采用 UDP 协议进行传送。命令请求消息将送往指定端点在 DNS 中登记的一个 IP 地址，命令响应消息则应回送到命令的发起方。如果端点未指定的端口号，则由 MGC 发往 MG 的缺省 MGCP 端口号为 2427，由 MG 发往 MGC 的缺省 MGCP 端口号为 2727。由于 UDP 本身不具备提供可靠服务的功能，因此，本标准规定 MGCP 协议采用以下规则来确保协议消息的可靠传送和正确处理。

7.2 "At-Most-Once"机制

由于协议消息采用 UDP 进行传送，则 MGCP 消息可能发生丢失。因此，如果消息发送方未及时收到响应消息，则会重发此命令。然而，重复执行命令可能会造成大多数命令执行发生混乱，例如，多次执行 CRCX 命令会使 MG 状态变为不可预测。为了避免此类情况发生，本标准规定协议消息传送过程中应确保同一命令只能出现一次，也就是"At-Most-Once"机制。

本标准规定消息实体应在其内存中保存它们对最近事务回送的响应以及目前正在执行的事务的 TransactionID。当消息实体接收到一条命令之后应将此命令的 TransactionID 与最近响应的 TransactionID 进行比较，如果最新收到的事务的 TransactionID 与内存中某一响应的 TransactionID 相同，则不应执行最新收到的事务，而是重发此响应。否则，应继续和当前执行事务进行比较，如果最新收到的事务的 TransactionID 与当前正在执行的最新收到的事务的 TransactionID 相同，则丢弃此命令，既不执行此事务也不发送事务响应，等待当前事务执行完毕后再发送回应消息。

当命令响应发出 30 s 之后，或者消息发送方通过"ResponseAck"参数告知消息接收方此命令响应已经接收到时，消息实体可以将存储的命令响应进行删除。

7.3 TransactionID 和三次握手

本标准规定 TransactionID 的取值范围为 0～999999999 的十进制整数。MGC 可以为它所管辖的每个 MG 设置一个独立的取值范围，也可以为若干个 MG 设置一个取值范围。在具体实现过程中，MGC 可以有多个独立的进程按照负荷分担的原则管理一个大型的 MG，因此，本标准建议这些进程应共享一个 TransactionID 的取值空间，所有事务都应由一个唯一的 TransactionID 进行标识。

MGCP 协议消息中所有的命令请求可以携带"ResponseAck"命令参数，该参数用于标识已收到的响应的 TransactionID 取值范围，通过"ResponseAck"命令参数，协议消息发送方和接收方可以实现三次握手的过程。当 MG 发出最后一次响应 30 s 之后，或当 MG 继续执行该事务操作时，MG 所发送消息中所包含的"ResponseAck"命令参数则不应再包含此事务的 TransactionID。

7.4 重传定时机制

本标准规定命令请求消息发送方在发出命令请求之后应设置定时器，当定时器超时，且消息发送方未接收到相应的命令响应，应重新发送此命令请求。当消息多次重发之后仍未接收到响应，则应由消息发送方决定清除已建立的连接或者通过冗余设备提供服务。本标准不对定时器的具体数值进行规定，重传定时器的取值与网络状况有关，本标准建议根据消息往返时延来进行估算。

7.5 最大协议包长度

理论上，IP 包最大长度为 65535 字节，其中包含 20 字节长度的 IP 包头和 8 字节长度的 UDP 包头，因此，当 MGCP 协议使用 UDP 进行传送时，最大 MGCP 包长度的理论值为 65507 字节。然而，IP

层规定主机所能接收的最大包长度为576字节。因此，本标准规定，MGCP协议消息实体所能发送的最大MGCP包长度至少为4000字节。当IP层采用Ipsec机制时，最大MGCP包长度的值至少应大于4000字节。

如果未特别说明，MGC和端点所能支持的最大MGCP包长度的值至少应大于4000字节。MGC可以向端点发送审计命令用于审计端点所能支持的最大MGCP包长度，但是，端点不能审计MGC所能支持的最大MGCP包长度。

7.6 消息携带传送

本标准规定MGC可以在一个UDP包中向MG同时传送多个命令请求或响应消息，即消息携带发送机制。此时，每个消息之间用一个且仅有一个"."字符行进行分隔。当MG接收到此类消息时，应将携带消息视为多个同时到达的消息。如下所示：

```
2002005OK
.
DLCX1244card23/21@tgw-7.example.netMGCP1.0
C:A3C47F21456789F0
I:FDE234C8
```

7.7 临时响应

某些事务的执行时间较长，执行事件过长可能会导致重传定时器超时，从而导致消息传送发生混乱。本标准建议当MG和MGC预测到执行事务的时间过长时则应先发送一个响应代码为100的临时响应消息。本标准规定消息接收方需要与外部交换信息才能完成事务执行时应发送一个临时响应，此外，当消息接收方接收到未完成的重复事务请求时也应发出一个临时响应。而MG或MGC需要处理多个事务时则应发送一个响应代码为101的临时响应，指示该事务请求正处于被排队处理状态。

为了减少呼叫建立时延，消息接收方接收到CRCX命令请求时，它所发送临时响应中可以包括一个ConnectionId和会话描述。如果MDCX命令请求的响应中返回了会话描述部分，该会话描述也应包含在临时响应中。当事务完成后，临时响应中返回的信息应在最终响应中被重复。在成功完成的响应中，如果临时响应信息未重复或者被改变，则协议发生错误。

当端点接收到DLCX命令，当前正在执行的CRCX命令或MDCX命令都将被取消执行，并返回错误代码407为命令响应。如果消息实体检测到事务取消，则应返回最终的事务取消响应。

当事务执行完成后，消息实体应发送最终响应并删除临时响应。为了确保迅速检测到最终响应的丢失，本标准规定最终响应被确认，即端点应在最终响应中包括一个空的"ResponseAck"参数。最终响应中的"ResponseAck"参数将触发一个"Response Acknowledgement"响应，该响应将发回至端点。Response Acknowledgement响应将包括响应头中的TransactionID。

8 状态、故障倒换和乱序状况

8.1 概述

MGC应时刻掌握端点的状态，以便发送正确的呼叫信令，而媒体网关应确保正确把事件发送给MGC。当媒体网关或MGC重启动时会面临一些特殊状况：当MGC进行"故障倒换"(failover)时，媒体网关应重新连接到一个新的MGC上，而当媒体网关脱离服务或重启动时，MGC也应采取一些特殊的应对措施。

8.2 MGC 故障倒换

以下几点对于理解 MGC 的倒换处理机制是非常重要的：

- MGC 用域名(以及可选的端口号)而不是它的 IP 地址来标识，同一域名可以对应多个 IP 地址。
- 在某一时刻，一个端点有且仅有一个 MGC 与之关联。与端点相关的 MGC 是通知实体(notifiedentity)的当前值，通知实体决定媒体网关将把它的命令送往何处。如果通知实体参数值不含端口号，则使用 MGC 的缺省端口号 2727。
- NotifiedEntity 参数是 MGC 发送给媒体网关的一个参数，用来设置端点的通知实体参数。
- 端点的"NotifiedEntity"总被设置为最后收到的 NotifiedEntity 参数值。如果没有收到明确的 NotifiedEntity 参数，"NotifiedEntity"将设置为事先提供的缺省值。如果没有预置的缺省值或者 NotifiedEntity 参数为空值(会导致通知实体为空，本标准不提倡这两种做法)，"NotifiedEntity"将被设为最后收到的非审计命令的源地址。也就是说，审计命令不会改变"通知实体"。
- 对命令的响应要发送给该命令的源地址，与当前的通知实体无关。当 Notify 消息需要通过对所收到新命令的响应来捎带传送时，数据报仍要发送给该命令的源地址，与当前的"NotifiedEntity"无关。
- "NotifiedEntity"可以被解析为多个网络地址，这使得"NotifiedEntity"能够将 MGC 体现为具有多个物理接口的系统或(和)由多个物理系统组成的逻辑实体。对于有多个 IP 地址的域名，域名服务器(DNS)解析出来的 IP 地址的顺序是不确定的，因此，MGC 的倒换也不可能在多个 IP 地址间依照某种顺序进行(例如，一个媒体网关可以向具有多个 IP 地址 MGC 的任何一个 IP 地址发送 Notify 消息)，媒体网关将命令发送到当前已与它建立连接的那个接口上，系统效率可能最高。为此，建议媒体网关采取以下机制：
    - 如果"NotifiedEntity"有多个 IP 地址，而收到请求的源地址是其中一个地址，那么这个地址应被作为随后命令的优选目的地址。
    - 另一方面，如果收到请求的源地址不属于"NotifiedEntity"的多个地址，则媒体网关应从"NotifiedEntity"的多个地址中选择一个作为随后命令的目的地址。
    - 如果媒体网关无法联系到选择的 IP 地址，则应向其他 IP 地址发起新的尝试(见 8.3)。

如果整个 MGC 变为不可用，它所管理的端点最终状态将变成断开的"(disconnected)。使这些端点恢复连接的方法是：发生故障的 MGC 重新正常工作，或者备用 MGC 通过发送新的"NotifiedEntity"来接管受影响的端点。

当备用 MGC 接管一组端点的控制之后，发生故障的 MGC 通常应该与备用 MGC 联系并保持同步，以便备用 MGC 可以将对端点的控制再交还给主 MGC，也可以是发生故障的 MGC 只是简单地变为备用 MGC。

注意，相互独立的 MGC 之间的倒换冲突解决方案不在本标准考虑范围之内。本标准需要涉及的是 MGC 之间彼此知道在做什么保持互相通信(尽管通过 AuditEndpoint 命令可以获得当前的"NotifiedEntity")。

如前所述，"NotifiedEntity"的缺省值可以包含域名和端口。对于小型媒体网关，可以为每个端点进行设置，对于大型网关，可以给多个端点甚至整个网关设置一个缺省值。在以上两种情况下，当媒体网关加电后，每个端点应获得它自己的"NotifiedEntity"参数值，因此为一组端点设置的缺省值应在媒体网关开始工作前被拷贝到每个端点的"NotifiedEntity"中。如有可能，发送给预置的"NotifiedEntity"

的重启动(RestartInProgress)命令最好使用“all of”通配符,这样将减少发送的RestartInProgress命令的个数。

“NotifiedEntity”参数的另一个作用是体现媒体网关和MGC之间的一种关联。“NotifiedEntity”就是建立这种关联的纽带,并且由它来控制媒体网关把命令发往何处。媒体网关收到的命令可能来源于任何MGC,媒体网关加电启动后,在收到来自MGC的NotificationRequest命令之前,所发生的永久事件以及RestartInProgress命令将被发送到缺省的MGC。一旦MGC发起了一个请求,它就可能会带有NotifiedEntity参数,且在MGC与媒体网关之间建立一个新关联。在呼叫过程中“NotifiedEntity”是保持不变的,所以这个关联在收到新的“NotifiedEntity”之前也保持不变。

8.3 与媒体网关通信

媒体网关中端点总是以一个本地名加上一个域名来命名的,本地名用于标识媒体网关内具体的某个端点,而域名用来标识端点所在的主机。媒体网关可以有多个接口用于冗余处理。

对于具有选路能力的媒体网关,域名可以解析成一个网络地址,从媒体网关的任何一个接口都可以内部路由到这个地址;另一方面,域名可以解析成多个网络地址,对应每个接口分配一个地址。在后一种情况下,当一个MGC与媒体网关的一个地址联络失败后,它应尝试联络其他地址。

8.4 重传、检测关联丢失

MGCP协议是通过一系列事务(Transactions)机制来实现的,每个事务由一个命令和一个响应组成。通过UDP传送的MGCP消息容易发生丢失,在一段时间内如果命令发送方没有收到响应,命令就会被重传。MGCP实体应保存一个近期事务的响应队列,该队列保存着过去T-HIST秒内实体发送的响应;另外,实体还需要保存一个事务队列,用于存放当前正在处理的事务。

当消息实体收到命令时,会将命令的事务标识符(TransactionID)和近期响应队列中所有响应的事务标识符进行比较,当发现有匹配的事务标识符时,消息实体只是把响应重发一遍,而不处理该命令;如果没有发现匹配的事务标识符,消息实体就会进一步将刚收到命令的事务标识符与当前正在处理的事务队列进行比较,如果发现有匹配的事务标识符,消息实体将发送一个临时响应,而并不处理该刚收到事务,当该事务处理结束后才会发一个最终响应。

重传机制可以预防以下四种可能发生的错误:

- 传输错误,例如,一个包可能因为线路上的噪音或者队列中阻塞而丢失。
- 部件故障,例如,某个与MGC的接口变为不可用。
- MGC错误,例如,整个MGC变为不可用。
- 故障倒换,MGC因发生故障而切换至一个新的MGC。

应该可以从历史记录中估算到由于传输错误导致的丢包率。在配置合理的系统中,这个丢包率应该很低,通常小于1%。然而当一个MGC或者么个体网关不得不多次重发消息时,就可以判断所发生的故障并不是简单的传输错误。例如,假设丢包率是1%,那么发生5个连续的传输错误的概率应该是千亿分之一,也就是说该故障对一个处理能力在每秒1 000个事务的MGC来说也只是十几天才会发生一次。Max为最大重传次数(过多的重传次数应该是当前丢包率的一个函数),注意“可疑重传次数阈值”(下面称为Max1)通常要比“断开重传次数阈值”(下面称为Max2)低,即,Max2>Max1。

图4是MGCP事务重传算法的描述图和详细解释。

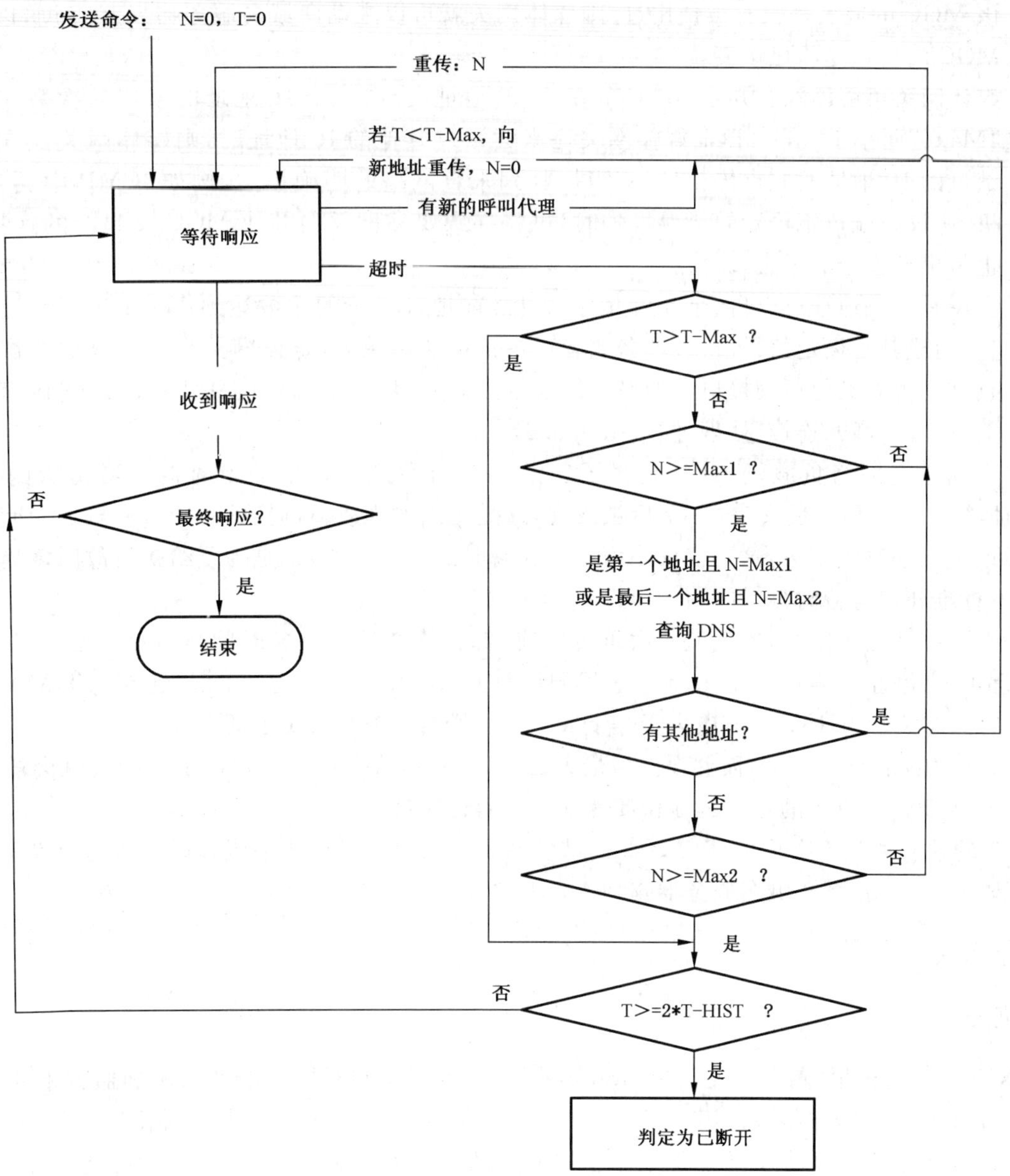

图 4　MGCP 事务重传算法

传统的重传算法只是简单的累计已重传的次数，并且当重传次数达到了较大值(通常是(7～11)次)后就判断此连接已断开(disconnected)。为了估计未发现的或正在处理的“故障倒换”的可能性，本标准对传统的算法进行了以下的修改：

a) 媒体网关应时刻检查是否出现新的 MGC，当以下两种情况发生时，侧判定有新的 MGC：
   - 收到一个带有 NotifiedEntity 参数的命令且该参数值指向了一个新的 MGC。
   - 收到一个指向一个新 MGC 的重新选路响应。

   当发现了一个新的 MGC，媒体网关应将未发送的事务消息重新路由到新的 MGC，而对无论是来自新的 MGC 还是来自旧的 MGC 的命令的响应都应回复给命令的源地址。

b) 在每次重传事务消息之前，都要检查发送事务时间是否已经超出 T-MAX，如果超出，重传应停止。当时间超过了 2 * T-HIST 时，端点将被判定为已断开联接(disconnected)。

c) 当对一个 MGC 进行重传的次数达到了“Max1”，如果最近(指 5 s 或预先定义的一段时间内)

该 MGC 的域名都没有被使用过，则媒体网关就可以主动向域名服务器发起查询，以便发现与 MGC 的接口是否已改变。

d) 媒体网关可能已经获知了 MGC 的多个 IP 地址，当向一个 IP 地址的重传的次数大于或等于“Max1”而小于“Max2”，而媒体网关还未尝试过其他的 IP 地址时，则媒体网关应向这些未尝试过的 IP 地址发起重传。另外，当接收到来自网络的明确提示，例如 ICMP 中关于网络、主机、协议或端口不可达的错误报告时，也将导致媒体网关向其他 MGC 发起新的连接尝试(这也是出于安全的考虑)。

e) 当没有接口地址可以再尝试时，并且已对当前地址重传的次数达到 Max2 时，除非最近(指在 5 s 内或其他设定值)解析过域名或者现在正在解析域名，媒体网关都应该再次向域名服务器查询是否有其他可用接口。如果仍然没有接口可以尝试，媒体网关将被断开连接而且媒体网关应开始“断开连接”处理过程(见 8.5.8)。

为了自动适应网络负载，MGCP 定义了一系列以指数规律递增的定时器。当初始的定时器是 200 ms 时，第 5 次重传的丢失将在 6 s 后被发现，这是足以发现故障倒换的可能等待延迟时间。在延迟等待后重发还应该继续下去，这不仅仅是为了克服瞬时的传输问题，也是为了给执行故障倒换争取更多的时间(本标准建议等待时延时间为 30 s)。

最大重传延迟是有限的，在任何一次重传之前，都会检查发送事务时间是否已经超出 T-MAX，如果超出，重传应停止。当时间超过了 2 * T-HIST 时，端点将被判定已断开连接。T-MAX 的值与 T-HIST 的值有关，T-HIST 的值应大于等于 T-MAX 值与网络最大延迟的总和。

T-MAX 的缺省值是 20 s，而假设网络最大延迟是 10 s，那么对已经发送了的响应就会被保存在响应队列里至少 30 s。重要的是发送方和接受方应协商达成这些值。

Max1 的缺省值是 5 次重发，而 Max2 的缺省值是 7 次重发。这两个值都可以通过配置程序进行修改，配置程序还应可以禁止域名服务器查询 Max1 和 Max2。

8.5 乱序处理

8.5.1 概述

MGCP 协议是根据“隔离列表”(“quarantine list”)的概念和对同步混乱的明确监测来处理乱序状况，例如，由于对一个端点的双占用(也称同抢)造成的摘/挂机状态混乱就是一种乱序的例子。

MGCP 协议的传输机制并不能保证命令和响应的顺序发送和接收，但这样就会造成乱序的发生，如果 MGC 处理得当就可以避免这种情况的发生(注意，有些乱序情况是分布式系统固有的，即使命令是严格按照顺序发送也会有乱序发生)。

在某些情况下，许多媒体网关会在同一时刻进行重启，例如在某一地区停电或者传输因为地震、冰暴而中断后，当重新恢复时，许多媒体网关将同时发送 RestartInProgress 命令，这将导致 MGC 运行非常不稳定。

8.5.2 隔离列表

用 MGCP 协议控制的媒体网关将收到“通知请求”(NotificationRequest)命令，要求网关监视一系列事件的发生。协议中决定这些事件的命令参数有“Requested Events”列表、“Digit Map”、“Quarantine Handling”参数和“Detect Events”列表。

在端点初始化时，“Requested Events”列表只包括该端点的永久事件，这时的数字映射参数(DigitMap)通常为空。此时，端点可以用保留的 RequestIdentifier 参数值“0”通过 NotificationRequest 消息来报告一个永久事件，例如，摘机事件。事先存在的摘机状况也必定会导致摘机事件的产生。

在端点收到 NotificationRequest 命令后，媒体网关就开始监视端点的命令中所列事件，同时包括永久事件。

事件一旦发生就会被检测到,接下来的处理取决于“Requested Events”命令参数中与事件相关的“action”参数或数字映射参数(Digit Map)。那些被定义为“累计”或“根据 DigitMap 累计”的事件将被累积在一个事件列表中,并且“根据 DigitMap 累计”的事件还会另外被累积到“当前拨号字符串”中。这种累积过程会一直持续直到收到了可以触发 Notify 命令的事件,Notify 命令将被送给当前的“通知实体”(notified entity)。

此时,媒体网关发送 Notify 命令并将该端点置为“通知”状态。只要端点处于通知状态,需要在该端点上监视的事件都会被放进先进先出的“隔离”(quarantine)缓冲区里等待处理。这些事件从某种意义上来说是被“隔离”的,所有在 RequestedEvents 参数中和最近收到的 DetectEvents 参数中所列出的事件,或者仅在 RequestedEvents 参数中要求的事件都应该被隔离,而不考虑与该事件对应的具体操作方式,此时,永久事件被认为是隐含在 RequestedEvents 中。当一个端点的隔离缓冲区容量达到上限时,就应该产生一个隔离缓冲区溢出的事件(见附录 B,如果支持隔离缓冲区溢出事件,端点应保证该事件本身可以被放在隔离缓冲区中),那些溢出的事件将被丢弃。

当收到 Notify 命令的响应后(无论成功还是失败),端点将退出“通知状态”。Notify 命令可以在“通知状态”下进行重传。如果端点在通知状态时断开了连接,则 Notify 命令的响应将永远无法被端点收到。虽然此刻的端点仍然处于“通知状态”,该 Notify 命令将被丢弃并且该端点也不再被认为是在等待 Notify 的响应。只有完成了断开连接处理后,端点才可以退出“通知状态”。端点退出“通知状态”时,它将清空 ObservedEvents 事件列表和“当前拨号字符串”。

随后,媒体网关在触发 NotificationRequest 命令时的处理方式取决于 QuarantineHandling 参数值:

如果 MGC 已经规定对于每个 NotificationRequest 命令,最多只能有一个 Notify 命令作为响应,那么媒体网关只需要简单地将事件累积到隔离缓冲区中,直到它收到了下一个 NotificationRequest 命令。

如果媒体网关被授权可以针对一个 NotificationRequest 命令发送多个连续的 Notify 命令,它将按照以下方式进行处理。当媒体网关退出“通知状态”时,它将清空 ObservedEvents 列表和“当前拨号字符串”并开始处理隔离事件列表,其中包含已经收到的请求事件(requested event)列表和 DigitMap 中的事件。在处理这些隔离事件时,媒体网关可能会遇到一个可以触发 Notify 命令的事件,当遇到这种事件时,媒体网关可以采取以下两种措施之一进行处理:

a) 媒体网关可以立即发送 Notify 命令来报告在 ObservedEvents 列表中累积的触发事件以前的事件(包括触发事件),而触发事件之后那些事件仍被留在隔离缓冲区里。

b) 媒体网关也可以试着清空触发事件之前的隔离缓冲区,并且用一个 Notify 命令来报告多组事件(放在单个观察事件(ObservedEvents)列表中),可能是一些拨号字符串。在每个触发事件后,需要清空“当前已拨字符串”。在最后一个触发事件之后的所有事件依然被保留在隔离缓冲区内。

如果媒体网关发送了一个 Notify 命令,端点将会重新进入“通知状态”并且在收到响应以前会一直保持该状态。如果媒体网关并没有发现可触发 Notify 命令的隔离事件,它就把端点置成常规状态。新检测到的事件会用 Notify 命令上报就像已经收到了 NotificationRequest 命令一样。

媒体网关可以在任意时刻接收到针对某端点的新 NotificationRequest 命令,即使在该端点处于断开连接状态时。除了当前的 ObservedEvents 列表保持不变而不是被再次处理之外,激活嵌入的通知请求被当作收到一个新的 NotificationRequest 命令一样来处理。当在通知状态收到了新的通知请求时,媒体网关应该确保 MGC 在收到新的 Notify 之前先处理上一个 Notify 命令(注意,由于联接断开而丢失的 Nofify 命令是再也不可能被处理的)。媒体网关是 MGCP 协议的“捎带传送”的功能来实现这些的,几个消息被封装在一个消息包里被送到当前的“通知实体”,具体操作如下:

a) 媒体网关对新收到的 NotificationRequest 发送一个响应。

b) 端点将跳出“通知状态”而不去等待未处理完的 Notify 命令的确认消息。

c) 未收到确认的 Notify 命令的副本将被保留。如果超时未收到确认，该 Notify 将被重发。

d) 如果媒体网关在未收到已发送 Notify 命令的确认消息以前不得不又要发送一个新的 Notify 命令，它将把那些仍未确认的 Notify 和新的 Notify 放在一个包里发送到当前的“通知实体”。（这些 Notify 消息是按照发送的时间顺序排列在发送包里的）。

e) 那些无法在同一个数据包中传送多个消息的网关应保证了两个或多个 Notify 消息按顺序发送。端点将保持在“通知状态”直到收到最后一个 Notify 的确认消息。

图 5 说明了以上的过程。

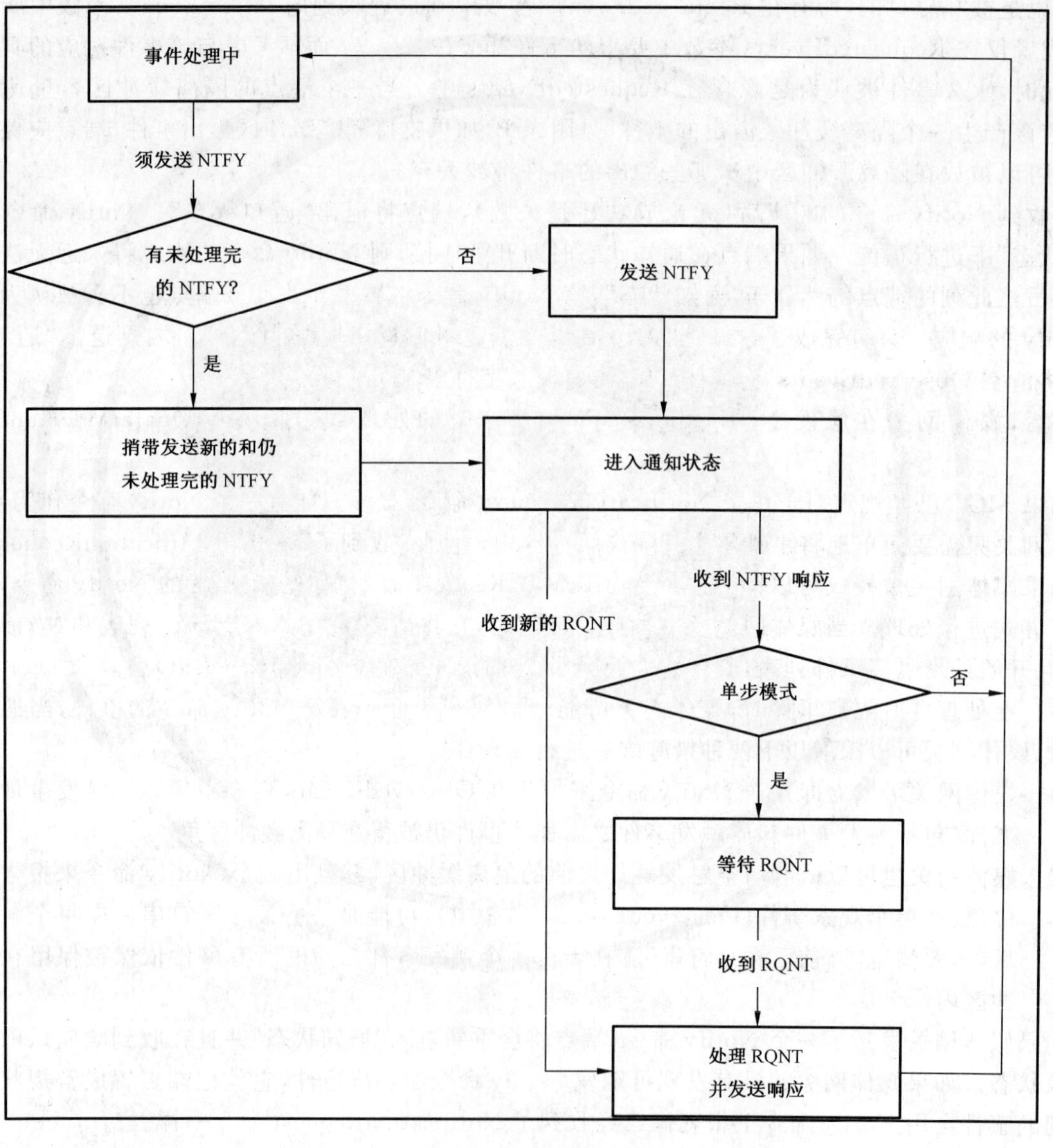

图 5　隔离过程

媒体网关也可以利用“捎带传送”的功能，在给新的 NotificationRequest 发送成功响应之前，再次发送还没有得到确认的 Notify。在接收到 NotificationRequests 命令后，请求事件列表和 DigitMap（如果提供了新的）将被更新为最新收到的参数，并且“当前拨号字符串也将被清空。此外，如果 NotificationRequests 是在“通知状态”下收到的，那么观察到的事件（ObservedEvents）列表也将被清空。后续的处理取决于 QuarantineHandling 参数的取值，QuarantineHandling 参数可以确定那些被隔离事件（和此时应该为空的 ObservedEvents 列表)是否应该被丢弃，在什么情况下将被丢弃。如果 QuarantineHandling 参数指出需要处理被隔离的(以及观察到的)事件，媒体网关就会利用最新收到的请求事件和号码表(如果有的话)，开始处理这些事件。在处理时，媒体网关可能会遇到一个触发 Notify 命令的事件，这时媒体网关将立即发送 Notify 命令，以报告已收到累积在"观察到的事件列表"中的所有事件，这些事件包括在触发事件以前收到的事件和触发事件。未处理的事件将被留在隔离缓冲区中，随后媒体网关进入"通知状态"。

当媒体网关还在为一个通知请求收集事件并且还没有收到触发事件时，端点还不处于"通知状态"，这时它可能会收到一个新的通知请求。在这种情况下，还没有被通告的事件也像被隔离事件一样，处理也是由 QuarantineHandling 参数决定的。

如果 QuarantineHandling 参数明确指出被隔离的事件应该被忽略，那么观察到的事件列表将被简单地重置。

如果 QuarantineHandling 参数明确指出被隔离事件应该被处理，那么观察到的事件列表中的事件将被转移到被隔离事件列表中，观察到的事件列表将被重置，而被隔离事件列表中的事件将被处理。

用 lockstep 方式管理端点的 MGC 应该把给一个成功的 Notify 消息提供的响应和一个新的 NotificationRequest 命令利用捎带传送的机制放在一个数据包里发送出去。

8.5.3 显式的检测

多个端点状态的一个关键因素在于摘机挂机的时机。乱序状况将会发生在以下时候：在 MGC 请求媒体网关检测摘机事件之前用户摘机，在请求媒体网关检测挂机事件之前用户挂机。

为了避免乱序状况的发生，媒体网关应在给 NotificationRequest 确认消息之前检查端点的状态，当发生以下情况时，媒体网关应该返回错误：

a) 话机已经被摘机，而要求媒体网关报告"摘机"事件(返回错误代码 401-话机已处于摘机状态)

b) 话机已经被挂机，而要求媒体网关报告"挂机"或"拍插簧"事件(返回错误代码 402-端点已处于挂机状态)

此外，个别的信号定义可以指明一个信号只有在某些条件下才有效，例如，只有在主叫摘机后才有可能产生振铃音。如果一个信号有这样的先决条件，则媒体网关在发现该先决条件没有被满足的时候就应返回错误。

注意，先决条件的检测是在收到通知请求后进行的，而真正能够引起该条件变化的事件可能已经被报告了或者已经被忽略了，或者已被隔离。

媒体网关的其他状态变量，例如请求事件(RequestEvents)列表或要求发送的信号列表在每次成功地处理 NotificationRequest 后都会被最新的列表参数替换掉，这样做可以避免 MGC 和媒体网关之间的差异太大。

当 NotificationRequest 处理失败的时候，无论它是否被包含在处理连接(connection)的命令中，媒体网关应象没有收到过该命令一样照常处理。与其他的事务一样，NotificationRequest 应作为一个基本的事务被处理，因此，任何由于该命令导致的变化应被返回。

另外一种乱序状况可能发生在媒体网关在发送了一个 Notify 后很短的时间内又收到 NotificationRequest 的时候。RequestIdentifier 是用来关联 NotificationRequest 和 Notify 命令的，因此也使 MGC 可以判断 Notify 命令是在媒体网关收到 NotificationRequest 之前还是之后产生的。这对于避免死锁现象是非常重要的。

8.5.4 事务的语义

随着事务处理完成时间的逐渐增加(如由外部资源预留引起的)，事务化的语义的准确定义就显得越来越重要，尤其是乱序情况，因为它与摘挂机状态相关。

需要考虑的一个重要问题是:从一个事务开始到结束(无论成功或失败)的这段时间内,前提条件(如摘挂机状态)可能会改变。总之,成功的处理一个事务要依靠一个或多个前提条件,而这些前提条件可能会在事务开始到结束的间隔中改变。

一个最简单的语义是要求在事务处理的整个过程中都要满足所有的前提条件。一旦某个前提条件在事务处理结束之前变得无法满足,那么该事务处理就失败了。

以要求检测"摘机"事件的事务处理为例,在该事务刚发起时,端点处于"挂机"状态,这样是满足检查摘机事件的前提条件的。如果在这个事务处理结束前话机状态变成了"已摘机",那么就不再满足检查摘机事件的前提条件,因此该事务处理就立刻以失败告终。

最后,还要考虑旧事务对端点的处理结束、同时新事务开始生效的那个时刻。例如,假设事务 T1 已经被成功地执行并且正按照 T1 的要求进行事件处理时,收到了一个新的事务 T2(例如,该事务的命令是一个嵌套着 NotificationRequest 的 CreateConnection)。由于还不知道 T2 的处理是否能够成功,我们在没有得到 T2 处理的结果之前,无法开始 T2 所要求的事件处理。虽然我们可以停下来所有的事件处理,等待 T2 处理的结果,但这样将降低系统响应的灵活性,因此不应该这样做。

相反地,当收到一个新的事务 Ty 时,Ty 将依照旧的事务 Tx 来修改自身的事件处理,这样的处理将一直保持到返回成功的 Ty 处理结果。如果 Ty 处理失败,会继续按照 Tx 来处理。所有的由于 Ty 引起的变化在逻辑上都将在 Ty 返回后才生效,因此,如果在 Ty 返回时端点正处于通知状态,而且 Ty 中包括一个 NotificationRequest,那么在 Ty 返回时端点才会跳出通知状态。注意,这与在 Ty 发起时,端点是否已在通知状态没有关系。例如,可以在从 Ty 开始到结束的这段时间内,按照 Tx 的处理需求生成一个 Notify 命令。如果 Ty 的返回将导致端点进入通知状态,那么,需要一个新的 NotificationRequest(事务 Tz)才会退出通知状态。这样就遵循了事务是按照因果顺序被处理的事实。

另一个相关的问题是通配值的使用,尤其是用于一个或多个端点的"allof"通配值。在请求一个命令,而且端点标识符合多个端点时,仍然应该遵守事务语义的定义。此时,命令一定是对所有的端点都成功或者都失败。在这个命令之后总会发送一个响应。

8.5.5 命令的顺序以及顺序混乱的处理

MGCP 协议并不要求下层的传输协议来保证给媒体网关或端点的命令能够按顺序传送。这个特性往往能最大限度的保证端点能够及时发起动作,但它也存在一些缺点,例如:

a) Notify 命令经过延迟到达 MGC 的时候,MGC 可能已经发送了一个新的 NotificationRequest 命令。
b) 当一个新的 NotificationRequest 在收到上一个 NotificationRequest 的确认之前被送出,那么就无法保证哪一个将被先收到并处理。

MGC 要想保证对端点的稳定操作应遵循以下原则:

a) 当一个媒体网关处理多个端点的时候,给不同端点的命令可以同时被发送,例如,可以遵循每个端点可以由一个单独的进程或线程来控制的模式。
b) 当一个端点建立了多个连接时,给不同连接的命令可以同时被发送。
c) 对于一个连接,通常只有一个未处理完的命令(CRCX 或 MDCX 命令)而 DeleteConnection 命令却可以在任何时刻发送。结果,网关有时候就会收到针对一个已经被删掉的连接的修改连接命令(ModifyConnection),这样的命令处理就会失败,而且应返回一个错误代码(建议使用错误代码 515—不正确的连接标识)。
d) 对于一个端点,在某一时刻通常只有一个未处理完的 NotificationRequest 命令。应使用 RequestId 参数来关联一对 NotificationRequest 命令(可以触发 Notify 命令)和 Notify 命令。
e) 某些情况下,将对一组端点进行操作的 DeleteConnection 命令(该命令带有隐式或显式的通配值)可能会在一个 CreateConnection 命令还未得到确认时就要被发送。MGC 应一个个地删掉那些此刻仍在创建中的连接。在这个带有通配值的 DeleteConnection 命令得到确认之前,仍然使用该通配值对这一组端点进行操作的 CreateConnection 命令是不可以被发送的。

f) 当命令之间相互嵌套传送时,应坚持所有命令的顺序要求,例如当一个 NotificationRequest 命令嵌套在 CreateConnection 命令中发送时,应同时兼顾 NotificationRequest 命令和 Create-Connection 命令的顺序要求。

g) AuditEndpoint 和 AuditConnection 命令并不受任何顺序要求的约束。

h) RestartInProgress 命令一定是端点在重启过程中发送的第一条命令。其他任何命令或非重启命令的响应(见 4.4.6)除了审计命令的响应,都应在 RestartInProgress 命令之后被发送(可以使用捎带传送功能)。

i) 当多个消息封装在一个消息中捎带传送时,消息的处理总是按顺序进行的。

j) 对于一个端点,在某一时刻应该仅有一个待确认的 EndpointConfiguration 命令。

媒体网关不许假设 MGC 遵守或不遵守以上原则。因此,无论命令是否遵循以上原则,媒体网关都应对这些命令做出响应。为了保证操作的一致性,当以上的原则没有被遵守时,媒体网关应该进行如下处理:

a) 当媒体网关正在处理命令(ModifyConnection、NotificationRequest 或 EndpointConfiguration 命令)且处理还没有结束时,在新的事务中又收到了同样的命令,这样网关应该给前面的命令处理返回错误,这也包括在一个命令中嵌套一个或多个命令的情况,建议返回 407 错误响应(事务中断)。

b) 当媒体网关在处理 CreateConnection 命令的时候又收到 ModifyConnection 时,ModifyConnection 命令就应该被拒绝,此时,建议返回错误响应 400(瞬时错误)(注意,这种情况会造成 MGC 的程序错误)。

c) 当媒体网关在处理 CreateConnection 或 ModifyConnection 命令的时候,收到了 DeleteConnection 命令,那么未结束的命令处理应被中断。此时,建议返回错误响应 407(事务中断)。

d) 当因为收到新的命令需要中断旧命令时,无论新命令的处理是成功还是失败,旧命令都应该被中止。例如,在处理 ModifyConnection 时,收到 DeleteConnection 命令后,由于内嵌的 Notifi-cationRequest 导致了 DeleteConnection 命令处理失败,因此,正在进行的 ModifyConnection 命令的处理也应中止。

8.5.6 端点服务状态

正如先前提到的,已配置的端点可能正在服务中或者服务已中断。端点的实际服务状态可以体现在 RestartInProgress 命令中的 RestartMethod 和 RestartDelay 参数上,或者也可以通过 AuditEndpoint 命令得到。服务状态将在 RestartDelay 定义的一段时间后改变,到那时,应该发送一个更新过的 RestartInProgress 命令。如果端点重启过程还没有结束时要对非审计命令返回 2xx,同时还应该返回 405 错误代码。在端点发送的 RestartInProgress 中,如果参数 RestartMethod 为“Restart”,且 RestartDelay 参数为非零值,在 RestartDelay 到期前收到非审计命令则返回 2xx 响应,同时应该返回 501 错误响应。

服务状态影响了端点处理命令的方式。当一个端点正在服务中时,它会处理所有收到的命令,但是当一个端点的服务已经中断,它就会拒绝所有的非审计命令而只是在可能的条件下处理审计命令。任何由于端点服务中断导致的命令遭拒绝的情况都应该返回错误响应 501(端点未准备好/连接中断)。

除非已经另有声明,否则命令中带有通配符“any of”的端点标识就是指那些还在服务中的端点,而带有通配符“all of”的端点标识是指所有端点,与它们的服务状态无关。

表 14 描述了当前的服务状态和媒体网关处理命令的关系。最后一列扩号中的是返回给审计命令

的响应中的 RestartMethod 参数取值：

表 14 端点服务状态

重启动方式	重启动时延（单位：s）	是否收到 2xx 响应	服务状态	新的命令响应
graceful	0	是/否	服务	非审计命令：2xx audit：2xx(graceful)
graceful	非零	是/否	服务(注 1)	非审计命令：2xx audit：2xx(graceful)
forced	N/A	是/否	退出服务	非审计命令：501 audit：2xx(forced)
Restart	0	否	服务	非审计命令：2xx,405(注 2) audit：2xx(restart)
Restart	0	是	服务	非审计命令：2xxaudit：2xx(restart)
Restart	非零非零	否	退出服务(注 1)	非审计命令：501＊(注 3) audit：2xx(restart)
Restart	非零	是	退出服务(注 1)	非审计命令：501＊(注 3) audit：2xx(restart)
Disconnected	0/非零	否	服务	非审计命令：2xx audit：2xx(disconnected)
Disconnected	0/非零	是	服务	非审计命令：2xx audit：2xx(disconnected)
Cancel graceful	N/A	是/否	服务	非审计命令：2xxaudit：2xx(restart)

8.5.7 预防重启动雪崩

假设大量的媒体网关同时加电重启动时都发送 RestartInProgress，那么由于大量的 RestartInProgress 同时到达，MGC 将很有可能会崩溃，从而导致在业务重启动期间引起消息丢失和网络拥塞。为了避免 MGC 发生重启动崩溃，本标准建议采用以下方式：

a) 当加电重启动时，媒体网关应启动一个重启定时器，并将该定时器值初始化为位于 0 和最大等待时延 MWD(Maximum Waiting Delay)之间的一个随机值。当多个媒体网关使用相同的重启定时器值生成算法时，应避免它们之间重启动定时器随机值生成的同步。

b) 媒体网关应等待以下三种情况之一发生：重启定时器超时，或收到一个来自 MGC 的消息，或检测某用户事件，例如 IAD 或 AG 检测到用户摘机事件。

c) 当以上三种情况之一发生，媒体网关就应开始重启动过程。

d) 重启过程仅要求端点保证 MGC 能从该端点收到对第一个非审计命令的非重启动响应，非重启动响应是指除错误响应 405、501 和 520 之外的响应。允许端点采用携带传送来完成此任务。还在服务中的端点会以“restart”作为 RestartMethod 参数值，而已中断服务的端点会以“forced”作为该参数的值。因端点还没有结束重启动而被拒绝的命令，应该返回错误响应 405(端点正在重启)。

e) 一旦收到 MGC 成功的应答消息，重启动过程就结束了。如果收到了错误的响应，后续的处理要取决于错误代码。

f) 如果错误代码是临时错误(4xx),那么应用新的事务再次启动重启动过程。

g) 如果错误响应是521,表明端点已被重新路由,应用新的事务再次启动重启过程。错误响应是521的响应中一定包含 NotifiedEntity 参数,该参数的值就是再次发起重启动的"NotifiedEntity"。如果响应中没有 NotifiedEntity,响应将会被当作一个其他的永久错误。

h) 如果错误代码是其他永久错误(5xx),并且端点无法纠正该错误,除非另有规定,否则端点就不自动发起重启动过程(直到重新加电重启)。但如果收到了给这个端点的命令,该端点就应再次启动重启过程。

注意,如果 RestartInProgress 命令是与一个对收到的命令的响应一起携带传送的,则么 RestartInProgress 命令的重传将不要求重传命令响应。然而,当端点重启动时,重传响应则要求 RestartInProgress 携带传送,以保证他们的顺序发送处理。

在执行重启动的过程中,媒体网关可能会进入"断开"状态,这样就应执行连接断开处理流程,除非在该过程中,媒体网关发送了重启方式为"restart"而不是"disconnected"的 RestartInProgress 命令。

每个端点都有一个缺省的 MGC,即"通知实体",当发起重启动时将消息发送给该缺省的 MGC。当在一个网关上的端点由多个 MGC 管理时,对于每一组由一个 MGC 管理的端点都应执行以上的重启动过程。媒体网关应充分利用通配值来使在一个媒体网关中由一个 MGC 管理的多个端点同时重启时发送 RestartInProgress 的数目减到最小。注意,在重启时,端点也可以从服务断开状态开始,随着媒体网关的重启动变成处于服务中状态。一个媒体网关可能会为他所有的端点首先发送一个重启方法为"forced"的 RestartInProgress 命令,然后再为那些已经投入服务的端点发送重启方法为"restart"的 RestartInProgress 命令。当然,媒体网关也可以只为那些在服务中的端点发送重启方法为"restart"的 RestartInProgress 命令而为那些连接断开的端点发送重启方法为"forced"的 RestartInProgress 命令。此时为了减少发送的消息数量,仍然需要使用通配符。

MWD 是媒体网关类型相关的配置参数。接入网关(AG)的等待时延可以用以下因素来计算。

通常 MGC 的规模应满足峰值小时话务负荷的需求。在负荷峰值期间,平均有10%的模拟电话线用户处于忙状态,且平均呼叫时长为3 min。通常,MGC 与端点之间完成一次呼叫需要(5~6)个事务(Transaction)。简单估算,平均每30 min MGC 需要为每个端点处理(5~6)个事务,或者说平均每(5~6)min 为每个端点处理一个事务 n。因此,建议 AG 的 MWD 值为(10~12)min。当 MG 未明确定义 MWD 值时,MWD 应选取缺省值600 s(10 min)。

对于中继媒体网关(TG)而言,MWD 值应该更小,因为这些媒体网关需要处理的端点数量更多,并且在忙时峰值阶段,端点的利用率也要大于10%,通常为60%。因此,在忙时,MGC 的处理能力将按每分钟为每个端点处理一个事务。因此,TG 中每条中继线的 MWD 值应比 AG 中模拟电话线的 MWD 值小6倍,并且与正在重启动的端点数量成反比。例如,处理 T1 中继线的 TG 的 MWD 值被设置为2.5 s,而处理 T3 中继线的 MWD 值则被设置为60 ms。

8.5.8 连接断开端点(Disconnected Endpoints)

除了重启动处理过程,网关还有"连接断开"处理过程,当端点变成"连接断开"状态时,就应发起该过程。注意,端点只在试图与 MGC 通信时才会变成"连接断开"状态。当成为"连接断开"时,端点应按照以下步骤来处理:

a) 端点需启动一个"连接断开"定时器,该定时器值初始化为位于1和一个事先设定的"连接断开"初始等待时延 Tdinit 之间的一个随机值,例如15 s。当多个端点和媒体网关使用相同的断开定时器值生成算法时,应避免它们生成同步的断开定时器随机值。

b) 媒体网关应等待以下三种情况之一发生:断开定时器超时,或收到一个来自 MGC 的消息,或检测某用户事件,例如驻地网关检测到用户摘机事件。

c) 如果以上三种情况之一发生时,媒体网关就为该端点启动"连接断开"处理过程。如果该过程已经开始，就应该用新的过程来替换旧的过程。另外，从端点被断开或端点为了限制"连接断开"处理过程执行的频率自己结束上一次"断开"处理过程到用户事件被检测到这段时间里，预置的"断开"最小等待时延 Tdmin 必定已经超时。假如 Tdmin 还没有超时，端点将重新执行第 2 步的操作而不会影响已经开始的"连接断开"处理过程。

d) 如果经过了"连接断开"过程端点仍然保持断开状态，"连接断开"定时器数值将加倍，并且媒体网关将用一个新的事务标识符再次执行第 2 步的操作。其中，"断开"定时器加倍后仍然要小于一个事先给出的"断开"最大等待时延 Tdmax，例如 600 s。

断开处理过程与重启动过程非常相似，只是断开处理过程要求端点用 RestartInProgress 命令告知 MGC 该端点已经断开了。另外，端点也应保证对 MGC 的第一个非审计消息的响应中一定要告知端点已经处于连接断开状态(除非端点已经退出服务了)。按照以上规定，当收到命令 C 时，端点就会将一个 RestartMethod 参数为"disconnected"的 RestartInProgress 命令与给 C 的响应利用携带功能一起传送给 C 命令的源地址，这个源地址可能不是当前的"通知实体"。该携带传送的 RestartInProgress 命令不会被端点自动重发，而仅靠随机与 C 命令的响应一起携带传送以实现顺序发送处理。MGC 会给这个被携带的 RestartInProgress 命令一个正常响应，但响应可能被丢失。如果丢失，端点会再次发送前面那个 RestartInProgress 命令重新开始"连接断开"处理过程，这回端点只将 RestartMethod 参数为"disconnected"的 RestartInProgress 命令(不捎带对 C 的响应)发送给当前的"notifiedentity"。

当 MGC 得知端点已经连接断开状态，MGC 可能会审计该端点或者清除所有与该端点相关的连接。注意这种"连接断开"过程会导致重传 RestartInProgress 命令，需要按照重传过程来处理这个重传。经过了连接断开处理过程后，端点可能还处于"连接断开"状态。如果端点在连接断开期间退出了服务，这时端点应该发送一个 RestartMethod 参数为"forced"的 RestartInProgress 命令。

连接断开过程在收到了一个成功响应之后就会结束。对于失败响应的处理与重启过程相似。当收到一个失败响应需要重新启动"断开"处理过程时，仍然需要考虑限制"连接断开"处理过程执行的频率(如上描述)。注意，如果 RestartInProgress 命令与一个在连接断开过程中收到的命令的响应携带传送在一个事务中发送时，该 RestartInProgress 命令的重传并不需要携带响应。当然，当端点处于连接断开时，需要重传响应则要求 RestartInProgress 命令与响应一起携带传送，这样才能保证它们按顺序传送。

如果一组断开的端点有相同的"通知实体"那么这组端点可以用一个通配值来命名，媒体网关可以用一个适当的通配值来取代一个端点的标识同时发起对多个端点的"连接断开"过程。在这种情况下，使用通配值的 RestartInProgress 命令的 RestartDelay 参数应该是被替代的最早的"连接断开"过程中的 RestartDelay。注意，一旦这些端点中的一个或多个端点的"通知实体"随后变化了和/或不再处于断开状态，那么这个使用通配值的断开过程就无法再进行下去了。应恢复针对个体的断开处理过程。

连接断开的端点也有可能想发送一个除 RestartInProgress 以外的命令，但只有在重新恢复与 MGC 的通信后，这样的消息才可能获得成功响应。极端的处理方式是，端点立即删除该命令，然而当端点虽然还没有结束"连接断开"处理过程但实际上已经联系到 MGC 的时候，这样做就不合适了，例如在收到 NotificationRequest 命令后需要立即返回一个 Notify 命令的情况。为了避免这种情况的发生，在收到一个非审计命令后的 T-MAX 秒内，断开的端点不会盲目地删除一个将要发送的命令。

可以为将要发送的命令开辟一个临时的缓冲区来满足以上的要求。可是端点应保证以下两点：

a) 端点不建立较长的发送命令队列。

b) 不可以在重新连接到 MGC 时，向 MGC 快速发送过多的命令，这样会使 MGC 崩溃。

在 T-MAX 秒内把命令缓存，一旦端点再次恢复连接时，限制每个端点所缓存命令的发送频率，特别是使用了通配符时，应采用一个可以接受的发送频率使得每个端点只有一个未处理完的命令。如果在 T-MAX 秒内端点没有被连接而是开始了"连接断开"处理过程，端点就可以将那些被缓存的命令与 RestartInProgress 命令一起捎带传送。注意，一旦发送了一个命令，就应在 T-MAX 秒之后才可以重传该命令。

本标准建议 Tdinit 和 Tdmin 的缺省值是 15 s,Tdmax 的缺省值是 600 s。

8.5.9 负载控制

本标准规定 MGCP 协议处理阻塞和过载的机制如下:

a) UDP 上的重传机制,该机制在一个端点的基础上根据网络和 MGC 的阻塞情况进行调整。

b) 顺序发送命令,限制了同时发送的命令的数目。

c) 重启动过程,避免了重启雪崩中的高流量。

d) 连接断开处理过程,避免了大量连接断开的端点执行连接断开过程时的高流量。

尽管有以上措施,一组在相同或不同媒体网关上的端点仍有可能在同一时刻发送一个或多个命令,尽管可以规定 MGC 应该被限定在任何时刻只为它所服务的每个端点处理一个消息,但在实际应用中却不总是这样。类似地,媒体网关也许也不能在同一时刻为它每个端点只处理一个消息。通常这种问题可以通过基于信任(credit-based)机制或者检测并根据观察到的运行状态自动进行调整。本标准倾向于后者,实现如下:

从理论上假设 MGC 和媒体网关都维持着一个队列,用于存放所有收到的待处理事务。为这个事务队列设定一个上限值和一个下限值。一旦该队列的长度大于上限值,实体就应该发送 101 的临时响应(transaction 正在等待处理),直到队列的长度降为小于或等于下限值。这个原则不仅用于transaction 的处理也用于重传事务处理。如果此时实体无法再处理新的事务,那么它就应该返回错误响应 409(负荷过载)。

另外,媒体网关应该通过监测从某个 MGC 返回的对一组端点的响应时间,来调整给该 MGC 发送新命令的频率。如果观察到的响应时间由原来很平滑突然明显上升至某个阈值,或者媒体网关接收到101(transaction 正在等待处理)或 409(负荷过载)的响应时,媒体网关应该相应地调整给相关 MGC 的新命令发送频率,使响应平均时间保持稳定,发送频率调整以及阈值的定义等细节还需要进一步的研究。

同样地,MGC 也应该通过监测观察到的从某个媒体网关返回的一组端点的响应时间来调整给该媒体网关的新命令的发送频率。

9 协议安全要求

9.1 概述

本标准规定,为了保证 MGCP 协议传送的安全,MG 和 MGC 可采用 9.1 和 9.3 所描述的方式中的任意一种。

9.2 Ipsec 传送 MGCP 协议消息(可选)

为了防止未经授权的实体利用 MGCP 协议建立非法呼叫,或者干涉合法呼叫,需要对本协议的传输建立安全机制。当在 IP 网络上传输本协议时,本标准建议使用 IPsec[IETF RFC4301]到[IETF RFC4303(2005)]对协议传输进行安全保护。

认证头(AH)协议对在 MG 和 MGC 之间传送的消息提供数据源认证,无连接完整性保护和可选的抗重发送保护,AH 协议的内容见 IETF RFC4302(2005)。封装安全净荷(ESP)协议则对 MG 和 MGC 之间传送的消息提供加密,ESP 协议内容见 IETF RFC4303(2005)。例如,当 SDP 所携带的会话描述用语协议会话密钥时,应提供 ESP 加密业务。本标准规定,在 MGCP 协议中实现 AH 协议应遵循 IETF RFC4302(2005)第 5 节,实现 ESP 协议应遵循 IETF RFC4303(2005)第 5 节。

本标准建议使用密钥交换(IKE)协议提供 MG 和 MGC 之间进行密钥协商。在 MGCP 协议中实现

IKE 协议应支持 RSA 签名和 RSA 公共密钥加密。

当 MGCP 协议采用 Ipsec 机制进行传送时，其协议栈如图 6 所示。

MGCP
UDP
IPsec
IP
物理层

图 6　Ipsec 机制传送 MGCP 协议消息

9.3　保护媒体连接

MGCP 协议支持 MGC 向 MG 提供会话密钥，用来对音频消息进行加密以防止窃听。

分组网络的一个缺陷就是容易受到由非法实体发起的恶意攻击。例如，非法实体可以通过向一个指定的 IP 地址和 UDP 端口发送大量 IP 包进行攻击。针对这种攻击进行保护的一种方法是仅接受来自获得授权实体的分组，例如，仅接收 RemoteConnectionOptions 参数中列出的源 IP 地址和 UDP 端口号。然而这种方法可能会受到地址欺骗的影响以及导致连接建立的延迟。另外一种进行保护的方法是在呼叫建立过程中传送密钥对分组进行加密和认证，采用这种方法不会导致连接建立的延迟以及可以有效地防止地址欺骗。

9.4　鉴权机制(可选)

可选的，MGCP 协议可以在 MGC 和 MG 之间建立安全鉴权机制，以防止用户侧媒体网关的非法接入。MGC 和 MG 之间的鉴权流程见附录 E。

10　心跳机制(可选)

10.1　概述

本标准建议 MGC 和 MG 相互独立进行心跳机制控制。

10.2　MGC 控制的心跳机制

本标准规定 MGC 可以为 MG 设置一个最大休眠时间，即 MG 允许未收到 MGC 发送的任何事务消息的最长时间。MGC 应该保证向 MG 发送消息的时间间隔不超过最大休眠时间。即使在最大休眠时间内没有任何其他消息，MGC 也应通过向 MG 发送心跳消息来表明其处于工作正常状态。本标准建议 MGC 使用终结点为 mg 的 AuditEndpoint 命令作为心跳消息，消息参数为空。心跳周期在 MGC 中进行设置，单位为秒。每个心跳周期 MGC 向 MG 的 mg 终结点发送一个 AuditEndpoint 消息，最大休眠时间设为 7 个心跳周期。当 MG 连续 7 个心跳周期没有从 MGC 收到任何消息时，就判定 MGC 发生了故障，故障引起的原因可能是由于网络故障或 MGC 故障。当 MG 判断其控制的 MGC 发生故障后，MG 应发起连接断开处理流程(见 8.5.8)。

同理，当 MGC 重传 AuditEndpoint 消息 7 次，仍未接受到 MG 的正确响应，则 MGC 判断 MG 发生故障。

10.3　MG 控制的心跳机制

由 MG 控制发送周期性心跳消息，本标准规定 MG 可以为 MGC 设置一个最大休眠时间，即正常工作 MGC 允许未收到 MG 发送的任何事务消息的最长时间，实现对 MG 和 MGC 故障检测的机制还有待进一步研究。MG 发送的心跳消息待定。

11 包(Package)

本标准定义了包用于实现对 MGCP 协议的扩展。包应由一个唯一的包名进行定义，其中包名应为在 IANA 进行注册的正式名称。其中，符号"X－"或"X＋"为首位开头的扩展包之外，这种扩展包用于实验包。

本标准规定包应有一个版本号进行标识，该版本号为一个非负整数表示。包的缺省版本号为 0，下一个版本是 1，依次类推，且新版本的包应提供完全的后向兼容。例如，新版本的包中应禁止重新定义或删除早期版本的包中定义的扩展，否则，应重新定义一个新的包类型。

本标准规定包的定义包括以下几个部分：

a) Actions

b) BearerInformation

c) ConnectionModes

d) ConnectionParameters

e) DigitMap

f) EventsandSignals

g) ExtensionParameters

h) LocalConnectionOptions

i) ReasonCodes

j) RestrartMethods

k) Return codes

本标准规定当需要包中的定义各个部分进行扩展类型时，还应包含一个扩展描述。

支持一种或多种类型包的端点可以将其中的一种类型定义成缺省包类型。端点缺省包中的事件和信号名称的使用是任选的。除 DigitMap 以外的其他类型的包扩展名，应通过包名进行识别，扩展名之前应加上封包名。包名是由字母、"－"字符和数字组成的字符串，且不区分大小写，第一和最后一个位置不能为"－"字符。实验包的名称应以字符"x^-"开头，IANA 不能注册以这两个字符开头的封包，以"x^+"开头的也被保留。如果网关收到不支持的包类型应返回错误响应为 518 的响应消息。

附 录 A
（规范性附录）
本标准协议语法的 ABNF 描述

本附录规定了协议消息使用 ABNF 进行编码的描述方式，ABNF 的相关内容见 IETF RFC5234。

A.1 ABNF 语法定义

```
MGCPMessage      = MGCPCommand / MGCPResponse
MGCPCommand  = MGCPCommandLine 0 * (MGCPParameter) [EOL  * SDPinformation]
MGCPCommandLine = MGCPVerb 1 * (WSP) <transaction-id> 1 * (WSP)
                        <endpointName> 1 * (WSP) MGCPversion EOL
MGCPVerb        = "EPCF" / "CRCX" / "MDCX" / "DLCX" / "RQNT"
                    / "NTFY" / "AUEP" / "AUCX" / "RSIP" / extensionVerb
extensionVerb     = ALPHA 3(ALPHA / DIGIT) ; experimental starts with X
transaction-id=1 * 9(DIGIT)
endpointName            = localEndpointName "@" DomainName
LocalEndpointName   = LocalNamePart 0 * ("/" LocalNamePart)
LocalNamePart       = AnyName / AllName / NameString
AnyName            = "$"
AllName             = "*"
NameString           = 1 * (range-of-allowed-characters) ; VCHAR except "$", "*", "/", "@"
range-of-allowed-characters       = %x 21-23 / %x25-29 / %x2B-2E
                                      / %x30-3F / %x41-7E
DomainName = 1 * 256(ALPHA / DIGIT / "." / "-")       ;as defined
        / "#" <number> / "[" <dotnum> "]"          ; in IETF RFC 2821
        / "[" Ipv6address "]"                       ; see IETF RFC 2373
MGCPversion = "MGCP" 1 * (WSP ) 1 * (DIGIT) "." 1 * (DIGIT)
                                      [1 * (WSP) ProfileName]
ProfileName = VCHAR * ( WSP / VCHAR)      ; Was range-of-allowed-characters
MGCPParameter = ParameterValue EOL
; Check infoCode if more parameter values defined
; Most optional values can only be omitted when auditing
ParameterValue = ("K" ":" 0 * (WSP) [ResponseAck])
                    / ("B" ":" 0 * (WSP) [BearerInformation])
                    / ("C" ":" 0 * (WSP) CallId)
                    / ("I" ":" 0 * (WSP) [ConnectionId])
                    / ("N" ":" 0 * (WSP) [NotifiedEntity])
                    / ("X" ":" 0 * (WSP) [RequestIdentifier])
                    / ("L" ":" 0 * (WSP) [LocalConnectionOptions])
                    / ("M" ":" 0 * (WSP) ConnectionMode)
                    / ("R" ":" 0 * (WSP) [RequestedEvents])
```

```
                / ("S" ":" 0 * (WSP) [SignalRequests])
                / ("D" ":" 0 * (WSP) [DigitMap])
                / ("O" ":" 0 * (WSP) [ObservedEvents])
                / ("P" ":" 0 * (WSP) [ConnectionParameters])
                / ("E" ":" 0 * (WSP) ReasonCode)
                / ("Z" ":" 0 * (WSP) [SpecificEndpointID])
                / ("Z2" ":" 0 * (WSP) SecondEndpointID)
                / ("I2" ":" 0 * (WSP) SecondConnectionID)
                / ("F" ":" 0 * (WSP) [RequestedInfo])
                / ("Q" ":" 0 * (WSP) QuarantineHandling)
                / ("T" ":" 0 * (WSP) [DetectEvents])
                / ("RM" ":" 0 * (WSP) RestartMethod)
                / ("RD" ":" 0 * (WSP) RestartDelay)
                / ("A" ":" 0 * (WSP) [Capabilities])
                / ("ES" ":" 0 * (WSP) [EventStates])
                / ("PL" ":" 0 * (WSP) [PackageList])       ; Auditing only
                / ("MD" ":" 0 * (WSP) MaxMGCPDatagram       ; Auditing only
                / (extensionParameter ":" 0 * (WSP) [parameterString])
; A final response may include an empty ResponseAck
ResponseAck          = confirmedTransactionIdRange
                * ( "," 0 * (WSP) confirmedTransactionIdRange)
confirmedTransactionIdRange = 1 * 9DIGIT ["-" 1 * 9DIGIT]
BearerInformation = BearerAttribute 0 * ("," 0 * (WSP) BearerAttribute)
BearerAttribute    = ("e" ":" <BearerEncoding>)
                   / (BearerExtensionName [":"BearerExtensionValue])
BearerExtensionName     = PackageLCOExtensionName
BearerExtensionValue = LocalOptionExtensionValue
BearerEncoding = "A" / "mu"
CallId = 1 * 32(HEXDIG)
; The audit request response may include a list of identifiers
ConnectionId = 1 * 32(HEXDIG) 0 * ("," 0 * (WSP) 1 * 32(HEXDIG))
SecondConnectionID = ConnectionId
NotifiedEntity = [LocalName "@"] DomainName [":" portNumber]
LocalName    = LocalEndpointName                    ; No internal structure
                                                    ; was 1 * 32(suitableCharacter)
portNumber = 1 * 5(DIGIT)
RequestIdentifier = 1 * 32(HEXDIG)
LocalConnectionOptions = LocalOptionValue 0 * (WSP)
                         0 * ("," 0 * (WSP) LocalOptionValue 0 * (WSP))
LocalOptionValue = ("p" ":" <packetizationPeriod>)
                 / ("a" ":" <compressionAlgorithm>)
                 / ("b" ":" <bandwidth>)
                 / ("e" ":" <echoCancellation>)
```

```
                    / ("gc" ":" <gainControl>)
                    / ("s" ":" <silenceSuppression>)
                    / ("t" ":" <typeOfService>)
                    / ("r" ":" <resourceReservation>)
                    / ("k" ":" <encryptiondata>)
                    / ("nt" ":" ( <typeOfNetwork> / <supportedTypeOfNetwork>)
                    / (localOptionExtensionName[":" <localOptionExtensionValue>])
Capabilities    =   CapabilityValue 0 * (WSP) 0 * ("," 0 * (WSP) CapabilityValue 0 * (WSP))
CapabilityValue = LocalOptionValue
                    / ("v" ":" <supportedPackages>)
                    / ("m" ":" <supportedModes>)
PackageList          = pkgNameAndVers 0 * (";" pkgNameAndVers)
pkgNameAndVers       = packageName ":" packageVersion
packageVersion       = 1 * (DIGIT)
packetizationPeriod        = 1 * 4(DIGIT)["-" 1 * 4(DIGIT)]
compressionAlgorithm       = algorithmName 0 * (";" algorithmName)
algorithmName                = 1 * 32(SuitableLCOCharacter)
bandwidth                    = 1 * 4(DIGIT)["-" 1 * 4(DIGIT)]
echoCancellation           = "on" / "off"
gainControl                 = "auto" / ["-"]1 * 4(DIGIT)
silenceSuppression         = "on" / "off"
typeOfService                = 1 * 2(HEXDIG)       ; 1 hex only for capabilities
resourceReservation        = "g" / "cl" / "be"
;encryption parameters are coded as in SDP (IETF RFC 4566)
;NOTE that encryption key may contain an algorithm
;as specified in IETF RFC 3551
encryptiondata = ( "clear" ":" <encryptionKey>)
                   / ( "base64" ":" <encodedEncryptionKey>)
                   / ( "uri" ":" <URItoObtainKey>)
                   / ( "prompt" ) ; defined in SDP, not usable in MGCP!
; was 1 * (SuitableCharacter / SP)
encryptionKey = 1 * (SuitableLCOCharacter) / quotedString
; See IETF RFC 2045
encodedEncryptionKey = 1 * (ALPHA / DIGIT / "+" / "/" / "=")
URItoObtainKey = 1 * (SuitableLCOCharacter) / quotedString
typeOfNetwork = "IN" / "ATM" / "LOCAL" / OtherTypeOfNetwork
; Registered with IANA - see IETF RFC 4566
OtherTypeOfNetwork          = 1 * (SuitableLCOCharacter)
supportedTypeOfNetwork = typeOfNetwork * (";" typeOfNetwork)
supportedModes       = ConnectionMode 0 * (";" ConnectionMode)
supportedPackages = packageName 0 * (";" packageName)
packageName = 1 * (ALPHA / DIGIT / HYPHEN) ; Hyphen neither first or last
localOptionExtensionName = VendorLCOExtensionName
```

```
                                / PackageLCOExtensionName
                                / OtherLCOExtensionname
VendorLCOExtensionName     = "x" ("+"/"-") 1 * 32(SuitableExtLCOCharacter)
PackageLCOExtensionName    = packageName "/"1 * 32(SuitablePkgExtLCOCharacter)
; must not start with "x-" or "x+"
OtherLCOExtensionName      = 1 * 32(SuitableExtLCOCharacter)
localOptionExtensionValue = (1 * 32(SuitableLCOCharacter) / quotedString)
                                * (";" (1 * 32(SuitableLCOCharacter) / quotedString)))
;Note: No "data" mode.
ConnectionMode = "sendonly" / "recvonly" / "sendrecv"
               / "confrnce" / "inactive" / "loopback"
               / "conttest" / "netwloop" / "netwtest"
               / ExtensionConnectionMode
ExtensionConnectionMode = PkgExtConnectionMode
PkgExtConnectionMode        = packageName "/" 1 * (ALPHA / DIGIT)
RequestedEvents = requestedEvent 0 * ("," 0 * (WSP) requestedEvent)
requestedEvent    = (eventName ["(" requestedActions ")"])
                    / (eventName "(" requestedActions ")" "(" eventParameters ")" )
eventName           = [(packageName / " * ") "/"] (eventId / "all" / eventRange / " * " / "#") ; for DTMF
                                      ["@" (ConnectionId / " $ " / " * ")]
; Was 1 * (SuitableCharacter)
eventId             = 1 * (ALPHA / DIGIT / HYPHEN) ; Hyphen neither first or last
eventRange          = "[" 1 * (DigitMapLetter / (DIGIT "-" DIGIT) / (DTMFLetter "-" DTMFLetter)) "]"
DTMFLetter          = "A" / "B" / "C" / "D"        ; Was undefined
requestedActions = requestedAction 0 * ("," 0 * (WSP) requestedAction)
requestedAction    ="N" / "A" / "D" / "S" / "I" / "K"
                    / "E" "(" EmbeddedRequest ")"
                    / ExtensionAction
ExtensionAction   = PackageExtAction
PackageExtAction =packageName "/" Action ["(" ActionParameters ")"]
Action              = 1 * ALPHA
ActionParameters = eventParameters               ; May contain actions
;NOTE: Should tolerate different order when receiving, e. g. for NCS.
EmbeddedRequest = (          "R" "(" EmbeddedRequestList ")"
                       ["," 0 * (WSP) "S" "(" EmbeddedSignalRequest ")"]
                       ["," 0 * (WSP) "D" "(" EmbeddedDigitMap ")"] )
                  / ( "S" "(" EmbeddedSignalRequest ")"
                       ["," 0 * (WSP) "D" "(" EmbeddedDigitMap ")"] )
                  / (         "D" "(" EmbeddedDigitMap ")" )
EmbeddedRequestList          = RequestedEvents
EmbeddedSignalRequest        = SignalRequests
EmbeddedDigitMap             = DigitMap
SignalRequests    = SignalRequest 0 * ("," 0 * (WSP) SignalRequest)
```

```
SignalRequest     = eventName [ "(" eventParameters ")" ]
eventParameters  = eventParameter 0 * ("," 0 * (WSP) eventParameter)
eventParameter   = eventParameterValue / eventParameterName "=" eventParameter
                 / eventParameterName "(" eventParameters ")"
eventParameterString = 1 * (SuitableEventParamCharacter)
eventParameterName       = eventParameterString
eventParameterValue     = eventParameterString / quotedString
DigitMap              = DigitString / "(" DigitStringList ")"
DigitStringList        = DigitString 0 * ( "|" DigitString )
DigitString          = 1 * (DigitStringElement)
DigitStringElement    = DigitPosition [". "]
DigitPosition         = DigitMapLetter / DigitMapRange
; NOTE "X" is now included
DigitMapLetter        = DIGIT / "#" / "*" / "A" / "B" / "C" / "D" / "T" / "X" / ExtensionDig-
itMapLetter
ExtensionDigitMapLetter = "E" / "F" / "G" / "H" / "I" / "J" / "K"/ "L" / "M" / "N" / "O" / "P"
                        / "Q" / "R" / "S" / "U" / "V" / "W" / "Y" / "Z"
; NOTE "[x]" is now allowed
DigitMapRange = "x" / "[" 1 * DigitLetter "]"
DigitLetter    = * ((DIGIT "-" DIGIT ) / DigitMapLetter)
ObservedEvents = SignalRequests
EventStates     = SignalRequests
ConnectionParameters =ConnectionParameter0 * ( "," 0 * (WSP) ConnectionParameter)
ConnectionParameter     = ( "PS" "=" packetsSent)
                        / ( "OS" "=" octetsSent)
                        / ( "PR" "=" packetsReceived)
                        / ( "OR" "=" octetsReceived)
                        / ( "PL" "=" packetsLost)
                        / ( "JI" "=" jitter)
                        / ( "LA" "=" averageLatency)
                        / ( ConnectionParameterExtensionName
                                  "=" ConnectionParameterExtensionValue)
packetsSent        = 1 * 9(DIGIT)
octetsSent         = 1 * 9(DIGIT)
packetsReceived = 1 * 9(DIGIT)
octetsReceived    = 1 * 9(DIGIT)
packetsLost        = 1 * 9(DIGIT)
jitter           = 1 * 9(DIGIT)
averageLatency   = 1 * 9(DIGIT)
ConnectionParameterExtensionName = VendorCPExtensionName
                                 /          PackageCPExtensionName
VendorCPExtensionName     = "X" "-" 2 * ALPHA
PackageCPExtensionName     = packageName "/" CPName
```

```
CPName = 1 * (ALPHA / DIGIT / HYPHEN)
ConnectionParameterExtensionValue = 1 * 9(DIGIT)
MaxMGCPDatagram = 1 * 9(DIGIT)
ReasonCode = 3DIGIT [1 * (WSP) "/" packageName]; Only for 8xx
             [WSP 1 * (%x20-7E)]
SpecificEndpointID = endpointName
SecondEndpointID     =endpointName
RequestedInfo = infoCode 0 * ("," 0 * (WSP) infoCode)
infoCode ="B" / "C" / "I" / "N" / "X" / "L" / "M" / "R" / "S"
         / "D" / "O" / "P" / "E" / "Z" / "Q" / "T" / "RC" / "LC"
         / "A" / "ES" / "RM" / "RD" / "PL" / "MD" / extensionParameter
QuarantineHandling = loopControl / processControl
                   / (loopControl "," 0 * (WSP) processControl)
loopControl     = "step" / "loop"
processControl = "process" / "discard"
DetectEvents = SignalRequests
RestartMethod ="graceful" / "forced" / "restart" / "disconnected"
              / "cancel-graceful" / extensionRestartMethod
extensionRestartMethod = PackageExtensionRM
PackageExtensionRM            = packageName "/" 1 * 32(ALPHA / DIGIT / HYPHEN)
RestartDelay = 1 * 6(DIGIT)
extensionParameter = VendorExtensionParameter
                   / PackageExtensionParameter
                   / OtherExtensionParameter
VendorExtensionParameter       = "X" ("-"/"+") 1 * 6(ALPHA / DIGIT)
PackageExtensionParameter = packagename "/"1 * 32(ALPHA / DIGIT / HYPHEN)
; must not start with "x-" or x+"
OtherExtensionParameter        = 1 * 32(ALPHA / DIGIT / HYPHEN)
parameterString = 1 * (%x20-7F) ; First and last must not be white space
                / quotedString
MGCPResponse = MGCPResponseLine 0 * (MGCPParameter) * 2(EOL * SDPinformation)
MGCPResponseLine = <responseCode> 1 * (WSP) <transaction-id>
                   [1 * (WSP) "/" packageName]      ; Only for 8xx
                          [WSP <responseString>] EOL
responseCode = 3DIGIT
responseString = * (%x20-7E)
SuitableCharacter = DIGIT / ALPHA / "+" / "-" / "_" / "&"
         / "!" / "'" / "|" / "=" / "#" / "?" / "/"
         / "." / "$" / "*" / ";" / "@" / "[" / "]"
         / "^" / "`" / "{" / "}" / "~"
SuitablePkgExtLCOCharacter =       SuitableLCOCharacter
SuitableExtLCOCharacter = DIGIT / ALPHA / "+" / "-" / "_" / "&"
         / "!" / "'" / "|" / "=" / "#" / "?" /
```

```
                / "." / "$" / "*" / "@" / "[" / "]"
                / "^" / "`" / "{" / "}" / "~"
SuitableLCOCharacter = SuitableExtLCOCharacter / "/"
SuitableEventCharacter = DIGIT / ALPHA / "+" / "-" / "_" / "&"
                / "!" / "'" / "|" / "#" / "?" / "/"
                / "." / "$" / "*" / ";" / "@" / "[" / "]"
                / "^" / "`" / "{" / "}" / "~"
; VCHAR except """, "(", ")", and ","
SuitableEventParamCharacter = %x21 / %x23-27 / %x2A-2B / %x2D-7E
; NOTE: UTF8 encoded
quotedString     = DQUOTE 0 * (quotcEscape / quoteChar) DQUOTE
quoteEscape      = DQUOTE DQUOTE
quoteChar = (%x00-21 / %x23-FF)
EOL = CRLF / LF
HYPHEN = "-"
SDPinformation = ;See IETF RFC 4566
```

附 录 B
（规范性附录）
MGCP 协议基本包

B.1 概述

本标准定义的基本包类型如表 B.1 所示。

表 B.1 基本包类型

包 名	缩 写
Generic Media	G
DTMF	D
MF	M
Trunk	T
Line	L
Handset	H
RTP	R
Network Access Server	N
Announcement Server	A
Script	Script

本附录中所定义的基本包中事件由 5 个参数进行定义，分别如下所示：

1） Symbol（符号）：该参数用于指定事件的唯一标识符。
2） Definition（定义）：该参数用于对事件作简短描述。
3） R：当该参数为用“x”进行描述时，表示该事件可以被 MGC 或软交换设备所请求。
4） S：如果该参数为空列，则表示该事件不能被 MGC 或软交换设备在命令中用于指示产生相应信号。如果该列不为空列，则其参数值包括：
   a） OO（On/Off）：该信号类型会一直持续到 MGC 请求关闭为止。
   b） TO（Timeout）：如果该信号没有被新信号所取代，则该信号类型会持续一段时间，直到超时后信号结束。
   c） BR（Brief）：该信号类型会持续一段短暂时间，直到超时后自动结束。
5） Duration（持续时间）：该参数用于指定 TO 信号类型的持续时间。

B.2 基本媒体包

Package Name（包名）：G

基本媒体包中所定义的事件和信号可以适用于多种类型的端点（如中继媒体网关、接入媒体网关、IAD 等），见表 B.2。

表 B.2 基本媒体包

符号	定义	R	S	时长
mt	Modem detected	x		
ft	Fax tone detected	x		
ld	Long duration connection			
pat	Pattern detected	x	OO	
rt	Ringback tone		TO	
rbk	ring back on connection		TO	180 seconds
cf	Confirm tone		BR	
cg	Network Congestion tone		TO	
it	Intercept tone		OO	
pt	Preemption tone		OO	
of	report failure	x		

a) 回铃音(rt):信号源为 440 HZ 和 480 HZ 的正弦波,且分别具有绝对功率电平为－19 dBm,混合绝对功率电平为－16 dBm。回铃音采用 6 s 断续,即 2 s 送,4 s 断。具体见 YDN 065 的要求。

b) Ring back on connection:回铃音的一种,适用于连接标识符作为参数进行传送的连接。当某个连接持续超过 1 h,则该连接判定为长持续连接(long duration connection)。

B.3 DTMF 包

Package name(包名):D

DTMF 包定义见表 B.3。

表 B.3 DTMF 包

符号	定义	R	S	时长
0	DTMF 0	x	BR	
1	DTMF 1	x	BR	
2	DTMF 2	x	BR	
3	DTMF 3	x	BR	
4	DTMF 4	x	BR	
5	DTMF 5	x	BR	
6	DTMF 6	x	BR	
7	DTMF 7	x	BR	
8	DTMF 8	x	BR	
9	DTMF 9	x	BR	
#	DTMF #	x	BR	

表 B.3（续）

符号	定义	R	S	时长
*	DTMF *	x	BR	
A	DTMF A	x	BR	
B	DTMF B	x	BR	
C	DTMF C	x	BR	
D	DTMF D	x	BR	
L	long duration indicator	x		2 seconds
X	Wildcard,match any digit 0-9	x		
T	Interdigit timer	x		4 seconds
of	report failure	x		

“T”用于表示号码输入时钟，可适用于以下两种方式：

a） 当Digitmap包含T符号，则表示直到输入第一位号码，该时钟才会被启动，且每输入一位新的号码会重新启动该时钟，直到监测到Digitmap发生匹配或不匹配为止。因此，T符号用于指示输入号码之间的时钟。

b） 当时钟T不出现在Digitmap中，则表示只要输入一位新的号码，该时钟就立刻启动并结束。当号码重复发送时，T用于指示号码之间的时钟。

当“T”用于Digitmap中，则“T”的取值可为T(partial)或T(critical)。当至少需要输入一位号码才能满足Digitmap中所有的号码模式，则T取值为T(partial)。当进行号码匹配时，所有号码采用同一时钟，则时钟T取值为T(critical)。当时钟不在Digitmap中被使用时，时钟T选用T(critical)。本标准规定T(partial)的缺省值为16 s，T(critical)的缺省值为4 s。

当DTMF信号的持续事件大于2 s，则应使用长持续指示符(long durationin dicator)。此时，媒体网关应检测两种连续事件，首选，当信号发生时，是否为DTMF信号，其实，2 s过后，是否为长持续信号。

B.4 MF包

Package Name(包名)：M

MF包定义见表B.4。

表 B.4 MF包

符号	定义	R	S	时长
0	MF 0	x	BR	
1	MF 1	x	BR	
2	MF 2	x	BR	
3	MF 3	x	BR	
4	MF 4	x	BR	
5	MF 5	x	BR	

表 B.4（续）

符号	定义	R	S	时长
6	MF 6	x	BR	
7	MF 7	x	BR	
8	MF 8	x	BR	
9	MF 9	x	BR	
X	Wildcard,match any digit 0-9	x		
T	Interdigit timer	x		4 seconds
K0	MF K0 or KP	x	BR	
K1	MF K1	x	BR	
K2	MF K2	x	BR	
S0	MF S0 or ST	x	BR	
S1	MF S1	x	BR	
S2	MF S2	x	BR	
S3	MF S3	x	BR	
wk	Wink	x	BR	
wko	Wink off	x	BR	
is	Incoming seizure	x	OO	
rs	Return seizure	x	OO	
us	Unseize circuit	x	OO	
of	report failure	x		

a) Wink:在一段指定的时间(100～350)ms 内,经历解闭—闭塞—解闭中继状态。

b) Incomingseizure:指对所有呼入呼叫闭塞。

c) Returnseizure:指对所有呼出呼叫闭塞。

d) Unseizecircuit:呼叫结束后,解闭电路。

e) Winkoff:在一段给定的时间(100～350)ms 内,经历闭塞—解闭—闭塞中继状态。

B.5 中继电路包

Package Name(包名):T

中继电路包定义见表 B.5。

表 B.5 中继电路包

符号	定义	R	S	时长
co1	Continuity tone (single tone or return tone)	x	OO	
co2	Continuity test (go tone,in dual tone procedures)	x	OO	
lb	Loopback		OO	

表 B.5（续）

符号	定义	R	S	时长
om	Old Milliwatt Tone (1 000 Hz)	x	OO	
nm	New Milliwatt Tone (1 004 Hz)	x	OO	
tl	Test Line	x	OO	
zz	No circuit	x	OO	
as	Answer Supervision	x	OO	
ro	Reorder Tone	x	TO	30 seconds
of	report failure	x		
bl	Blocking		OO	

a) Continuity Tone(co1)：频率为(2 010±30)Hz 的信号音。

b) Continuity Test(co2)：频率为(1 780±30)Hz 的信号音。

c) Milliwatt Tones：Old Milliwatt Tone(1 000 Hz)，New Milliwatt Tone(1 004 Hz)。

d) Line Test：频率为(2 225±25)Hz，绝对功率电平为(−10±0.5)dBm。

e) No circuit：三全音。

f) Answer Supervision

g) Reorder Tone：信号源为 480 Hz 和 620 Hz 的正弦波，且分别具有绝对功率电平为−24 dBm，混合绝对功率电平为−21 dBm。回铃音采用 0.5 s 断续，即 0.25 s 送，0.25 s 断。具体见 YDN 065 的要求。

h) Blocking：当 MGC 向端点指示发送"bl(+)"信号，则将电路置于闭塞状态。当 MGC 向端点指示发送"bl(−)"信号，则将电路置于解闭状态。

当 MGC 要发起导通检验时，指示媒体网关发送连续信号音。通常，连续信号音分为两类：单信号音和双信号音。通过预先配置，MGC 可以决定适用于端点的连续信号音。例如，当 MGC 需要发起信号音为单信号的导通检验时，MGC 向 MG 发送消息如下：

```
RQNT1234epx-t1/17@tgw2.example.net
X:AB123FE0
S:co1
R:co1
```

当 MGC 需要发起信号音为双信号的导通检验时，MGC 向 MG 发送消息如下：

```
RQNT1234epx-t1/17@tgw2.example.net
X:AB123FE0
S:co2
R:co1
```

此时，当媒体网关接收到发送连续性信号音命令时，媒体网关应检测是否接收到频率为 2 010 Hz 的响应信号音。当媒体网关接收到响应信号音时，应向 MGC 发送回应的指示。连续测试信号音为一类 OO 类型的信号音，该连续测试信号音会持续直到收到新的命令请求。

B.6 模拟线包

Package Name(包名)：L

模拟线包定义见表 B.6。

表 B.6 模拟线包

符号	定义	R	S	时长
adsi(string)	adsi display		BR	
vmwi	visual message waiting indicator		OO	
hd	Off hook transition	x		
hu	On hook transition	x		
hf	Flash hook	x		
aw	Answer tone	x	OO	
bz	Busy tone		TO	30 seconds
ci(ti,nu,na)	Caller-id		BR	
wt	Call Waiting tone		TO	30 seconds
wt1,wt2,wt3,wt4	Alternative call waiting tones			
dl	Dial tone		TO	16 seconds
mwi	Message waiting ind		TO	16 seconds
nbz	Network busy (fast cycle busy)	x	OO	
ro	Reorder tone		TO	30 seconds
rg	Ringing		TO	180 seconds
r0,r1,r2,r3,r4,r5,r6 or r7	Distinctive ringing		TO	180 seconds
rs	Ringsplash		BR	
p	Prompt tone	x	BR	
e	Errortone	x	BR	
sl	Stutter dialtone		TO	16 seconds
v	Alerting Tone		OO	
y	Recorder Warning Tone		OO	
sit	SIT tone			
z	Calling Card Service Tone		OO	
oc	Report on completion	x		
ot	Off hook warning tone		TO	indefinite
s##	Distinctive tone pattern	x	BR	
of	report failure	x		

a) Dialtone：频率为 350 Hz 和 440 Hz 的混合信号音，具体见 YDN 065 的要求。

b) Visual Message Waiting Indicator：当模拟线处于空闲状态时，VMWI 只能由 SPCS 发送。且当新的消息来到时且模拟线处于忙状态，则直到模拟线重新返回空闲状态，VMWI 指示消息才会发送。MGC 应周期性刷新 CPE 的 VMWI 指示符。

c) Message waiting Indicator:具体见 YDN 065 的要求。

d) Alerting Tone:具体见 YDN 065 的要求。

e) Ring splash:具体见 YDN 065 的要求。

f) Call waiting tone:具体见 YDN 065 的要求。

g) Caller Id(ci(time,number,name)):该事件包含 3 个参数,呼叫时间(time)、主叫号码(number)、主叫名称(name),且 3 个参数分别为可选项,即使客选项为空,参数项之间仍用“,”字符进行分隔。

h) Recorder Warning Tone:频率为 1 400 Hz 且每 15 s 持续 0.5 s 的信号音。

i) SIT tone:用于支持模拟用户处于“out of service”状态。

j) Calling Card Service Tone:持续周期为 200 ms,且 60 ms 为频率为 941 Hz 和 1 477 Hz 混合的信号音,140 ms 为 350 Hz 和 440 Hz 混合的信号音。

k) Distinctive tone pattern:###表示 000~999 之间的任何数值。该参数可用于定义用户自定义拨号音或特色振铃音等。

l) Report on completion:当媒体网关被请求发送一种或多种 TO 类型信号音时,且这些信号音不是因为检测到新的事件而自行结束时,则导致“report on completion”事件发生。事件完成事件可作为信号参数来进行发送,如 O:L/oc(L/dl)。

m) Ring back on connection:回铃音的一种,适用于连接标识符作为参数进行传送的连接。

B.7 无绳话机包

Package Name(包名):H

无绳话机包定义见表 B.7。

表 B.7 无绳话机包

符号	定义	R	S	时长
adsi(string)	adsi display	x	BR	
|tdd				
vmwi				
hd	Off hook transition	x		
hu	On hook transition	x		
hf	Flash hook	x		
aw	Answer tone	x	OO	
bz	Busy tone	x	OO	
wt	Call Waiting tone	x	TO	30 seconds
dl	Dial tone	x	TO	120 seconds
nbz	Network busy (fast cycle busy)	x	OO	
rg	Ringing		TO	30 seconds
r0,r1,r2,r3,r4,r5,r6 or r7	Distinctive ringing		TO	30 seconds
rs	Ringsplash		BR	

表 B.7（续）

符号	定义	R	S	时长
p	Prompt tone	x	BR	
e	Error tone	x	BR	
sdl	Stutter dialtone	x	TO	16 seconds
v	Alerting Tone	x	OO	
y	Recorder Warning Tone	x	OO	
t	SIT tone	x		
z	Calling Card Service Tone	x	OO	
oc	Report on completion	x		
ot	Off hook warning tone	x	TO	indefinite
s###	Distinctive tone pattern	x	BR	
of	report failure	x		

该包类型为模拟线包(Line)的扩展包，用于支持无绳电话的媒体网关。该包类型与 Line 包类型的不同在于，Line 包可以检测“off hook”事件。

B.8 RTP 包

Package Name(包名)：R

RTP 包定义见表 B.8。

表 B.8 RTP 包

符号	定义	R	S	时长
UC	Used codec changed	x		
SR(###)	Sampling rate changed	x		
JI(###)	Jitter buffer size changed	x		
PL(###)	Packet loss exceeded	x		
qa	Quality alert	x		
co1	Continuity tone (single tone or return tone	x	OO	
co2	Continuity test (go tone,in dual tone procedures)	x	OO	
of	report failure	x		

a) Codec Changed：该参数后用于指示改变后的语音编码算法，编码算法编号见 IETF RFC 3551。

b) Sampling Rate Changed：该参数括号内的参数值单位为毫秒(ms)，如 SR(20)，用于指示改变后的取样速率。

c) Jitter Buffer Size Changed：：当媒体网关可以自动改变缓存的大小，该参数非常有用。当 MGC 向 MC 发送的命令包含“JI”，指示当 MG 中发生缓存大小改变时，MGC 期望接收相应的指示信息。当 MG 向 MGC 发送的命令包含""JI(＃＃＃＃)""时，＃＃＃＃用于指示改变后的新的缓存大小，三位为毫秒。

d) Packet Loss Exceeded：该参数用于指示每 100,000 个包中丢失的包数目。如 PL(10)表示每 10,000 个包发生 1 个包丢失。

e) Quality alert：指示平均时延、包丢失率或抖动超过了门限值。

f) Continuity tone：见 Trunk 包定义。它可用于网络环回或网络导通检验，用于检测 RTP 流的连续性。

g) report failure：用于报告错误事件，例如连接中断。

B.9 网络接入服务器包

Package Name(包名)：N

网络接入服务器包定义见表 B.9。

表 B.9 网络接入服务器包

符号	定义	R	S	时长
pa	Packet arrival	x		
cbk	Call back request			
cl	Carrier lost			
au	Authorization succeeded			
ax	Authorization denied			
of	Report failure			

a) packet arrival：用于指示端点至少检测到有一个包发送一个 IP 地址中，且 IP 地址采用标准的 ASCⅡ编码，如 O：pa(192.96.41.1)。

b) call back event：用于在数据连接的初期阶段，指示回呼请求，且该事件参数值指示为回呼用户的标识，如 O：cbk(user25)。

B.10 通知服务器包

Package Name(包名)：A

通知服务器包定义见表 B.10。

表 B.10 通知服务器包

符号	定义	R	S	时长
ann(url,parms)	Play an announcement		TO	variable
oc	Report on completion	x		
of	Report failure	x		

a) announcement：该事件的参数值为 URL 形式，如 S：ann(http://scripts.example.net/all-lines-busy.au)。

b) Report on completion:用于指示当通知播放完毕时,检测到"operation complete"事件。如果通知未播放完毕,则应返回"操作失败"事件,错误事件后可携带错误描述,如 O:A/of(file not found)。

B.11 脚本包

Package Name(包名):Script

脚本包定义见表 B.11。

表 B.11 脚本包

符号	定义	R	S	时长
java(url)	Load a java script		TO	variable
perl(url)	Load a perl script		TO	variable
tcl(url)	Load a TCL script		TO	variable
xml(url)	Load an XML script		TO	variable
oc	Report on completion	x		
of	Report failure	x		

消息所使用的脚本语言的可用 URL 来进行定义,如

S:script/java(http://scripts.example.net/credit-card.java,long,1234)

不论使用那一种脚本语言,API 接口将描述脚本语言如何引发 notificationRequest 命令请求和接收相应的命令相应。当检测到事件完成时,脚本语句会产生包含一个和多个文本字符串,且字符串之间用","字符进行分隔。例如:O:script/oc(21223456794567,9738234567)。当检测到错误发生时,也会返回一个字符串,例如:O:script/oc(21223456794567,9738234567)。

附 录 C
（资料性附录）
MGCP 协议对媒体网关和媒体资源服务器的操作要求

C.1 概述

根据媒体网关类型不同，可分为中继媒体网关、接入服务器(NAS)、综合接入媒体网关、IAD设备和媒体服务器。本标准规定软交换设备和各种媒体网关必选支持的包类型和可选支持的包类型如表G.1所示。本标准定义的基本网关类型如下：

a) 中继媒体网关。
b) 接入服务器(NAS)。
c) NAS/VOIP 网关。
d) 综合接入媒体网关。
e) 综合接入设备(IAD)。
f) 媒体服务器。

本标准规定各种不同网关所支持的包类型如表C.1所示。

表 C.1 网关与协议包关系

网关类型	支持包类型
中继媒体网关	G,DTMF,TK,RTP
接入服务器	G,MF,TK,NAS
NAS/VOIP 网关	G,MF,DTMF,TK,NAS,RTP
综合接入网关(VOIP)	G,DTMF,MF,RTP
综合接入媒体网关(VOIP+NAS)	G,DTMF,MF NAS,RTP
综合接入设备(IAD)	G,DTMF,Line,RTP
媒体服务器	ANN,RTP

高级通知音服务器可以支持Script包，高级中继网关可以支持ANN包、Script包、或者Line和Handset包。

由于MGCP协议主要应用于软交换设备/MGC、IAD和媒体服务器中，因此，本附录将主要规定MGCP协议对IAD和媒体资源服务器的操作要求。

C.2 IAD 设备的操作要求

C.2.1 RequestedEvents 命令参数操作要求

本标准规定当IAD设备接收到的协议消息中包含的RequestedEvents命令参数时，按照表C.2规定的操作要求进行事件检测，当检测到事件发生时，IAD向软交换设备或MGC发送NTFY消息，作为ObservedEvents命令参数的一部分。

表 C.2 IAD 对 RequestedEvents 命令参数的操作要求

RequestedEvents 命令参数	操作要求	必选(M)/可选(O)
L/hd	检测摘机事件	M
L/hu	检测挂机事件	M
L/hf	检测 flash 事件	M
L/nbz	检测网络拥塞事件	M
L/aw	检测应答信号音	M
L/oc	检测信号音结束事件	M
L/of	检测报告失败事件	O
G/mt	检测 MODEM 信号音	M
G/ft	检测传真信号音	M
G/ld	检测长时呼叫	M
R/UC	检测 RTP 编码改变事件	O
R/SR(###)	检测抽样速率改变事件	O
R/JI	检测抖动缓存大小改变事件	O
R/qa	检测质量告警事件	M
R/of	待定	
D/0～9	检测 DTMF 0～9 信号	M
D/#	检测 DTMF# 信号	M
D/*	检测 DTMF* 信号	M
D/A	检测 DTMF A 信号	M
D/B	检测 DTMF B 信号	M
D/C	检测 DTMF C 信号	M
D/D	检测 DTMF D 信号	M
D/L	检测长定时器	M
D/X	检测任何 0～9 的数字	M
D/T	检测位间定时器	M
D/of	检测错误事件	M

C.2.2 SignalRequests 命令参数操作要求

本标准规定当 IAD 设备接收到的协议消息中包含的 SignalRequests 命令参数时，按照表 C.3 规定的操作要求播放相应的信号音或录音通知，或者向消息接收方传送信息。

表 C.3 IAD 对 SignalRequests 命令参数的操作要求

SignalRequests 命令参数	操作要求	必选(M)/可选(O)
L/adsi	显示 adsi 数据信息	O
L/vmwi	显示可视呼叫等待提示消息	O
L/bz	播放忙音	M
L/ci	显示主叫号码	M
L/wt	播放呼叫等待音	O
L/dl	播放拨号音	M
L/mwi	显示呼叫等待提示消息	O
L/ro	播放 Reorder 信号音	O
L/rg	播放振铃音	M
L/r0～7	播放特色振铃音	O
L/rs	播放闪断信号音	O
L/st	播放嚎鸣音	M
L/e	播放错误信号音	O
L/v	播放警告信号音	O
L/z	播放卡号业务信号音	M
L/y	播放录音警号信号音	M
L/sit	待定	
L/ot	播放摘机超时警告信号音	M
G/rt	播放回铃音	M
G/rbk(###)	向指定连接播放信号音	M
G/cg	播放网络拥塞信号音	
D/0～9	播放 DTMF 0～9 信号音	M
D/#	播放 DTMF# 信号音	M
D/*	播放 DTMF* 信号音	M
D/A	播放 DTMF A 信号音	M
D/B	播放 DTMF B 信号音	M
D/C	播放 DTMF C 信号音	M
D/D	播放 DTMF D 信号音	M

C.3 媒体资源服务器的操作要求

C.3.1 RequestedEvents 命令参数操作要求

本标准规定当媒体服务器接收到的协议消息中包含的 RequestedEvents 命令参数时，按照表 C.4 规定的操作要求进行事件检测，当检测到事件发生时，媒体服务器向软交换设备或 MGC 发送 NTFY

消息,作为 ObservedEvents 命令参数的一部分。

表 C.4 媒体服务器对 RequestedEvents 命令参数的操作要求

RequestedEvents 命令参数	操作要求	必选(M)/可选(O)
A/oc	检测通知音播放完成事件	M
A/of	检测通知音播放错误事件	M
R/UC	检测 RTP 编码改变事件	O
R/SR(###)	检测抽样速率改变事件	O
R/JI	检测抖动缓存大小改变事件	O
R/qa	检测质量告警事件	M
R/of	待定	

C.3.2 SignalRequests 命令参数操作要求

本标准规定当 IAD 设备接收到的协议消息中包含的 SignalRequests 命令参数时,按照表 C.5 规定的操作要求播放相应的信号音或录音通知,或者向消息接收方传送信息。

表 C.5 媒体服务器对 SignalRequests 命令参数的操作要求

SignalRequests 命令参数	操作要求	必选(M)/可选(O)
A/ann(url,parms)	播放指定的录音通知	M

附 录 D
（资料性附录）
媒体网关——媒体网关控制器通信流程

本附录共包括6个基本流程：MGC重启动、媒体网关注册、媒体网关注销、呼叫建立和呼叫释放、传真流程。本附录所描述的通信流程以接入媒体网关和IAD为例。本章所有流程均为示例流程。

D.1 MGC重启动流程

MGC运行初期阶段，需要获得管辖区域内的媒体网关地址中配置的端点信息，其重启动流程见图D.1。

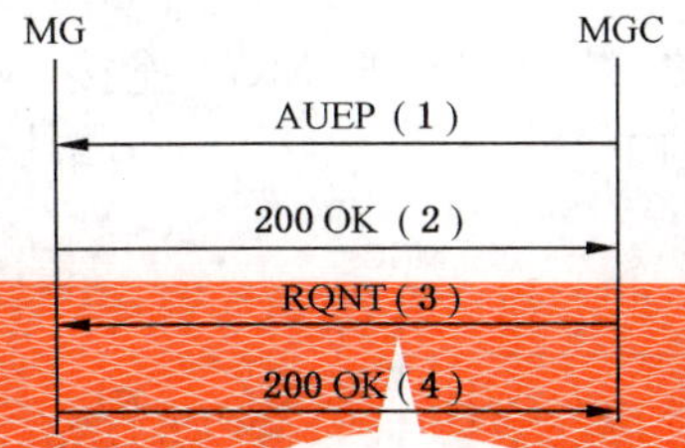

图D.1 MGC重启动流程

（1） MGC向MG发送AUEP命令，其中，EndpointID参数使用通配值“*”。

（2） MG向MGC回送200成功响应，包含MG中所有注册端点的EndpointID列表。

（3） MGC向MG发送RQNT命令，请求检测摘机事件。其中，命令参数RequestedEvents设置为offhook。

（4） MG回送200 OK成功响应。

D.2 媒体网关注册流程

媒体网关在运行初期阶段，需向MGC进行注册，其注册流程见图D.2。

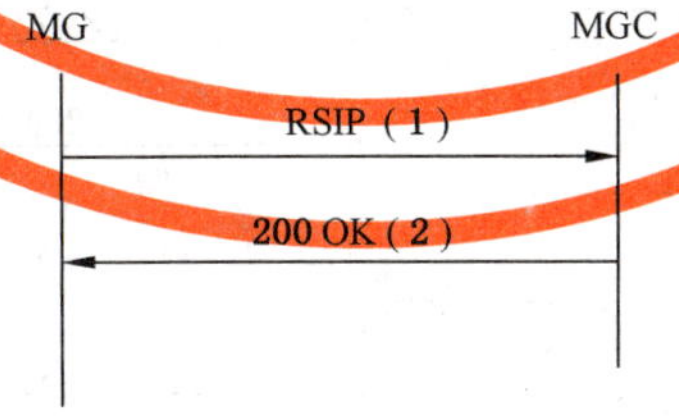

图D.2 媒体网关注册流程

（1） MG向MGC发送RSIP命令，其中EndpointID参数使用通配值“*”，命令参数RestartMethod设置为Restart。

（2） MGC向MGC回送200成功响应，接受注册请求。

D.3 媒体网关注销流程

媒体网关在退出服务时，需向MGC进行注销，其注销流程见图D.3。

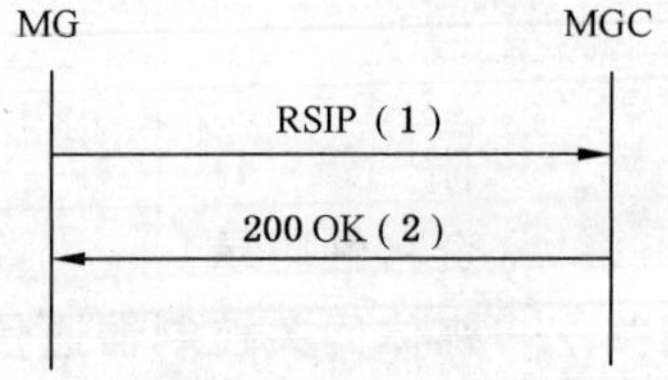

图 D.3 媒体网关注销流程

（1） MG 向 MGC 发送 RSIP 命令，其中 EndpointID 参数使用通配值“＊”，命令参数 RestartMethod 设置为 graceful。

（2） MGC 向 MGC 回送 200 成功响应，接受注销请求。

D.4 呼叫建立流程

本流程约定主叫用户与 MG1 连接，被叫用户与 MG2 连接，MG1 与 MG2 同属于一个软交换（或 MGC）管辖区域内。呼叫建立流程见图 D.4。

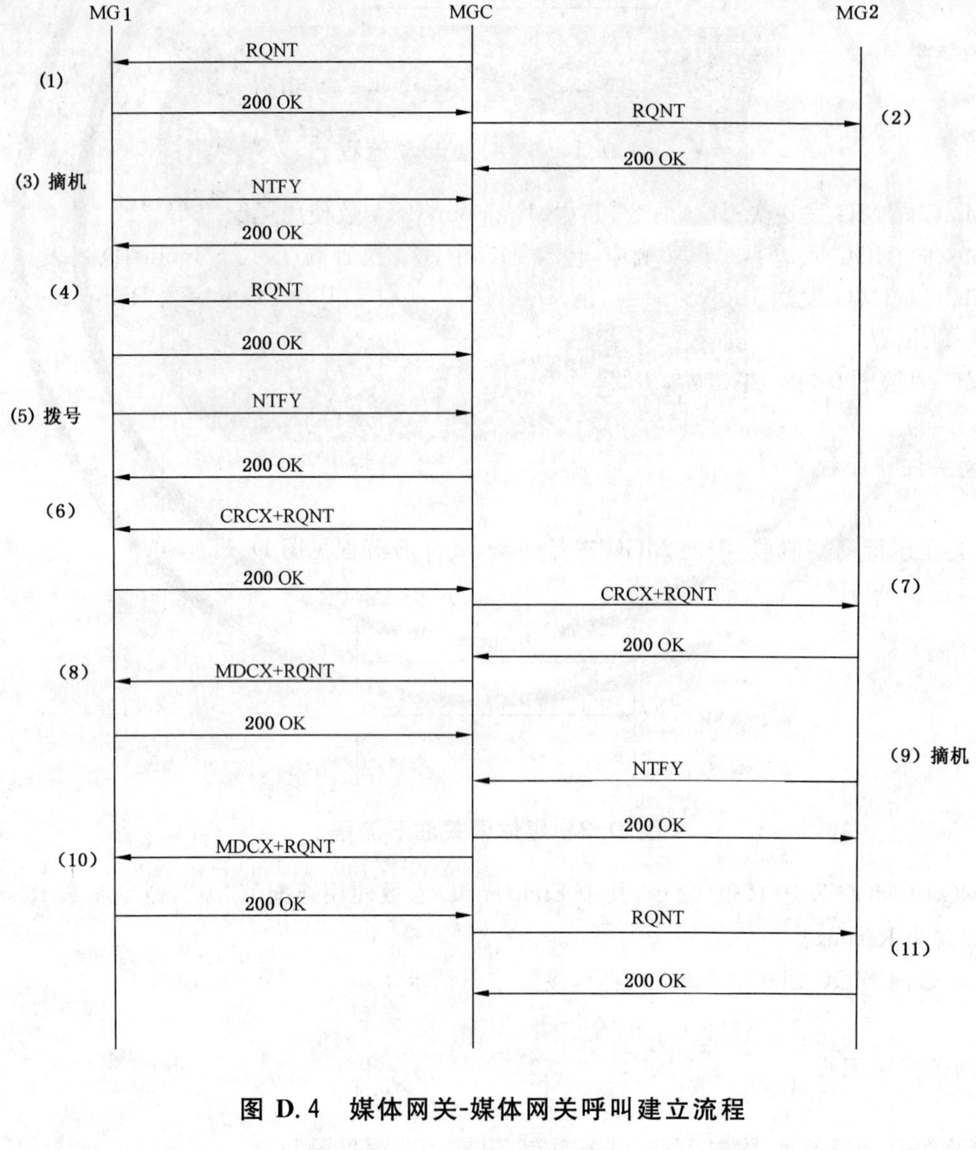

图 D.4 媒体网关-媒体网关呼叫建立流程

(1) MGC 向 MG1 发送 RQNT 命令，请求检测摘机事件。其中，命令参数 RequestedEvents 设置为 offhook。

(2) MGC 向 MG2 发送 RQNT 命令，请求检测摘机事件。其中，命令参数 RequestedEvents 设置为 offhook。

(3) 主叫用户摘机，MG1 向 MG 发送 NTFY 命令报告摘机事件。其中，命令参数 ObservedEvents 设置为 offhook。

(4) MGC 向 MG1 发送 RQNT 命令，指示 MG1 向主叫用户播放拨号音并检测挂机事件。其中，命令参数 SignalRequests 设置为 dialtone，RequestedEvents 设置为 onhook，并检测挂机事件。

(5) 当 MG1 采集完主叫用户所拨的全部被叫号码后，MG1 向 MGC 发送 NTFY 命令上报被叫号码，命令参数 ObservedEvents 设置为被叫号码。

(6) MGC 向 MG1 发送 CRCX 命令，并携带发送 RQNT 命令。CRCX 命令用于请求 MG 为主叫用户创建一个连接资源，其中，命令参数 Mode 设置为接收模式(recvonly)，并设置抖动缓存、语音压缩算法等连接属性。RQNT 命令用于检测主叫用户挂机事件，命令参数 RequestedEvents 设置为 onhook。

MG1 回送 200OK 响应，返回所创建连接的连接属性信息。其中，LocalConnection Descriptor 用于承载创建连接的 SDP 描述信息(包括 RTP 端口号、语音压缩算法等)。

(7) MGC 向 MG2 发送 CRCX 命令，并携带发送 RQNT 命令。CRCX 命令用于请求 MG 为被叫用户创建一个连接资源，其中，命令参数 Mode 设置为收发模式(sendrecv)，并设置抖动缓存、语音压缩算法等连接属性。RQNT 命令用于指示 MG2 向被叫用户振铃并检测被叫用户摘机事件，命令参数 SignalRequests 设置为 Ringing，RequestedEvents 设置为 offhook。

MG1 回送 200 OK 响应，返回所创建连接的属性。其中，LocalConnection Descriptor 用于承载连接的 SDP 描述信息(包括 RTP 端口号、语音压缩算法等)。

(8) MGC 向 MG1 发送 MDCX 命令，并携带发送 RQNT 命令。MDCX 命令用于告知远端的连接属性，其中，RemoteConnectionDescriptor 用于承载远端连接的 SDP 描述信息。RQNT 命令用于指示 MG1 向主叫用户播放回铃音并检测挂机事件，命令参数 SignalRequests 设置为 Ringback，RequestedEvents 设置为 offhook。

(9) 被叫用户摘机，MG2 向 MGC 发送 NTFY 命令报告摘机事件。其中，命令参数 ObservedEvents 设置为 offhook。

(10) MGC 向 MG1 发送 MDCX 命令，并携带发送 RQNT 命令。MDCX 命令用于修改主叫侧连接模式，其中，命令参数 Mode 设置为收发模式(sendrecv)。RQNT 命令用于指示 MG1 停止向主叫用户播放回铃音并检测挂机事件，命令参数 SignalRequests 设置为空，RequestedEvents 设置为 onhook。

(11) MGC 向 MG2 发送 RQNT 命令，用于指示 MG2 停止向被叫用户播放振铃音并检测挂机事件，其中，命令参数 SignalRequests 设置为空，RequestedEvents 设置为 onhook。

经过(1)～(11)步骤，主被叫用户完成呼叫连接建立过程。

D.5 呼叫释放流程

本流程约定主叫用户先挂机。呼叫释放流程见图 D.5。

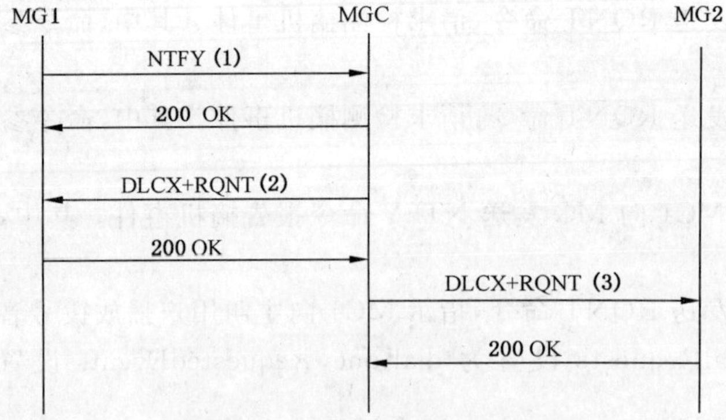

图 D.5 呼叫释放流程

(1) 主叫用户挂机，MG1 向 MGC 发送 NTFY 命令报告挂机事件。其中，命令参数 ObservedEvents 设置为 onhook。

(2) MGC 向 MG1 发送 DLCX 命令，并携带发送 RQNT 命令。DLCX 用于指示 MG1 删除连接，释放连接资源。RQNT 命令用于指示检测摘机事件，其中，RequestedEvents 设置为 offhook。
缺省情况下，命令响应将返回连接的统计信息，包括收/发包数目、收/发字节数、丢包数、抖动等。

(3) MG 向 MG2 发送 DLCX 命令，并携带发送 RQNT 命令。DLCX 用于指示 MG2 删除连接，释放连接资源。RQNT 命令用于指示 MG2 向被叫用户播放忙音并检测挂机事件，其中，SignalRequests 设置为 busytone，RequestedEvents 设置为 onhook。
缺省情况下，命令响应将返回连接的统计信息，包括收/发包数目、收/发字节数、丢包数、抖动等。

D.6 T.38 传真流程

本流程约定主叫用户与 MG1 连接，被叫用户与 MG2 连接，MG1 与 MG2 同属于一个软交换（或 MGC）管辖区域内，且 MG1，MG2 均支持 T.38 传真，传真流程见图 D.6。

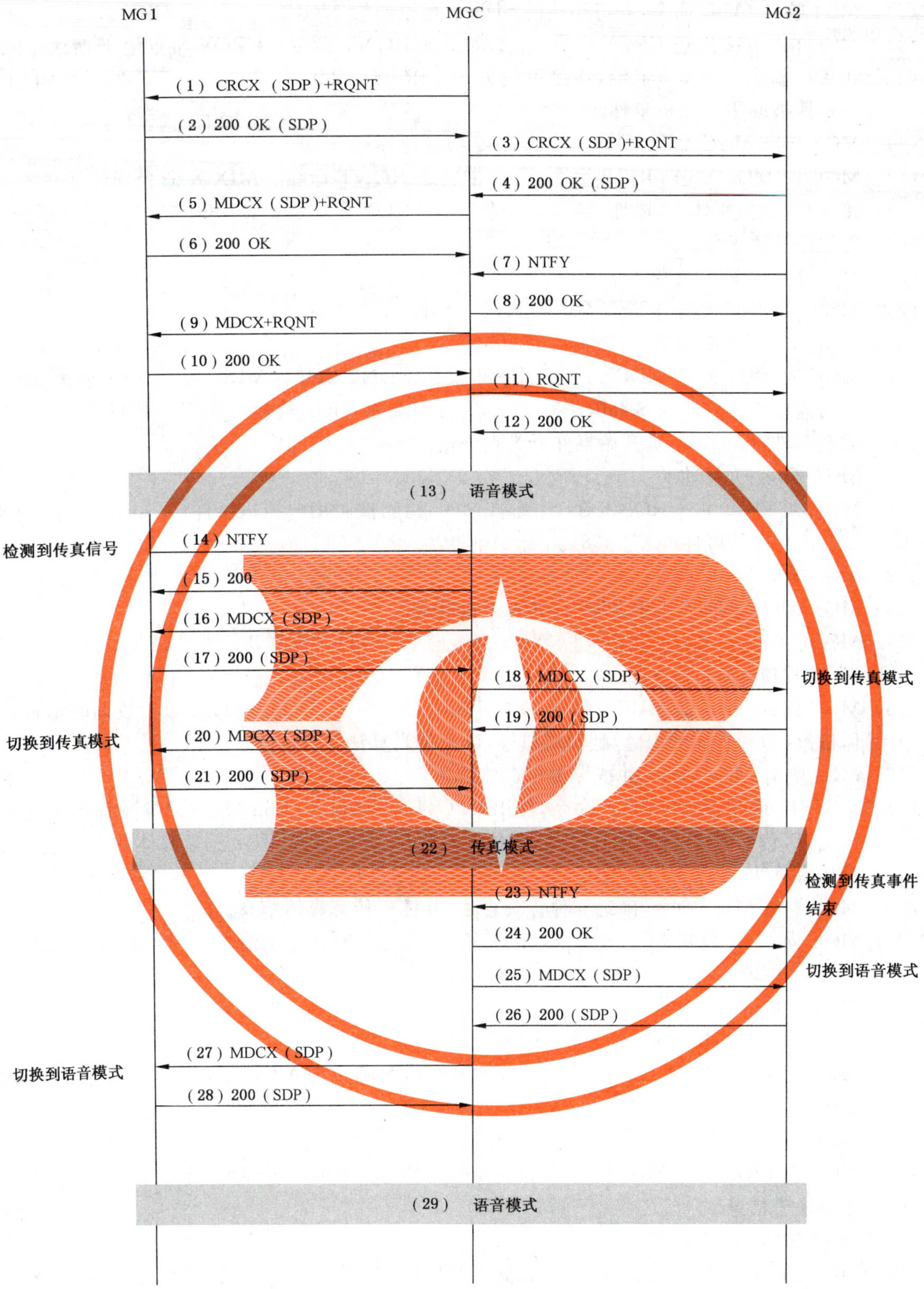

图 D.6 T.38 传真流程

(1) MGC 向 MG1 发送 CRCX 命令,并携带发送 RQNT 命令。CRCX 命令用于请求 MG1 为主叫用户创建一个连接资源,连接模式为 Recvonly。RQNT 命令要求 MG1 检测主叫用户挂机事件(L/hu)、传真开始事件(FXR/t38)。

(2) MG1 响应 MGC 命令,并将连接的 SDP 信息返回给 MGC。

(3) MGC 向 MG2 发送 CRCX 命令,并携带发送 RQNT 命令。CRCX 命令用于请求 MG2 为被叫用户创建一个连接资源,连接模式为 SendRecv。RQNT 命令要求 MG2 向被叫用户振铃并检测被叫用户摘机事件。

(4) MG2 响应 MGC 命令,并将连接的 SDP 信息返回给 MGC。

(5) MGC 向 MG1 发送 MDCX 命令,并携带发送 RQNT 命令。MDCX 命令用于告知远端的连接属性,包括媒体 IP 地址、媒体端口等信息。RQNT 命令要求 MG1 向主叫用户播放回铃音并检测挂机事件。

(6) MG1 响应 MGC 命令。

(7) MG2 向 MGC 发送 NTFY 命令,报告被叫用户摘机事件。

(8) MGC 响应 MG2 命令。

(9) MGC 向 MG1 发送 MDCX 命令,并携带发送 RQNT 命令。MDCX 命令用于请求 MG1 将当前的连接模式修改为 SendRecv。RQNT 命令要求 MG1 检测主叫用户挂机事件(L/hu)、拍插簧事件(L/hf)、传真开始事件(FXR/t38)。

(10) MG1 响应 MGC 命令。

(11) MGC 向 MG2 发送 RQNT 命令,要求 MG2 检测被叫用户挂机事件(L/hu)、拍插簧事件(L/hf)、传真开始事件(FXR/t38)。

(12) MG2 响应 MGC 命令。

(13) MG1、MG2 呼叫连接建立完毕,进入语音模式。

(14) MG1 检测到 V.21 信号,并用 NTFY 命令向 MGC 报告传真开始事件(FXR/t38 (start))。

(15) MGC 响应 MG1 命令。

(16) MGC 向 MG1 发送 MDCX 命令,使用 LCO(Local Connection Option)参数询问本地传真媒体信息,包括媒体的 IP 地址和端口号,以及传真算法等。

(17) MG1 响应 MGC 命令,并携带传真媒体信息。

(18) MGC 向 MG2 发送 MDCX 命令,使用 LCO(Local Connection Option)参数询问本地传真媒体信息,包括 IP 地址和端口号,以及传真算法等,同时告知 MG2 远端媒体的 IP 地址、端口号及传真算法。

(19) MG2 响应 MGC 命令,确定一种传真算法,并携带传真媒体信息。

(20) MGC 向 MG1 发送 MDCX 命令,设置 MG1 远端的传真媒体信息,包括 IP 地址和端口号及传真算法等。

(21) MG1 响应 MGC 命令。

(22) MG1、MG2 传真呼叫建立完毕,开始 T.38 传真。

(23) MG2 检测到被叫用户传真结束事件,并用 NTFY 命令向 MGC 报告传真结束事件(FXR/t38 (stop))。

(24) MGC 响应 MG2 命令。

(25) MGC 向 MG2 发送 MDCX 命令,设置 MG2 本地以及远端媒体的 IP 地址、端口号及语音编码算法等信息。

(26) MG2 响应 MGC 命令。

(27) MGC 向 MG1 发送 MDCX 命令,设置 MG1 本地以及远端媒体的 IP 地址、端口号及语音编码算法等信息。

(28) MG1 响应 MGC 命令。

(29) MG1、MG2 恢复到语音模式。

注 1:步骤(1)是从主叫用户摘机拨号动作完成后开始的。

注 2:本流程以 T.38 严格模式为例。

附 录 E
（资料性附录）
媒体网关——媒体网关控制器鉴权机制

E.1 概述

本附录规定了 MG 和 MGC 之间的鉴权流程，以及 MGCP 协议为实现鉴权机制所扩展的鉴权扩展包。

E.2 鉴权流程

MGC 和 MG 之间的鉴权流程见图 E.1。

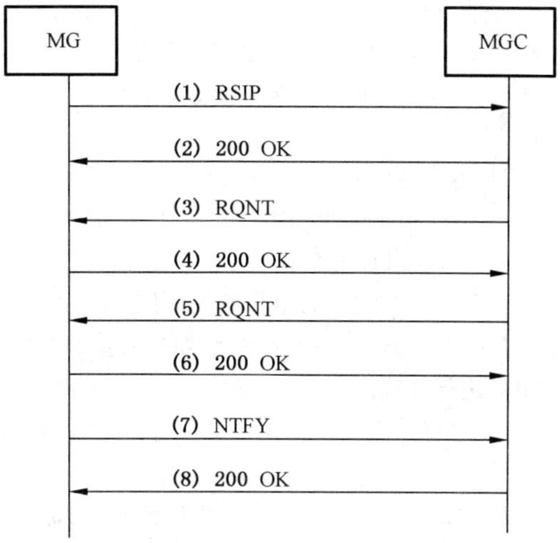

图 E.1 MGC 和 MGC 的鉴权流程

流程说明如下：

(1) MG 向 MGC 发送 RSIP 命令进行注册，RSIP 中的 EndpointId 参数使用通配值"＊"，RestartMethod 项为必选，设置为 Restart，命令中还带有四个用于认证的 X 字段：一个用于数字签名的数字串 MG_{AUTH}、算法 ID 和随机数 $Rand_1$；还带有用于 DH 交换的 A。

MG 事先产生一个随机数 Rand，同时 MG 再产生一个用于 DH 交换的私人数字 a，计算得到 $A=g^{a}\bmod(P)$。通过计算得到 MG 的数字签名：

$MG_{AUTH}=MD5(Ki+MGID+A+Rand_1)$；

(2) MGC 收到 RSIP 命令后，首先计算：

$MG_{RES}=MD5(Ki+MGID+A+Rand)$

如果 $MG_{AUTH}=MG_{RES}$，则说明是合法的 MG 发过来的注册信息，认证通过，MGC 向 MG 发送 200 OK 消息；否则拒绝。

认证通过后，MGC 再产生一个用于 DH 交换的私人数字 b，计算 $B=g^{b}\bmod(P)$ 得到共享的鉴权密钥 $KEY-MGC=A^{b}\bmod(P)=g^{ab}\bmod(P)$，再生成一随机数 $Rand_2$，进而计算得到 $MGC_{AUTH}=MD5(KEY-MGC+Ki+B+Rand_2)$。

(3) MGC 向 MG 发送 RQNT 消息，同时 MGC 把 B，MGC_{AUTH}，算法 ID(例如 MD5)和随机数

Rand$_2$ 下传给 MG。

(4) MG 得到 B 和 MGC_{AUTH} 后，计算得到共享密钥 $KEY-MG=B^a \bmod(P)=g^{ab} \bmod(P)$

进而计算 $MGC_{RES}=MD5(KEY-MG+Ki+B+Rand)$

如果 $MGC_{AUTH}=MGC_{RES}$，则说明是一个合法的 MGC 发过来的命令消息，MG 返回 200 OK 响应命令。

(5) MGC 定期向 MG 发送 RQNT 命令进行鉴权，命令中带有 MGC 产生的随机数 Rand 及用共享密钥 KEY－MGC 加密生成的结果。同时命令中还带有算法 ID。如采用 MD5 加密，则加密方法为 MD5(KEY－MGC＋Rand)。

(6) MG 回送 200 OK 响应。

(7) MG 向 MGC 发送 NTFY 命令，其中 ObservedEvents 参数带有用共享密钥 KEY－MG 加密的两项：MGID 及随机数 Rand(为 MGC 在上一步中以 RQNT 发送的)。同时，命令还携带算法 ID，如采用 MD5 加密，则加密方法为：

MD5(KEY－MG＋MGID＋Rand)。

(8) MGC 回送 200 OK。

注：

(1) 在初次注册成功后，马上发送 RQNT 消息以生成共享密钥。

(2) 后续通过 RQNT 重复 5～6 步定期进行安全检测。RQNT 时间间隔由 MGC 控制，建议不大于 10 min。

(3) 推荐加密算法采用 MD5。

按照以上描述，计算 MD5 的表达方式如下：

DIGET ＝ MD5(Param1 ＋ Param2 ＋ Param3 ＋ Param4)

DIGIT：MD5 的输出，为 128 bit 长度的数据块

Parami：表示一个一定长度的以 BYTE 为单位的 bit 数值串

加号(＋)表示：是指将各个 Param 的 bit 数值串从左到右按照数值从高位到低位排列后形成一个 bit 数值串作为入参输入 MD5 进行计算。

(4) 用于 Differ-Hellman 交换质数 p 及底数 g，网关应可根据 MGC 的要求进行配置或生成，对 MG 和 MGC 公开。

(5) 用户初始安装时，在 MGC 和 MG 中设置一个共享密钥 Ki，密钥长度是 128 bit；

(6) 每个 MG 都有一个数字标示(MGID)：MGID 为 16 个 BYTE 数字标识，包含厂家和设备信息，该信息不在其他地方公开传送，只有 MG 本身和管理该 MG 的 MGC 知道。

(7) 计算值与信令的相互转化：

(a) 将 DH 值，随机数值，MD5 摘要等用于认证计算的二进制 bit 数值编码组装成信令时，对这些数值从高位到低位以字节为单位逐字节转换(bit 数值的长度保证为字节的整数倍)，每个字节按从高位到低位转换成 2 个十六进制字符，从左到右顺序组装成信令文本字符串。

(b) 对于算法，由数字转换为十进制字符串，组装成信令。

(c) 对于 DH 值，随机数值，MD5 摘要等，如果是从信令上获得对方的这些值，应该将十六进制字符串格式的信令文本，按从左到右按顺序转换为二进制 bit 数值。转换时每两个字符按从左到右顺序转换成一个字节的高 4 位和低 4 位长度，将所有字节按数值的从高位到低位的顺序排列形成二进制数值，用于本地计算。

(8) 随机数：长度为 BYTE 的整数倍，不小于 16 BYTE 长度。

E.3 鉴权扩展包

Package Name(包名)：auth

鉴权扩展包定义见表 E.1。

表 E.1 鉴权扩展包

符号	定义	R	S	时长
authoc(evkey,evea)	上报认证事件	X		
authreq(key,ea,random)	请求认证参数		BR	
dh(randdh)	DH 交换		BR	

Event(事件):

事件标识:authoc

参数名:evkey

格式:16×32(HEXDIG)

说明:认证结果,HEXDIG(DIG=%x30—39,HEXDIG=(DIGIT/"A"/"B"/"C"/"D"/"E"/"F"))

参数名:evea

格式:1×4(HEXDIG)

说明:算法 ID

Signal(信号):

信号标识:authreq

参数名:key

格式:16×32(HEXDIG)

说明:加密结果

参数名:ea

格式:1×4(HEXDIG)

说明:算法 ID

参数名:random

格式:16×128(HEXDIG)

说明:MD 所用的随机数

信号标识:dh

参数名:randdh

格式:16×256(HEXDIG)

说明:DH 交换的参数

附 录 F
（资料性附录）
传 真 包

F.1 概述

本附录定义的传真包用于媒体网关实现T38传真功能。媒体网关实现T38传真功能可以通过三种模式：MGC模式、MG模式和非MGC/MG模式。

F.2 传真包

Package Name(包名)：FXR

Package Version(版本)：0

F.2.1 本地连接参数

本地连接参数定义见表F.1。

表 F.1 本地连接参数

符号	定 义
t38	T38严格模式
t38-loose	T38松散模式
off	非传真模式
gw	网关模式

1） t38严格模式：是指MG支持UDPTL或TCP承载的T38传真流程。当检测到“t38(start)”事件时，将会话模式切换至传真模式，该模式需要对端发送支持T38传真功能指示。

2） T38松散模式：是指MG支持UDPTL或TCP承载的T38传真流程。当检测到“t38(start)”事件时，将会话模式切换至传真模式，该模式不需要对端发送支持T38传真功能指示。

3） 非传真模式：MG不发起传真流程。

4） 网关模式：由MG控制发起传真流程。

F.2.2 事件和信号参数

事件和信号参数定义见表F.2。

表 F.2 事件和Signals信号参数

符号	定义	R	S	时长
gwfax	网关控制传真模式	X		
nopfax	不确定传真模式	X		
t38	T.38传真模式	X		

F.2.2.1 Gwfax 参数

参数名:start
说明:网关控制传真流程开始。

参数名:stop
说明:网关控制传真流程结束。

参数名:failure
说明:网关控制传真流程异常结束。

F.2.2.2 nopfax

参数名:start
说明:不确定传真流程开始。

F.2.2.3 t38

参数名:start
说明:T38 传真流程开始。

参数名:stop
说明:T38 传真流程结束。

参数名:failure
说明:T38 传真流程异常结束。

F.2.3 连接参数

连接参数定义见表 F.3。

表 F.3 接参数

符号	定　义
PGS	发送传真的页数
PGR	接收传真的页数

附　录　G
(资料性附录)
永久事件包

G.1　概述

永久事件是 MG 根据 MGC 请求进行检测和报告的一种事件列表类型，用于维护 MGC 和 MG 状态一致。目前主要有两种实现方式，即 MG 支持永久事件和 MGC 指定 MG 支持永久事件，后一种方式为可选方式。

永久事件参数可以通过任何支持 DetectEvent 参数的命令提供，而且当前的永久事件列表隐含适用于当前和随后的 NotificationRequest。如果永久事件列表中的事件出现在 RequestedEvent 列表中，那么在整个 RequestedEvent 列表生命周期内，首先将永久事件列表中的动作和事件参数保存，其次利用 RequestedEvent 列表中使用的动作和事件参数取代 PersistentEvent 列表中的动作和参数。

永久性事件 PersisitentEvent 可以用于检测各种连接相关的事件，即可以采用通配符，对应所有连接，也可以使用一个或多个特定连接。但是对于特定连接使用永久事件时，需要小心处理，例如当查询的连接被删除后，随后没有新的永久事件值的通知请求将会失败(错误代码 515—错误的连接编号)。

G.2　永久事件

G.2.1　定义

参数名：PR

定义：PersistentEvent＝“PR”“：”0 * WSP[RequestedEvents]

G.2.2　应用

终端可以使用永久事件检测和报告 off-hook、on-hook、hook-flash 等事件。永久事件还可以指示终端永久检测和报告内嵌的通知请求失败、观察事件满和隔离缓冲溢出等事件，例如：

B/PR：L/hd(N)，L/hf(N)，L/hu(N)，B/enf，B/oef，B/qbo。

ICS 29.130.10
K 43

中华人民共和国国家标准

GB 28525—2012

额定电压 72.5 kV 及以上紧凑型成套开关设备

Compact switchgear assemblies for rated voltages of 72.5 kV and above

(IEC 62271-205:2008,MOD)

2012-06-29 发布　　　　2013-05-01 实施

中华人民共和国国家质量监督检验检疫总局
中国国家标准化管理委员会　发布

前言

本标准的全部技术内容为强制性。

本标准按照 GB/T 1.1—2009 给出的规则起草。

本标准使用重新起草法修改采用 IEC 62271-205:2008《高压开关设备和控制设备　第 205 部分:额定电压 52 kV 以上的紧凑型成套开关设备》。

本标准应与 GB/T 11022—1999 一起使用。为了简化相同要求的表述,本标准的章条号与 GB/T 11022—1999 相同。对于补充在同一引用标题下的新增的条款从 101 开始编号。

本标准与 IEC 62271-205:2008 的主要差别是:

——根据我国的实际电网情况,适用的额定电压由"52 kV 以上"改为"72.5 kV 及以上";

——去掉了 IEC 62271-205:2008 中额定频率 60 Hz 的相关内容;

——编辑性地将原 1.101 改为 1.1.101;

——第五章设计与结构,为保持章节连续性,并与 GB/T 11022—1999 保持一致,编辑性增加相关章条;

——为了与 GB/T 11022—1999 保持一致,编辑性增加"产品对环境的影响"一章;

——编辑性的将附录中"AA"改为"A"。

本标准由中国电器工业协会提出。

本标准由全国高压开关设备标准化技术委员会(SAC/TC 65)归口。

本标准起草单位:西安高压电器研究院有限责任公司、西安西电开关电气有限公司、金华电力开关有限公司、中国电科院农电及配电所、宁夏力成电气集团有限公司、乐星湖开电气(湖北)有限公司、厦门 ABB 高压开关有限公司、深圳电气科学研究所、北京北开电气股份有限公司、新东北电气(沈阳)高压开关有限公司、上海电气输配电试验中心有限公司、江苏省如高高压电器有限公司、ABB(中国)有限公司、宁波天安集团宁波电工研究院、益和电气集团股份有限公司、浙江开关厂有限公司、河南平高电气股份有限公司、华仪电气股份有限公司、四川电器集团有限公司、天津市三源电力设备制造有限公司。

本标准起草人:张实、张颜珠、田恩文、卢德银、叶树新、王传川、黄志峰、王海斌、陈志彬、吴钊、张宇博、周云祥、乔清博、黄海涛、卢林国、邓永辉、肖敏英、李金玲、郑宇宏、张勐、吴松、王成全、杨勇、朱佩龙、杨坤、苏伟民、张亚辉、祝存春、黄乐精、顾德明。

额定电压72.5 kV及以上紧凑型成套开关设备

1 概述

1.1 范围

本标准适用于至少有一台开关装置直接和一台或多台其他装置连接、或者与其共享元件以使得各分立元件之间的功能相互作用的紧凑型成套开关设备。此类成套设备由1.1.101中确定的装置组成并作为单个单元设计、试验以及提供使用。装置间相互靠近、共享元件或者这两种情况的组合都可能引起装置之间的相互作用。该成套设备可能仅包括空气绝缘开关设备(AIS)的元件或者AIS和气体绝缘开关设备(GIS)的组合。因此,称作混合技术的开关设备(MTS)并可以整体预装或部分组装进行运输。

本标准无法确定所有可能的紧凑型成套开关设备的布置。因此,附录A中以资料的形式给出了4个例子。

这些紧凑型成套开关设备是用于标称电压66 kV及以上且运行频率为50 Hz的电力系统中的户内和/或户外设施。

本标准包括紧凑型成套开关设备内部装置之间相互作用对性能的影响并确定了这些成套设备的额定值和试验程序。

如果没有其他规定,GB/T 11022—1999适用。

本标准不适用于仅由GB 7674涵盖的成套开关设备(GIS)。

1.1.101 目标

本标准的目标是对实现了大量分立元件及其控制设备功能的紧凑型成套开关设备用量增加的需要。可能存在很多布置方式,本标准给出了可能需要面对的成套设备的基本类型的导则。

由于可能在这类成套设备内部装置之间存在着潜在的相互作用,成套设备作为一个整体,有必要将其要求标准化。

本标准定义的、可以作为紧凑型成套开关设备一部分的装置如下:

开关装置:

——断路器,GB 1984

——隔离开关/接地开关,GB 1985

——负荷开关,GB/T 14810

——隔离断路器,GB/T 27747

装置:

——互感器

- 电流互感器,GB 1208,GB/T 20840.8
- 电压互感器,GB 1207,GB/T 4703,GB/T 20840.7
- 组合互感器,GB 17201

——避雷器,GB 11032

——套管,GB/T 4109

——绝缘子,GB/T 21429,GB/T 23752

——电缆连接,GB/T 22381

——变压器连接,GB/T 22382

成为紧凑型成套开关设备的每一台开关设备、装置及其控制设备应满足各自相关的标准。如果紧凑型成套开关设备的一部分是金属封闭开关装置,则 GB 7674 的要求适用。

本标准中定义的紧凑型成套开关设备是一个单一的产品,具有单一的出厂编号(系列号)和一套文件。

1.2 规范性引用文件

下列文件对于本标准的应用是必不可少的。凡是注日期的引用文件,仅注日期的版本适用于本文件。凡是不注日期的引用文件,其最新版本(包括所有的修改单)适用于本文件。

GB 1207—2006 电磁式电压互感器(IEC 60044-2:2003,MOD)

GB 1208—2006 电流互感器(IEC 60044-1:2003,MOD)

GB 1984—2003 高压交流断路器(IEC 62271-100:2001,MOD)

GB 1985 高压交流隔离开关和接地开关(GB 1985—2004,IEC 62271-102:2002,MOD)

GB/T 2900.20—1994 电工术语 高压开关设备(neq IEC 60050-441:1984)

GB/T 4109—2008 交流电压高于 1 000 V 的绝缘套管(IEC 60137 Ed.6.0,MOD)

GB/T 4703—2007 电容式电压互感器(IEC 60044-5:2004,MOD)

GB 7674—2008 额定电压 72.5 kV 及以上气体绝缘金属封闭开关设备(IEC 62271-203:2003,MOD)

GB/T 11022—1999 高压开关设备和控制设备标准的共用技术要求(GB/T 11022—1999,eqv IEC 62271-1:2007)

GB 11032—2010 交流无间隙金属氧化物避雷器(IEC 60099-4:2006,MOD)

GB/T 14810—1993 110 kV 及以上交流高压负荷开关(neq IEC 60265-2:1988)

GB 17201—2007 组合互感器(IEC 60044-3:2002,MOD)

GB/T 20840.7—2007 互感器 第 7 部分:电子式电压互感器(IEC 60044-7:2007,MOD)

GB/T 20840.8—2007 互感器 第 8 部分:电子式电流互感器(IEC 60044-8:2002,MOD)

GB/T 21429—2008 户外和户内电气设备用空心复合绝缘子 定义、试验方法、接收准则和设计推荐(IEC 61462:1998,MOD)

GB/T 22381—2008 额定电压 72.5 kV 及以上气体绝缘金属封闭开关设备与充流体及挤包绝缘电力电缆的连接 充流体及干式电缆终端(IEC/TS 60859:1999,MOD)

GB/T 22382—2008 额定电压 72.5 kV 及以上气体绝缘金属封闭开关设备和电力变压器之间的直接连接(IEC/TR 61639:1996,MOD)

GB/T 23752—2009 额定高压 1 000 V 的电器设备用承压和非承压空心瓷和玻璃绝缘子(IEC 62155:2003,MOD)

GB/T 27747 额定电压 72.5 kV 及以上交流隔离断路器(GB/T 27747—2011,IEC 62271-108:2005,MOD)

IEC 61936-1 交流电压大于 1 kV 的电力装置 第 1 部分:通用规则(Power installations exceeding 1 kV a.c.—Part 1:Common rules)

2 正常和特殊使用条件

按照 GB/T 11022—1999 第 2 章的规定。

3 术语和定义

GB/T 2900.20、GB/T 11022—1999 以及 1.2 中界定的术语和定义适用于本文件。为了便于使用，以下重复列出了某些术语和定义。

3.1 通用术语

3.1.101

连接位置（可移开部件的） connected position (of a removable part)

可移开部件的位置，在此位置，为完成既定的功能而全部连接。

[GB/T 2900.20，定义 5.35]

3.1.102

隔离位置（可抽出部件的） disconnected position (of a withdrawable part)

可抽出部件的位置，在此位置，可抽出部件的所有回路中建立起隔离距离或分隔，但和成套设备仍保持机械上的连接。

[GB/T 2900.20，定义 5.38]

注 1：在此位置，辅助回路可以不隔离。

注 2：此位置可能不是对可抽出（移开）部件进行工作的一个安全位置。

3.2 紧凑型成套开关设备 compact switchgear assembly

GB/T 11022—1999 的 3.2 适用，并作如下补充：

紧凑型成套开关设备至少有一台开关装置直接和一台或多台其他装置连接，或者与其共享元件以使得各分立元件之间的功能相互作用。

注 1：紧凑型成套开关设备可以安装在一个或多个构架上，但是，只能作为一个单一的、完整的单元安装和运行。

注 2：相互作用是指分立元件之间的应力（例如，电气的、机械的和热的）传递。

4 额定值

4.1 概述

GB/T 11022—1999 第 4 章中的如下特征参量适用，并增加如下特征参量。

紧凑型成套开关设备及其控制设备的额定值组成如下：

a） 额定电压（U_r）；

b） 额定绝缘水平；

c） 额定频率（f_r）；

d） 额定电流（I_r）（主回路的）；

e） 额定短时耐受电流（I_k）（主回路和接地回路的）；

f） 额定峰值耐受电流（I_p）（主回路和接地回路的）；

g） 额定短路持续时间（t_k）；

h） 且适用时，紧凑型成套开关设备的装置包括它们的操动机构（电源电压和频率）以及辅助和控制设备的额定值。

规定紧凑型成套开关设备的额定值以保证成套设备在其规定的额定值范围内运行，使所有的分立元件不在超出其额定能力的条件下运行。

4.2 额定电压(U_r)

GB/T 11022—1999 的 4.2 适用并作如下补充：

应验证紧凑型成套开关设备满足其额定电压的要求。

注 1：构成紧凑型成套开关设备的装置按照相关的标准可以具有各自的额定电压值。

注 2：为了本标准的目的，GB/T 11022—1999 中定义的额定电压(U_r)是紧凑型成套开关设备的额定电压(U_r)。

4.3 额定绝缘水平

GB/T 11022—1999 的 4.3 以及与元件相关的标准适用并作如下补充：

应验证紧凑型成套开关设备满足其额定绝缘水平的要求。

4.4 额定频率(f_r)

GB/T 11022—1999 的 4.4 适用并作如下补充：

应验证紧凑型成套开关设备满足其额定频率的要求。

4.5 额定电流(I_r)和温升

GB/T 11022—1999 的 4.5 适用并作如下补充：

应验证紧凑型成套开关设备及其主导电回路中的连接满足其额定电流的要求。

4.6 额定短时耐受电流(I_k)

GB/T 11022—1999 的 4.6 适用并作如下补充：

应验证紧凑型成套开关设备及其主导电回路中的连接和接地开关满足其额定短时耐受电流的要求。

4.7 额定峰值耐受电流(I_p)

GB/T 11022—1999 的 4.7 适用并作如下补充：

应验证紧凑型成套开关设备及其主导电回路中的连接和接地开关满足其额定峰值耐受电流的要求。

4.8 额定短路持续时间(t_k)

GB/T 11022—1999 的 4.8 适用并作如下补充：

应验证紧凑型成套开关设备及其主导电回路中的连接和接地开关满足其额定短路持续时间的要求。

4.9 合、分闸装置和辅助、控制回路的额定电源电压(U_a)

GB/T 11022—1999 的 4.9 以及与装置相关的标准适用。

4.10 合、分闸装置和辅助回路的额定电源频率

GB/T 11022—1999 的 4.10 以及与装置相关的标准适用。

5 设计与结构

除非另有规定，GB/T 11022—1999 的第 5 章适用并作如下补充：

紧凑型成套开关设备的设计应考虑到不同装置的性能之间可能的相互作用(例如,电气的、机械的和热的)。

作为对下述公共条款的补充,构成紧凑型成套开关设备的所有装置应符合它们相关标准中的设计要求。

5.1 对开关设备和控制设备中液体的要求

GB/T 11022—1999 的 5.1 适用。

5.2 对开关设备和控制设备中气体的要求

GB/T 11022—1999 的 5.2 适用。

5.3 开关设备和控制设备的接地

GB/T 11022—1999 的 5.3 适用并作如下补充:

5.3.101 紧凑型成套开关设备及其控制设备的接地

紧凑型成套开关设备应具有一个公共的接地端子或者每一个装置具有自己的接地端子。

5.3.101.1 紧凑型成套开关设备主回路的接地

为了保证维护期间的安全性,对于需要触及或可以触及的主回路的所有部件应能够接地。

接地可以通过:

a) 接地开关;

b) 临时连接

来实现。

5.4 辅助和控制设备

GB/T 11022—1999 的 5.4 适用。

5.5 动力操作

GB/T 11022—1999 的 5.5 适用。

5.6 储能操作

GB/T 11022—1999 的 5.6 适用。

5.7 不依赖人力或动力的操作

GB/T 11022—1999 的 5.7 适用。

5.8 脱扣器的操作

GB/T 11022—1999 的 5.8 适用。

5.9 低压力和高压力闭锁以及监测装置

GB/T 11022—1999 的 5.9 适用。

5.10 铭牌

GB/T 11022—1999 的 5.10 适用并作如下补充:

应提供一个公共的铭牌来标识紧凑型成套开关设备。它至少应该详细列出本标准第4章中给出的额定值。公共铭牌应在就地操作位置清晰易读。

对于各个分立元件，需要在其铭牌上按照它们相关的标准给出没有在公共铭牌上给出的额定值。

5.11 联锁装置

GB/T 11022—1999 的 5.11 适用。

5.12 位置指示

GB/T 11022—1999 的 5.12 适用并作如下补充：

每一个位置指示器应该清楚指示它所属的开关装置的位置。

5.13 外壳提供的防护等级

GB/T 11022—1999 的 5.13 适用。

5.14 爬电距离

GB/T 11022—1999 的 5.14 适用。

5.15 气体和真空的密封

GB/T 11022—1999 的 5.15 适用。

5.16 液体的密封

GB/T 11022—1999 的 5.16 适用。

5.17 易燃性

GB/T 11022—1999 的 5.17 适用。

5.18 电磁兼容性(EMC)

GB/T 11022—1999 的 5.18 适用。

5.19 X 射线发射

GB/T 11022—1999 的 5.19 适用。

5.20 腐蚀

GB/T 11022—1999 的 5.20 适用。

5.101 维护操作的联锁装置

既定用做接地开关的所有开关装置应该锁定在合闸位置。

注：断路器临时锁定在合闸位置防止短路开断功能，并且只有提供了替代的保护后才能使用。

5.102 承压装置的移动

设计在正常运行期间需要移动的所有承压装置必须保持其固有的功能。

注：这种情况典型地适用于可抽出或旋转断路器等装置。

5.103 维护的隔离距离

由于装置之间紧密靠近，维护时需要触及紧凑型成套开关设备可能不同于触及变电站中一个传统的间隔。设计紧凑型成套开关设备时，应考虑到 IEC 61936-1 中给出的关于人身保护措施方面的导则。

5.104 压力释放装置

所有的压力释放装置的设计应使得对紧凑型成套开关设备进行正常操作的运行人员的危险最小。

6 型式试验

6.1 总则

除非另有规定，GB/T 11022—1999 的第 6 章以及适用于紧凑型成套开关设备的装置各自标准中的相关型式试验条款适用。

6.1.1 概述

GB/T 11022—1999 的 6.1.1 适用并作如下补充：

紧凑型成套开关设备型式试验的目的是为了验证成套设备在其完整性方面的性能。对于由单独进行过型式试验的单个装置组成的紧凑型成套开关设备，成套设备需要进行的试验在表 101 中列出。

表 101 紧凑型成套开关设备的型式试验

型式试验	条款号
绝缘试验	6.2
无线电干扰电压($r.i.v.$)试验	6.3
主回路电阻测量	6.4.1
温升试验	6.5
短时耐受和峰值耐受电流试验	6.6
机械和环境试验	6.101

如果分立元件没有单独进行过型式试验，它们可以在紧凑型成套开关设备中按照它们相关的标准进行型式试验。应当注意避免成套设备内其他装置承受过分应力。对于紧凑型成套开关设备中的开关装置，各型式试验之间的维护是允许的。

注：设计变更时，如果制造厂能够证明这些变更不影响在紧凑型成套开关设备上进行的独立型式试验的结果，各型式试验不需要重复。

紧凑型成套开关设备可能由多种布置的各种各样的元件组成，并且不可能对每一种布置确定试验条件。仅作为资料，附录 A 中 A.3 给出了图 A.1、图 A.2、图 A.3 和图 A.4 4 种例子。

如果可行，型式试验应在完整的紧凑型成套开关设备上进行。如果受试验条件的限制，对完整的紧凑型成套开关设备进行试验不可行时，只要所有装置之间潜在的相互作用得到了验证，则可以在装置的局部组合上进行试验。

如果试验是在装置的局部组合上进行的，制造厂应该证明试验期间每个装置上的应力不小于对整个紧凑型成套开关设备进行试验时施加于同一装置上的应力。应考虑到没有参与试验的元件的影响。

6.1.2 试验的分组

GB/T 11022—1999 的 6.1.2 适用于成套设备并作如下补充：

如果紧凑型成套开关设备的各个装置按照本条款中允许单独进行了试验或者已经事先完成了试验，则样品的数量应符合相关单独的标准规定。每个装置一台附加的样品可以用来对完整的紧凑型成套开关设备进行试验，包括任何附加的环境或污秽试验。

6.1.3 确认试品用的资料

GB/T 11022—1999 的 6.1.3 适用。

6.1.4 型式试验报告中包含的信息

GB/T 11022—1999 的 6.1.4 适用并作如下补充：

——如果紧凑型成套开关设备进行试验时，紧凑型成套开关设备的所有装置的标识(包括出厂编号，如果适用)应与紧凑型成套开关设备自身的标识一起记录；

——受试的紧凑型成套开关设备与试验回路其他部分的机械和电气连接的细节；

——所用的安装布置的细节。

6.2 绝缘试验

GB/T 11022—1999 的 6.2 适用并作如下补充。

6.2.101 绝缘试验期间紧凑型成套开关设备的状态

如果紧凑型成套开关设备的设计对于各种不同的应用，其隔离功能可位于不同的位置，必须采用试验条件的次数来覆盖所有不同的结构。

避雷器可以用等效的绝缘模型代替。

绝缘试验期间，电流互感器的二次侧应短路并接地。

试验紧凑型成套开关设备时，电压互感器可用等效的绝缘替代品再现以避免装置的磁回路饱和。

注：如果能够防止电压互感器的饱和，试验期间电压互感器可以保持连接，例如，使用设计用于试验电压的电压互感器或者在不会出现饱和的频率下进行工频试验。

当用提高的电压进行隔离断口的试验时，应避免紧凑型成套开关设备的其他装置上的过应力。

对连接的装置进行绝缘试验时，可能导致比单个装置规定的更多次数的试验。附加的试验不影响这些装置通过试验的判据(见 GB/T 11022—1999 中 6.2.4)。

6.3 无线电干扰电压(*r.i.v.*)试验

GB/T 11022—1999 的 6.3 适用并作如下补充：

紧凑型成套开关设备应在所有的开关装置合闸，且分别在每个开关装置分闸的情况下进行试验。

注：如果主导电回路的所有开关设备处于合闸状态，则接地开关必须分闸。

6.4 回路电阻的测量

GB/T 11022—1999 的 6.4 适用并作如下补充。

6.4.1 主回路

GB/T 11022—1999 的 6.4.1 适用并作如下补充：

紧凑型成套开关设备和主回路一部分的所有分立元件以及安装在紧凑型成套开关设备内具有可触

及的端子的装置的主回路电阻应予以测量。

注：这可以使试验结果被制造厂用来支撑相同类型的紧凑型成套开关设备进行出厂试验时提出的数值和偏差。

测量结果应记录在试验报告中且应包括测量点的详细描述。

6.5 温升试验

GB/T 11022—1999 的 6.5 适用并作如下补充。

6.5.1 受试开关设备和控制设备的状态

GB/T 11022—1999 的 6.5.1 适用。

6.5.2 设备的布置

GB/T 11022—1999 的 6.5.2 适用并作如下补充：

原则上，温升试验应在完整的紧凑型成套开关设备上进行以保证能够再现所有装置的影响。

如果温升试验事先在分立元件上进行过，只要满足下述条件，在成套设备温升试验期间仅测量装置端子处的温升就足够：

——试验电流不高于分立元件试验时的数值；

——分立元件端子处的测量到的温升没有超过分立元件型式试验期间该处测到的最大值。

由于实验室的限制，不可能对完整的紧凑型成套开关设备或一个完整的极进行试验。在这种情况下，试验可以在热效应等效于紧凑型成套开关设备的电流路径的装置的组合上进行。如上所述，解释此类试验的试验结果时应予以注意。

6.6 短时耐受电流和峰值耐受电流试验

GB/T 11022—1999 的 6.6 适用并作如下补充。

6.6.1 开关设备和控制设备以及试验回路的布置

GB/T 11022—1999 的 6.6.1 适用并作如下补充：

短时耐受电流和峰值耐受电流试验应该在完整的紧凑型成套开关设备上进行。

物理布置以及和完整的紧凑型成套开关设备的连接应和使用的情况一样。

由于实验室的限制，不可能对完整的紧凑型成套开关设备或一个完整的极进行试验。在这种情况下，试验可以在每一侧都具有重叠装置的紧凑型成套开关设备段上进行，以便对相邻装置之间的相互作用进行试验。

如果电流互感器事先按照相关的产品标准完成了试验，对于这些试验，只需要接入一次部分。对于该试验，只要电流和电压互感器承受电动力，则机械支撑必须存在。

6.6.2 试验电流和持续时间

GB/T 11022—1999 的 6.6.2 适用。

6.6.3 在试验过程中开关设备和控制设备的表现

GB/T 11022—1999 的 6.6.3 适用。

6.6.4 试验后成套开关设备的状态

GB/T 11022—1999 的 6.6.4 适用并作如下补充：

6.6.4.101 试验后紧凑型成套开关设备的状态

构成主回路一部分的装置在通过试验的判据方面应该满足它们相关的标准。

试验后，紧凑型成套开关设备应没有表现出显著的劣化，且能够正常操作、连续承载额定电流而温升不超过 GB/T 11022—1999 中表 3 规定的限值以及能够耐受绝缘试验规定的电压。

6.101 机械和环境试验

6.101.1 机械和环境试验的各项规定

机械和环境试验应对构成紧凑型成套开关设备的所有开关装置进行。每个单独的装置试验应按照各自相关的标准进行。原则上，试验应在紧凑型成套开关设备上进行，以保证再现所有元件的影响，除非证明独立装置之间没有相互作用。

如果每个开关装置规定有相关的等级且铭牌和试验报告记录了这些等级，独立开关装置的试验应按照不同的机械寿命等级来进行。如果紧凑型成套开关设备包含有两个或多个相同的开关装置(例如，两台隔离开关)，只要相邻的装置相同、相互作用和与相邻装置分享的公共元件相同且装置在结构、联锁装置、位置、端子连接上相同并采用相同类型的操动装置，则试验可以仅在这些装置的一台上进行。

只要试验应力不比完整的多极成套设备更有利，每一极由一台独立的操动机构驱动且每一极安装在其自身独立的构架上，则试验可以在单极上进行。

如果一台开关装置在机械上与另一台集成在一起，例如，如图 A.3 中给出的断路器在机械上集成了隔离功能，机械和环境试验应在该完整的组合上进行。

如果断路器是可抽出单元，它把静触头和断路器端子之间的距离作为隔离断口(隔离功能)，应按照相关的装置标准对断路器及其隔离功能进行独立的机械操作试验。

如果断路器通过自身旋转产生隔离距离(隔离功能)，应按照相关的装置标准对断路器及其隔离功能进行单独的机械操作试验。

紧凑型成套开关设备的辅助和控制设备在机械和环境试验中和试验后的状态应符合 GB 1984—2003 的 6.101.1.5。

6.101.2 周围空气温度下的机械操作试验

周围空气温度下的机械操作试验，按照断路器、隔离断路器、负荷开关、隔离开关(或隔离功能)和接地开关的相关标准进行。对每一台开关装置规定的机械验证试验应在所有的机械操作试验完成后进行。其他装置的状态应按照相关的产品标准进行验证，见 1.1.101。

配装有联锁的所有开关装置应进行 50 次操作循环来检查相关联锁的动作。每次操作前，联锁应置于防止开关装置操作的位置，然后对每一台开关装置进行一次试操作。这些试验期间，仅采用正常的操作力且不能对开关装置或联锁进行调节。

6.101.3 低温和高温试验

低温和高温试验，按照断路器、隔离断路器、负荷开关、隔离开关(或隔离功能)和接地开关的相关标准进行。

电流互感器、电压互感器和避雷器不需要进行低温和高温试验，除非将它们装配成开关装置的一部分或触头系统(例如，隔离开关的静触头)。

由于实验室的人工气候室的尺寸限制，不可能对完整的紧凑型成套开关设备或一个完整的极进行试验。在这种情况下，试验可以在装置的典型组合上进行。

6.101.4 严重冰冻条件下的操作

严重冰冻条件下的操作试验适用于用在户外且具有可动外部部件的断路器、隔离断路器、负荷开关、隔离开关(或隔离功能)和接地开关,并规定了10 mm和20 mm两个等级的覆冰厚度。紧凑型成套开关设备应该满足与装置相关的各个标准的要求。

电流互感器、电压互感器和避雷器不需要进行严重冰冻条件下的试验,除非将它们装配成开关装置的一部分或触头系统(例如,隔离开关的静触头)。

由于实验室的人工气候室的尺寸限制,不可能对完整的紧凑型成套开关设备或一个完整的极进行试验。在这种情况下,试验可以在装置的典型组合上进行。

6.101.5 端子静负载试验

端子静负载试验应验证所有的开关装置在冰、风和连接导体的作用力产生的负荷条件下能够正确操作。

如果装置受到连接到紧凑型成套开关设备上的导体的端子负载的影响,则要求按照受影响的装置相关的标准或用户和制造厂之间的协议进行试验。

制造厂可以采用计算来证明紧凑型成套开关设备的端子静负载耐受能力。在这种情况下,不需要进行试验。

7 出厂试验

7.1 概述

除非另有规定,紧凑型成套开关设备的每一台装置应该按照GB/T 11022—1999中第7章和装置的相关标准进行试验。这些试验既可以在工厂进行,也可以在现场进行。

7.2 主回路的绝缘试验

GB/T 11022—1999的7.2适用并作如下补充:

某些部件在试验期间可能需要隔离,这是由于它们的限压效应,例如

——电压互感器;

——避雷器和保护用火花间隙。

注:如果能够防止电压互感器的饱和,试验期间电压互感器可以保持连接,例如,使用设计用于试验电压的电压互感器或者在不会出现饱和的频率下进行工频试验。

7.3 辅助和控制回路的试验

GB/T 11022—1999的7.3适用。

7.4 主回路电阻的测量

GB/T 11022—1999的7.4适用并作如下补充:

构成主回路的一部分以及允许触及到它们的端子的所有装置的电阻都应测量。测量的结果,包括测量点的描述,应包括在出厂试验报告中。

7.101 辅助和控制回路的功能试验

所有的低压回路应进行功能试验,来验证紧凑型成套开关设备的辅助和控制回路以及紧凑型成套开关设备的开关装置之间的正确功能。

7.102 机械操作试验

机械操作试验是为了保证断路器、隔离开关或接地开关在其操动机构规定的电源电压和气(液)压力限值范围内,具有规定的操作性能所进行的试验。

试验应在主回路上无电压和无电流流过的情况下进行,应验证当其操动机构通电时断路器、隔离开关或接地开关能正确地分闸和合闸。

试验期间,不应进行调整且操作无误。在每次操作循环中,应达到合闸位置和分闸位置,并且有规定的指示和信号。

试验后,断路器、隔离开关或接地开关的部件不应损坏。

8 开关设备和控制设备的选用导则

8.101 紧凑型成套开关设备的选用导则

8.101.1 概述

对于给定用途的紧凑型成套开关设备的选择,最好首先考虑要求的装置功能组合,其次,对于断路器,根据负载和故障条件考虑要求的各个额定值。

本标准的第4章中给出了完整的额定特性清单,在装置的各个标准中给出了装置的额定特性。但是,当选用紧凑型成套开关设备时,这些特性可能需要变更或补充。

需要考虑的其他参数也在分立元件的标准中确定。但是,当选用紧凑型成套开关设备时,这些参数也可能需要变更或补充,例如,使用于高海拔地区。

9 查询、投标和订货时提供的资料

GB/T 11022—1999 的第9章适用并作如下补充:

各个装置标准的要求适用并作如下补充:

询问或订购紧凑型成套开关设备时,询问者应提供下列特征:

a) 功能的组合以及要求的系列布置,例如,隔离开关在断路器的任一侧且接地开关在断路器的一侧,该侧和馈线回路相连;
b) 系统连接的特征,包括靠近其他开关设备、变压器等(要求的系统特征,但在其他标准中给出);
c) 装置标准要求的并对装置的元件和装置邻近的其他开关装置之间的相互作用可能成为特殊运行条件,例如,在污秽累积和自然清扫可能比较显著的场合的排水,喷淋和风向。

在投标书中应提供运行、允许的操作顺序和维护信息。

10 运输、储存、安装、运行和维护规则

10.1 概述

GB/T 11022—1999 的10.1适用。

10.2 运输、储存和安装时的条件

GB/T 11022—1999 的10.2以及装置的相关标准适用。

10.3 安装

GB/T 11022—1999 的 10.3 以及装置的相关标准适用并作如下补充：

如果必要，应进行检查来确认再次总装的正确性。

10.4 运行

GB/T 11022—1999 的 10.4 以及装置的相关标准适用。

10.5 维修

GB/T 11022—1999 的 10.5 以及装置的相关标准适用并作如下补充：

注：紧凑型成套开关设备的维护可能需要一个不同于传统的变电站设计所采用的维护程序。

11 安全

GB/T 11022—1999 的第 11 章以及装置的相关标准适用。

12 产品对环境的影响

GB/T 11022—1999 的第 12 章适用。

附 录 A
（资料性附录）
紧凑型成套开关设备的解释

A.1 紧凑型成套开关设备范围的解释

紧凑型成套开关设备既可以由空气绝缘开关设备（AIS）的元件也可以由空气绝缘开关设备和气体绝缘开关设备（GIS）组合的元件组成，因此，称为混合技术（工艺）开关设备（MTS）。纯粹的 GIS 见 GB 7674 而不是本标准。所有这些将图解示例如下。

A.2 混合技术开关设备（MTS）的解释

本章描述混合技术开关设备名称时采用了下述特征：

绝缘方面：

——空气绝缘开关设备（AIS）；

——气体绝缘开关设备（GIS）；

——空气和气体绝缘开关设备（HIS）。

注 1：在 GIS 和 AIS 的缩写中，“S”在 CIGRE 中，通常作为“变电站”来理解。在本附录中，采用了 IEC 的定义，“S”应理解为“开关设备”。

注 2：空气和气体绝缘开关设备由 AIS 和 GIS 的混合组成。

设计（安装）和功能性方面：

——传统的；

——紧凑的；

——组合功能。

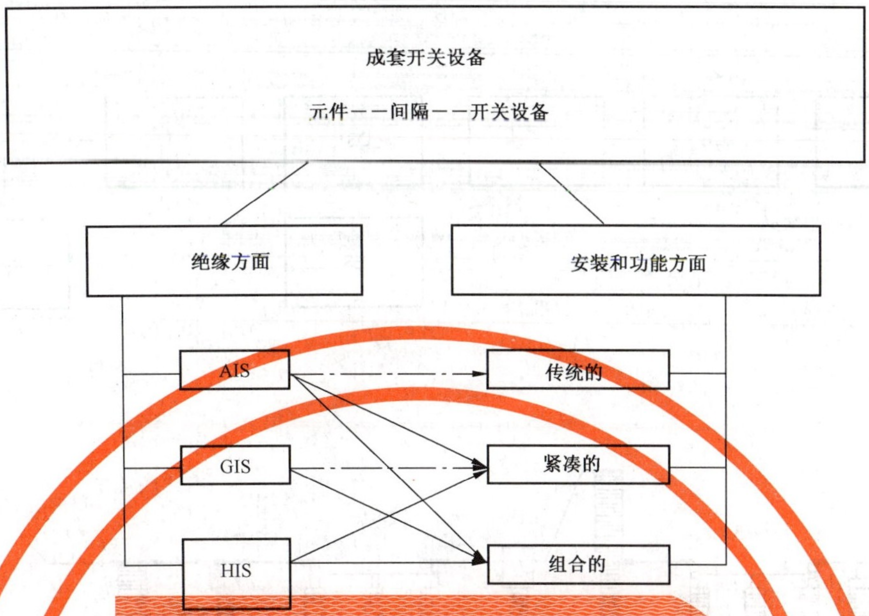

混合技术开关设备(MTS)涉及下述组合：

——紧凑型和/或组合设计的 AIS；

——组合设计的 GIS；

——紧凑型和/或组合设计的 HIS。

这些组合一起装配并公用一个构架为了使安装时间最短。

混合技术开关设备(MTS)可以描述如下：

采用了 AIS 和 GIS 两者绝缘特征的混合体和/或在紧凑和/或组合设计中实现了传统的固有功能(装置)的成套开关设备，其设计和试验不再需要考虑绝缘方面。

A.3 紧凑型成套开关设备的例子

下述例子图解了一些可能的紧凑型成套开关设备。因为有很多可能的方案，所以，下述类型仅作为提示。紧凑型成套开关设备可以由空气绝缘装置、气体绝缘装置或者两者的组合构成。

第 1 种类型：独立操作的开关装置和/或处于公共构架上的通过短的连接件连接的装置(类似传统的变电站设计)的成套设备，见图 A.1。

第 2 种类型：独立操作的开关装置和/或与相邻的开关装置或装置共享部件的装置的成套设备，见图 A.2。

第 3 种类型：独立操作的开关装置和/或集成于另一台开关装置内的装置的成套设备，见图 A.3 和图 A.4。

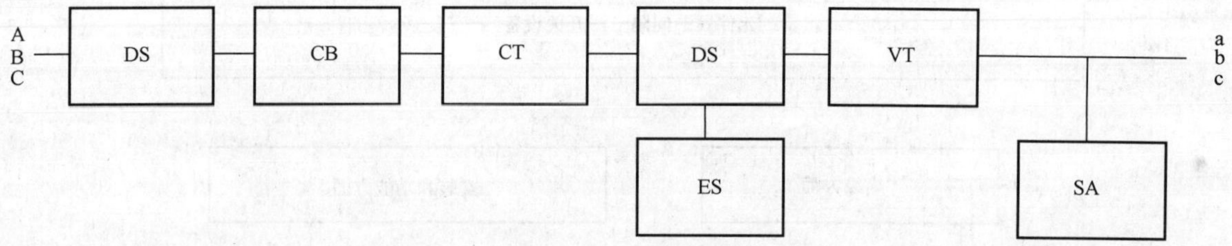

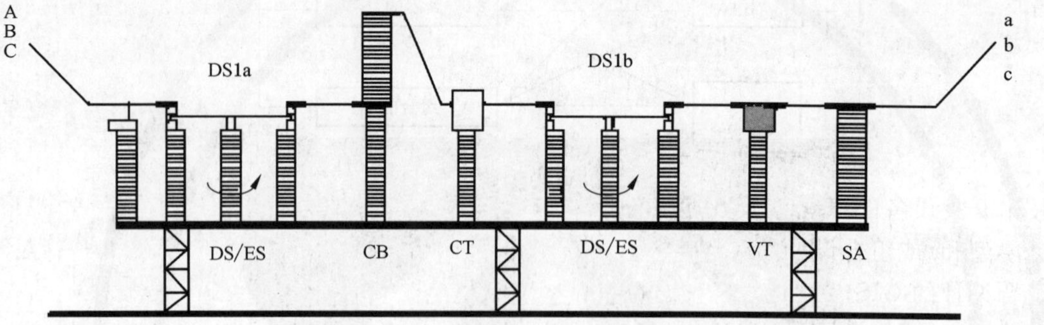

说明：

DS ——隔离开关；

DS1a ——1＃隔离开关的 a 部分；

DS1b ——1＃隔离开关的 b 部分；

CB ——瓷柱式断路器或罐式断路器；

ES ——接地开关；

CT ——电流互感器；

VT ——电压互感器；

SA ——避雷器。

图 A.1　第 1 种类型的例子

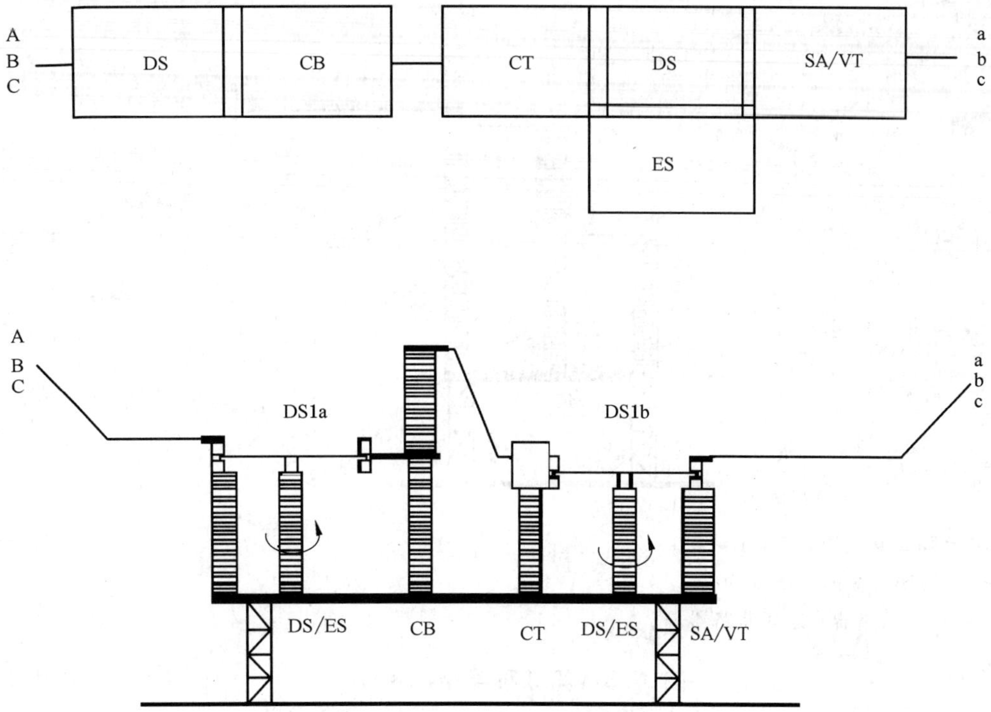

说明：

DS ——隔离开关；

DS1a ——1＃隔离开关的 a 部分；

DS1b ——1＃隔离开关的 b 部分；

CB ——瓷柱式断路器或罐式断路器；

ES ——接地开关；

CT ——电流互感器；

VT ——电压互感器；

SA ——避雷器。

图 A.2　第 2 种类型的例子

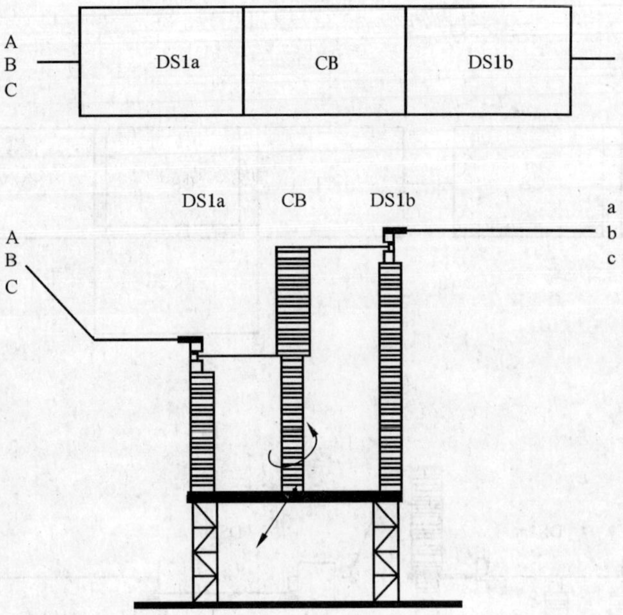

说明：

DS1a ——1＃隔离开关的 a 部分；

DS1b ——1＃隔离开关的 b 部分；

CB ——瓷柱式断路器或罐式断路器。

图 A.3　第 3 种类型的例子

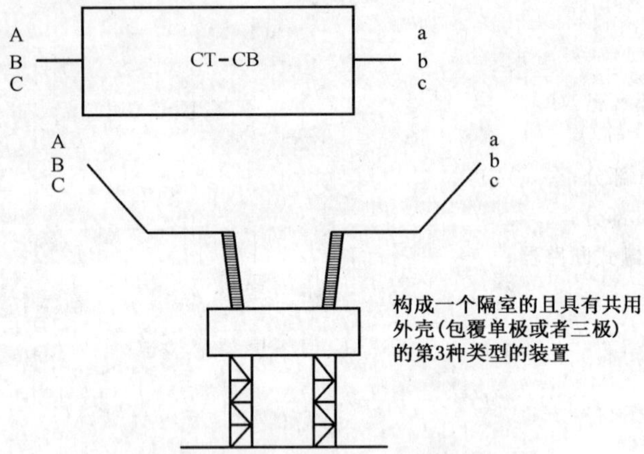

说明：

CB——罐式断路器。

图 A.4　第 3 种类型的例子

ICS 29.020
K 09

中华人民共和国国家标准

GB 28526—2012/IEC 62061:2005

机械电气安全 安全相关电气、电子和可编程电子控制系统的功能安全

Electrical safety of machinery—Functional safety of safety-related electrical, electronic and programmable electronic control systems

(IEC 62061:2005, Safety of machinery—Functional safety of safety-related electrical, electronic and programmable electronic control systems, IDT)

2012-06-29 发布　　2013-05-01 实施

中华人民共和国国家质量监督检验检疫总局
中国国家标准化管理委员会　发布

前　言

本标准的 5、6.4、6.6.3、6.10、6.12 为强制性，其余为推荐性条款。

本标准按照 GB/T 1.1—2009 给出的规则起草。

本标准使用翻译法等同采用 IEC 62061:2005《机械安全　安全相关电气、电子和可编程电子控制系统安全功能》。

本标准作了下列编辑性修改：

——标准名称改为《机械电气安全　安全相关电气、电子和可编程电子控制系统安全功能》；

——删除国际标准前言。

本标准由中国机械工业联合会提出。

本标准由全国工业机械电气系统标准化技术委员会(SAC/TC 231)归口。

本标准负责起草单位：国家机床质量监督检验中心、中国科学院沈阳计算技术研究所有限公司。

本标准参加起草单位：固高科技(深圳)有限公司、北京凯恩帝数控技术有限责任公司、济南凌康数控技术有限公司、苏州市华测检测技术有限公司、浙江凯达机床集团有限公司。

本标准主要起草人：黄祖广、尹震宇、赵钦志、杨京彦、黄麟、于东、龚小云、张承瑞、杨洪丽、朱平、何宇军、胡毅。

引　言

由于自动化的结果，要求增加生产、降低操作人员体力，机械安全相关电气控制系统（以下简称SRECS）在实现整个机械安全方面发挥日益重要的作用。此外，SRECS自身日益采用复杂的电子技术。

在没有标准之前，人们不太情愿接受SRECS的安全相关功能来处理重大机器危险，因为这类技术的性能存在不确定性。

本标准为机械设计师、控制系统制造商和集成厂商和规范涉及的其他人员、SRECS的设计和确认人员使用。它为达到所需的性能陈述方法和规定要求。

本标准阐述了IEC 61508框架内机器领域的具体应用。它主要为了完善在发生重大机器危险（见ISO 12100-1第3.8项）情况下执行安全相关电气控制系统的规范。

本标准提供机器SRECS机械部分特有的功能安全框架。它只包括安全生命周期中从安全要求配置到安全确认过程之间的相关方面。各项要求提供了安全使用机器的SRECS的相关信息，它与SRECS寿命的后阶段有关。

当SRECS用作安全评估的一部分时，在很多情况下，可以达到降低机器风险的目的。典型的案例是联锁防护装置的使用，当它被打开，意味着危险区域被访问时，便主动向电气控制系统发出信号，停止危险的机器操作。同样，在自动化操作中，通常用来实现机器加工正确操作的电气控制系统，经常可以通过减少控制系统失效直接造成的危险，以达到安全。本标准提供下列方法和要求：

——指定由SRECS执行的各个安全相关控制功能要求的安全完整性等级；

——使SRECS设计适合指定的安全相关控制功能；

——设计的集成安全相关子系统符合ISO 13849；

——确认SRECS。

本标准预期用于ISO 12100-1描述的降低系统风险的框架范围内，并根据ISO 14121（EN 1050）描述的原则，同风险评估一起使用。安全完整性等级（SIL）分配的建议性方法在资料性附录A中提供。

考虑到电气控制系统内随机故障或系统故障的概率和结果，给出了协调SRECS性能和预期风险降低的措施。

图1显示本标准与其他相关标准的关系。

表1对应用本标准和ISO 13849-1的修订版提出建议。

IEC 62061和ISO 13849-1（修订中）规定机械安全相关控制系统设计和实施的要求。在标准范围内，使用其中任何一个，可以推定满足相关基本安全要求。表1总结IEC 62061和ISO 13849-1（修订中）的范围。

注： ISO 13849-1当前正由ISO TC 199和CEN. TC 114制定中。

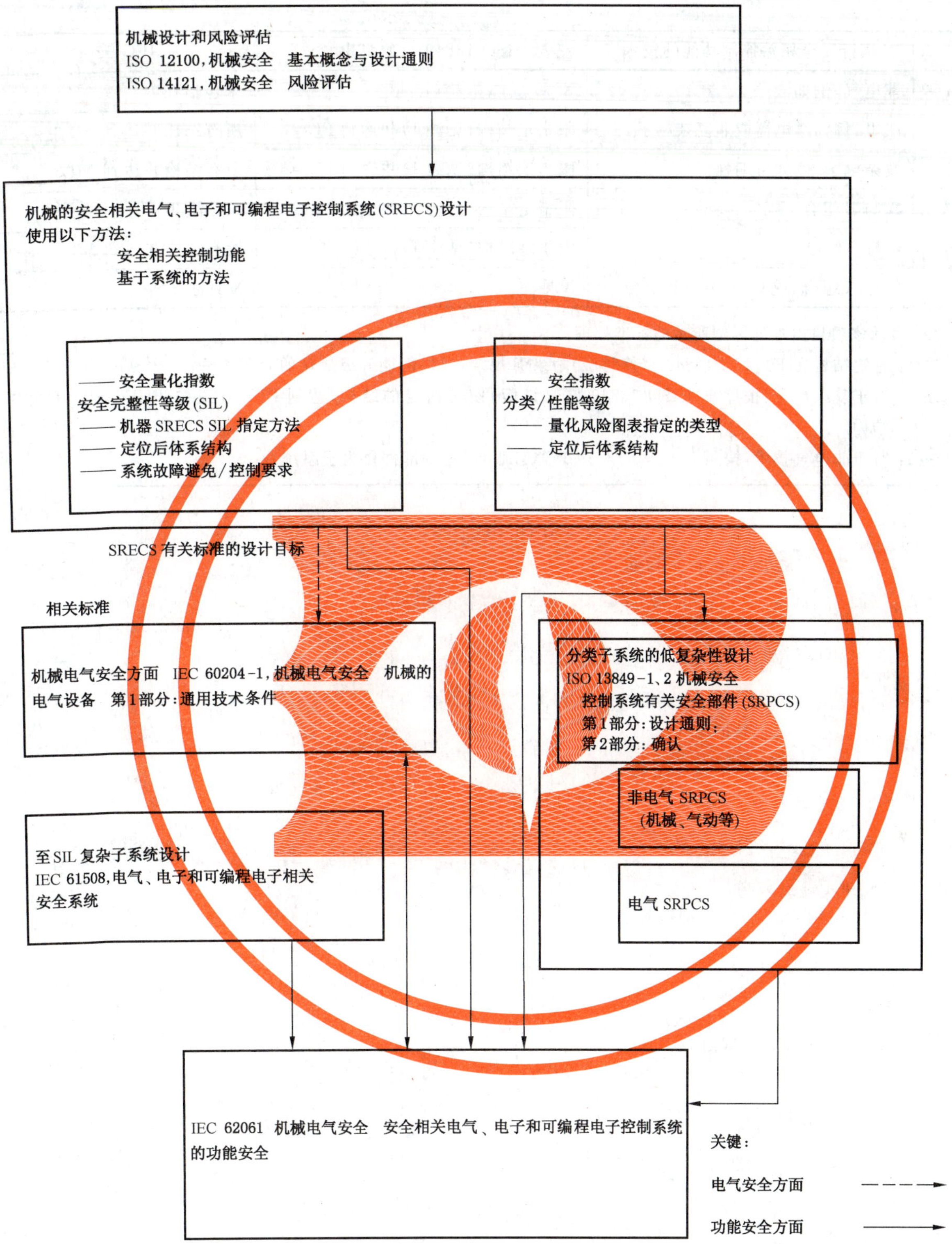

图 1　IEC 62061 与其他有关标准的关系

表 1 IEC 62061 和 ISO 13849-1 建议应用范围(修订中)

	执行安全相关控制功能的技术	ISO 13849-1(修订中)	IEC 62061
A	非电气,例如液压	X	未包括在内
B	机电,例如继电器或非复杂电子	限指定结构(见注 1)并达到 PL=e	所有结构并达到 SIL3
C	复杂电子,例如可编程	限指定结构(见注 1)并达到 PL=d	所有结构并达到 SIL3
D	A 与 B 组合	限指定结构(见注 1)并达到 PL=e	X 见注 3
E	C 与 B 组合	限指定结构(见注 1)并达到 PL=d	所有结构并达到 SIL3
F	C 与 A 组合,或 C 与 A 和 B 组合	X 见注 2	X 见注 3

"X"表示该项目由本列标题所示的标准处理。

注 1:指定结构在 EN ISO 13849-1(修订版)附录 B 规定,提供性能等级量化的简化方法。

注 2:对于复杂电子:按照 EN ISO 13849-1(修订版)使用指定的结构,达到 PL=d 或按照 IEC 62061 的任何结构。

注 3:对于非电气技术,按照 EN ISO 13849-1(修订版)规定的部件作为子系统。

机械电气安全　安全相关电气、电子和可编程电子控制系统的功能安全

1　范围

本标准对机械安全相关电气电子和可编程电子控制系统(SRECS)的设计、集成和确认,规定要求和给出建议(见注1和注2)。

本标准适用于单独的或组合的方式来使用的控制系统,以使工作时非便携式的机器执行安全相关控制功能,包括以协调方式共同工作的一组机器,而不适用于手提工作机器。

注1:在本标准里,"电气控制系统"这一术语表示"电气、电子和可编程电子(E/E/PE)控制系统","SRECS"表示"安全相关电气、电子和可编程电子控制系统"。

注2:在本标准里,假设复杂可编程电子子系统或子系统元素的设计符合IEC 61508有关要求。本标准提供使用方法,而不是这类子系统和子系统元素作为SRECS的部件的开发。

本标准是应用标准,不限制或阻碍技术进步。它不包括需要或要求由其他标准或法规为保护人身免遭危险的所有要求(例如防护、非电气联锁或非电气控制)。各类型的机器都有独特的要求需要满足,以提供充分的安全。

本标准:

——仅涉及预期降低直接接近机器或直接使用机器而造成的人身伤害或健康危害的风险的功能安全要求;

——限于机器自身或以协调方式共同工作的机器组的危险直接引起的风险;

注3:降低由其他危险引起的风险的要求在有关领域的标准中提供。例如,机器是加工活动的一部分时,机械电气控制系统功能安全要求应满足其他要求(如GB/T 21109),只要有关加工安全。

——没有规定机械非电气(例如液压、气动)控制元素性能要求;

注4:虽然本标准要求特别针对电气控制系统,但规定的框架和方法可以适用于使用其他技术的控制系统的安全相关部件。

——不包括电气控制设备自身引起的电气危险(例如电击,见GB 5226.1)。

本标准特定条款的目标见表2。

表2　本标准概述和目标

条　　款	目　　标
4 功能安全管理	为达到SRECS功能安全要求,规定必要的管理和技术活动
5 安全相关控制功能规范要求	建立程序,规定安全有关控制功能的要求。这些要求以功能要求规范和安全完整性要求规范的术语表述
6 安全相关电气控制系统的设计与整合	为满足功能安全要求,规定SRECS的选择准则和/或设计和实现方法。包括: 选择系统结构; 选择安全相关硬件和软件; 设计硬件和软件; 验证设计的硬件和软件满足功能安全要求

表 2（续）

条　款	目　标
7 SRECS使用信息	规定提供SRECS使用信息的要求，这些资料随机器提供。包括： 提供用户手册和程序； 提供维修手册和程序
8 安全相关电气控制系统的确认	规定适用于SRECS的确认流程的要求。包括对SRECS的检查和测试，确保其达到安全要求规范中所述的要求。
9 安全相关电气控制系统的修改	当修改SRECS时，规定修改程序的要求，包括： 对SRECS进行任何修改前，做适当计划和验证； 完成任何修改后，满足SRECS安全要求规范

2　规范性引用文件

下列文件对于本文件的应用是必不可少的。凡是注日期的引用文件，仅注日期的版本适用于本文件。凡是不注日期的引用文件，其最新版本(包括所有的修改单)适用于本文件。

GB 5226.1—2008　机械电气安全　机械电气设备　第1部分：通用技术条件(IEC 60204-1:2005，IDT)

GB/T 15706.1—2007　机械安全　基本概念与设计通则　第1部分：基本术语和方法(ISO 12100-1:2003，IDT)

GB/T 15706.2—2007　机械安全　基本概念与设计通则　第2部分：技术原则(ISO 12100-2:2003，IDT)

GB/T 16855.1—2008　机械安全　控制系统有关安全部件　第1部分：设计通则(ISO 13849-1:2006，IDT)

GB/T 16855.2—2007　机械安全　控制系统有关安全部件　第2部分：确认(ISO 13849-2:2003，IDT)

GB/T 16856.1—2008　机械安全　风险评价　第1部分：原则(ISO 14121-1:2007，IDT)

GB/T 16856.2—2008　机械安全　风险评价　第2部分：实施指南和方法举例(ISO/TR 14121-2:2007，IDT)

GB/T 17799.2—2003　电磁兼容　通用标准　工业环境中的抗扰度试验(IEC 61000-6-2:1999，IDT)

GB 18209.1—2010　机械电气安全　指示、标志和操作　第1部分：关于视觉、听觉和触觉信号的要求(IEC 61310-1:2007，IDT)

GB 18209.2—2010　机械电气安全　指示、标志和操作　第2部分：标志要求(IEC 61310-2:2007，IDT)

GB 18209.3—2010　机械电气安全　指示、标志和操作　第3部分：操动器的位置和操作的要求(IEC 61310-3:2007，IDT)

GB/T 20438.2—2006　电气/电子/可编程电子安全相关系统的功能安全　第2部分：电气/电子/可编程电子安全相关系统的要求(IEC 61508-2:2000，IDT)

GB/T 20438.4—2006　电气/电子/可编程电子安全相关系统的功能安全　第4部分：定义和缩略语(IEC 61508-4:1998，IDT)

GB/T 21109.1—2007　过程工业领域安全仪表系统的功能安全　第1部分:框架、定义、系统、硬件和软件要求(IEC 61511-1:2003,IDT)

IEC 61508-3　电气/电子/可编程电子安全相关系统功能安全　第3部分:软件要求(Functional safety of electrical/electronic/programmable electronic safety-related systems—Part 3:Software requirements)

3　术语和定义、缩略语

3.1　按字母顺序排列的定义表

术　　语	定义编号
应用软件　application software	3.2.46
体系结构限制　architecture constraint	3.2.36
体系结构　architecture	3.2.35
共同原因失效　common cause failure	3.2.43
复杂部件　complex component	3.2.8
控制功能　control function	3.2.14
危险失效　dangerous failure	3.2.40
要求　demand	3.2.25
诊断覆盖率　diagnostic coverage	3.2.38
电气控制系统　electrical control system	3.2.3
嵌入式软件　embedded software	3.2.47
失效　failure	3.2.39
故障　fault	3.2.30
容错　fault tolerance	3.2.31
全可变语言类型　full variability language (FVL)	3.2.48
功能块　function block	3.2.32
功能块元素　function block element	3.2.33
功能安全　functional safety	3.2.9
硬件安全完整性　hardware safety integrity	3.2.20
危险(来自机械的)　hazard (from machinery)	3.2.10
危险状况　hazardous situation	3.2.11
高要求或连续模式　high demand or continuous mode	3.2.27
有限可变语言类型　limited variability language (LVL)	3.2.49
低复杂性部件　low complexity component	3.2.7
低要求模式　low demand mode	3.2.26
机械控制系统　machine control system	3.2.2

表(续)

术　语	定义编号
机械(机器)　machinery (machine)	3.2.1
平均失效间隔时间　Mean Time To Failure (MTTF)	3.2.34
每小时危险失效概率　probability of dangerous failure per hour (PFH_D)	3.2.28
验证试验　proof test	3.2.37
防护措施　protective measure	3.2.12
随机硬件失效　random hardware failure	3.2.44
风险　risk	3.2.13
安全失效　safe failure	3.2.41
安全失效系数　safe failure fraction	3.2.42
安全功能　safety function	3.2.15
安全完整性　safety integrity	3.2.19
安全完整性等级　safety integrity level (SIL)	3.2.23
安全相关控制功能　safety-related control function (SRCF)	3.2.16
安全相关电气控制系统　safety-related electric control system (SRECS)	3.2.4
安全相关软件　safety-related software	3.2.50
SIL 要求限度　SIL claim limit	3.2.24
软件安全完整性　software safety integrity	3.2.21
SRECS 诊断功能　SRECS diagnostic function	3.2.17
SRECS 故障反应功能　SRECS fault reaction function	3.2.18
子系统　subsystem	3.2.5
子系统元素　subsystem element	3.2.6
系统失效　systematic failure	3.2.45
系统安全完整性　systematic safety integrity	3.2.22
目标失效值　target failure value	3.2.29
确认　validation	3.2.52
验证　verification	3.2.51

3.2　术语和定义

下列术语和定义适用于本文件。

3.2.1

机械　machinery

机器　machine

由若干零、部件组合而成,其中至少有一个零件是可以运动的,并具有适当的机械操作执行机构、控制和动力电路等。它们的组合具有一定应用目的,如物料的加工、处理、搬运或包装等。

"机械"这一术语也包括机器的组合,即将同一应用目的的若干台机器安排、控制得如同一台完整机器那样发挥它们的功能。

注 1:在这用的"组合"这一术语在通常意义上不仅是电气部件的组合。

注 2:改写 GB/T 15706.1—2007,定义 3.1。

3.2.2

机械控制系统　machine control system

对来自于过程、其他机械元素、操作人员或外部控制设备的输入作出响应，并且生成输出，使机械按照预定方式工作的系统。

3.2.3

电气控制系统　electrical control system

包括机械控制系统的所有电气、电子和可编程电子部件，用于提供操作控制、监控、联锁、通信、保护和安全相关控制功能。

注：安全相关控制功能可以由执行非安全相关功能的机械控制系统的一个完整的或独立的部件执行。

3.2.4

安全相关电气控制系统　Safety-related electric control system

SRECS

其失效可能导致风险立即增加的机械电气控制系统。

注：SRECS包括由电源电路和控制电路组成的全部电气控制系统，其失效可能导致功能安全的降低或丧失。

3.2.5

子系统　subsystem

SRECS高层结构设计的实体，其中任何子系统的失效将导致安全相关控制功能失效。

注1：完整的子系统可能由许多可识别的及单独的子系统单元构成，一起分配到子系统执行功能块的作用。

注2：该定义局限于GB/T 20438.4的一般定义：按照设计相互作用的一组元素，可能包括相互作用的硬件、软件和人。系统中的某一元素可以自成另外的系统，成为子系统。

注3：在公开语言中，“子系统”可以指一个实体的任何细节部分。与此不同的是，本标准使用的术语“子系统”是术语学明确规定的层次范围内：“子系统”是系统的第一级细分。由子系统进一步细分而产生的部分称为“子系统元素”。

3.2.6

子系统元素　subsystem element

子系统的一部分，由单一元件或任何元件组构成。

3.2.7

低复杂性元件　low complexity component

该类元件：

——失效模式已很好确定；并且

——故障情况下的行为能完全确定。

注1：改写GB/T 20438.4—2006，定义3.4.4。

注2：在故障条件下，低复杂性元件的行为可以通过分析和/或试验方法确定。

注3：子系统或子系统元素包含一个或多个限位开关，可能通过插入其中的机电继电器操作，一个或多个触头切断电动机就是低复杂性元件的示例。

3.2.8

复杂元件　complex component

该类元件：

——失效模式没有很好确定；或

——故障情况下的行为不能完全确定。

3.2.9

功能安全　functional safety

机械及机械控制系统的安全部分，取决于SRECS的正确功能、其他技术安全相关系统和外部风险降低设施。

注1：改写GB/T 20438.4—2006，定义3.1.9。

注 2：本标准只考虑机械应用中取决于 SRECS 正确功能的功能安全。

注 3：ISO/IEC 指南 51 定义安全为免除不能接受的风险。

3.2.10

危险(来自机器的)　hazard

潜在的伤害身体或损害健康源。

注 1：改写 GB/T 15706.1—2007,定义 3.6。

注 2：危险这一术语可由其起源或预计伤害的性质(如,电击危险、挤压危险、切割危险、中毒危险、火灾危险)进行规定。

3.2.11

危险状况　hazardous situation

人员暴露于有危险的环境。

注：改写 GB/T 15706.1—2007,定义 3.9。

3.2.12

防护措施　protective measure

降低风险的措施。

注：改写 GB/T 15706.1—2007,定义 3.18。

3.2.13

风险　risk

伤害发生概率和伤害发生严重程度的综合。

[GB/T 15706.1—2007,定义 3.11]

3.2.14

控制功能　control function

评估输入信息或信号并产生输出信息或动作的功能。

3.2.15

安全功能　safety function

其失效会立即造成风险增加的机器功能。

[GB/T 15706.1—2007,定义 3.28]

注：该定义不同于 GB/T 20438.4 和 GB/T 16855.1 的定义。

3.2.16

安全相关控制功能　Safety-Related Control Function

SRCF

由具有规定的完整性等级的 SRECS 执行的控制功能,预期用于保持机器的安全状况或防止风险立即增加。

3.2.17

SRECS 诊断功能　SRECS diagnostic function

预期用于检测 SRECS 故障,并在检测出故障时产生特定输出信息或动作的功能。

注：该功能预期用于检测可能导致 SRCF 危险失效并引发特定故障反应功能。

3.2.18

SRECS 故障反应功能　SRECS fault reaction function

当 SRECS 范围内的故障由 SRECS 诊断功能检测出时,引发该功能。

3.2.19

安全完整性　safety integrity

在所有规定情况下,SRECS 或其子系统圆满执行所要求的安全相关控制功能的概率。

注 1：改写 GB/T 20438.4—2006,定义 3.5.2。

注2：项目的安全完整性等级越高，其未能执行所要求的安全相关控制功能的概率就越低。

注3：安全完整性由硬件安全完整性(见3.2.20)和系统安全完整性(见3.2.22)组成。

3.2.20

硬件安全完整性　hardware safety integrity

SRECS或其子系统安全完整性的一部分，包含危险的随机硬件失效概率和结构限制两方面的要求。

注：改写GB/T 20438.4—2006，定义3.5.5。

3.2.21

软件安全完整性　software safety integrity

SRECS或其子系统的系统安全完整性部分，涉及软件在所有规定条件下，规定时间段内，在可编程电子系统中执行其安全相关控制功能的能力。

注1：改写GB/T 20438.4—2006，定义3.5.3。

注2：软件安全完整性一般不能精确量化。

3.2.22

系统安全完整性　systematic safety integrity

SRECS或其子系统安全完整性的一部分，关于在危险模式下，与其阻止系统失效(见3.2.45)有关。

注1：改写GB/T 20438—2006，定义3.5.4。

注2：系统安全完整性通常不能精确量化。

注3：系统安全完整性要求适用于SRECS或其子系统的硬件和软件两方面。

3.2.23

安全完整性等级　safety integrity level

SIL

一种离散的等级(三种可能的等级之一)，用于规定分配给SRECS安全相关控制功能的安全完整性要求。在这里，安全完整性等级3是最高的，安全完整性等级1是最低的。

注1：改写GB/T 20438.4—2006，定义3.5.6。

注2：本标准不考虑SIL4，通常不适合与机械相关联的风险降低要求。适合SIL4的要求，见GB/T 20438.1和GB/T 20438.2。

3.2.24

SIL要求限度(子系统)　SIL Claim Limit (for a subsystem)

SILCL

可被称作SRECS子系统关于结构限制和系统安全完整性的最大SIL。

3.2.25

要求　demand

引起SRECS执行SRCF的事件。

3.2.26

低要求模式　low demand mode

指操作模式，在该模式下，对SRECS提出操作要求的频率不大于每年一次或不大于两倍验证试验频率。

注：按照GB/T 20438.1和GB/T 20438.2对于低要求操作模式设计的设备，在本标准中，不适合用做SRECS的一部分。低要求操作模式被认为与SRECS的机械应用无关。

3.2.27

高要求或连续模式　high demand or continuous mode

指操作模式，在该模式下，对SRECS提出操作要求频率大于每年一次，或大于两倍验证试验频率。

注1：改写GB/T 20438.4—2006，定义3.5.12。

注2：低要求操作模式被认为与SRECS的机械应用无关。所以，在本标准里，SRECS仅认为是工作在高要求或连

续模式。

注3：要求模式指为了使机器转换到规定状态，安全相关控制功能只根据请求(要求)执行。对安全相关控制功能提出要求前，SRECS不影响机械工作。

注4：连续模式指安全相关控制功能永久(连续)执行。如SRECS连续控制机械和其功能会导致危险的(危险)失效。

3.2.28

每小时危险失效概率　probability of dangerous Failure per Hour

PFH_D

1小时内危险失效平均概率。

注：PFH_D 不应与要求失效概率(*PFD*)相混淆。

3.2.29

目标失效值　target failure value

预期要达到的 PFH_D，为满足规定的安全完整性要求。

注1：改写GB/T 20438.4—2006，定义3.5.13。

注2：目标失效值以每小时危险失效概率的术语定义。

3.2.30

故障　fault

指异常状态，该状态可能引起SRECS、子系统或子系统元素降低或丧失执行所要求功能的能力。

注：改写GB/T 20438.4—2006，定义3.6.1。

3.2.31

容错　fault tolerance

在出现故障或失效时，SRECS、子系统或子系统元素继续执行要求功能的能力。

注：改写GB/T 20438.4—2006，定义3.6.3。

3.2.32

功能块　function block

SRCF最小的元素，其失效可以导致SRCF失效。

注1：在本标准中，SRCF(F)可以被看作是功能块(FB)的逻辑与，如：$F=FB_1$ 与 FB_2 与 FB_n

注2：功能块这样定义与GB/T 15969.3及其他标准所使用的不同。

3.2.33

功能块元素　function block element

功能块的一部分。

3.2.34

平均失效间隔时间　Mean Time To Failure

MTTF

平均失效间隔时间期望。

[IEV 191-12-07，修改]

注：MTTF通常表示失效间隔时间的平均期望值。

3.2.35

体系结构　architecture

SRECS中硬件和软件元素的具体配置。

注：改写GB/T 20438.4—2006，定义3.3.5。

3.2.36

体系结构限制　architecture constraint

一套体系结构要求，用于限制可以乘坐子系统的SIL。

注：体系结构限制的要求见6.7.6。

3.2.37

验证试验　proof test

在SRECS系统及其子系统中，该试验可以检测其故障和降级，如必要，以便SRECS及其子系统可以回复到"新"状况或尽量接近该状况。

注1：改写GB/T 20438.4—2006，定义3.8.5。

注2：验证试验用于确认SRECS是否处于保证规定的安全完整性状态。

3.2.38

诊断覆盖率　diagnostic coverage

进行自动诊断试验操作而导致危险硬件失效概率的降低。

注1：改写GB/T 20438.4—2006，定义3.8.6。

注2：诊断覆盖率(DC)可用下列公式计算：

$$DC = \sum \lambda_{DD} / \lambda_{Dtotal}$$

其中，λ_{DD}为检测到的危险硬件失效比率，λ_{Dtotal}为总的危险硬件失效比率。

3.2.39

失效　failure

SRECS、子系统或子系统元素执行要求功能的能力的终止。

注1：改写GB/T 20438.4—2006，定义3.6.4和GB/T 15706.1—2007，定义3.32。

注2：失效是随机的(硬件)或系统的(硬件或软件)。

3.2.40

危险失效　dangerous failure

使SRECS、子系统或子系统元素处于潜在危险或非功能状态的失效。

注1：改写GB/T 20438.4—2006，定义3.6.7。

注2：潜在是否变成事实取决系统的通道结构，例如，在为提高安全性的多通道系统中，危险硬件失效很少会导致整体危险或非功能状态。

注3：在多通道子系统中，该子系统危险失效概率可能比构成子系统的通道的危险失效率低。而SRECS的危险失效概率不会比构成SRECS的任何子系统的危险失效概率低(这出自本标准子系统的特别定义)。

注4：危险失效通常导致执行SRCF出现失效或潜在失效。

3.2.41

安全失效　safe failure

SRECS、SRECS子系统或SRECS子系统元素的失效不引起潜在的危险。

注1：改写GB/T 20438.4—2006，定义3.6.8。

注2：安全失效不会导致执行SRCF出现失效或潜在失效。

3.2.42

安全失效系数　Safe Failure Fraction

SFF

不会导致危险失效的子系统整体失效率系数。

注：安全失效系数(SFF)可用下列公式计算：

$$SFF = (\sum \lambda_S + \sum \lambda_{DD}) / (\sum \lambda_S + \sum \lambda_D)$$

式中：

λ_S ——安全失效比率；

$\sum \lambda_S + \sum \lambda_D$ ——整体失效比率；

λ_{DD} ——诊断功能检测的危险失效比率；

λ_D ——危险失效比率。

在计算随机硬件失效概率时考虑了SRECS中每个子系统的诊断覆盖率(如果有)；在确定硬件安全完整性的结构体系限制时已经考虑了安全失效系数(见6.7.7)。

3.2.43

共同原因失效 Common Cause Failure

CCF

一种失效，它是一个或多个事件导致的结果，在多通道（冗余结构）子系统中引起两个或多个单独通道同时失效，从而导致SRCF失效。

注1：改写GB/T 20438.4—2006，定义3.6.10。

注2：该定义与GB/T 15706.1和IEV 191-04-23给出的不同。

3.2.44

随机硬件失效 random hardware failure

在硬件中，由一种或多种机能下降可能产生的、按随机时间出现的失效。

注：改写GB/T 20438.4—2006，定义3.6.5。

3.2.45

系统失效 systematic failure

有确定方式和原因的失效，只能通过修改设计或制造过程、操作步骤、文件或其他有关因素予以消除。

[GB/T 20438.4—2006，定义3.6.6]

注1：仅正确维修而不修改通常将不能消除失效原因。

注2：通过模拟失效原因可能诱发系统失效。

注3：包括人为错误的系统失效原因的示例有：

- 安全要求规范；
- 硬件设计、制造、安装和/或操作；
- 软件设计和/或执行。

3.2.46

应用软件 application software

由SRECS设计人员研发的特定应用的软件，一般包含逻辑流程图、限制条件以及用于控制适当输入、输出、计算和决定的表达式，以满足SRECS的功能要求。

3.2.47

嵌入式软件 embedded software

软件，由制造商提供。该软件是SRECS的一部分，通常不能修改。

注：固件和系统软件为嵌入式软件的例子。

3.2.48

全可变语言 Full Variability Language

FVL

语言的一种类型，可提供实现多种功能和应用的能力。

注1：改写GB/T 21109.1—2007，定义3.2.81.1.3。

注2：使用FVL系统的典型的例子是通用计算机。

注3：FVL通常用于嵌入式软件，很少用于应用软件。

注4：FVL例子包括：Ada、C、Pascal、指令表、汇编语言、C^{++}、Java、SQL。

3.2.49

有限可变语言 Limited Variability Language

LVL

语言的一种类型，为实现安全要求规范提供组合预定的、应用特定的、库功能的能力。

注1：改写GB/T 21109.1—2007，定义3.2.81.1.2。

注2：LVL提供与要求功能相一致的接近功能以获得应用。

注3：GB/T 15969.3 给出 LVL 典型例子。它们包括梯形图、功能方块图和顺序功能图。LVL 不考虑指令表和结构文本。

注4：使用 LVL 的系统典型例子：为机械控制配置的可编程逻辑控制器(PLC)。

3.2.50

安全相关软件 safety-related software

在安全相关系统中，用于实现安全相关控制功能的软件。

3.2.51

验证 verification

通过检查(如试验、分析)，证实 SRECS、其子系统或子系统元素满足有关规范设定的要求。

注1：改写 GB/T 20438.4—2006，定义 3.8.1 和 GB/T 21109.1—2007，定义 3.2.92。

注2：验证结果应提供证明文档作为客观性凭证。

示例：验证活动包括：

——对输出(各阶段文件)评审，保证符合该阶段的目标、要求，同时考虑该阶段的特定输入；

——设计评审；

——对设计产品进行试验，确保按照其相关规范执行；

——在系统的不同部分以逐步方式集成时，要进行整合试验，通过环境试验，确保所有部分以规定的方式协同工作。

3.2.52

确认 validation

通过检查(如试验、分析)证实 SRECS 满足具体应用的功能安全要求。

注：改写 GB/T 20438.4—2006，定义 3.8.2。

3.3 缩写

CCF	共同原因失效 Common Cause Failure (s)
DC	诊断覆盖率 Diagnostic Coverage
EMC	电磁兼容性 Electromagnetic Compatibility
FB	功能模块 Function Block
FVL	全可变语言 Full Variability Language
I/O	输入/输出 Input/Output
LVL	有限可变语言 Limited Variability Language
PFH_D	每小时危险失效概率 Probability of dangerous Failure per Hour
MTTF	平均失效间隔时间 Mean Time To Failure
MTTR	平均恢复时间 Mean Time To Restoration
P_{TE}	危险传输错误概率 Probability of dangerous Transmission Error
SFF	安全失效系数 Safe Failure Fraction
SIL	安全完整性等级 Safety Integrity Level
SILCL	安全完整性等级(SIL)要求限度(针对子系统) Safety Integrity Level (SIL) Claim Limit (for subsystems)
S-R	安全相关 Safety-Related
SRECS	安全相关电气控制系统 Safety-Related Electrical Control System
SRCF	安全相关控制功能 Safety-Related Control Function
SRS	安全要求规范 Safety Requirements Specification
SYS	系统 System

4 功能安全管理

4.1 目的

本条规定了为了达到SRECS所要求的功能安全所必需的管理和技术工作。

4.2 要求

4.2.1 对于每个SRECS设计项目，都应起草功能安全计划，并形成文档，必要时，应及时更新。该计划应包括第5章至第9章上规定的运行控制程序。

注1：功能安全计划内容应按照根据具体情况而定，其中包括：

——项目规模；

——复杂程度；

——设计和技术新颖程度；

——设计特点标准化程度；

——如果失效可能的后果。

该计划尤其应注意下列各项：

a) 确定第5章至第9章规定的有关活动。

b) 描述为满足规定的功能安全要求而采取的方针和策略。

c) 描述为实现应用软件、开发、集成、验证和确认的功能安全的策略。

d) 确定第5章至第9章中规定对执行和检查各项工作负责的人员、部门或者其他单位和资源。

e) 确定或建立相关程序和资源以便记录和维护同SRECS功能安全相关的信息。

注2：应考虑下列因素：

——危险识别和风险评价的结果；

——用于安全相关功能及其安全要求的设备；

——负责维护功能安全的机构；

——达到和保持功能安全(包括SRECS修改)所需的程序。

f) 描述考虑相关机构问题时的配置管理(见9.3)策略，例如被授权的人及该机构的内部结构。

g) 建立验证计划，应包括：

- 进行验证的细节；
- 执行验证的人员、部门或单位的详细情况；
- 验证策略和技术的选择；
- 试验设备的选择和使用；
- 验证活动的选择；
- 验收准则；
- 用于评估验证结果的方法。

h) 建立确认计划，其中包括：

- 进行确认的细节；
- 机器操作有关模式(如正常操作、设置)的确定；
- 对照受验证的SRECS的要求；
- 适用于确认的技术策略，例如分析方法或统计试验；
- 验收准则；
- 出现失效时采取的行动，以满足验收要求。

注3：确认计划应指出SRECS及其子系统是否进行常规测试、型式测试及/或抽样测试。

4.2.2 应实施功能安全计划，确保立即跟踪，并完满地解决由于下列原因造成的SRECS相关的问题：

——第5章至第9章规定的活动；

——验证活动；

——确认活动。

5 安全相关控制功能规范要求(SRCF)

5.1 目的

本条规陈述程序，它规定由SRECS执行SRCF要求。

5.2 SRCF要求规范

5.2.1 概述

5.2.1.1 依据GB/T 15706.1、GB/T 15706.2和GB/T 16856提出的风险降低策略，安全功能的任何需要将可能被确定。

5.2.1.2 如果被选择的安全功能由SRECS执行(全部或部分地)，那么，应规定相关SRCF(见3.2.16)。

5.2.1.3 各SRCF规范应包括：

——功能要求规范(见5.2.3)；

——安全完整性要求规范(见5.2.4)。

上述项目应在安全要求规范(SRS)中形成文件。

注1：当非电气设备结合电气手段来执行安全功能时，本标准将不考虑应用于非电气设备的目标失效值。电气手段涵盖了所有依据电气原理操作的装置和系统，包括：

——机电装置；

——非可编程电子装置；

——可编程电子装置。

注2：SRS需要按照版本控制，作为配置管理程序的一部分(见9.3)。

5.2.1.4 安全要求规范应该经过验证确保在预期应用中的一致性和完整性。

注：例如，它可以通过检验、分析、核对表获得。见GB/T 20438.7中B.2.6。

5.2.2 可用信息

应使用下列信息来制定各SRCF功能要求规范和安全完整性要求规范：

——机器风险评价结果应包括针对各种特定危险的风险降低过程所必需的所有安全功能；

——机器操作特性，包括：

- 操作模式；
- 循环时间；
- 响应时间性能；
- 环境条件；
- 人机交互(例如修理、设置、清洁)；

——所有和SRCF相关的信息，都可能影响SRECS的设计，例如：

- SRCF预期实现或防止的机器行为的描述；
- SRCF之间以及SRCF与任何其他功能(无论机器内外)之间的所有界面；
- SRCF要求的故障反应功能。

注：在开始SRECS重复设计过程前，有些信息可能不可用或未被充分定义，故在设计过程中，可能要求更新

SRECS 安全要求规范。

5.2.3 SRCF 功能要求规范

5.2.3.1 SRCF 功能要求规范应描述各个需要执行的 SRCF 的细节，包括：

——SRCF 应激活或禁用的机器条件(例如操作模式)；

——可能是同时激活，但会造成冲突动作的那些功能之间的优先权；

——各个 SRCF 的工作频率；

——各 SRCF 要求的响应时间；

——SRCFs 同其他机器功能之间的接口；

——要求的响应时间(例如输入、输出装置)；

——各 SRCF 的描述；

——故障反应功能以及例如机器重新启动或继续运转等操作的各种限制的描述，以防初始故障即导致机器停止运行；

——工作环境描述(例如温度、湿度、灰尘、化学物质、机械振动和冲击)；

——试验以及各种相关设施(例如试验设备、试验接入端口)；

——预期用于 SRCF 机电装置的操作循环周期、工作循环周期和/或使用类别。

5.2.3.2 除了 GB/T 17799.2 要求外，当 SRECS 计划用于工业环境时，电磁(EM)抗扰度等级在附录 E 有规定。计划用于另外的 EM 环境的 SRECS(例如住宅)应具有其他的 EMC 标准规定的抗扰度等级(例如住宅环境，应具有 GB/T 17799.1)。

注 1：在规定 EM 抗扰度等级时，需要考虑在不同的 EMC 标准中的使用的等级是否涵盖了 SRECS 应用中可能发生的情况，即使这种情况发生概率很低。

注 2：SRECS 功能安全的 EM 抗扰度性能准则见 6.4.3。

5.2.4 SRCF 的安全完整性要求规范

5.2.4.1 每个 SRCF 的安全完整性要求应来自风险评价，以确保达到必要的风险降低。在本标准中，安全完整性要求表示为 SRCF 每小时危险失效概率的目标失效值。

5.2.4.2 每个 SRCF 的安全完整性要求应按照表 3 依照 SIL 规定并形成文档。方法实例见附录 A。

表 3 安全完整性等级：SRCF 目标失效值

安全完整性等级(SIL)	每小时危险失效概率(PFH_D)
3	$\geqslant 10^{-8} \sim < 10^{-7}$
2	$\geqslant 10^{-7} \sim < 10^{-6}$
1	$\geqslant 10^{-6} \sim < 10^{-5}$

注：当要求的 SRCF 安全完整性低于 SIL1 时，应满足 GB/T 16855.1 B 最低要求的 B 类。

5.2.4.3 如果产品标准为 SRCF 规定了 SIL，那么，该规定应优先于附录 A。

6 安全相关电气控制系统设计与整合(SRECS)

6.1 目的

本条款规定 SRECS 设计或选择要求，以满足安全要求规范中规定的功能和安全完整性要求(见 5.2)。

6.2 一般要求

6.2.1 SRECS的选择或设计应符合安全要求规范(见5.2)和有关软件安全要求规范(见6.10),并考虑本标准的适当要求。

6.2.2 SRECS的选择或设计(包括总体硬件、软件体系结构、传感器、执行元件、可编程电子器件、嵌入式软件,应用软件等)应符合6.5或6.6。不管使用哪种方法,SRECS均应符合下列要求:

a) 硬件安全完整性要求,包括:
   - 硬件安全完整性体系结构限制(见6.6.3.3);
   - 随机硬件危险失效概率要求(见6.6.3.2);

b) 系统安全完整性要求(见6.4),包括:
   - 失效避免要求;
   - 系统故障控制要求;

c) 对故障检测SRECS行为要求(见6.3);

d) 安全相关软件设计和开发要求(见6.10和6.11)。

6.2.3 SRECS设计应考虑人的能力和局限(包括可合理预见的误操作),且分配给操作人员、维护人员和其他可能与SRECS交互的人员的工作合适。所有操作员界面的设计应遵循良好人为因素的惯例(见GB/T 18209系列),并应提供合适等级的培训和操作员知识,尤其对大批量生产的子系统,其操作员可能是公众成员。

注:设计目标应是防止或消除由操作人员或维护人员所造成的可合理遇见错误。如不可能,应采用其他方法(例如完成前用手动再次确认),将操作员错误的可能性将至最低,保证可预见错误不会导致风险增加。

6.2.4 在设计和集成时,应考虑可维护性和可测试性,以便执行SRECS的这些特性。

6.2.5 SRECS设计,包括诊断和故障反应功能,应形成文件。文件应:

——精确、完整、简明;

——适合预期目的;

——可存取、可维护;

——版本可以控制。

6.2.6 在SRECS设计、开发和执行期间,执行的工作结果应在适当阶段验证。

6.3 检测SRECS故障时的行为(SRECS的)要求

6.3.1 硬件容错大于零的任何子系统的危险故障检测可导致特定故障反应功能的运行。

在故障部分修理期间,规范可以允许隔离子系统的故障部分以便机器可以继续安全操作。在这种情况下,如故障部分未在估计的最长,即假设以随机硬件失效概率(见6.7.8)计算的时间内修理,那么,应执行第二故障反应,以保持安全状态。

如SRECS在最初设计为在线维修时,隔离故障部分只能在SRS规定的部分而不增加SRECS随机硬件危险失效概率的情形下使用。

在硬件已经没有容错的能力的故障出现后,应采用6.3.2的规定。

注:在可靠性模式下,恢复系统运行的平均时间(见IEV 191-13-08)需要考虑诊断试验间隔、维修时间以及恢复前的任何其他迟延。

6.3.2 需要故障诊断功能以得到需要的随机硬件危险失效概率和子系统为零容错的场合,故障检测和规定的故障反应在SRCF产生的危险情况可能出现前执行。

例外(对于6.3.2):就执行特定SRCF子系统而言,如硬件容错率为零且诊断试验率与要求的比率之比超过100,那么,该子系统的诊断试验间隔应能使子系统满足随机硬件危险失效概率的要求。

6.3.3 故障反应功能作为SRCF的一部分被规定为SIL3,该故障反应导致机器停止,继而,通过SRECS的机器正常操作(例如使机器重新启动)将不可能进行,直到该故障已经修复或校正。对于规定的安全完整性低于SIL3的SRCF,故障反应功能(例如重启正常操作)执行后机器的行为应根据有关故障反应功能规范而定(见5.2.3)。

6.4 SRECS系统安全完整性要求

注:这些要求在"系统级"应用,在该级别,子系统互连以实现SRECS。有关子系统实现的相关要求见6.7.8。

6.4.1 避免系统硬件失效的要求

6.4.1.1 应采取以下措施:

a) SRECS应按照功能安全计划设计和执行(见4.2);

b) 子系统的适当选择、组合、安排、组装、安装,包括电线、电缆以及任何内部连接;

c) 按照制造商规范使用SRECS;

d) 使用制造商的应用说明书,例如目录表、安装说明书和使用良好的工程惯例(见GB/T 16855.2,D.1);

e) 使用具有可兼容操作特性的子系统(见ISO 13849-2,D.1);

f) SRECS应按照GB 5226.1予以保护;

g) 按照GB 5226.1规定防止功能接地的损失;

h) 不应使用部件工作未加说明的模式(例如可编程设备的"保留"寄存器);

i) 考虑可预见的误用、环境变化或更改。

6.4.1.2 另外,考虑到SRECS的复杂性和由SRECS执行这些功能需要的SIL,至少应采用下列一项技术和/或措施:

a) SRECS硬件设计审查(例如检查或浏览):通过审查和/或分析,找出规范和执行之间的差异;

注1:为了揭示规范与执行之间的差异,与实现、执行和产品使用相关的任何疑点或潜在弱点应以文档记录,以期能得到解决;考虑到,对于检查程序,作者是被动的,而检查员是主动的,而在程序上,作者是主动的,检查员是被动的。

b) 咨询工具诸如模拟或分析的计算机辅助设计包装能力和/或为执行系统设计程序使用的计算机辅助设计工具,该计算机辅助设计工具带可用的和已经试验过的预设计元素;

注2:这些工具的完整性可以通过具体测试、或广泛的使用满意的历史、或通过独立的正在设计的特定的SRECS输出验证予以证明。见6.11.3.4。

c) 模拟:按照子系统的性能和正确的计算以及其子系统交互作用,执行SRECS设计的系统性和完整性同一化。

示例:SRECS功能可以通过软件行为模式在计算机上模拟(见6.11.3.4),如单独的子系统或子系统元素具有各自的模拟行为,它们连接的线路响应通过查看各个子系统或子系统元素的页边数据进行检查。

6.4.2 系统性故障的控制要求

应采取下列措施:

a) 掉电的使用:SRECS应予以设计该功能,以使在失去供电时,可以达到或保持机器的安全状态;

b) 控制临时子系统失效影响的措施:SRECS应按下列方式设计,如:

——单独子系统或子系统的一部分的电压变化(例如中断,电压降)不会导致危险(例如电压中断将影响电动机的电路,而不应在电源恢复时,造成意外启动)。

注1:见GB 5226.1的有关要求。

特别是:过电压或欠电压应尽早查明,这样,可以通过掉电程序或切换到第二个动力单元使所有输出可以转换到安全状态;

必要时,过电压或欠电压应尽早查明,内部状态可以保存在非易失性存储器中,这样,可以通过掉电程序使所有输出设置为安全状态,或通过掉电程序或切换到第二个动力单元使所有输出可以转换安全状态。

——来自物理环境或子系统的电磁干扰影响不会导致危险;

c) 为控制来自任何数据通信过程(包括传输差错、重复、删除、插入、重新排序、程序或数据残缺、延迟和假消息)所引起的错误影响和其他影响的措施;

注 2:更多信息见 GB/T 18657.1、GB/T 24339.1、EN 50159-2 和 GB/T 20438.2。

注 3:术语"假消息"指的是信息的真实内容未经正确鉴别。例如,从不安全的组件发来的消息被错误地鉴别为来自安全组件的消息。

d) 当危险故障在某个界面出现时,在因该故障可能出现而造成的危险前,应执行故障反应功能。当使硬件容错降低至零的故障发生时,该故障反应应在估计的 MTTR(见 6.7.4.4.2g)超过时发生。

列项 d)要求适用于子系统和子系统的所有其他部分输入、输出的界面(例如,光帘的输出信号切换设备,防护装置位置传感器的输出),该子系统集成时包含或需要电缆连接。

注 4:不要求对其自身的子系统或子系统元素必须检测它的输出故障。在诊断测试执行后,故障反应功能也可以由后续的任何子系统引发。

6.4.3 电磁(EM)抗扰度

除 GB/T 17799.2 和附录 E 给出的 EM 现象外,SRECS 应满足以下功能安全性能准则:

——不应引进非安全条件或危险;

——不损失 SRCF;

——由可能会受到暂时或永久骚扰的 SRECS 来执行 SRCF,则应在危险可能出现前,达到或维持机械的安全状态。若 EM 现象可能导致元件破坏,应(例如通过分析)确保功能安全不受影响,包括通过降低会造成局部破坏的 EM 现象的值。

注:对应 EM 现象在附录 E 给出的所有值而考虑 SRECS 的行为。

6.5 安全相关电气控制系统选择

若供方对 SRECS 提供安全要求规范涉及的特别功能,可以选择满足安全要求规范以及 6.3、6.4 和 6.6.1 的预设计的 SRECS,而不用客户设计。

注:预设计的 SRECS 是根据 6.6 中专用 SRECS 设计与开发的一种可选选择。

6.6 安全相关电气控制系统(SRECS)设计和开发

6.6.1 一般要求

6.6.1.1 SRECS 应按照 SRECS 安全要求规范设计和开发(见 5.2)。

6.6.1.2 应遵照明确的结构化设计过程并形成文件(见 6.6.2)。

6.6.1.3 在检测出故障时,如有必要使用诊断以达到要求的安全完整性,SRECS 应执行规定的故障反应功能(见 5.2 和 6.3)。

6.6.1.4 如果 SRECS 或 SRECS 的一部分(即其子系统)既要执行 SRCF,还要执行其他功能,那么应该认为其硬件、软件在安全上是相关的,除非它可以显示执行 SRCF 和其他功能之间是充分独立的(即正常操作或任何其他功能的失效不影响SRCF)。

注：执行的充分独立可以通过显示非安全和安全相关部分之间的相关失效概率等同于SRECS的安全完整性等级来确定。

6.6.1.5 对于执行不同安全完整性等级的安全相关控制功能的SRECS或其子系统，其硬件、软件应要求最高安全完整性等级，除非它能显示执行不同安全完整性等级的安全相关控制功能是充分独立的。

注：执行时的充分独立性可以通过显示执行不同完整性等级的SRCFS的部分之间的依赖性失效概率等同于由SRECS取得的安全完整性等级来确定。

6.6.1.6 非数字数据通信的互联(例如电线、电缆)应被视为与其相连接的某个子系统的一部分(见6.4.2中d))。

6.6.1.7 当数字数据通信用作SRECS执行的一部分时，它应按照SRCF的SIL目标满足GB/T 20438.2的有关要求。

6.6.1.8 SRECS的使用信息应规定SRECS设计年限必需的技术和措施，以保持其安全完整性等级。

6.6.2 设计和开发过程

设计和开发应遵照明确规定的程序，应考虑由图2所示过程包含的所有方面。

注：本标准的方法是从安全要求规范规定的要求开始，对SRECS采用结构化设计程序。图3显示该设计过程的工作流程和适用于不同层面的术语。

6.6.2.1 系统结构设计

6.6.2.1.1 SRECS安全要求规范内规定的各个SRCF应分解成功能块结构，如图3所示。该结构应形成文档，包含下列内容：

——结构描述；

——各功能块安全要求(功能、完整性)；

——各功能块输入和输出定义。

注1：分解过程应面向全面描述SRCF的功能和完整性要求的功能块结构。该过程应向下加至这一层面，它允许将各功能块确定的功能和完整性要求配置到各子系统，在该场合下，将功能块的完整功能要求配置到子系统是可能的。然而，虽然将多个功能块配置到单一子系统是可能的，但不可能将一个功能块配置到几个具有单独功能和完整性要求的子系统中。欲配置一个功能块的功能要求到冗余子系统元素，见6.7.4。

注2：各功能块的输入输出是传输信息，例如速度、位置、操作模式等。

注3：功能块是SRCF(见3.2.16)的功能表示，不包括SRECS的诊断功能(见3.2.17)。针对本标准，诊断功能被认为是单独的功能，对于SRCF(见6.8)，可以拥有不同的结构。

6.6.2.1.2 SRECS体系结构的初始概念应按照功能块结构创建。

注：安全相关控制体系结构的开发商，负责设备配置的机构以及软件开发者之间应进行协作。由于软件安全要求和可能的软件结构变得更加精确，可能对SRECS硬件结构造成影响。由于这个原因，只有SRECS结构设计人员、子系统供方、软件开发者以及机械设计人员(必要时)或用户之间的密切合作才有助于减少潜在的系统失效。

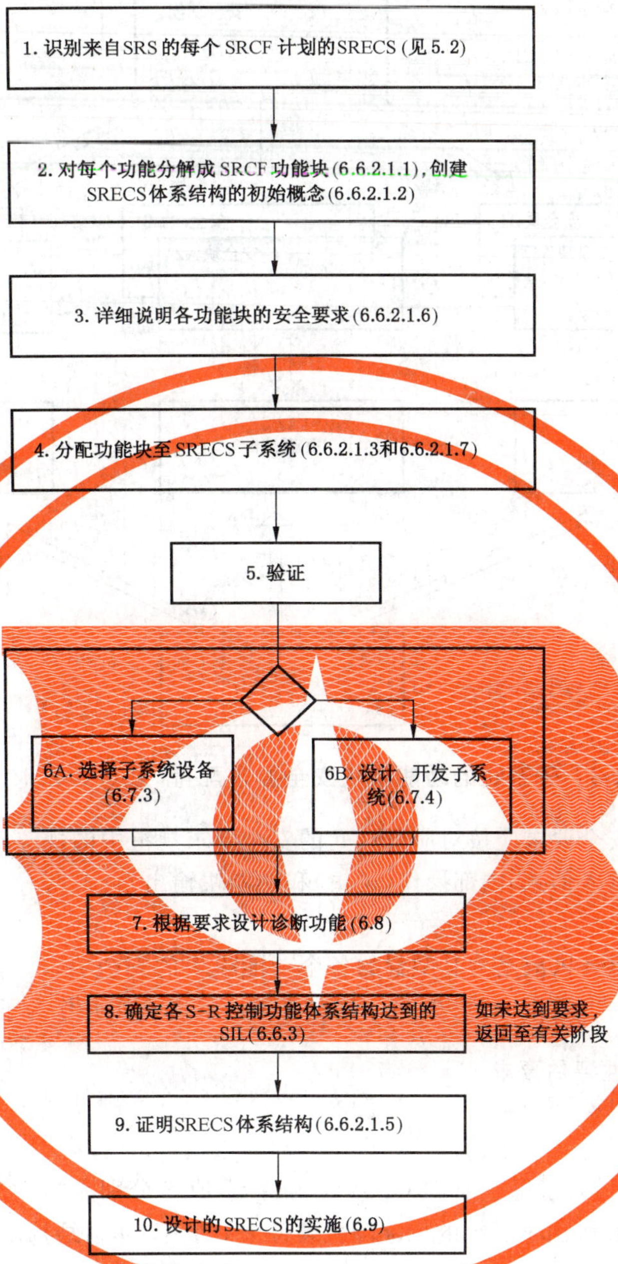

图 2　SRECS 设计和开发过程的工作流程

6.6.2.1.3　各功能块应配置到 SRECS 体系结构内的子系统。一个以上的功能块可以配置到一个子系统。

6.6.2.1.4　每个子系统和为该子系统配置的功能块应清楚识别。

6.6.2.1.5　体系结构应设文档,描述其子系统和相互关系。

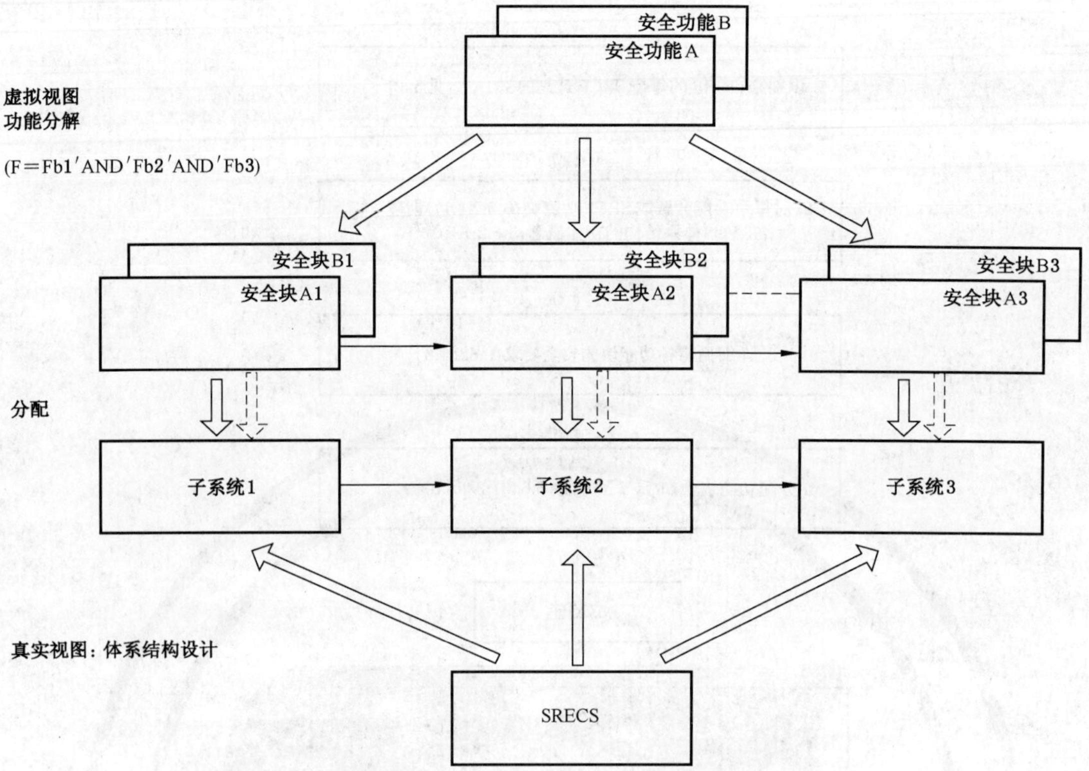

图 3 子系统的功能模块安全要求配置(见 6.6.2.1.1)

6.6.2.1.6 各功能块的安全要求应按对应 SRCF 的安全要求规范中的规定，依照：

——功能要求(例如输入信息、内部操作(逻辑)和功能块输出)；

——安全完整性要求。

6.6.2.1.7 子系统的安全要求应是为其配置的各个功能模块的安全要求。如果为子系统配置多个功能块，那么最高的完整性要求适用(见 6.6.3)。这些要求应形成文档并作为子系统安全要求规范。

6.6.3 SRECS 安全完整性评估要求

6.6.3.1 概述

由 SRECS 实现的 SIL，对于每一个 SRCF 应认为由 SRECS 分别完成。

由 SRECS 完成的 SIL 应由子系统的危险随机硬件失效概率、体系结构限制和构成 SRECS 的子系统的系统安全完整性来确定。已实现的 SIL 小于或等于系统安全完整性和体系结构限制的任何子系统的最低 SILCLs 值。

6.6.3.2 硬件安全完整性

6.6.3.2.1 由于危险随机硬件失效而导致的各 SRECS 的危险失效概率应等于或小于安全要求规范规定的目标失效值。

注：与 SIL 相关的目标值在表 3 中列出。

6.6.3.2.2 由于危险随机硬件失效而导致的各 SRECS 危险失效概率的评估，考虑下列因素：

a) 与各 SRCF 相关的 SRECS 的体系结构在考虑中；

注：这包括子系统的哪些失效模式是串行配置(即任何失效引起相关要执行的 SRCF 的失效)和哪些是并行(冗余)配置(即同时发生的失效)。

b) 各子系统其各个分配功能块的失效率的估计值，在任何模式为执行其配置的功能块可能会引起 SRECS 的危险失效。

6.6.3.2.3 危险失效概率的评估应基于各相关子系统危险随机硬件失效概率，源于使用 6.7.2.2 要求的信息，对于子系统之间的数字数据通信过程，如适用，包括 6.7.2.2(k)。SRECS 的危险随机硬件失效概率为参与执行 SRCF 的所有子系统危险随机硬件失效概率的和，适当时，还应包括数字数据通信过程危险传输错误的概率：

$$PFH_{D}=PFH_{D1}+\cdots+PFH_{Dn}+P_{TE}$$

注 1：该方法以功能块定义为基础，它表明任何功能块失效将会导致 SRCF 失效(见 3.2.16)。

注 2：除了数字数据通信以外的互联被认为是子系统的一部分。

6.6.3.3 体系结构限制

根据体系结构限制，由 SRECS 实现的 SIL 小于或等于参与执行 SRCF 的任何子系统的最低 SILCL(见 6.7.6)。

注：例如，SRECS 包括两个串联的子系统(子系统 1 和子系统 2)，假设 SFF 和各子系统容错率如表 4 所示。对于 SRECS 评估的 PFH_D 为 8×10^{-8}，相当于 SIL3。但是，根据表 5，子系统 2 的体系结构限制可能由 SRECS 实现的 SIL 限定为 SIL2。

表 4 本例使用的子系统 1 和子系统 2 的特性(见 6.6.3.3 注)

子系统	硬件容错	SFF	根据体系结构的 SIL 要求限制(见表 5)
1	1	95%	SIL3
2	1	80%	SIL2

6.6.3.4 系统安全完整性

SRECS 实现的 SIL 小于或等于参与执行 SRCF 的任何子系统的最低 SILCL。

注：按照 6.7.4 实现的子系统的系统安全完整性，以 6.7.9 描述的措施给定 SILCL 为 SIL3。

6.7 子系统实现

6.7.1 目标

目标是实现子系统满足其配置的功能块的所有安全要求(见图 3)。可以考虑两种方法。

——选择足以满足该子系统的要求的设备，即应该满足配置功能块的各安全要求规范和本标准的要求；

——通过组合功能块元素和规定他们如何安排及交互，进行子系统的设计和开发。

6.7.2 子系统实现的一般要求

6.7.2.1 子系统应按照其安全要求规范(见 6.6.2.1.7)通过选择(见 6.7.3)或设计(见 6.7.4)来实现，并考虑 6.2 的所有要求。包含复杂部件的子系统，对于要求的 SIL，适当时，应遵照 GB/T 20438.2 和 IEC 61508-3 的规定。

例外：子系统设计包含了复杂部件作为子系统元素的场合，可采用 6.7.4.2.3。

6.7.2.2 下列信息应适用于各个子系统：

a) SRCF 使用的子系统的功能规范和界面；

b) 任何模式下声明的评估失效率(源于随机硬件失效)，它可能引起 SRECS 的危险失效；

注 1：对于机电子系统，应考虑制造商声明的工作周期数和工作循环(见 5.2.3)后进行失效概率估计。该信息应基于 B_{10} 值(即总体 10% 的预计时间将失效)。也见 IEC 61810-2。

c) 子系统限制；

——应观察环境和工作条件，以保持评估的失效率的有效性，该失效率归因于随机硬件失效；

——不应超过子系统寿命，以保持评估的失效率的有效性，该失效率归因于随机硬件失效。

d) 任何试验和/或维护要求；

e) 诊断覆盖率和诊断测试的时间间隔(必要时，见注2)；

注2：e)项涉及子系统外部诊断功能。在SRECS可靠性模型中，子系统执行的诊断功能的行为需要信用保证时，才需要该信息。

f) 任何必要的附加信息(例如修理次数)，从而能够按照诊断学故障检测推算平均维修时间(MTTR)。

注3：需要b)～f)项以估计SRCF每小时失效概率。

g) 由于体系结构限制造成的SILCL(见6.7.6)或；

——能够推导出应用于SRECS的子系统的安全失效系数(SFF)所需的所有信息；和

注4：要求的信息是子系统可能的失效模式。根据子系统失效模式，可以确定子系统失效是否引起SRECS安全或危险失效。

注5：有关SFF评估的细节，见6.7.7。

——子系统硬件失效容错；

h) 为避免系统失效应遵守对子系统应用上的任何限制；

i) 对使用子系统的SRCF可能具备的最高安全完整性等级依据下列因素：

——在子系统硬件、软件设计和执行期间用于预防系统故障而采用的措施和技术；

——预防系统故障的子系统容错设计特点。

注6：需要h)和i)项以根据体系结构限制确定SRCF可能具有的最高安全完整性等级。而且，这些项目能够用于对GB/T 16855.1在故障检测和硬件容错两方面的安全类别要求提供链接(见表4、表5)。

j) 为了能够按照6.11.3.2对SRECS进行配置管理，需要识别子系统硬件、软件配置的所有信息；

k) 数字数据通信过程中危险传输错误概率(如适用)。

6.7.3 选择现有(预设计)子系统的要求

6.7.3.1 如供方为安全规范涉及的专用SRCF提供子系统，则可能选择这类预设计子系统而不用客户设计，只要它满足子系统的安全要求规范、6.4.3和6.7.3.2或6.7.3.3。

6.7.3.2 为了适合所要求的SIL，包括复杂部件的子系统应遵照GB/T 20438.2和IEC 61508-3。

例外：如子系统设计包括作为子系统元素的复杂部件，6.7.4.2.3适用。

6.7.3.3 只包括低复杂性部件的子系统应遵照本标准的6.7.4.4.1、6.7.6.2、6.7.6.3、6.7.7、6.7.8和6.8。

6.7.4 子系统设计和开发

6.7.4.1 目标

6.7.4.1.1 第一个目标是设计满足配置功能块安全要求的子系统。

6.7.4.1.2 第二个目标是按照以组合方式一起工作的子系统元素创建体系结构，以满足配置给子系统的所有功能块的功能和安全完整性要求。

6.7.4.2 一般要求

6.7.4.2.1 子系统应按照其安全要求规范设计。

6.7.4.2.2 子系统应符合下列a)～c)的所有要求：

a) 硬件安全完整性的要求包括：

——硬件安全完整性的体系结构限制(见 6.7.6);

——危险随机硬件失效概率的要求(见 6.7.8)。

b) 系统安全完整性要求包括:

——避免失效的要求(见 6.7.9.1),和系统故障控制的要求(见 6.7.9.2);

——设备在使用中经验证的资料。如果这样,子系统应满足 GB/T 20438.2 的有关要求(见 GB/T 20438.2 中 7.4.7.5~7.4.7.12)。

c) 故障检测时子系统行为的要求(故障反应)(见 6.3)。

6.7.4.2.3 包含复杂部件(作为子系统元素)的子系统设计时,且部件满足 GB/T 20438.2 和 IEC 61508-3 的有关 SILCL 的所有相关要求,在子系统设计上下文中,它可以被看作低复杂部件,因为其相关失效模式、故障检测行为、失效率和其他安全相关信息均已知。这类部件应只能按照其规范和供方提供的相关使用信息使用。

6.7.4.3 子系统设计和开发过程

子系统设计和开发应遵循明确规定的程序,考虑图 4 所示程序包含的所有方面。

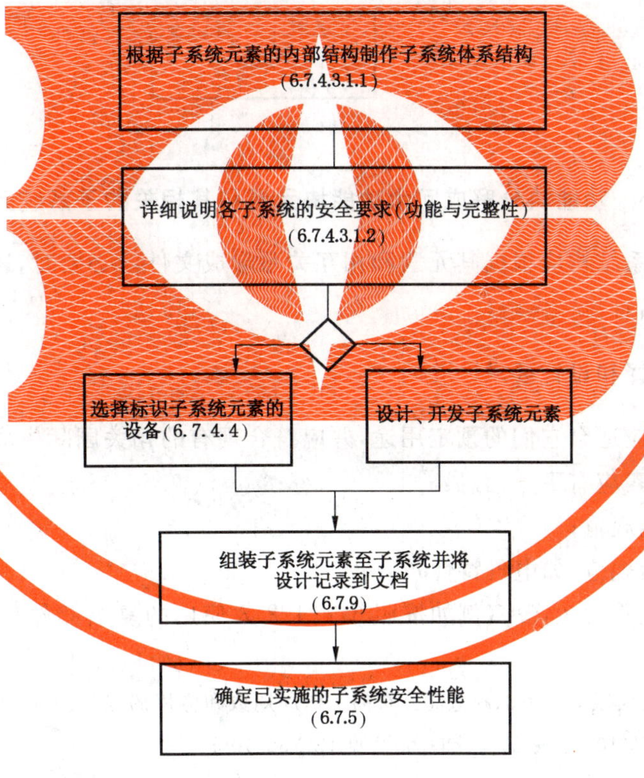

图 4 子系统设计和开发流程(见图 2 的 6B 框)

6.7.4.3.1 子系统体系结构设计

6.7.4.3.1.1 在子系统体系结构设计期间,分解过程应通向完全代表功能块的功能要求的功能块元素的结构。该过程应一直应用到配置给子系统元素的各功能块元素确定的功能要求容许的等级。(见图 5 示例)。

注:设计过程工作流程如图 4 所示。

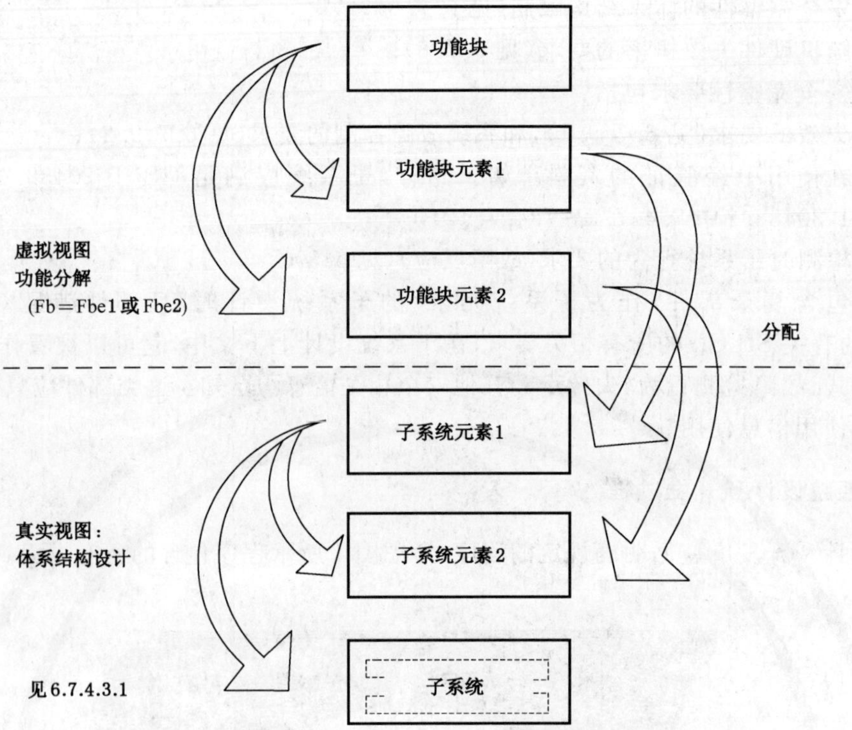

图5　功能块分解成冗余功能块元素和其相关的子系统元素

6.7.4.3.1.2　子系统体系结构应根据其元素和相互关系形成文件。必要时，还应包括配置到子系统元素的功能块元素相关的信息。

6.7.4.4　子系统元素选择和设计要求

6.7.4.4.1　子系统元素应适合它们的预定用途，并应符合现有的相关国际标准。

6.7.4.4.2　各子系统元素应有下列信息：

a)　子系统元素功能规范；

b)　子系统元素界面规范(如电气特性)；

c)　每个失效模式及其发生概率(例如按照6.7.4.2.3使用的复杂部件)、诊断覆盖率和危险失效概率。

注：对于机电子系统，失效概率应考虑制造商公布的工作周期数和应用的工作循环(见5.2.3)进行评估。该信息应基于B_{10}值(即总体10%失效的预计时间)。见IEC 61810-2。

d)　子系统元素的限制：

——为维护c)项所提供的信息的有效性应遵守的环境和工作条件；

——为维护c)项所提供的信息有效性不应超过子系统元素的寿命；

e)　任何周期验证试验和/或维护要求；

f)　有助于诊断的特点(例如机械连接的触点)；

g)　任何必须的附加信息(例如修理次数)，从而能够按照诊断学故障检测推算平均恢复时间(MTTR)；

h)　为避免系统失效应遵守的子系统元素应用方面的任何限制；

i)　硬件容错。

6.7.5 子系统安全性能确定

子系统的安全性能由其体系结构约束(6.7.6)所确定的 SILCL 来描述,而它的 SILCL 归因于系统完整性(6.7.9)和它的危险随机硬件失效率(6.7.8)。

注 1:子系统的 SILCL 为该子系统使用的安全相关控制功能所要求的最大安全完整性等级设置极限。

注 2:需要所有关于这 3 方面的信息,以确定由执行配置的 SRCF 的安全相关控制系统所实现的 SIL。

6.7.6 子系统硬件安全完整性的体系结构限制

6.7.6.1 联系硬件安全完整性的上下文,SRCF 可能要求的最高安全完整性等级受限于硬件容错和执行 SRCF 的子系统的安全失效系数。表 5 规定了 SRCF 可能要求的最高安全完整性等级,该 SRCF 使用的子系统考虑到硬件容错和安全失效系数。表 5 所示体系结构限制适用于各子系统。鉴于以下这些体系结构限制:

a) N 的硬件容错指 $N+1$ 个故障可能引起的 SRCF 丧失。确定硬件容错时,不考虑可能控制故障影响的其他措施,例如诊断;

b) 一个故障直接导致一个或多个相继故障的发生,这些应视为单一故障;

c) 确定硬件容错时,可以排除某些故障,只要其涉及子系统安全完整性要求的事物发生的可能性很低。任何这类故障的排除应证明是对的,并形成文档(也见 6.7.7)。

6.7.6.2 表 5 的体系结构限制应适用于执行 SRCF 功能块的各个子系统。

6.7.6.3 只包含单一子系统元素的子系统应满足表 5 的要求。特别是,对于硬件零容错(即 $N=0$)的子系统,99%以上的 SFF 应通过 SRECS 诊断功能来实现。

注:为了证明 SIL3 的 SILCL,该要求是必须的,以确保体系结构限制的适当形式应用于那些只包含单一子系统元素的子系统。

表 5 子系统体系结构限制:使用本子系统的 SRCF 可能要求的最大 SIL

安全失效系数	硬件容错(见注 1)		
	0	1	2
<60%	不允许(见注 3)	SIL1	SIL2
60%~<90%	SIL1	SIL2	SIL3
90%~<99%	SIL2	SIL3	SIL3(见注 2)
≥99%	SIL3	SIL3(见注 2)	SIL3(见注 2)

注 1:N 的硬件容错指 $N+1$ 个故障可能失去安全相关控制功能。

注 2:本标准不考虑 SIL4 要求限度。有关 SIL4,见 GB/T 20438.1。

注 3:例外,见 6.7.7。

6.7.6.4 子系统根据 GB/T 16855.1 设计,并根据 GB/T 16855.2 确认,在体系结构限制上下文中的下述关系可以按照表 6 单独适用。

假设符合 GB/T 16855.1 的特别类别的子系统有表 6 所示的相关硬件容错和安全失效系数。

注:为达到要求的 SIL,还有必要按照危险失效概率和系统安全完整性来实现该要求。

表 6 体系结构限制:分类相关的 SILCL

类别	硬件容错	SFF	根据体系结构限制的最大 SIL 要求限度
	假设带所述类别的子系统具有以下特性		
1	0	<60%	见注 1
2	0	60%～90%	SIL1
3	1	<60%	SIL1
	1	60%～90%	SIL2
4	>1	60%～90%	SIL3(见注 3)
	1	>90%	SIL3(见注 4)

注 1:对于类别 1 和类别 2,当 SFF<60%时,认为与 GB/T 16855.1 原理范围内无关,按照 GB/T 16855.1 设计的子系统在实践中将达到 60%以上的 SFF。

注 2:对于类别 2,当在 SFF>90%时,假设通过 GB/T 16855.1 设计要求不能达到。

注 3:对于类别 4 子系统,当考虑到大于单一硬件容错(即累积故障)时,假设诊断覆盖率小于 90%。

注 4:当考虑单一硬件容错时,类别 4 要求 SFF 大于 90%,小于 99%。

注 5:与 GB/T 16855.1 一致的类别 B 不认为足以达到 SIL1。

6.7.7 安全失效系数评估(SFF)

6.7.7.1 由于体系结构限制需要确定 SILCL 时,应评估 SFF。

6.7.7.2 为了评估 SFF,应分析每个子系统(例如故障树分析,失效模式和效果分析),以确定所有相关的故障以及它们相应的失效模式。无论失效是安全的或是危险的,都取决于 SRECS 和预期的安全相关控制功能,包括故障反应功能。各失效模式概率应以考虑预期用途相关故障概率为基础以及可从下列源点导出:

a) 由制造商从现场经验中收集和预期用途相关的可靠的失效率数据;

b) 来自认可的工业源(见附录 D)和预期用途相关的部件失效数据;

c) 附录 D 给出的失效模式数据;

d) 源自测试结果和分析的失效率数据。

例外:对于硬件容错为零的子系统,如果故障排除适用于可能导致危险失效的故障,那么由于子系统体系结构限制的 SILCL 其最大限制在 SIL2。

6.7.7.3 故障排除的使用应证明是正确的(例如通过分析)和形成文件。

注:排除故障允许按照 GB/T 16855.2 中 3.3 和表 D.5。

6.7.8 子系统危险随机硬件失效概率的要求

6.7.8.1 一般要求

6.7.8.1.1 危险随机硬件失效概率应等于或小于子系统安全要求规范(见 6.6.2.1.7)规定的目标失效值。

6.7.8.1.2 为执行配置的功能块,随机硬件失效导致的各子系统的危险失效概率应予评估,并考虑下列因素:

a) 考虑中的与配置功能块相关的子系统体系结构;

注 1:这涉及决定是否存在硬件容错。

b) 在可能导致子系统危险失效但能通过诊断试验检测的任何模式下,各子系统元素的失效率(见 6.3);

c) 在可能导致子系统危险失效但不能通过诊断试验检测的任何模式下，各子系统元素的失效率(见 6.3)；

d) 子系统对共同原因失效的敏感度，可能引起子系统危险失效(见注 2 和注 3)；

注 2：故障检测使用冗余部件比较法时，当冗余部件在同一时间同一模式下失效时，故障检测手段可能失效。这是由于共同原因引起的，称之为共同原因失效(CCF)，用贝它(β)因子表示。评估共同原因失效敏感度简单方法见 6.7.8.3。对于量化有关硬件共同原因失效的影响，见 GB/T 20438.6，附录 D。

e) 诊断试验的诊断覆盖率(见 3.2.38)以及相关诊断试验的时间间隔；

f) 为保持 b)和 c)项提供信息的有效性，在进行验证试验的时间间隔，揭示危险故障(由诊断试验未检测出的)和/或不应超过的子系统元素的任务时间；

g) 设计为在线修理的子系统已检测故障的修理次数。

注 3：最大修理时间将构成恢复时间的一部分(见 IEV 191-10-05)，也包括检测故障时间和不可能修理的任何时间段(见 GB/T 20438.6，附录 B 有关如何使用恢复平均时间计算失效概率)。对于只能在特定时间段进行维修的情况，当机器关闭并处于安全状态时，全面考虑不能进行修理所占的时间段特别重要，尤其该时间段相对大时。

注 4：子系统危险随机硬件失效的概率评估的简化方法见 6.7.8.2。其他可行的方法和最恰当的方法将视情况而定。可用方法包括：

a) 故障树分析(见 GB/T 20438.7 的 B.6.6.5 和 GB/T 7829)；

b) 马尔可夫模型(见 GB/T 20438.7 的 C.6.4 和 IEC 61165-13)；

c) 可靠性方块图(见 GB/T 20438.7 的 C.6.5)。

注 5：由于共同原因影响和数据通信过程引发的失效可能由各种影响而产生，而不是实际的硬件部件失效(例如：电磁干扰、软件错误等)。见 6.7.9。

6.7.8.1.3 对于子系统或子系统元素，当所给的失效率与许多操作循环相关时，这些值应通过使用相关的 SRCF 规定的工作循环，转化为时间相关的值(见 5.2.3)。

6.7.8.1.4 硬件容错大于零的任何子系统诊断试验间隔应使子系统满足随机硬件失效概率要求(见 6.3.1)。

注：该诊断试验间隔应使故障在其后续故障出现前检测到，该后续故障会导致子系统危险失效和超出目标失效度的后续故障的发生。

6.7.8.1.5 任何硬件容错为零的子系统诊断试验间隔时间应符合 6.3.2 的要求。

6.7.8.1.6 当低复杂性子系统按照 GB/T 16855.1 设计和按照 GB/T 16855.2 确认，也满足体系结构限制(见 6.7.6)和系统安全完整性(见 6.7.9)的要求时，表 7 所示的危险失效概率(PFH_D)的阈值可用于评估硬件安全完整性(见 6.6.3.2)。

表 7 危险失效概率

分类	硬件容错	DC	子系统要求的 PFH_D 阈值(每小时)
	假设带有所述类别的子系统具有下列特性		PFH_D(MTTF 子系统测试、DC)(见注 1)
1	0	0%	由供方提供或使用通用数据(见附录 D)
2	0	60%～90%	$\geqslant 10^{-6}$
3	1	60%～90%	$\geqslant 2\times10^{-7}$
4	>1	60%～90%	$\geqslant 3\times10^{-8}$
	1	>90%	3×10^{-8}

注 1：PFH_D 阈值是子系统 MTTF 的函数(来源于子系统制造商或有关元件数据手册)，试验/检查循环时间如同安全要求规范中规定的(该信息也是按照 GB/T 16855.2，3.5 子系统确认所要求的)以及本表所示的诊断覆盖率(这些数值以 GB/T 16855.1 描述的类别要求为基础)。

注 2：按照 GB/T 16855.1 的类别 B 不能认为足以达到 SIL1。

6.7.8.2 子系统危险随机硬件失效概率评估的简化方法

6.7.8.2.1 概述

该子项描述许多基本子系统体系结构的危险随机硬件失效概率评估的简化方法，提供可用于低复杂性子系统元素或复杂子系统元素组合的子系统公式。这些公式本身是可靠性分析理论的简化和预期提供侧重安全方面的评估。在本子项所给的所有公式有效性的前提是 $1 \gg \lambda \times T_1$，其中 T_1 为验证试验间隔时间或寿命的较小值。该子系统在“高要求或连续模式”下运行(见 3.2.27)。也见 6.8.6。

注 1：获得的结果表示子系统依据其危险随机硬件失效概率限制和不能接受时，可以采用更精确的建模技术(见 6.7.8.1.1)。

注 2：对于 6.7.8.2 所给的公式(1)～(5)，假设子系统元素失效率(λ)为常数和足够低($1 \gg \lambda \times T$)(这意指危险失效平均时间必须远大于子系统的验证试验间隔时间或寿命)。因此，可用下列基本等式：

$$\lambda = 1/\mathrm{MTTF}$$

对于机电设备，失效率用规定的 B_{10} 值和操作循环数 C(见 5.2.3)确定。

$$\lambda = 0.1 \times C/B_{10}$$

注 3：使用下列术语：

$\lambda = \lambda_S + \lambda_D$；其中 λ_S 为安全失效率，λ_D 为危险失效率。

$PFH_D = \lambda_D \times 1\mathrm{h}$；一小时内危险失效的平均概率。

T_1：验证试验时间间隔或寿命中的较小值。

6.7.8.2.2 基本子系统体系结构 A：无诊断功能的零容错

本体系结构，子系统元素的任何危险失效会引起 SRCF 失效。对于体系结构 A，子系统危险失效概率是所有子系统元素的危险失效概率的和：

$$\lambda_{DssA} = \lambda_{De1} + \cdots + \lambda_{Den} \quad \cdots\cdots(1)$$

$$PFH_{DssA} = \lambda_{DssA} \times 1\mathrm{h}$$

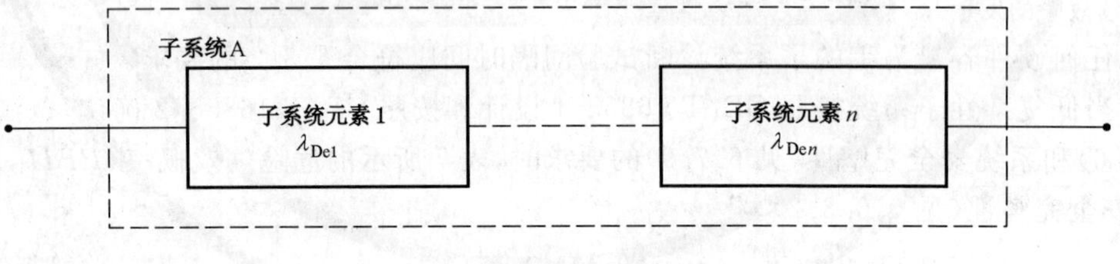

图 6 子系统 A 逻辑表示

注：图 6 为子系统 A 体系结构的逻辑表示，而不应该理解为其物理实现。

6.7.8.2.3 基本子系统体系结构 B：无诊断功能的单一容错

本结构为任何子系统元素的单一失效不会引起 SRCF 的丧失。因此在 SRCF 失效可能出现前，必定在一个以上的元素中有危险的失效。对于结构 B 来说，子系统危险失效概率为：

$$\lambda_{DssB} = (1-\beta)^2 \times \lambda_{De1} \times \lambda_{De2} \times T_1 + \beta \times (\lambda_{De1} + \lambda_{De2})/2 \quad \cdots\cdots(2)$$

$$PFH_{DssB} = \lambda_{DssB} \times 1\mathrm{h}$$

式中：

T_1——验证实验时间间隔或寿命中的较小者。

β ——共同原因失效的敏感度。

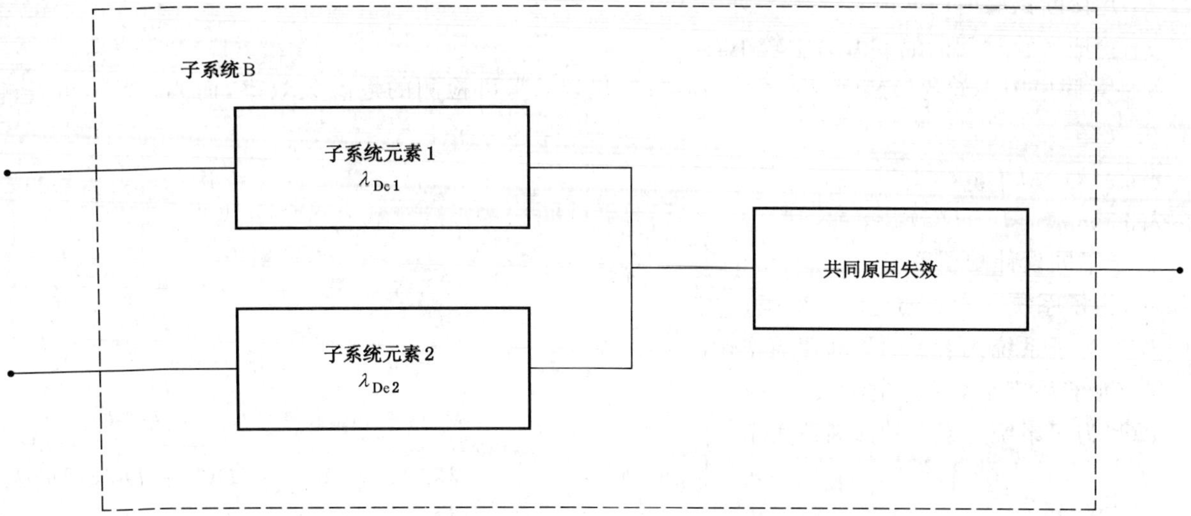

图 7　子系统 B 逻辑表示

注：图 7 为子系统 B 体系结构的逻辑表示，而不应该理解为其物理实现。

6.7.8.2.4　基本子系统体系结构 C：带诊断功能的零容错

子系统元素的任何没有检测出的危险故障会导致 SRCF 的危险失效。当子系统元素的故障被检测出时，诊断功能引发失效反应功能(见 6.3.2)，对于结构 C，子系统的危险失效概率为：

$$\lambda_{DssC} = \lambda_{De1}(1 - DC_1) + \cdots + \lambda_{Den}(1 - DC_n) \qquad (3)$$

$$PFH_{DssC} = \lambda_{DssC} \times 1\text{h}$$

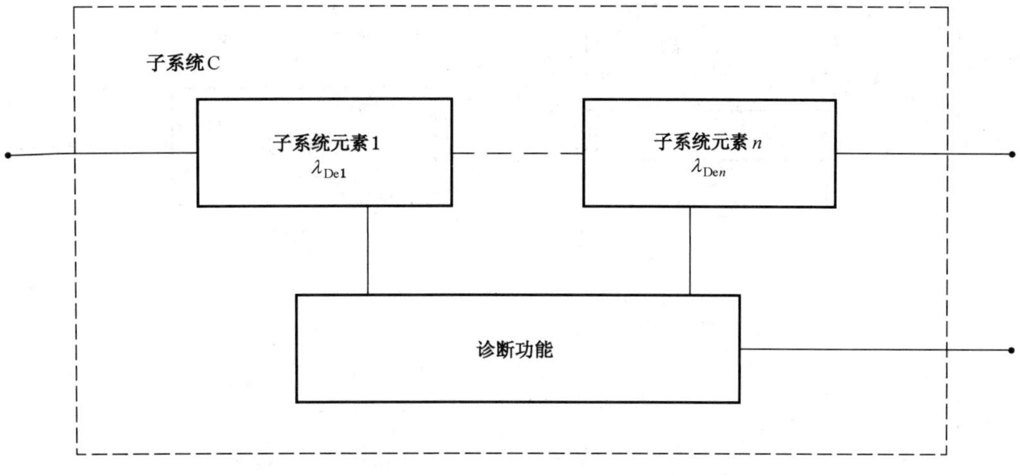

图 8　子系统 C 逻辑表示

注：图 8 是子系统 C 体系结构的逻辑表示，不应该理解为其物理实现。所示的诊断功能可能由下列因素执行：

——要求诊断的子系统；

——SRECS 的其他子系统；

——不执行安全相关控制功能的子系统。

6.7.8.2.5　基本子系统体系结构 D：带诊断功能的单一容错

本结构中，任何子系统元素的单一失效不引起 SRCF 的丧失，这里

T_2 是诊断试验时间间隔；

T_1 验证实验时间间隔或寿命中较小者。

β 是共同原因失效的敏感度；$\lambda_D = \lambda_{DD} + \lambda_{DU}$；这里，$\lambda_{DD}$ 是可检测的危险失效率，而 λ_{DU} 为不可检测的危险失效率。

$\lambda_{DD} = \lambda_D \times DC$

$\lambda_{DU} = \lambda_D \times (1 - DC)$

对于不同设计的子系统元素：

λ_{De1} 为子系统元素 1 的危险失效率；

DC_1 为子系统元素 1 的诊断覆盖率；

λ_{De2} 为子系统元素 2 的危险失效率；

DC_2 为子系统元素 2 的诊断覆盖率。

$$\lambda_{DssD} = (1-\beta)^2\{[\lambda_{De1} \times \lambda_{De2} \times (DC_1 + DC_2)] \times T_2/2 + [\lambda_{De1} \times \lambda_{De2} \times (2 - DC_1 - DC_2)] \times T_1/2\} + \beta \times (\lambda_{De1} + \lambda_{De2})/2 \quad \cdots\cdots(4)$$

$$PFH_{DssD} = \lambda_{DssD} \times 1\text{h}$$

对于相同设计的子系统元素：

λ_{De} 为子系统元素 1 或 2 的危险失效率；

DC 为子系统元素 1 或 2 的诊断覆盖率。

$$\lambda_{DssD} = (1-\beta)^2\{[\lambda_{De}{}^2 \times 2 \times DC] \times T_2/2 + [\lambda_{De}{}^2 \times (1 - DC)] \times T_1\} + \beta \times \lambda_{De} \quad \cdots\cdots(5)$$

$$PFH_{DssD} = \lambda_{DssD} \times 1\text{h}$$

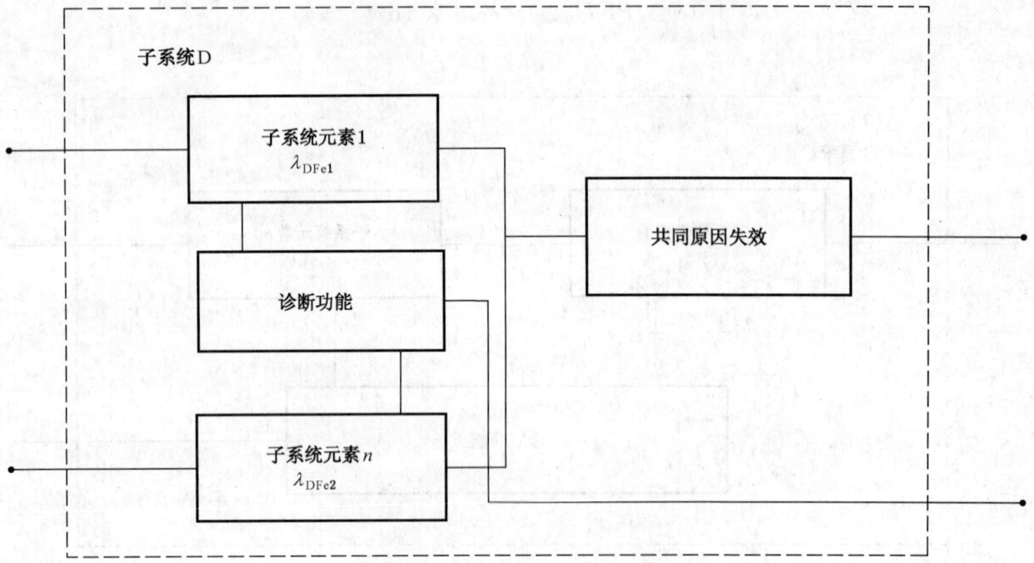

图 9　子系统 D 逻辑表示

注 1：图 9 是子系统 D 结构的逻辑表示，不应理解为其物理实现。所示诊断功能可能由下列因素执行：

——需要诊断的子系统；或

——SRECS 的其他子系统；或

——不执行安全相关控制功能的子系统。

注 2：假设本子系统的故障反应为 6.3.1 所要求的有关操作的中止。当在线修理成为设计一部分时，故障反应是报告故障而不是中止相关的操作，在第一个故障发生后，应为剩余结构确定子系统新的 PFH_D。

6.7.8.3 共同原因失效(CCF)评估的简化方法

6.7.8.3.1 为有助于子系统危险随机硬件失效概率的评估，对于 CCF 而言需要子系统失效敏感度的知识(见 6.7.8.1)。

6.7.8.3.2 为获得所需的子系统危险随机硬件失效概率而使用冗余结构和 CCF 可以消除冗余的影响时，以共同原因失效的发生为基础的危险随机硬件失效概率，应增加到以使用冗余结构为基础的子系统的危险随机硬件失效的概率中。

6.7.8.3.3 CCF 失效发生的概率通常将随技术、结构、应用和环境的组合而定。使用附录 F 将有效避免 CCF 的许多类型。

6.7.8.3.4 附录 F 包含有记分表和相应的方法，可用于评估在子系统设计中应用措施的有效性，以限制 CCF 的敏感度。

6.7.9 对子系统安全完整性的要求

当实现了 6.7.9.1 和 6.7.9.2 的要求，由子系统的系统安全完整性导致的 SILCL 达到 SIL3。

注：这些要求适用于子系统级，子系统元素互连以实现子系统。有关实现 SRECS 的其他要求见 6.4。

6.7.9.1 避免系统失效的要求

6.7.9.1.1 应采取下列措施：

a) 适当地选择、组合、安排、组装和安装元件，包括电缆连接、配线和任何互联：应用制造商的使用注意事项和良好工程实践；
b) 在制造商规范和安装说明书的范围内使用子系统和子系统元素；
c) 兼容性：使用具有兼容工作特性的元件；
d) 能承受规定的环境条件：子系统的设计应使其在所有的预期的环境和任何可以预见的不利条件下工作，例如温度、湿度、震动和电磁干扰(EMI)(见 GB/T 16855.2 中 D.1)；
e) 按照适当标准使用元件并有其定义明确的失效模式：以降低使用有特定特性元件所引起的未被检测的故障风险；
f) 选择适宜的材料和适当的制造：材料、制造方法的选择和例如压力、耐久性、弹性、摩擦、耐磨性、腐蚀、温度、传导性、绝缘强度有关的处理；
g) 正确的尺寸和形状：考虑例如应力、张力、疲劳、温度、表面粗糙度、制造公差等的效果。

6.7.9.1.2 还有，考虑子系统的复杂性，应采取下列一项或多项措施：

a) 硬件设计审查(如检查或初排)：通过审查来发现或分析规范和执行之间的差异：

注 1：为了找出规范和执行之间的差异，与产品实现、执行和使用有关的任何可能的弱点应写入文档，那么这些问题可以解决；考虑到：对于检查程序，作者是被动而检查人员主动；而对于初排程序，作者是主动而检查人员是被动。

b) 计算机辅助设计工具能够模拟或分析：系统地执行设计程序，包括适当的自动构造元素，这些元素已经可用并经试验过。

注 2：这些工具的完整性可以通过下列方式证明：具体测试或由广泛的令人满意的使用历史或由正在进行设计的具体子系统的输出独立验证。见 6.11.3.4。

c) 模拟：根据功能的性能和部件的合适大小，执行子系统设计的系统仿真。

注 3：子系统的功能可以在计算机上通过软件行为模型(见 6.11.3.4)仿真。电路的单独部件各有他们自己的仿真行为，而互相连接的子系统的响应，通过察看各元件的图例说明进行检查。

6.7.9.2 **系统失效控制要求**

6.7.9.2.1 应使用下列措施:

a) 控制绝缘击穿,电压变化和中断,过电压和欠电压影响的措施:对绝缘击穿,电压变化和中断,过电压或欠电压情况做出反应的子系统行为应预先确定,这样,子系统可以达到或保持SRECS的安全状态。

注1:也见GB 5226.1的有关要求,尤其:

——过电压应尽早被检测出来,以便断电程序将所有输出切换至安全状态或转接到第二个电源;和/或

——控制电路电压应被监视,如果电压不在规定的范围内,应引发断电,或转接到第二个电源,和/或

——过电压或欠电压应该尽早被检测出来,使其内部状态存储到非易失性储存(必要时),以便断电程序会把所有输出置于安全状态,或转接至第二电源。

b) 控制或避免实际环境(例如:温度、湿度、水、震动、粉尘、腐蚀性物质、电磁干扰及其作用)影响的措施:对实际环境的影响做出反应的子系统行为应预先确定,以便SRECS可以达到或保持机器的安全状态。见GB 5226.1;

c) 温度变化时,控制或避免温度升高或降低影响的措施:子系统的设计应考虑,例如,在其操作超出规范前,过温即应检测出。

注2:详情见GB/T 20438.7,A.10。

6.7.9.2.2 另外,应用下列措施控制系统失效:

——在线失效检测;

——冗余硬件比较试验;

——相异硬件;

——主动操作模式(例如保护装置打开时,即按动限制开关);

——面向失效模式;

——采用适当因素的过尺寸,这里制造商能证明减额将提高其可靠性。

注1:如果过尺寸合适,过尺寸系数至少应为1.5。

注2:详见GB/T 16855.2,D.3。

6.7.10 **装配子系统**

子系统元素应按照6.7.4.3.1.2组合成子系统和详细设计文档。

6.8 实现诊断功能

6.8.1 为了满足体系结构限制(6.7.6)和危险随机硬件失效概率(6.7.8)的要求,每个子系统应当具备有相应的诊断功能。

6.8.2 诊断功能被认为是单独的功能,与SRCF相比可能有不同的结构,可以由下列因素执行:

——要求诊断的相同子系统;或

——SRECS的其他子系统;或

——不执行SRCF的SRECS子系统。

注:也见6.6.2.1中注3。

6.8.3 诊断功能应满足下列要求,并适于其相关联的SRCF:

——避免系统失效要求(见6.7.9.1);和

——系统失效的控制要求(见6.7.9.2)。

6.8.4 评估SRCF危险失效概率时,应考虑SRECS诊断功能的失效概率。

注1:也见6.6.2.1中注3。

注2:用于检测执行诊断功能的子系统的定时限制,可能与适合SRCFs的时间限制不同,一般来说,试验时间间隔

应满足硬件容错度为1的子系统的要求。

注3：应检测诊断功能的失效，并做出适当的反应，以保证诊断功能有利于SRCF的安全完整性保持。诊断功能失效可以由在线测试，冗余硬件交叉检测等方式发现。

6.8.5 应提供SRECS诊断功能、诊断功能的失效检测/反应和诊断功能有助于相关SRCFs安全完整性的清晰描述。

6.8.6 为应用简化方法，适用于评估子系统(6.7.8.2)的危险随机硬件失效概率，应使用下列因素：

——为达到要求的危险随机硬件失效概率和子系统硬件容错为零而需要SRECS诊断功能时，则故障检测和规定的故障反应该在该故障导致危险之前执行，和

——SRECS诊断功能应实施最小，以使随机硬件失效概率和系统安全完整性是相同的，如同相应SRCF所规定的；或

注1：硬件安全完整性的体系结构限制不需要用于实现诊断功能。

——危险随机硬件失效概率是一个数量级大于SRCF规定的数量级时，应进行试验以确定诊断功能或诊断装置是否保持运行。假定，这样的诊断功能或诊断装置试验在子系统检验试验之间的间隔期间最少进行10次。

注2：诊断功能试验尽可能100%覆盖执行诊断功能的部件。

注3：如果诊断功能由SRECS逻辑求解器实现，可能不需要单独进行诊断功能试验了，因为其失效能作为SRCF失效显示出来。

注4：试验既可以由外部方法(例如试验设备)也可以由SRECS的内部动态检查(例如嵌入式的逻辑求解器)来完成。

6.9 SRECS硬件实现

SRECS应当按照SRECS设计文件实现。

6.9.1 SRECS互联

6.9.1.1 SRECS应互联以满足SRECS的安全要求规范的适当部分，而这些要求与GB 5226.1中的导体、电缆和配线有关。

6.9.1.2 避免和控制互联导体失效和电缆失效的措施应符合6.4.1和6.4.2。

6.10 软件安全要求规范

6.10.1 概述

若实现安全相关控制功能的SRECS中任一部分使用软件，应开发软件安全要求规范，并撰写文档。

6.10.2 要求

6.10.2.1 在SRECS规范和结构的基础上，对于每个子系统应开发软件安全要求规范。

6.10.2.2 每个子系统的软件安全要求规范都应来自：

a) SRECS规定的安全要求；

b) 产生于SRECS体系结构的要求，和

c) 功能安全计划(见4.2)的任何要求。这些信息应提供给应用软件开发商。

6.10.2.3 应用软件安全要求规范应详细，使得SRECS的设计和执行达到要求的安全完整性，并允许验证。

6.10.2.4 应用软件开发人员应该检查规范中的信息，保证所有要求都有充分的规定。特别是软件开发人员应遵照本标准，包括下列信息：

——SRCF；
——系统的配置或结构；
——容量和响应时间特性；
——设备和操作者界面；
——安全要求规范中所规定的机器操作所有相关的模式；
——外部装置诊断试验(例如:传感器和最终元件)。

6.10.2.5 规定的软件安全要求其表达和结构应能：
——清晰、可验证、可试验、可维修和可操作、有相称的安全完整性等级；
——可追溯到 SRECS 的安全要求规范；
——没有含糊术语和描述。

6.10.2.6 软件安全要求规范应表达要求的每个子系统的特性，要通过提供正确选择设备的信息。应规定下列基于软件的 SRCF 的要求：
——分配到每个子系统的所有功能块的逻辑(如功能性)；
——每个功能块的输入输出接口；
——输入输出数据的格式和数值范围以及其有关功能块；
——描述各功能块限制的相关数据，例如最大响应时间，真实性检查限制值；
——由子系统实现的 SRECS 范围内的其他装置(例如:传感器和最终元件)的诊断功能；
——能让机器达到或保持安全状态的功能；
——有关检测、通告和处理故障的功能；
——有关 SRCF 在线和离线的周期测试的功能；
——防止未经授权 SRECS 修改功能；
——非 SRCF 接口；和
——容量和响应时间性能。

注：接口包括在线和离线编程工具。

6.10.2.7 适当时，在文件中应使用半形式化方法，例如逻辑、功能模块及序列图表。

注：软件文档指导见 GB/T 19898、ISO/IEC 15910 和 ISO/IEC 9254。

6.11 软件设计和开发

6.11.1 嵌入式软件设计和开发

并入子系统的嵌入式软件应符合 IEC 61508-3，要求的 SIL 应适当。

注 1：也见 6.7.3.2。

注 2：附录 C 帮助 SRECS 中用于实现 SRCF 的嵌入式软件的设计和开发。

6.11.2 参数化软件

6.11.2.1 有关安全参数的软件参数化被认为是 SRECS 设计的有关安全方面，SRECS 设计在软件安全规范(见 6.10)中描述。参数化应使用 SRECS 或相关子系统的供方提供的专用工具进行。该工具应有属于自己的标识(名称、版本等)。参数化工具将防止未经授权的修改，例如:使用密码。

6.11.2.2 应保持用于参数化使用的所有数据的完整性。应采用下列措施实现：
——控制有效输入的范围；
——控制数据传输前的损坏；
——控制参数传输过程的错误影响；
——控制参数传输不完整的影响；和
——控制参数化所用工具的软件、硬件的故障和失效影响。

6.11.2.3 用于参数化的工具应满足下列要求：

——按照本标准对子系统所有相关要求，以确保正确的参数化；或

——应使用特别程序设置有关安全参数。该程序应包括通过下列途径确认 SRECS 的输入参数：

- 将已修改的参数再传给参数化工具；或
- 确认参数完整性的其他方法；

和随后的确认(例如，经合适的技术人员和参数化工具的自动检查)；

注：使用非专用装置(例如，个人计算机或同等设备)进行参数化时是特别重要的。

——在传送/再传过程中用于编码/译码的软件模块和用于用户安全相关参数的可视化软件模块，应在功能上作为最小使用的相异技术，以预防系统失效。

6.11.2.4 基于软件参数化的文档应指明使用的数据(例如：预定义的参数集)、需要识别与 SRECS 相关参数的信息和执行参数化的人员连同其相关信息例如参数化日期。

6.11.2.5 基于软件参数化应采用下列验证活动：

——验证正确设置每个安全相关参数(最小、最大和典型值)；

——验证安全相关参数合理性检查，例如：用无效值等检测；

——验证防止安全相关参数的未经授权修改；

——验证作为参数化数据/信号的产生和处理，故障不能导致 SRCF 损失。

注：使用非专用装置(例如：个人计算机或同等设备)进行参数化是特别重要的。

6.11.3 应用软件的设计和开发

注：本分条基于 IEC 61508-3。

6.11.3.1 一般要求

6.11.3.1.1 IEC 61508-3 的要求符合全可变语言类型(FVL)。下列要求适用于基于有限可变语言类型(LVL)的应用软件。

6.11.3.1.2 应用软件开发期间，执行活动的结果应在适当阶段进行验证。

6.11.3.1.3 为满足所需 SRCF 的 SIL，选择的设计方法和应用语言应具有下列便于应用的特征：

a) 抽象性、模块性及其他控制复杂性的特征；可能的话，软件应基于经过充分验证的逻辑功能，包括用户库功能和链接逻辑功能的良好定义规则；

b) 如下表述：
   - 功能性，理想地作为逻辑描述或算法函数；
   - 模块化元素之间的信息流；
   - 顺序和有关时间的要求；
   - 定时限制；
   - 数据结构和其属性，包括数据类型、数据范围的有效性；

c) 由开发者和其他需要懂设计的人理解的，包括应用功能性的理解和 SRECS 技术限制的知识；

d) 验证和确认，包括应用软件的结构测试(白箱)、集成应用程序的功能测试(黑箱)、与 SRECS 交互的接口测试(灰箱)、和其应用特定的硬件体系结构；

e) 安全修正。

6.11.3.1.4 测试是用于应用软件的主要验证方法。试验计划应包括：

——软件和硬件集成的验证策略；

——试验实例和试验结果；

——执行的试验类型；

——试验设备，包括工具、支持软件和配置说明；

——试验准则，应对完成的试验进行判定；
——实际位置(例如工厂或现场)；
——外部功能性的依赖；
——必要的试验实例的数量；和
——相关功能或要求的完成情况。

6.11.3.1.5 应用软件要同时执行非安全和安全相关控制功能时，那么所有应用软件应作为安全相关处理，除非可以证明设计的功能之间有足够的独立性。

6.11.3.1.6 在应用层设计应包括数据完整性检查和合理性检查(例如通信链路检查、传感器输入边界检查、数据参数边界检查)。

6.11.3.1.7 应用软件设计应包括控制流和数据流的自监控，除非这类功能已经包括在嵌入式软件中。在失效检测方面，应采取恰当的行为，以达到或保持安全状态。

6.11.3.1.8 如果预先开发的软件库函数作为设计的一部分，应证明其满足软件安全要求规范的适合性。适合性应基于证明有类似功能性的类似应用中令人满意的操作，或预期任何新开发的安全相关软件应承受同一验证和确认程序。应评估来自先前软件环境(例如操作系统和编译器)的约束。

6.11.3.1.9 对应用软件的任何修改和变动应做影响分析，识别所有受影响的软件模块和必要的重新验证活动，以确定软件安全要求规范仍然被满足。

6.11.3.2 软件配置管理

6.11.3.2.1 功能安全计划应规定软件开发、集成、验证和确认的策略。

6.11.3.2.2 软件配置管理应：

——确保所有必要操作已执行，并证明达到了软件安全完整性要求。
——准确保持和唯一识别有关配置项目的所有文件，这是为保持 SRECS 的完整性所需要的。配置项目至少应包括：
- 安全分析和要求；
- 软件规范和设计文件；
- 软件源代码模块；
- 试验计划和结果；
- 将被并入 SRECS 的预存软件模块和软件包；
- 在应用软件上用于创建或试验、或执行任何动作的所有工具和开发环境。

——应用改变控制程序：
- 防止未经授权的修改；
- 文件修改请求；
- 分析提议的修改的冲突，通过或拒绝请求；
- 授权和所有批准的修改的详细文件；
- 软件开发中在适当点提供软件配置文件。

——为下述信息提供文件，允许随后的审计：版本状态，批准所有修改的理由和修改细节。
——正式应用软件的版本文件，软件和所有相关文件的原版拷贝应保存，允许维护和修改能够在发行软件的生命周期内完全有效。

6.11.3.3 软件体系结构要求

注1：软件体系结构规定系统的主要元件及子系统和应用软件，他们如何并入、如何实现要求的属性。例如，应用软件模块包括整个机器的应用功能：机器输入/输出，超越和禁止元件、数据有效性检查和范围检查等。

注2：软件体系结构也受由供方提供的子系统的基本体系结构的影响。

6.11.3.3.1　在SRECS系统结构限制和子系统设计范围内，软件体系结构设计应遵循SRECS的安全规范。

6.11.3.3.2　软件体系结构设计应：

a)　提供内部结构、SRECS操作及其部件的综合描述(见注释)；

b)　包括所有识别的软件部件规范，和识别的部件(软件与硬件)之间的连接和交互描述；

c)　包括内部设计和所有不是黑箱的识别的部件的的体系结构；

d)　识别SRECS中但未在任何安全相关操作模式中使用的软件模块。

注：体系结构文件及时更新，保持SRECS的完整性，这一点非常重要。

6.11.3.3.3　为满足规范要求，在应用软件设计期间的一套技术和措施应被描述和证明。这些技术和措施应确保SRECS行为的可预见性，并与SRECS文件中任何识别的限制一致。

6.11.3.3.4　应描述和证明用于保持所有数据完整的措施。这类数据可以包括机器的输入和输出数据、通信数据、操作接口数据、维修数据和内部数据库数据。

6.11.3.4　支持工具、用户手册和应用语言要求

6.11.3.4.1　应选择一组合适的工具，包括配置管理、模拟、和试验装备工具。应考虑合适工具的可用性(最初系统开发时不使用的工具)，以便在SRECS的生命周期内提供相关的服务。工具的适用性应说明和形成文件。

注：开发工具的选择取决于软件开发活动的性质，嵌入式软件和软件结构。可能需要验证和确认的工具，例如代码分析仪和模拟器。

6.11.3.4.2　必要时，应规定应用编程语言子集。

6.11.3.4.3　应用软件的设计应考虑限制，和在SRECS和子系统用户手册中包括的已知缺陷。

6.11.3.4.4　选择的应用语言应：

——使用翻译器/编译器处理的应评估以使其适应用途；

——定义完全和明确或仅限于明确定义的特征；

——对应于应用特征；

注：应用特征指，例如任何性能限制。

——便于检查编程错误的包含特征；和

——匹配设计方法的支持特征；

或，在软件体系结构设计描述中，使用语言的不足应形成文件，语言用途的适应性应说明，包括：识别的语言缺陷所需的附加措施。

6.11.3.4.5　应用语言使用程序应规定良好的配置实践，禁止非安全通用软件特征(例如：未定义语言特征、非结构化设计等)，识别检查能用于检测结构错误，规定应用程序的文件程序。至少，应用程序文件中应包含下列内容：

a)　合法实体(例如公司、作者等)；

b)　描述；

c)　应用功能要求的可追溯性；

d)　标准库函数的可追溯性；

e)　输入和输出；和

f)　结构管理。

6.11.3.5　应用软件设计要求

6.11.3.5.1　以下信息应在应用软件详细设计开始之前得到：

——软件安全要求规范；

——软件体系结构设计描述包括应用逻辑和故障容错功能识别，输入和输出数据表，通用软件模块，使用的支持工具和与可用材料一起配置应用软件的程序，以便为定义的 I/O 提供应用功能性。

——确认软件安全的计划。

6.11.3.5.2　应用软件应以结构的方法产生，以达到：

——应用功能以及 I/O 控制数据的模块性；

——功能（包括容错特征）和内部结构的易测性；

——安全修改的能力，通过规定适当的可追溯性和应用功能及相关限制说明实现。

6.11.3.5.3　在应用软件体系结构设计（见 6.11.3.5.1）的描述中，对于各主要部件/子系统，设计优化应基于：

——功能，是以循环方式使用于整个设计；

——应用软件模块的输入/输出信息映射；

——通用软件功能和 I/O 映射实现应用功能。

6.11.3.5.4　应规定各应用软件模块的设计和用于各应用软件模块结构的试验。

6.11.3.5.5　应规定适当软件和 SRECS 集成试验，以保证应用程序满足规定的应用软件安全要求。应考虑下列项目：

——应用软件分割成可管理的集成集；

——试验实例；

——执行的试验类型；

——试验环境、工具、配置和程序；

——试验准则，用来判断试验完成情况；和

——对试验失效，用于纠正行为的程序。

6.11.3.6　应用代码开发要求

6.11.3.6.1　应用软件应：

——可读、可理解、可测试；

——满足有关设计原则；

——满足安全计划中规定的相关要求。

6.11.3.6.2　应用软件应得到核对，以保证与指定设计、编码规则和安全规划要求一致。

注：应用软件评审包括这类技术，例如：软件检查或走查、编码分析或数学证明。这些技术应与测试和/或模拟结合使用，以保证应用软件满足其相关规范要求。

6.11.3.7　应用模块测试要求

注：应用软件能恰当满足其试验规范的测试是验证活动。它是编码审查和结构测试的结合，为应用软件模块满足其相关规范提供了保证。即：它得到了验证。

6.11.3.7.1　每个输入和输出点的配置应检查，凭借评审、测试、或模拟，以确认 I/O 数据映射到正确的应用逻辑。

6.11.3.7.2　每个软件模块应检查，凭借过程评审、模拟和测试，以确定预期功能被正确执行，而非预期功能不能执行。

6.11.3.7.3　试验应符合受试的特定模块，还应：

——保证任何应用软件模块的各分支经过练习；

——保证边界数据经过练习；

——保证正确执行顺序，包括有关同步条件。

6.11.3.7.4 应用软件模块测试结果应形成文件。

6.11.3.7.5 已经被评估的软件或大量的积极操作经验可用时,测试的数量可能会减少。

6.11.3.8 应用软件集成测试要求

注:软件被正确集成的测试是验证活动。

6.11.3.8.1 应用软件试验应验证所有应用软件模块和部件/子系统彼此正确交互,用基本的嵌入式软件执行预期功能,而不执行可能危害任何安全功能的非预期功能。

6.11.3.8.2 应用软件综合测试结果应形成文件,陈述:

——试验结果;和

——是否符合试验准则的目标。

6.11.3.8.3 如有失效,测试结果文档内应包括失效原因以及采取的纠正措施。

6.11.3.8.4 在应用软件集成期间,软件的任何修改或变更应按照安全影响分析进行,确定如下:

——受影响的所有软件模块;和

——所有必需重新验证和重新设计的活动。

6.12 安全相关电气控制系统集成和测试

注:SRECS 集成一般在安装前进行,但在有些情况下,SRECS 集成在安装后才能进行(例如:应用软件开发到安装结束后才定下来)。

6.12.1 一般要求

6.12.1.1 SRECS 应按规定的 SRECS 设计集成。作为所有子系统和子系统元素的一部分集成到 SERCS,应按照规定的集成试验进行 SRECS 试验。这些试验应验证所有模块正确交互,以执行他们的预期功能,不执行非预期功能。

6.12.1.2 安全相关应用软件集成到 SRECS 应包括在设计和开发阶段规定的试验,以保证应用软件和硬件及嵌入式软件平台的兼容性,从而满足功能和安全性能要求。

注1:这不表示所有输入结合的测试。测试所有相等级别(见 GB/T 20438.7 中 B.5 和 C.5.7)已经足够。静态分析、动态分析或失效分析能降低测试案例数目至可接受的水平。使用结构化设计或半正式方法便于测试和验证。

注2:用结构设计或半正式方法允许降低试验实例的深度和数量。

注3:也可以使用统计证据降低试验实例的深度和数量。

6.12.1.3 应制作 SRECS 集成测试的恰当文件,表述试验结果,是否达到了设计开发阶段规定的目标和准则。如果有失效,失效的原因应该形成文件,并进行纠正行动和重新测试。

6.12.1.4 集成和测试期间,对 SRECS 的任何修改或变化应进行影响分析,并应识别所有受影响的部件和附加验证。

6.12.1.5 在 SRECS 集成测试期间,应形成下列文件:

a) 所用试验规范的版本;

b) 集成试验可接受的准则;

c) 受试的 SRECS 版本;

d) 使用的工具和设备连同校准数据;

e) 每次试验的结果;

f) 期望和实际结果之间的所有差异;

g) 在发生差异的地方,所做的分析和决定是否继续测试或提出改变要求。

6.12.2 SRECS 集成时,决定系统安全完整性试验

6.12.2.1 应用软件和硬件集成期间,暴露故障和避免失效的测试应使用。试验期间,应进行评审考虑

是否达到了规定的 SRECS 特性。

6.12.2.2 应进行下列试验：

a) 在充分表征操作的数据处，对 SRECS 应用功能试验。应观察输出，其响应与规范规定的进行比较。偏离规范和未完成规范的指示应形成文件；和

b) 在实际功能条件下，验证动态行为的动态试验和满足 SRECS 功能规范的显示失效，并评估 SRECS 的实用性和鲁棒性。

注：在规定的环境中和有规定的试验数据，执行系统或程序的功能。该试验数据根据已确定的准则，从 SRECS SRS 系统生成。这暴露了 SRECS 的行为，并允许与规范进行比较。目的是为了确定 SRECS 和/或其子系统是否正确执行了规范要求的所有功能。形成等值级别技术是用于黑箱试验数据的准则例子。依照规范，输入数据空间再分成特定的输入值范围（等值级别）。试验实例形成于：

——可允许范围的数据；

——不可允许范围的数据；

——范围限制数据；

——极限值；

——上述级别的结合。

在不同的试验活动（模块试验、集成试验和系统试验）中，为选择试验实例，其他准则可以是有效的。

6.13 SRECS 安装

6.13.1 目的

本条要求的目标是适合 SRECS 安装以保证其适合预期用途和为确认做准备。

6.13.2 要求

6.13.2.1 SRECS 应按照最终系统确认的功能安全计划进行安装（见 4.2.1 中 h））。

6.13.2.2 SRECS 的安装应做恰当记录，陈述任何试验结果。如果有失效，应记录失效原因。

7 SRECS 使用信息

7.1 目的

应提供 SRECS 信息，使用户能够开发程序，以保证在机器使用和维护期间保持 SRECS 所要求的功能安全。

7.2 安装、使用与维护文件

注 1：见 GB/T 15706.2 第 6 章提供的一般信息，起草随机文件时应予以考虑。

注 2：分条文档中的一个或多个项目可能已经被开发出来了，为了满足本标准的其他方面。

文档应提供 SRECS 的安装、使用和维护信息，应包括：

a) 设备、安装和装配的全面描述。

b) SRECS 预期使用的陈述和防止可预见的误用的必要措施。

c) 实际环境信息（例如照明、震动、噪音等级、大气污染）（适合时）。

d) 概略（框）图（适合时）。

e) 电路图。

f) 验证试验时间间隔或寿命。

g) SRECS 功能和机器电气控制系统功能之间的交互作用描述（包括互连接线图）。

h) 必要措施描述，来保证 SRECS 功能从机械电气控制系统功能中分离出来。

i) 如果需要,暂停 SRCF(例如:用于手工编程,程序验证),为保持安全所提供的防护和措施的描述。

j) 有关编程信息。

k) 适于 SRECS 维护要求的描述,包括:

1) 用于记录机器维护历史的日志;

2) 为保持 SRECS 功能安全需要进行的日常维护活动,包括:有预定寿命的元件日常更换;

3) SRECS 中出现故障或失效时要遵循的维护程序,包括:

- 故障诊断和修理程序;
- 修理后确认正确操作程序;
- 维护记录要求。

4) 维护和重新试运转必需的工具和适用于维护工具和设备的程序;

5) 定期测试规范、预防维护和纠正维护规范。

注 3:定期试验是确认正确操作和检测故障必须的功能试验。

注 4:预防性维护是保持 SRECS 所需性能而采取的措施。

注 5:纠正维护包括将 SRECS 带回到设计状态的特定故障发生后采取的措施。

8 安全相关电气控制系统确认

注:SRECS 确认可能形成适用于全部机器设计的确认活动的一部分。

8.1 目的

本条规定用于 SRECS 的确认程序的要求,包括:检查和 SRECS 测试,以保证达到安全要求规范中陈述的要求。

8.2 一般要求

8.2.1

应按照预定计划执行 SRECS 确认(见 4.2)。

注 1:有些情况,安全确认只能在安装后才能完成(例如:应用软件开发在安装后才能确定)。

注 2:可编程序的 SRECS 确认由硬件、软件要求确认组成。软件确认要求包括在 6.11.3 中。

8.2.2 SRECS 要求规范(见 5.2)中规定的各 SRCF、所有 SRECS 操作和维护程序应通过试验和/或分析进行确认。

8.2.3 SRECS 安全确认的测试应形成恰当文件,对各 SRCF 应有下列陈述。

a) 安全确认计划使用的 SRECS 版本和试验的 SRECS 版本;

b) 在 SRCF 试验(或分析)中,在 SRECS 安全确认计划期间,和具体涉及规定的要求;

c) 使用的工具和设备连同校准数据;

d) 每次试验结果;

e) 期望结果和实际结果的差异。

8.2.4 产生差异时,必要时应进行纠正活动和重新测试,并形成文件。

8.3 SRECS 系统安全完整性确认

8.3.1 下列要求应适用:

a) 在规范、设计和集成阶段暴露失效的功能测试,和在 SRECS 软件/硬件的确认期间应采用避免失效的功能测试。包括验证(例如通过检查或试验)以评估 SRECS 是否受到保护,防止有害环境的影响，并应符合安全要求规范。

注1：也见6.12.2.1。

b) 干扰抗扰度测试用以保证SRECS能够满足5.2.3。对于SRECS子系统或子系统元件不必执行电磁干扰的抗扰度测试，在那儿，SRECS对它的预期应用有足够的抗扰度，通过分析可以表现出来。

注2：SRECS只要可行，用典型应用程序装载，所有外围线路（所有数字、模拟和串行接口，以及总线连接、电源等）要遭受标准噪声信号。为了获得定量陈述，对接近限值应谨慎。

c) 要求的安全失效系数大于或等于90%时应执行故障插入测试，这些试验应在SRECS硬件中引入或模拟故障，结果应形成文件。

8.3.2 此外，下列一个或多个考虑SRECS的复杂性和指定的SIL的分析技术组应适用：

a) 静态和失效分析；

注1：这种分析技术的结合只考虑适合SRECS，用指定的SIL，不超过SIL2来执行SRCFs。

注2：进一步的信息可以在GB/T 20438.7中B.6.4和B.6.6中找到。

b) 静态、动态和失效分析；

注3：这种分析技术的结合并不推荐用于SRECS，用指定的SIL，低于SIL2来执行SRCFs。

注4：进一步的信息可以在GB/T 20438.7中B.6.4，B.6.5和B.6.6中找到。

c) 模拟和失效分析。

注5：这种分析技术的结合只考虑适合SRECS，用指定的SIL，不超过SIL2来执行SRCFs。

注6：进一步的信息可以在GB/T 20438.7中B.3.6和B.6.6中找到。

8.3.3 此外，下列一个或多个考虑SRECS的复杂性和指定的SIL的测试技术组应适用：

a) 黑箱测试：在实际功能状态下的动态行为试验，从而暴露失效，满足SRECS功能规范，并评定SRECS的有效性和鲁棒性；

注1：也见6.12.2.1。

b) 如果安全失效系数小于90%应执行故障插入（注入）测试。这些试验应在SRECS硬件中引入或模拟故障，其结果形成文件；

c) 应执行“最坏情况”测试，以评定用分析技术指定的极端（即最坏）情况（见8.3.2）；

注2：在最坏的情况下，对SRECS的操作能力及其元件的尺寸进行试验。环境条件变化到最高所能允许的边缘值。检查SRECS的最基本响应，并与安全要求规范进行比较。

d) 现场试验：使用来自不同应用的现场经验作为一种措施，以避免SRECS确认期间出现故障。

注3：也见6.12.2。

9 修改

9.1 目的

9.2 修改程序

在SRECS设计、集成和确认期间（例如，SRECS安装和试运行时）当其修改时，本条规定的修改程序适用。

9.2.1 修改SRECS的要求源自于下列情况，例如：

——安全要求规范的变化；

——实际使用条件；

——附带事件/偶然事故经验；

——加工材料变化；

——机器修改或其操作模式改变。

注：按照 SRECS 的使用信息或说明书对其进行的干预(例如：调整、设置、修理)，本条不考虑修改。

9.2.2 要求修改 SRECS 的原因应生成文件。

9.2.3 要求的修改其影响应进行分析，以建立 SRECS 的功能安全效果。

9.2.4 修改的效果分析和其对 SRECS 功能安全影响的分析应形成文件。

9.2.5 对 SRECS 有影响的所有可接受的修改应开始返回到其硬件和/或其软件的适当设计阶段(例如规范、设计、集成、安装、试运行和确认)。所有后续阶段应按照本标准中的特定阶段所规定的程序执行。所有相关文件应修订、修改和再版。

9.2.6 以那些经过修订的文件为基础，在执行任何修改前应该准备一个完整的行动计划，并形成文件。

9.3 配置管理程序

9.3.1 配置管理程序应按照功能安全计划(见 4.2.1)执行，应考虑下列因素：

a) 各修改过程的计划；

b) 决策过程和各 SRECS 相关决定的文件；

c) 改变要求程序的按时间顺序排列的文档(例如工作日志)，包括：

- 识别可能受影响的危险；
- 改变要求(硬件和/或软件)的描述；
- 改变要求的原因(也见 9.2.1)；
- 做决定(和每个决定的授权)；
- 影响分析；
- 重新验证(对各阶段)和重新确定；
- 受改变要求活动影响的所有文件；
- 在改变过程中执行的所有活动，和负责这些活动的人/实体。

d) 下列信息的文件，允许随后审查：

- 配置状况；
- 版本状态；
- 所有修改和批准的理由；
- 修改的细节。

9.3.2 适当改变-控制-过程的程序应考虑下列要求：

a) 为每个 SRECS 版本定义唯一的基线程序。

b) 基线的所有配置项目的定义。这至少应包括：

1) 安全要求分析和规范；

2) 有关设计文件；

3) 硬件和/或软件模块；

4) 试验计划和结果；

5) 验证和确认报告；

6) 已存在的软件部件，这些软件部件将并入 SRECS；

7) 创建和试验用的工具和开发环境；

8) 所有配置项有唯一标识的准确维护，这对保持 SRECS 的完整是必要的。

9) 改变控制程序，从而：

- 阻止未授权的修改；
- 文件改变要求；
- 分析所提出的改变要求的影响，批准或拒绝该要求；

- 所有批准的修改细节和授权文件;
- 在硬件或软件开发中,在适当点建立配置基线,并记录(部分的)集成测试,该测试证明基线是正确的;
- 保证所有硬件或软件基线的构成和建造(包括以前的基线的再建造)。

10) 效果分析,应对每个改变要求进行评定。该分析也应包括合适的危险分析,和应考虑SRECS的所有其他修改活动。

11) 对SRECS有影响的所有可接受的修改,返回到SRECS的硬件和/或软件的适当设计阶段(例如,规范、设计、集成、安装、试运行和确认)。所有后续阶段应按照本标准执行。

12) 执行所有必要的操作,以证明已达到所要求的安全完整性。

13) 对执行必需的改变要求活动的授权应取决于影响分析的结果。

9.3.3 变更控制过程的文件应至少包括:

a) 每个修改过程的计划;

b) 上述提及的要求和程序文件;

c) 决策过程和各有关SRECS的决定做出的文件;

d) 改变要求程序的按时间顺序排列的文件(工作日志),包括:
- 识别可能受影响的危险;
- 改变要求(硬件和/或软件)的描述;
- 改变要求的原因(见9.2.1);
- 做决定(和每个决定的授权);
- 影响分析;
- 重新验证(对各阶段)和重新确认;
- 受改变要求活动影响的所有文件;
- 在改变过程中执行的所有活动,和负责这些活动的人/实体。

e) 下列信息的文件,允许随后审查:
- 配置状况;
- 发布状态;
- 所有修改和批准的理由;
- 修改的细节。

10 文件

10.1 文件应:

——精确和简明;

——让使用的人容易理解;

——适合其预期目的;

——容易获取和保持。

10.2 SRECS的设计者应区别出用户相关的文件与设计和建造相关的文件。

10.3 文件应该有标题和名称,指明其内容范围。

10.4 文件应有修订索引(版本号),从而能够区别文件的不同版本。

注:有关文件管理所使用方法的进一步信息,参见IEC 82045-1:2001。

10.5 表8对可用信息及文件进行了总结。

表 8　SRECS 的信息和文件

必需的资料	子　目
功能安全计划	4.2.1
SRCF 的要求规范	5.2
SRCF 的功能安全要求规范	5.2.3
SRCF 的安全完整性要求规范	5.2.4
SRECS 设计	6.2.5
结构设计过程	6.6.1.2
SRECS 设计文件	6.6.1.8
功能块的结构	6.6.2.1.1
SRECS 体系结构	6.6.2.1.5
子系统安全要求规范	6.6.2.1.7
子系统实现	6.7.2.2
子系统体系结构(组成元素及其相互关系)	6.7.4.3.1.2
在估计容错/SFF 时的故障排他性要求	6.7.6.1c)/6.7.7.3
子系统装配	6.7.10
软件安全要求规范	6.10.1
基于软件的参数化	6.11.2.4
软件配置管理项目	6.11.3.2.2
软件开发工具的合适性	6.11.3.4.1
应用程序的文件	6.11.3.4.5
应用软件模块测试的结果	6.11.3.7.4
应用软件集成测试的结果	6.11.3.8.2
SRECS 集成测试的文件	6.12.1.3
SRECS 安装的文件	6.13.2.2
安装、使用和维护的文件	7.2
SRECS 确认测试的文件	8.2.4
SRECS 配置管理的文件	9.3.1

附 录 A
（资料性附录）
SIL 分配

A.1 概述

本附录提供了风险评估和 SIL 分配的定性方法的示例，可适用于机器的 SRCF。在 GB/T 20438.5 中有可用于 SIL 分配的其他技术的例子，并且将会在即将提出的 IEC TC44 技术规范中略述。

注 1：本附录所描述的方法论使用风险的定性评估，通常适用于对机器的 SRCF 的 SIL 分配。对特定的机器应用这种方法时所使用的风险参数（见图 A.2）和其具体的危险应与相关人员协议，以确保 SRECS 能够将风险降至足够低。

注 2：大量的机器特定标准（CEN 中的"C"类标准）中执行了风险评估，以按照 GB/T 16855.1 机器控制系统有关安全部件选择要求的类别，为简化，就是要注意下列常用的关系：要求的类别 1——要求的 SIL1、要求的类别 2——要求的 SIL1、要求的类别 3——要求的 SIL2 和要求的类别 4——要求的 SIL3。在 GB/T 16855.1 要求的类别和本标准所用要求的 SILs 之间更多映射的综合法在考虑中。

对于每一个特定危险，其安全完整性要求由 SRECS 执行的安全相关控制功能分别决定（见 5.2.4.2）。

对于 SRECS 功能，在导致评估 SIL 要求的具体危险时，图 A.1 是执行风险评价的实际方法的例子。对于每个风险应执行这种方法，这些风险会通过 SRECS 执行的安全相关控制功能而减少。图 A.1 应与本附录的指导信息结合使用。

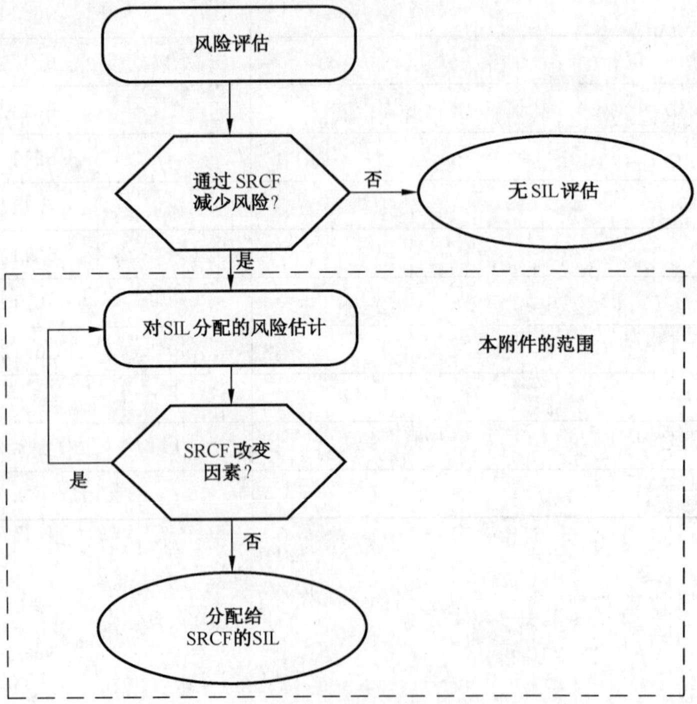

图 A.1 SIL 分配过程的工作流程

风险估计是一个迭代过程，这是指该过程需要不止一次地执行。

图 A.1 所示指向风险评估的反馈箭头。这是必需的，因为提供特殊保护措施来执行 SRCF 可能对风险参数有影响（例如，使用保护光帘可能会导致更大频率进入）。光帘失效将操作者暴露到比最初设想的更大的风险。这要求应遵循相同的方法不断重复过程，但使用的是修改过的风险参数。

如图 A.1 所示在过程的结尾，经过评估的 SIL 就是安全相关控制功能要求的 SIL。

A.2 风险估计和 SIL 分配

A.2.1 危险识别/指示

指示危险，包括可预见的误用所引起的危险，通过执行 SRCF 减少风险。在表 A.5 中的“危险”列(栏)列出。

A.2.2 风险评估

应通过确定风险参数为每个危险进行风险评估。如图 A.2 所示，风险参数来源于下列要素：

——伤害严重程度，Se；和

——发生伤害的概率，它是下列因子的函数：

- 人们暴露在危险中的频率和持续时间，Fr；
- 危害事件发生的概率，Pr；
- 避免或者限制伤害的可能性，Av。

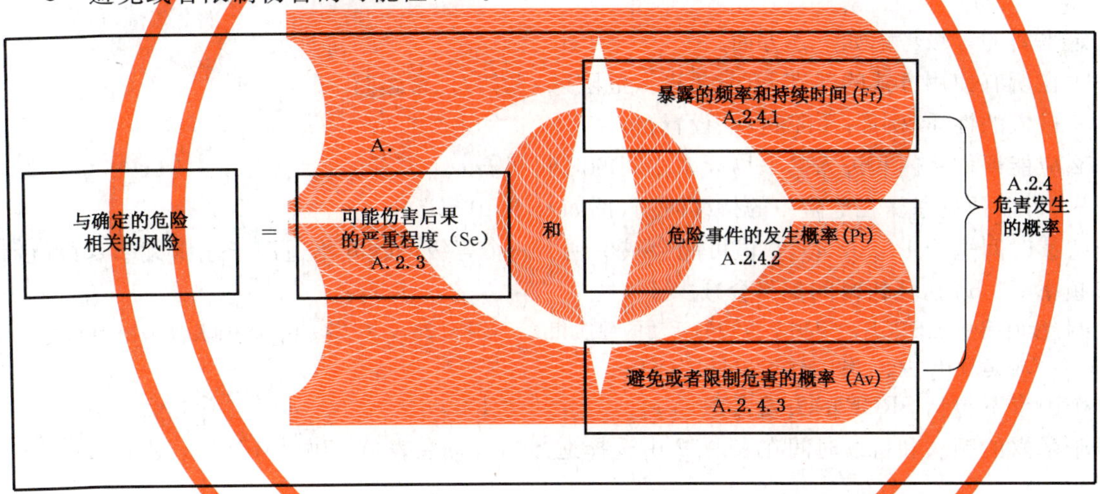

图 A.2 用于风险评估的参数

进入表 A.5 的评估通常是以对 SRCF 的最坏情况考虑为基础的。然而，在一种情况下，例如：有一个不能挽回的伤害可能发生，但是比可以挽回的伤害的发生概率要低很多，那么每一个的严重程度等级应在表格中占单独一行。可能每一行都执行不同的 SRCF。如果两行执行同一个 SRCF，那么应使用最高目标 SIL 要求。

A.2.3 严重程度(Se)

伤害或者损坏健康的严重程度能够通过考虑可以挽回的伤害、不可挽回的伤害和死亡来进行评估。根据伤害的后果从表 A.1 选择严重程度的适当值，其中：

4 代表致命的或者严重且不能挽回的伤害，在康复后难以进行相同的工作，即使有也极少；

3 代表严重或不能挽回的伤害，但在康复后存在可以继续从事相同工作的可能性。同时它还包括重大的但可以挽回的伤害，比如断肢；

2 代表可以挽回但需要专业医疗护理的伤害，包括严重的破口、刺伤及严重的撞伤；

1 代表需要急救护理的较小伤害，包括擦伤和较轻的撞伤。

对于伤害后果(Se)在表 A.1 选择适当的行。在表 A.5 的“Se”列填入适当数字。

表 A.1 严重程度(Se)分类

后　果	严重程度(Se)
无可挽回:死亡、失去眼睛或胳膊	4
无可挽回:断肢、断指	3
可挽回:要求医疗	2
可挽回:要求急救	1

A.2.4 伤害发生概率

危害发生概率的 3 个参数(即 Fr,Pr 和 Av)互相应独立地进行评估。每个参数需使用最坏情况的设想,从而确保 SRCF 没有被错误指定比必需的等级低的 SIL。通常,强烈建议使用基于任务分析的形式,以确保伤害发生概率的评估被给予适当的考虑。

A.2.4.1 暴露频率和持续时间

确定暴露的等级考虑如下述方面:

——在所有使用方式的基础上,需要进入危险区,例如,正常运行、维护;和

——进入的性质,例如,手工送料、设置。

那么应能评估暴露和进入的平均频率之间的时间间隔。

同样,可以预见暴露在危险中的持续时间,例如长于 10 min。

当持续时间短于 10 min 时,数值可能会减少到下一个等级。这并不适用于暴露频率≤1 h 的情况,当暴露频率≤1 h 时,任何时间都不会减少。

注:持续时间与在 SRCF 的保护下执行的活动的性能相关。GB 5226.1 和 ISO 14118 有关动力隔离和功率耗散的要求应适用于主要干预。

这个因素不包括 SRCF 的失效考虑。

对于暴露的频次和持续时间在表 A.2 中选择适当的行。在表 A.5 中“Fr”列填入适当的数字。

表 A.2 暴露的频率(Fr)和持续时间分级

暴露的频率(Fr)和持续时间	
暴露的频率	持续时间 >10 min
≤1 h	5
>1 h 至≤1 d	5
>1 d 至≤2 星期	4
>2 星期至≤1 a	3
>1 a	2

A.2.4.2 危险事件发生概率

伤害发生的概率应独立于其他相关参数 Fr 和 Av 进行评估。每个参数应作最坏情况的设想,以确保 SRCF 没有被错误指定比所需等级低的 SIL。为防止以上事件的发生,强烈建议使用基于任务分析

的形式，以确保伤害发生概率的评估被给予适当考虑。

参数评估应考率下述因素：

a) 在不同的使用方式（例如正常操作、维护、故障发现），与危险有关的机器零部件行为的可预见性。

有必要仔细考虑控制系统，特别是与意外启动风险相关的控制系统。但是不要考虑任何SRECS的保护效应。如果SRECS失效，为了评估暴露的风险量这是必需的。概括来说，必须考虑机器或进行加工的材料是否有以外方式运作的倾向。

机器的行为将变化，从完全可以预见到无法预见，但是意外事件不能打折扣。

注1：可预见性经常与机器功能的复杂性相关。

b) 规定的或可预见的与相关危险的机器零部件间的交互作用有关的人类行为特性，以下列因素为特征：

——工作压力（例如，由于时间限制，工作任务，可感觉的损坏限制）；和/或

——缺乏危险相关的认识。这会受一些因素的影响，例如：技能、培训、经验、机器/加工的复杂性。

这些属性通常并不直接受SRECS设计者的影响，但是任务分析将暴露那些不能完全预见所有可能方面（包括不可预见的结果）的活动。

危险事件的发生概率"非常高"应选择反映正常生产限制和最坏情况的考虑。对于使用任何较低值，正确的原因（例如，良好定义的应用和用户高水平知识的能力）是必需的。

注2：任何所需的或假定的技能、知识等都应在使用信息中陈述。

对于危险事件发生概率（Pr）在表A.3中为选择的适当的行。在表A.5中Pr列标示适当的数字。

表A.3 概率（Pr）分类

发生概率	概率(Pr)
非常高	5
或许	4
可能	3
很少	2
可忽略	1

A.2.4.3 避免或限制伤害的概率（Av）

这个参数可以通过考虑机器设计和其预期应用方面来评估：预期应用有助于避免或限制来自危险的伤害。这些方面包括，例如：

——危险事件的发生是突发的，快速的，或是缓慢的；

——撤离危险的空间可能性；

——元件或系统的性质，例如，刀通常是锋利的，日常环境里的管道通常是热的，电虽然看不见，但其性质通常是危险的；和

——识别危险的可能性。例如电气危险：铜棒不因其是否带电压而改变它的外观；人们需要用仪器来确定电气设备是否通电；环境条件，例如高噪声级可能妨碍人们听到机器的启动。

对于避免或限制损害概率（Av），从表A.4中选择适当的行。在表A.5中的Av列填入适当的数字。

表 A.4 避免或限制伤害的概率(Av)等级

避免或者限制伤害的概率(Av)	
不可能	5
极少发生	3
有可能	1

A.2.5 损害概率的级别(CI)

对每一种危险,如果适用,则对每一个严重等级,叠加在 Fr,Pr 和 Av 列的分数,然后在表 A.5 的 CI 列中输入总和。

表 A.5 用于决定伤害概率级别的参数(CI)

系列号	危险	Se	Fr	Pr	Av	CI
1						
2						
3						
4						

A.2.6 SIL 分配

用表 A.6,其中表示严重程度(Se)的行与有关的列(CI)相交,交叉点即表示是否需要采取措施。黑色区域表示 SIL 被指定为 SRCF 目标,浅阴影区域表示应使用其他措施的建议。

表 A.6 SIL 分配矩阵

严重程度(Se)	级别(CI)				
	3-4	5-7	8-10	11-13	14-15
4	SIL2	SIL2	SIL2	SIL3	SIL3
3		(OM)	SIL1	SIL2	SIL3
2			(OM)	SIL1	SIL2
1				(OM)	SIL1

例如:如果一个特定的危害的 Se 为 3,Fr 为 4,Pr 为 5,Av 为 5,则:

CI=Fr+Pr+Av=4+5+5=14

根据表 A.6,将会分配 SIL3 给 SRCF,从而减轻特定的危险。

图 A.3 显示使用本附录用于记录 SIL 分配练习结果的文件示例。

风险评价和安全措施

产品：____________________ 黑色区域=必要的安全措施

发布者：____________________ 灰色区域=所建议的安全措施

日期：____________________

后果	严重程度,Se	级别 CI					频率和持续时间,Fr		危险事件概率,Pr		避免伤害概率,Av	
		3-4	5-7	8-10	11-13	14-15						
死亡,失明或者肢残	4	SIL2	SIL2	SIL2	SIL3	SIL3	≤1 h	5	很高	5		
永久性失去手指	3		OM	SIL1	SIL2	SIL3	>1 h ≤1 d	5	很可能	4		
可恢复,专业医疗	2			OM	SIL1	SIL2	>1 d ≤2 星期	4	可能	3	不可能	5
可恢复,急救	1				OM	SIL1	>2 星期 ≤1 年	3	很少	2	可能	3
							>1 年	2	可忽略	1	可能	1

序号	危害编号	危害	Se	Fr	Pr	Av	CI	安全措施	安全

说明

图 A.3 SIL 分配过程形式示例

附 录 B
(资料性附录)
安全相关电气控制系统(SRECS)设计示例
使用条款 5、6 的概念和要求

B.1 概述

本标准使用的 SRECS 设计结构化方法,定义一套安全相关控制功能和安全完整性要求的方法,即功能细分成若干子功能。该过程用于实现进入机械部分的功能安全的技术框架,图 B.1 描述适用于每个等级的术语,在机器安装,当集成 SRECS 时,这些术语非常重要。

可以通过验证和确认过程使用本设计方法,以证明 SRECS 满足了条款 5 所描述的安全要求规范。

以下 SRECS 设计示例是为了阐明功能分解的原则和按照条款 6 的要求实现规定的安全相关控制功能。因此本示例是简单化的,不考虑在实践中可能要求的附加措施,例如“保持—运转”装置。

总体来说,图 B.1 显示的术语是为了将设计过程描述成两个关键阶段:

——SRECS 设计可以由机器设计者或控制系统集成商执行;和

——子系统(和子系统元素)设计,适用于电气设备和控制设备(例如接触器,联锁开关,可编程逻辑控制器)的供应商和机器设计者或控制系统集成商。

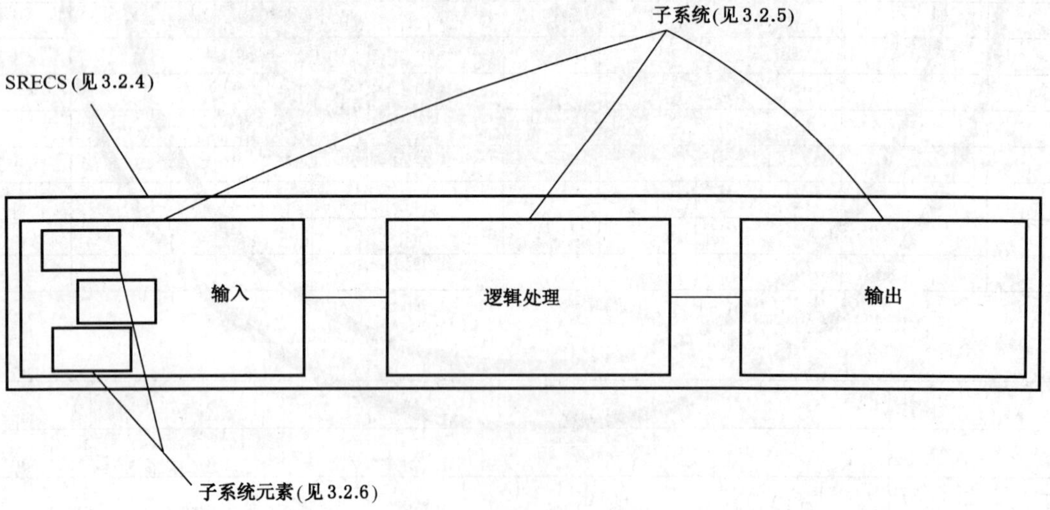

图 B.1 功能分解的术语

B.2　示例(见图 B.2)

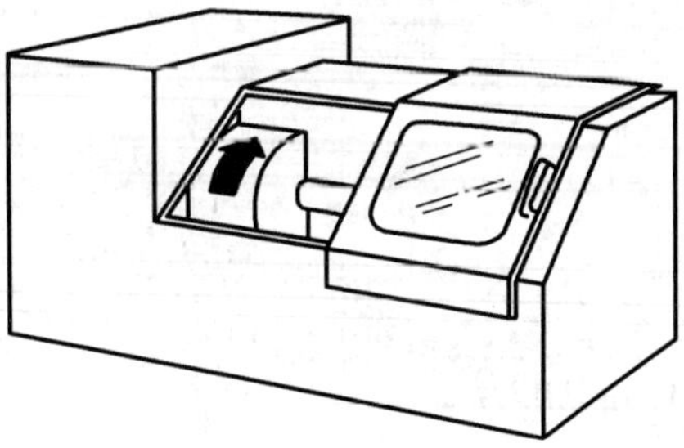

图 B.2　机器示例

本标准所使用的方法是基于自上而下的结构化设计,以实现安全相关控制功能规范和实现这些功能的 SRECS 设计。

步骤 1:SRCF 安全要求规范(条款 5)

由 SRCF 安全要求规范可以得出如图 B.3 信息。

图 B.3　SRCF 要求说明

步骤 2:SRECS 设计开发过程(见 6.6.2)

步骤 2.1:安全要求规范中所规定的安全相关控制功能被分解为功能块结构(见图 B.4)。

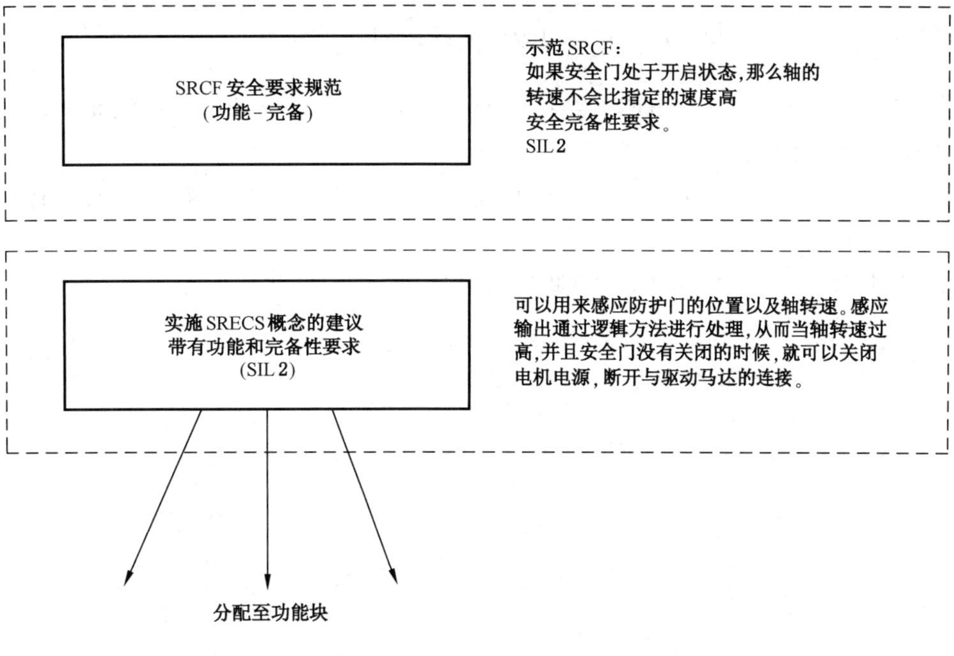

图 B.4　分解功能块结构

步骤 2.2:功能块结构为 SRECS 的结构提供一个初步概念。各功能块的安全要求来自相应的安全相关控制功能的安全要求规定。

实现各功能块的要素必须至少达到分配给 SRCF 的相同 SIL 能力。图 B.5 即表示 SIL2 能力(例如 FB1 SILCL2,等)。

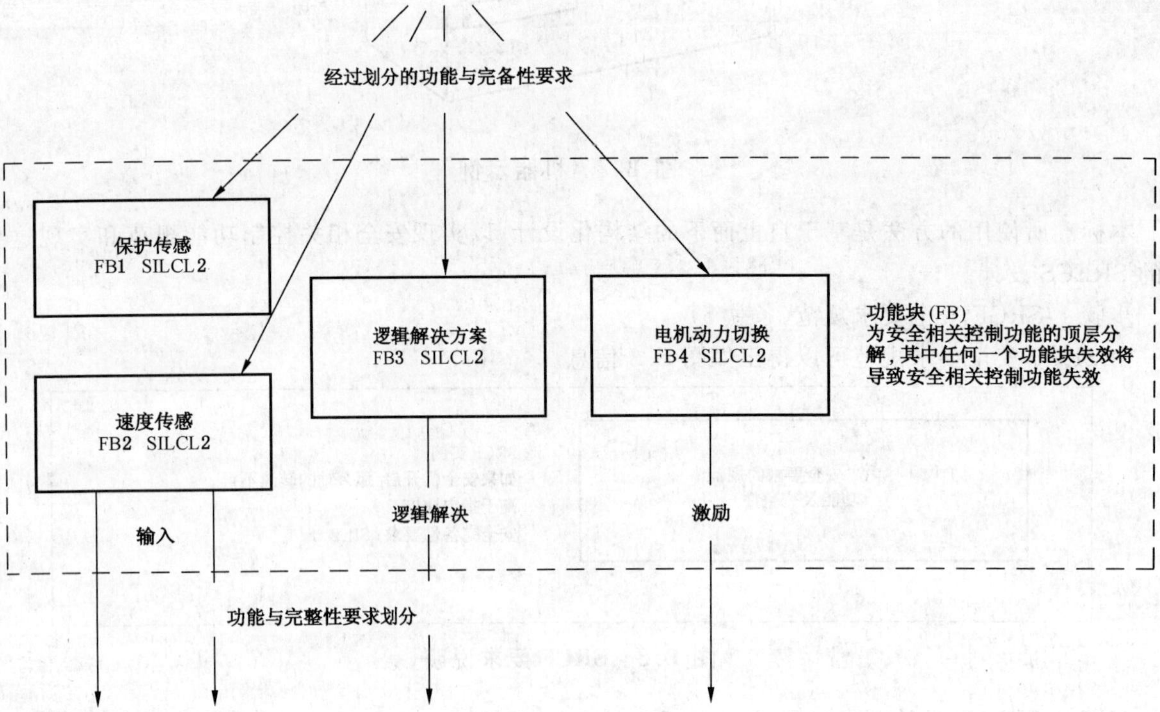

图 B.5 SRECS 的结构的初步概念

步骤 3:每个功能块被分配到 SRECS 结构内的子系统,各子系统都由子系统元素,需要时,和诊断功能构成,以确保能检测出故障,并采取适当行动(见 6.2)。

体系结构应以子系统的术语和子系统间的相互关系来描述 SRECS。就本例而言,有若干可供选择的方案可用于实现 SRECS 及其子系统结构。

示例 1:在此例中(见图 B.6),各子系统内嵌诊断功能。

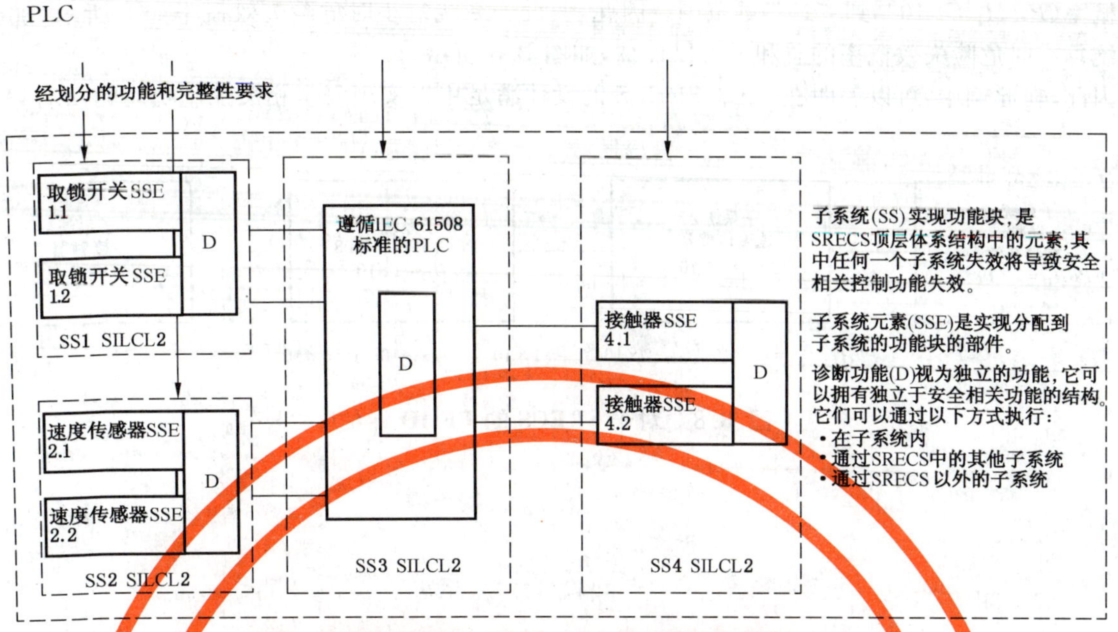

图 B.6 各子系统(SS1 到 SS4)内嵌诊断功能的 SRECS 体系结构

示例 2:在此例中(见图 B.7),诊断功能嵌入 SS3 的可编程逻辑控制器(PLC)中,PLC 满足 GB/T 20438 相关方面的要求。

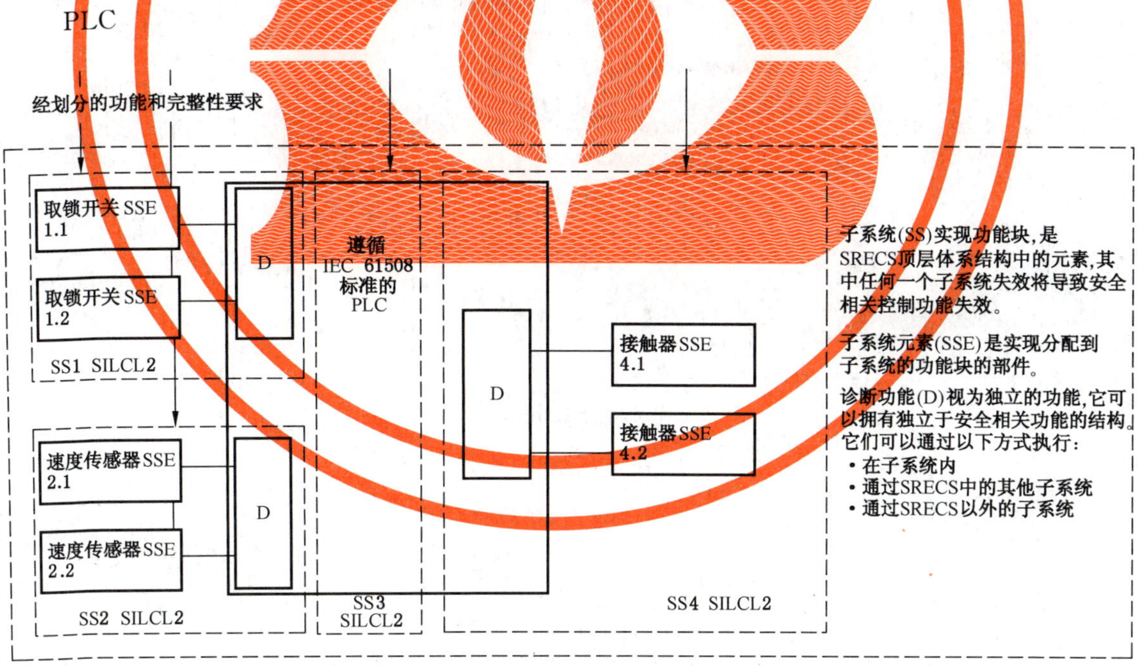

图 B.7 子系统 SS3 内嵌诊断功能的 SRECS 体系结构

步骤 4:由 SRECS 实现的 SIL 的评估(见 6.6.3)

SRECS 要求 SIL 应小于或等于任何子系统的 SILCL 的最低值。SRECS 危险随机硬件失效概率(PFH_{DSRECS})是所有执行安全相关控制功能的子系统每小时危险失效的概率($PFH_{D1} \sim PFH_{Dn}$)的总和,在适当的场合还应包括数字数据通信过程中的危险传送错误概率(P_{TE}):

$$PFH_{DSRECS} = PFH_{D1} + \ldots + PFH_{Dn} + P_{TE}$$

对于此例,安全相关控制功能的目标失效值是 SIL2 和来自表 3(见 5.2.4.2),这相当于每小时危险失效概率(PFH_D)$\geqslant 10^{-7}$到$< 10^{-6}$的范围。因此,假设子系统每小时危险失效概率如下所示,那么所有子系统每小时危险失效概率的总和即可以评估,如图 B.8 所示。

因此,在此例中,可以表明在 SIL2,SRECS 的设计满足用以实现安全相关控制功能的所有要求。

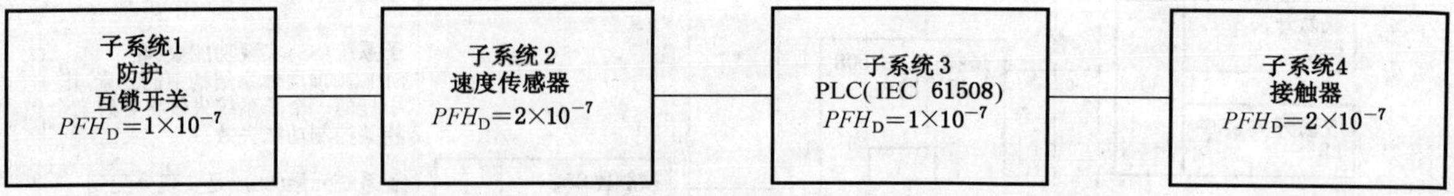

$$PFH_{DSRECS}=(1\times10^{-7})+(2\times10^{-7})+(1\times10^{-7})+(2\times10^{-7})=6\times10^{-7}$$

图 B.8　对于 SRECS 的 PFHD 评估

附 录 C
（资料性附录）
嵌入式软件设计和开发指南

注：本附录用于说明为满足 IEC 61508-3 要求的基本方法。如果不采用进一步措施，它本身不提供与 IEC 61508-3 的一致性。

C.1 综述

本附录用于帮助人们设计和开发嵌入式软件以实现 SRECS 内的安全相关控制功能。

主要目标是进行总体指导，防止嵌入式软件失效和嵌入式软件的其他意外行为，而导致系统产生危险故障。

为达到这些目标，应考虑下列几点：

——SRECS 软件要素的主要特性的描述，应具备保证质量和安全性（软件要素指导）；

——对于那些涉及软件设计，确立所有相关的技术活动和软件开发有关的规定。在开发此类软件的制作期间，可用于指导设计者（软件开发过程指导）；

——软件评估的参考性框架。让软件设计人员和/或分析人员决定软件要素是否符合 SRECS 或要被分析的 SRECS 子系统的安全要求（软件验证指导）。

本附录提供一套基本指导，与 IEC 61508-3 一致，适用于微处理器的嵌入式软件。

C.2 软件要素指导

本条款表述指导方针，即 SRECS 或 SRECS 子系统的嵌入式软件要素应履行操作安全和高质量。为了获得这类软件要素，应确立若干活动、某些组织和若干原则。这些在开发周期应尽早进行。

C.2.1 系统结构界面

硬件结构对软件施加的限制应定义并形成文件。对于被监控的机器或系统的安全性，任何软件/硬件相互作用的结果应由设计者进行识别和评估，并在软件设计时考虑。

注：限制包括协议和格式、输入输出频率、上升沿和下降沿或电平、输入数据采用负逻辑等。列出这些限制可以使其在开发活动之初就纳入考虑范围，当软件安装在目标硬件时，应减少软件和硬件之间不兼容的风险。

C.2.2 软件规范

软件规范应考虑下列各项：

——安全相关控制功能具有对性能准则（精确度，准确度）和瞬时限制（响应时间）的定量描述，可能时，应考虑所有因素的容差或余量；

——系统配置或结构；

——说明有关硬件安全完整性（逻辑解算器，传感器，操动器等）；

——说明有关软件完整性；

——有关存储器容量和系统响应应时间的限制；

——操作者和设备界面；

——软件自我监控和由软件执行的硬件监控的说明；

——当系统运行时允许对所有安全相关控制功能进行验证的说明（例如，在线测试，快速信号的捕获时间，与扫描频率一致）。

注 1：用于监控的说明，考虑开发的安全目标和操作限制（持续操作时间等），可能包括某些装置，例如看门狗，中央处理器（CPU）加载监控，输出反馈至输入实现软件自监控。对于硬件监控，CPU 和存储器监控等。安全相关控制功能验证的说明：例如，定期验证安全装置正确操作的可能性应包括在规范中。

对于各功能模式，应规定其功能要求。一种模式到另一种模式的模式切换也应规定。

注 2：功能模式可包括正常模式和一个或多个降级模式。目的是为了规定所有情况下的行为，以避免在非正常模式下的意外行为。

C.2.3 预存软件

术语"预存"软件是指还没有为现有系统具体开发并集成到软件其余部分中的源模块。包括先前项目设计人员开发的软件元素或商用软件（例如计算、数据排序算法模块）。

当处理这类软件时，特别是商用软件元素时，设计人员并不是总能访问用以满足预先要求所需的所有要素（例如，已经进行什么试验？设计文件是否可得到?）。因此，在早期需要与分析人员具体协调。

设计人员应向分析人员指示预存软件的使用。设计人员应证明预存软件具有和其他软件元素同样的水平。这类证明应做到：

a） 对预存软件采用与软件其他部分同样的验证活动；和/或

b） 在可比的执行环境中，预存软件有相比类似系统的作用时，通过实际经验证明（例如，可能需要评估编译程序更改或不同软件结构格式更改的后果）。

注 1：指示预存软件使用的目标是为了就该类软件可能导致的任何意外困难与分析人员尽早进行协商。如果预存源模块的开发不如软件其余部分严格，那么其集成可能会导致某些异常或不安全行为。

预存软件应采用与其他软件部分相同的配置管理和版本控制原则进行识别。

注 2：应行使对所有软件元件的配置管理和版本控制，不管其来源。

C.2.4 软件设计

软件设计的描述应包括下列描述：

——定义符合规范要求的结构的软件结构；

——所有构成软件结构的模块的输入和输出（例如，以内部和外部数据字典的形式）；

——中断；

——全局数据；

——各软件模块（输入/输出，算法，设计特性等）；

——使用的模块或数据文件库；

——使用的预存软件。

软件应以逻辑方式划分模块和编写，以便验证或维护：

——若可能，每一模块或模块组应对应规范中的某项功能；

——模块间的接口应尽量简化。

注：正确软件架构的总体特征可总结如下：模块应拥有高水准的功能内聚以及与所处环境的简单接口。

软件应：

——限制使用全局变量的数目或程度；

——在存储器中，数组的控制分布（避免数组溢出的风险）。

C.2.5 编码

源代码应：

——可读，可理解，和接受测试；

——满足软件模块的设计规范；

——遵循编码手册说明。

C.3 软件开发过程指导

C.3.1 开发过程:软件生命周期

适用于软件生命周期的如下指导目标旨在获取软件开发组织的正式化描述,特别是不同技术任务构成该开发。

软件开发生命周期应当详细规定和文件化(例如,在软件质量计划中)。生命周期应包括所有技术活动和必要阶段及足够的软件开发。

生命周期各阶段应分成不同基本任务和包括下述描述:

——输入(文件、标准等);

——输出(制作的文件、分析性报告等);

——执行的活动;

——进行的验证(分析、试验等)。

C.3.2 文件:文件管理

文件应符合本标准第10条的规定。

C.3.3 配置和软件修改管理

配置管理和版本管理是任何开发都不可或缺的部分。两者可能都需要进行批准。事实上,只有当提供的配置能够识别时,该批准才有效。配置管理包括配置识别活动、修改管理,建立参考点和软件元素归档,包括相关数据(文件、试验记录等)。贯穿整个项目生命周期,主要目标是提供:

——定义的和受控的软件配置,该配置保证物理归档和用于重新生成前后一致的可执行代码(考虑未来软件制作或修改);

——修改管理的参考基础;

——控制方法,使任何问题能进行正确分析,经批准的修改能正确执行。

有关修改,原因可来自,例如:

——功能安全低于规定的;

——系统故障经验;

——新的或修正的安全法规;

——对机器或其使用的修改;

——对总体安全要求的修改;

——操作和维护性能的分析,指示性能低于目标。

C.3.4 配置和归档管理

应规定配置管理和修改管理程序和文件。该程序至少应包括下列项目:

——由配置管理的各细项,至少包括软件规范、初步和详细的软件设计、源代码模块、计划、程序和确认试验的结果;

——识别规则(源模块、软件版本等);

——修改处理(要求记录等)。

配置的各项应能识别可能发生的任何更改和相关元素的版本。

注1:目的是为了能够追溯各项开发历史:进行过哪些修改,为什么进行修改和什么时候进行的修改。

软件配置管理应允许准确和唯一的软件版本识别。配置管理应关联所有需要证明功能安全的项目

(和其版本)。

软件配置中的所有项目应在试验或分析人员为最终软件版本评估前由配置管理程序覆盖。

注2：目的是为了确保对软件执行评估程序时，所有元素处于正确状态。任何后续更改可能是软件修订需要的，因此由分析人员可以识别。

应建立软件和相关数据的归档程序(备份和档案存储的方法)。

注3：这些备份和档案可用于软件功能生存期内维护和修改。

C.3.5 软件修改管理

任何对SRECS功能安全有影响的软件修改应服从为修改和配置管理建立的规则，以便在最高“上游”点在开发过程重新开始时需要考虑的修改，没有降低功能安全。

注：值得注意的是，文件也应更新，和执行所有需要的验证活动。这将保证软件在进行修改后能保持其所有的初始特性。

C.4 开发工具

与软件版本有关的文件(例如，在版本控制文件中)，在开发程序期间使用的工具(编译程序、连接程序、试验等)，应识别(名称、参照代号、版本等)。

注：工具的不同版本不一定得出相同的结果。因此，工具的准确识别可在版本发生修改时，直接证明生成可执行版本的过程的连续性。

C.5 复制，传播

C.5.1 可执行代码产生

软件产生期间，任何选项或更改应记录(例如，在版本表中)，这样就可能说明软件是什么时间和怎样生成的。

C.5.2 软件安装和开发

使系统设计人员注意的与安全相关控制功能有关的所有失效应记录和分析。

注：这说明设计人员知道传达给他的任何安全相关失效，和采取适当行动(例如，对其他用户提出告警，软件修改等)。

C.6 软件验证和确认

验证活动的目的是为了证实，来自开发周期的特定阶段的软件元素符合先前阶段制定的规范和任何可应用标准或规则。验证活动也作为检测手段和说明在软件开发过程中可能引入的任何错误。

软件验证不是一系列简单的试验，对于本附录考虑的相对小型的软件元素，即使试验是主要的。其他活动(例如审查和分析)不管是否与这些试验有关，也认为是验证活动。在某些情况，它们可以代替一些试验(例如，试验不能进行的事件，因为试验可能导致硬件损坏)。

C.7 验证和确认总则

在软件开发的不同阶段，分析人员应通过实施审查或专门技能认定来评估软件的一致性。

软件生命周期的所有技术方面经受分析人员的评估。应允许分析人员查阅所有验证报告(试验，分析等)和在软件开发期间使用的所有技术文件。

注1：分析人员在规范阶段的介入优于后期介入，这样有可能限制任何决定所产生的影响。另一方面，项目的财务和人力方面与评估无关。

注2：提供软件开发过程中所有活动的令人满意的证据，对申请人是有利的。

注3：分析人员应该在其处理中，包含所有的必要元素，以便明确地表述其观点。

软件一致性的评估是对具体的、可参考的软件版本进行的。以前评估的软件的任何修改，对已得到分析人员最终意见认可的部分应指出，以便进行任何补充的评估活动来更新该意见。

注4：任何修改可能更改软件行为；因此分析人员进行的评估只适用于准确的软件版本。

C.8 验证和确认复审

分析活动和软件设计验证应核实符合规范。

注1：目的是为了确保软件规格和设计(详细设计和初步设计)是一致的。

外部确认复审(由分析人员执行)应在确认阶段结束时进行。

注2：可用于确定元素是否符合规范。

复审结果应形成文件并归档，它应包括复审过程中确定的所有活动的列表，以及复审结论(决定是否进行下次活动)。复审中所规定的活动应进行监控和处理。

C.9 软件测试

C.9.1 一般确认

在填写第一张试验表前，在试验计划中建立试验策略是非常重要的。该策略应指出采取的方法，根据试验覆盖范围设定的目标，使用的环境和具体技术，应用的成功准则等。

试验目的应符合软件的类型和具体因素。这些准则决定承担的试验类型——功能试验、限制试验、非限制试验、性能试验、负载试验、外部设备失效试验、配置试验以及由试验覆盖的目标范围(功能模块试验、安全相关控制功能试验、规范中各元素试验等)。

新软件版本的验证应包括非回归试验。

注：非回归试验用于确保对软件的修改没有以任何意外方式修改软件的行为。

C.9.2 软件规格验证：确认测试

这些验证的目的是在目标系统环境中检测与软件有关的错误。该类型验证检测到的错误包括：处理中断的各种错误机制，运行时间要求的考虑不够，在瞬变模式(启动、输入流、降级模式中的切换等)中软件操作的错误响应，访问存储器中不同资源或组织问题的矛盾，不能检测故障的集成试验，软件/硬件接口错误和堆栈溢出。确认试验是软件规格验证的主要组成部分。

试验的覆盖范围应以可追溯矩阵详述并确保：

——确认试验应覆盖规范的各元素，包括安全机制；

——可验证任何操作模式下的软件实时行为。

此外，确认应在代表SRECS或SRECS子系统的操作条件下进行。

注1：这保证软件在操作中如预期般的反应。它只适用于当试验条件可能破坏硬件的情况(例如，不能模拟的部件的物理故障)。重要的是，确认应在RECS或SRECS子系统的操作条件下进行(例如，软件和硬件的最终版本，和安装在目标系统上的软件)。任何其他组合可能会降低试验效率和其代表要求的分析。

确认结果应记录在确认报告中，至少包括下列方面：

——所确认的软件和系统版本；

——执行的确认试验的描述(输入、输出、测试程序)；

——用于确认或评估结果的工具和设备；

——各确认试验是否成功的显示结果；

——确认评价：识别结果不符合，对安全的影响，是否接受确认的决定。

确认报告应适用于各已交付的软件版本，应与各交付软件元素的最终版本一致。

注 2：此报告可用于提供试验的确实已执行的证明和结果是正确的（或包含可解释的偏离）。以后，对于未来的软件版本或其他项目，它也可用于改写试验。保证各交付的版本按最终形式已确认。另一方面，它不强求对现有代码的每次修改进行完整确认，某些情况，影响分析可以证明部分确认。

C.9.3 软件设计验证：软件集成试验

该验证注重软件模块的正确组装和软件部件间的相互关系。该验证可用于暴露下列类型的错误：变数和常数的不正确初始化，参数传递错误，数据变更，特别是全局数据，事件和操作的不正确排序。

软件集成试验试应能验证：

——软件执行的正确排序；

——模块间的数据交换；

——性能准则的考虑；

——全局数据的不变更。

试验覆盖范围应以可追溯矩阵明确表示，证明承担的试验和规定的试验目标间的一致性。

集成试验结果应记录在软件集成试验报告中，其中至少应包括下列方面：

——集成软件的版本；

——所执行试验的描述（输入、输出、程序）；

——集成试验结果及其评估。

C.9.4 详细设计验证：模块试验

模块试验注重软件模块及其与详细设计的一致性。对于大型复杂软件元素，该活动可能是不可缺少的，但是，对于这里所述的小型软件元素只是建议。该阶段的验证程序允许检测下列错误：

——不能产生符合软件规范的算法；

——错误循环操作；

——错误逻辑决定；

——不能正确运算输入数据的有效组合；

——对缺失或变更的输入数据的错误反应；

——阵列界线的破坏；

——错误计算顺序；

——精度不够；

——算法的准确性或性能；

采用输入数据，对各软件模块实施一系列试验以检验模块是否满足在详细设计阶段所规定的功能。

本试验覆盖范围应以可追溯矩阵提供，证明试验结果和规定试验的目标一致。

附　录　D
（资料性附录）
电气/电子部件的失效模式

SRECS及其子系统的最低操作环境应符合GB 5226.1的规定。但是，在实际操作中，许多子系统（例如AOPDs）应符合的产品标准可能规定更复杂的操作环境。

表D.1列举了来自参考源的电气/电子部件失效模式率。这些值可能与其他来源提供的信息不同。一般，采用的失效模式数据应反映部件的实际应用。

注1：下表并不是部件失效模式的详尽列表。

注2：失效率数据应由子系统制造商提供。

表D.1　电气/电子部件失效模式率示例

部　件	失效模式	标准失效模式率（%）
需求强制断开的开关，例如按钮，急停装置，位置开关，凸轮操作开关，选择开关	触头将不断开	20
	触头将不闭合	80
机电位置开关，限位开关，手动操作开关等（按要求不强制断开）	触头将不断开	50
	触头将不闭合	50
继电器	当线圈断电时，所有触头保持在通电位置	25
	当线圈通电时，所有触头保持在断电位置	25
	触头将不断开	10
	触头将不闭合	10
	切换触头的3个触头间同时短路	10
	常开和常闭触头的同时闭合	10
	两对触头间和/或触头与线圈端子间的短路	10
断路器，差分断路器，漏电保护器	当线圈断电时，所有触头保持在通电位置	25
	当线圈通电时，所有触头保持在断电位置	25
	触头将不断开	10
	触头将不闭合	10
	切换触头的3个触头间同时短路	10
	常开和常闭触头同时闭合	10
	两对触头间和/或触头与线圈端子间的短路	10
接触器	当线圈断电断电时，所有触头保持在通电位置	25
	当线圈通电时，所有触头保持在断电位置	25
	触头将不断开	10
	触头将不闭合	10

表 D.1（续）

部　件	失效模式	标准失效模式率（%）
	切换触头的3个触头间同时短路	10
	常开和常闭触头同时闭合	10
	两对触头间和/或触头与线圈端子间的短路	10
熔断器	断开失效(短路)	10
	开路	90
接近开关	输出时永久低阻	25
	输出时永久高阻	25
	电源中断	30
	机械失效引起的开关失效	10
	切换触头的3个端子间同时短路	10
温度开关	触头将不闭合	30
	触头将不断开	10
	相邻触头间的短路	10
	切换触头的3个端子间同时短路	10
	传感器故障	20
	检测或输出特性的改变	20
压力开关	触头将不闭合	30
	触头将不断开	10
	相邻触头间的短路	10
	切换触头的3个端子间同时短路	10
	传感器故障	20
	检测或输出特性的改变	20
电磁阀	未通电	5
	未断电	15
	切换时间的改变	5
	漏电	65
	其他失效模式(见注4)	10
分立半导体	任意连接的开路	25
	任意两连接间的短路	25
	所有连接间的短路	25
	特性的变更	25
变压器	单独绕组的开路	70
	不同绕组间的短路	10

表 D.1（续）

部　　件	失效模式	标准失效模式率（%）
	一个绕组的短路	10
	有效匝数比的改变	10
电感	开路	80
	短路	10
	值的随机变化	10
电阻器	开路	80
	短路	10
	值的随机变化	10
电阻器网络	开路	70
	短路	10
	任意连接间的短路	10
	值的随机变化	10
电位计	单独连接的开路	70
	所有连接间的短路	10
	任意两连接间的短路	10
	值的随机变化	10
电容器	开路	40
	短路	40
	值的随机变化	10
	变化值 tan α	10
	漏电	65
	其他失效模式（见注 4）	10
	特性的变更	25
不可编程的集成电路（非复杂，例如，少于 1 000门和/或少于 24 个管脚，运算放大器，移位寄存器和混合模块）	任意连接的开路	20
	任意两连接间的短路	20
	固定故障	20
	输出的寄生振荡	20
	变化值（例如，模拟装置的输入/输出电压）	20
光耦合器	单个连接的开路	30
	任意两处输入连接间的短路	30
	任意两处输出连接间的短路	30
	任意两处输入和输出连接间的短路	10

表 D.1(续)

部件	失效模式	标准失效模式率(%)
插头和插座,多管脚连接器	任意2个相邻管脚间的短路	10
	任意导体到外露可导电部件的短路	10
	单个连接器管脚的开路	80
接线盒	相邻端子间的短路	10
	单个端子开路	90

注1:本数据出自一些工业来源,包括:

MIL-HDBK 217F(注2)电子设备的可靠性预计(28-02-95),部件压力分析;

MIL-HDBK 217F(注2)电子设备的可靠性预计(28-02-95),附录A,部件计数可靠性预计;

SN 29500 第7部分,部件的失效率,继电器的期望值,1992年4月;

SN 29500 第11部分,部件的失效率,接触器的期望值,1990年8月。

SN 29500 系列的文件可公开得到,也可通过下列途径获取:

Siemens AG,CT SR SI;

Otto-Hahn-Ring 6;

D-81739 München。

注2:电气失效模式取自GB/T 16855.2的表D.5。机械失效模式(若适用)取自GB/T 16855.2的附录A,附录B和附录C。

注3:对于电气/电子部件,例如电阻器和电容器,不同的设计可能会与表中所述的失效模式不同。

注4:适用于电磁阀的其他失效模式包括:

——非切换(保持在结束或零位置)或不完全切换(保持在随意中间位置);

——初始切换位置的自发变更(无输入信号);

——长时间漏电流速的更改;

——阀门外壳的爆裂或移动部件的损坏以及安装或外壳螺丝的损坏/破裂;

——导致伺服系统和比例阀失控行为的气动/液压故障。

注5:失效率数据和失效模式比率的其他来源信息包括:

——UTE C 80-810 RDF 2000:可靠性数据手册——电子部件,PCB和设备可靠性预计的通用模式;

——失效模式/机械交付 FMD-91,RAC 1991。

附 录 E
（资料性附录）
按照 GB/T 17799.2—2003 用于工业环境的 SRECS 电磁现象（EM）和提高的抗扰度水平

表 E.1 SRECS 的电磁现象（EM）和提高的抗扰度

端口 （见注 1）	现象	基本标准	SRECS 性能附加试验的增加值 （见 6.4.3）
外壳	静电放电（ESD）	GB/T 17626.2—2006	6 kV/8 kV 接触/空气放电（见注 2）
	电磁（EM）场	GB/T 17626.3—2006	20 V/m （80 MHz～1 GHz） 6 V/m （1,4 GHz～2 GHz） 3 V/m （2 GHz～2,7 GHz） （见表 E.2 和注 3）
	额定电源频率磁场	GB/T 17626.8—2006	30 A/m（见注 4 和注 5）
交流电源	电压暂降/短时中断	GB/T 17626.11—2008	0,5 周期 30%减少（见注 5）
	电压变化/中断	GB/T 17626.11—2008	250 周期 >95%减少（见注 5）
	脉冲群	GB/T 17626.4—2008	4 kV
	浪涌	GB/T 17626.5—2008	2 kV 线到线/4 kV 线到地 （见注 6）
	无线电传导频率（RF）	GB/T 17626.6—2008	在给定的频率下 10 V（见表 E.3 和注 3）
直流电源（见注 7）	脉冲群	GB/T 17626.4—2008	4 kV
	浪涌	GB/T 17626.5—2008	1 kV 线到线/2 kV 线到地 （见注 6）
	传导 RF	GB/T 17626.6—2008	在给定的频率下 10 V （见表 E.3 和注 3）
I/O 信号/控制线路	脉冲群	GB/T 17626.4—2008	线路>3 m 2 kV
	浪涌	GB/T 17626.5—2008	2 kV 线到地（见注 8）
	传导 RF	GB/T 17626.6—2008	在给定的频率下 10 V（见表 E.3 和注 3）
功能接地	脉冲群	GB/T 17626.4—2008	2 kV

注 1：端口是 SRECS 与其带外部电磁环境的子系统的特别接口。

注 2：等级应按照 GB/T 17626.2—2006 中描述的环境条件应用。对部件，除了工作职员以外的其他人员也可能接触到的部件按照 ESD 控制规定的程序，但不是对设备，设备只限于受过适当培训的人员才能接近。

注 3：增长值应适用于移动数字无线电广播发射机使用的频率范围，除了采取可靠措施防止来自这类设备的电磁干扰。单个设备需考虑到 ISM 频率。

注 4：只对磁敏感设备。

注 5：增长的值不适用于无需考虑功能安全的现象。

注 6：允许外部保护装置达到抗扰度。

注 7：不连接到 D.C. 的配电网络的设备/系统部件间的直流连接可作为 I/O 信号/控制端口处理。

注 8：只在长距离线路的情况下。

注 9：参考 IEC 61326-3（准备中）。

注 10：在功能安全的情况下，产品标准（例如 GB/T 19436.1—2004）对于特定的 EMC 现象规定适用于 SRECS 子系统的不同的试验等级。

表 E.2 RF 场试验选择频率

系　统	频　率
GSM	(890～915)MHz
GSM	(1 710～1 785)MHz
GSM	1 890 MHz
UMTS	开发中
Walkie Talkie	开发中
ISM	(433.05～434.79)MHz
ISM	(83.996～84.004)MHz
ISM	(167.992～168.008)MHz
ISM	(886.000～906.000)MHz

表 E.3 传导 RF 场选择频率

系　统	频　率
ISM	(6.765～6.795)MHz
ISM	(13.553～13.567)MHz
ISM	(26.957～27.283)MHz
ISM	(40.66～40.70)MHz

附 录 F
(资料性附录)
共同原因失效(CCF)敏感度评估方法

F.1 概述

本资料性附录为适用于子系统设计的CCF评估提供简便的定性方法。

F.2 方法论

子系统的提议的设计应评价，从而建立有效措施，以防止出现共同原因失效(CCF)。表F.1中适用的项目应标识并给出总分，总分用于从表F.2中确定的共同原因失效系数(用百分值表示)。

表 F.1 CCF评估准则

项　　目	参考	分数
分离/分凝		
SRECS单通道信号电缆与其他通道的线路在所有位置是分开的或有充分的屏蔽吗?	1a	5
使用信息编码/译码时，能完全检测出信号传送错误吗?	1b	10
SRECS信号和电能动力电缆在所有位置都分开或有充分的屏蔽?	2	5
如果子系统元素对CCF影响，在其局部外壳中作为物理分离装置提供了吗?	3	5
相异性/冗余性		
子系统使用不同电气技术，例如电子或可编程电子和其他机电继电器?	4	8
子系统采用融合不同物理原理的元素(例如，在防护门采用机械和磁传感技术的敏感元件)?	5	10
在功能操作和/或失效模式上子系统采用了有时序差分的元素?	6	10
子系统元素有≤1分钟的诊断试验间隔?	7	10
复杂性/设计/应用		
除了用于诊断测试的目的，防止子系统通道间交叉连接了吗?	8	2
评价/分析		
相比建立共同原因失效源，失效模式和影响分析的结果已经检查了吗?预定的共同原因失效源通过设计排除了吗?	9	9
电磁场失效是否已经进行分析，并反馈到设计中?	10	9
技能/培训		
子系统设计人员理解共同原因失效的原因和后果?	11	4
环境控制		
子系统元素可能总是在规定的温度、湿度、腐蚀、粉尘、振动等范围内运行，超过了范围已经过试验，没有使用外部环境控制?	12	9
子系统免除电磁干扰的有害影响，达到和包括附录E规定的极限值?	13	9
表F.1提供选择项(例如参考项1a和1b)，目的在于在最相关项目避免CCF。		

使用表F.1,应增加认为影响子系统设计的那些项目,为即将执行的设计规定一个总分。通过采用特定设计方法(例如用光隔离装置而不是屏蔽电缆)的等效方法也可实现避免CCF,因此可以声称相关分数被认为同样有助于避免CCF。

根据表F.2,总分可用于确定共同原因失效因素(β)。

表F.2 CCF因素(β)评估

总分	共同原因失效因素(β)
<35	10%(0.1)
35～65	5%(0.05)
65～85	2%(0.02)
85～100	1%(0.01)

按照6.7.8.1的要求,得出的β值应用于评估危险失效概率。